计算机科学丛书

无线通信网络与系统

[美] 科里·比尔德（Cory Beard）
威廉·斯托林斯（William Stallings） 著
朱磊 许魁 译

Wireless Communication Networks and Systems

机械工业出版社
China Machine Press

图书在版编目（CIP）数据

无线通信网络与系统 /（美）科里·比尔德（Cory Beard），威廉·斯托林斯（William Stallings）著；朱磊，许魁译. —北京：机械工业出版社，2017.10（2022.6 重印）
（计算机科学丛书）
书名原文：Wireless Communication Networks and Systems

ISBN 978-7-111-58118-5

I. 无… II. ①科… ②威… ③朱… ④许… III. ①无线电通信－通信网 ②无线电通信－通信系统 IV. TN92

中国版本图书馆 CIP 数据核字（2017）第 243375 号

北京市版权局著作权合同登记 图字：01-2015-5192 号。

本书涵盖了所有类型的无线通信，从卫星通信、蜂窝通信到局域网和个域网。内容分为四部分：技术背景、无线通信技术、无线局域网与个域网、无线移动网络与应用。涉及无线信道、信号编码技术、正交频分复用、扩频、无线局域网技术和 IEEE 802.11 无线局域网标准、蓝牙和 IEEE 802.15、蜂窝无线网络、第四代通信系统、移动应用和移动 IP 等。本书可作为通信和计算机专业本科生和研究生的教材或教学参考书。对于无线通信和网络方面的科研和工程技术人员，本书也是很好的参考书。

出版发行：机械工业出版社（北京市西城区百万庄大街 22 号 邮政编码：100037）

责任编辑：谢晓芳	责任校对：李秋荣
印　　刷：固安县铭成印刷有限公司	版　　次：2022 年 6 月第 1 版第 2 次印刷
开　　本：185mm×260mm 1/16	印　　张：27.5
书　　号：ISBN 978-7-111-58118-5	定　　价：109.00 元

凡购本书，如有缺页、倒页、脱页，由本社发行部调换

客服热线：（010）88378991 88361066　　投稿热线：（010）88379604

购书热线：（010）68326294 88379649 68995259　　读者信箱：hzjsj@hzbook.com

译者序

近年来，随着数字通信技术和计算机技术的快速发展以及通信网与计算机网络的相互融合，大量新标准、新系统不断涌现，如 Wi-Fi、3G/4G 蜂窝网络、物联网、ZigBee 等。随着移动智能通信设备的不断普及，原本由有线网络承载的宽带互联网业务逐步向无线网络大规模迁移，并逐渐拓展到生产和生活的方方面面。支撑这些新标准和系统的是大量的无线移动通信新技术、新理论以及分析解决问题的新方法。学习和掌握无线通信与网络方面的基本理论、前沿技术是从事无线通信与网络领域教学和科研人员的迫切需求。

本书涵盖了卫星通信、蜂窝通信、无线局域网、无线个域网、固定无线接入网络等无线通信与网络方面的基础理论与前沿技术。不但能够使读者对无线通信的基本理论、概念、分析方法有较为深入的理解，而且能够使他们全面掌握无线通信研究的各个领域、各种前沿技术。本书的内容编排分为：技术背景、无线通信技术、无线局域网与个域网、无线移动网络与应用等专题。本书在技术背景方面主要介绍了传输基础理论、通信网络的基础理论；在无线通信技术方面主要介绍了无线通信概述、信源编码、无线信道、OFDM 调制、扩频调制、差错控制编码等技术；在无线局域与个域网方面主要介绍了无线局域网、蓝牙以及 802.15 等网络；在无线移动网络与应用方面主要介绍了传统的蜂窝无线网络、第四代移动通信以及 LTE-Advanced、卫星通信、智能电网等技术。每部分内容都有全新的视角和独特的方法，非常易于读者理解和掌握。

本书可以作为相关专业研究生的教材或者本科生的阅读材料。

本书主要由中国人民解放军陆军工程大学的朱磊和许魁老师翻译，王飞、沈先丽、孙小丽、牛腾、蒋煜、汪西明、胡国杰、马枝飞等博士和硕士研究生也协助进行了译稿的校对工作。机械工业出版社华章分社的各级领导和编辑为本书的出版付出了辛勤的劳动，借此机会，表示我们诚挚的谢意。最后感谢本书的作者，是他们给了我们这样一个学习和传播他们观点的机会，使我们受益匪浅。

由于本书内容与概念的新颖性以及译者不可避免存在的主观片面性，译稿中难免存在不妥和错误之处。欢迎广大读者及同行专家批评指正，我们将及时进行勘误。

朱磊、许魁

2017 年 3 月于南京

目标

无线技术已成为电信和网络中最令人兴奋的领域。移动电话使用的快速增长，各种卫星服务、无线网络，以及现在的无线智能手机、平板电脑、4G手机、应用程序和物联网等给电信和网络领域带来了巨大变化。夸张地说，无线技术彻底改变了人们的工作方式，互相交流的方式，甚至影响了社会结构的构成和转变。本书对整个无线通信领域进行了概述。它全面涵盖了从卫星和蜂窝到局域网和个域网的所有类型的无线通信。

本书的内容组织结构尝试将这个很大的主题划分为更易理解的多个部分，并一部分一部分地调研最先进的技术。本书重点讨论无线系统的各个方面——无线通信技术、用于构建无线网络的协议与介质访问控制，并介绍无线系统的部署和管理，以协调整个网络设备（基站、路由器、智能手机、传感器）。完整的无线系统的范例是4G长期演进（Long Term Evolution，LTE）系统。

本书讨论了无线通信新的研究领域中最重要的技术和体系结构方面的基本原理和主题。之后，本书对一些前沿的主题进行了详细讨论，包括千兆Wi-Fi、物联网、ZigBee以及4G LTE-Advanced。

本书的主题如下。

- **技术和体系结构**：一小部分技术可以用来表征和区分无线通信与组网方式，其中包括：频段、信号编码技术、纠错技术，以及网络体系结构。
- **网络类型**：本书涵盖了无线网络的多个重要类型，包括无线局域网、无线个域网、蜂窝、卫星和固定无线接入网络。
- **设计方法**：本书探讨了针对特定通信需求的替代原则和方法，可以加深读者对无线系统设计的关键原则的理解。
- **标准**：本书提供了一个理解具体无线标准的全面指南，如ITU、IEEE 802、3GPP颁布的标准以及其他组织制定的标准。这些标准着重反映了标准在定义一个领域的产品和未来研究方向方面的重要性。
- **应用**：一些重要的操作系统和应用程序（通常称为“app”）已经吸引了无线设备消费者的注意。本书探讨了这些app，它们使无线设备更加便于用户访问，还详细介绍了这些平台和应用程序的开发过程。

本书包括大量的在线词汇表，并列出常用的缩略语，以及参考书目。每章都包括为进一步阅读提供的问题和建议。每章还包括用于内容回顾的关键术语和一些复习题。

目标读者

本书在内容编排上主要面向对无线通信网络和系统感兴趣的广大读者和学生。本书内容能够在以下几个方面提供很好的灵活性。

- **多个学科的读者**：本书提供一些基础背景材料和更具深度的材料从而使多个学科的读者也可以从中受益。

- 对于具有**计算机科学与信息技术**背景知识的读者，本书提供了信号和系统方面易于接受和足够的背景知识。除了学习整个无线系统外，读者可以特别研究支持LTE和移动设备操作系统与程序设计的演进的分组系统。
- 对于**电气工程、计算机工程专业**(甚至其他工程领域)的读者，网络和协议是必须掌握的内容，本书提供了这些高年级本科通信课程的详细内容，而没有必要去学习另一门通信课程。第6～10章深入介绍了无线传输、调制技术、OFDM、CDMA和差错控制编码。本书后续章节中的技术可以用来作为这些技术的例子。本书不仅提供了基本原理，还介绍了目前和未来将要使用的无线技术。
- **不同基础的读者**：对于那些在无线通信方面甚至在通信技术方面刚刚入门的读者，通过本书的学习，他们也可以对无线通信非常精通。对于那些已有一定基础知识的读者，通过阅读本书能够了解无线网络的最新进展。
- **不同深度的内容**：本书提供了不同深度的选项以覆盖不同的内容。最值得注意的是，第5章覆盖了所有的无线概念，这种教程级的概念有助于理解本书其他章节的内容。第6～10章涵盖了相同的主题，有助于部分读者对这部分内容进行更深入的了解。这种内容编排使得具有不同兴趣、不同知识水平和不同专业知识的读者都能够受益。

内容安排

本书的目的是在无线通信的基本原理、无线网络和无线应用等方面提供一个全面的技术研究。本书的主要内容可以分为4个部分，如图P-1所示。

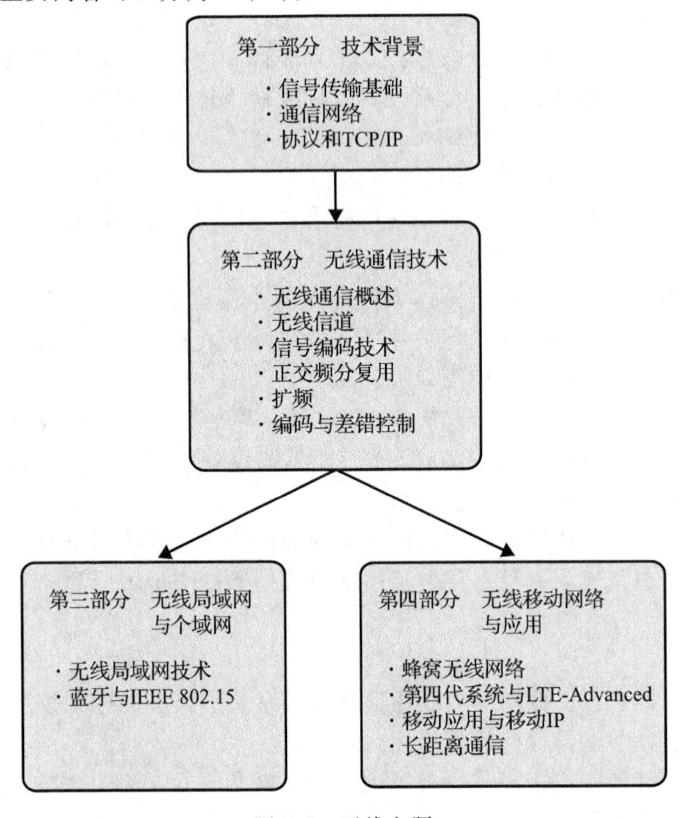

图P-1　无线主题

第一部分：介绍数据与数据包通信过程，以及协议层、TCP/IP 和数据网络。

第二部分：覆盖关于发送无线信号的过程和对抗无线信道的影响的所有信息。第 5 章对这些内容进行了简要介绍，并通过第 6～10 章进行了详细介绍。

第三部分：对 IEEE 802.11、IEEE 802.15、蓝牙、物联网以及 ZigBee 等内容进行了详细介绍。

第四部分：包括蜂窝移动通信系统原理、LTE、智能手机和移动应用等内容，还涵盖了卫星、固定无线和 WiMAX 等长距离通信。

本书易于开展课程教学，书中包括大量的图表。下面给出更多的细节。每一章还包括关键术语、复习题、问题，以及推荐阅读。本书还包括常用的缩略语以及参考文献清单。

学习的顺序

对于这样广泛的内容，需要根据学生和课程情况对选学内容进行仔细规划。本书提供了一些灵活性。例如，本书中的内容不需要逐章学习。事实上，根据作者的经验，学生和教师能够更快地投入其所需的技术本身中。其中的一个作者在他的课程中经常只需要直接研究 IEEE 802.11(第 11 章)而并不需要集中学习无线通信的全部细节。如果学生已经研究了实际的技术，则也可能需要首先跳过一些物理层的细节(例如，暂时跳过 11.5 节和 11.6 节)，使学生能够更好地参与并开展实际项目研究。

以下是本书的学习建议：

- 第 5 章与第 6～10 章介绍的主题相同，只是详略程度不同，可以二选一。反过来，如果需要学习第 6～10 章，则可以跳过第 5 章。
- 第三部分可以放在第二部分之前，以忽略一些关于物理层的细节，这些细节可以在后面再次详细学习。然而，第二部分应放在第四部分之前。
- 第 2～4 章可以作为课外阅读作业。
- 在第三部分中，每章都或多或少是独立的，可以按照任何顺序来学习，主要取决于感兴趣的程度。
- 除了第 13 章和第 14 章中的蜂窝系统和 LTE 应该归为同一个单元来研究外，第四部分中的各章也可以按任何顺序进行研究。
- 计算机科学和信息技术课程可以更专注于第 11 章、第 12 章和第 15 章中的 Wi-Fi、IEEE 802.15 以及移动应用等内容，然后学习 MAC 协议和移动设备编程。
- 电气工程和工程技术专业的学生可以重点关注第 6～10 章中用于 IEEE 802.11 和 LTE 系统中的调制和差错控制编码相关的内容。

教辅资源

本书的主要目标是使它成为这一令人兴奋和快速发展学科的一种有效的教学工具。这一目标反映在本书的结构和辅助材料中。本书提供了下列补充材料来帮助教师进行教学[⊖]：

- **答案手册：**给出了所有章后面的复习题和问题的解答。
- **补充问题：**提供了本书内容以外的其他问题。
- **项目手册：**给出了下一节中列出的所有项目类别的建议项目任务。

⊖ 关于本书教辅资源，只有使用本书作为教材的教师才可以申请，需要的教师请填写本书最后一页“教学支持申请表”，并通过邮件同时发给培生与我方。——编辑注

- **幻灯片**：提供了覆盖所有章节配套的教学幻灯片。
- **PDF 文件**：本书中所有的图和表的副本。

致谢

本书得益于多名无私地奉献他们的时间和专业知识的审稿专家。以下教授和老师对本书进行了详细的审稿：Alex WijesIinha(陶森大学)、Ezzat Kirmani 博士(州立圣克劳德大学)、Feng Li 博士(普渡大学印第安那波利斯分校)、Guillermo A. Francia III 博士(杰克森维尔州立大学)、Kamesh Namuduri 博士(北德州大学)、Melody Moh 博士(圣何塞州立大学)、Wuxu Peng 博士(德克萨斯州立大学)、Frank E. Green (马里兰大学，巴尔的摩县)、Gustavo Vejarano(洛约拉马利蒙特大学)、Ilker Demirkol(罗切斯特理工学院)、Prashant Krishnamurthy(匹兹堡大学)和 Russell C. Pepe(新泽西理工学院)。

密苏里大学堪萨斯分校的几位学生为绘图做出了非常有价值的贡献。Pedro Tonhozi de Oliveira、Rahul Arun Paropkari 和 Naveen Narasimhaiah 也致力于项目开发并提供了很大的帮助。

Kristopher Micinski 提供了第 15 章中的大多数关于移动应用的材料。

最后，我们感谢许多负责本书出版的工作人员，他们一如既往地出色完成了整个工作。这包括 Pearson 的员工，特别是编辑 Tracy Johnson、项目经理 Carole Snyder 和产品经理 Bob Engelhardt。我们也感谢 Mahalatchoumy Saravanan 以及 Jouve India 生产人员优秀、快速的工作。我们也感谢 Pearson 的营销和销售人员，没有他们的努力本书不会出现在你面前。

第二部分　无线通信技术

第四部分 无线移动网络与应用

第 1 章

Wireless Communication Networks and Systems

概　述

学习目标

通过本章的学习，你应该能够：

- 了解无线通信的发展过程。
- 理解各代蜂窝技术的设计目的。
- 了解移动设备已经发生了革命性的变化，并将继续改变社会。
- 了解未来趋势。

本书是对无线通信网络和系统的相关技术的一个综述。竞争的加剧、数字技术的引入、移动设备的用户界面设计、视频内容和社交网络等多种因素的共同推动下，使无线通信市场获得了前所未有的增长。在本章中，我们将讨论一些推动这一无线网络革命的关键因素。

1.1 无线通信的发展史

伽利尔摩·马可尼(Guglielmo Marconi)在 1896 年发明了无线电报[⊖]。1901 年，他把电报信号从康沃尔发送到约 3200 公里外的大西洋彼岸纽芬兰的圣约翰。他的发明使得双方可以将字母和数字编码为模拟信号并相互发送实现彼此通信。在 20 世纪中，无线技术的进步已经给我们带来了无线电、电视、通信卫星、移动电话和移动数据等。所有类型的信息现在都可以发送到世界的每个角落。当前，无线网络、蜂窝技术、移动应用和物联网等方面得到了业界的广泛关注。

通信卫星于 20 世纪 60 年代首次发射。时至今日，通信卫星承载了各国之间约 1/3 的语音通信和全部的电视信号。无线组网使得企业在没有电缆设备的情况下也能够构建广域网、城域网和局域网。IEEE 802.11 标准的无线局域网(也称为 Wi-Fi)已被普遍使用。行业协会还提供了多种无缝短程无线组网技术，如 ZigBee、蓝牙、射频识别标签(RFID)等。

蜂窝或移动电话，其作用等同于现代的马可尼无线电报，能够为双方提供双向通信。早期的无线电话设备仅能支持语音和有限的数据服务，而且设备比较笨重。随着技术的不断发展，目前移动设备已经逐渐变得更加轻便。目前的第三代和第四代移动设备已经能够支持语音、短信、社交网络、移动应用、移动网络互动和视频流播放等。这些移动设备通常还配备有摄像头和无数的传感器，以支持该设备中的各种应用。新技术的覆盖范围不断扩大，并集中在关键用户群体。

无线通信已经并将继续对人类社会产生深远的影响。即使有极少数的发明能够像无线技术这样“缩小”世界，也不可能像无线技术这样通过构建新的社交网络的形式来改变人们的交流方式。用于定义无线设备之间如何互动的通信标准快速达成共识，从而构建了一个能够支持各种服务的全球性无线网络。

⊖ 无线通信的实际发明应该归功于尼古拉·特斯拉(Nikola Tesla)，他曾在 1893 年做过一个公开的演示。1943 年马可尼的专利被取消，从而认同了特斯拉的发明[ENGE00]。

图 1-1 显示了无线通信发展的一些关键里程碑[⊖]。无线技术已经逐渐向更高频率发展。正如在后面的章节中将看到的，更高的频率将能够支持更大的数据速率和吞吐量，但需要更高的功率，由于更易受到阻挡，所以有效覆盖范围更小。

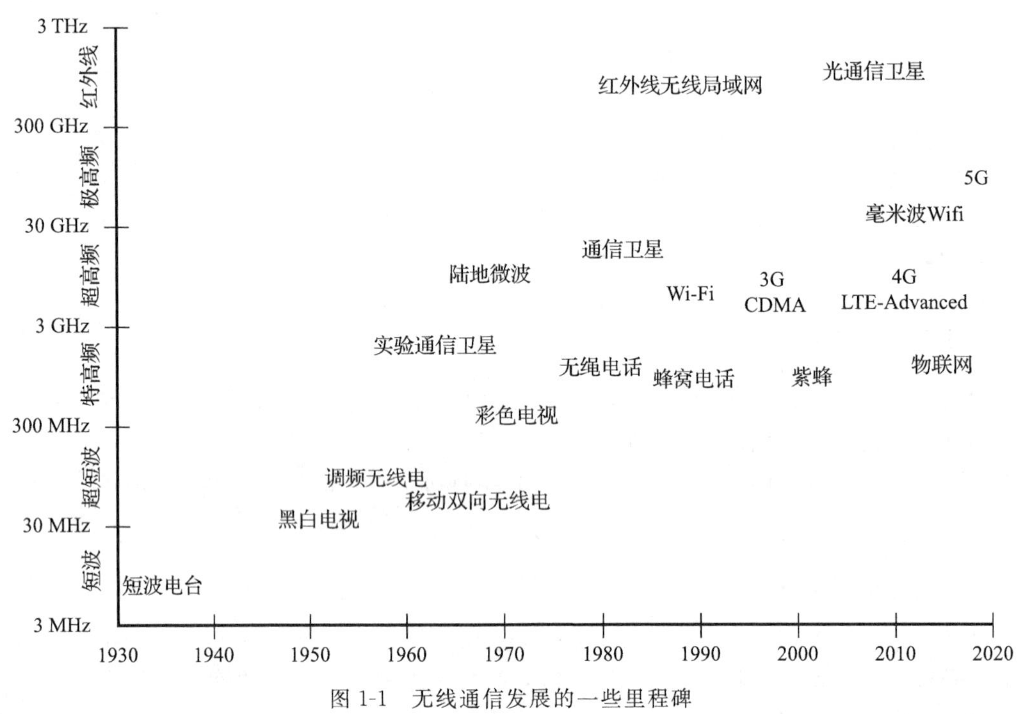

图 1-1 无线通信发展的一些里程碑

1.2 全球蜂窝网络

移动电话市场的增长是显而易见的。1990 年，移动用户数约为 1100 万[ECON99]。时至今日，根据 4G 美国的统计，这一数字超过 70 亿。移动设备占据主导地位有许多原因。移动设备使用方便，并且可以随身携带。另外，由于其具有的位置敏感特性，移动蜂窝设备需要与覆盖其所处位置区域的基站进行通信。在许多特殊地形区域中，移动电话是为人们提供经济的电话服务的唯一方式。与挖开地面敷设电缆相比，在恶劣的地形条件下运营商可以快速且廉价地架设基站。

今天，没有一个单一的蜂窝网络。一般情况下，支持多种技术的设备只工作于一个单一的运营商网络内。为了摆脱这一模式，围绕着各项标准的确定和实施开展了大量的工作。

北美的第一代无线网络是先进移动电话系统（Advanced Mobile Phone System，AMPS）。主要的第二代无线系统是全球移动通信系统（Global System for Mobile Communications，GSM）、个人通信服务（Personal Communications Service，PCS）IS-136 和 PCS IS-95。PCS IS-136 标准采用时分多址（Time Division Multiple Access，TDMA）；GSM 采用时分多址和频分多址（Frequency Division Multiple Access，FDMA）；IS-95 采用码分多址（Code Division Multiple Access，CDMA）。2G 系统主要提供语音服务，还能够提供一

⊖ 注意 y 轴使用的是对数尺度。关于对数尺度的基本概念可以在计算机科学学生资源网站 omputersciencestudent.com 中提供的数学复习文档中找到。

些中等速率的数据服务。

两大主流的3G系统是CDMA2000和通用移动电话服务(Universal Mobile Telephone Service, UMTS)。这两大系统都使用CDMA技术并且能够提供分组数据服务。CDMA2000的发展从开始的1xRTT(1次无线传输技术),并通过Release 0、Revision A和Revision B不断演变到后来的1xEV-DO(一次只进化数据)。UMTS使用由第三代合作伙伴计划(Third Generation Partnership Project, 3GPP)开发的宽带CDMA技术,其首个版本是1999年发布的Release 99,但随后的版本标记为Release 4。

第四代移动通信技术主要涉及第15章介绍的IEEE802.16 WiMAX与第14章介绍的长期演进(Long Term Evolution, LTE)之间的竞争。这两种技术均使用在无线信道中具有比CDMA更高频谱效率的正交频分复用(Orthogonal Frequency Division Multiplexing, OFDM)技术。国际电信联盟(ITU)规定,4G网络需要能够提供全IP服务,并且在高移动性接入条件下峰值访问数据速率将高达约100Mbps,在低移动性接入条件下访问峰值数据速率将高达1Gbps。LTE技术也是由3GPP开发的,其第1个版本是3GPP Release 8,现已成为4G的主导技术。虽然LTE Release 8并不符合ITU的要求(尽管营销人员称之为"4G LTE"),后来的Release 10实现了ITU的目标,称为LTE-Advanced。目前,大量部署的4G网络都是基于LTE Release 8的,但针对Release 10进行升级的要少得多。

1.3 移动设备革命

技术的创新成就了手机这个最初仅是移动电话设备的巨大成功。最新流行的设备,具有兆比特因特网接入、移动应用、高像素数码相机、多种类型的无线网络接入(如Wi-Fi、蓝牙、3G、4G)、多种内置传感器,所有的这些都被添加到这个重大成果中。设备在变得越来越强大的同时,仍然非常便于携带。电池寿命有所增加(虽然设备的能量消耗也已扩大),数字技术已经改善了信号接收,并允许更好地利用有限的频谱资源。由于数字设备类型的不断增多,移动设备的成本也在不断下降。

无线通信最初的推动力是为了传输语音。现在,无线通信主要关注数据通信,并且很多无线设备很少传输语音。无线通信市场的一个重要组成部分是无线因特网。无线用户接入因特网的方式不同于固定用户,并且在有些方面不再那么有效。与较大的设备,如笔记本电脑或个人计算机相比,无线智能手机仅具备有限的显示和输入能力,但移动应用程序能够提供对期望信息的快速访问,而不需要登录网站。由于无线设备具有位置感知能力,所以信息可以根据用户的地理位置进行定制。也就是说,信息查找用户,而不是用户搜索信息。平板设备在个人计算机更大的屏幕、更好的输入能力与智能手机更好的便携性之间进行了折中。

无线技术用于远距离的例子是蜂窝3G和4G, Wi-Fi IEEE 802.11主要是面向本地覆盖,蓝牙主要是面向设备之间的短距离连接。这些无线技术需要确保向用户提供高数据传输速率、接入方便、连接稳定以及其他业务应用相关的性能,如语音和视频业务。因此,无线通信技术仍需要做许多改进以满足上述要求,但这些技术改进对于终端用户来说是无法察觉的。

对许多人来说,无线设备已经成为他们与周围世界互动的关键部分。目前,这些与其他人的互动方式涉及语音、文本以及其他形式的社交媒体。他们还能够以各种多媒体内容形式的商业、社交参与和娱乐互动。在不久的将来,许多人设想能够用更先进的方式来与周围的物体、机器(例如，家中的家电)进行交互，甚至设备自身可以进行交互，从而在世界各地发挥更积极的作用。

1.4 未来趋势

随着4G LTE-Advanced和更高数据速率的Wi-Fi系统被大量部署，可以看到许多待开发的未来巨大潜力得以实现。机器对机器通信(Machine to Machine，MTM)也称为物联网(Internet of Things，IoT)存在巨大潜力，其基本思想是使不同领域内的设备之间可以彼此相互通信，如医疗保健、灾后恢复、节能、安全和监控、环境监测、教育、库存和产品管理、制造业和许多其他领域。当今的智能设备可以与无数个配备无线网络功能的对象进行互动。大量信息的传播能够进行数据挖掘和决策支持，也可以进行远程自适应和自动控制。例如，家庭住宅可以利用传感器来监测温度、湿度和气流，以评估人类的舒适程度。这些传感器还可以与家电、取暖和空调系统、照明系统、电动汽车充电站和公用事业公司合作，从而为房主提供建议，甚至是自动控制，以优化能源消耗。房主在家里活动或远离家乡时都可以进行调整控制。最终，这些配置无线通信模块的设备可以在它们自己的社交网络中进行互动以供相互发现、信任和合作。

未来无线网络需要进行彻底的改进以支持上述能力。目前设想的未来通信设备的数量将会增加100倍以上，并且通信类型将涉及许多短消息业务，而这些通信类型将无法通过本书研究的当前几代的通信技术来很好地承载。如果这些通信类型的应用涉及设备之间的控制，通信实时性对延迟的要求将会比人与人之间通信更加严格。

此外，对系统容量的需求也将大大增加。普遍的预测是，到2020年，随着用户数量及每个用户吞吐量的增长，总的数据流量将会增加1000倍。这一需求推动了下列5G备选技术的发展(虽然5G还没有被正式定义)。通过对本书相关内容的学习将会有助于对其中一些技术的理解，下面我们列出几种典型技术作为今后进一步学习的方向。

- **网络致密化** 通过在建筑物内(称为毫微微蜂窝基站)和室外(称为微微蜂窝基站或中继)布设大量的小发射机来重复使用相同的载波频率。
- **设备为中心的架构** 提供专注于设备降低干扰、提升吞吐量和整体服务质量需求的连接。
- **大规模多输入多输出(MIMO)** 能够利用10根或多于100根天线(在单个设备配置且分布在多个位置)向期望的设备甚至移动中的设备聚焦天线波束。
- **毫米波频段(mmWave)** 30～300GHz的毫米波频段的可用带宽资源非常丰富。但是这些频段需要更大的传输功率并且具有较高的障碍物和大气衰减。大规模MIMO技术可以用来克服这些缺点。
- **支持本地移动到移动(MTM)通信** 可以容纳低数据速率、海量设备、持续的最低数率以及极低的延迟。

在本书中，读者将看到通信技术(如Wi-Fi)是如何进行扩展和改进的。同时，我们将回顾一些基础技术，并看到其中的新方向，如OFDM和LTE-Advanced创造的显著的性能改善。这些技术可以提供很好的技术储备，为研究人员和从业人员将来开展相关领域的研究做好准备。相比于固定通信，无线通信非常方便且部署成本更低，但无线通信也是不完美的。现实中存在多种限制，如政治和技术上的困难，阻碍着无线通信技术最终无法充分发挥其技术潜力。两个典型方面是无线信道和频谱资源受限。

1.5 无线技术挑战

无线信号传输并不总是需要无线视距路径，这主要取决于信号所在频率。信号也可以通过穿透障碍物、障碍物的反射、信号的散射以及障碍物边缘的衍射进行传输。但不幸的是，这些反射信号会导致接收端收到信号的多个副本，并且不同副本到达接收端的时间和衰减各不相同。当多个副本信号加在一起并可能显著降低接收信号的强度时，这将产生**多径衰落**。无线信号还会遭受噪声、来自其他用户的干扰以及由设备的运动造成的多普勒频移等影响。

本书中讨论的一系列方法用以对抗上述因素对无线信号传输的影响。

- **调制** 按照信号格式发送数字数据，使得在当前无线信道中发送的比特数尽可能地多。
- **差错控制编码** 也称为信道编码，给一个信号增加额外的比特，使得错误比特可以得到检测和纠正。
- **自适应编码和调制** 动态地调整调制和编码方式来适应测量得到的无线信道条件。
- **均衡** 抵消信道的多径效应。
- **多输入多输出** 使用多根天线对某些方向上的信号进行增强、在不同方向上同时发送信号或者并行发送多个数据流。
- **直接序列扩频** 在宽带宽上扩展信号，这样利用宽带宽可以克服带宽方面的一些问题。
- **正交频分复用** 将一个高速信号流分解成许多低速率比特流，每个比特流不易受到多径衰落的影响。

无线频谱的使用规则也会影响无线通信的能力。政府监管机构将所有频谱根据不同的用途进行分配，无线通信公司常常需要花费大量的金钱来获得无线频谱的使用权。同时，这些机构也对功率、频谱共享方法等方面制定相应的规则。所有这一切都限制了无线通信的可用带宽。高频段的可用带宽多，但由于障碍物的影响很难有效地使用。高频段存在固有的需要更高发射功率的特点。最近，由于30～300GHz毫米波(mmWave)波段具有更多的可用带宽，所以如何从目前广泛使用的1～5GHz频段转换到毫米波频段得到了业界的广泛研究。

第一部分

技术背景

第 2 章

Wireless Communication Networks and Systems

信号传输基础

学习目标

通过本章的学习，你应该能够：

- 区分数字信息源和模拟信息源。
- 理解音频、数据、图像、视频等如何用电磁信号表示。
- 探讨模拟波形和数字波形的特征。
- 理解信号的频率和频率成分。
- 掌握影响信道容量的因素。
- 能够对比和比较各种无线传输形式。

本章的目的是使没有或者具有很少数据通信背景知识的读者能够对本书所包含的内容有一个初步的认识。在本章的最后，我们为感兴趣的读者提供了参考资料以便进行更深入的学习。

2.1 传递信息的信号

本书中，我们主要关心作为信息传递的手段之一的电磁信号。电磁信号可以表示为时间的函数，也可以表示为频率的函数，也就是说，电磁信号包含不同的频率成分。事实证明，对于理解数据传输信号的**频域**视角比**时域**视角更重要。下面对两种视角进行介绍。

2.1.1 时域概念

作为时间的函数，电磁信号可以是模拟的也可以是数字的。**模拟信号**是信号强度随着时间光滑平稳变化的信号。也就是说，信号不存在间断或者不连续。**数字信号**是指信号强度在一段时间内保持不变，在另一段时间内变为另一个恒定的值[⊖]。图 2-1 画出了这两种信号的例子。模拟信号可能是一段语音信号，数字信号可能表示二进制的 1 和 0。

最简单的信号形式是**周期信号**，它是指同样的信号模式随着时间不断重复。图 2-2 是一个周期模拟信号(正弦波)和一个周期数字信号(方波)的例子。在数学上，一个信号 $s(t)$ 定义为周期信号当且仅当：

$$s(t+T)=s(t) \quad -\infty<t<+\infty$$

其中，常数 T 是信号的周期(T 为满足该等式的最小值)。否则，信号是**非周期的**。

正弦波是一个基本的模拟信号。一般的正弦波可以用 3 个参数表示：峰值振幅(A)、频率(f)、相位(ϕ)。**峰值振幅**是信号随着时间变化的最大值或最大强度。典型地，这个值以伏特(V)为单位。**频率**是信号重复的速率(每秒的周期数或者赫兹(Hz))。一个等价的参数是信号的**周期**(T)，即一个循环需要的总时间。因此，$T=1/f$。**相位**是指周期信号的单个周期在时间上的相对位置，后面将会说明。

⊖ 这是一种理想化的定义。实际上，电平不可能瞬间从一个值变为另一个值，而是需要一个很小的转换时间。但是，一个实际的数字信号非常接近这个恒定电平值瞬时转换的理想模型。

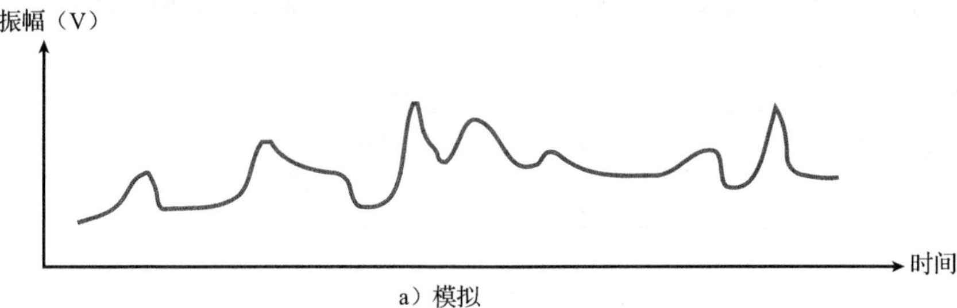

a）模拟

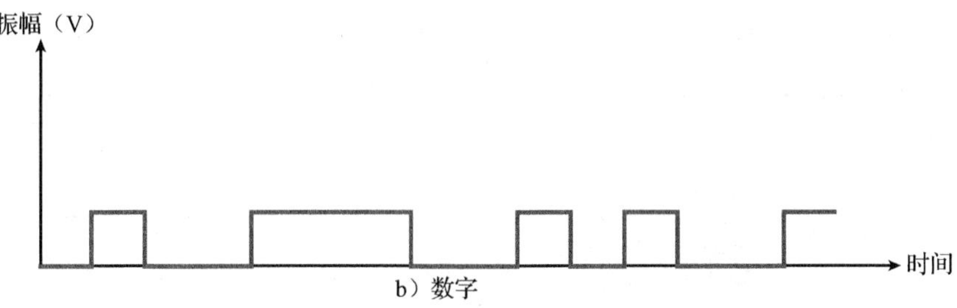

b）数字

图 2-1　模拟波形和数字波形

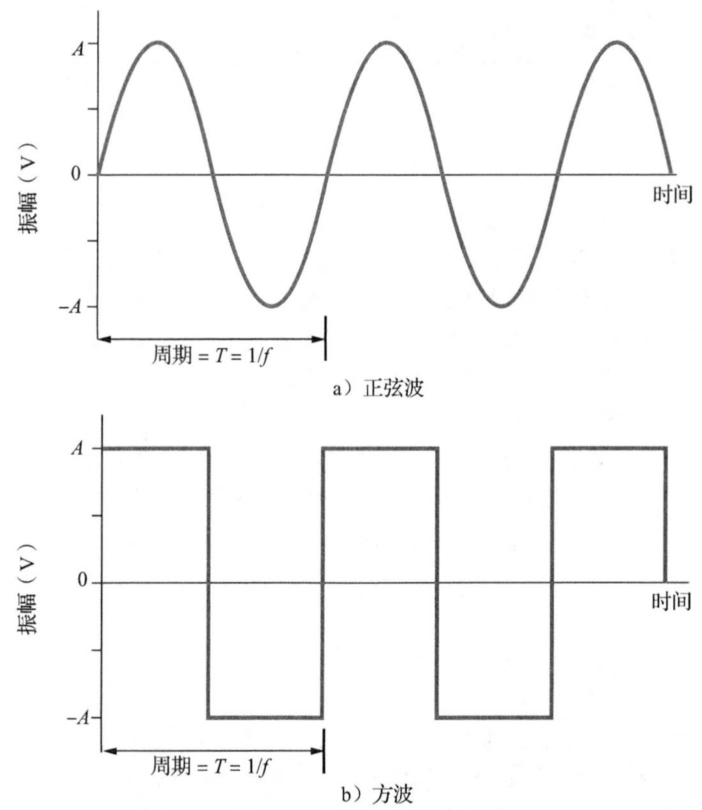

图 2-2　周期信号示例

一般的正弦波可以表示为：

$$s(t) = A\sin(2\pi ft + \phi) \tag{2-1}$$

具有式(2-1)形式的函数称为**正弦波**。图 2-3 给出了改变 3 个参数中的每一个参数对信号的影响。图 2-3a 中，频率是 1Hz；因此，周期是 $T=1\text{s}$。图 2-3b 中，频率和相位不变，但是峰值振幅为 0.5。图 2-3c 中，频率是 $f=2$，相当于周期是 $T=0.5\text{s}$。最后，图 2-3d 中给出了相位偏移为 $\pi/4$ 弧度(rad)(即 45°，2π 弧度$=360°=1$ 个周期)对信号的影响。

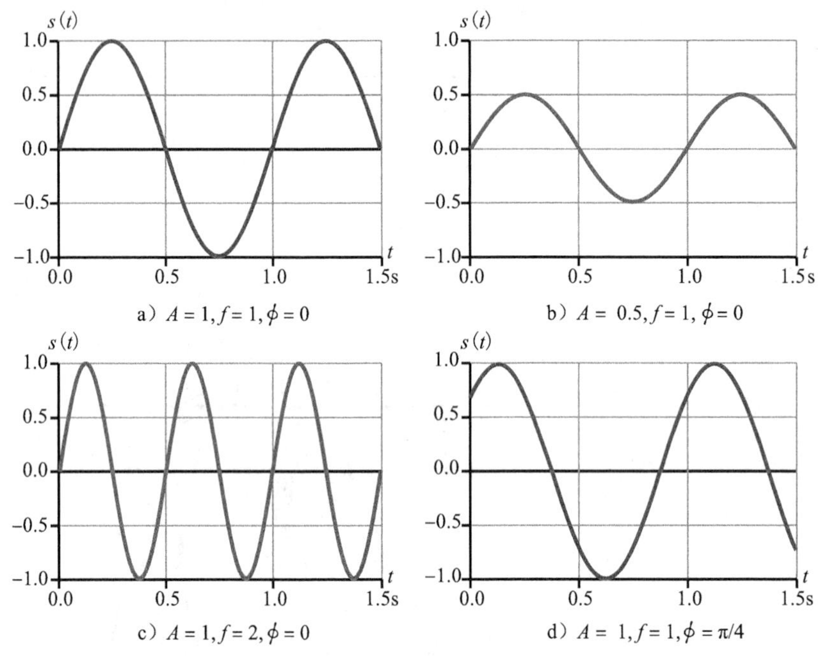

图 2-3　$s(t)=A\sin(2\pi ft+\phi)$

图 2-3 中，水平轴是时间，图中展示了空间上一个给定点的信号值随时间变化的函数。在这些图中，通过改变测度(scale)，可以用水平轴表示空间距离。在这种情况下，该图显示了在给定时间点信号值随着距离变化的函数。例如，在一个的正弦波传输的特定瞬间(如，一个从天线传播了一定距离的无线电磁波或者从扬声器传出了一定距离的声音)，信号强度作为其与波源距离的函数以正弦方式变化。

这两个正弦波之间有简单的关系，一个是时间上的，一个是空间上的。信号的波长(λ)是指一个周期占用的距离，或者换一种说法，是两个连续周期中具有同一相位的两点之间的距离。假设信号的传播速率是 v，那么波长与周期的关系可以表示为：$\lambda=vT$。等价地，$\lambda f=v$。这里需要特别讨论的情况是，$v=c$，c 是光在自由空间中传播的速率，其大小大约为 $3\times10^8\text{m/s}$。

2.1.2　频域概念

实际上，一个电磁波信号包含了许多频率成分。例如，信号

$$s(t)=(4/\pi)\times\{\sin(2\pi ft)+(1/3)\sin[2\pi(3f)t]\}$$

的图形如图 2-4 所示。这个信号仅仅是由频率 f 和频率 $3f$ 的正弦波组成。图 2-4a 和 b 分别表示这两个信号成分。由该图可以得出以下有趣的两点：

- 第二个频率是第一个频率的整数倍。当一个信号的所有频率成分是其中一个频率的整数倍时，这个频率称为**基频率**，其他的频率成分称为**谐波频率**。

- 整个信号的周期等于基频率的周期。从图 2-4c 可以看出，$\sin(2\pi ft)$分量的周期 $T=1/f$，信号 $s(t)$的周期也是 T。

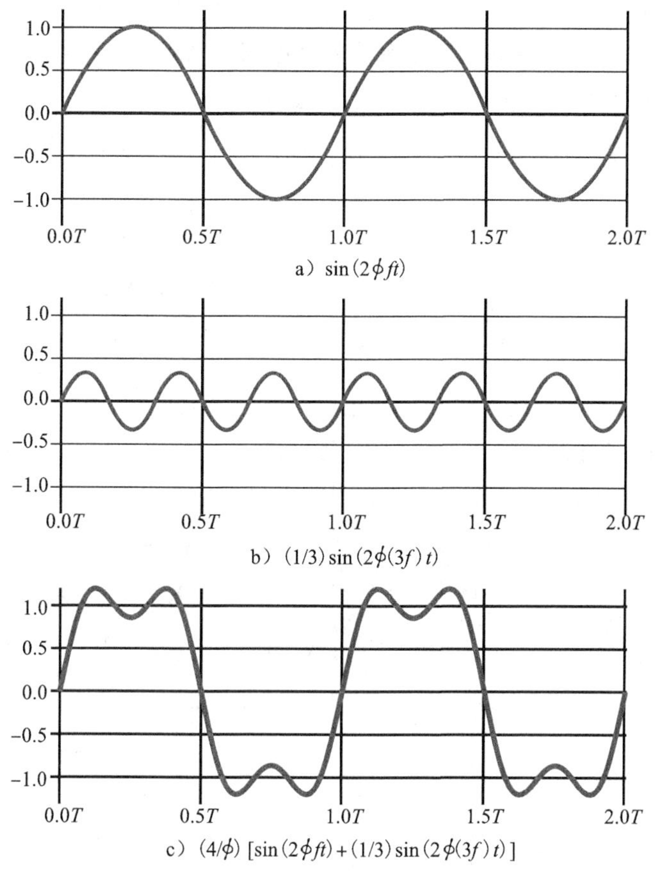

a）sin(2ϕft)

b）(1/3) sin(2ϕ(3f) t)

c）(4/ϕ) [sin(2ϕft) + (1/3) sin(2ϕ(3f) t)]

图 2-4　频率成分的叠加($T=1/f$)

根据傅里叶分析理论可以知道，任何信号都是由多个分量组成，这里每一个分量都是一个正弦波。如果每一个正弦信号都选择合适的振幅、频率和相位，那么叠加足够多的正弦信号就可以构造出任何一个电磁波信号。换句话说，任何电磁信号都可以由具有不同振幅、频率和相位的周期模拟信号(正弦波)构成。从前面的讨论我们可以更清楚地认识到，与从时间角度(时域)观察一个信号相比，从频率角度(频域)观察一个信号的重要性。有兴趣的读者可以在附录 B 中在线获取关于傅里叶变换分析的介绍。

一个信号的**频谱**是指它所包含的频率范围。对于图 2-4c 的信号，频谱从 f 延伸到 $3f$。信号的**绝对带宽**是指频谱的宽度。图 2-4c 中信号带宽为 $3f-f=2f$。许多信号的带宽是无限的，但是它所包含的大部分能量在一个相对窄的频率宽度内。这个宽度称为**有效带宽**或者**带宽**。

2.1.3　数据速率和带宽之间的关系

一个信号的信息承载能力和带宽之间有直接的关系：带宽越宽，承载信息的能力就越强。图 2-2b 是一个简单方波的例子。假设我们令一个正脉冲代表二进制数 0，负脉冲代表二进制数 1。那么该波形代表二进制数据流 0101……每个脉冲的持续时间为 $1/2f$，因此数据速率为 $2f$bit/s。这个信号的频率成分是什么呢？为了回答这个问题，我们再次考虑

图 2-4。通过把频率为 f 和 $3f$ 的正弦波叠加在一起，我们得到一个有点近似方波的波形。让我们继续这个过程，再叠加一个频率为 $5f$ 的正弦波，可以得到图 2-5a 所示的波形，再叠加一个频率为 $7f$ 的正弦波，可以得到图 2-5b 所示的波形。随着我们不断叠加 f 的奇数倍频率的正弦波，并通过适当的调整直至所得到的波形越来越接近方波。

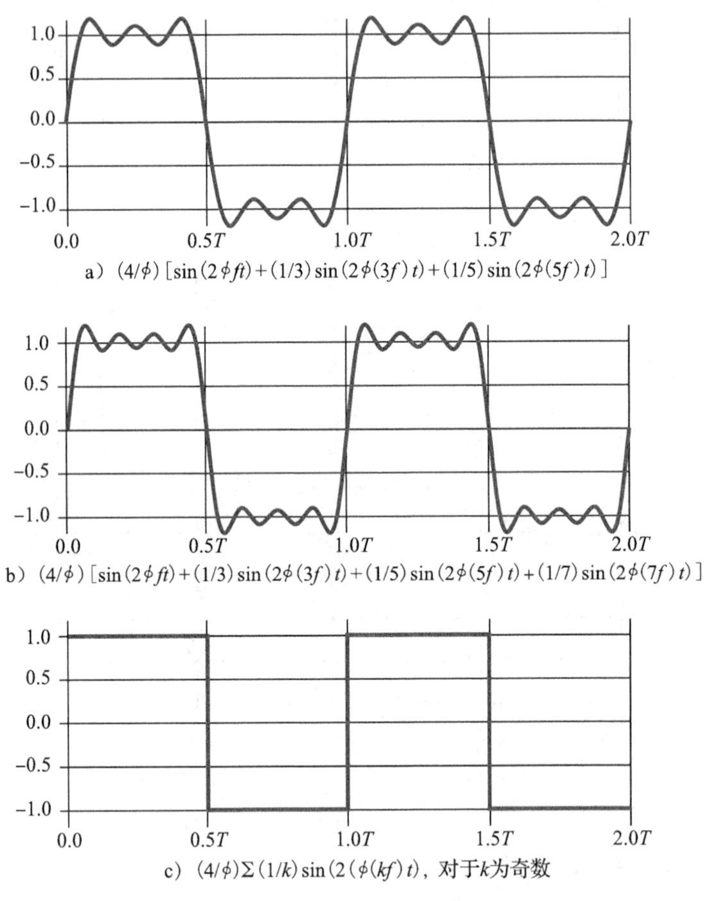

a）(4/ϕ) [sin(2ϕft)+(1/3) sin(2ϕ(3f) t)+(1/5) sin(2ϕ(5f) t)]

b）(4/ϕ) [sin(2ϕft)+(1/3) sin(2ϕ(3f) t)+(1/5) sin(2ϕ(5f) t)+(1/7) sin(2ϕ(7f) t)]

c）(4/ϕ)Σ(1/k) sin(2(ϕ(kf) t)，对于k为奇数

图 2-5 方波的频率成分($T=1/f$)

事实上，信号振幅为 $-A\sim A$ 的方波所包含的频率成分可以由下式表示：

$$s(t)=A\frac{4}{\pi}\sum_{k\text{为奇数},k=1}^{\infty}\frac{\sin(2\pi kft)}{k}$$

从上式可以看出，这个波形的频率成分有无穷个，因此带宽为无穷大。然而，第 k 个频率成分 kf 的峰值振幅仅仅为 $1/k$，所以这个波形的大部分能量集中在前几个频率成分。如果我们将带宽仅仅限制在前 3 个频率成分会是怎样的结果呢？我们早已看到了答案，在图 2-5a 中，我们可以看到波形已经接近原始方波。

我们可以用图 2-4 和图 2-5 来说明数据速率和带宽之间的关系。假定我们使用一个可以传输 4MHz 带宽信号的数字传输系统。我们试着传输一个 0 和 1 交替的方波序列，如图 2-5c 所示。可以获得多大的数据传输速率呢？我们看看下列 3 种情况。

情况一：让我们用图 2-5a 所示的波形来近似方波。尽管这个波形是一个“扭曲”的方波，但它也和方波足够近似，这样使接收端能够辨别出二进制数 0 和 1。如果我们令 $f=10^6$ 周期/秒 $=1$MHz，那么信号

$$s(t)=\frac{4}{\pi}\times\left\{\sin[(2\pi\times10^{6})t]+\frac{1}{3}\sin[(2\pi\times3\times10^{6})t]+\frac{1}{5}\sin[(2\pi\times5\times10^{6})t]\right\}$$

的带宽为 $5\times10^{6}-10^{6}=4$MHz。对于 $f=1$MHz，基频率对应的周期为 $T=1/10^{6}=1\mu s$。如果我们把这一波形看作 0 和 1 的比特流，那么每比特持续时间为 0.5μs，数据速率为 $2\times10^{6}=2$Mbps。因此，在 4MHz 带宽上实现了 2Mbps 数据速率的信号传输。

情况二：假设频带宽度是 8MHz。让我们再来观察图 2.5a，但现在频率改为 $f=2$MHz。使用前面的推理方法，我们可以得到信号的带宽是 $(5\times2\times10^{6})-(2\times10^{6})=8$MHz。但在这个例子中，周期 $T=1/f=0.5\mu s$。因此，数据速率变成 4Mbps，即每个比特 0.25μs 出现一次。因此，在其他条件一样的情况下，通过使信号的带宽加倍，我们能够使信号速率达到原来的 2 倍。

情况三：现在我们假定图 2-4c 所示的波形足够近似一个方波。也就是说，图 2-4c 中所示的正负脉冲之间的区别足够明显，可以成功地表示一个 0、1 序列。假定与情况二中的参数一样，$f=2$MHz、$T=1/f=0.5\mu s$，数据速率为 4Mbps，即每个比特 0.25μs 出现一次。使用图 2-4c 的波形，信号的带宽为 $(3\times2\times10^{6})-(2\times10^{6})=4$MHz。因此，在给定带宽的情况下，能够支持的数据速率取决于接收端在有噪声或者其他损伤情况下识别 0 和 1 的能力。

总之，

- **情况一**：频带宽度＝4MHz，数据速率＝2MHz。
- **情况二**：频带宽度＝8MHz，数据速率＝4MHz。
- **情况三**：频带宽度＝4MHz，数据速率＝4MHz。

我们可以从刚才的讨论中得到以下的结论。通常，采用矩阵脉冲的任何数字波形具有无限的带宽。如果我们尝试使用这种波形在任何传输介质中传输信号，传输系统将对能够传输的信号带宽进行限制。而且，对于任何给定的传输介质，传输的带宽越大，代价也越大。因此，一方面，经济和现实的因素决定了数字信号需要利用有限带宽的信号来近似。另一方面，限制带宽会带来信号失真，导致接收端识别接收到的信号变得更加困难。带宽的限制越多，失真就会越大，接收端错误识别信号的可能性也会越大。

2.2　模拟信号和数字信号传输

术语模拟和数字基本上可以与离散和连续相对应。这两个术语至少被频繁地使用在数据通信中的以下 3 个方面：数据、信号和传输。

简单来说，我们定义**数据**是表达意思或信息的实体。**信号**是数据的电或者电磁的表示。**传输**是通过对信号进行传播或处理来实现的数据通信。在下面的讨论中，我们通过在数据、信号和传输这些概念中讨论数字和模拟这两个术语，尝试使这些抽象概念变得清晰。

2.2.1　模拟数据和数字数据

模拟数据和数字数据的概念很简单。**模拟数据**在某段间隔内取连续值。例如，语音和视频是强度连续变化模式。通过传感器采集的大部分数据，比如温度和压力，都是连续取值的。**数字数据**取离散值，比如文本和整数。

我们最熟悉的模拟数据是音频，其通常以声波的形式存在并且可以被人类直接感知到。图 2-6 是人类说话以及音乐的声谱图。典型语音的频率成分大约为 100～7000Hz。尽管语音中的大部分能量集中在低频段，但多个实验表明，对于人耳来说低于 600Hz 或者 700Hz 的频率成分对语音的可理解性没有什么作用。典型的语音有大约 25dB[⊖]的动态范围。也就是说，在语音中最大声的呼喊所产生的能量可能是最小的耳语所产生的能量的 300 倍。

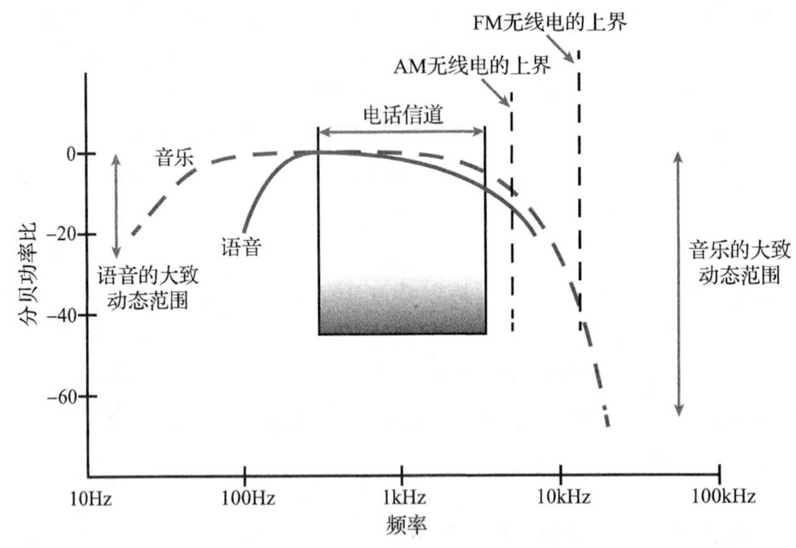

图 2-6 语音和音乐的声谱

2.2.2 模拟信号和数字信号

在通信系统中，数据是通过电磁信号的方式实现从一个点到另一个点的传播。**模拟信号**是连续变化的电磁波，根据其频率的不同可以在多种不同的介质中传播，例如铜制有线介质(双绞线和同轴电缆)、光纤电缆，以及空气或无线自由空间。**数字信号**是通过铜制有线介质传播的一个电压脉冲序列。例如，一个恒定的正电压值可能代表二进制数 0，而一个恒定的负电压值可能代表二进制数 1。

相对于模拟信号数字信号的主要优点在于实现起来更加便宜，且不易受到噪声的干扰。主要的缺点是其比模拟信号更容易受到衰减的影响。图 2-7 中所示为信源使用两个电压电平产生的一个电压脉冲序列，以及在传导介质中传播一定距离后的接收电压。由于高频信号强度的衰减、抑制，信号脉冲变得圆滑，强度也变得更小。需要说明的是，这种衰减会导致传播信号中包含的信息快速丢失。

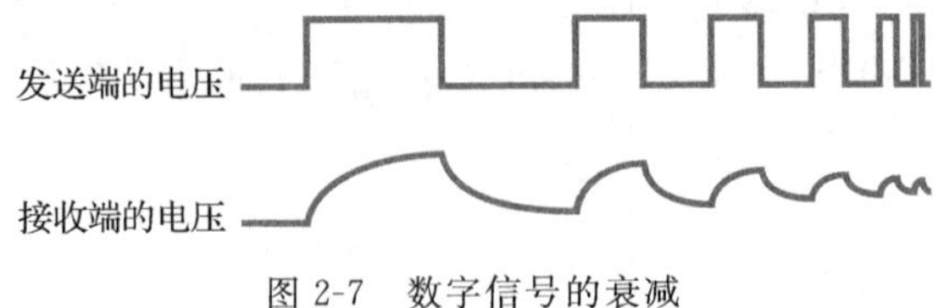

图 2-7 数字信号的衰减

模拟数据和数字数据都可以用模拟信号或者数字信号来表示和传播，如图 2-8 所示。一般来讲，模拟数据是关于时间的函数并且占据着有限的频谱。这些数据可以用一个占用

⊖ 分贝的概念在附录 2A 中介绍。

相同频谱的电磁信号来直接表示。最好的例子是声音数据。作为声波，声音数据的频率范围在 20Hz～20kHz。正如前面提到的，大部分的语音能量聚集在一个非常窄的频谱范围内，如图 2-6 所示，典型语音的频谱范围集中在 100Hz～7kHz。标准的语音电话信号的频谱范围甚至更窄，在 300～3400Hz，而且这足以传输清晰明确的语音。我们现在普遍使用的电话机就是这么设计的。对于频谱在 300～3400Hz 的所有输入声音来说，电话机会产生一个与声音信号有相同频幅模式的电磁信号。这一过程的逆过程就可以将电磁信号还原为声音。

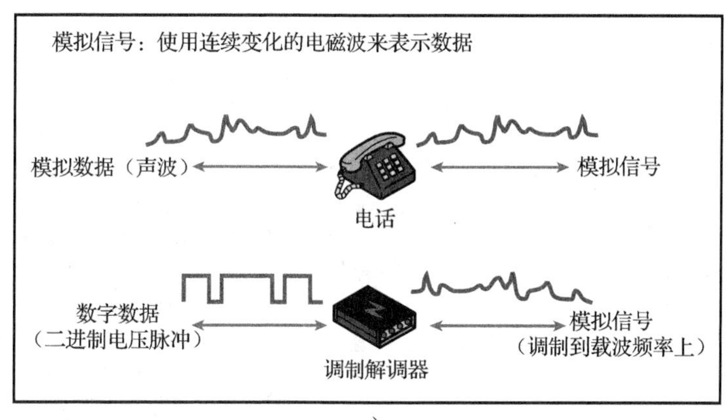

a)

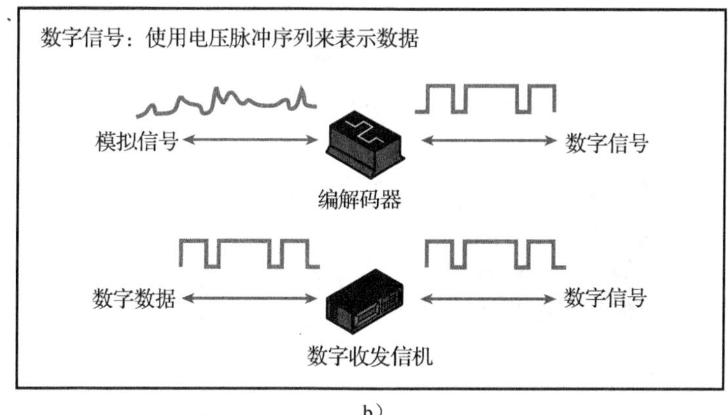

b)

图 2-8　模拟数据和数字数据的模拟信号和数字信号表示

利用调制解调器(调制器-解调器)，模拟信号也可以用来表示数字数据。调制解调器通过调制载波频率将一串二进制(二值)电压脉冲转换成模拟信号。调制后的信号占据了以载波频率为中心的某些频谱，并且可在适合于该载波的介质中传输。在传输线的另一端，调制解调器将信号恢复为原始信号。

与调制解调器有着非常类似的操作，模拟数据可以由数字信号来表示。对于语音数据来说，编解码器可以实现上述功能。事实上，模拟信号可以直接表示语音数据，编解码器利用一串比特流来逼近该模拟信号。在传输线的另一端，编解码器使用比特流来重构模拟数据。这个话题将在后面的章节继续探讨。

最后，数字数据可以直接表示为二进制形式，并利用两种电平来表示。尽管如此，二进制数据往往编码成一个更为复杂的数字信号形式以提高其传播特性，这部分将在后面的章节解释。

前面介绍的4种组合(如表2-1a所示)都有着广泛的应用。对于任何给定的通信任务来说，选择特定组合的理由是各不相同的。我们在这里列出了一些具有代表性的原因：

表2-1 模拟和数字传输

a) 数据与信号

	模拟信号	数字信号
模拟数据	两种选择：1)信号与模拟数据有相同的频谱；2)模拟数据编码以占用频谱的不同部分	模拟数据利用编解码器产生一串数字比特流
数字数据	数字数据利用调制解调器产生模拟信号	两种选择：1)信号包括两种电压电平来表示两个二进制数值；2)数字数据编码来产生一个具有期望特性的数字信号

b)信号的处理方式

	模拟传输	数字传输
模拟信号	通过放大器传播；对模拟数据和数字数据采用相同的信号处理	假设模拟信号表示数字数据。信号通过中继器传播。在每个中继器，将输入信号恢复为数字数据，并利用恢复的数字数据产生一个新的模拟输出信号
数字信号	没有使用	数字信号表示1和0的比特流，它可能表示数字数据或者表示编码后的模拟数据。信号通过中继器发送。在每个中继器，将输入信号恢复为1和0的比特流，并利用恢复的1和0的比特流产生一个新的数字输出信号

- **数字数据，数字信号**：通常，将数字数据通过编码构成数字信号的设备比从数字到模拟转换的设备更简单和便宜。
- **模拟数据，数字信号**：将模拟数据转换为数字信号的形式，能够使现代的传输与交换设备也能够应用于模拟数据。
- **数字数据，模拟信号**：一些传输介质，例如光纤和卫星，仅能传输模拟信号。
- **模拟数据，模拟信号**：模拟数据易于转换成模拟信号。

2.2.3 模拟传输和数字传输

模拟信号和数字信号都需要在适合于其传输的介质中传输。处理这些信号的方式是传输系统的一种功能，表2-1b总结了数据传输的方法。**模拟传输**是一种传输模拟信号的方法，其不考虑传输的具体内容。信号可能代表模拟数据(例如，语音)或者数字数据(例如，经过调制的数据)。不管怎样，模拟信号都会遭受一定的衰减从而限制了传输链路的长度。为了实现更长距离的传输，模拟传输系统需要引入能够增强信号能量的放大器。不幸的是，放大器的引入也会增强噪声部分的能量。在利用放大器级联实现远距离传输的同时，信号失真也愈加严重。对于模拟数据，如语音，能够容忍一定的失真并保持数据的可理解度。然而，对于采用模拟信号传输的数字数据，放大器的级联将引入错误。

与之相对，**数字传输**需要关注传输信号的内容。我们已经提到，由于衰减会危害数据的完整性，所以数字信号只能在有限的距离内传输。为了实现更长距离传输，需要用到中继器。中继器收到数字信号后将其恢复为0、1模式，而后重新发送一个新的信号。因此，能够克服衰减的影响。

相同的技术也适用于用模拟信号来承载数字数据的传输方式。在适当间距点，传输系统用中继器代替放大器。中继器可以从模拟信号中恢复数字数据，之后重新产生一个新的干净的模拟信号。因此，噪声不会被累积。

2.3 信道容量

大量的损伤会导致信号失真或者损坏。常见的损伤是**噪声**，它是指任何叠加在发送信号和接收信号上并使其失真的非期望信号。噪声和其他的损伤将在第 6 章中讨论。在本章，我们仅需要知道噪声会降低信号质量。对于数字数据，随之而来的问题是达到什么样的程度，这些损伤会限制可达数据速率。在给定条件下，在一个给定的通信链路或者信道中，数据传输能够达到的最大速率称为**信道容量**。

下面有 4 个我们试图彼此相互关联的概念：

- **数据速率**：数据能够被传输的速率，单位比特/秒(bps)。
- **带宽**：发送信号的带宽，它受发送端和传输介质性质的限制，单位是每秒钟周期数，或赫兹(Hz)。
- **噪声**：这里我们讨论的是通信链路中的平均噪声水平。
- **误码率**：指的是错误发生的概率，误码就是发送为 0 接收为 1 或发送为 1 接收为 0。

我们要讨论的问题是：通信设备都是昂贵的，一般来说，设备的带宽越宽，成本就越大。而且，任何具有实际用途的传输信道都是带宽受限的。这些限制可能是由传输媒介的物理性质引起的，也有可能是为了防止其他信源的干扰而故意限制的。于是，我们需要尽可能高效地利用给定的带宽。对于数字数据，这意味着在给定带宽和误码率限制的条件下，我们需要达到尽可能高的数据速率。实现这一目标效率的主要限制因素就是噪声。

2.3.1 奈奎斯特带宽

首先，我们考虑无噪信道。在这种环境中，限制数据速率的因素仅仅是信号的带宽。奈奎斯特定理给出了对这一限制因素的公式描述，如果信号传输速率是 $2B$，那么频率小于 B 的信号足以承载这个信号速率。反过来也成立，对于给定带宽 B，那么能够承载的最高信号速率是 $2B$。这个速率限制是由延迟失真[⊖]等产生的符号间串扰效应引起的。这个结论在数模转换编码理论的发展中也发挥了重要作用。

需要注意的是，在前面的段落中，我们提到了信号速率。如果被传输的信号是二进制的(仅有两个值)，那么带宽为 BHz 的信道能够支持的数据速率是 $2B$bps。举个例子，考虑在一个语音信道上利用调制解调器传输数字数据，信道带宽是 3100Hz，那么该信道的信道容量 C 是 $2B$=6200bps。但是，正如我们将在第 7 章中了解到的，多于两种电平的信号也是可以使用的，也就是说，每一个信号元素可以表示多于 1 比特信息。例如，如果信号有 4 个电平，那么每个信号元素就表示 2 比特的信息。对于多电平信号，奈奎斯特方程式可以表示为

$$C = 2B\log_2 M$$

其中 M 是离散信号元素(或称为信元)或电平的数量。因此，对于一些调制解调器使用的电平数 M=8，带宽 B=3100Hz，则信道容量 C=18 600bps。

所以，对于给定带宽，可以通过增加不同信号元素的数量来增加数据速率。然而，这会给接收机增加负担：在每个信号时间内不区分两个可能的信号元素之一，而是需要区分

⊖ 在信号的频率范围内，当传输介质的传播时延不恒定时，时延失真就会发生。

M 个可能的信号元素之一。传输链路中的噪声和其他损伤会影响数值 M 的实际大小。

2.3.2 香农容量公式

奈奎斯特公式表示，在其他条件相同的情况下，带宽扩大一倍，数据速率就扩大一倍。现在我们考虑数据速率、噪声和误码率之间的关系。噪声的存在可以腐蚀 1 比特甚至更多的信息。如果增加数据速率，则每比特所占的时间变得更短，那么在同样噪声情况下将有更多的信息比特被影响。因此，在噪声水平一定的情况下，数据速率越大，误码率就越大。

图 2-9 所示是噪声对数字信号造成影响的一个例子。这里的噪声是由一个相对适中水平的背景噪声加上偶然出现的峰值大噪声叠加构成的。数字数据可以通过对接收到的波形进行每比特一次的采样来恢复。从图中可以看出，噪声偶尔足以将 1 变成 0 或者将 0 变成 1。

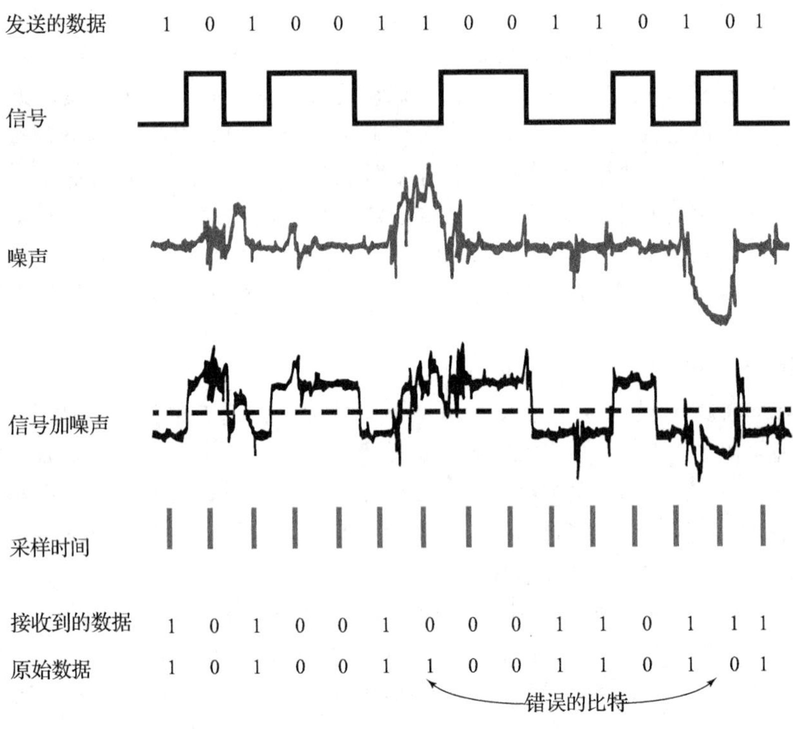

图 2-9 噪声对数字信号的影响

所有这些概念可以由数学家克劳德·香农提出的香农公式整齐地整合在一起。正如我们刚才说明的，数据速率越高，非期望的噪声可以造成的损伤就越多。对于给定的噪声水平，我们期望能够通过增强信号强度来提高噪声存在条件下正确接收数据的能力。在这个推理中涉及的关键参数是信噪比(SNR，或 S/N)[⊖]，它是在传输中的某一个特定点呈现出的信号功率和噪声功率的比值。由于接收端需要对接收信号进行处理并且消除有害噪声，所以这个比值通常需要在接收端进行测量。为方便起见，这个比值经常用**分贝**(dB)来

⊖ 有些文献用 SNR，有些用 S/N。在某些情况下，一些无量纲的量表示成 SNR 或者 S/N，以分贝的量表示成 SNR_{db} 或者 $(S/N)_{db}$。另一些用 SNR 或者 S/N 表示分贝量纲。本文用 SNR 和 SNR_{db} 来表示。

描述：

$$\mathrm{SNR_{dB}} = 10\log_{10}\frac{\text{信号功率}}{\text{噪声功率}}$$

它表示期望信号超过噪声水平的分贝数量。高信噪比意味着高的信号质量。

信噪比在数字传输系统中是一个非常重要的参数，因为它决定着系统可达数据速率的上界。香农定理揭示了最大信道容量

$$C = B\log_2(1+\mathrm{SNR})$$

这里 C 表示信道容量，单位为比特/秒(bit/s)，B 表示信道带宽，单位为赫兹(Hz)。香农公式给出了信道的最大可达速率，而实际系统中能够达到的速率要低得多。原因之一是，香农公式假设噪声是白噪声(热噪声)，脉冲噪声没有计入，并且衰减失真和时延失真也没有考虑。各类噪声和失真将在第 6 章中讨论。

例 2.1 下面我们考虑一个涉及奈奎斯特方程和香农公式的例子。假设信道的频谱为 3MHz～4MHz，信噪比 $\mathrm{SNR_{dB}}$ 为 24dB。那么

$$B = 4\mathrm{MHz} - 3\mathrm{MHz} = 1\mathrm{MHz}$$

$$\mathrm{SNR_{dB}} = 24\mathrm{dB} = 10\log_{10}(\mathrm{SNR})$$

$$\mathrm{SNR} = 251$$

根据香农方程，

$$C = 10^6 \times \log_2(1+251) \approx 10^6 \times 8 = 8\mathrm{Mbit/s}$$

这是一个理论上限，并且我们也说过，这个上限是不可能达到的。但现在假设我们可以达到这个上限，根据奈奎斯特方程，需要多少信号电平？我们有

$$C = 2B\log_2 M$$

$$8\times 10^6 = 2\times(10^6)\times\log_2 M$$

$$4 = \log_2 M$$

$$M = 16$$

前面给出的信道容量公式称为无差错信道容量。香农证明了，如果信道实际信息速率低于无差错信道容量，那么理论上有可能通过使用合适的信号编码方法实现在该信道上的无差错传输。遗憾的是，香农理论并没有给出一个找到这种编码的方法，但它确实提供了一个衡量实际通信方案性能的准绳。

从上述方程得出的其他结论对我们来说可能也是有帮助的。对于给定噪声水平，我们可以通过增大信号强度或者增大带宽来提高数据速率。然而，随着信号强度的增强，非线性对系统的影响也会增强，这将导致互调噪声的增多。还需要注意的是，由于我们假定噪声是白噪声，所以带宽越宽，系统引入的噪声就越多。因此，当带宽 B 增加时，信噪比 SNR 会下降。

2.4 传输介质

在数据传输系统中，**传输介质**是指发送端和接收端之间的物理路径。传输介质可以分为导向性传输介质和非导向性传输介质。在这两种传输介质中，通信都是以电磁波的形式进行。在**导向性介质**中，电磁波沿着固体介质传播，例如铜质的双绞线、铜质的同轴电缆或光导纤维。大气层或者外太空则属于**非导向性介质**，电磁波信号可以在其中传输但介质

对其不具有导向性，这种传输形式通常称为**无线传输**。

传输介质的固有性质和信号的特征共同决定了数据传输的方式和质量。在导向性介质中，介质本身在决定传输限制中通常起着更重要的作用。对于非导向性介质，天线发送信号的带宽在决定传输特性方面的作用比传输介质更为重要。天线发送信号的重要特性之一就是方向性。一般来说，低频信号的传输是全向的，也就是说，信号从天线向各个方向传播。只有在更高的频率上，信号才有可能被固定在一个波束方向。

图 2-10 所示为电磁频谱图，并且给出了多种导向性介质和非导向性介质以及相应的传输技术的工作频段。在本节接下的部分，我们将简要介绍非导向性介质，即无线介质。

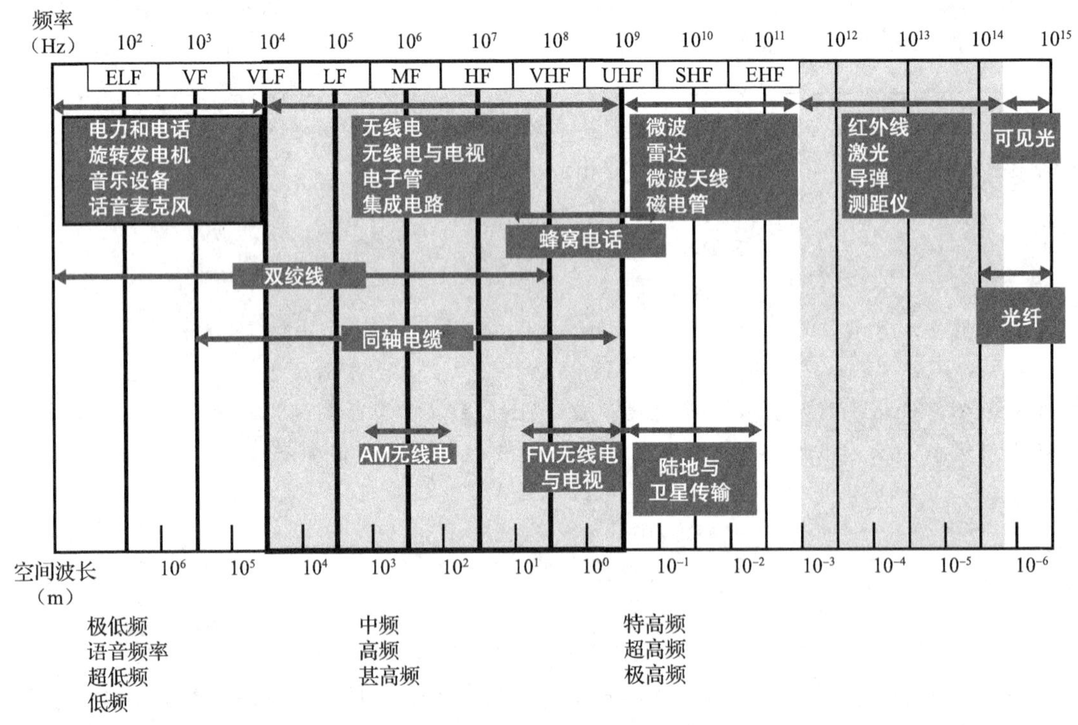

图 2-10　用于电信业务的电磁波频谱

对于非导向性介质，发送和接收都需要借助天线来完成。发送时，天线将电磁波能量辐射到介质中(通常为空气)；接收时，天线从周围的介质中接收电磁波。在无线传输中，基本上分为两种类型的配置：定向和全方向。对于定向配置，发送天线发射一束定向的电磁波束，因此传输和接收天线必须严格对齐。对于全向传输的情况，发送信号向各个方向传播，因此可以被多个天线接收。

在我们讨论的无线传输中，有 3 个频段是我们最感兴趣的。频率在 1～100GHz (1GHz=10^9 Hz)之间的频段称为**微波频段**。在该频段中，高度定向波束是可实现的，因此微波频段很适合进行点对点传输。微波频段也用于卫星通信。频率在 30MHz～1GHz 之间的频段适合进行全向传输，我们将其称为无线频段。

红外频段是另一个适用于本地应用的重要频段，其频率范围大约为 3×10^{11}～2×10^{14} Hz。对于空间受限的区域，例如房间内，红外频段在本地点对点和点对多点业务中是非常有用的。

2.4.1　地面微波

物理描述　微波天线的最常见类型是抛物柱面反射器。典型的尺寸是大约 3m 的直径。天线被牢牢地固定并发射窄波束从而能够将信号通过视距传输到接收天线。微波天线通常放置在距地面足够高的地方，这样能够避免障碍物阻挡从而扩大天线的传输范围。为了实现远距离传输，通常使用多个微波中继塔进行微波接力，这样多个点对点的微波链路连在一起就可以实现期望的远距离传输。

应用　**地面微波**系统的一个基础应用是长途通信业务，其可以作为同轴电缆或光导纤维的替代方式。在相同传输距离的条件下，微波设备相对于同轴电缆所需要的放大器或中继器更少，但是其要求视距传输。微波通信常用于语音和电视传输。

微波通信的另一个不断增长的常用应用是建筑物间的短距离点对点通信，其可以作为闭路电视或者无线本地网的数据链路。短距离微波通信也适用于所谓的旁通应用。企业可以利用微波链路在城市中建立长距离电信设施，从而绕过电话公司。

微波通信的另两个比较重要的应用是，蜂窝系统和固定无线接入。这些将在第三部分详细介绍。

传输特性　微波传输覆盖了相当大部分的电磁频谱，常用于传输的频率范围为 2～40GHz。使用的频率越高，潜在带宽就越宽，因而潜在数据速率就越高。表 2-2 给出了典型微波系统的带宽和数据速率。

表 2-2　典型数字微波系统的性能

频段(GHz)	带宽(MHz)	数据速率(Mbps)
2	7	12
6	30	90
11	40	135
18	220	274

对于任何一个传输系统，信号损失的主要来源是衰减。对于微波(无线频段)，信号衰减可以表示为

$$L = 10\log\left(\frac{4\pi d}{\lambda}\right)^2 \text{dB} \tag{2-2}$$

其中，d 表示距离，λ 表示波长，二者单位相同。因此，衰减大小与距离的平方成正比。与之相比，双绞线或者同轴电缆中的衰减大小与距离呈指数关系(线性分贝关系)。因此，对于微波系统来说，中继器或者放大器可以放置得更远，典型的距离为 10～100 公里。降雨会增加信号衰减。在 10GHz 频段以上，降雨的影响将尤为引人注目。频率增加，则波长减少，因而衰减会增加。微波系统的另一个损伤源是干扰。随着微波系统的日益普及，传输区域的重叠和相互干扰总是一种威胁。因此，频段划分是受到严格监管的。

长途通信最常用的频段是 4～6GHz。随着频率拥塞程度的不断增加，11GHz 频段现在开始使用。12GHz 频段已经作为有线电视系统的一个组成部分。微波链路用来向本地有线电视设备提供电视信号，之后该信号通过同轴电缆发送给各个用户。更高的微波频段，典型的频段有 22GHz，目前用于建筑物间的短距离点对点通信。由于衰减增加的原因，更高频率的微波频段很少用于长距离通信，但其足以应对短距离通信。除此之外，频率越高，天线尺寸就越小且造价越便宜。

2.4.2 卫星微波

物理描述　从功能上讲，通信卫星就是一个微波中继站。它用于将地面上的两个或者更多个微波发射机/接收机(也就是我们说的地球站或地面站)连接起来。卫星接收一个频段上的传输信号(上行链路)，放大或者重复该信号，然后在另一个频段上发送该信号(下行链路)。一个单轨卫星会工作在若干个频段上，也称为转发器信道，简称转发器。

应用　与光导纤维一样，通信卫星是一次重要的技术革命。其中，卫星最重要的应用包括：

- 电视节目分发
- 长途电话传输
- 私人商务网络

由于其所具有的广播特性，所以卫星很适合用在电视节目分发上，目前这一应用已经被美国乃至世界各地广泛使用。在它的传统应用中，电视网络在一个中心地点提供节目，将该节目传输到卫星，随后向下广播到多个地面站点，之后这些站点就可以将节目分发给各个观众了。其中，一个名为公共电视网(PBS)的电视网络，几乎仅使用卫星信道来分发电视节目。其他的商业网络也广泛使用卫星，并且在有线电视系统提供的电视节目中通过卫星接收节目的比例正在不断增长。卫星电视分发技术的最新应用是直播卫星(DBS)，该技术可以将卫星视频信号直接传输到家庭用户。随着费用的不断降低以及接收天线尺寸的不断缩小，使得DBS是经济可行的，现在DBS也已经很普遍了。我们将在第16章中讨论DBS。

卫星传输同样可以用在公共电话网络中电话交换局之间的点对点中继线(bunk)。对于高利用率的国际中继线，卫星传输是最适宜的媒介，与由多国长途链路构成的地面系统相比有很强的竞争力。

最后，卫星还有一些商业数据应用。卫星供应商可以将整个容量分成多个信道，然后将这些信道租赁给个体商业用户。用户可以在几个地点安置天线，这样可以使用卫星信道实现专用网络。过去，该应用价格昂贵，用户只局限于具有高容量需求的大型组织。

传输特性　对于卫星传输，最适宜的频率范围是1～10GHz。频率低于1GHz时，自然界的噪声就很大，包括来自银河、太阳、大气噪声以及各类电子设备产生的人为干扰。频率高于10GHz时，信号会因为大气的吸收和降雨而严重衰减。

现在，大多数卫星利用5.925～6.425GHz的频段来进行地球到卫星的点对点传输(上行链路)，利用3.7～4.2GHz的频段来进行卫星到地球的点对点传输(下行链路)。这种组合称为4/6GHz频段。需要说明的是，上行链路和下行链路的频率是不同的。为了连续进行无干扰的工作，卫星不能在同一个频率上进行发送和接收。因此，从地面站接收的信号在一个频率，而卫星发送的信号必须在另一个频率。

4/6GHz频段是1～10GHz频率范围内的最佳频段，但是目前已经饱和。而在该频率范围内的其他频率是不可用的，因为这些频率是干扰源的工作频率，这里干扰源通常指的是地面微波。因此，12/14GHz频段就开发出来(上行链路：14～14.5GHz；下行链路：11.7～12.2GHz)。在这个频段上，我们必须克服信号衰减的问题。然而，由于越来越小也越来越廉价的地球站接收机的使用，我们可以预测，这一频段也将达到饱和，所以20/30GHz频段(上行链路：27.5～30GHz；下行链路：17.7～20.2GHz)预计也将使用。这一频段中的衰减问题更为严重，但它能够支持更宽的频段(2500MHz与500MHz相比)

并且接收机也更小更便宜。

这里需要说明卫星通信的几个性质。第一，由于涉及远距离传输，所以从一个地球站发送到另一个地球站且被它接收期间会产生大约 1/4s 的传播延迟。这个延迟在普通电话通话中可以被察觉到。同时，卫星通信也会引入差错控制和流量控制领域的问题，我们将在后面的章节讨论这个问题。第二，**卫星微波**本质上是广播设备。多个站点都可以发送信号给卫星，而从卫星发送的信号也可以被多个站点接收。

2.4.3 广播无线电

物理描述 广播无线电和微波最主要的区别是，前者是全向性的，而后者是定向性的。因此广播无线电不需要碟形天线，而且天线也不需要严格地安装到精确对准。

应用 无线电是对 3kHz～300GHz 频率范围的统称。我们用非正式的术语**广播无线电**来指代甚高频和部分特高频频段：30MHz～1GHz。这个范围包括了调频无线电和甚高频电视。这个范围也被一些数据网络应用所使用。

传输特性 对于广播通信来说，30MHz～1GHz 的频率范围是一个效果理想的范围。不同于低频电磁波，电离层对频率高于 30MHz 的无线电波没有影响。因此，传输仅限于视距范围内，并且一定距离以外的发射机之间不会因为大气层对信号的反射而造成干扰。不同于频率更高的微波，广播无线电对于雨衰的影响不敏感。

与微波一样，由距离造成的无线电衰减的量也遵循式(2-2)，即 $10\log\left(\frac{4\pi d}{\lambda}\right)^2$dB。由于无线电波的波长更长，所以受到衰减的影响要相对少些。

多径干扰是广播无线电波的主要信号损伤源。来自地面、水面以及自然或人造物体的反射波在天线之间形成了多条路径。这种现象经常出现，例如当飞机经过时，电视接收机会显示多幅画面。

2.4.4 红外线

红外线通信是指收发信机通过调制非相干红外光来实现信息传输的一种通信方式。收发信机必须在视距范围内进行通信或者经由诸如房间天花板这样的浅色表面进行反射通信。

红外与微波传输最重要的一点区别在于，前者不能穿透墙壁。因此在微波系统中所遇到的安全和干扰等问题不复存在。另外，红外线频谱不需要频率分配，因此也没有频率使用许可的要求。

2.5 多路复用

在本地和广域通信中，传输媒介能够提供的容量往往总是超过传输单个信号所需求的容量。为了更加有效地利用传输系统，希望一个传输媒介能够承载多路信号，这就是所谓的**多路复用**技术。

图 2-11 给出了一个最简单形式的多路复用功能。n 路信号进入多路复用器，多路复用器与多路分配器通过一个数据链路连接，该数据链路能够承载 n 条单独的数据信道。多路复用器合并(复用)来自 n 个输入链路的数据并在一个具有更高容量的数据链路上传输。多路分配器接收复用的数据流，并根据信道的不同将数据流进行分离(解复用)，然后将分离后的数据流传送到相应的输出链路上。

图 2-11　多路复用

多路复用技术在数据通信中广泛使用的原因可以解释如下：

1）数据速率越高，传输设备的性价比越高。也就是说，对于一个给定的应用和传输距离，随着传输设备的数据速率的提高，每千比特/秒的成本下降。类似地，传输及接收设备的每千比特/秒的成本会随着数据速率的增加而下降。

2）大多个人数据通信设备需要相对适度的数据速率的支持。

前面的论述主要针对数据通信设备，语音通信也与之相似。也就是说，就语音信道而言，传输设备的容量越大，每个单独信道的成本就越小，并且单一语音信道需要的容量也是适度的。

在电信网络中经常使用两种多路复用技术：**频分多路复用**(FDM)和**时分多路复用**(TDM)。

频分多路复用利用了传输媒介能够提供的可用带宽大于给定信号带宽需求这一事实。如果每个信号都调制到不同的载波频率上，而且载波频率充分分离使信号带宽之间不会发生混叠，那么多个信号就可以同时进行传输。图 2-12a 给出了一个简单的频分多路复用的例子。将 6 路信号传送到多路复用器，多路复用器将每个信号调制到不同的频率上(f_1，…，f_6)。每路信号需要在一个具有一定带宽且以载波频率为中心的频段上进行传输，该频段我们称为**信道**。为了防止干扰，信道之间通常由**保护频段**隔开，这些保护频段属于频谱中不使用的部分。

下面举一个语音信号进行多路复用的例子。我们前面提到，语音的频率范围在 300～3400Hz 之间。因此，一个 4kHz 的带宽足以满足语音信号传输及其保护频段的需求。北美(AT&T 标准)和国际(国际电信联盟电信标准化组织(ITU-T)标准)制定的标准语音复用方案都将 60～108kHz 范围的频率分为 12 个 4kHz 的语音信道。对于具有更高容量需求的链路，AT&T 和 ITU-T 都定义了多种由 4kHz 信道组成的更大的群组。

时分多路复用利用了传输媒介的可达比特率(有时也称为带宽)超过了数字信号所需要的数据速率这一事实。时分多路复用就是通过在时间上交叉发送每路信号的一部分来实现利用一条传输路径承载多路数字信号。这种交叉可以在比特级，也在字节块或更大的信息组上。例如，在图 2-12b 所示的时频多路复用器中，6 路输入信号的每一路的传输速率可能都是 9.6kbps。一条容量为 57.6kbps 的链路就可以容纳所有这 6 路信号。与频分多路复用类似，一个专用于一路特定信号的时隙序列称为一个**信道**。时隙的一个循环(每路一个时隙)称为一帧。

图 2-12b 中所示的时分多路复用方案也叫作**同步时分多路复用**，它是指时隙是预先分配且固定的。因此，多个源的传输时间是同步的。相比之下，非同步时分多路复用允许动态分配时间。除非说明，否则一般的时分多路复用均指同步时分多路复用。

图 2-13 给出了同步时分多路复用系统的一般性描述。多个信号[$m_i(t)$，$i=1$，n]被多路复用到同一个传输介质。信号承载数字数据，并且信号通常为数字信号。将每个源的传入数据简单地存储在缓冲区中。每个缓冲区通常有一比特或一个字符长度。顺序扫描缓冲

区从而构成一个组合的数字数据流 $m_c(t)$。扫描操作足够快，这样当更多的数据到达时可以保证每一个缓冲区都是空闲的。因此，$m_c(t)$的信息速率必须至少等于所有信号 $m_i(t)$的数据速率之和。可以直接发送数字信号 $m_c(t)$，也可以通过调制解调器产生模拟信号进行传输。不管是哪一种情况，传输通常都是同步的。

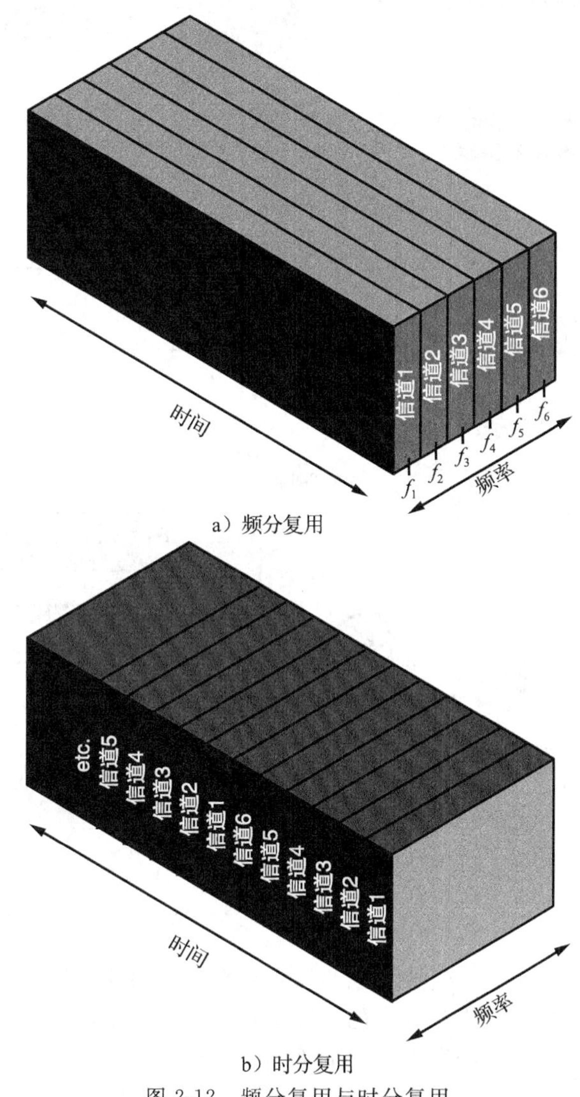

a）频分复用

b）时分复用

图 2-12　频分复用与时分复用

传输数据的一个可能的形式如图 2-13b 所示，将所有数据组合成不同的帧，每一帧内包含着一个周期的时隙。每个数据源可以使用每一帧中的一个或多个时隙。从帧到帧，分配给同一个数据源的时隙序列称为信道。时隙的长度等于发射机缓冲区长度，通常为一个比特或一个字节(字符)。

字节交叉传输技术适用于异步信源和同步信源。每个时隙包含了一个字符的数据。通常在传输之前都把每一个字符的起始比特和停止比特去除，然后再由接收机重新插入，这样可以提高传输效率。比特交叉传输技术不仅适用于同步信源，也适用于异步信源，并且每个时隙只包含一个比特。

在接收端，将交叉的数据解复用并路由到合适目的的缓冲区。每个输入信源 $m_i(t)$都

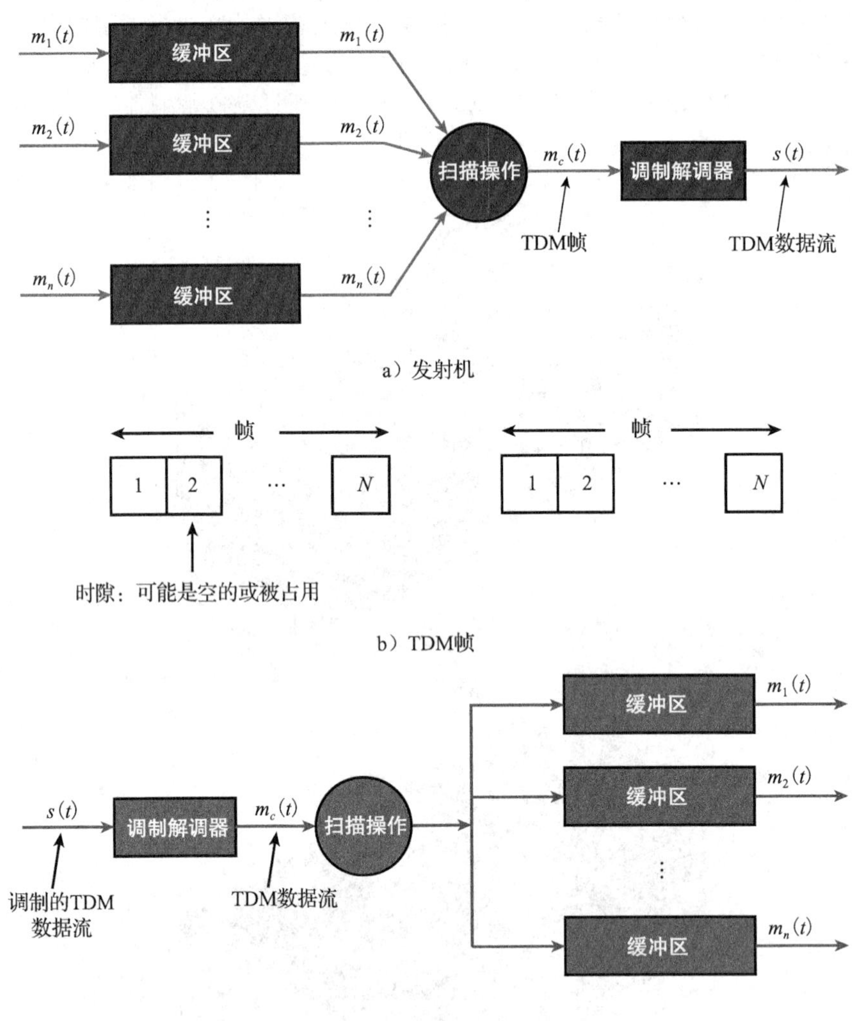

图 2-13 同步时分复用系统

有一个对应的输出信源，该输出信源将以与输入数据相同的速率接收输入的数据。

之所以说同步时分多路复用是同步的，并不是因为用到了同步传输，而是因为时隙都已经预先分配给相应的信源且固定不变。无论信源是否有数据要传输，每个信源对应的时隙都会被占用。当然，频分多路复用也一样。以上这两种情况都是为了追求实现的简单而浪费了信道容量。然而即使采用了固定的分配方法，同步时分多路复用设备也有可能应对具有不同数据速率的信源。例如，最慢的输入设备可以每个周期仅分配一个时隙，而最快的设备每个周期可以分配多个时隙。

时分多路复用技术的一个例子是用来传输 PCM 语音数据的标准方案，AT&T 公司的说法是 T1 载波。每次从每个信源取出一个样本(7 比特)的数据，并加入第 8 个比特作为信令和监督功能。对于 T1 载波，对 24 个信源进行多路复用，所以就有 8×24＝192 比特的数据和控制信号。最后再加上用来建立和保持同步的 1 比特数据。因此，一个帧由 193 比特组成，其中包含了每一个信源的 7 比特的样本。因为信源必须每秒采样 8000 次，所以需要的数据速率是 8000×193＝1.544Mbps。与语音频分多路复用一样，需要定义更大的数据速率就可以支持更大的群组。

时分多路复用不仅仅局限于数字信号，也可以在时间上交叉传输模拟信号。另外，对于模拟信号，有时也可以把时分多路复用和频分多路复用结合起来使用，可以将一个传输系统频分成多个子信道，每个子信道可以再利用时分多路复用技术进行细分。

2.6 阅读建议

[STAL14]对本章所涵盖的所有内容进行了更深入的讨论。[FREE05]中关于本章内容的讨论也非常严谨并具有可读性。[COUC13]全面地介绍了模拟和数字通信。

COUC13 Couch，L. *Digital and Analog Communication Systems*. Upper Saddle River，NJ：Pearson，2013.

FREE05 Freeman，R. *Fundamentals of Telecommunications*. New York：Wiley，2005.

STAL14 Stallings，W. *Data and Computer Communications，Tenth Edition*. Upper Saddle River，NJ：Pearson，2014.

2.7 关键术语、复习题和问题

关键术语

analog data(模拟数据)
analog signal(模拟信号)
analog transmission(模拟传输)
digital signal(数字信号)
digital transmission(数字传输)
frequency(频率)
frequency division multiplexing (FDM)(频分复用(FDM))
frequency domain(频域)
fundamental frequency(基频率)
guided media(导向性介质)
harmonics(谐波频率)
infrared(红外线)
aperiodic(非周期性的)
bandwidth(带宽)
broadcast radio(广播无线电)
microwave(微波)
multiplexing(复用)
noise(噪声)
peak amplitude(峰值振幅)
period(周期)
periodic(周期性的)
phase(相位)
radio(无线电)
satellite microwave(卫星微波)
spectrum(频谱)
channel capacity(信道容量)
decibel (dB)(分贝(dB))
digital data(数字数据)
synchronous TDM(同步 TDM)
terrestrial microwave(地面微波)
time division multiplexing (TDM)(时分复用(TDM))
time domain(时域)
transmission media(传输介质)
unguided media(非导向性介质)
wavelength(波长)
wireless(无线)

复习题

2.1 区分模拟和数字电磁信号。
2.2 周期信号的3个重要特征是什么?
2.3 一个完整的360°的圈是多少弧度?

2.4 Sine 波形中波长和频率的关系是什么?
2.5 信号的频谱和带宽之间的关系是什么?
2.6 什么是衰减?
2.7 定义信道容量。
2.8 影响信道容量的主要因素是什么?
2.9 区分导向性介质和非导向性介质。
2.10 微波传输的主要优点和缺点各是什么?
2.11 直播卫星是什么?
2.12 为什么卫星需要区分上行和下行频率?
2.13 指出广播无线电和微波的最主要区别。
2.14 为什么复用如此划算?
2.15 使用频分复用是如何避免干扰的?
2.16 解释同步 TDM 是如何工作的?

问题

2.1 一个基频率为 1000Hz 的信号,它的周期是多少?
2.2 用最简单的形式表示下列内容:
a. $\sin(2\pi ft-\pi)+\sin(2\pi ft+\pi)$
b. $\sin 2\pi ft+\sin(2\pi ft-\pi)$
2.3 可以将声音建模为正弦函数。比较音符的波长和相对频率。使用 330m/s 作为声音的速度并考虑以下音阶的频率。

音符	C	D	E	F	G	A	B	C
频率	264	297	330	352	396	440	495	528

2.4 如果图 2-14 中的实曲线表示 $\sin(2\pi t)$,那么虚曲线表示什么?也就是说,如果将虚曲线写为 $A\sin(2\pi ft+\phi)$ 的形式,那么 A、f 和 ϕ 各是什么? 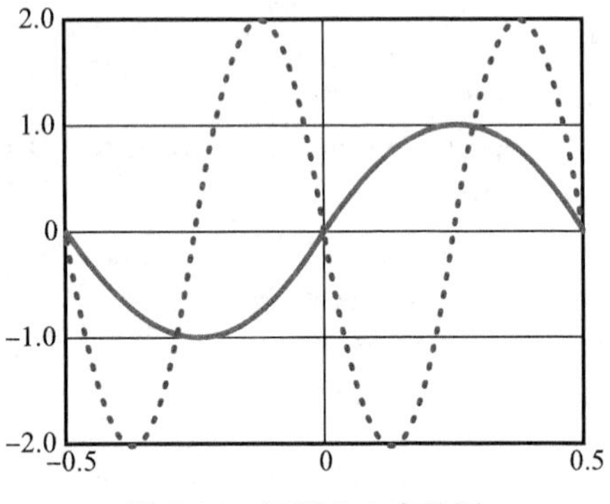
2.5 将信号 $(1+0.1\cos 5t)\cos 100t$ 分解为正弦函数的线性组合,给出每个分量的振幅、频率和相位。提示:使用 $\cos a\ \cos b$ 等式。
2.6 给出函数 $f(t)=(10\cos t)^2$ 的周期。
2.7 考虑两个周期函数 $f_1(t)$和 $f_2(t)$,其周期分别为 T_1 和 T_2。那么,函数 $f(t)=f_1(t)+f_2(t)$一直是一个周期函数吗?如果是,请证明。如果不是,给出什么条件下 $f(t)$是一个周期函数。

图 2-14 问题 2.4 中的图

2.8 图 2-5 显示了消除一个方波的高次谐波成分而只保留几个低谐波成分的效果。那么,在相反的情况下信号会是什么样子?也就是说,保留所有高次谐波成分并消除部分低谐波成分?
2.9 一个 300Hz 带宽、3dB 信噪比的电传信道的信道容量是多少?
2.10 一个数字信令系统需要工作在 9600bps。
a. 如果信号元编码为 4 比特字,需要的最小信道带宽是多少?
b. 如果编码为 8 比特字,重做(a)。
2.11 学习香农和奈奎斯特关于信道容量的研究。每个人都基于不同的方法给出了信道比特速率上界。这两个比特速率上界有什么关系?
2.12 给定一个具有很窄的(可用)话音带宽的电话传输设备,标称信噪比为 56dB,并且失真水平的<0.2%。

a. 传统电话线理论上的最大信道容量(kbps)是多少?

b. 实际的信道容量是多少?

2.13　给定一个预期容量为 20Mbps 的信道，该信道的带宽为 3MHz。为了达到这一容量，需要的信噪比是多少?

2.14　证明：将传输频率加倍或发射天线和接收天线之间的距离加倍，接收功率将衰减 6dB。

2.15　填写下表中缺少的不同 dB 数值所表示的近似功率比值。

分贝	1	2	3	4	5	6	7	8	9	10
损耗			0.5							0.1
增益			2							10

2.16　如果放大器有 30dB 的电压增益，该增益代表的电压比值是多少?

2.17　一个放大器的输出为 20W，以 dBW 为单位是多少?

附录 2A　分贝与信号强度

信号强度在任何传输系统中都是一个非常重要的参数。当信号在传输介质中传播时，信号强度将损耗或者衰减。为了进行补偿，需要在不同位置插入放大器以获得信号强度增益。

人们习惯上用分贝来表示增益、损耗和相对水平，因为：

- 信号强度往往呈指数下降，由于分贝是一个对数单位，所以用分贝的形式很容易表示损耗。
- 级联传输路径的净增益或损耗可以使用简单的加减法来进行计算。

分贝用于衡量两个信号电平之间的比率。分贝可以表示为

$$G_{dB} = 10\log_{10}\frac{P_{out}}{P_{in}}$$

式中　G_{dB}——增益，单位为 dB；

P_{in}——输入功率水平；

P_{out}——输出功率水平；

$\log_{10}$——以 10 为底的对数(从现在开始，我们简单地用 log 来表示 $\log_{10}$)。

表 2-3 给出了分贝值和 10 的幂之间的关系。

表 2-3　分贝数值

功率比	dB	功率比	dB
10^1	10	10^{-1}	−10
10^2	20	10^{-2}	−20
10^3	30	10^{-3}	−30
10^4	40	10^{-4}	−40
10^5	50	10^{-5}	−50
10^6	60	10^{-6}	−60

文献中在使用损耗和增益的概念时有些不一致的地方。如果 G_{dB} 的值为正，则表示实际存在功率增益。例如，3dB 增益表示功率加倍。如果 G_{dB} 的值为负，则表示实际上存在功率损耗。例如，−3dB 增益表示功率减半，这是一种功率损耗。通常情况下，这表示有

3dB 损耗。然而，一些文献可能会说这是一个 −3dB 的损耗。负增益或者对应的正损耗的说法是比较合理的，因此，我们定义分贝损耗为

$$L_{dB}=-\log_{10}\frac{P_{out}}{P_{in}}=10\log_{10}\frac{P_{in}}{P_{out}}$$

例 2.2　如果将功率电平为 10mW 的信号输入到传输线，一定距离以外测得的功率是 5mW，则损耗可以表示为 $L_{dB}=10\log(10/5)=10(0.3)=3dB$。

注意分贝是相对的差值，而不是绝对的差值。从 1000mW 到 500mW 同样是 3dB 损耗。

分贝也可以用来测量电压的差值，考虑到功率正比于电压的平方：

$$P=\frac{V^2}{R}$$

式中　P——电阻 R 消耗的功率；

V——电阻 R 两端的电压。

因此，

$$L_{dB}=10\log_{10}\frac{P_{in}}{P_{out}}=10\log\frac{V_{in}^2/R}{V_{out}^2/R}=20\log\frac{V_{in}}{V_{out}}$$

例 2.3　分贝在确定一系列传输元件的增益或损耗时是非常有用的。考虑一系列元件的输入为 4mW 的功率电平，第一个元件为 12dB 损耗（−12dB）的传输线，第二个元件为增益为 35dB 的放大器，第三个元件为 10dB 损耗的传输线。净增益为（−12+35−10）=13dB。计算输出功率 P_{out}

$$G_{db}=13=10\log(P_{out}/4mW)$$

$$P_{out}=4\times10^{1.3}mW=79.8mW$$

分贝值是指相对的幅度或幅度的变化，而不是变化到一个绝对的水平。将一个绝对水平的功率或者电压用分贝值来表示也是非常方便的，这样，在计算以原始信号水平为参考的增益或者损耗时就会变得更加容易。目前，dBW（分贝瓦）已经广泛应用于微波领域。通过选择 1W 为参考，并将其定义为 0dBW，那么以 dBW 为单位的绝对分贝功率水平可以定义为

$$\text{Power}_{dBW}=10\log\frac{\text{Power}_W}{1W}$$

例 2.4　一个 1000W 的功率是 30dBW，一个 1mW 的功率是 −30dBW。

另一个常用的单位是 **dBm（分贝毫瓦）**，它使用 1mW 作为参考。因此，0dBm=1mW。公式为

$$\text{Power}_{dBm}=10\log\frac{\text{Power}_{mW}}{1mW}$$

注意如下关系：

$$+30dBm=0dBW$$

$$0dBm=-30dBW$$

通信网络

学习目标

通过本章的学习，你应该可以能够：

- 解释广域网、局域网和城域网的作用及范围。
- 掌握电路交换的定义，描述电路交换网络的关键要素。
- 掌握分组交换的定义，描述分组交换技术的关键要素。
- 讨论电路交换和分组交换的优点，并分析每一个最适合的情况。

本章对通信网络的各种方法进行了一个概述。本章首先基于地理覆盖范围对不同类型的网络进行了讨论。然后，分别对电路交换和分组交换网络进行了研究。

3.1 广域网、局域网和城域网

局域网(Local Area Network，LAN)、**城域网**(Metropolitan Area Network，MAN)和**广域网**(Wide Area Network，WAN)都是通信网络的例子。图 3-1 给出了这些分类以及一些特殊的例子。通过对比，还描述了一个多处理器计算机的典型参数范围。

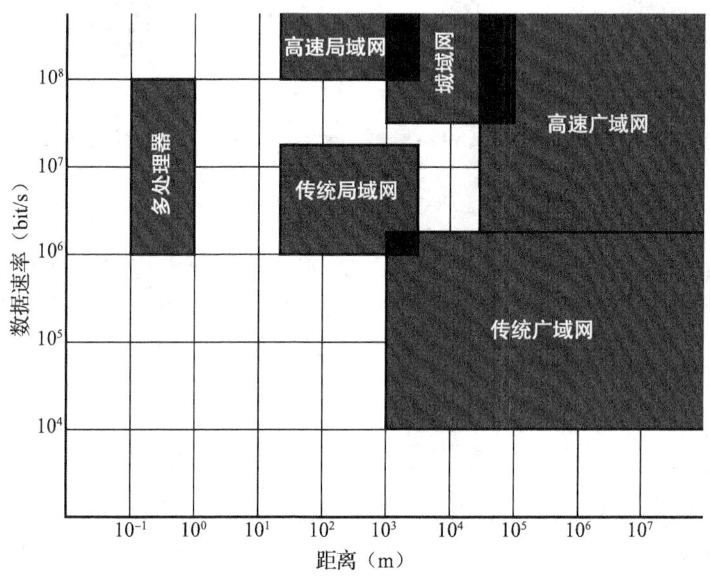

图 3-1 LAN、MAN、WAN 以及多处理器系统的对比

3.1.1 广域网

广域网覆盖一个较大的地理区域，可能需要跨越公共通道，并可能至少部分地依赖由公共承运人提供的电路。通常，广域网由多个相互连接的交换节点组成。从任何一个设备的传输可以通过这些内部节点路由到指定的目的设备。

传统上，广域网已经使用两种技术之一来实现：电路交换和分组交换。随后，帧中继和异步传输模式(Asynchronous Transfer Mode，ATM)承担了主要角色。虽然ATM和帧中继在某种程度上仍广泛地使用，但它们逐渐被千兆以太网和因特网协议技术提供的服务所取代。

3.1.2 局域网

与广域网相比，局域网是一个实现各种设备互连的通信网络，并为设备之间的信息交换提供途径。局域网和广域网有以下几个关键区别：

1）局域网的覆盖范围很小，通常是一个建筑物或一个建筑群。地理覆盖范围的差异导致了不同的技术解决方案。

2）一般情况下，局域网属于拥有连接设备的同一组织。对于广域网，这种情况很少，或至少不拥有部分重要的网络资产。这有两个含义。首先，在进行局域网的选择时必须要关注资金的投入，因为可能需要投入大量的资金(与收费的WAN相比)用于购买和维护。其次，局域网的网络管理责任完全属于用户。

3）局域网的内部数据传输速率通常比广域网更大。

图3-2给出了一个能够突出其特点的简单局域网例子。所有设备都连接到一个共享的传输媒质。从任何一个设备传输的数据可以连接到同一个网络的所有其他设备接收。

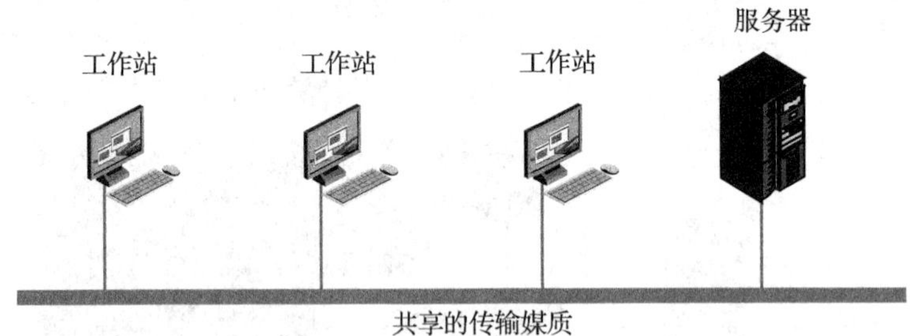

图3-2 简单的局域网

传统的局域网能够提供数据速率约为1～20Mbps。这个数据速率尽管可观，但仍然无法与设备数量剧增、多媒体应用愈发普遍以及客户端/服务器架构的广泛使用等相适应。因此，很多局域网的研发工作已经着眼于数据传输速率为100Mbps～100Gbps的高速局域网的开发。

3.1.3 城域网

顾名思义，城域网占据了局域网和广域网之间的一个中间地带。由于广域网使用的传统点对点和交换技术无法满足各个组织日益增长的需求，因此人们将兴趣转向了城域网。现有的需求是，在专用和公共网络中实现具有低成本、高容量以及较大覆盖范围的网络。局域网标准的高速共享媒体方案具有诸多优势，可以实现城域规模的覆盖。如图3-1所示，城域网能够在较高的数据传输速率上实现比局域网更大的覆盖距离，尽管在地理覆盖范围上也有一些重叠。

3.2 交换技术

对于本地区域之外的数据传输，通常是通过一个具有中间交换节点的网络来实现从源节点到目的节点的数据传输。这种交换网络设计通常也用于局域网和城域网。交换节点不关心数据的内容。其目的是提供一个交换设备，将数据从节点移动到节点，直到其到达目的节点。图 3-3 给出了一个简单的交换网络。希望通信的终端设备可以称为台站。台站可能是计算机、终端、电话或其他通信设备。我们将提供通信的交换设备称为节点。在某些拓扑结构中，节点通过传输链路相互连接。每个台站都连接到一个节点，节点的集合称为通信网络。

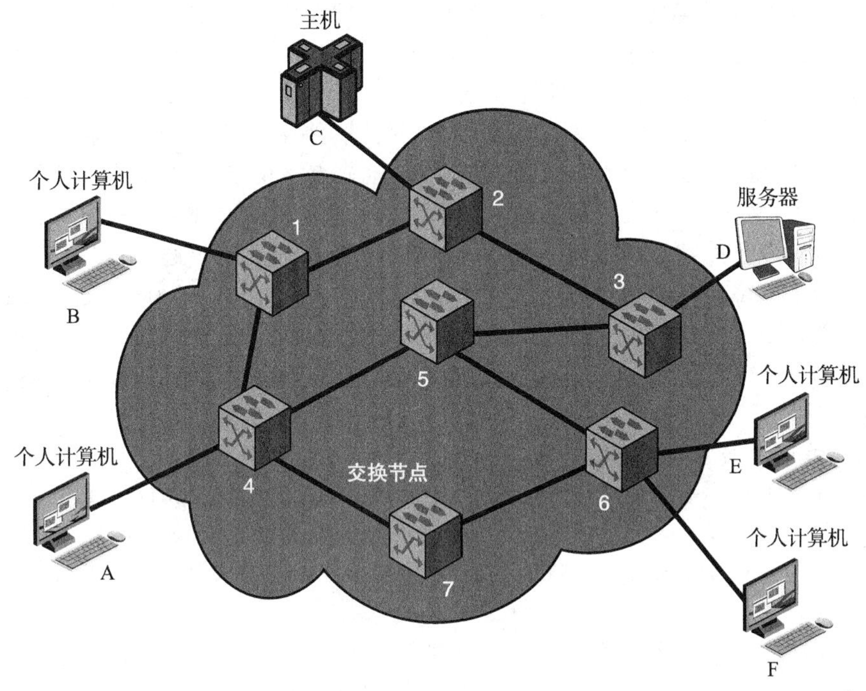

图 3-3 简单的交换网络

> **例 3.1** 考虑图 3-3，从一个台站进入网络的信号被通过从节点到节点的交换路由到目的地。例如，从台站 A 到台站 F 的信号首先发送给节点 4。然后，它可以通过节点 5 和 6 或节点 7 和 6 路由到目的地。我们可以得到如下结论：
>
> 1）有些节点只与其他节点相连(例如，节点 5 和 7)。它们的唯一任务就是内部(网络内)信息交换。其他节点有一个或多个台站与其相连。除了交换功能外，这些节点也接收从连接到该节点的台站发送的信息或者向该台站发送信息。
>
> 2）节点与台站之间的链路一般都是专用的点对点链路。节点之间的链路通常是多路复用链路，使用频分复用(FDM)或某种形式的时分复用(TDM)。
>
> 3）通常，网络并不是全连接的，即，不是每一个可能的节点对之间都有直连链路。尽管如此，我们总是希望能够为每对台站提供一个以上的可能路径。这提高了网络的可靠性。

在广域交换网络中使用两种不同的技术：电路交换和分组交换。这两种技术的不同点在于，从源到目的的过程中从一个链路交换信息到另一个链路的方式不同。

3.3 电路交换

在过去，**电路交换**(circuit switching)是用于语音和数据通信的主要技术。通过电路交换进行通信意味着，两个台站之间有一条专用通信路径。路径是网络节点之间路径的顺序连接。在每个链路上，使用专用的物理或逻辑信道进行连接。电路交换最常见的例子就是电话网。

基于电路交换的通信过程可分为3个阶段，下面参考图3-3进行解释。

1) **电路建立**。在传输任何信号之前，必须建立一个终端到终端(台站到台站)的电路。例如，台站A发送请求到节点4，请求连接到台站E。通常，从A到4的连接是一条专用线路，所以这部分的连接已经存在。节点4必须找到通往台站E的下一条路由。基于路由信息、可用性程度、成本等因素，节点4选择通向节点5的链路，并给其分配一个信道(频分复用或时分复用)，并发送消息请求连接到台站E。目前，建立了一条从台站A经节点4到节点5的专用路径。因为许多台站可能连接到节点4，所以它必须能够建立从多个台站到多个节点的多条内部路径。我们将在本节稍后讨论这是如何做的。这一过程的剩余部分与之类似。节点5建立到节点6的专用路径并将其与通往节点4的路径连接在一起。节点6完成与台站E的连接。在完成连接时，需要进行测试，以确定台站E是否忙或准备接受该连接。

2) **信息传递**。信息现在可以从台站A经过该网络传输到台站E。根据网络性质，传输的信息可能是模拟语音、数字化语音或二进制数据。传输路径是台站A—节点4的链路、节点4的内部交换、节点4—节点5的信道、节点5的内部交换、节点5—节点6的信道、节点6的内部交换、节点6—台站E的链路。一般来说，这种连接是全双工的，信号可以同时双向传输。

3) **电路断开**。经过一段时间的信息传输后，通常由一个台站或者两个台站进行连接终止。终止信号需要传输给节点4、5、6以释放专用信道资源。

请注意，连接路径需要在数据传输开始之前建立。因此，在路径中的每个节点之间必须保留足够的信道容量，每个节点必须有可用的内部交换容量来处理所请求的连接。交换机必须足够智能地完成这些分配并设计一条通过网络的路由。

电路交换可能是相当低效的。即使没有数据要传输，也必须在一个连接的持续时间内为其保留信道容量。对于语音连接，每个方向的利用率可能是大约40%，其他20%的时间花在谈话方之间的停顿上。对于终端到计算机的连接，在连接的大部分时间内，容量可能是空闲的。在性能方面，呼叫建立的信号传输之前有一个延迟。然而，一旦建立了电路，网络对用户来说是有效的透明的。信息以一个固定的数据速率传输，并且除了传输链路的传播延迟外没有其他的延迟。因此，每个节点的延迟是可以忽略不计的。

电路交换最初用来处理语音流量，现在也用于处理数据流量。电路交换网络的最著名例子是公用电话网(见图3-4)。这实际上是一个由各个国家的网络相互连接而形成的国际服务网络。虽然最初设计和实现的电话网旨在服务模拟电话用户，但它通过调制解调器处理大量的数据流量，并能够很好地将其转换到数字网络。电路交换的另一个著名应用是专用交换机(Private Branch Exchange，PBX)，用于在建筑物或办公室内连接电话。电路交换也应用于私人网络。通常，这样的网络由一个公司或其他大型组织建立，用于互连其各个站点。这样的网络通常在每个站点有一个PBX系统并通过从运营商(例如AT&T)租用专用链路进行相互连接。电路交换应用的最后一个常见例子是数据交换。与PBX类似，数据交换机用于实现数字数据处理设备的互连，如终端和计算机。

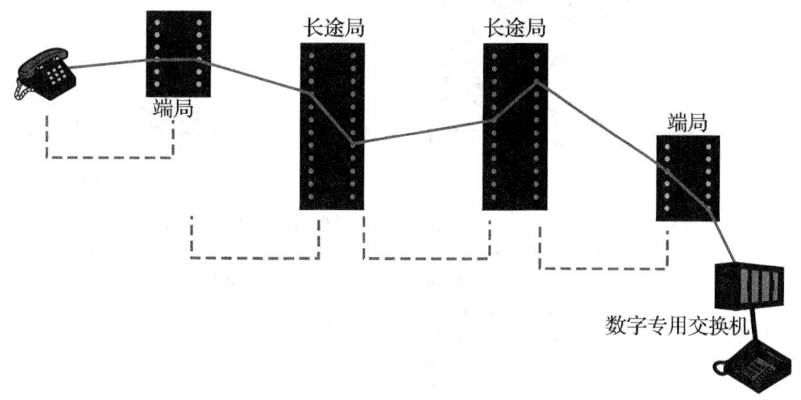

图 3-4 通过公共电路交换网络连接的例子

在无线蜂窝系统中，也使用了一个与电路交换类似的概念。在进行通信之前，移动用户与其连接的基站进行协商以获得具有某些特征的连接，有时需要有专用的时隙和带宽。

在有线公用交换电话网络中，公共电话网络可以由 4 个通用架构组件来描述：

- **用户**：连接到网络的设备。连接到公用电信网络的许多用户设备仍然是电话，但是数据流量的百分比逐年增加。
- **用户线**：用户与网络之间的链路，也称为本地环路。几乎所有用户线连接都使用双绞线。用户线的长度通常在几公里到几十公里的范围内。用户线也称为一个**用户环路**，或**本地环路**。
- **交换中心**：网络中的交换中心。直接支持用户的交换中心称为端局(End Office)。通常，一个端局将支持一个局部区域内的成千上万个用户。在美国有超过 19 000 个端局，所以每个端局都有一个到其他端局的直接链路显然是不切实际的，这将需要大约 2×108 阶链接。相反，系统还使用了中间交换节点。
- **中继线**：中继线是交换中心之间的电话线路。中继线利用 FDM 或同步 TDM 技术承载多个音频电路。早些时候，这些称为载波系统。

用户直接连接到一个端局，端局交换用户与用户之间以及用户与其他交换中心之间的流量。其他交换中心负责端局之间的路由和交换流量。图 3-5 给出了二者之间的区别。为了将连接到同一个端局的两个用户连接起来，需要按照前面所述的方式在它们之间建立一个电路。如果两个用户连接到不同的端局，它们之间的电路包括由一个或多个中间局组成的电路链。如图 3-5 所示，端局仅需要简单的设置就可以建立电话线 a 和 b 之间的连接。电话线 c 和 d 之间的连接更复杂一点儿。在 c 的端局中，电话线 c 与到中间交换机的 TDM 中继线上的一条信道之间建立了一个连接。在中间的交换机，该信道连接到 TDM 中继线与 d 的端局之间的信道。在该端局，信道与电话线 d 连接。

电路交换技术已经用来承载语音流量。语音流量的重要要求之一是几乎没有传输延迟和延迟抖动。由于发送和接收以相同的信号速率进行，所以必须保持恒定的信号传输速率。这些需求对于人们的正常交谈是非常必要的。另外，接收信号的质量必须足够高，至少要具有较好的清晰度。

电路交换应用广泛，并且牢牢占据主导地位，因为它非常适合于语音信号的模拟传输。在当今的数字世界中，它的低效率显得更加明显。然而，尽管效率较低，但电路交换仍将是

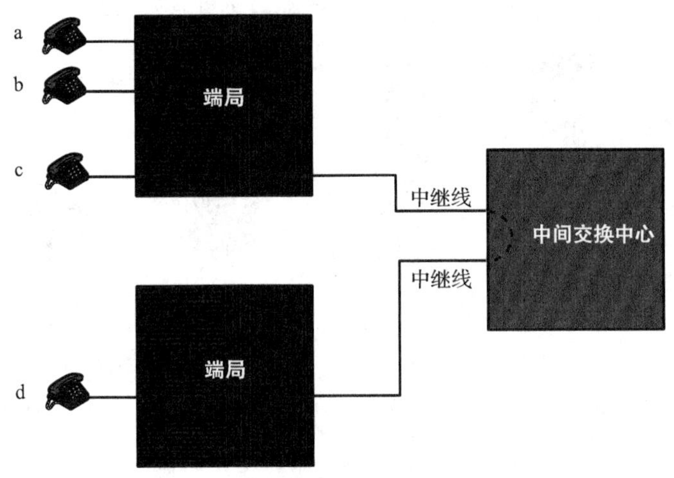

图 3-5　电路建立

局域网和广域网的一个非常有吸引力的选择。它的一个关键优势是，它是透明的。一旦建立了一个电路，它看起来像是两个台站直接连接在一起。在台站不需要特殊的网络逻辑。

3.4　分组交换

长途电路交换电信网络最初是为了处理语音流量而设计的，并且这些网络上的很大一部分流量仍然是声音流量。电路交换网络的一个重要特性是网络内的资源专门为一个特定的电话服务。对于语音连接，由此产生的电路将享有很高的利用率。因为大多数时间，一方或另一方正在交谈。然而，由于电路交换网络开始越来越多地用于数据连接，所以以下两个缺点变得明显：

- 在典型的终端到主机的数据连接中，大部分时间线路都是空闲的。因此，应用于数据连接，电路交换方法是低效的。
- 在电路交换网络中，该连接提供恒定的数据传输速率。因此，每一个连接的设备必须以相同的数据速率发送和接收数据，这限制了实际网络中各种类型的主机与工作站的互连。

为了了解**分组交换**如何解决这些问题，让我们简要地总结分组交换的操作过程。被传输的数据块，称为**数据包**。一个典型数据包的最大长度是 1500 字节。如果源端有一个较长的消息待发送，则将消息分解成一系列的数据包(如图 3-6 所示)。每个数据包包括台站待发送数据的一部分(或短消息的所有数据)，加上包含控制信息的**数据包头**。控制信息至少包括网络所需要的信息，以便能够将数据包通过网络进行路由并传送到预定的目的地。在每个节点进行路由时，数据包被接收，简单地存储，并传递到下一个节点。

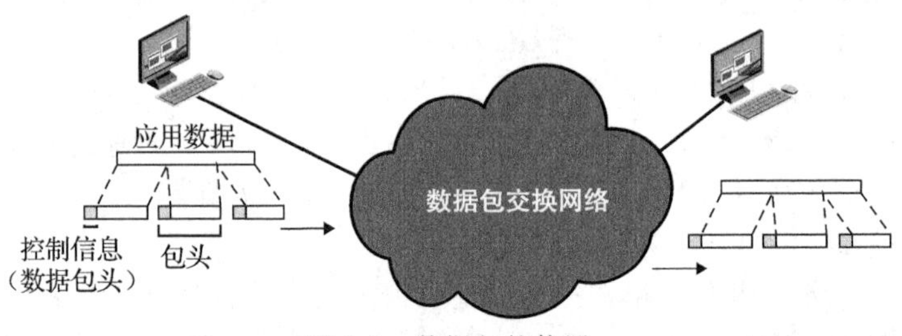

图 3-6　数据包的使用

图 3-7 给出了分组交换的基本操作。发送计算机或其他设备发送一个消息，其可以是一系列数据包(见图 3-7a)。每个数据包包括指示目的站(计算机、终端等)的控制信息。该数据包最初被发送到发送台站连接的节点。每个数据包到达这个节点，该节点对数据包进行存储，之后确定下一个路由链路，并将数据包在该链路上排队输出。当该链接可用时，将数据包发送到下一个节点(见图 3-7b)。所有的数据包最终都将通过网络传递到预定的目的地。

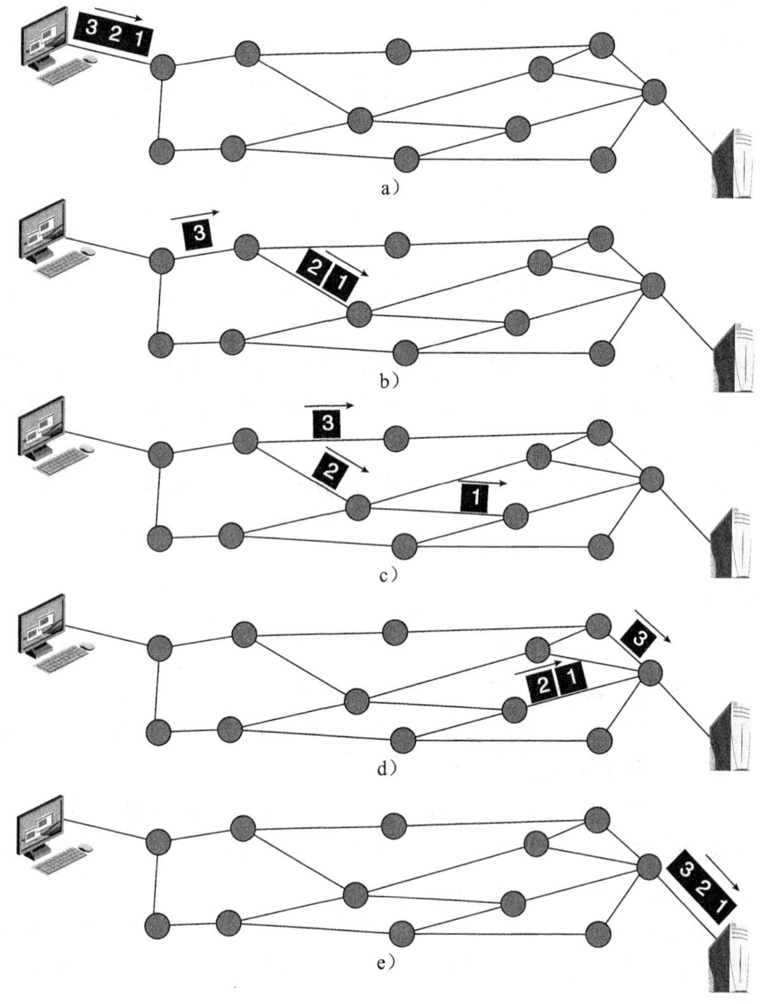

图 3-7 分组交换：数据报方法

与电路交换相比，分组交换方式有许多优势：

- 电话线路效率更高，因为随着时间的推移，一个节点到节点的链路可以由多个数据包动态共享。这些数据包在链路上排队并尽可能迅速地传输。相比之下，使用电路交换，节点到节点链路上的时间是采用同步时分复用技术预先分配的。大部分时间，这样的链路可能是空闲的，因为它的一部分时间是专门分配给一个空闲连接的。
- 分组交换网络可以进行数据速率转换。两个具有不同数据速率的台站可以交换数据包，因为每个连接到它的节点可以以其适当的数据速率进行传输。

- 在电路交换网络中，当流量变大时，有些呼叫将被阻塞；即网络将拒绝接受额外的连接请求，直到网络上的负载减小。在分组交换网络中，数据包仍然可以被接受，但传递延迟将增加。
- 可以使用优先级。因此，如果一个节点有大量的数据包在排队等待传输，它可以先传输高优先级的数据包。因此，这些数据包相比低优先级的数据包将具有更少的传输延迟。

与电路交换相比，分组交换也有缺点：

- 每次一个数据包通过一个分组交换节点，它会导致一个延迟，这个延迟在电路交换中不存在。至少，它会造成一个传输时延，该时延等于数据包的比特数与传入信道数据速率(bps)的比值。这是吸收一个数据包到内部缓冲区所需的时间。此外，还可能存在一个由于处理和排队节点引入的可变时延。
- 因为一个给定的源和目的之间的数据包长度可能不同，可能经过不同的路径，遇到的交换机不同可能经历不同的延迟，所以总的数据包延迟可以有很大的不同。这种现象(称为抖动)，可能不适合某些应用程序(例如，实时应用程序，包括电话语音和实时视频)。
- 为了通过网络路由数据包，需要向数据包中加入包括目的地址信息、数据包的排序信息等开销，从而减小用于承载用户数据的通信容量。在电路交换系统中，一旦设置了电路就不需要电路交换了。
- 在每一个节点中，与电路交换相比，使用分组交换进行信息传输将涉及更多的处理。在电路交换的情况下，一旦设置了电路，几乎没有任何处理。

3.4.1 基本操作

一个台站需要通过分组交换网络发送一个比最大数据包大小更大的消息。因此，它将该消息分解成多个数据包，每次给网络发送一个数据包。但问题是网络将如何处理这条数据流中的数据包，因为它试图通过网络路由它们并将它们传送到预定的目的地。当代网络使用两种方法：数据报和虚电路。

在**数据报**方法中，独立处理每个数据包，不参考先前发送的数据包。此方法如图 3-7 所示。每个节点选择数据包路径上的下一个节点，同时考虑从相邻节接收到的关于流量、线路故障等信息。因此，每一个具有相同目标地址的数据包，并不都遵循相同的路径(见图 3-7c)，数据包可能以乱序到达出口节点(见图 3-7d)。在这个例子中，出口节点恢复数据包原来的顺序并将它们传送到目的地(见图 3-7e)。在一些数据报网络中，重新排序在目的地进行，而不是在出口节点。可能还出现一个数据包在网络中被破坏。例如，如果一个数据包交换节点瞬间崩溃，那么它的所有数据包都是可能丢失。而且，需要由出口节点或目的地来检测数据包的丢失，并决定如何恢复它。在这种技术中，每个独立处理的数据包称为一个数据报。

对于**虚电路**方法中，在任何数据包发送之前建立一个预设的传输路径。一旦建立了该路径，通信双方之间的数据包将遵循相同的路径通过该网络，如图 3-8 所示。由于该路由在逻辑连接的持续时间内是固定的，所以它有点儿类似于电路交换网络中的电路，因此称为虚电路。每个数据包都包含一个虚电路标识符以及数据。在预先设定的路由中，每个节点知道如何转发数据包，因此不需要路由决策。任何时候，每个台站都有多条到任何其他台站的虚电路，也可以有到多个台站的多条虚电路。

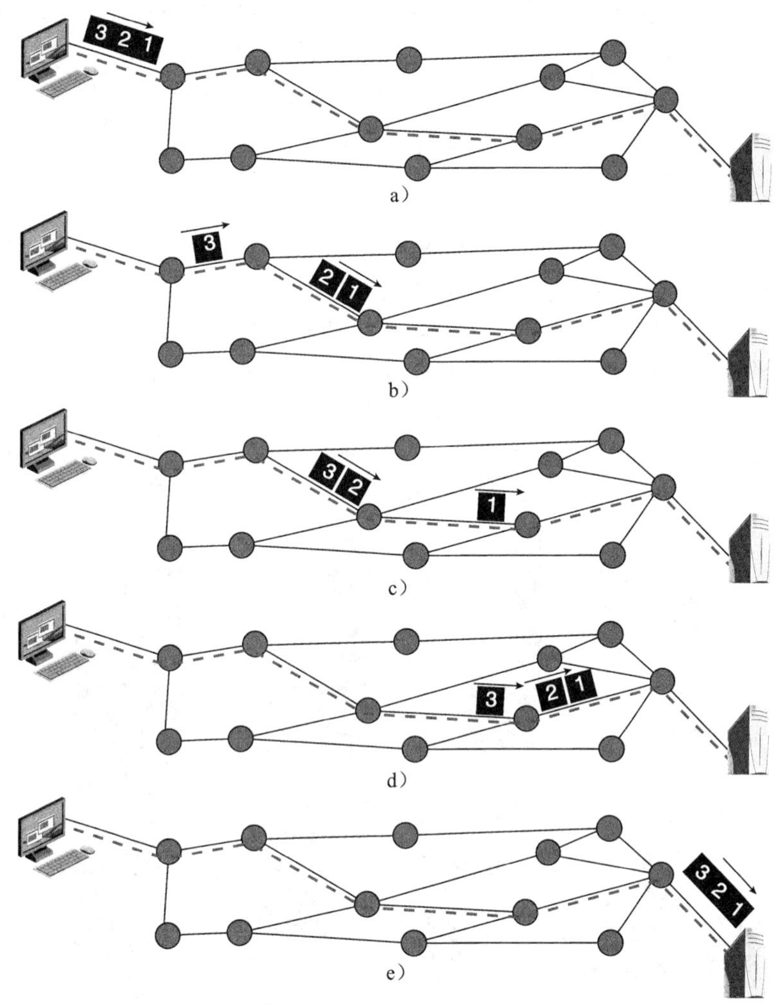

图 3-8 分组交换：虚电路方法

因此，虚电路技术的主要特点是，台站之间的路由是在数据传输之前建立的。请注意，这并不意味着这是一个类似于电路交换的专用路径。数据包仍然在每个节点进行缓冲，并在一条线路上排队输出。与数据报不同的是，在虚电路中，节点不需要为每个数据包选择路由。使用虚电路只需要为所有数据包选择一次路由。

如果两个台站希望在一个较长的时间段内交换数据，则虚电路有一定的优势。首先，网络可以提供与虚电路有关的服务，包括排序和差错控制。排序是指，因为所有数据包遵循相同的路径，所以它们会按照原来的顺序到达。差错控制是不仅保证数据包按顺序到达，而且保证数据包正确到达的一种服务。例如，如果一个从节点 4 到节点 6 的数据包序列最终未能到达节点 6，或者到达时存在错误，则节点 6 可以请求来自节点 4 的重传(如图 3-3 所示)。另一个优点是，使用虚电路数据包应该能够更快速地进行网络传输，这是因为没有必要在每个节点上对每个数据包进行路由选择。

数据报方法的优点之一是，其避免了呼叫建立阶段。因此，如果一个台站仅需要发送一个或几个数据包，则数据报传输将更快。数据报服务的另一个优点是，因为它更原始、更灵活。例如，如果网络的一部分发生拥塞，则传入的数据报可以通过路由远离拥塞。使用虚电路，数据包的传输遵循一个预定义的路由，因此更难以适应网络拥塞。第三个优势是数据报传输更加可靠。使用虚电路，如果一个节点发生故障，则通过该节点的所有虚电路都将丢失。使用数据报传输，如果一个节点发生故障，后续的数据包可能会发现另一条路径，从而绕过该节点。

3.4.2　数据包大小

数据包大小和传输时间之间有一个显著的关系，如图 3-9 所示。在这个例子中，假设台站 A 和台站 B 之间有一条经过节点 4 和节点 1 的虚电路(如图 3-3 所示)。待发送的消息包含 40 字节，每个数据包含 3 字节的控制信息，其放置在每个数据包的开始，称为包头。如果整个消息作为单个数据包发送，则有 43 字节(3 字节的包头和 40 字节的数据)，然后数据包先从台站 A 发送到节点 4(见图 3-9a)。当整个数据包被接收时，将它从节点 4 发送到节点 1。当整个数据包被节点 1 接收后，将它转发给台站 B。忽略交换时间，总的传输时间是 129 字节次(43 字节×3 次数据包传输)。

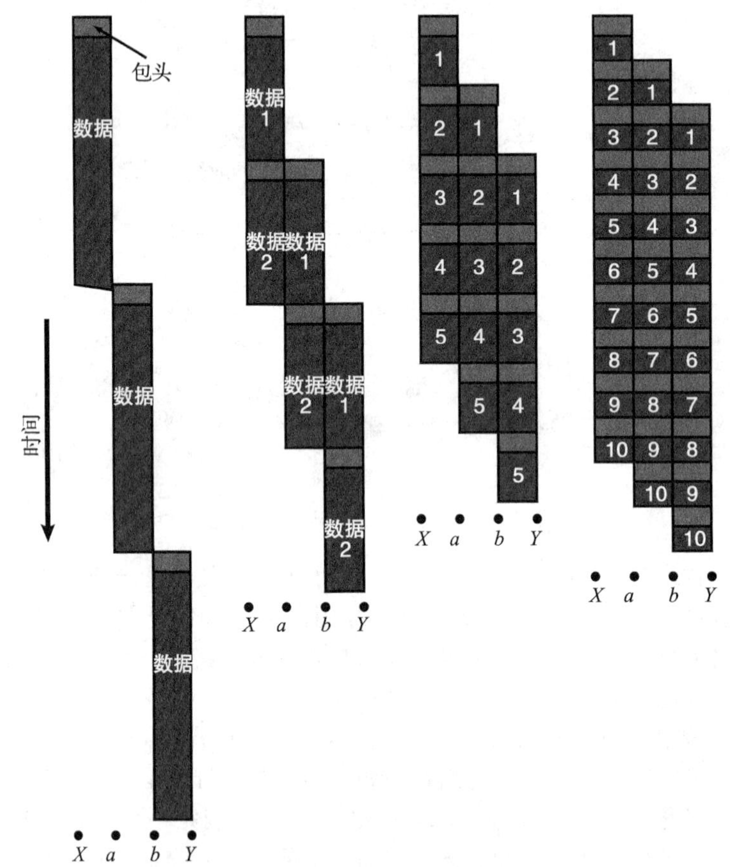

a）1个数据包消息 b）2个数据包消息 c）5个数据包消息 d）10个数据包消息

图 3-9　数据包大小对传输时间的影响

假设现在我们把消息分成了两个数据包，每一个包含 20 字节的消息，当然，每个头或控制信息有 3 字节。在这种情况下，当节点 4 接收了来自 A 的第一个数据包时，就将其发送出去，而不等待第二个数据包的完全到达。因为这种传输时间的重叠，所以总的传输时间下降到 92 字节次。通过将消息分成 5 个数据包，每个中间节点可以更快地开始传输并能够节约更多的时间，从而实现总共77字节次的传输时间。然而，这种使用更多、更小的数据包的过程最终导致延迟的增加，而不是减少，如图3-9d所示。这是因为每个数据包都包含一个固定数量的包头，并且更多的数据包意味着更多的包头。此外，此例没有显示每个节点的处理和排队延迟。当处理一个具有多个数据包的消息时，延迟也更大。然而，我们将在下一节中看到一个非常小的数据包的大小(53字节)可以产生一个有效的网络设计。

3.4.3 电路交换和分组交换的比较

我们现在开始比较分组交换与电路交换。我们先看看重要的性能，然后再来研究其他特点。

性能 图3-10显示了电路交换与两种形式分组交换的简单比较。图中描述了经过4个节点的消息传输，从源台站连接到节点1到节点4，最后连接到目的台站。在该图中，我们关注3种类型的延迟：

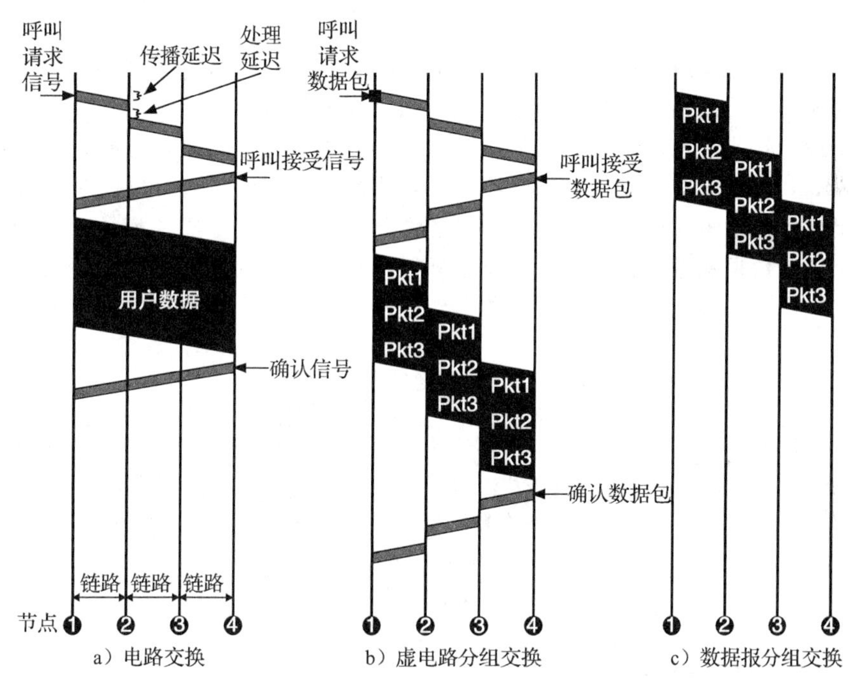

图3-10 电路交换和分组交换的事件计时

- **传播延迟**(propagation delay)：一个信号从一个节点传输到下一个节点所需要的时间。该时间一般可以忽略不计。例如，通过导线介质的电磁信号的速度，通常是2×10^{8}m/s。
- **传输时间**(transmission time)：发送一个数据块所需要的时间。例如，在10kbps的线路上发送一个10 000比特的数据块需要1s。
- **节点延迟**(node delay)：一个节点进行必要处理时所需的时间，如它交换数据的时间。

对于电路交换，在信息传输之前会有一些延迟。首先，通过网络发送呼叫请求(Call Request)信号，以建立与目的站点之间的连接。如果目的站点不忙，则返回一个接收呼叫(Call Accepted)信号。请注意，在呼叫请求期间，每个节点都产生一个处理延迟。每个节点把这个时间花费在建立连接的路由上。在返回时，这个处理是不需要的，因为连接已经建立。建立连接后，消息作为一个数据块来发送，在交换节点没有明显的延迟。

虚电路分组交换类似于电路交换。虚电路使用呼叫请求(Call Request)数据包请求一个虚电路，这会导致在每个节点上引入一个延迟。虚电路响应一个接受呼叫(Call Accept)数据包。与电路交换相反，呼叫接受也将经历节点延迟，即使虚电路路由已经建立。原因是，数据包需要在每个节点上排队，并且必须按照顺序等待传输。一旦建立了虚电路，消息以数据包发送。应该明确的是，这个操作阶段不可能比电路交换网络快。这是因为电路交换基本上是一个透明的过程，可以在网络上提供一个恒定的数据速率。分组交换在路径中的每个节点上都存在一些延迟。更糟糕的是，这个延迟是可变的，并且将随着负载的增加而增加。

数据报分组交换不需要呼叫建立。因此，对于短消息，它将比虚电路分组交换和电路交换更快。然而，因为每个数据报是独立路由的，所以在每个节点处都对每个数据报进行处理可能比虚电路分组交换长。因此，对于长消息，虚电路技术可能是更优越的。

图 3-10 的目的是表明该技术的相对性能可能是什么。实际性能取决于主机的因素，包括网络的大小、网络拓扑结构、负载模式和典型交换的特点。

其他特性 除了性能之外，在我们对已讨论的技术进行比较时，还有许多其他特性可以考虑。表 3-1 总结了其中最重要的特性。大多数特性已经讨论过。下面是一些额外的评论。正如所提到的，电路交换基本上是一种透明的服务。一旦建立了连接，将为连接的台站提供一个固定数据速率的连接。分组交换不是这样的，它通常会引入可变延迟，使数据以震荡的方式到达。事实上，使用数据报分组交换，数据包可以按照不同于其发送顺序的顺序到达。

表 3-1 通信交换技术的对比

电路交换	数据报分组交换	虚电路分组交换
专用传输路径	无专用传输路径	无专用传输路径
连续传输数据	分组传输	分组传输
交互足够快	交互足够快	交互足够快
消息不存储	数据包在交付前需要存储	数据包在交付前需要存储
为整个对话过程建立路径	为每个分组建立路由	为整个对话建立路由
呼叫建立延迟；可忽略传输延迟	分组传输延迟	呼叫建立延迟；分组传输延迟
如果被呼叫方忙，则忙信号	如果数据包未支付，则可以通知发送方	如果拒绝连接，则通知发送方
过载可能阻塞呼叫建立；已建立的呼叫无延迟	过载增加分组延迟	过载可能阻塞呼叫建立；增加分组延迟
机电或计算机交换节点	小的交换节点	小的交换节点
用户负责消息丢失保护	网络可以对单个数据包负责	网络可以对分组序列负责
通常没有速度或码字转换	速度和码字转换	速度和代码转换
固定带宽	带宽的动态利用	带宽的动态利用
呼叫建立后没有比特开销	在每个数据包中有比特开销	在每个数据包中有比特开销

透明传输带来的一个额外的结果是，电路交换不需要提供额外的开销。一旦建立了连接，就可以从源端向目的端传输模拟或数字数据。对于分组交换，传输前必须将模拟数据转换为数字数据。此外，每个数据包都需要包括附加比特，如目的地址。

3.5 服务质量

分组交换网络中的服务质量(Quality of service，QoS)通常属于一系列相关数据包的性能。例如，这些数据包可以是彼此相关的，通常是一个共同视频流的一部分、来自同一个文件或来自同一个用户的一系列的动作。通常考虑以下种类的流量。

3.5.1 语音、音频和视频流量

分组可以是一个数据包流的一部分，如常见的语音、音频或多媒体(即视频)演示。这种类型的流量需要稳定的数据包传输，这将转化为对延迟、延迟变化(也称为抖动)、一定吞吐量的需求，以满足演示所需的数据速率。尽管声音是音频，但它已经得到了特别的关注，特别是在蜂窝电话网络中。其他具体的需求，通常可以分为 3 类，每一类我们都将在视频的背景下进行考虑。

- **直播视频流** 来自诸如体育赛事直播的场合。这是单向视频。都期望看到实况，因此期望的延迟在几秒内。当人们听到邻居开始庆祝一个重要的分数而自己还没有看到时，他们就会非常不高兴。
- **存储视频流** 来自 YouTube 等网站已经存储的数据流，并对视频流的接收者进行播放。数据流是不是实况是不重要的，所以可以缓存数秒的视频以克服流量传输时不正常的情况。
- **视频会议** 涉及双向通信。传统上，这仅涉及声音，但视频会议现在已经是专业人士和个人使用中非常普遍的。对于这种流量，当人们进行正常交流时，期望从说话方到回应方的往返时间是一个有界值。

视频会议有很强的延迟约束，通常是 200～300ms 的往返延迟。无线通信链路通常是两个用户之间的多跳链路的第一跳和最后一跳。因此，它们将有较低的要求。例如，LTE 流量类型要求语音会话小于 100ms、视频会话小于 150ms。

语音、音频和视频流量都可以归为术语**实时流量**，其中，延迟和延迟抖动约束是非常重要的。有趣的是，这种类型的流量有时对丢包的要求并不严格。如果一个 IP 语音数据包流是 50 个数据包每秒，则丢失 2%的数据包(1 个包每秒)可能是觉察不到的，或者至少是可以容忍的。

对于语音、音频和视频信号，在压缩和数据包丢失之间有一个平衡。在无线网络中，这些业务总是需要使用高等级的压缩。不使用光盘质量的音频来承载语音(44.1 千样本/秒(每个样本 16 位)=705 600bps)，在第 7 章讨论的压缩方案可以达到 1～2kbps 的速率且具有可接受的语音质量，也就是进行了 700 倍的压缩。由于这些压缩方案非常依赖于数据包之间的关系，所以，一个数据包丢失可能造成巨大的影响。相反，大多数蜂窝系统的语音通信使用压缩率为 7～13kbps 来维持分组丢失率要求与延时要求之间的合理平衡。

3.5.2 数据流量

虽然对于实时业务来说，一些数据包的损失是可以容忍的，但数据流量要求最终到达的数据包是无误的。正如第 10 章讨论的，错误的数据包可以被重传或纠错，所以并不要求第一次传输中是完全无误的。也可以将数据流量分两类：

- **交互式数据流量**(interactive data traffic)　交互式数据流量存在于当人们在进行任何其他形式的数据处理之前需要等待数据被传递。这可能包括等待加载一个网页或完成在线交易。
- **非交互式数据流量**(non-Interactive data traffic)　当人们正在进行其他活动时，非交互式数据流量发生在后台。这将涉及电子邮件或其他类型的批处理或下载活动。

对于数据流量，吞吐量比延迟更重要，尽管它们肯定是相关的。交互式数据流量将更期望稳定的吞吐量。

数据流量也被认为是**弹性**的。数据通常以文件的形式传输，最重要的是这些文件的最终交付时间，而不是中间比特的稳定传输。这与实时通信有着鲜明的对比，因此数据流量也常称为**非实时流量**。

例 3.2　考虑通过一个平均速率为 2Mbps 的 LTE 连接来传输 10Mbyte 音频文件。期望的传输时间为

$$(10\times 10^6\,\text{byte})(8\text{bit/byte})/(2\times 10^6\,\text{bps}) = 40\text{s}$$

下面有 3 种文件传送方式：

1) 40s 稳定的 2Mbps。

2) 4 秒 10Mbps、20 秒 0.5Mbps、26 秒 0Mbps、10 秒 3Mbps。

3) 38 秒 0Mbps、2 秒 40Mbps。

只要观看下载的人认为有地方出错了，并提前退出下载，所有都是可以接受的。

这种弹性性质已用于数据网络并带来了巨大优势。一些协议，特别是下一章讨论的 TCP，能够基于流量状况动态调整发送速率。在网络条件已经很差时，这避免了节点试图重传而引起的节点拥堵。无线协议还可以使其发送速率适应无线信道的变化，以避免不必要的数据包丢失。

3.5.3　提供服务质量

用于提供服务质量支撑的各种技术主要基于以下 3 种基本方法。

- **过量提供**　过量提供是指在大部分时间内提供足够高的数据速率和低拥堵率。因此，无需明确已知服务质量要求或控制资源以满足服务质量要求。常见的关于过量提供问题的讨论是针对**尽力而为**(best effort)流量的。网络对特定流量没有特别的对待，但尽其所能保证及时交付。
- **不保证优先级**　不保证优先级是指某些用户(如应急用户或高付费用户)将其数据包标记为更高优先级。当决策时调度方案给那些数据包较高的优先级。但是，如果有拥塞，更高优先级的数据包将获得相对更好的服务，尽管降级服务。
- **保证优先级**　保证优先级提供了性能的数值界限，也可能有一些统计可靠性。例如，数据包 99.9%的时间可能收到小于 100ms 的延迟。

不同的通信系统将使用自己的术语来描述上述概念和通信类型。它们还将提供一个组合的服务质量的配置方法。通常将用户流量标记为不同的类别。有些可能只是尽力而为。这些用户通常是一般用户，当网络发现其可用时，可视为数据包接收资源。具有更严格要求的用户可以标记他们的数据包的类别，提供有或者没有优先级保证。他们也同意限制他们提供给网络的流量。网络可以提供的一种担保方式是，给业务流量分配一个定期出现的

时隙。在其他情况下，流量可能需要按照由时间延迟、服务质量要求、信道条件、公平性、用户优先级等复杂的组合进行调度。

对于无线系统，通信通常发生在一个节点与一个基站或接入点之间的一跳内。因此，这与电路交换和分组交换的讨论似乎有点儿不相关。但是，电路交换概念很重要的另一个原因是，其提供建立数据包、数据包流以及提供该 QoS 的网络机制之间建立 QoS 关系的机制。

3.6 推荐阅读

由于关于电路交换的研究已经开展多年，所以这方面的文献很多。这方面有两本好书[BELL00]和[FREE04]。关于分组交换的文献也非常多。[BERT92]写得很好。

[STAL14]详细地涵盖了本章中的所有的主题。

BELL00 Bellamy，J. *Digital Telephony*. New York：Wiley，2000.

BERT92 Bertsekas，D.，and Gallager，R. *Data Networks*. Englewood Cliffs，NJ：Prentice Hall，1992.

FREE04 Freeman，R. *Telecommunication System Engineering*. NewYork：Wiley，2004.

STAL14 Stallings，W. *Data and Computer Communications*，Tenth Edition. Upper Saddle River，NJ：Pearson，2014.

3.7 关键术语、复习题和问题

关键术语

best effort(尽力而为)
circuit switching(电路交换)
datagram(数据报)
elastic traffic(弹性流量)
header(包头)
local area network (LAN)(局域网)
local loop(本地环路)
metropolitan area network(MAN)(城域网)
non-real-time traffic(非实时流量)
overprovisioning(过量提供)
packets(分组)
packet switching(分组交换)
real-time traffic(实时流量)
subscriber loop(用户环路)
wide area network(WAN)(广域网)

复习题

3.1 广域网和局域网之间的区别。
3.2 为什么对于每一对台站有多条路径通过网络是有用的？
3.3 驱动电路交换网络设计的主要应用是什么？
3.4 如何在电路交换网络中区分静态和备用路由。
3.5 半永久性连接是什么？
3.6 解释数据报和虚电路操作的差异。
3.7 使用电路交换网络进行数据传输的局限性是什么？
3.8 如果人们在接收差质量的视频，可能无法满足什么服务质量要求？

问题

3.1 定义下列交换网络的参数：

N＝两个给定终端系统间的跳数

L＝消息长度，单位为比特，在所有链路上

B＝数据速率，单位为比特/秒

P＝固定数据包大小，单位为比特

H＝每个数据包的附加(头)比特，单位为 bit

S＝呼叫建立时间(电路交换或虚电路)单位为 s

T＝为呼叫拆除时间(电路交换或虚电路)单位为 s

D＝每跳的传播延迟单位为 s

a. 对于 $N=4$、$L=3000$、$B=9600$、$P=1080$、$H=80$、$S=0.2$、$T=0.02$、$D=0.001$，计算电路交换、虚电路分组交换和数据报分组交换的端到端延迟。假设没有确认信息。忽略节点上的处理延迟。假设电路交换没有头。

b. 推导出(a)中 3 种技术的一般表达式，每次分析两个表达式(共 3 个表达式)，给出延迟相等的条件。

3.2 作为 N、L、H 的函数，P 为何值，能够在数据报网络上产生最小的端到端延迟？假设 L 远大于 P，D 为 0。

3.3 对于问题 3.1，数据报交换的主要开销是在每个节点等待接收完整的数据包后它才可以进行发送。对于电路交换，主要开销是建立时间。给定与图 3-1 相同的参数，跳数 N 的取值需要在什么范围才能够使电路交换的端到端延迟比数据报交换更低？这里使用的建立时间 $S=0.35$s 和拆除时间 $T=0.02$s。

3.4 使用问题 3.1a 的场景，但是虚电路交换有一个非零时延(T_{VC})和数据报交换(T_D)有一个非零的处理延迟。处理延迟定义为每个节点处理数据包的时间。这个处理延迟只产生于发送数据包的节点，包括在第一个节点的处理时间。数据报交换的处理延迟往往较大，因为该节点需要进行路由决策而不只是进行将数据包发送到其目的地的交换决策。假设在每个节点虚电路交换分组的处理延迟为 $T_{VC}=0.0035$s。将其与数据报分组交换进行比较。给出虚拟电路交换的端到端处理延迟比数据报分组交换的延迟低的处理延迟(T_D)的取值范围。

3.5 与问题 3.4 所述的情况一样，但 $T_D=14.5$ms，$T_{VC}=3$ms。需要传输的数据包的数目是未知的。数据包个数取什么范围时采用虚电路交换方式传输所有数据包的端到端延迟比数据报交换的方法更小？相应的总的消息长度的取值范围是什么？

3.6 考虑一个由两个端局和中间交换机组成的一个简单的电话网络，端局和中间交换机之间采用一条 1MHz 的全双工中继线。平均工作日每 8 小时需要打 4 个电话，每个电话的平均呼叫持续时间为 6 分钟。10%的呼叫是长途。每个端局能够支持的最大电话数量是多少？

3.7 解释下列推理中的缺陷：分组交换需要在每个数据包中增加控制和地址位。这在分组交换中引入了相当多的附加比特。电路交换中，建立了一个透明电路。不需要多余的比特。因此，在电路交换中没有开销。由于电路交换中没有开销，所以线路利用率比分组交换的效率高。

3.8 假设网络中的任何一个台站或节点都没有发生故障，是否有可能将一个数据包传递到错误的目的地？

3.9 考虑一个有 N 个节点的分组交换网络，按照如下拓扑结构进行连接：

a. 星形网：一个没有连接任何台站的中心节点，所有其他节点连接到中心节点。

b. 环形网：每个节点连接到两个其他节点，以形成一个封闭的环。

c. 全连接：每个节点直接连接到所有其他节点。

对于每一种情况，给出台站之间的平均跳数。

TCP/IP 协议

学习目标

通过本章的学习，你应该能够：

- 描述分层协议体系结构(也称为架构)的重要性和目标。
- 解释协议封装过程，包括将 PDU 交给不同的层以及为了控制添加头。
- 描述 TCP/IP 协议体系结构，解释每层的工作方式。
- 解释互联(internetworking)的必要性。
- 描述采用 TCP/IP 协议提供互联的路由器的工作方式。

本章的开始部分介绍分层协议体系结构的概念。接着我们将研究这种架构中最重要的一种协议——TCP/IP 协议族。TCP/IP 是一种基于因特网的概念，是开发一套完整的计算机通信标准的框架。几乎所有的计算机厂商现在都为这种架构提供支持。另一个著名的架构是开放系统互连(Open Systems Interconnection，OSI)参考模型。OSI 是一种标准化的架构，经常用来描述通信功能，但是现在已经很少用了。

在对协议体系结构进行讨论之后，研究网络互联这个重要概念。不可避免地，一个组织需要多种通信网络。需要一些互连这些网络的方法，这些问题都涉及协议架构。

4.1 协议体系结构的需求

当计算机、终端或者其他数据处理设备交换数据时，其中的过程将十分复杂。例如，考虑一个文件在两台计算机之间传输。在两台计算机之间，必须有一个直连或者通过通信网络连接的数据路径。但是并不仅仅如此。需要执行的典型任务是：

1) 源系统或者必须激活直接数据通信路径，或者将所需目的系统的标识通知通信网络。

2) 源系统必须确定目的系统已准备好接收数据。

3) 在源系统上的文件传输应用程序必须确定目的系统上的文件管理程序已经准备接受和存储该特定用户的文件。

4) 如果这两个系统使用的文件格式不兼容，则一个或另一个系统必须执行格式转换功能。

很显然，在两个计算机系统之间必须有高度的合作。我们把任务分解成子任务，每一个都是单独实现，而不是将其从逻辑上视为一个单独的模块来实现。在一个**协议体系结构**(protocol architecture)中，该模块放在一个垂直栈中。栈中的每一层执行与另一个系统通信所需的相关功能子集。它依赖于下一层来完成更多的原始功能并隐藏这些功能的细节。它为上一层提供服务。理想情况下，层的定义应该能够满足，一层的变化不需要其他层的变化。

当然，它需要两个进行通信，所以在两个系统中必须存在相同的层次功能。通过两个系统中相应的或对等的层进行通信。对等层通过格式化的数据块进行通信，这些数据块遵循一组规则或约定(称为**协议**)。协议的主要特点是：

- 语法：涉及数据块的格式。
- 语义：包括协调和错误处理的控制信息。
- 时序：包括速度匹配和逻辑顺序。

4.2 TCP/IP 协议的体系结构

ARPANET 由美国国防高级研究计划局(DARPA)资助的一个实验分组交换网络。TCP/IP 协议体系结构，一般称为 TCP/IP 协议族，是在 ARPANET 上进行协议研究与开发的产物。这个协议族包含大量的由互联网架构委员会(Internet Architecture Board, IAB)发布的互联网标准协议。

4.2.1 TCP/IP 层

一般而言，通信包括三部分：应用程序、计算机和网络。应用程序的例子包括文件传输和电子邮件。这里我们关心的应用程序是涉及两个计算机系统之间数据交换的分布式应用程序。这些应用程序和其他应用程序在通常可以同时支持多个应用程序的计算机上执行。计算机和网络相连，数据通过网络在计算机之间相互交换。因此，将数据从一个应用程序传送到另一个应用程序，首先将数据传送给应用程序所在的计算机，然后将数据传送给该计算机中的预定应用程序。

有了这些概念，似乎很自然地将通信任务组织成相对独立的 5 层：

- 物理层
- 网络接入层
- 互联网层
- 主机到主机层或传输层
- 应用层

物理层包括数据传输设备(例如，工作站、计算机)与传输介质或网络之间的物理接口。这一层涉及说明传输媒介的特性、信号的性质、数据速率等相关事项有关。

网络接入层涉及终端系统(服务器、工作站等)与所连接的网络之间的数据交换。发送计算机必须给网络提供目的计算机的地址，这样网络可以将数据路由到正确的目的地。发送计算机可能希望调用网络提供的某些服务，例如优先级。这一层使用的特定软件取决于所使用的网络类型，已经为电路交换、分组交换(例如，ATM)、局域网(例如，以太网)等开发了不同的标准。因此，把这些与网络接入有关的功能划分为一个单独的层是有意义的。通过这样做，在网络接入层之上的其余通信软件不必关注网络的具体使用情况。无论计算机连接的是什么网络，相同的更高层软件应该能够正常工作。

网络接入层主要关注连接到同一个网络上的两个终端系统的跨网络接入和路由数据。在两个设备连接到不同网络的情况下，需要一个允许数据遍历多个互连的网络的过程。这是**互联网层**的功能。**互联网协议**(Internet Protocol, IP)使该层能够提供跨多个网络的路由功能。该协议不仅在终端系统中而且也在路由器中执行。路由器是连接两个网络的处理器，其主要功能是按照其提供的从源端到目的端的路径将数据从一个网络中继到另一个网络。

不论交换数据的应用程序是什么性质，通常都有一个要求——数据交换应该是可靠的。也就是说，我们要确保所有数据在到达目的应用程序时与它们发送的顺序相同。正如我们所看到的，提供可靠性的机制本质上独立于应用程序的性质。因此，将这些机制放在一个所有应用程序共享的通用层是很有意义的，我们将其称为**主机到主机层**(host-to-host layer)或**传输层**(transport layer)。**传输控制协议**(Transmission Control Protocol，TCP)是提供这种功能的最常用协议。

最后，**应用层**包含支持各种用户应用程序所需的逻辑。对于每个不同类型的应用程序，如文件传输，需要一个特殊于该应用程序的单独模块。

4.2.2　TCP 和 IP 操作

图 4-1 给出了如何为通信配置这些协议。需要明确的是，总的通信设施可能包括多个网络，每一个成分网络通常称为**子网**。有些网络接入协议，如以太网逻辑，用来连接计算机与子网。该协议使主机可以通过子网把数据发送到另一台主机，或者当主机在另一个子网中时发送给路由器。IP 在所有的终端系统和路由器中执行。它作为一个中继，将一台主机的数据块通过一个或多个路由器发送给另一台主机。TCP 只在终端系统中执行，它对数据块进行跟踪以确保所有的数据块都能可靠地传递到正确的应用程序。

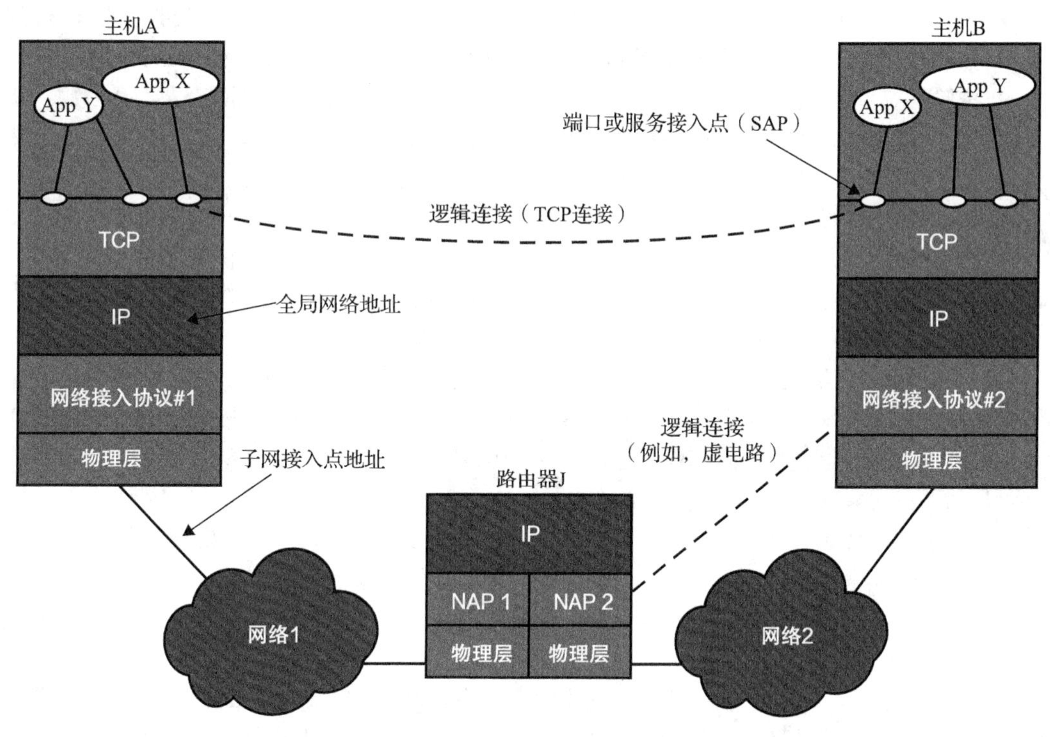

图 4-1　TCP/IP 概念

为了实现成功的通信，系统中的每一个实体必须有一个唯一的地址。实际上，这需要二级寻址。子网中的每台主机必须有一个唯一的全球互联网地址，这能够确保数据传送到正确的主机。主机的每一个进程必须在该主机内有一个唯一的地址，这使得主机到主机协议(TCP)能够把数据传送到正确的进程。后者的地址称为**端口**(port)。

让我们看一个简单的操作。假设一个进程，与主机 A 中的端口 1 相关联，希望发送一个消息到主机 B 中与端口 3 相关联的另一个进程。主机 A 的进程将消息下发给 TCP，并指示它把消息发送到主机 B 的端口 3。TCP 将消息下发给 IP，并指示它把消息发送到主机 B。需要注意的是，不需要告诉 IP 目的端口的标识。它需要知道的是数据的目的地是主机

B。接下来，IP将消息下发给网络接入层(例如，以太网逻辑)，并指示它将消息发送给路由器J(在去往B的路径中的第一跳)。

为了控制这个操作，必须发送控制信息和用户数据，如图4-2所示。我们说，发送进程产生一个数据块，并把它传递给TCP。TCP可以将这个数据块分解成更小的片，使其变得更易于管理。对于这些片的每一个，TCP将附一个称为**TCP头**(TCP header)的控制信息，形成**TCP段**。控制信息可供主机B中的对等TCP协议实体来使用。头中的项包括：

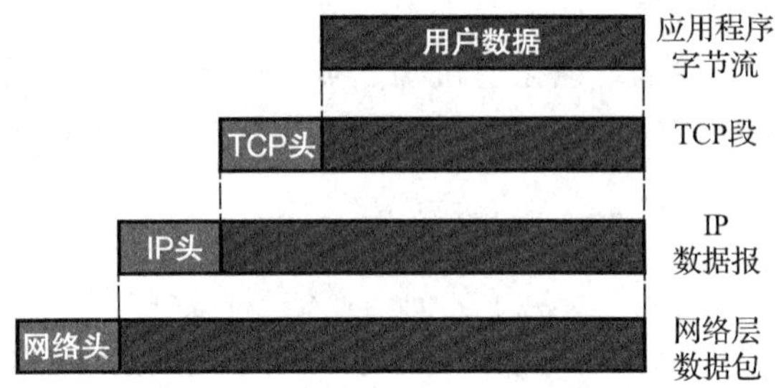

图4-2　TCP/IP架构中的协议数据单元(PDU)

- **目的端口**(destination port)：当主机B中的TCP实体接收该段时，它必须知道数据将交付给谁。
- **序列号**(sequence number)：TCP按顺序对它发送给特定目的端口的报文段进行编号，所以，如果它们不按顺序到达，则B中的TCP实体就可以对其进行重新排序。
- **校验和**(checksum)：发送TCP中的码字，该码字是该段其余部分内容的函数。接收TCP执行相同的计算并将计算结果与传入代码进行比较。如果传输中出现了错误，则计算结果与输入结果不相同。

接着，TCP把每一段交给IP，并指示IP将该段发送给B。这些段必须跨越一个或多个子网进行传输，并经过一个或多个中间路由器进行中继。此操作也需要使用控制信息。因此，IP将控制信息的头加到每段形成一个**IP数据报**。存储在IP头中的项的一个例子是目的主机地址(在该例子中是B)。

最后，将每个IP数据报交给网络接入层，以便在通往目的地址的路径中跨越第一个子网进行传输。网络接入层添加它自己的头，创建一个分组，或帧。数据包通过子网传送给路由器J。数据包头包含该子网跨越该子网传输数据所需的信息。该包头可能包含的主要项目是：

- **目的子网地址**(destination subnetwork address)：子网必须知道数据包将交付给与其相连的哪个设备。
- **设施请求**(facilities request)：网络接入协议可能请求使用特定的子网设施，如优先级。

在路由器J中，将数据包头去除，并检查IP头。基于IP头中的目的地址信息，路由器中的IP模块将数据报经子网2传送到B。为此，数据报需要再增加一个网络接入层头。

当B接收数据时，过程与之相反。在每一层，将相应的头删除，将剩余的内容传送到下一个更高的层，直到将原来用户的数据传送到目的进程。

另外，在任何协议层进行交换数据的块的通用名称为**协议数据单元**(Protocol Data Unit，PDU)。因此，TCP段就是一个TCP协议数据单元。

4.2.3　TCP/IP应用

有些在TCP之上运行的应用程序已经标准化了。这里我们提到3种最常见的应用。

简单邮件传输协议(Simple Mail Transfer Protocol，SMTP)提供基本的电子邮件服务。它提供了一种在不同的主机之间传输消息的机制。SMTP的功能包括邮件列表、回执和转发。SMTP 不会指定消息创建的方式，有些本地编辑或本地电子邮件设施是必需的。消息一旦创建，SMTP 就接受消息并利用 TCP 将它发送给另一台主机上的 SMTP 模块。目标 SMTP 模块将使用本地电子邮件包将传入的消息存储在用户邮箱中。

文件传输协议(File Transfer Protocol，FTP)能够按照用户的命令将文件从一个系统发送到另一个系统。该协议提供了用于控制用户访问的功能，并且支持文本和二进制文件传输。当用户希望进行文件传输时，FTP 建立一个到目的系统的 TCP 连接以便交换控制信息。该连接允许发送用户 ID 和密码并允许用户指定所需的文件和文件操作。一旦允许了一个文件传输，就为数据传输建立第二个 TCP 连接。通过数据连接传输文件，在应用程序层上没有任何头或控制信息。当传输完成时，使用控制连接发出完成信号，并接受新的文件传输命令。

超文本传输协议(Hypertext Transfer Protocol，HTTP)是万维网的基础协议。它是一种通过使用超文本跳转来传输信息的协议。通过该协议传输的数据可以是明文、超文本、音频、图像，或任何互联网可访问的信息。HTTP 是一个面向事务的客户端/服务器协议。HTTP 最典型的应用是在 Web 浏览器和 Web 服务器之间。为了提供可靠性，HTTP 利用 TCP 协议。然而，HTTP 是无状态协议：每个事务都是独立处理的。因此，一个典型的实现是在客户端和服务器之间创建一个新的 TCP 连接，一旦事务完成，就终止连接。

4.3　OSI 模型

开放系统互连(Open Systems Interconnection，OSI)参考模型是由国际标准化组织(International Organization for Standardization，ISO)[⊖]开发的，作为计算机协议架构的模型和开发协议标准的框架。OSI 模型包括 7 层：

- **应用层**
- **表示层**
- **会话层**
- **传输层**
- **网络层**
- **数据链路层**
- **物理层**

图 4-3 阐述了 OSI 模型并对每一层执行的功能进行了简要的定义。OSI 模型的目的是开发协议来实现每一层的功能。

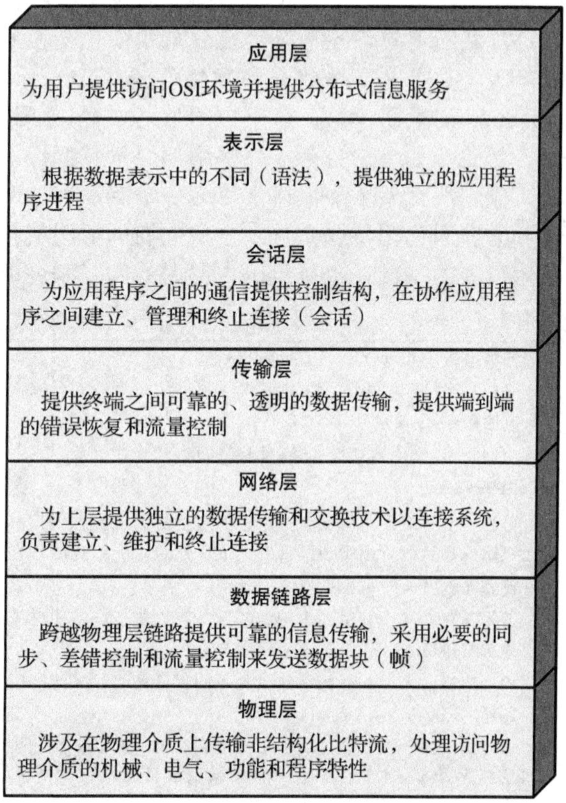

应用层 为用户提供访问OSI环境并提供分布式信息服务
表示层 根据数据表示中的不同（语法），提供独立的应用程序进程
会话层 为应用程序之间的通信提供控制结构，在协作应用程序之间建立、管理和终止连接（会话）
传输层 提供终端之间可靠的、透明的数据传输，提供端到端的错误恢复和流量控制
网络层 为上层提供独立的数据传输和交换技术以连接系统，负责建立、维护和终止连接
数据链路层 跨越物理层链路提供可靠的信息传输，采用必要的同步、差错控制和流量控制来发送数据块（帧）
物理层 涉及在物理介质上传输非结构化比特流，处理访问物理介质的机械、电气、功能和程序特性

图 4-3　OSI 层

OSI 模型的设计者假设这个模型以及基于这个模型开发的协议能够主宰计算机通信，并最终取代专有协议实现和众多的竞争对手，如 TCP/IP。但是这些

⊖ ISO 并不是一个缩写(缩写应该是 IOS)，而是一个源自希腊的单词 *isos*，表示相等的含义。

想法都没有实现。然而，OSI模型仍然是网络技术中讨论每一层功能所常用的模型。尽管许多有用的协议是在OSI模型的背景下提出的，但7层模型并没有被广泛使用。相反TCP/IP架构被大量使用。造成这种结果的原因有很多。最主要的原因可能是当OSI协议还只是在测试阶段时，TCP/IP协议的关键技术已经十分成熟且测试良好。当企业开始认识到跨网络互操作的重要性时，只有TCP/IP可用。另一个原因是，OSI模型太复杂了，有7层。而TCP/IP有较少的层。

TCP/IP和OSI架构的层如图4-4所示。该图粗略地表示了两者之间功能上的对应关系。

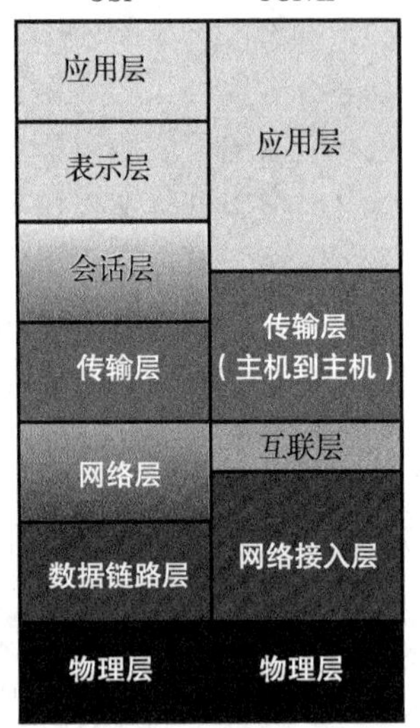

图4-4　OSI与TCP/IP协议架构的比较

4.4　网络互联

在大多数情况下，一个局域网(LAN)或无线局域网(WAN)不是一个孤立的实体。为满足频谱需求，一个组织在一个给定站点可能有超过一种类型的局域网。为满足性能或安全需求，一个组织在一个给定网站可以有多个相同类型的局域网。一个组织可以在不同的网站有局域网，并需要通过广域网将它们互连以实现分布式信息交换的中心控制。

表4-1列出了一些有关**网络互连**(interconnection of networks)或**网络互联**(internetworking)的常用术语。从用户的角度来看，一组互连的网络可以简单地视为一个更大的网络。然而，如果每一个成分网络都保留其标识，并且在跨越多个网络进行通信时需要特殊的机制，那么整个配置通常称为一个**互联网**(internet)。互联网最重要的例子是**因特网**(Internet)。因为因特网是从一个研究性的分组交换网络开始发展而来的，所以它是网络互联技术发展的基础，也是组织内部的专用互联网的模型。后者也称为**内部网**(intranet)。

表4-1　网络互联术语

通信网络(communication network)

一种在连接到网络的设备之间提供数据传输服务的设施

互联网(internet)

由网桥和/路由器互连的通信网络的集合

内部网(intranet)

单独一个组织使用的互联网，它能够提供关键互联网应用，尤其是万维网(World Wide Web，WWW)。内部网在组织内部运行，用于内部目的，可以作为一个独立的、自包含的互联网存在，或者可以链接到因特网。

终端系统(End System，ES)

连接到互联网中其中一个网络的设备，以支持终端用户应用程序或服务

中间系统(Intermediate System，IS)

用于连接两个网络并允许连接到不同网络的终端系统之间进行通信的设备

网桥(bridge)

一种用于连接两个使用类似CAN协议的局域网的IS。网桥作为一个地址过滤器，从一个局域网提取数据包，并将这些数据包发送到位于另一个局域网的目的地址。网桥不修改分组的内容，不给分组增加内容。网桥运行于OSI模型的第2层

路由器(router)

用于连接两个可能相似或可能不相似网络的IS。路由器使用每个路由器和网络的每个终端系统中的互联网协议。路由器运行于OSI模型的第3层。

组成互联网的每个子网支持与该子网相连的设备之间的通信。这些设备称为**终端系统**(End System，ES)。此外，通过设备相连的子网在 ISO 文档中称为**中间系统**(Intermediate System，IS)。IS 提供通信路径并执行必要的中继和路由功能，从而使数据能够在连接到互联网中不同子网络的设备之间进行交换。

两种特殊类型的 IS 是网桥和路由器。它们之间的区别与用于网络互联逻辑的协议类型有关。本质上，**网桥**(bridge)运行在 OSI 7 层架构中的第 2 层并作为网络之间的帧中继。而**路由器**(router)运行在 OSI 架构的第 3 层并在不同网络之间路由数据包。桥和路由器都假定使用相同的上层协议。

路由器的角色和功能在本章前面的 IP 部分中已经介绍过了。然而，由于路由器在整个组网方案中的重要性，我们在本节进行更多的介绍是值得的。

4.4.1 路由器

不同子网之间的互联是通过路由器来实现的。路由器必须执行的基本功能包括：

1) 提供网络之间的链路。

2) 在连接到不同网络的终端系统上的进程之间提出路由和数据的传递。

3) 在不需要修改任何连接子网的网络架构的情况下提供这些功能。

第三点意味着，路由器必须能够适应网络之间的一些差异，如

- **寻址方案**：网络可以使用不同的方案将地址分配给设备。例如，IEEE 802 局域网给每个连接的设备分配一个 48 比特二进制地址；ATM 网络通常使用 15 个数字的十进制地址(编码为每个数字 4 比特，共 60 比特地址)。必须提供某种形式的全局网络地址以及一个目录服务。
- **最大数据包大小**：来自网络的数据包可能必须分解成多个更小的片以在另一个网络上发送，这个过程称为**分段**(segmentation)或**分片**(fragmentation)。例如，以太网规定最大数据包大小为 1500 字节；而 X.25 分组交换网络的最大数据包大小通常是 1000 字节。在以太网系统传输的分组和路由器接收以便在 X.25 网络上重发的数据包可能必须分片为两个较小的包。
- **接口**(interface)：各种网络的硬件和数据包软件接口是不同的。路由器的概念必须独立于这些差异。
- **可靠性**(reliability)：各种网络服务可以提供从可靠的端到端虚电路到不可靠的服务。路由器的操作不应依赖于网络可靠性的假设。

上述要求都可以通过网络互联协议(比如 IP)得到很好的满足，它可以在所有终端系统和路由器中运行。

4.4.2 网络互联实例

图 4-5 描述了一个我们使用的配置来说明互联协议之间的相互作用。在该例子中，我们主要关注连接到 ATM WAN 的服务器和连接到 IEEE 802 LAN 的工作站，以及连接两个网络的路由器[⊖]。该路由器将提供服务器与工作站之间的链路，使得这些终端系统能够忽略介入网络(intervening network)的细节。

⊖ 第 11 章介绍了 IEEE 802 协议架构。现在，你需要知道架构包括物理层；涉及寻址和差错控制的媒体访问控制(Medium Access Control，MAC)层；以及涉及逻辑连接和识别 LLC 用户的逻辑链路控制层(logical link control，LLC)。——译者注

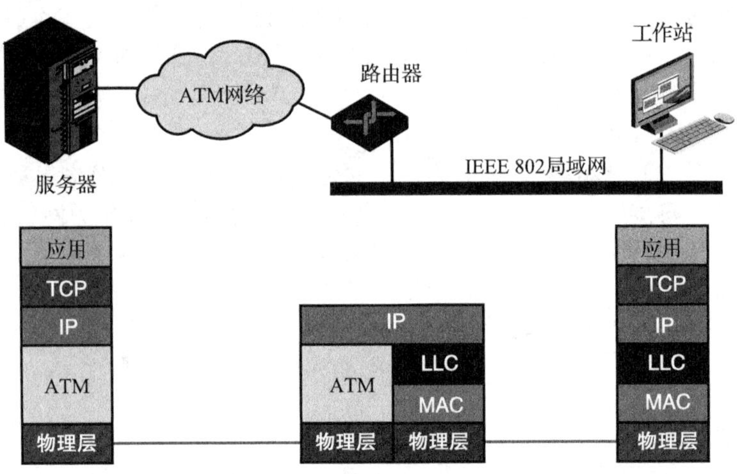

图 4-5　TCP/IP 配置示例

图 4-6(发送方)、图 4-7(路由器)和图 4-8(接收方)概述了一个数据块(如文件或网页)的典型传输步骤，例如从服务器经过互联网并最终到达工作站上的应用程序。在这个例子中，该消息只通过一个路由器。在传输数据之前，服务器中的应用程序和传输层与工作站中的对应层建立适用于通信会话的基础规则。这些规则包括使用的字符代码，差错校验方法等。每一层上的协议都用于此目的，然后用于消息的传输。

1）准备数据。应用协议为传输准备数据块。例如，一个电子邮件（SMTP）、一个文件（FTP），或一个用户输入数据块（TELNET）

2）使用常用语法。如果需要，将数据转换为目的地期望的形式。这可能包括不同的字符代码，使用加密技术，和压缩

3）数据分段。TCP将数据块分成多个数据段，并跟踪这些序列。每个TCP段包括一个头，头包含序列号和**帧校验序列**用于差错检测

4）复制段。对每个TCP段进行复制，如果一个段丢失或损坏则需要重传该段。当从其他TCP实体接收到一个确认时，将该段擦除

5）将段分片。IP可以把一个TCP段分成多个数据报以便满足介入网络对数据包大小的要求。每个数据报有一个头，头包括目的地址、帧校验序列和其他的控制信息

6）成帧。将链路层头添加到每个IP数据报来形成一个帧。头包含一个连接标识符和一个头差错控制字段

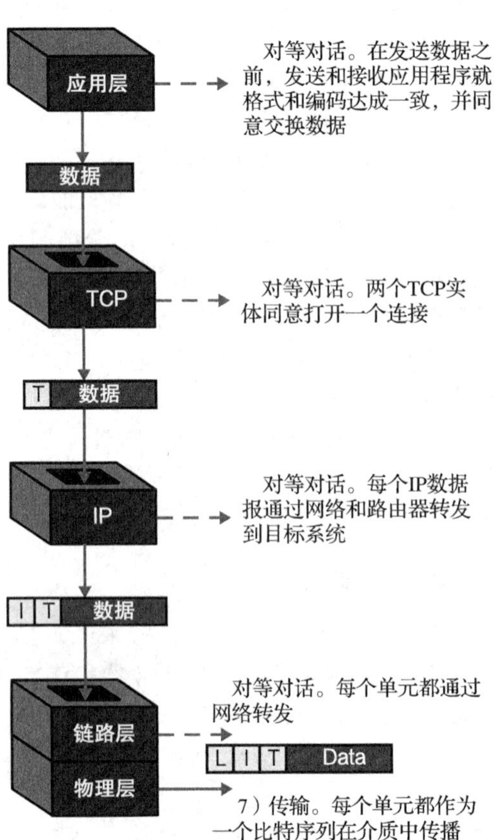

图 4-6　TCP/IP 操作：发送方处理

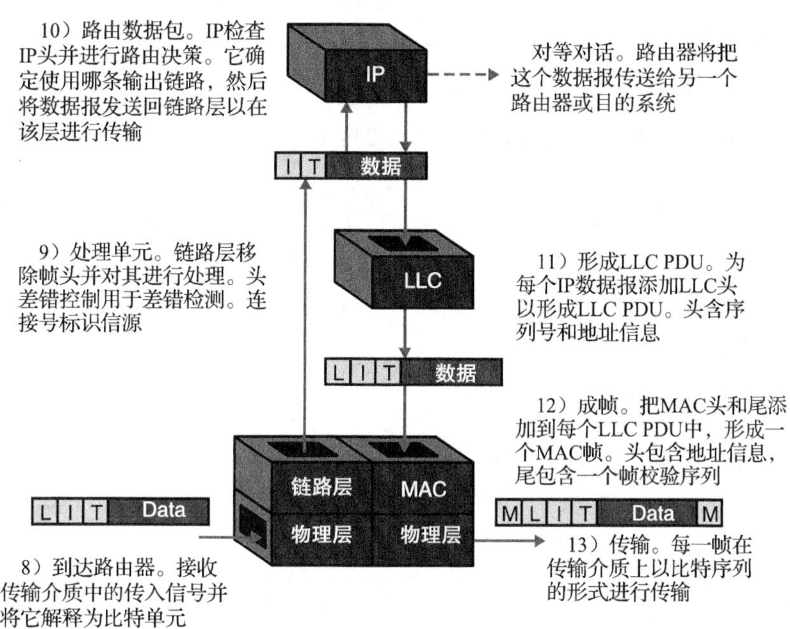

图 4-7　TCP/IP 操作：路由器处理

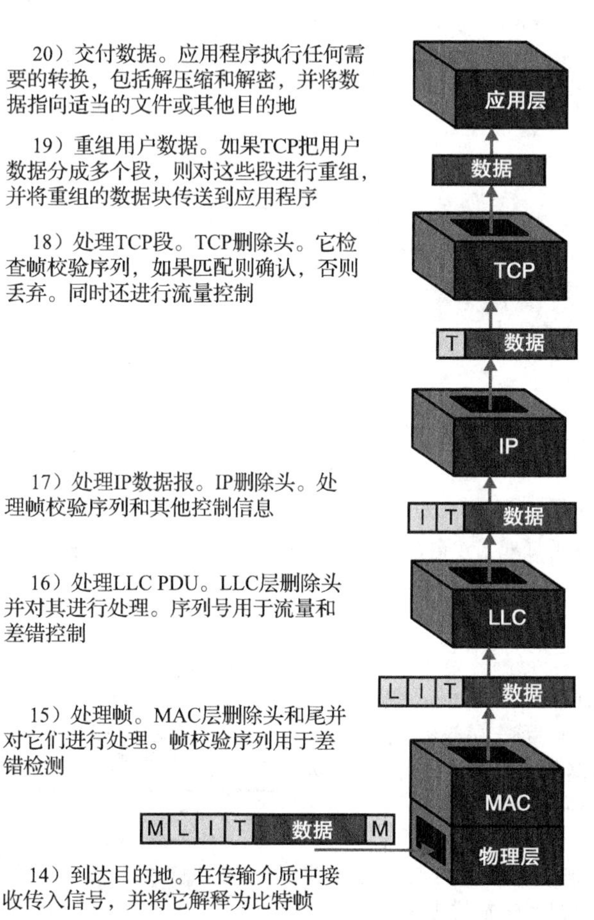

图 4-8　TCP/IP 操作：接收方处理

4.5 推荐阅读

[STAL14]详细描述了TCP/IP模型以及模型每一层的标准。对于对更详细TCP/IP协议感兴趣的读者，[COME14]被认为是一个权威来源。

COME14 Comer, D. *Internetworking with TCP/IP, Volume I: Principles, Protocols, and Architecture*. Upper Saddle River, NJ: Pearson, 2014.

STAL14 Stallings, W. *Data and Computer Communications, Tenth Edition*. Upper Saddle River: NJ: Pearson, 2014.

4.6 关键术语、复习题和问题

关键术语

application lager(应用层)
checksum(校验和)
frame check sequence(FCS，帧校验序列)
header(头)
internet(互联网)
Internet Protocol(IP，互联网协议)
intranet IPv6(内部网IPv6)
internetworking(互联)
network layer(网络层)
physical layer(物理层)
port(端口)
protocol(协议)
protocol architecture protocol data unit(PDU，协议架构协议数据单元)
router(路由器)
service access point(SAP，服务接入点)
Transmission Control Protocol(TCP，传输控制协议)
transport layer(传输层)
User Datagram Protocol(UDP，用户数据报协议)

复习题

4.1 网络接入层的主要功能是什么？
4.2 传输层的任务是什么？
4.3 什么是协议？
4.4 协议数据单元(PDU)是什么？
4.5 什么是协议架构？
4.6 TCP/IP是什么？
4.7 TCP/IP架构中分层的好处是什么？
4.8 什么是路由器？

问题

4.1 使用图4-9所示的层模型，描述一个比萨饼的订货和交付过程，指出每一层的相互作用。

4.2 a. 法国和中国的总理需要通过电话来达成协议，但是他们都不会说对方国家的语言。此外，他们也没有现成的能够说对方国家语言的翻译。但两国总理的翻译都会英语。用图4-9的模型来描述上述情况，并描述每层的交互。

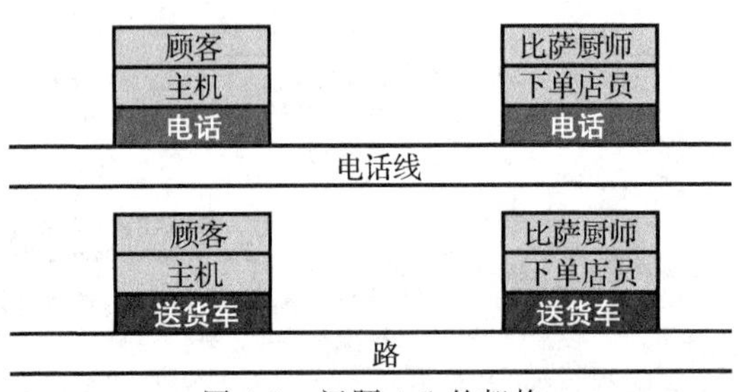

图4-9 问题4.1的架构

b. 现在假定中国总理的翻译只能对日文进行翻译，而法国总理有一个德国翻译。德国和日本的翻译都会说德语。请画一个新的图，反映这种假设情况下的电话交谈。

4.3 列出协议分层的主要缺点。

4.4 两只蓝军正准备向对面小山上的一只红军展开攻击。红军可以打败一只蓝军，但抵挡不了两只蓝军队伍的共同攻击。蓝军通过一个不可靠的通信系统(步兵)进行通信。一只蓝军队伍的指挥官计划中午进攻。问题是：如果他发消息告诉友军发动攻击，消息不一定能够正确传输。他想要求对方传达确认消息，但同样确认消息也不一定能够正确传输。在这种情况下，两只蓝军队伍可以用什么协议来防止战败?

4.5 广播通信网络是指这样一种网络，网络中的一个连接台站在一个共享媒介中传输的信号能够被任何一个连接台站点接收。例子是，一个总线局域网络(如以太网和无线广播网络)。讨论在一个广播网络中网络层(OSI 第 3 层)是否是必要的。

4.6 ISO 定义的 OSI 层的设计原则是：

- 层数必须足够少以防止笨重的设计与实现，但是也必须足够大以使每一层的功能在实现的过程和技术方面各不相同。
- 层之间的边界选择要最大限度地减少跨边界的相互作用的数量和大小。

在这些原则的基础上，设计一个 8 层的架构，并为它设计一个案例。设计一个 6 层的架构，并为它设计一个案例。

4.7 在图 4-2 中，第 *N* 层中的一个 PDU 包含在第 *N*－1 层的 PDU 中。也可能将一个第 *N* 层的 PDU 分段为多个第 *N*－1 层的 PDU(分段)，或者将多个第 *N* 层的 PDU 组成为一个第 *N*－1 层的 PDU(成块)。

a. 在分段的情况中，第 *N*－1 层的段有没有必要包含第 *N* 层的头?

b. 在成块的情况中，每个第 *N* 层的 PUD 有没有必要保留自己的头? 或者将数据合并成一个具有单个第 *N* 层 PUD 头的第 *N* 层 PUD?

4.8 将一个由 1500 比特数据和 160 比特头组成的 TCP 段发送到 IP 层时，它将添加额外的 160 比特头。然后，通过两个网络进行传输，每一个网络使用一个 24 比特的数据包头。目标网络的最大数据包大小为 800 比特。有多少比特数据(包括头)交付给目的端的网络层协议?

4.9 为什么需要 UDP 为什么用户程序不能直接访问 IP?

4.10 IP、TCP 和 UDP 都丢弃具有校验和错误的到达数据包，而不会通知发送方。这是为什么?

4.11 为什么 TCP 头有头长度字段，而 UDP 头没有?

附录 4A 因特网协议

TCP/IP 协议族中，最重要的协议可能就是**因特网协议**(Interent protocd, IP)。几十年来，常用的版本是 IPv4。最近，制订了一个新的版本 IPv6。下面先介绍 IPv4，之后介绍 IPv6。

IPv4

IPv4 的头格式如图 4-10 所示。它至少有 20 个字节，即 160 比特(也称为位)。它有如下几个字段。

- **版本(4 位)**：显示版本号，允许协议更新。值为 4。
- **互联网头长(Internet Header Length, IHL)(4 位)**：32 位字的头长度。最小值为 5，即最小头长为 20 字节。
- **差分服务字段/显式拥塞通知字段(Differentiated Service/Explicit Congestion Notification, DS/ECN)(8 位)**：在差分服务引入之前，这个字段称为**服务类型**(Type of Service, TOS)字段，用来指定可靠性、优先级、延迟、吞吐量参数。现在这种 TOS 的定义已经被其他用法所取代。TOS 字段的前 6 位现在称为差分服务(DS)字

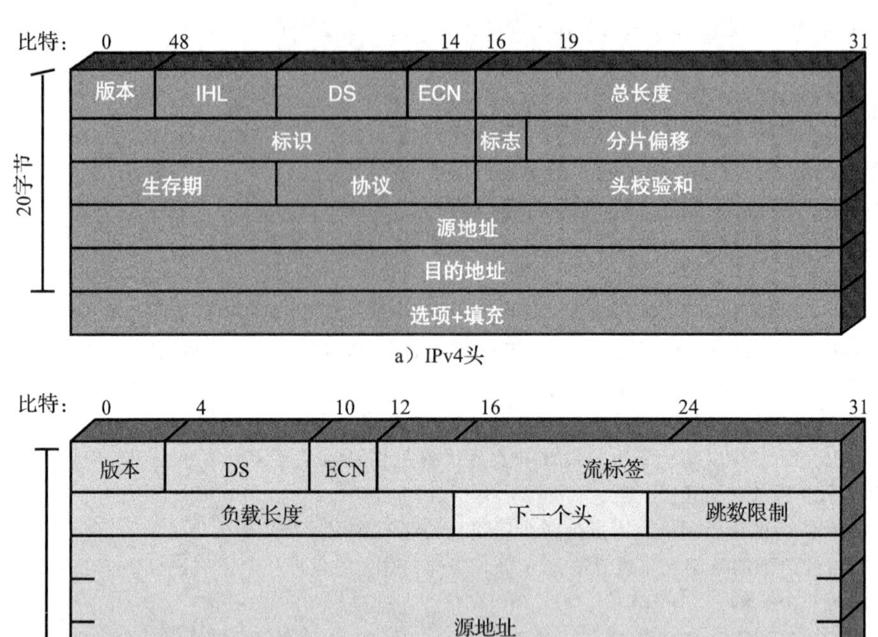

a）IPv4头

b）IPv6头

DS=差分服务字段
ECN=显式拥塞通知字段

图 4-10 IP 头

注：8 比特 DS/ECN 字段以前在 IPv4 头中称为服务类型字段，在 IPv6 头中称为流量类型字段。

段。DS 字段支持因特网的服务质量(QoS)性能。其余 2 位是保留作为显式拥塞通知(ECN)字段，它为因特网提供拥塞控制功能。

- **总长度(16 位)**：IP 包的总长度，以字节来表示。
- **标识(16 位)**：一个序列号，与源地址、目的地址和用户协议一起唯一确定一个数据包。因此，在数据包保持在互联网中时，该标识符应该对数据包的源地址、目的地址和用户协议是唯一的。
- **标志(3 位)**：目前仅定义了 2 位。当对一个数据包分片时，More 位指示它是否是原始数据包的最后一个分片。当设置 DF(Don't Fragment)位时，表示不分片。如果已知目的主机没有能力重组分片，那么这个字段就十分有用。然而，如果设置该位，那么一旦数据包超过一个路由子网允许的最大长度，那么该数据包将被丢弃。因此，如果设置了该字段，建议使用源路由来避免最大数据包大小值较小的子网。
- **分片偏移(13 位)**：指出该数据包在原始分组中的位置，并用 64 位为单位进行测量。这意味着除了最后一个分片外其他分片的长度是 64 位的倍数。
- **生存期(Time to Live，TTL)(8 位)**：指定了一个数据包允许留在互联网中的时间，单位为秒。数据包每经过一个路由器就必须减少至少一个 TTL，所以 TTL 与跳数类似。

- **协议(8 位)**：指示下一个更高层的协议，该协议在目的端接收数据字段。因此，该字段确定在 IP 头后的数据包中的下一个头的类型。
- **头校验和(16 位)**：仅用于头的差错检测代码。因为有些头字段在传输过程中会发生改变(例如，生存时间、与分段相关的字段)，所以这些都会在每个路由器进行重新确认和重新计算。校验和字段是头中所有 16 位字的 16 位的补码加法。为了计算方便，校验和字段本身初始化 0[⊖]。
- **源地址(32 位)**：一种编码允许给指定网络和连接到指定网络的终端系统分配可变的位，我们将在随后讨论它。
- **目的地址(32 位)**：与源地址有相同的特性。
- **选项(可选的)**：对发送用户请求的选项进行编码。这些选项可能包括安全标签、源路由、记录路由和时间戳。
- **填充(可选的)**：用于确保数据包的头长度是 32 位的倍数。

IP 头中的源地址字段和目的地址字段包含一个 32 位的全球互联网地址，它一般包括网络标识符和主机标识符。该地址编码为允许给网络和主机分配可变的位，如图 4-11 所示。此编码实现了主机地址的灵活分配同时允许在互联网上实现不同规模网络的组合。最适合下列条件的 3 个主要的网络是：

- **A 类**：很少的网络，每一个都有很多主机。
- **B 类**：中等数量的网络，每一个都有中等数量的主机。
- **C 类**：很多网络，每一个只有很少的主机。

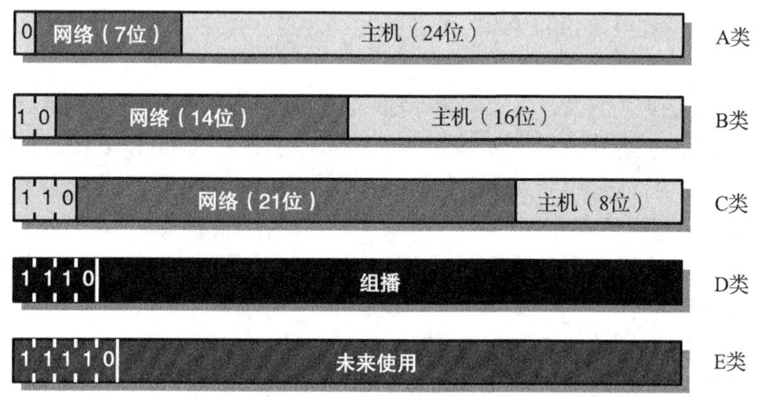

图 4-11 IP 地址格式

在特定的环境下，使用同一类地址可能最好。例如，一个包含大量部门局域网的企业互联网，可能需要使用 C 类地址。尽管如此，地址的格式能够支持所有三类地址在同一个网络中混合使用。因特网本身就是这样做的。不同类型的网络混合在一起可以构成一个互联网，典型的互联网可以由少数几大网络、许多小网络、再加上一些中网络组成。

IP 地址通常采用称为点分十进制表示法来表示，其中用十进制数表示 32 位地址中的每个字节。例如，IP 地址 11000000 11100100 00010001 00111001 写作 192.228.17.57。

⊖ 有关校验和的更多讨论可以参考本书网站的配套文件。——译者注注意，所有的A类网络地址都是以二进制0作为开头。第0(二进制00000000)个和第127(二进制01111111)个网络地址是保留的。所以A类IP地址只有126个网络号，范围为1～126。B类IP地址以二进制数10开头。所以B类地址的第一个十进制数的范围为128～191(二进制10000000～10111111)。第二个字节也是B类地址的一部分。所以有2^{14}＝16 384个B类地址。对C类IP地址来说，开始的十进制数在192～223之间(11000000～11011111)。C类IP地址共有2^{21}＝2 097 152个。

IPv6

IPv4是因特网的基础，几乎所有厂商的专用网络都是IPv4。但是IPv4已经到达其使用寿命，为此定义了一个新的协议，IPv6(IP版本6)，来取代IPv4[㊀]。

我们首先看一看制定新的IP协议版本的原因，然后关注它的一些细节。

下一代IP

由于IPv4的32位地址字段的限制，所以需要制定一个新版本的IP协议。一个32位地址字段原则上可以分配2^{32}个不同地址，也就是说可以分配超过40亿个地址。人们可能认为，该数量的地址是足够多的，可以满足因特网的需求。但是在20世纪80年代末，人们就察觉到32位地址可能带来一些问题，这个问题在20世纪90年代初开始显现。32位地址不足的原因包括以下方面：

- IP地址的二级结构(网络号，主机号)虽然很方便，但浪费了地址空间。一旦将一个网络号分配给一个网络，该网络号的所有主机号地址都将分配给该网络。该网络的地址空间可能使用得很稀疏，但只关心有效的IP地址空间，如果使用一个网络号，那么该网络号中的所有地址都使用。
- IP寻址模型一般要求给每个IP网络分配一个唯一的网络号，而不管它是否连接到因特网。
- 网络规模正在快速扩大。大多数机构都拥有多个局域网，而不仅仅是一个局域网系统。无线网络迅速承担了主要作用。因特网本身这些年也出现了爆炸性的增长。
- 随着TCP/IP不断应用到新的领域，这将产生唯一的IP地址的需求量快速增长。例如，使用TCP/IP互连电子销售点终端与有线电视接收机。
- 一般情况下，给每个主机分配一个IP地址。一个更灵活的安排是给每台主机分配多个IP地址。当然，这也增加了对IP地址的需求。

所以增加地址空间的需求决定了新IP协议版本的需求。此外，IP是一个陈旧的协议，已经定义了地址配置、路由灵活性和流量支持等方面的新需求。

针对这些需求，互联网工程任务组(Internet Engineering Task Force，IETF)在1992年7月发布了针对下一代IP(IPng)的建议征集。收到了大量的建议，IPng最终在1994年设计出来。一个主要的里程碑是请求评论(Request for Comment，RFC)1752的出版，“IP下一代协议的建议”于1995年1月出版。RFC文档是TCP/IP标准文件。RFC 1752概述了IPng的要求，规定了PDU格式，并强调了IPng在寻址、路由和安全方面问题的方法。还有一些其他的互联网文档对协议进行了详细的定义，现在正式称为IPv6。这包括IPv6总体规范(RFC 2046)，处理IPv6的寻址结构的RFC(RFC 4291)等。

㊀ 当前部署的IP版本的是IP版本4。IP的以前版本(1～3)先后被定义，并被IPv4取代。版本5是分配给流协议的代号，它一种面向连接的互联网层协议。因此使用标签版本6。——译者注

相较于 IPv4，IPv6 在以下方面有了增强。

- **扩大的地址空间**：IPv6 用 128 位地址而不是 IPv4 的 32 位地址。地址数增加了 2^{96} 倍。[HIND95]指出，这么多地址足够保证在地球表面上每平方米有 2×10^{23} 个地址。即使地址分配效率非常低下，如此多的地址空间似乎也是无穷无尽的。
- **改进的选项机制**：IPv6 选项放置在一个单独的可选头中，它位于 IPv6 头和传输层头之间。这些可选的头大多数是不需要在数据包的传输路径上被任何路由器检查或处理的。相比 IPv4 数据报，这种方式能够简化和加快路由器对 IPv6 数据包的处理㊀。这也使得它更加容易地添加额外的选项。
- **地址自动配置**：该功能提供了对 IPv6 地址的动态分配。
- **提高的寻址灵活性**：IPv6 增加了一个任播地址的概念，其中数据包只是传送给一组节点中的一个节点。这样，通过增加组播地址的范围字段来改进组播路由的可扩展性。
- **支持资源分配**：IPv6 允许标记属于一个特定业务流的数据包，发送方要求对该业务流进行特殊处理。这有助于对特殊流量(如实时视频)的支持。

所有这些功能都在本节的其余部分探讨。

IPv6 结构

IPv6 协议数据单元(称为分组)具有以下的基本形式。

←40字节→	←---------1或者更多-------→			
IPv6头	扩展头	…	扩展头	传输层

IPv6 所需的唯一一个头，简称为 IPv6 头。相较于 IPv4 头的强制部分为 20 字节，IPv6 头的固定长度为 40 字节。IPv6 头的详细格式由图 4-10b 给出。IPv6 的扩展头定义如下：

- **逐跳选项头**：定义需要逐跳处理的特殊选项。
- **路由头**：提供扩展的路由，与 IPv4 源路由相似。
- **分片头**：包括分片和重组信息。
- **认证头**：提供分组的完整性和身份认证。
- **封装安全有效载荷头**：提供加密服务。
- **目的地选项头**：包含目的节点检查的选项信息。

IPv6 标准推荐，当使用多个扩展头时，IPv6 头按照下面的顺序出现：

1) IPv6 头：强制性的，必须首先出现。

2) 逐跳选项头。

3) 目的地选项头：由 IPv6 目的地址字段中的第一个目的地址以及路由头中列出的后续目的地址处理的选项。

4) 路由头。

5) 分片头。

6) 认证头。

7) 封装安全有效载荷头。

8) 目的地选项头：由数据包的最终目的地处理的选项。

图 4-12 给出了一个 IPv6 数据包的例子，其中包括除了与安全相关以外的所有头。值

㊀ IPv6 的协议数据单元称为分组而不是数据报，数据报是 IPv4 中协议数据单元使用的术语。

得注意的是，IPv6 头和扩展头包括下一个头(Next Header)字段。这个字段确定紧接着的一个头的类型。如果下一个头是一个扩展头，则该字段包含那个头的类型标识符。否则，则该字段包含 IPv6 的上层协议的协议标识符(通常是传输层协议)，使用与 IPv4 协议字段相同的值。在图 4-12 中，上层协议是 TCP。因此，IPv6 数据包携带的上层数据包括 TCP 头和一个应用数据块。

我们先看看主要的 IPv6 头，然后依次分析每个扩展报头。

IPv6 头

IPv6 报头具有 40 字节的固定长度，它包括以下字段(见图 4.10b)：

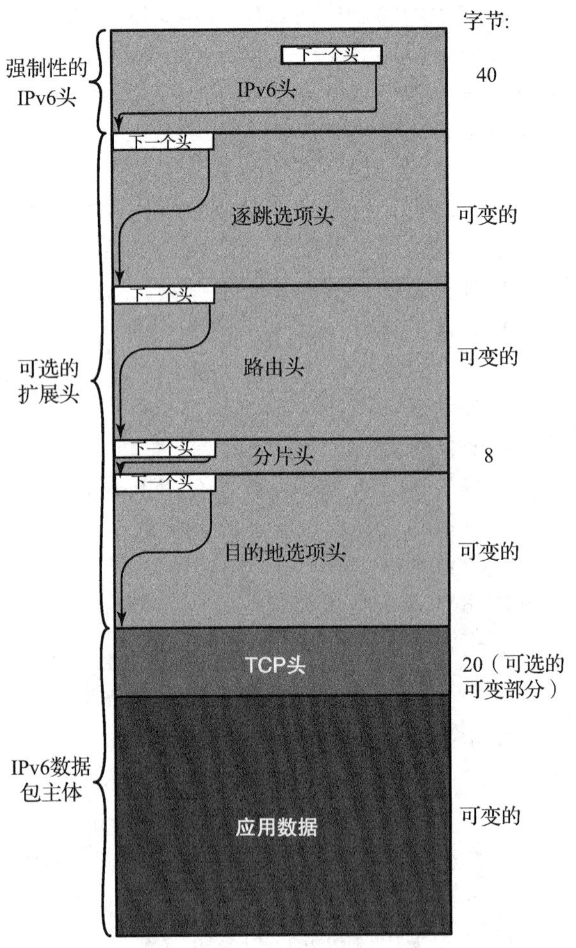

图 4-12 包含扩展头的 IPv6 数据包(包含 TCP 段)

- **版本号(4 位)**：互联网协议版本号，该值为 6。
- **差分服务/显式拥塞通知(DS/ECN)(8 位)**：可用于原始节点和转发路由器的差异化服务和拥塞功能，与 IPv4DS/ECN 字段的描述相同。这 8 位字段最初称为流量类(Traffic Class)字段，但现在使用的是 6 位 DS 和 2 位 ECN。
- **流标签(20 位)**：可以供主机使用，用来标记需要由网络中的路由器进行特殊处理的数据包。这点我们随后讨论。
- **负载长度(16 位)**：头后面的 IPv6 数据包剩余部分的字节长度。换句话说，这是所有的扩展头加上传输层 PDU 的总长度。
- **下一个头(8 位)**：标识 IPv6 头后面的头的类型。这或者是一个 IPv6 扩展头或者是上一层的头，如 TCP 或 UDP。
- **跳数限制(8 位)**：这个数据包剩余的允许跳数。跳数限制由发送方设置为某个期望的最大值，每次经过节点转发则数据包的跳数减 1。如果跳数限制减少到 0，则该将数据包丢弃。这是对 IPv4 中生存期字段的简化处理。它们的相同之处在于，IPv4 在进行额外的时间间隔计算时并没有明显增加该协议的值。事实上，IPv4 路由器，作为一般规则，就是将生命期字段视为一个跳数限制字段。
- **源地址(128 位)**：数据包发送方的地址。
- **目的地址(128 位)**：数据包的目的地址。如果存在一个路由头，那么目的地址可能不是事实上的最终目的地。这点我们随后解释。

尽管 IPv6 头比 IPv4 头的强制部分更长(40 字节与 20 字节)，但是它的字段却更少(8 个与 12 个)。因此，路由器在处理每个头所用的时间更少，这将加快路由速度。

流标签

RFC 3697 流定义为从一个特定的源发送到一个特定的(单播、组播、或多播)到目的地的分组序列，并且源希望中间路由器对流进行特殊处理。一个流由源地址、目的地址和一个非零的 20 位流标签的组合唯一确定。因此，同属于一个流的所有分组都分配相同的流标签。

从源的角度来看，流通常是由源的单个应用程序实例产生的一个数据包序列，并且这些数据包具有相同的传输服务要求。一个流可以由单个 TCP 连接甚至多个 TCP 连接组成，后者的一个例子是文件传输应用程序，它可以有一个控制连接和多个数据连接。单个应用程序也可能产生单个流或多个流。后者的一个例子是多媒体会议，它可能有一个音频流和一个图形窗口流，每个流都具有不同的数据速率、延迟和延迟变化等传输要求。

从路由器的角度来看，流是一个共享属性的数据包序列，它影响路由器如何处理这些数据包。这些属性包括路径、资源分配、丢弃要求、计账和安全属性。路由器可以针对不同流中的数据包采取不同的处理方式，包括分配不同的缓冲区大小，给予不同的转发优先级，并从网络请求不同的服务质量。

任何特定的流标签都没有特别的意义。相反，对一个数据包流的特殊处理方式必须以其他形式声明。例如，一个源可以利用控制协议事先与路由器进行协商或请求特殊处理，也可以在传输过程中利用数据包的一个扩展头中的信息，如逐跳选项所头，来协商或请求路由器的特殊处理。这些特殊处理的例子包括，某些非默认的服务质量类型以及某种形式的实时服务。

原则上，用户对一个特定流的所有要求可以在每个数据包的扩展头中定义。如果我们希望让流的概念开放以包括各种要求，那么这种设计方法可能导致非常大的数据包头。在 IPv6 中用流标签来替代，其中流需求定义在流开始之前并且给该流分配一个唯一的流标签。在这种情况下，路由器必须保存每个流的流需求信息。

下面的规则适用于流标签：

1) 在发起一个数据包时不支持流标签字段的主机或路由器必须将该字段设置为 0，在转发数据包时保持该字段不变，在接收数据包时忽略该字段。

2) 来自给定源且具有相同非零流标签的所有数据包必须有相同的目的地址、源地址、逐跳选项头内容(如果这个头是存在的)和路由头内容(如果这个头是存在的)。其目的是，路由器可以通过简单地查找某个表中的流标签来决定如何进行路由和处理数据包，而不需要检查头的其余部分。

3) 源将流标签分配给一个流。新的流标签必须在 $1\sim2^{20}-1$ 的范围内(伪)随机和均匀地选择，并且在现有流的生命期内，源不必须给一个新的流重复使用一个流标签。零流标签是保留的，以表示没有使用流标签。

最后一点需要进一步论述。路由器必须维护可能通过它的活动每个流的特征信息，可能采用某种表的形式。为了有效并快速转发数据包，表查找必须非常有效。一种选择是建立一个有 2^{20}(约 100 万)个条目的表，每一条对应一个可能的流标签。这给路由器带来了不必要的内存负担。另一种选择是每个活动流在表中有一个条目，包括每个条目的流标签，并要求路由器每次遇到一个数据包时，都需要搜索整个表。这给路由器带来了不必要的处理负担。相反，大多数路由器设计可能使用某种类型的表方法。这种方法使用一个中等大小的表，使用关于流标签的散列函数将每个流条目映射到表中。散列函数可能只是流标签中的低阶几位(比如 8 或 10 位)或者是流标签的 20 位进行的简单计算。在任何情况下，散列方法的效率通常取决于均匀地分布在其可能范围内的流标签，因此要求前面列表中的规则 3。

IPv6 地址

IPv6 地址的长度为 128 位。将地址分配给节点上的单个接口，而不是节点本身[⊖]。一个接口可能有多个唯一的单播地址。与一个节点的接口相关联的任何一个单播地址都可以用来唯一地标识该节点。

通过将长地址与每个接口的多个地址相结合，与 IPv4 相比，IPv6 能够提高路由效率。在 IPv4 中，地址一般没有一个有助于路由的结构，因此路由器可能需要维护庞大的路由路径表。较长的因特网地址允许利用网络的层次结构、接入供应商、地理位置和公司等来聚合地址。这样的聚合能够使得路由表更小，表查找更快。允许每一个接口有多个地址，使用户可以利用同一个接口来访问多个服务提供商，并且在每个供应商的地址空间有独立的地址聚合。

IPv6 允许 3 种类型的地址：

- **单播**(unicast)：一个接口的标识符。将发送到一个单播地址的数据包发送到该地址标识的接口。
- **任播**(anycast)：一组接口的标识符(通常属于不同的节点)。将发送到一个任播地址的数据包发送到由该地址标识的接口之一(“最近的”一个，根据路由协议的距离度量)。
- **组播**(multicast)：一组接口的标识符(通常属于不同的节点)。将发送到一个组播地址的数据包发送到该地址标识的所有接口。

IPv6 的 128 位地址可以视为 8 个 16 位数字所构成的序列，并将其表示成十六进制数的形式，它们之间用冒号隔开。例如：

2001:0DB8:0055:0000:CD23:0000:0000:0205

附录 4B　传输控制协议

对于使用 TCP/IP 协议族的大多数应用程序来说，应用程序依赖 TCP 来保证数据的可靠传输。TCP 反过来又依赖于 IP 来进行寻址和路由等处理。

我们首先讨论 TCP 的中枢机制：流量控制。然后通过讨论 TCP 头中的元素来总结 TCP 的功能。

TCP 流量控制

与提供流量控制的大多数协议一样，TCP 使用一种滑动窗口机制。与许多其他协议(如 LLC、HDLC 和 X.25)不同的是，它将接收到数据单元的确认与许可授予解耦合来发送额外的数据单元。

TCP 使用的流量控制机制称为信用分配方案(credit allocation scheme)。对于该方案，传输的每个数据字节有一个序列号。除了数据之外，每个传输的段在它头中有 3 个与流量控制相关的字段：段中第一个数据字节的序列号(SN)、确认号(AN)和窗口(W)。当传输实体发送一个段时，它包括数据字段中的第一个字节的序列号。传输实体用包括($AN=i$，$W=j$)的返回段来确认已经收到一个传入段，其可以解释如下：

⊖ 在 IPv6 中，节点是指能够运行 IPv6 的任何设备，包括主机和路由器。

- 序列号为 SN＝$i-1$ 的所有字节都确认已收到。下一个期望字节的序列号是 i。
- 授权许可发送一个 $W=j$ 字节数据的额外窗口。也就是说相应的数据字节的序列号为 i 到 $i+j-1$。

图 4-13 说明了该机制。为简单起见，我们只考虑一个方向上的数据流并假设每段发送 200 字节数据。开始时，在连接建立过程中，发送和接收的序列号是同步的。给 A 授予一个从字节号 1001 开始的 1400 字节的初始信用分配。在 3 段中发送 600 字节后，A 把窗口缩减为 800 字节(号为 1601～2400)。当 B 收到了这些段后，B 确认已经收到了到字节号为 1601 的所有字节并分配了 1000 字节的信用。这意味着可以接收 1601～2600 的字节(5 段)。但是，当 B 的信息被 A 接收时，A 已经发送了 2 段，包括 1601～2000 的字节(这是初始分配时允许的)。因此 A 在此时剩下的信用仅为 400(2 段)。随着信息交换的进行，每一次 A 发送段后窗口的后沿向前移动，每一次给 A 授予信用量时，窗口的前沿向前移动。

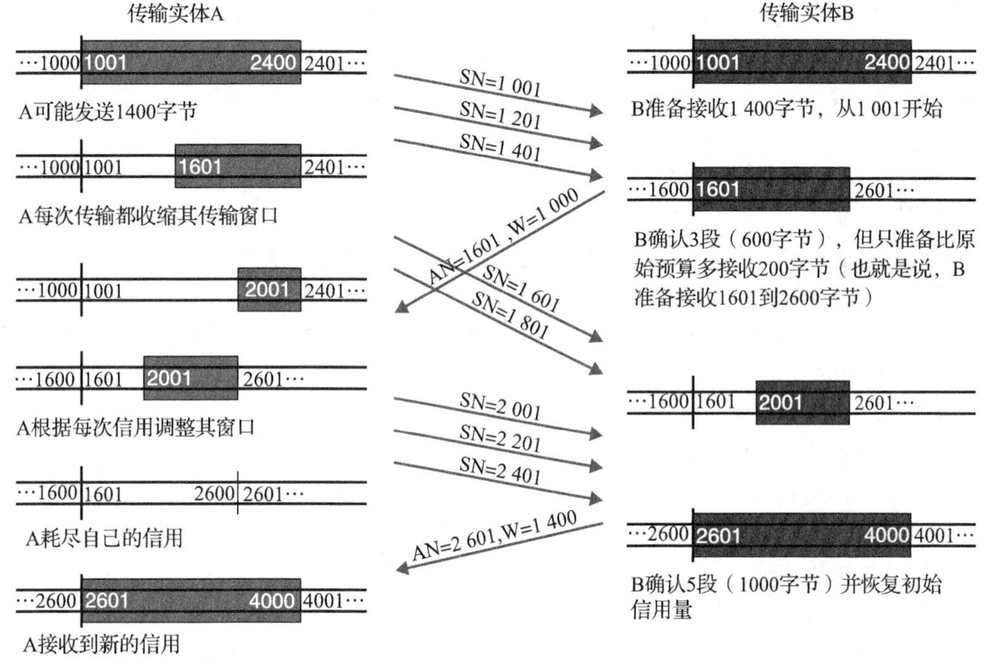

图 4-13　TCP 信用分配机制的例子

信用分配机制相当灵活。例如，假设 B 发出的最后一条消息是(AN＝i，$W=j$)，最后一个被 B 接收的数据字节是字节数 $i-1$。那么，

- 在没有额外的数据到达时，为了将信用增加到 $k(k>j)$，B 发送(AN＝i，$W=k$)。
- 为了确认收到一个包含 m 字节数据($m<j$)的传入分段且没有授予额外的信用，B 发出(AN＝$i+m$，$W=j-m$)。

TCP 段格式

TCP 仅使用一种类型的协议数据单元，称为一个 TCP 段。TCP 头如图 4-14a 所示。因为一个头必须为执行所有协议机制服务，所以它是相当大的，最小长度为 20 字节。这些字段包括：

- **源端口(16 位)**：源 TCP 用户。

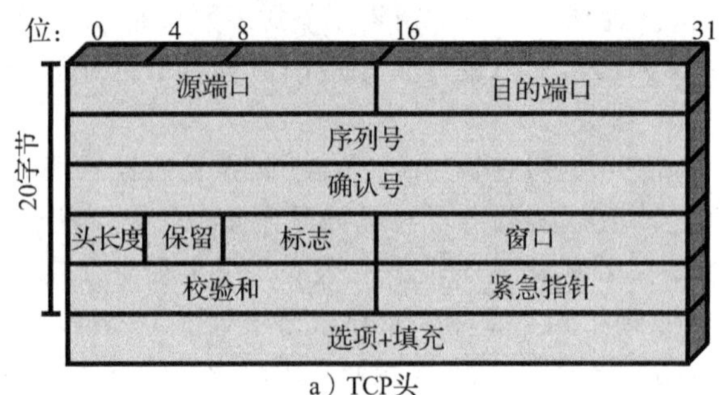

a）TCP头

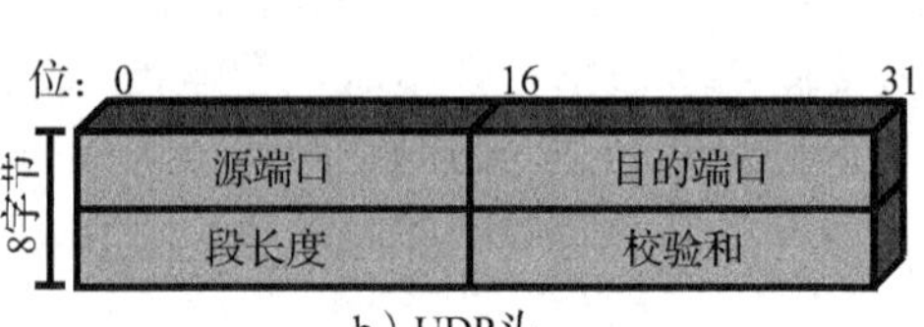

b）UDP头

图 4-14　TCP 和 UDP 头

- **目的端口(16 位)**：目的 TCP 用户。
- **序列号(32 位)**：除了设置 SYN 标志位，否则序列号在段中占据第一个数据字节。如果设置了 SYN，则该字段包含初始序列号(Initial Sequence Number，ISN)，并且该段的第一个数据字节的序列号是 ISN+1。
- **确认号(32 位)**：一个捎带确认。包含 TCP 实体期望接收的下一个数据字节的序列号。
- **头长度(4 位)**：头中的 32 位字的个数。
- **保留(6 位)**：保留以待将来使用。
- **标志(6 位)**：对于每个标志，如果它设置为 1，那么它就意味着：

  CWR：拥塞窗口减少。

  ECE：ECN-Echo；CWR 和 ECE 位，在 RFC 3618 中定义，用于显式拥塞通知功能。

  URG：紧急指针字段标志。

  ACK：确认字段标志。

  PSH：推功能。

  RST：重置连接。

  SYN：同步序列号。

  FIN：发送方没有数据
- **窗口(16 位)**：流量控制与信用分配，以字节为单位。包含数据字节数，从发送端方想接收的确认字段中说明的序列号开始。
- **校验和(16 位)**：将包括伪首部在内的报文段所包含的所有的 16 位字按照补码相加求和，之后再取总和的补码。这些随后再加以描述[⊖]。
- **紧急指针(16 位)**：当这个值添加到该段序列号中时，它包含紧急数据序列中最后字节的序列号。这可以让接收方知道多少紧急数据到来。
- **选项(可变的)**：一个例子是指定要接收的最大段大小的选项。

序列号和确认号绑定到字节而不是整个段。例如，如果一个段包含序列号 1001，且包括 600 字节的数据，则序列号是指数据字段的第一个字节。逻辑顺序中的下一个段的序列号将是 1601。因此，TCP 是面向流的逻辑：它接收来自用户的字节流，把它们分组为合适的段并给每个流中的字节编号。

校验和字段在计算时需要针对整个段加上头前面的伪头前缀(发送方和接收方)。伪头

⊖ 关于校验和的详细讨论参见本书网站的相关支撑文档。——译者注

包括 IP 头的以下字段：源和目的互联网地址和协议，以及段长度字段。通过包括伪头，TCP 保护自己防止 IP 错误传送。即，如果 IP 传输一段信息到错误主机，即使该段没有包含错误，接收 TCP 实体也将检测出传送错误。

附录 4C　用户数据报协议

除了 TCP 外，还有另一个传输层的协议，它是通常作为 TCP/IP 协议族的一部分使用：**用户数据报协议**(User Datagram Protocol，UDP)，它是在 RFC 768 中说明的。UDP 为应用层程序提供无连接服务。因此，UDP 是不可靠的服务，不保证提供交付和复制保护。然而，这样确实减少了该协议的开销，并且在许多情况下已经足够了。

面向连接方法的优势是明确的。它允许连接相关的功能，如流量控制、差错控制和顺序交付。然而，在某些情况下，无连接服务是比较合适的。在低层(互联网层、网络层)，无连接服务的鲁棒性更好。这方面的一个例子是第 3 章讨论的包交换的数据报方法。当对每个数据包独立地处理、独立地路由时，网络中拥塞或丢包的影响要小于如果有一个预定义的路由或连接的数据包传输。

此外，无连接服务是更高层期望的“最小公分母”服务。而且即使在传输层及以上，采取无连接服务也是有道理的。有些情况下，连接的建立和维护的开销是不合理的，甚至可能会适得其反。具体包括以下情况：

- **内部数据采集**：涉及定期主动或被动地对数据源进行采样，如传感器，并自动从安全设备或网络组件得到自检报告。在实时监测情况下，一个偶然的数据单元丢失不会有什么影响，因为下一个报告很快就会到达。
- **外部数据发布**：包括广播消息给网络用户、新节点的公告或服务地址的变化，以及实时时钟值的分发。
- **请求响应**：一个公共服务器给多个分布式传输服务用户提供事务服务的应用程序，这是一个典型的单个请求响应序列。所使用的服务是在应用层管理的，低层连接通常是不必要的且烦琐的。
- **实时应用**：如语音和遥测，涉及一定程度的冗余和实时传输需求。这些无需面向连接的功能，如重传。

因此，在传输层既需要有面向连接的服务也需要有无连接的服务。

UDP 在 IP 的之上。因为它是无连接的，所以 UDP 需要做事的很少。本质上，它为 IP 增加了一个端口寻址能力。图 4-4b 是对 UDP 头的最好说明。头包括源端口和目的端口。长度字段包含整个 UDP 段的长度(包括头和数据)。检验和与 TCP 和 IP 使用相同的算法。对于 UDP，校验和在计算时适用于整个 UDP 报文段再加上 UDP 头前面的一个伪头前缀，且与 TCP 使用的伪头相同。如果检测到错误，丢弃该段而不采取进一步的行动。

UDP 中的校验和字段是可选的。如果不使用它，则将它设置为 0。然而，应该指出的是，IP 校验和只适用于 IP 头而不是数据字段，在这种情况下数据段包括 UDP 头和用户数据。因此，如果 UDP 没有进行校验和计算，那么就不会对用户数据进行校验。

第二部分

Wireless Communication Networks and Systems

无线通信技术

第 5 章

Wireless Communication Networks and Systems

无线通信概述

学习目标

通过本章的学习，你应该能够：

- 理解未授权频率的重要性。
- 利用路径损耗指数计算自由空间和实际环境的路径损耗。
- 刻画信道的多径和多普勒扩展特性。
- 描述用于校正信道损伤的方法。
- 描述将数字数据编码为模拟信号的 3 种主要方法。
- 根据 E_b/N_0 曲线确定调制方法的性能。
- 描述并比较差错检测的差错恢复过程、重传机制/ARQ 以及纠错。
- 根据编码速率、汉明距离和编码增益来描述各种编码的性能和带宽效率。
- 概述 OFDM 和 OFDMA。
- 解释正交载波的价值。
- 描述两种主要扩频跳频技术和直接序列的工作原理。

本章是第 6 章到第 10 章的浓缩版，涵盖了整个无线物理介质的各个方面，但是仅仅是供快速阅读的浅层次内容。本章内容包含了接下来 5 章中许多相同的素材和图。如果想要对某部分内容进行更深层次的了解，可以查阅后面章节的相应内容。

5.1 频谱的考虑因素

对于一种无线通信技术来说，选择合适的工作频率范围(即，**频谱**)对于其成功来说是至关重要的。一些频率适合长距离传输，另一些则在穿透建筑物、墙等类似障碍物更加有效。因此，不同类型的用户需要共享无线频率。

5.1.1 监管措施

无数种不同的用户、应用和流量类型共享整个无线媒质。所有这些都在管理机构的监管之下，确保在公平使用的同时能够满足社会的一些关键需求。下列参数可以将信号区分开来。

- 载波频率：每一个信号都是从它的基频转移到载波频率上。例如，可以将一个 22MHz 的 IEEE 802.11 信号转移到 2.412GHz 载波频率的中心，这样该信号占用 2.401～2.423GHz 的频率。
- 信号功率：通过允许的传输功率限制信号的传播距离。如果彼此之间的距离足够长，多个用户或组可以重复使用相同的频谱。
- 多址方案：在同一频谱范围内的多个用户可以通过每一个都有它们自己的一小片时间或频率来共享该频谱。这就是时分多址(TDMA)或频分多址(FDMA)。当共享相同的时间和频率时，它们还可以以不同的方式对它们的信号进行编号。这就是**码分多址**(CDMA)。

在美国，联邦通信委员会(FCC)监管不同类型的用户组如何共享无线频谱。类似的组织在全世界各国都有。大多数情况下，频率需要通过 FCC 的授权才能使用。有时候，为了购买这些频率的使用授权需要召开拍卖会。FCC 规定了哪些频率是政府独有的，哪些是非政府独有的，哪些是政府和非政府共有的。这些频率提供给下列设备：

- 航空
- 无线电业余爱好者
- 广播
- 海事
- 气象
- 移动
- 卫星
- 空间

读者可以在本书网站 corybeardwireless. com 上看到 FCC 规定的频谱分配图。为了避免冲突，将 FCC 授权频率分配给不同的用户。这经常导致频谱无法被充分利用，所以研究人员目前正在研究一种叫作**动态频谱接入**的新概念。这个概念中，主用户和次用户之间可以共享所有的频谱。如果主用户未激活，次用户就可以使用该频谱，但当主用户需要使用该频谱时，次用户就马上释放该频谱。在设备中使用一个叫作**认知无线电**的技术来扫描宽频带频谱来感知什么时候使用。

在一个给定的频带内，把频率分配给多个服务是可能的。将 FCC 授权频谱分配给不同的服务这样就没有冲突。相比于整个无线宽频谱来说，本书介绍的频段技术都属于窄带技术。有些技术(例如 IEEE 802.11 和 802.15)都使用工业、科学、医用(Industrial, Scientific, and Medical, ISM)的频段，因为只要发射机保持在功率限制内，并使用扩频技术，那么这些频率就可以使用而不需要授权。这些 ISM 频段包括 915±13MHz、2450±50MHz、5.8±0.75GHz、57-64GHz。

5.1.2　传播模式

天线辐射出的信号从 3 种路径上传播：地面波、天波或视距(LOS)。图 5-1 给出了每种传播类型。

- **地面波传播**(见图 5-1a)　地面波传播或多或少地依附于地球轮廓，并且可以传播相当远的距离，该距离大大超过可视的地平线。频率在 3MHz 以下的波通过该类型传播。这个频段的电磁波后受到大气的散射，从而使它们无法穿透上层大气层。最有名的地面波通信的例子就是调幅(AM)无线电广播。
- **天波传播**(见图 5-1b)　使用天波传播，来自地面天线的信号受到

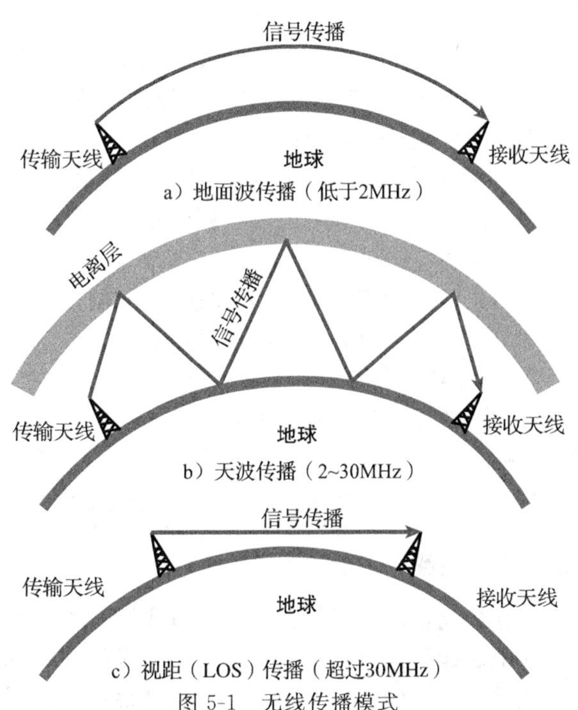

图 5-1　无线传播模式

上层大气层中电离层的**折射**而返回地球。天波信号可以通过电离层与地面之间的来回多跳来传输。在这种传播模式下，信号在距离发射机数千公里之外也能够被接收。天波的频率通常为 3～30MHz。

- **视距传播**(见图 5-1c)　在地面波传播和天波传播无法工作时，视距传播是一种必要的传播模式，其频率通常在 30MHz 以上。我们后面将讨论的大多数技术的频率都在 100MHz 到几 GHz 之间，所以它们以视距传播方式工作。然而，视距传播方式并不意味着发送方和接收方之间一定是自由空间。不同频率的电磁波将受到大气影响而衰减或者有能力穿透物体(如墙、建筑、汽车等)的表面。对于多数材料来说，电磁波穿透物体的能力会随着频率的增加而下降。

5.2　视距传播

在任何通信系统中，由于受到多种传输损伤的影响，接收到的信号与发射的信号通常不是完全相同的。对于模拟信号，这些传输损伤会引入多种随机变化从而降低信号的质量。对于数字信号，这些损伤会引入误码：将发送的二进制数 1 转换为 0 或者将 0 转换为 1。在本节中，我们将检验和评价多种损伤以及它们对通信链路信息承载能力的影响。本书中，我们主要关注适合于视距无线传播频率，在此情况下，传输损伤主要来自：

- 衰减和衰减失真
- 自由空间损耗
- 噪声
- 大气吸收
- 多路径
- **折射**

5.2.1　5 种基本传播机制

电磁波信号有 5 种不同的传播机制可以将信息从发射机传输到接收机。

1）**自由空间传播**　当发射机和接收机之间没有障碍物时，自由空间传播传输波。信号强度的衰减是距离的函数。

2）**穿透传播**　当电磁波信号可以穿透或者穿过介质时，穿透传播传输信号。信号会在介质的表面发生折射后以不同的角度继续传播。

3）**反射**　当电磁波遇到比波长大得多的物体表面时，反射发生。

4）**衍射**　当信号被一个尖锐的物体边缘阻挡时，衍射发生。此时，阻挡体的背面会产生二次波，从而有可能将信号传输给处在阻挡体阴影区的接收机。

5）**散射**　当信号与大量的小于波长的物体相互作用时，散色发生。在实际通信系统中，这些物体包括：粗糙表面、植被的叶子、街道标志等。

后面 4 个现象与信号相互作用的对象有关。这些对象的介电和导电特性直接决定了信号与这些对象相互作用时信号强度和相位受到的影响。

5.2.2　天线

在研究自由空间传播之前，首先需要对天线有一定的理解。**天线**可以定义为一个用于辐射电磁能量或者收集电磁能量的电导体或导体系统。为了传输信号，发射机天线将射频电能转换为电磁能量并辐射到周围环境(如大气、空间、水)。为了接收信号，到达天线的电磁能量转换为射频电能并馈入接收机。

天线将在所有方向上辐射能量，但是通常情况下，每个方向上的辐射并不是相同的。一种通用的描述天线性能的方式是**辐射方向图**，它是一种图示的天线辐射特性关于空间坐标的函数。最简单的方向图是全向天线的方向图。**全向天线**是指能够在所有方向上辐射相同能量的空间点。全向天线的实际辐射方向图是一个以天线为中心的球体。因此，方向图通常绘制成三维图形的二维截面，全向天线的方向图如图 5-2a 所示。方向图上任一点到天线的距离与天线在该方向上辐射功率大小成正比。

图 5-2b 所示为一个实际的半波长线性阵列天线的定向天线方向图。当时天线的权重系数进行优化后，由 4 根天线构成的线性阵列天线可构成一个主波瓣宽度为 60°的方向图。在此例中，天线的最大辐射方向为 x 轴。图中还可以看出，有些能量辐射到其他方向或相反方向，称为**旁瓣**。同时，在方向图中还有**零点**，这些方向上的天线辐射能量极小。

辐射方向图的实际大小可以是任意的。我们更关注的是每个方向上到天线的相对距离，因为相对距离的大小将直接决定了辐射功率的大小。为了确定一个给定方向上的辐射功率大小，可以选择一个合适的角度从天线的位置向外画一条直线，该直线与辐射方向图相交的点就表示该方向上辐射功率的相对大小。图 5-2 画出了两个不同的传输方向 ***A*** 和 ***B*** 在不同方向图中的辐射功率大小。全向天线产生的辐射图在各个方向的辐射都是等强度的，因此矢量 ***A*** 和 ***B*** 是等长的。在图 5-2b 中，矢量 ***B*** 比矢量 ***A*** 长，表明该天线在方向 ***B*** 上辐射的能量要比方向 ***A*** 上的多，并且两个矢量的相对长度与该方向上辐射能量的大小成正比。需要注意的是，这种方向图体现的是每个方向上的相对**天线增益**，并不是天线覆盖的相对距离，虽然它们确实是相互联系的。

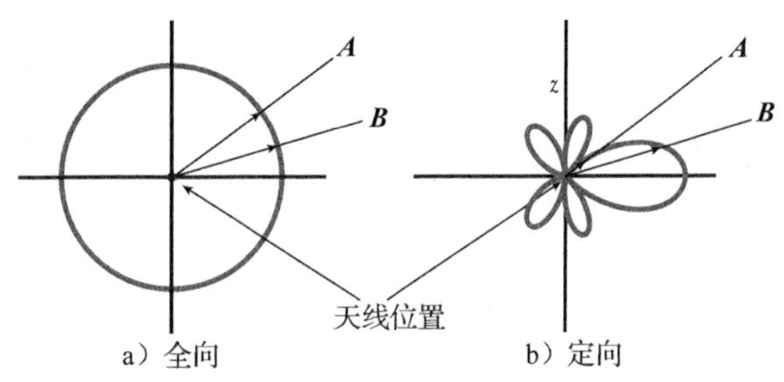

图 5-2 天线辐射方向图

5.2.3 自由空间损耗

对于任何类型的无线通信，信号会随着距离的增加而不断扩散从而导致信号**衰减**。能量扩散可视为这一过程：由于信号呈一个球体向外辐射，所以接收机仅能够接收球体表面一部分区域的能量。随着距发射机的距离不断增加，球体也越来越大，而表面区域的单位面积上的能量也就越来越少。因此，距离发射机越远，接收固定区域信号的天线接收到的信号能量就越少。对于卫星通信，这是信号衰落的基本模式。即使没有其他的衰减或损伤，信号也会因为距离的增加而传播到越来越大的区域而导致衰减。这种形式的衰减称为**自由空间损耗**，可以用天线辐射的能量 P_t 与接收的能量 P_r 的比值来表示自由空间损耗，或者用分贝的形式表示，也就是 P_t 与 P_r 比值取对数乘以 10。对于理想的全向天线，自由空间损耗可以表示为

$$\frac{P_t}{P_r}=\frac{(4\pi d)^2}{\lambda^2}=\frac{(4\pi fd)^2}{c^2} \tag{5-1}$$

式中 P_t——发射天线的信号功率；

P_r——接收天线的信号功率；

λ——载波波长；

f——载波频率；

d——天线之间的传输距离；

c——光速。

其中 d 和 λ 的单位是一样的(也就是 m)。

该公式可以用分贝重新描述为

$$L_{\mathrm{dB}} = 10\log\frac{P_t}{P_r} = 20\log\frac{4\pi d}{\lambda} = -20\log\lambda + 20\log d + 21.98\mathrm{dB}$$

$$= 20\log\frac{4\pi f d}{c} = 20\log f + 20\log(d) - 147.56\mathrm{dB} \tag{5-2}$$

图 5-3 显示了根据自由空间损耗方程画出的曲线[⊖]。

对于其他的天线，我们必须考虑天线的增益，可以得到下面的自由空间损耗方程：

$$\frac{P_t}{P_r} = \frac{(4\pi)^2 d^2}{G_r G_t \lambda^2} = \frac{(\lambda d)^2}{A_r A_t} = \frac{(cd)^2}{f^2 A_r A_t}$$

式中 G_t——发射天线的增益；

G_r——接收天线的增益；

A_t——发射天线的有效面积；

A_r——接收天线的有效面积。

天线的有效面积与天线的物理大小和形状有关。

我们可以重写此方程如下

$$L_{\mathrm{dB}} = 20\log\lambda + 20\log(d) - 10\log(A_t A_r)$$
$$= -20\log f + 20\log d - 10\log(A_t A_r) + 169.54\mathrm{dB} \tag{5-3}$$

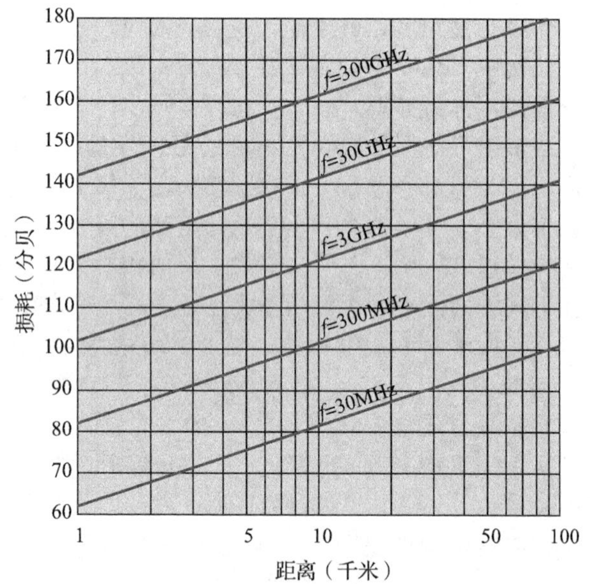

图 5-3 自由空间损耗

因此，对于相同的天线大小和距离，载波的波长越长或者载波频率越低，自由空间损耗就越高。有趣的是，将式(5-2)和式(5-3)进行比较我们会发现，式(5-2)表明，随着频率的升高自由空间损耗将升高，这表明在更高的频率上，损耗变得更加严重。然而，式(5-3)表明，我们可以很容易通过增加天线增益来补偿这个增加的损耗。由于式(5-1)表明，频率更高增益也更高，所以事实上在其他因素保持不变的情况下，在更高的频率上有净增益。式(5-2)表明，在距离一定的情况下，频率的增加会导致损耗增加 $20\log f$。然而，如果我们考虑天线增益，并且固定天线的有效区域，那么频率的增加会导致损耗增加变为 $-20\log f$，也就是说，频率更高时，损耗实际上会减少。

> **例 5.1** 确定频率为 4GHz 的同步卫星在到地球的最短路径(35 863km)上的全向天线的自由空间损耗。频率为 4GHz，波长为 $(3\times10^8)/(4\times10^9)=0.075$m。那么
>
> $$L_{\mathrm{dB}} = -20\log 0.075 + 20\log(35.853\times10^6) + 21.98 = 195.6\mathrm{dB}$$
>
> 现在考虑卫星天线和地面天线的天线增益，典型值分别为 44dB 和 48dB。自由空间损耗为

⊖ 正如附录 2A 提到的，这里使用的术语增益与损耗与文献中有些冲突。式(5-2)遵循 2.4 节中的式(2-2)的惯例。

$$L_{dB} = 195.6 - 44 - 48 = 103.6\text{dB}$$

现在假设地球站的发射功率为 250W。那么卫星天线的接收功率为多少呢？功率为 250W 就是 24dBW，所以接收天线的功率就是 −79.6dBW，这里 dBW 是分贝瓦特，在附录 2A 中有定义。这个信号近似为10^{-8}W，在接收电路中仍然是可以接收的。

5.2.4 实际系统中的路径损耗指数

实际系统涉及许多类型的障碍物，这会导致反射、衍射等现象。理论模型和基于测量的模型都显示，当超过了一个特定距离以后，平均接收的信号功率会随着距离 d 的对数关系 $10n\log d$ 减少，这里 n 是指**路径损耗指数**[RAPP02]。这种模型目前已广泛使用。式(5-2)和式(5-3)中有 $20\log d$ 这一项，其来自与 d^2 距离关系，因此路径损耗指数 $n=2$。这些公式可以用更加普遍的包含 $10n\log d$ 项的公式来代替，如下所示。

$$\frac{P_t}{P_r} = \left(\frac{4\pi}{\lambda}\right)^2 d^n = \left(\frac{4\pi f}{c}\right)^2 d^n$$

$$L_{dB} = 10\log\frac{P_t}{P_r} = 10\log\left[\left(\frac{4\pi}{\lambda}\right)^2 d^n\right] = -20\log\lambda + 10n\log d + 21.98\text{dB}$$

$$= 10\log\left[\left(\frac{4\pi f}{c}\right)^2 d^n\right] = 20\log f + 10n\log d - 147.56\text{dB} \qquad (5\text{-}4)$$

使用有效面积和一般路径损耗指数 n，可以得到

$$L_{dB} = 20\log\lambda + 10n\log d - 10\log(A_t A_r)$$

$$= -20\log f + 10n\log d - 10\log(A_t A_r) + 169.54\text{dB} \qquad (5\text{-}5)$$

表 5-1 给出了各种环境下典型的路径损耗指数。需要指出的是，在建筑物内视距优于 $n=2$ 的情况，因为不像在自由空间中信号强度会随着距离的增加而减弱，建筑物内的反射有时会帮助增强信号。

表 5-1 不同环境的路径损耗指数[RAPP02]

环境	路径衰减指数，n	环境	路径衰减指数，n
自由空间	2	建筑物内视距传播	1.6～1.8
市区蜂窝无线电	2.7～3.5	被建筑物阻挡	4～6
市区蜂窝阴影	3～5	被工厂阻挡	2～3

例 5.2 比较两种可能的蜂窝环境下以分贝为单位的路径损耗：1）移动用户与基站之间的自由空间；2）城市区域蜂窝无线电，$n=3.1$。使频率为 1.9GHz，距离为 1.5km，假设天线为全向天线。

对于自由空间，$n=2.0$，

$$L_{dB} = 20\log(1.9\times10^9) + 10\times2.0\log(1.5\times10^3) - 147.56 = 101.53\text{dB}$$

对于城市蜂窝无线通信，$n=3.1$，

$$L_{dB} = 20\log(1.9\times10^9) + 10\times3.1\log(1.5\times10^3) - 147.56 = 136.47\text{dB}$$

例 5.3 比较两个可能的蜂窝环境的覆盖的范围：1）移动站和基站之间是自由空间；2）市区蜂窝无线环境，$n=3.1$。使用 1.9GHz 频率且假设使用全向天线。假定

发送功率为 2W 且接收功率必须高于 −110dBW。

发送功率　　$P_t = 10\log 2 = 3.0\text{dB}$

路径损耗需求满足　　$L_{dB} < 113\text{dB}$

对于自由空间，$n=2.0$，

$$L_{dB} = 20\log(1.9 \times 10^9) + 10 \times 2.0\log d - 147.56 < 113\text{dB}$$
$$10 \times 2.0\log d < 74.99\text{dB}$$
$$d < 5.61\text{km}$$

对于城市蜂窝无线通信，$n=3.1$，

$$L_{dB} = 20\log(1.9 \times 10^9) + 10 \times 3.1\log d - 147.56 < 113\text{dB}$$
$$10 \times 3.1\log d < 74.99\text{dB}$$
$$d < 262\text{m}$$

5.2.5　基于实证测量的模型

在实际的无线通信系统设计中，通信工程师必须考虑到不同的传播效应、在基站(BS)和移动单元所需的最大发射功率电平、移动单元天线的典型高度以及基站天线的可用高度等。所有这些因素将决定无线系统的覆盖范围。不幸的是，传播效应是动态的且是难以预测的。我们最好能够拿出一个基于经验数据的模型，并将该模型应用于给定环境来制订指南。其中使用最广泛的模型是由 Okumura 等人发明的奥村模型[OKUM68]，之后该模型被 Hata 等人进行了改进[HATA80]，通常称为奥村-哈塔 Okumura-Hata 模型。奥村模型是 Okumura 等人在日本东京使用不同的频率和不同的天线高度，选择不同的距离进行一系列测试，最后绘成经验曲线构成的城市环境的路径损耗模型。奥村-哈塔模型是一个考虑了各种环境和条件的经验公式。对于城市环境，预测的路径损耗是

$$L_{dB} = 69.55 + 26.16\log f_c - 13.82\log h_t - A(h_r) + (44.9 - 6.55\log h_t)\log d \tag{5-6}$$

式中　f_c——载波频率，150Hz～1500MHz；

h_t——发射天线(基站)的高度，30～300m；

h_r——接收天线(移动单元)的高度，1～10m；

d——天线之间的传播距离，1～20km；

$A(h_r)$——移动单元天线高度的修正因子。

对于小型或中型城市，修正因子由下式给出

$$A(h_r) = (1.1\log f_c - 0.7)h_r - (1.56\log f_c - 0.8)\text{dB}$$

而对于一个大型城市，修正因子由下式给出

$$A(h_r) = 8.29\,[\log(1.54h_r)]^2 - 1.1\text{dB} \quad f_c \leqslant 300\text{MHz}$$
$$A(h_r) = 3.2\,[\log(11.75h_r)]^2 - 4.97\text{dB} \quad f_c \geqslant 300\text{MHz}$$

为了估计郊区的路径损耗，式(10-1)中的城市路径损耗公式修改为

$$L_{dB}(\text{郊区}) = L_{dB}(\text{小/中城市}) - 2\,[\log(f_c/28)]^2 - 5.4$$

而户外或农村地区的路径损耗公式修改为

$$L_{dB}(\text{户外}) = L_{dB}(\text{小/中城市}) - 4.7\,(\log f_c)^2 - 18.733(\log f_c) - 40.98$$

奥村-哈塔模型提供了一种在各种情况下能够估算路径损耗的实际方法，且在路径损耗预测准确性方面被认为是所有模型中最好的[FREE07，RAPP02]。

例 5.4　令 $f_c=900\text{MHz}$，$h_t=40\text{m}$，$h_r=5\text{m}$ 和 $d=10\text{km}$。估计一个中等城市的路径损耗。

$$A(h_r)=(1.1\log 900-0.7)5-(1.56\log 900-0.8)\text{dB}$$
$$=12.75-3.8=8.95\text{dB}$$
$$L_{\text{dB}}=69.55+26.16\log 900-13.82\log 40-8.95+(44.9-6.55\log 40)\log 10$$
$$=69.55+77.28-22.14-8.95+34.3=150.14\text{dB}$$

5.2.6 噪声

对于任何数据传输事件，接收到的信号将包括发射的信号、由传输系统引入的各种失真、收发信机之间的某处引入的额外的非期望信号。这些非期望信号称为**噪声**。噪声是影响无线通信系统性能的主要因素。

噪声可以分为 4 类：

- **热噪声**　热噪声是由于电子的热搅动。它存在于所有的电子设备和传输介质中，并且可以表示为温度的函数。热噪声在频谱上分布均匀，因此经常也称为**白噪声**。无法彻底消除热噪声，因此使通信系统性能存在上限。
- **互调频率**　当不同频率的信号共享相同的传输介质时，很有可能出现**互调噪声**。互调噪声将在两个原始频率的和或差或者这些频率的倍数的频率上产生新的信号。
- **串扰**　串扰可以直观理解为这样一种现象，当任何一个人在打电话时听到的另一对用户的对话声音。它是信号路径之间出现的非期望的耦合。
- **脉冲噪声**　噪声指不可预测的、不连续的噪声，通常是不规则脉冲或者持续时间短的噪声尖峰且具有相对较高的振幅。它产生的原因有很多，包括外部电磁干扰(如闪电)、故障和缺陷的通信系统。脉冲噪声是数字数据传播中的主要误差来源。例如，一个持续时间为 0.01s 的能量尖峰对语音通话来说几乎是注意不到的，但在以 1Mbps 速率传输的无线数据通信系统中将损坏约 10 000 比特的数据。

5.2.7 E_b/N_0表达式

第 2 章介绍了**信噪比**(Signal-to-Noise Ratio，SNR)的概念。这里有一个与信噪比密切相关的参数，它可以更方便地表征数字数据速率和错误率这两个数字通信系统的主要性能评价指标。该参数就是每比特的信号能量与每赫兹的噪声功率密度的比值，E_b/N_0。这个比值很重要，因为数字数据的误比特率(Bit Error Rate，BER)是一个关于该比值的(递减)函数。图 5-4 给出了误比特率与 E_b/N_0 的典型形状。这样的图通常在参考文献中可以找到并且在本书中也有多个这样的例子。对于任何特定的曲线，随着信号强度相对于噪声的增加(增加 E_b/N_0)，接收机的 BER 性能就会降低。

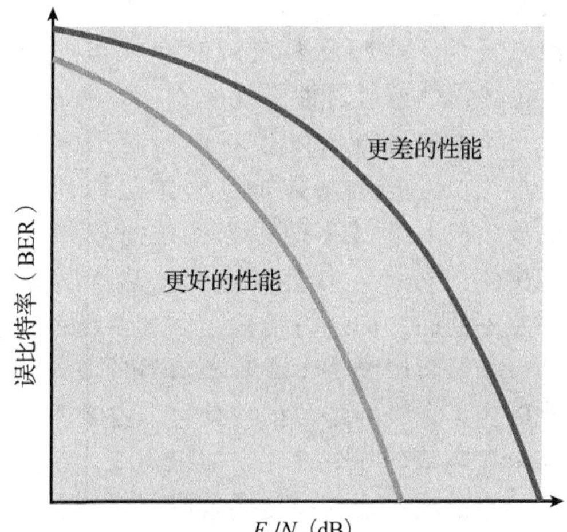

图 5-4　BER 随 E_b/N_0变化曲线的形状

这是直觉。但是，没有一条唯一的曲线来描述 BER 与 E_b/N_0 的相互依赖关系。但是就由 BER 与 E_b/N_0所描述的收发信机的性能来说，其与数据编码方式也有密切关系。因此，图 5-4 显示了两个曲线，一条曲线的性能比另一条曲线的性能好。左下方的曲线显示的是性能较好的曲线。当两个信号的 BER 相同时，左边曲线使用较小的 E_b/N_0实现该 BER。当两个信号的 E_b/N_0相同时，下面的曲线能够获得更好的 BER。第 7 章研究信号编码与性能之间的关系。关于 E_b/N_0更详细的讨论可以查阅文献[SKLA01]。

5.3 移动环境的衰落

通信系统工程师面临的最大的挑战技术可能就是移动环境中的**衰落**。衰落是指由传输介质或者传输路径中的变化而引起的接收信号功率的时变现象。在固定的环境下，衰落受到大气环境改变的影响，如下雨。但是在移动环境下，一个天线相对于另一个天线的移动，各种障碍物的相对位置随着时间而不断变化，从而使衰落影响变得非常复杂。有时候衰落的变化会非常快。

多径传播

引起衰落的一个关键因素是多径传播。对于天线可以相对自由放置的无线设备，天线可以放置在附近没有障碍物的地方，从而在发射机和接收机之间构成直接可视距传输路径。通常大多数卫星通信设备和点到点微波传输都符合这种情况。其他情况下，例如移动通信，通常存在许多障碍物。信号将被多个障碍物反射，在这种情况下接收机会收到多个具有不同延迟的信号。事实上，在某些特殊情况下，接收机可能只接收到了反射路径的信号而没有接收到直接路径的信号。由于直接信号和反射信号的路径长度不同，所以复合信号可能比直接信号大也可能比直接信号小。这是由于通过将多条路径到达的信号加在一起，信号强度的增加和减少都有可能发生。

图 5-5 中给出了无线信号的 3 种传播机制。**反射**现象通常发生在电磁信号遇到了比信号波长相对大的物体表面时。例如，假设移动单元接收到了附近地面的反射波，则地面反射波和视距波可能会抵消，导致很高的信号损耗。并且，由于移动天线比大多数的人造建筑低，所以多径干扰就会经常发生。这些反射波可能会在接收机上产生建设性或破坏性干扰。

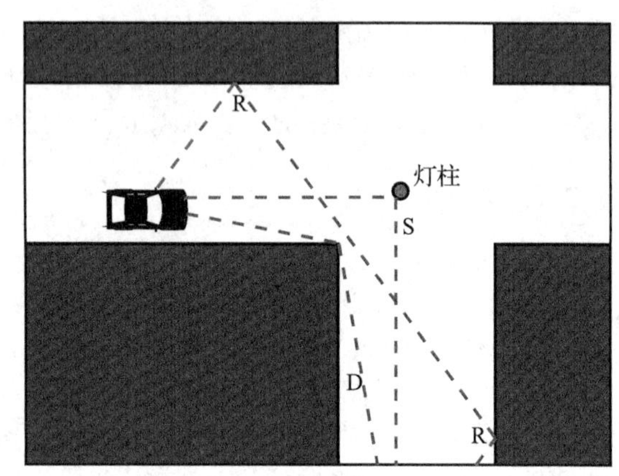

图 5-5　3 种重要传播机制的示意图：反射(R)、散射(S)和衍射(D)

衍射现象通常发生在电磁信号遇到了一个无法穿透的物体，且物体边缘比无线电波的波长大很多时。当无线电波遇到这种物体的边缘，波会以该物体边缘为源并按照不同的方向进行传播。因此，即使在没有通畅的视距中信号也可以进行传播。

如果障碍物小于或等于信号的波长，则会发生**散射**现象。此时，一个传入波信号将被分散到多个较弱的传出波信号。在典型的蜂窝微波频率，有无数满足这一条件的物体会引起散射现象，如灯柱和交通标志等。因此，散射效应是难以预测的。

电磁波的这 3 种传播效应对系统性能造成多种不同的影响，这主要取决于当地情况以及作为移动单元在小区内移动。如果移动单元到发射机有一个明显的视距，那么衍射和散射的影响一般较轻微，而此时反射现象可能对系统产生显著的影响。如果存在视距，如在城市街道上，则衍射和散射是信号接收的主要手段。

多径传播效应　当多径信号加在一起时，产生的信号可能是增强的，但也可能使信号衰减 100 或 1000 倍(20 或 30dB)。信号电平相对于噪声的下降会使接收机对信号的检测变得更加困难。

数字传输中的另一个重要现象是符号间干扰(InterSymbol Interference，ISI)。我们假设一个固定天线以给定的频率向移动单元发送窄脉冲。如果脉冲在两个不同的时间发送，图 5-6 显示了信道向接收机发送的信号。图 5-6 的上图给出了发送时间的两个脉冲。下图给出了接收机产生的脉冲。在每种情况第一个接收的脉冲是期望的视距信号。由于空气衰减的变化脉冲的振幅可能会改变。此外，当移动单元移动到远离固定天线的位置时，视距衰减量会增加。但是除了这个主脉冲外，由于反射、衍射、散射等现象的存在，可能还有多个次脉冲。现在假设这个脉冲对一个或多个比特编码。这种情况下，脉冲的一个或多个延迟副本可能与下一比特的一个主脉冲同时到达。这些延迟脉冲对于接下来的主脉冲来说是一种噪声，使得信息的恢复变得更加困难。

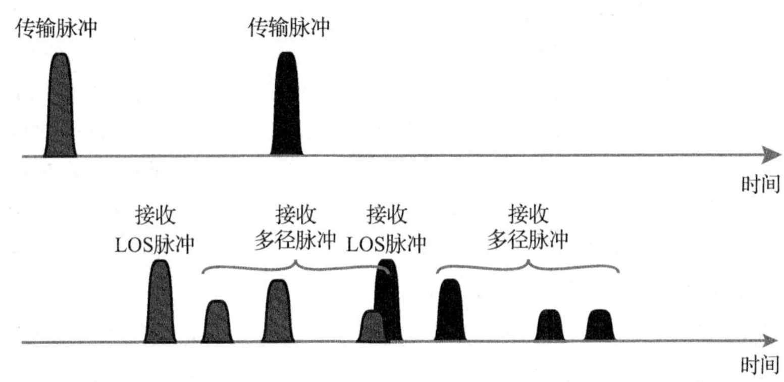

图 5-6　时变多径中的两个脉冲

随着移动天线不断移动，各种障碍物的位置也在不断变化。因此次脉冲的数量、振幅和时间都在变化。这使得很难设计有效滤除多径效应使预期信号保真恢复的信号处理技术。

衰落的类型　移动环境中的衰落效应可以分为小尺度衰落和大尺度衰落。如图 5-5 所示，当移动单元在城市环境中移动，且移动的距离远超过波长时，用户经过具有不同高度的建筑、空地、交叉路口等时也会引起城市环境的变化。在这相当长的距离中，信号的平均接收功率不断变化。这种变化主要是由阴影效应和移动单元与发射机之间的距离差造成的。这种效应可以表示为图 5-7 所示的缓慢变化波形，也称为**大尺度衰落**。

然而，在半个波长的距离内仍然会发生信号强度的快速变化。在频率 900MHz，这是移动蜂窝应用的典型频率，波长为 0.33m。图 5-7 中快速变化的波形表示在城市环境下 900MHz 接收信号振幅的空间变化的一个例子。值得注意的是，在短距离内信号振幅的变化可以达到 20 或 30dB。这种快速变化的衰落现象，称为**小尺度衰落**，它不仅影响乘坐汽车等交通工具的移动电话用户，而且还会影响城市街道中行走的移动电话手机用户。

小尺度衰落效应主要可以分为两种不同的类型：

- **多普勒扩展**　由于移动电话或者障碍物的运动多普勒扩展引起信号性能随着时间变化。
- **多径衰落**　由于延迟多径信号到达的组合多径衰落导致信号随位置不断变化。

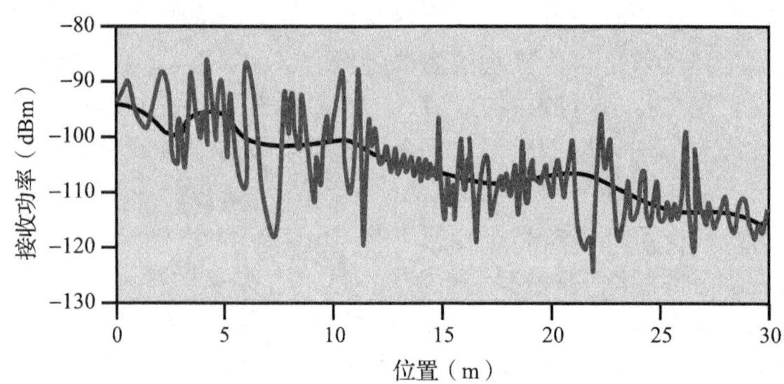

图 5-7　城市移动环境中的典型快衰落和慢衰落

对于多普勒扩展，信道将在很短的时间间隔内发生改变。这可以用信道的**相干时间**（T_c）来描述，在该时间内信道保持相对不变。对于行人来说相干时间可能是 70ms，而对于一个在高速公路上行驶的汽车来说相干时间可能是 5ms[⊖]。针对不同的比特率，r_b（bit/s），相干时间可能对信号产生很大的影响。信号的比特时间为 $T_b=1/r_b$ s/bit。如果相干时间 T_c 比比特时间 T_b 长得多，那么信道可以称为**慢衰落信道**。在传输每一比特时信道变化得很慢。反之，信道就是**快衰落信道**。因此，在本书中，如果相干时间比比特时间小或者近似相等甚至稍微大，我们都考虑信道为快衰落信道，因为在这些情况下相干时间并没有比比特时间大很多。

另一种小尺度效应，多径衰落可以引起失真和符号间干扰。**平坦衰落**是指接收信号的所有频率成分的衰落按照相同的比例波动。多径衰落可以用**相干带宽** B_C 来刻画，相干带宽是信道响应相对恒定的频率范围。因此，如果相干带宽远大于信号带宽，则产生平坦衰落。如果信号带宽可以近似地表示为 $B_S \approx r_b$，那么 B_C 必定远大于 B_S。反之，当平坦衰落的条件不满足时**频率选择性衰落**出现。频率选择性衰落对无线电信号的不同频谱成分造成的衰落影响是不一样的。如果衰减仅发生在信号的部分带宽，那么就可以认为衰落是频率选择性的。图 5-8 给出了对于一个信号带宽平坦衰落信道与频率选择性衰落信息的对比。

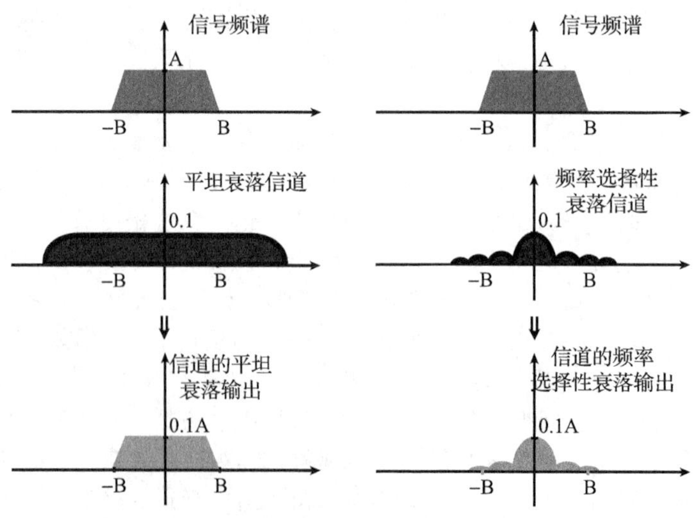

图 5-8　平坦衰落与频率选择性衰落

⊖ 一个通用公式是 $T_c=0.423c/vf$，这里 c 表示光速，v 表示运动速度，f 表示频率[RAPP02]。

多普勒扩展和多径衰落的这些特性并不相互依赖。因此，产生 4 种衰落组合：快平坦衰落、慢平坦衰落，快频率选择性衰落、慢频率选择性衰落。

例 5.5 考虑一个在城市环境中步行的行人，其无线信道的相干时间为 70ms、相干带宽为 150kHz，信号的比特率为 100kbps。

a. 分别从多普勒扩展和多径衰落判断信道属于什么类型？

为了判断信道是否属于慢衰落，选择因子 10 来判断是否是大于或者远大于。

$$T_b = 1/r_S = 10\mu s$$

$$T_C \gg T_b?$$

$$T_C > 10T_b?$$

$$\text{测试条件}: 70ms > 10\mu s?$$

测试条件成立，因此它是慢衰落。

为了判断是否属于平坦衰落，测试以下条件。

$$\text{假设}: B_S \approx r_S = 100kHz$$

$$B_C \gg B_S?$$

$$B_C > 10B_S?$$

$$\text{测试条件}: 150kHz > 1Mbps?$$

测试条件不满足，因此它是频率选择性衰落。

该信道是慢频率选择性衰落信道。

b. 在什么比特率范围内该信道是平坦衰落信道？

这就要求

$$B_C \gg B_S$$

$$B_C > 10B_S$$

$$150kHz > 10B_S$$

$$B_S < 15kHz$$

$$r_b < 15kbps$$

5.4 信道校正机制

目前，补偿由多径衰落而引发的信号错误或者失真的方法主要有 4 种：前向纠错(Forward Error Correction，FEC)、自适应均衡(adaptive equalization)、自适应调制和编码(adaptive modulation and coding)、基于多输入多输出(MIMO)的分集技术。在典型的移动无线环境中，需要将所有这 4 类技术结合使用以对抗所面临的错误率。

5.4.1 前向纠错

前向纠错适用于数字传输应用：所传送的信号承载了数字数据或数字化的语音或视频数据。术语前向是指接收机仅利用包含在传入数字传输中的信息来纠正比特错误的过程。与之相反的是后向纠错，接收机只检测存在的错误，然后请求发射机将发生错误的数据重新发送。在许多无线应用中，后向纠错是不可行的。例如，在卫星通信中，很大的传输时延使重传过程变得不可取。在移动通信中，较高的错误概率往往会导致重发比特块中也包含错误比特。在这些应用中，前向纠错技术是不可或缺的。本质上，前向纠错通过以下方式来实现：

1）使用编码算法，发射机对每个发送的数据块增加一些额外的、冗余的比特。这些比特形成**纠错码**，并作为数据比特的函数进行计算。

2）对于每一个传入的比特块(包括数据和纠错码)，接收机根据传入的数据比特计算一个新的纠错码。如果该计算得到的纠错码与传入的纠错码相匹配，则接收机认为该比特块没有发生错误。

3）如果传入的纠错码与计算得到的纠错码不匹配，则发生了一个或多个比特错误。如果比特错误的数目低于一个阈值(该阈值取决于代码的长度和算法本身)，则接收机有可能确定错误的比特位置并纠正所有的错误。

通常，在移动无线应用中，发送的总比特与发送的数据比特的比是2～3。这看起来似乎是一种奢侈的开销，因为系统容量将限制在它潜在容量的1/5或1/3，但在移动无线环境这样一个具有挑战性的传输介质中，保持这样水平的冗余是非常必要的。

5.6节和第10章将对前向纠错技术进行详细介绍。

5.4.2　自适应均衡

自适应均衡技术可以应用于承载模拟信息(例如，模拟语音或视频)或数字信息(例如，数字数据、数字化的声音或视频)的传输系统中，并用于对抗符号间干扰。均衡的过程主要涉及将扩散的符号能量集聚到其原始时间间隔的方法。

5.4.3　分集技术和MIMO

分集技术基于不同的信道经历不同的衰落这一事实。例如，相距足够远的多个天线将独立衰落。因此，我们可以通过在某种意义上提供发射机与接收机之间的多个逻辑信道，并在每个逻辑信道上发送部分信号，来补偿错误效应。这种技术不删除错误但它确实可以减少错误率，因为我们已经将传输分散以避免可能发生的最高错误率。其他技术(如均衡、前向纠错)仍然可以使用以降低错误率。

涉及物理传输路径的分集技术称为**空间分集**。例如，许多距离相近的天线，如果相互之间间隔足够的距离，就可以按照某种规则将接收的信号进行合并来重建最有可能的发送信号。另一个例子是使用配置的多个定向天线，每个定向天线接收不同方向的传入信号，之后再将不同的传入信号合并来重建原始信号。

频率分集技术是指将信号扩展到一个更大的频段或调制到多个载频上。该方法的一个最重要例子是正交频分复用(Orthogonal Frequency Division Multiplexing，OFDM)和扩频技术。

时间分集技术主要是通过随时间扩展数据，这样噪声突发影响较少的比特数。该技术可以通过交织或者RAKE接收机来实现。

当接收到多个信号时有两种基本的处理方法：

1）**选择分集**：选择一个最好的或者可接受的信号。

2）**分集合并**：将最佳信号与其他信号合并。调整每个信号的权重和相位使它们相加后能够改善整体输出信号的性能。

例5.6　假设一个无线信道具有两种信道质量。它以80%的概率出现10^{-6}的误比特率或者以20%的概率出现0.1的误比特率。假设两个天线可以接收相互独立变化的信号，系统采用选择分集来选择最佳信号。整体性能可以提高多少？

对于一个信号，系统性能可以表示为

$$P_b = \Pr\{较差\} \times (较差情况的\ P_b) + \Pr\{较好\} \times (较好情况的\ P_b)$$

$$P_b = 0.2(0.1) + 0.8(10^{-6}) \approx 0.02$$

对于两个分集支路，只有当两个分支都是较差的情况时才会无法选择出最佳的信号，此时系统获得最差的性能。出现两个分支都是较差情况的概率是 0.2^2，所以

$$P_b = 0.2^2(0.1) + (1-0.2^2)(10^{-6}) \approx 0.004$$

对于 k 信号，$P_b \approx 0.2^k(0.1)$。这意味着每增加一个额外的分集支路，误比特率 P_b 将下降一个数量级。

多输入多输出(MIMO)天线　由配置多个天线的发射机和接收机构成的传输系统称之为**多输入多输出**(multiple-input multiple-output，MIMO)系统。这里请允许我们用图示的方式给出本章将要讨论的几个传输机制，如图 5-9 所示。

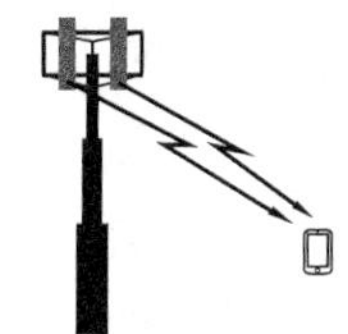

通过分集提高系统性能

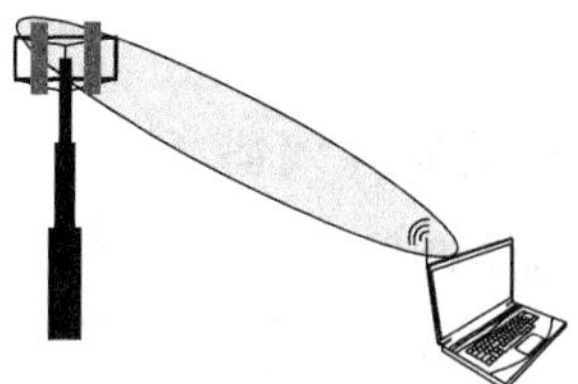

通过波束成形增强覆盖
（使用更少的小区覆盖特定区域）

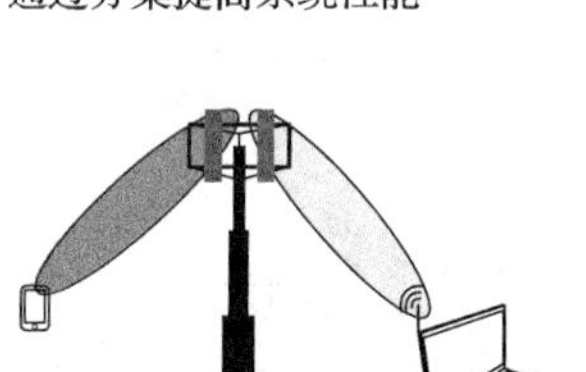

通过空分多址（“MU–MIMO”）
增强容量（每个小区服务更多的用户）

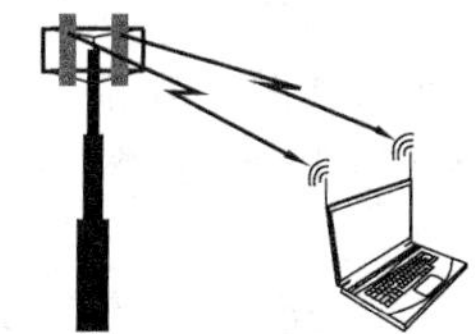

多层传输（“SU–MIMO”）
以利用给定带宽提供更高的数据速率

图 5-9　MIMO 的 4 种使用方式

1）**分集**：分集可以通过多个发送天线和多个接收天线得到的多个接收信号来实现。

2）**波束成形**：可以配置多个天线产生定向天线方向图以便给预期接收用户聚集和增加能量。

3）**多用户 MIMO(MU-MIMO)**：在足够多的 MIMO 天线的情况下，多个用户同时构建多个定向天线波束。

4）**多层传输**：在一对发射和接收天线之间可以传输多个、并行的数据流。

现代无线通信系统已经实现了 4×4(4 输入，4 输出)和 8×8MIMO 配置。已获批准的天线系统的规格多达 8 个/天线阵列，并且 64 个天线构成的二维天线阵列或更多有望在未来的技术中得以实现。

MIMO 天线架构已经成为开发高速无线网络的关键技术，包括 IEEE 802.11 Wi-Fi 局域网和长期演进(Long Term Evolution，LTE)第四代蜂窝移动通信。同时，MIMO 和 OFDM 技术是新兴宽带无线网络的基石。

5.4.4　扩频与 OFDM

传统通信，有线或无线，简单地将基带信号调制到所要求的传输信道和频率。没有改变原始信号。尽管如此，两种方法已经用于克服无线信道损伤。为了更好地传输对信号进行了明显的修改。

- **正交频分复用**(OFDM)技术将信号分成许多低比特率的数据流，并且这些数据流在精确间隔的频率上传输。这样可以通过大的比特时间显著降低每个数据流的带宽来克服频率选择性衰落。每个频率上的信号可以单独放大。本章稍后将进行一些简单讨论，第 8 章将进行详细介绍。
- **扩频技术**使信号带宽扩展 100 倍或更宽后进行传输，因此信号在每个频率都有更低的能量密度。该技术可以克服频率选择性衰落的影响。即使某些频率的信号很差，也可以获得较好的整体平均性能。我们将在本章接下来的内容和第 9 章中对此进行简要介绍。

本章的其余部分概述信号编码和差错误控制技术。之后介绍了关于 OFDM 和扩频的更多内容。

5.4.5　自适应调制和编码

由于无线信道的特性受到衰落影响会发生高达每秒几百次的快速变化(例如，5ms 相干时间会发生 200 次/秒的快速变化)，所以现代无线通信系统使用自适应调制和编码(AMC)技术来快速地调整传输方案。5.5 节和 5.6 节将对调制和编码进行较详细的讨论，第 7 章和第 10 章对其进行更深入的探讨。该技术为给定的接收信号强度和噪声创建发送尽可能多信息的信号，然后该技术检测并纠正错误。为了适应每秒几百次的变化，系统的传输协议中必须具有以下两个功能：

1) 测量无线信道质量的机制。这些可能包括数据包丢失概率监测或通过发送特殊的导频来进行测量。

2) 传送收发信机之间的信号质量指标，以及新的调制和编码格式信息的消息传递机制。

5.4.6　带宽扩展

上述所有的校正机制都是为了寻求增加信道带宽的有效利用，这里通常以 bps/Hz[㊀] 来度量带宽效率。但是根据香农定理，对于给定的信噪比带宽效率是受限的。如果系统的吞吐量需求超出了一个给定带宽能够提供的吞吐量，则需要借助一系列的带宽扩展方法。

- **载波聚合技术**结合多个信道。例如，802.11n 和 802.11ac 将早期的 802.11 标准的 20MHz 信道结合为 40MHz、80MHz 或 160MHz 信道。
- **频率复用技术**。当设备之间的距离足够远时信号干扰率会变得足够小，频率复用技术允许重复使用相同的载波频率。最传统的频率复用可以通过将一个蜂窝覆盖区域划分为多个较大的蜂窝来实现，每一个较大的蜂窝称为**宏蜂窝**，通常直径有几千米。只要蜂窝的距离足够远就可以复用相同的频率。目前，广泛使用的具有有限功率和覆盖范围的**小蜂窝**也是为了实现频率复用这一目标。室内小蜂窝通常称为**毫微**

㊀ bps 就是 bit/s。——编辑注

微蜂窝基站，室外的小蜂窝通过**中继**或**微微蜂窝**来实现。这些将在第 14 章中与 LTE 结合起来讨论。这种方法也称为**网络致密化**，因为它允许多次重复使用频率。

- 30～300GHz 的**毫米波频段**(mmWave)有更多的带宽资源可供宽带信道使用。由于 $\lambda=C/f$，所以 30～300GHz 的波长为 10～1mm。给定频谱管理规则，有一个例子使用不同的载波频率来实现更高的带宽。然而，由于 mmWave 频段更容易受到障碍物阻挡和**大气吸收**造成信号衰减，所以它们难以在实际系统中使用。IEEE 802.11ad 在单个房间内使用毫米波频段。然而，未来技术可以通过配置具有高增益的 MIMO 天线来实现覆盖范围更广泛的毫米波通信。

5.5　数字信号编码技术

目前，有多种编码方法可以用来将模拟和数字数据编码为模拟和数字信号。在第 7 章中，我们将深入介绍多种数字信号编码技术。由于现在大多数的无线通信是数字数据的传输，所以本章仅讨论将数字数据编码为模拟信号的编码技术。

模拟信号的基是一个称为载波信号的连续恒频信号。它可以由一个正弦函数表示如下。

$$s(t) = A\cos(2\pi f_c t + \theta) \tag{5-7}$$

该信号的振幅为 A，频率为 f，相位为 θ。频率 f_c在这里是指载波频率。载波频率的选择需要与传输介质匹配。在无线通信环境中，信号所使用的载波频率和发射功率都必须是由监管机构指定的。

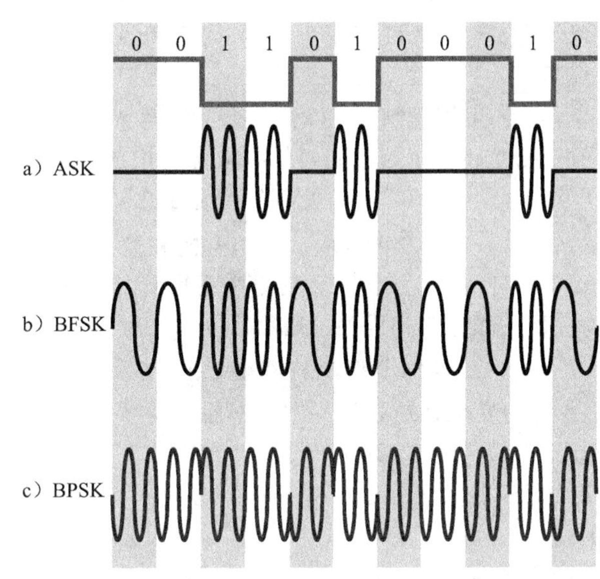

图 5-10　数字数据的模拟信号的调制

使用调制的载波信号来传输数据。调制是指将源数据编码到载波信号上的过程。所有调制技术都涉及通过改变 3 个基频域参数中的一个或多个：振幅、频率和相位来发送信息。相应地，有 3 种基本的编码或调制方法可以将数字数据转换为模拟信号，如图 5-10 所示，它们是：幅移键控(Amplitude-Shift Keying，ASK)、频移键控(Frequency-Shift Keying，FSK)、相移键控(Phase-Shift Keying，PSK)。在所有这些方法中，产生的信号都占用以载波频率为中心的一个带宽。

- 在**幅移键控(ASK)**中，两个二进制数值可以用两个具有不同振幅的载波频率来表示。通常，其中的一个振幅是 0。即，其中的一个二进制数值可以用振幅恒定的载波信号来表示，另一个二进制数值可以用载波的缺失来表示(见图 5-10a)。

$$\text{ASK}\quad s(t) = \begin{cases} A\cos(2\pi f_c t) & \text{二进制 1} \\ 0 & \text{二进制 0} \end{cases} \tag{5-8}$$

- **移频键控(FSK)**的最常见形式是二进制 FSK(BFSK)，其中两个二进制数值用载波频率附近的两个不同的频率来表示(见图 5-10b)。

$$\text{BFSK} \quad \text{Bs}(t) = \begin{cases} A\cos(2\pi f_1 t) & \text{二进制 1} \\ A\cos(2\pi f_2 t) & \text{二进制 0} \end{cases} \tag{5-9}$$

- 在**相移键控**(PSK)中，移动载波信号的相移来表示数据。最简单的方法是使用双两个相位来表示两个二进制数据(见图 5-10c)，这种情况称为二进制相移键控。

$$\text{BPSK} \quad s(t) = \begin{cases} A\cos(2\pi f_c t) \\ A\cos(2\pi f_c t + \pi) \end{cases} = \begin{cases} A\cos(2\pi f_c t) & \text{二进制 1} \\ A\cos(2\pi f_c t) & \text{二进制 0} \end{cases} \tag{5-10}$$

具有 2 个值的振幅、频率或相位，一次可以传输 1 比特信息。例如，如果使用 4 个频率进行 FSK(称为多进制 FSK 或 MFSK)，则一次可传送 2 比特信息。每个频率可以对应一个 2 比特序列。还将高效地将信息传输的比特率加倍。如果一个调制方法使用了 M 进制(M 是 2 的幂)，则比特率将增加 $L=\log_2 M$ 倍。然而，如果仍然使用相同的发射功率，则信号的误比特率一般也会增加，因此，在增加比特速率和增加误比特率之间产生一个折中。

> **例 5.7**　$f_c=250\text{kHz}$，$M=8(L=3\text{bit})$，频率间隔为 50kHz，那么对于 3 比特数据组合的 8 种可能的每一种，我们有以下的频率分配方案。
>
> $f_1=75\text{kHz}$ 000　$f_2=125\text{kHz}$ 001　$f_3=175\text{kHz}$ 010　$f_4=225\text{kHz}$ 011
>
> $f_5=275\text{kHz}$ 100　$f_6=325\text{kHz}$ 101　$f_7=375\text{kHz}$ 110　$f_8=425\text{kHz}$ 111

在使用多进制调制时，多个信号特性可以发生变化。例如，16 进制正交幅调(16QAM)将多个振幅和相位相结合以构成 16 个不同的组合。这样一次可以传输 4 比特。图 5-11 给出了 16QAM 星座图。信号的振幅值是其到原点的距离。例如，符号 1111 将以振幅 $\sqrt{1^2+1^2}=\sqrt{2}$来传输。该信号的相位是指星座图中该点的角度，符号 1111 的角度是 $\tan^{-1}(1/1)=45°$。仔细观察星座图我们可以看到，有 3 个不同的振幅和 12 个不同的相位。每一次的频率是相同的。通信系统还使用 64QAM、256QAM 等调制方案。

图 5-12 给出了误比特率随着接收的 E_b/N_0的变化曲线，图 5-12a 中所示为多进制 FSK，图 5-12b 中所示为 QPSK(正交相移键控，或者 4QAM)、16QAM 和 64QAM。尽管 64QAM 中每个符号可以承载更多的数据，因此拥有更高的数据速率，但对于同样的 E_b/N_0误比特率也更高。需要注意的是，这是接收的 E_b/N_0，所以如果无线信道很好，E_b/N_0将很高，并且像 64QAM 这样的星座图可以用来获得更高的数据速率。然而，如果接收到的信号强度很低，那么 E_b/N_0就很低，64QAM 的误比特率将难以接受。只可能使用 16QAM 或 QPSK 调制。因此，**自适应调制和编码**(AMC)是非常有用的，因为我们知道从一个相干时间变化到下一个

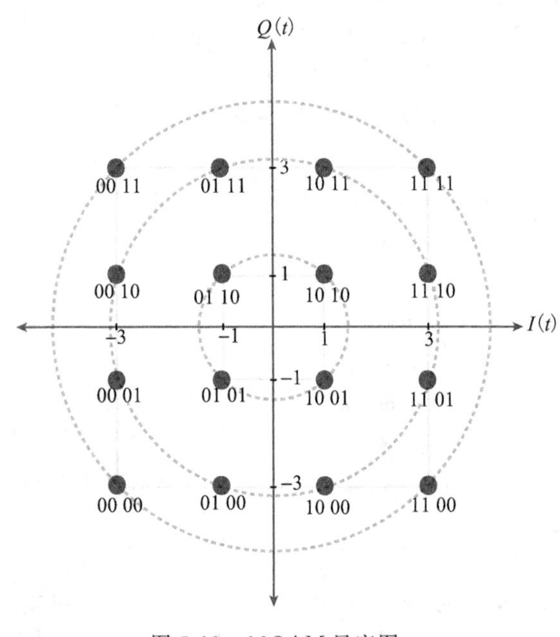

图 5-11　16QAM 星座图

相干时间接收的信号强度在也会发生非常大的变化。系统可以监控信道条件，使用 QPSK 一段时间，然后切换到 64QAM。

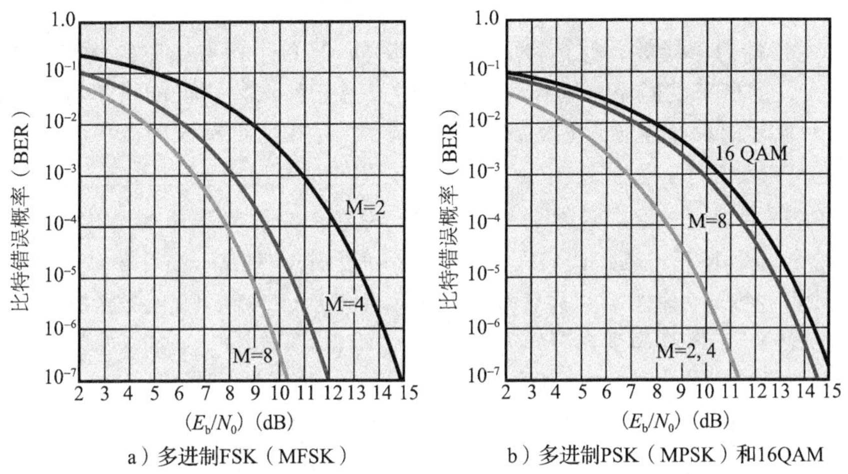

图 5-12　多进制 FSK、PSK 和 QAM 的理论 BER

第 7 章讨论关于这些方案的更多细节，并说明错误率性能。同时它也对模拟数据的调制和语音信号的编码进行探讨。

5.6　编码与差错控制

在前面的章节中，我们讨论了传输损伤以及数据速率和信噪比对误比特率的影响。不考虑传输系统的设计，由于错误始终存在，所以导致一个传输帧中的一个或者多个比特的改变。

为了应对数据传输错误，通常使用 3 种方法：

- 差错检测编码。
- 差错纠正编码，也叫作**前向纠错(FEC)**编码。
- 自动重传请求(Automatic repeat request，ARQ)协议。

差错检测编码只检测错误。通常，这种编码与使用 ARQ 协议的数据链路层或者传输层上的协议一起使用的。在 ARQ 方案中，接收机丢弃检测出错误的数据块，然后发射机重传该数据块。前向纠错编码的设计不只是检测而且还纠正错误，避免了对重传的需求。前向纠错方案经常使用在重传机制效率低且错误率较高的无线传输环境中。有些无线协议使用混合自动重传请求协议(ARQ)，这是 FEC 和 ARQ 的组合协议。

5.6.1　差错检测

接下来，我们假设数据是以一个或多个连续的比特序列进行传输，这里比特序列称为帧。下面定义关于传输帧中比特错误的一些概率：

P_b：单个比特的错误概率，也称为误比特率(BER)。

P_1：帧到达时没有比特错误的概率。

P_2：使用差错检测算法，帧到达时存在一个或多个未检测出错误比特的概率。

P_3：使用差错检测算法，帧到达时存在一个或多个可检测的比特错误，但没有未检测出的错误比特的概率。

首先考虑没有进行差错检测的情况。然后再考虑检测到错误的概率(P_3)为零的情况。为

了表示其他的概率，假定任何比特的错误概率(P_b)是恒定的且相互独立的。那么，我们有

$$P_1 = (1 - P_b)^F$$
$$P_2 = 1 - P_1$$

其中F是每帧的比特数。总之，如期望的那样，当单个比特错误的概率增加时，帧到达时无错误比特的概率就减小。同样，帧到达时没有任何比特错误的概率将随着帧长度的增加而减小，且帧的长度越长，它的比特数就越多，存在比特错误的概率就越高。

> **例 5.8** 一个系统设定了连接的设计目标，即在1分钟间隔内至少有90%的时间连接的误比特率低于10^{-6}。现在我们假设中等的用户需求，即在一个持续使用的1Mbps信道上平均每天出现一个未检测出比特错误的帧，其中每一帧含1000比特。每天能够传输的帧数为8.64×10^7，因此可以得到所需的帧错误概率为$P_2=1/(8.64\times10^7)=1.16\times10^{-8}$。如果假设误比特率为$P_b=10^{-6}$，那么$P_1=(0.999\,999)^{1000}=0.999$，且$P_2=10^{-3}$。这比我们期望的帧错误概率高出5个数量级，因此无法满足要求。也就是说，当$P_b=10^{-6}$时，每天会有$(8.64\times10^7)\times P_2=86\,400$个帧出现未检测的错误。

这一结果将激励我们使用差错检测技术。所有这些差错检测技术的工作原理如下所示(如图5-13所示)。对于给定比特数的数据帧，发射机增加了(或检验比特)构成差错检测码的附加比特。此码是作为其他发送的比特的函数计算得到的。通常，对于一个k比特的数据块，差错检测算法产生$n-k$比特的差错检测码，这里$n-k<k$。差错检测码，也称为**校验位**(或检验比特)，附加到数据块以构成一个n比特的数据帧，然后将它发送出去。接收机将传入的数据帧分割成k比特数据和$(n-k)$比特差错检测码。接收机对数据比特进行相同的差错检测，并将此值与传入的差错检测码进行比较。只要检测到有一个比特不匹配，则错误发生。因此，P_3是一个帧包含错误比特且差错检测机制将发现这一事实的概率。P_2称为残余错误率，是指使用了差错检测机制但比特错误还是未检测出来的概率。

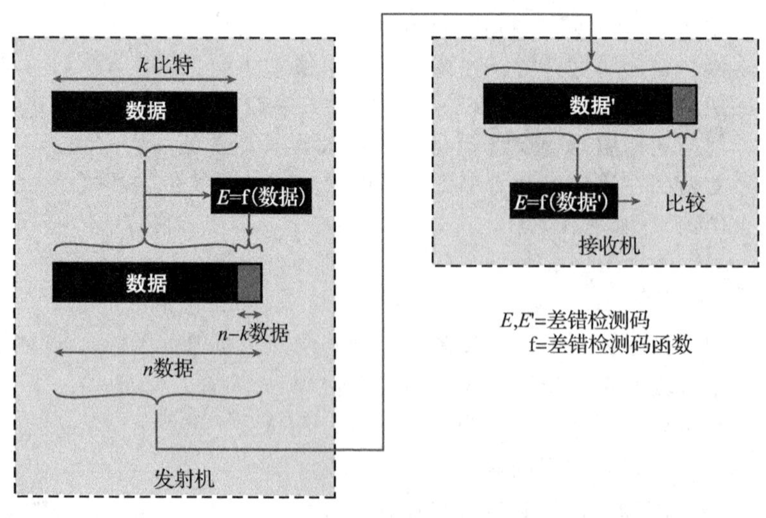

图 5-13 差错检测过程

奇偶校验 最简单的差错检测方法是在一个数据块的末端增加一个奇偶校验比特。一个典型的例子是字符传输，每7比特字符后面增加一个奇偶校验比特。设置该比特的值使

整个字符具有偶数个 1(偶校验)或奇数个 1(奇校验)。

> **例 5.9**　如果发射机发送 1110001 并采用奇校验，则将在末尾增加一个 1，并发送 11110001。接收机对接收到的比特进行检测，如果所有 1 的个数是奇数，则认为没有比特错误。如果在传输过程中 1 个比特(或者任意奇数个比特)被错误反转(如 11100001)，则接收机能够发现错误的发生。

然而，请注意，由于传输错误的存在，如果 2 个(或任何偶数个)比特被反转，就会发生未检测到的错误。通常，偶校验用于同步传输，奇校验用于异步传输。

奇偶校验位的使用也不是万无一失的，因为噪声脉冲经常长到足以损伤不只一个比特，尤其是在高数据率的情况下。

循环冗余校验　最常用的、功能最强大的一个差错检测编码是**循环冗余校验**(Cyclic Redundancy Check，CRC)，它可以描述如下。给定 k 比特的比特块，或消息，发射机产生一个$(n-k)$比特的比特序列，称为帧校验序列(Frame Check Sequece，FCS)，由此构成的 n 比特的帧，可以被预设的除数整除。接收机将传入的帧除以该预置的除数，如果没有余数，则认为没有错误[⊖]。

为了清楚解释这一点，我们给出 3 种实现这一过程的方法：模 2 运算、多项式和数字逻辑。

模 2 运算　模 2 运算采用无进位的二进制加法，也就是，异或(XOR)运算。无进位的二进制减法也可以理解为异或运算。例如，

$$\begin{array}{r}1111\\+\underline{1010}\\0101\end{array}\qquad\begin{array}{r}1111\\-\underline{0101}\\1010\end{array}\qquad\begin{array}{r}11001\\\underline{\times 11}\\11001\\\underline{11001}\\101011\end{array}$$

这里定义：　T——待发送的 n 比特帧；

D——k 比特数据块，或消息，T 的前 k 比特；

F——$(n-k)$比特 FCS，T 的后$(n-k)$比特；

P——$n-k+1$ 比特的模式，这是预置的除数。

我们希望 T/P 没有余数。为了便于描述，我们给出

$$T=2^{n-k}D+F$$

即，将 D 乘以 2^{n-k} 能够将数据块 D 向左移动 $n-k$ 比特，并将后面的比特补 0。与 F 相加表示将 D 和 F 中的比特串连起来构成数据帧 T。假设 $2^{n-k}D$ 除以 P：

$$\frac{2^{n-k}D}{P}=Q+\frac{R}{P}\tag{5-11}$$

式(5-11)中包含一个商和一个余数。由于采用模 2 除法运算，所以余数至少比除数少一个比特。此时，我们使用该余数作为我们的 FCS。那么

$$T=2^{n-k}D+R\tag{5-12}$$

余数 R 能否满足 T/P 没有余数的要求呢？为了验证这一结论，考虑

⊖ 这一过程与图 5-13 所示的过程有明显的区别。可以看出，循环冗余校验实现过程如下，接收机将传入的 k 比特数据进行相除操作，之后再与传入的$(n-k)$个校验比特进行比较。

$$\frac{T}{P}=\frac{2^{n-k}D+R}{P}=\frac{2^{n-k}D}{P}+\frac{R}{P}$$

将其代入式(5-11)中，我们有

$$\frac{T}{P}=Q+\frac{R}{P}+\frac{R}{P}$$

尽管如此，任何二进制数与自己进行模 2 加都等于 0。因此，

$$\frac{T}{P}=Q+\frac{R+R}{P}=Q$$

上式没有余数，所以 T 可以被 P 整除。因此，FCS 可以很容易产生：简单地将 $2^{n-k}D$ 除以 P，并使用 $n-k$ 比特余数作为 FCS。接收信号时，接收机将 T 除以 P，如果没有余数，则说明没有出现错误。

例 5.10　1. 给定

消息　$D=1010001101$(10 比特)

模式　$P=110101$(6 比特)

FCS　$R=$ 待计算的(5 比特)

因此，$n=15$，$k=10$，$(n-k)=5$。

2. 将消息乘以 2^5，得到 101000110100000。

3. 将得到的积除以 P：

```
                  1 1 0 1 0 1 0 1 1 0 ← Q
P → 1 1 0 1 0 1 / 1 0 1 0 0 0 1 1 0 1 0 0 0 0 0 ← 2^(n-k)D
                  1 1 0 1 0 1
                    1 1 1 0 1 1
                    1 1 0 1 0 1
                        1 1 1 0 1 0
                        1 1 0 1 0 1
                            1 1 1 1 1 0
                            1 1 0 1 0 1
                                1 0 1 1 0 0
                                1 1 0 1 0 1
                                  1 1 0 0 1 0
                                  1 1 0 1 0 1
                                      0 1 1 1 0 ← R
```

4. 余数加上 2^5D，得到 $T=101000110101110$，并将其发送出去。

5. 如果没有错误，则接收机完好无损地接收 T。将接收到的帧除以 P：

```
                  1 1 0 1 0 1 0 1 1 0 ← Q
P → 1 1 0 1 0 1 / 1 0 1 0 0 0 1 1 0 1 0 1 1 1 0 ← T
                  1 1 0 1 0 1
                    1 1 1 0 1 1
                    1 1 0 1 0 1
                        1 1 1 0 1 0
                        1 1 0 1 0 1
                            1 1 1 1 1 0
                            1 1 0 1 0 1
                                1 0 1 1 1 1
                                1 1 0 1 0 1
                                  1 1 0 1 0 1
                                  1 1 0 1 0 1
                                              0 ← R
```

由于没有余数，所以认为没有发生错误。

模式 P 选择比所需的 FCS 多一个比特，并且模式中具体每个比特如何进行选择由期望的误差的类型决定。至少，模式 P 的最高比特和最低比特必须是 1。

有一种简洁的方法用于描述一个或多个错误的发生。错误导致一个比特的反转。这相当于该比特与 1 进行异或(模 2 加 1)：0+1=1；1+1=0。因此，在长度为 n 比特的数据帧的误差可以利用一个 n 比特字段且每个错误比特的位置用 1 来表示。得到的帧 T_r 可以表示为

$$T_r = T \oplus E$$

式中 T——传输的帧；

E——错误模式，在错误发生的位置是 1；

T_r——接收到的帧。

如果存在一个错误($E\neq 0$)，那么当且仅当 T_r 可以被 P 整除时接收机将无法检测到该错误，这等同于 E 可以被 P 整除。直观地，这似乎不可能发生。

多项式 理解 CRC 过程的另一种方法是用一个具有二进制系数的虚拟变量 X 的多项式来表示所有的值。这个二进制系数与二进制数中的比特相对应。算术运算也是模 2。CRC 过程现在可以描述为

$$\frac{X^{n-k}D(X)}{P(X)} = Q(X) + \frac{R(X)}{P(X)}$$

$$T(X) = X^{n-k}D(X) + R(X)$$

将上式与式(5-11)、式(5-12)进行比较。

如果 $E(X)$ 不能被 $P(X)$ 整除，那么检测不到错误 $E(X)$。它说明[PETE61, RAMA88]，以下所有错误都不能被合适选择的 $P(X)$ 整除，因此错误是可以检测的：

- 所有单个比特错误，如果 $P(X)$ 有多个非零项。
- 所有两比特错误，如果 $P(X)$ 至少包含一个 3 项的因子。
- 任何奇数个数错误，如果 $P(X)$ 包含因子 $(X+1)$。
- 任何长度小于或等于 $n-k$ 比特的突发错误[⊖]；即小于或等于 FCS 的长度。
- 部分长度为 $n-k+1$ 比特的突发错误；这部分等于 $1-2^{-(n-k+1)}$。
- 部分长度大于 $n-k+1$ 比特的突发错误；这部分等于 $1-2^{-(n-k)}$。

此外，可以看出如果认为所有的错误模式具有相同的出现概率，那么对于长为 $r+1$ 的突发错误，未发现错误的概率(即 $E(X)$ 可以被 $P(X)$ 整除)为 $1/2^{r-1}$，对于较长的突发错误，概率是 $1/2^r$，其中 r 是 FCS 的长度。这意味着 2^r 个可能的错误模式中只有一个将无法被发现。

例 5.11 继续例 5.10，对于 $D=1010001101$，我们有 $D(X)=X^9+X^7+X^3+X^2+1$，对于 P=110101，我们有 $P(X)=X^5+X^4+X^2+1$。我们需要以 $R=01110$ 结束，它对应 $R(X)=X^3+X^2+X$。图 5-14 给出了前面例子中对应于二进制除法的多项式除法。

⊖ 长度为 B 的突发错误是指连续 B 个比特错误，即无论是第一个还是最后一个或者中间某个比特都发生了错误。

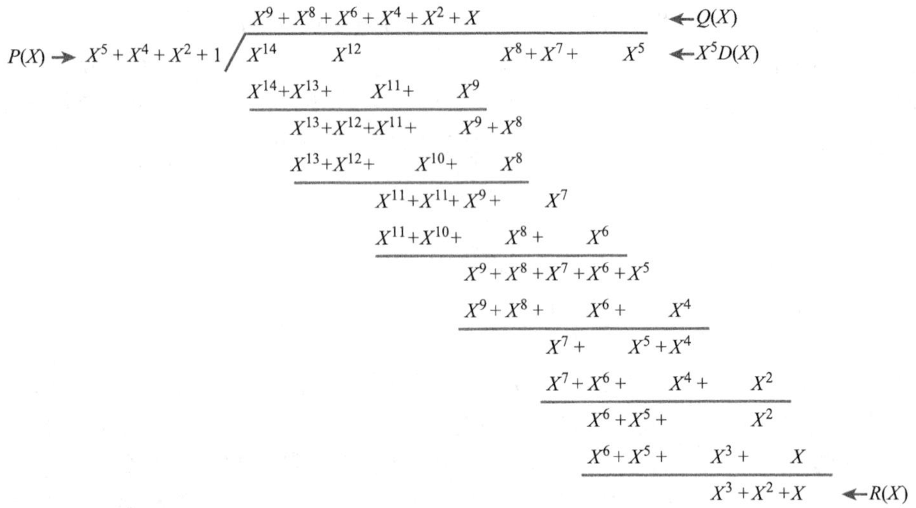

$$Q(X) = X^9+X^8+X^6+X^4+X^2+X$$

$$P(X) \rightarrow X^5+X^4+X^2+1 \,\big)\, X^{14} \quad X^{12} \quad X^8+X^7+ \quad X^5 \leftarrow X^5D(X)$$

$$X^{14}+X^{13}+ \quad X^{11}+ \quad X^9$$

$$X^{13}+X^{12}+X^{11}+ \quad X^9+X^8$$

$$X^{13}+X^{12}+ \quad X^{10}+ \quad X^8$$

$$X^{11}+X^{11}+X^9+ \quad X^7$$

$$X^{11}+X^{10}+ \quad X^8+ \quad X^6$$

$$X^9+X^8+X^7+X^6+X^5$$

$$X^9+X^8+ \quad X^6+ \quad X^4$$

$$X^7+ \quad X^5+X^4$$

$$X^7+X^6+ \quad X^4+ \quad X^2$$

$$X^6+X^5+ \quad X^2$$

$$X^6+X^5+ \quad X^3+ \quad X$$

$$X^3+X^2+X \leftarrow R(X)$$

图 5-14 例 5.10 中的多项式除法

这里给出 4 种广泛使用的生成多项式 $P(X)$

$$\text{CRC}-12 = X^{12}+X^{11}+X^3+X^2+X+1$$

$$\text{CRC}-16 = X^{16}+X^{15}+X^2+1$$

$$\text{CRC}-\text{CCITT} = X^{16}+X^{12}+X^5+1$$

$$\text{CRC}-32 = X^{32}+X^{26}+X^{23}+X^{22}+X^{16}+X^{12}+X^{11}+X^{10}+X^8+X^7+X^5+X^4+X^2+X+1$$

CRC－12 系统用于传输 6 比特字符流并产生一个 12 比特 FCS。在美国和欧洲，CRC－16 和 CRC－CCITT 分别是主流的 8 比特字符流传输系统，两者都使用一个 16 比特 FCS。这些方法似乎适用于大多数的应用，不过在某些点对点同步传输标准中 CRC－32 是指定的校验方法。

5.6.2 分组纠错码

在数据链路控制协议(如高级数据链路控制(High-Level Data Link Control, HDLC))和传输协议(如 TCP 协议)中，差错检测是一种非常有用的技术。然而，使用差错检测编码的纠错需要对数据块进行重传，使用 10.4 节详细介绍的 ARQ 机制。对于无线应用来说，这种方法是不合适的，原因有两个方面。

1）无线链路上的误比特率可能相当高，这将导致大量的重发。

2）在某些应用中，尤其是卫星链路中，与一个帧的传输时间相比，信号的传播延迟是很长的。重传机制会大大降低系统的传输效率。正如在 10.4 节所讨论的，常用的重传方法是重传错误帧和后续所有的数据帧。在一个长的数据链路中，一个帧中的错误需要重传许多数据帧。

相反，我们希望接收机能够根据传输的比特来纠正传入传输中出现的错误。图 5-15 给出了如何实现这一过程的原理框图。在发送端，利用 FEC 编码器将每 k 个比特的信息码元映射为 n 比特的数据块($n>k$)，称为一个**码字**。然后将该码字发送。对于无线传输，调制器为传输产生模拟信号。在传输过程中，信号受到噪声的影响，这可能在信号中产生一些比特错误。在接收端，将传入的信号解调以产生类似于原始码字的比特串，但其中可能会包含一些错误。将该块送入 FEC 解码器，会出现 5 种可能的结果之一：

1）如果没有比特错误，FEC 解码器的输入出应该与原始码字相同，并且解码器的输出应该与原始信息码元相同。

2）对于某些错误模式，解码器可能检测并纠正这些错误。因此，即使传入字符串与发送的码字不同，FEC 解码器也能够将该块串映射为原始的信息码元。

3）对于某些错误模式，解码器可以检测出错误但无法纠正错误。在这种情况下，解码器简单报告一个无法纠正的错误。

4）对于某些少见的错误模式，解码器检测到一个错误，但无法正确地纠正错误。当实际发送一个码字时，它假定是某个特定的数据块。

5）对于某些更罕见的错误模式，解码器没有检测到已发生的任何错误并且将输入 n 位码字映射为不同于原始信息码元的 k 比特信息。

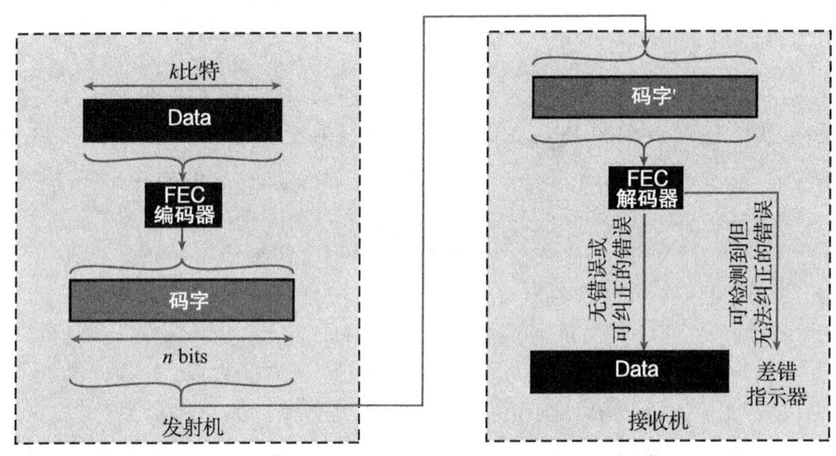

图 5-15　前向纠错过程

怎样才能让解码器纠正比特错误？本质上，通过向传输的消息添加冗余来实现纠错。考虑一个发送二进制 0 或 1 的例子，但发送的是替代码字 0000 或 1111。即使存在一定程度的错误率冗余使得接收机可能推断出原始消息是什么。如果收到了 0010，我们可以假设发送的 0000 对应于原始二进制 0，因为只有一个比特改变才会发生这种情况。然而，有一个不太可能但仍然会发生的情况是发送的是 1111。然后，解码器假设发送的是 0 而出现错误。考虑如果另一个接收到的码字为 0011。在这种情况下，解码器将无法确定，因为发送 0000 或 1111 具有同样的可能。

在这一节中，我们研究一种广泛使用的纠错码，称为分组纠错码。我们首先讨论一般原则。在继续讨论之前，我们注意在许多情况下，纠错编码都具有类似于图 5-13 所示的差错检测编码的总体流程。即，FEC 算法将 k 比特信息码元作为输入并与 $(n-k)$ 校验比特相加，构成 n 比特码字。原始 k 比特中的所有比特都出现在 n 比特块中。对于一些 FEC 算法，如卷积码，FEC 算法将原始的 k 比特输入块映射为一个 n 比特码字，且原始的 k 比特信息码元将不在 n 比特码字中出现。

5.6.3　分组编码原理

首先，我们定义一个非常有用的术语。**汉明距离**（Hamming distance），两个 n 比特二进制序列v_1和v_2的汉明距离$d(v_1, v_2)$定义为v_1和v_2两个序列之间互不相同的比特个数。例如，如果

$$v_1 = 011011 \qquad v_2 = 110001$$

则

$$d(v_1, v_2) = 3$$

假设我们希望发射块长度为k的信息码元。我们将每一个k比特信息码元序列映射为一个唯一的n比特码字，而不是发送每个k比特的信息码元。

例 5.12　对于$k=2$，$n=5$，我们可以进行如下的分配：

信息码元	码字
00	00000
01	00111
10	11001
11	11110

现在，假设接收到一个码字 00100 的码字块。该码字不是一个有效码字，因此接收机检测到错误。该错误可以被纠正吗？我们无法确定发送的信息码元是哪一个，因为发送的第 1、2、3、4 甚至所有 5 个比特都有可能受到噪声的污染。观察可以发现，仅需要改变一个比特就可以将有效码字 00000 转换为 00100，当然，改变两个比特将有效码字 00111 转换为 00100，改变 3 个比较将 11110 转换为 00100，改变 4 个比特将 11001 转换为 00100。我们可以推断发送的码字更可能是 00000，因此期望的信息码元是 00。这样就实现了纠错。从汉明距离的角度，有

$$d(00000,00100)=1 \quad d(00111,00100)=2$$
$$d(11001,00100)=4 \quad d(11110,00100)=3$$

所以，我们引入的规则是，如果接收到一个无效的码字，则选择与它最近(最小距离)的有效码字。这一准则在每一个无效码字都满足存在唯一一个有效码字与之距离最小的条件下才有效。

对于我们上面的这个例子，无法满足对于每一个无效码字有且仅有一个与之距离最小的有效码字。共有$2^5=32$个码字，其中 4 个是有效码字，其余 28 个是无效码字。对于无效码字，我们有：

无效码字	最小距离	有效码字	无效码字	最小距离	有效码字
00001	1	00000	10000	1	00000
00010	1	00000	10001	1	11001
00011	1	00111	10010	2	00000 或 11110
00100	1	00000	10011	2	00111 或 11001
00101	1	00111	10100	2	00000 或 11110
00110	1	00111	10101	2	00111 或 11001
01000	1	00000	10110	1	11110
01001	1	11001	10111	1	00111
01010	2	00000 或 11110	11000	1	11001
01011	2	00111 或 11001	11010	1	11110
01100	2	00000 或 11110	11011	1	11001
01101	2	00111 或 11001	11100	1	11110
01110	1	11110	11101	1	11001
01111	1	00111	11111	1	11110

有 8 种情况，其中每一个无效码字与两个有效码字的最小距离是 2。因此，如果接收到一个这样的无效码字，则两个比特中的错误导致它且没有办法在两个选择之间进行选择。因此，虽然检测到了错误，但是没有办法进行纠错。唯一的补救方法就是重传。尽管如此，当仅有唯一一个比特出现错误时，产生的码字与唯一一个有效码字之间的距离为 1，因此可以进行决策。因此，这个码字可以纠正所有单个比特错误，但是无法纠正两个比特错误。另一种方法是研究有效码字之间的两两距离：

$$d(00000,00111)=3 \quad d(00000,11001)=3 \quad d(00000,11110)=4$$

$$d(00111,11001)=4 \quad d(00111,11110)=3 \quad d(11001,11110)=3$$

有效码字之间的最小距离是 3。因此，单个比特错误将产生与原始有效码字之间距离为 1 的无效码字，但是它与所有其他有效码字之间的最小距离为 2。因此，这种编码总是可以纠正单个比特错误。需要注意的是，这种编码还总是能够检测出两个比特错误。

上面的例子说明了分组纠错码的基本特性。一个(n, k)块编码将 k 比特信息码元编码为 n 比特码字。因此一个块编码等同于形式为 $\boldsymbol{v}_c=f(\boldsymbol{v}_d)$的函数，这个函数中的 $\boldsymbol{v}_d$是 k 比特数据的向量，$\boldsymbol{v}_c$是 n 比特码字的向量。

对于一个(n, k)块编码，需要从 2^n个可能的码字中选择 2^k个有效码字。冗余比特与信息码元的比值$(n-k)/k$，称为编码的**冗余率**，而信息码元数与总比特的比值 k/n，称为**码率**。与数据速率相同的未编码数据相比，码率衡量承载编码后的码字需要多少额外的带宽。例如，码率为 1/2 时，需要将编码系统可带宽加倍才能够维持相同的数据速率。在我们前面的例子中，码率为 2/5，所以未编码系统需要 2.5 倍的带宽。例如，如果输入到编码器的数据速率为 1Mbps，则编码器的输出必须保持 2.5Mbps 的速率。

一个由码字 $\boldsymbol{w}_1$，$\boldsymbol{w}_2$，…，$\boldsymbol{w}_s$组成的编码，其中 $s=2^k$，该编码的最小距离 $d_{\min}$定义为

$$d_{\min}=\min_{i\neq j}\lfloor d(\boldsymbol{w}_i,\boldsymbol{w}_j)\rfloor$$

它说明以下条件成立。对于一个给定正整数 t，如果一个编码满足 $d_{\min}\geqslant 2t+1$，那么该编码可以纠正所有小于或等于 t 个比特的错误。如果 $d_{\min}\geqslant 2t$，那么可以纠正所有小于或等于 $t-1$ 个比特的错误，t 个比特错误可以检测出来但是一般不能纠正。相反，任何小于或等于 t 个比特的错误都能够被纠正的编码必须满足 $d_{\min}\geqslant 2t+1$，所有小于或等于 $t-1$ 个比特的错误能够被纠正，所有小于或等于 t 个比特的错误能够被检测出来的编码必须满足 $d_{\min}\geqslant 2t$。

$d_{\min}$和 t 之间关系的另一种描述是每个码字保证的最大可纠错比特数满足

$$t=\left\lfloor\frac{d_{\min}-1}{2}\right\rfloor$$

这里$\lfloor x\rfloor$表示不超过 x 的最大整数(例如，$\lfloor 6.3\rfloor=6$)。此外，如果我们只关心差错检测，而不关心纠错，那么可以检测到的错误比特数 t 满足

$$t=d_{\min}-1$$

为了理解这一点，考虑如果发生 $d_{\min}$个比特错误，这可能将一个有效码字变为另一个有效码字。任何小于 $d_{\min}$个比特的错误都不能变成另一个有效码字。

设计一个块编码需要诸多考虑：

1) 对于给定的 n 和 k，取 $d_{\min}$为最大可能的值。

2）代码字应该相对容易地解码和编码，需要最小的存储空间和处理时间。

3）额外的比特数$(n-k)$尽量小以减少带宽。

4）额外的比特数$(n-k)$尽量大以减少错误率。

显然，最后两条是相互矛盾的，必须做出折衷。

我们来看看图5-16。研究纠错编码的文献经常包含这种类型的图，以证明各种编码方案的有效性。回忆本节前面的内容，可以通过选择调制方式来减少所需的E_b/N_0值以达到给定误比特率。调制必须定义表示的比特信号元素。调制还影响E_b/N_0。在图5-16中，右边的曲线是未编码的调制系统，阴影区表示有性能提升潜力的区域。在这个区域中，对于给定的E_b/N_0可以获得更小的BER，相反，对于给定的BER，需要较小的E_b/N_0。另一条曲线是1/2码率的典型结果(等于数据机校验比特数)。需要注意的是，当错误率为10^{-6}时，编码方案所需的E_b/N_0比未编码方案减少2.77dB。这种降低称为**编码增益**，它定义为与未编码系统相比，在调制方式相同时，为了达到特定的BER，纠错编码系统所需E_b/N_0(以分贝为单位)的减少量。

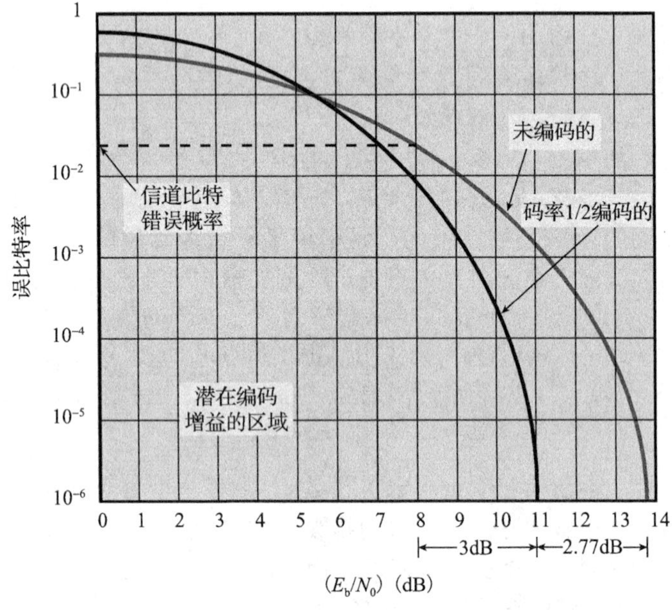

图5-16　编码如何提高系统性能

实现过程中很重要的一点是第二条码率为1/2的BER曲线表示未纠正的错误率，E_b是指每个数据比特的能量。因为码率是1/2，所以每两个数据比特在信道上有两个比特，可以有效地减少1/2的数据吞吐量。每一个编码比特的能量是每个数据比特能量的一半，或者说减少了3dB。如果我们研究系统中每一个编码比特的能量，那么我们可以看到信道的比特错误率大约为2.4×10^{-2}，或0.024。

最后，请注意，当E_b/N_0低于某一阈值时，编码方案实际上会降低性能。在图5-16所示的例子中，阈值大约为5.4dB。低于这个阈值时，额外的校验位增加了系统的开销，这样会降低每一个数据比特的能量从而造成错误概率的增加。当E_b/N_0高于这个阈值时，编码的纠错能力不仅补偿减少的E_b，还带来编码增益。

常用的块纠错码有汉明码、循环码、BCH码和Reed-Solomon码。第10章将详细介绍这些特定的分组纠错码。

5.6.4 低密度奇偶校验码

几十年来，研究人员无法在一个给定信道带宽内逼近香农容量极限，至少无法在实际计算硬件约束的条件下实现。在 20 世纪 60 年代研究人员提出了一种称为低密度奇偶校验(Low-Density Parity-Check，LDPC)码的容量逼近编码方法，并 20 世纪 90 年代被重新发现。由于其计算复杂度使得该编码方法在最初被发现时使人望而却步，直到 LDPC 码出现才被实际应用。该方法现在已经被进一步增强且得到广泛应用，如在最新一代的 IEEE 802.11 标准中得到了应用。

LDPC 使用很长的块编码，通常超过 1000 比特。为了检测这些比特中的错误，需要实现一组奇偶校验方程，通常用校验矩阵 $\boldsymbol{H}$ 来描述。例如，某 1 比特可能需要符合以下方程：

$$b_{10}+b_{13}+b_{45}+b_{192}=0$$

每个方程应该至少有 3 个比特相加，并且对于 1000 比特来说有数百个类似的方程。

为了可视化这几个校验方程，如图 5-17 所示。这是 Tanner 图。在顶行中的节点对应于每个数据比特的节点，称为*变量节点*。在底行中的节点称为*约束节点*，这些节点对应于各个校验方程。例如，约束节点的 c_1 对应下面的方程式：

$$v_3+v_4+v_5+v_6=0$$

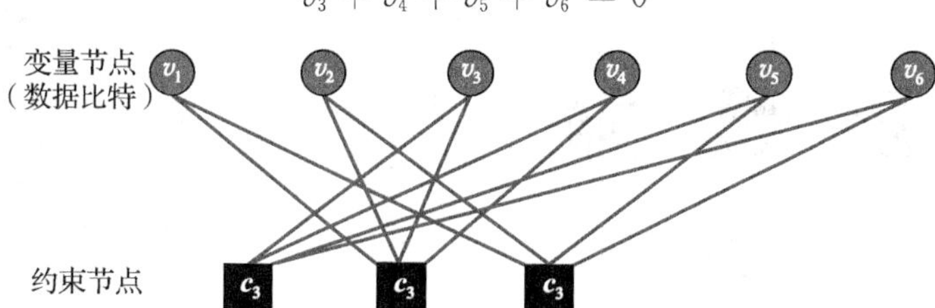

图 5-17　LDPC 迭代解码的 Tanner 图

LDPC 的迭代解码过程可以描述如下：

1) 该过程从顶部的变量节点开始。这些节点使用主要来自解调器的外部信息来确定它们比特的估计值。如果它们使用软解码方法，则它们也估计该比特是 0 还是 1 的概率。

2) 然后把这些估计结果发送给约束节点，看看这些估计值是否满足所有的校验方程。如果满足，则解码停止，因为已经得到了一个可以接受的答案。如果不满足，则约束节点将与其连接的变量节点发送给它们的信息合并，以确定哪些比特与它们估计的值最有可能不同。这相当于寻找能够满足校验方程的最可能的比特变化。

3) 将约束节点的估计结果发送给变量节点。由于变量节点连接到多个约束节点，所以变量节点结合新获得的信息来更新它们对比特值和概率的估计。

4) 将这些更新后的结果再次发送到约束节点。如果现在满足校验方程，则停止解码。否则，继续进行解码处理。

上述解码过程称为*消息传递*或*置信传播*。LDPC 码的性能可以给人留下深刻的印象，使用长码，LDPC 码与香农(Shannon)容量的差小于 1dB。

5.6.5 卷积码

块编码是两种广泛用于无线传输系统的纠错编码方法之一，另一种编码方法是卷积码。一个(n, k)块编码一次能够处理 k 比特块，对每一个 k 比特输入块都可以产生一个 n

比特($n>k$)输出块。如果以或多或少连续的流发送和接收数据，块编码特别是当 n 的值很大时，不能像连续产生冗余比特使得可以连续进行差错检测和纠正的编码那么方便。而这正是卷积码的工作方式。

卷积码可以用 3 个参数来定义：n，k，和 K。一个(n，k，K)卷积码一次处理 k 比特输入数据，然后对每个传入的 k 比特产生 n 比特输出。到目前为止，这与块编码都是相同的。在卷积码的情况下，n 和 k 一般都是相当小的数。不同的是，卷积码有记忆，它是由**约束因子** K 来描述的。本质上，(n，k，K)卷积码的当前 n 比特输出不仅取决于 k 比特输入的当前的值，也取决于 k 比特输入的前 $K-1$ 块。因此，n 比特的当前输出是关于最后 $K\times k$ 比特输入的函数。

想理解卷积码的最好方法是借助实际的例子，如图 5-18 所示。在图 5-18 中有两种不同的代码表示方式。图 5-18a 给出了移位寄存器，它对描述和实现编码过程是非常方便的。图 5-18b 给出编码器的状态图，它在讨论解码过程时是非常有用的。

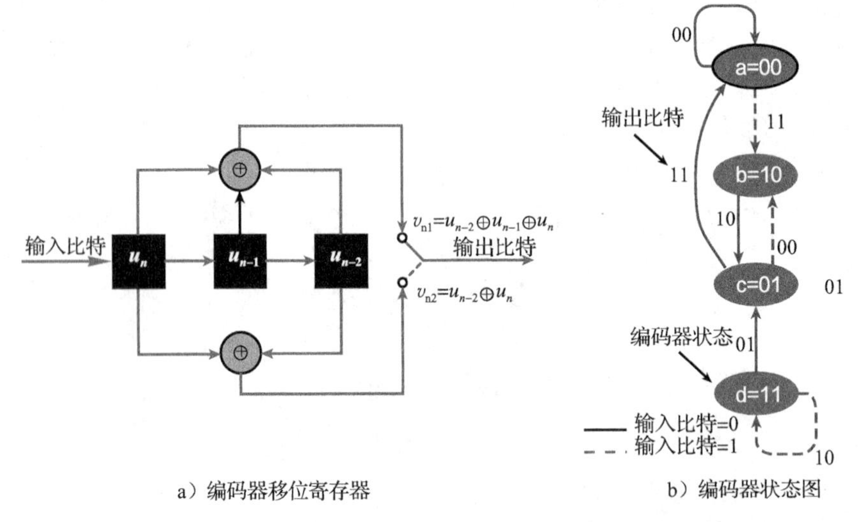

图 5-18　卷积编码器(n，k，K)=(2，1，3)

对于一个(n，k，K)卷积码，移位寄存器包含最近的 $K\times k$ 个输入比特，寄存器初始化为全零[⊖]。在从寄存器中丢弃最前面的 k 比特并将 k 个新比特移入后，编码器产生 n 比特输出。因此，虽然 n 比特输出与 $K\times k$ 个输入比特有关，但编码速率是每 k 个输入比特输出 n 比特。与块编码一样，码率为 k/n。最常用的二进制编码器有 $k=1$，因此移位寄存器的长度为 K。在我们的例子中给出了一个(2，1，3)卷积码的示意图(见图 5-18a)。移位寄存器中存储了 $K\times k=3\times 1$ 比特，分别是 u_n、u_{n-1} 和 u_{n-2}。对于每一个新输入的比特 u_n，可以根据寄存器中的最近 3 个比特得到两个输出比特 v_{n1} 和 v_{n2}。第一个输出比特根据上面的逻辑电路($v_{n1}=u_n\oplus u_{n-1}\oplus u_{n-2}$)计算得到，第二个输出比特可以根据下面的逻辑电路($v_{n2}=u_n\oplus u_{n-2}$)计算得到。

对于任何给定的 k 比特输入，有 $2^{k(K-1)}$ 个不同的函数将 k 比特输入映射为 n 比特输出。使用哪一个函数取决于每个 k 比特的前($k-1$)个输入块的历史。因此，我们可以使用有限状态机来表示卷积码。该状态机具有 $2^{k(K-1)}$ 个状态，并且从一个状态转换到另一个状

⊖　在有些文献中，用较少的存储单元来说明移位寄存器，并且将输入比特送入 XOR 运算电路和存储单元；这两种描述是等价的。

态取决于最近的 k 比特输入并产生 n 比特输出。状态机的初始状态为全零状态。在我们的例子中(如图 5-18b 所示)，有 4 个状态，每一个都是之前两个比特的一对两能的值。下一个输入比特会导致状态变化，并产生一个 2 比特的输出。例如，如果最后两比特为 10($u_{n-1}=1$，$u_{n-2}=0$)，且下一个比特为 1($u_n=1$)，那么当前的状态是状态 b(10)，下一个状态是 d(11)。输出是

$$v_{n-1} = u_{n-2} \oplus u_{n-1} \oplus u_n = 0 \oplus 1 \oplus 1 = 0$$
$$v_{n2} = 0 \oplus 1 = 1$$

在具有较高误比特率的噪声信道中卷积码能够提供良好的性能。因此，它们已经在越来越多的无线应用中得到了应用。

Turbo 码　随着无线应用中的数据速率越来越高，纠错一直是一个主要的设计挑战。Turbo 码目前已经成为第三代和第四代无线通信系统的主流选择。在误比特率方面，Turbo 码表现出了非常接近香农极限的性能，并且能够有效地满足高速数据传输的应用需求。目前，已经发明了多种 Turbo 编码器和解码器，其中大部分是基于卷积码编码的。在本小节中，我们进行一个总体回顾。

图 5-19a 给出了 Turbo 码编码器。在这个方案中，编码器重复使用。编码器的一个副本接收输入比特流，并为每个输入比特产生一个单独的输出校验比特 C_1。另一个编码器的输入是交织后的输入比特流，产生一个校验比特序列 C_2。两个初始输入比特加上两个校验比特，进行复用，产生序列 $I_1C_{11}C_{21}I_2C_{12}C_{22}\cdots$，即第一个输入比特之后是编码器 1 的第一个比特，之后是编码器 2 的第一个比特，以此类推。由此产生的序列的码率为 1/3。一个 1/2 码率的序列可以由仅使用一半的校验比特来实现，即交替输出两个编码器的校验比特；这个过程称为打孔。码率为 1/3 和 1/2 的卷积码都在第三和第四代移动通信系统中得到了应用。

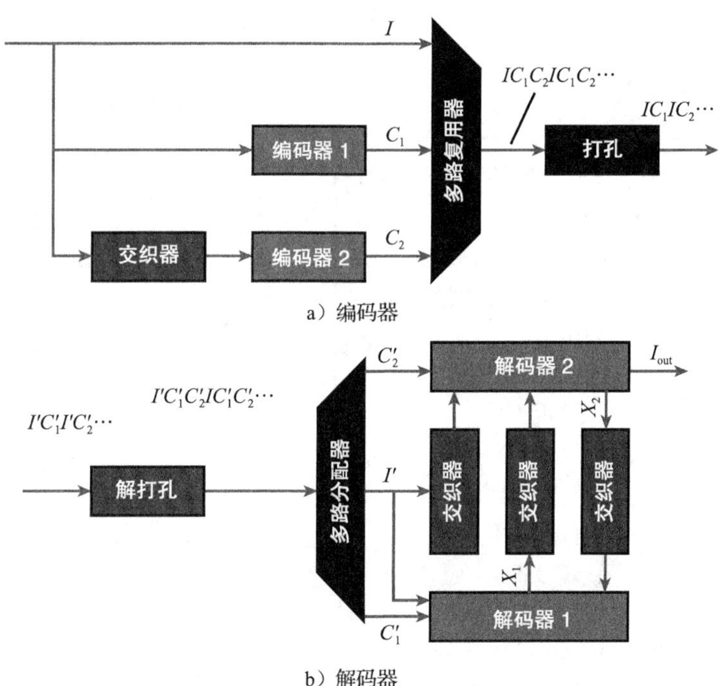

图 5-19　Turbo 编码与解码

需要注意的是，每个编码器只为每个输入比特产生一个单独的校验比特，并保存该输入比特。在目前讨论的卷积编码器中（如图 5-18a 所示），都没有保存输入比特，并且有多个输出比特（对于 k 个输入比特有 n 个输出校验比特）。Turbo 码使用的卷积码是一种卷积码的变型，称为递归系统卷积码（Recursive Systematic Convolutional Code，RSC）。图 5-20给出了一个由两个 RSC 编码器构成的 Turbo 编码器。

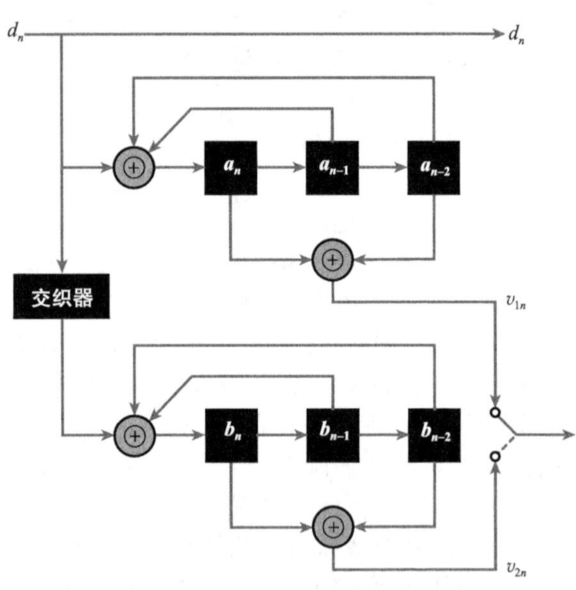

图 5-20　两个 RSC 编码器的并行级联

图 5-19 给出了 Turbo 译码器的通用框图。如果需要，可以通过估计丢失的校验比特或将丢失的比特设置为 0 来对接收到的数据进行打孔。译码器 1 首先工作，利用从解调器接收到的 I'和 C_1'的估计值。这些值不是简单的 0 或 1，而是较大或较小的值，表示解调器进行判决时的置信度。这就是所谓的*软判决解码*。解码器 1 产生校正值（X_1）。I'和 X_1 值以及 C_2'的值一同送入解码器 2。这里必须进行交织以使比特正确对齐。解码器 2 利用所有的输入产生校正值 X_2。然后将这些值进行解交织之后反馈到译码器 1 进行二次迭代解码，为了对齐先进行解交织。经过充分的迭代得到一个很高的置信度后，产生一个输出比特。这一过程可能需要多次迭代才能够产生一个很好的结果，同时可能还会带来显著的延迟。Turbo 码通过使用交织、并行编码、打孔、软判决解码、反馈等获得很好的纠错性能。

5.6.6　自动重传请求

自动重传请求（Automatic Repeat Request，ARQ）机制适用于数据链路控制和传输协议，依赖于前面章节介绍的循环冗余校验（CRC）等差错检测编码。接下来，我们将协议实体之间传输的数据块称为协议数据单元（Protocol Data Unit，PDU）。这个术语在第 4 章已经介绍过。

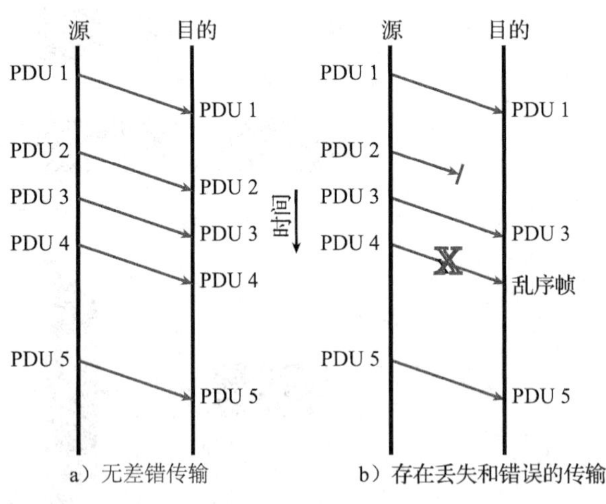

图 5-21　PDU 传输模型

差错控制机制检测并纠正 PDU 传输过程中发生的错误。我们使用的模型，包括典型的案例，如图 5-21b 所示。发送的数据是一个 PDU 序列，PDU 到达的顺序和发送时的顺序相同，在接收前每个发送的 PDU 会经历一个任意的和可变的延迟。此外，我们允许 2 种可能的错误类型：

- **PDU 丢失**：PDU 无法到达另一端。例如，一个突发噪声可能在某种程度上造成接收机无法感知到一个 PDU 已经发送出来。

- **PDU 损坏**：一个可识别的 PDU 确实到达，但出现误码(在传输过程中码字已经被改变)且无法纠正。

最常见的差错控制技术是基于下列的部分或全部内容：

- **差错检测**：接收机检测到错误并丢弃出现错误的 PDU。
- **肯定确认**：目的端反馈一个成功接收了无差错 PDU 的肯定确认(positive acknowledgment)消息。
- **超时后重传**：在一个预设的时间内没有收到确认消息，源端重传该 PDU。
- **否定确认与重传**：检测到 PDU 出现错误时，目的端反馈一个否定确认消息。源端将重传该 PDU。

总的来说，这些机制都称为**自动重传请求(ARQ)**。ARQ 的作用是把一个不可靠的数据链路变成一个可靠的数据链路。ARQ 最常用的版本称为 go-back-N ARQ。在 go-back-N ARQ 协议中，一个台站可以发送一组按照顺序编号的 PDU，编号可以通过与某个最大值取模运算得到。当使用滑动窗口流量控制技术时，未确认的 PDU 的个数由窗口的大小来决定。当没有错误发生时，目的端会发送 RR＝接收准备或在数据 PDU 中捎带传输确认信息。如果目的端检测出 PDU 有错误，它发送一个关于该 PDU 的否定确认信息(REJ＝拒绝)。目的端将丢弃这个 PDU 和其后面所有的 PDU 直到出错的 PDU 被正确接收。因此，当源端接收到一个 REJ 时，它必须重传这个错误的 PDU 以及后续所有在这期间已经传输的 PDU。因此，这一过程称为 go-back-N 以重传这些 PDU。

考虑台站 A 发送 PDU 到台站 B。在每次传输之后，A 设置一个关于该 PDU 的确认定时器。假设 B 已经成功接收到 PDU($i-1$)，并且 A 刚刚发送 PDU i。则 go-back-N 技术需要考虑以下事项：

1) **PDU 损坏**。如果收到的 PDU 是无效的(即，B 检测到错误)，则 B 丢弃该 PDU，并且对这一结果不做任何进一步的反应。有两种子情况：

a. 在合理的时间内，A 随后发送 PDU($i+1$)。B 接收到 PDU($i+1$)但并未按照顺序进行接收，因为 B 期望接收的是 PDU(i)，因此 B 发送 REJi。A 必须重传 PDU i 和后续所有的 PDU。

b. A 不立即发送其他的 PDU。B 什么也接收不到，既不返回一个 RR 也不返回 REJ。当 A 的定时器到期时，它发送一个 RR PDU，其中包括一个称为 P 比特的比特，该比特设置为 1。B 将这个带有 P 比特且值为 1 的 RR PDU 作为命令，并通过发送 RR 确认信息来告知 A 它期望的下一个 PDU 序号，也就是 PDU i。当 A 接收到 RR，它将重新发送 PDUi。

2) **RR 损坏**。有两种子情况：

a. B 接收到 PDU i 并发送 RR($i+1$)，但在传输中发生错误。因为确认消息是累积的(例如，RR 6 意味着直到序号 5 的所有 PDU 是已经确认的)，A 将可能收到关于后续 PDU 的 RR 消息，因为它有可能在 PDU i 的定时器到期之前到达。

b. 如果 A 的定时器已到期，它会与情况 1b 一样发送一个 RR 命令。同时它设置另一个计时器，称为 P 比特定时器。如果 B 没有响应 RR 指令，或者如果它的响应在传输过程中发生了错误，那么 P 比特定时器将到期。这时，A 将通过发送一个新的 RR 命令重新启动 P 比特定时器再次进行尝试。此过程将进行一系列的迭代尝试。如果经过某个设定的最大次数的尝试，A 仍然无法获得一个确认信息，它将启动复位程序。

3) **REJ 损坏**。如果 REJ 丢失，则与情况 1b 相同。

图 5-22 给出了一个满足 go-back-N ARQ 协议的 PDU 传输流程的实例。它只为偶数的 PDU 发送 RR。由于链路上的传播延迟，所以在一个确认消息(肯定或否定)返回到发送端之前，它在一个已经被确认的 PDU 基础之上又已经发送了两个额外的 PDU。因此，当 PDU 5 接收到 REJ 时，不仅是 PDU 5，PDU 6 和 PDU 7 也必须重发。因此，发送者必须保留一份所有未被确认的 PDU 的备份。

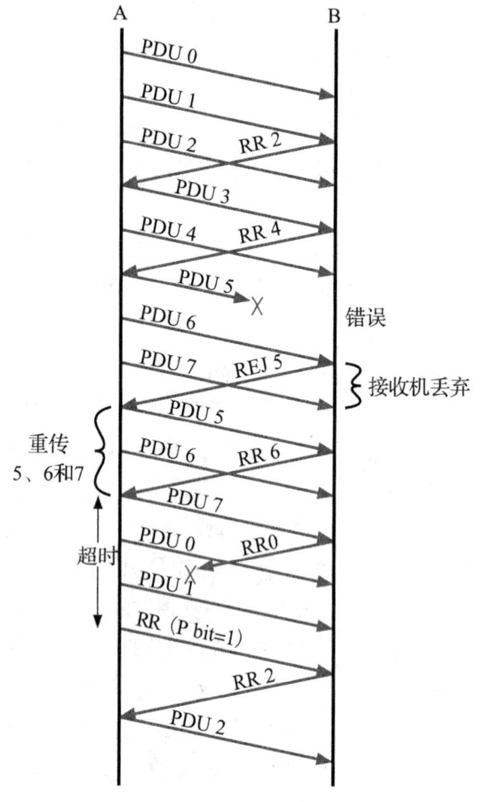

图 5-22　go-back-N ARQ 协议

混合自动重传请求　在实际的无线系统实现中，FEC 和 ARQ 都不是一刀切的解决方案。如果信道条件好，FEC 可能添加不必要的冗余(例如，使用额外的带宽)，而在信道条件较差时，具有差错检测的 ARQ 可能因为重传机制的存在而导致过量的延迟。因此，一种叫作**混合自动重传请求**(Hybrid Automatic Repeat Request，HARQ)的解决方案，已经在今天的无线通信系统中得到广泛应用。它将 FEC 和 ARQ 技术相结合，采用 FEC 技术来纠正最常见的错误，当 FEC 不能纠错时 ARQ 进行重传。在这个基本概念的基础上，具体有以下实现方法。

- **软判决解码**：解码过程不仅可以提供一个比特是评估为 0 还是 1，也对这个判决结果的确定程度进行评估。
- **Chase 合并**：之前采用 FEC 无法纠正的数据帧不要丢弃。将软判决信息可以存储，然后与重传阶段的软判决信息合并。如图 5-19 所示，如果使用 Turbo 码，在接收机中的解码器可能使用来自多个帧的信息而不仅仅是当前帧。这将带来更强的 FEC 能力。在 Chase 合并中，每次重传相同的数据帧并进行软结合。
- **增量冗余**：每次发送端重传，都提供不同的编码信息。这可以实现两个目标。

1. 降低开销。初始包可以包含更少的编码。如果足够，则该数据包可以被成功接收，并能够避免额外的开销。例如，第一帧可能仅包含类似 CRC 的几个字节的差错检测码，在第一帧发生错误后后面的帧就可能包含 FEC。

2. 更强的纠错能力。重传可以提供具有相同码率的不同编码，或者更低码率的更强编码。如果适应当前的无线信道环境，可以提高第二或第三帧成功传输的概率。

- **打孔**：为了提供增量冗余的不同码率，每次可以使用不同的 FEC 编码算法。一种简单的方法就是打孔，它减少比特来提高码率。

例 5.13　考虑一个 1/3 码率的 FEC 编码器，通过打孔将码率变为 1/2。也就是说，100 比特数据编成 300 比特 FEC 码字。为了得到 1/2 码率的 FEC 码字，每 1 比特信息仅允许编为 2 比特码字，因此码字为 200 比特。这意味着，共有 100 个比特需要被打孔掉，即每 3 个原始 FEC 比特需要打孔掉 1 个比特。在接收端，丢弃的 100 比特需要在解码之前替换回来。这些打孔掉的比特只能够利用随机数来代替，这意味着大约有 50 个新添加的比特是错的而另外 50 个新添加的比特是正确的。如果接收信噪比相对较好，原始的 FEC 编码可以足够有效地纠正这些错误。如果无法解码，则接下来的传输中将减少打孔掉的比特数或者对其他位置的比特进行打孔。

一般来说，在同样的码率下，打孔码的性能要弱于未打孔码。然而，简单对相同的编码进行打孔以得到不同的码率，允许解码器结构保持不变，而不是针对不同的码率应用不同的解码器。这种设计带来的复杂性降低的好处大于打孔带来的性能下降。与增量冗余 HARQ 结合使用，对同一个 FEC 编码器的输出码字打孔，并且每次打孔可以去除更多的或不同的比特。

- **自适应调制和编码**：系统将使用信道质量信息(CQI)来估计 HARQ 使用 HARQ 的最佳调制与编码。例如，LTE 采用 CQI 来确定第一个 HARQ 传输过程中误块率达到 10%时相应的最高调制和码率。另外，如果在一个 HARQ 过程中 CQI 发生了变化，调制和编码也有可能调整。
- **并行 HARQ 处理**：有些系统等到 HARQ 完成一帧的发送才能够发送下一帧数据，这称为停止等待协议。等待一个 ACK 或 NACK 的过程以及接下来可能发生的多次重传过程是很耗费时间的。因此，一些 HARQ 协议在实现过程中允许在同一时刻存在多个打开的 HARQ 操作。这是称为 N 信道停止等待协议。

5.7　OFDM

本节主要研究在无线网络领域获得了巨大发展的基于正交频分复用(OFDM)的技术。从第三代到第四代蜂窝移动通信转换的主要的空中接口技术是 OFDM。OFDM 技术也广泛应用于 IEEE 802.11 标准中以提升数据速率。我们先看看 OFDM 的基本机制，即基于快速傅里叶反变换的正交载波和发射机设计。然后我们再看看 OFDM 如何应用于多址接入的实际系统中。

5.7.1　OFDM 基础

正交频分复用，也称为多载波调制，采用具有不同频率的多个载波信号，在每个信道上发送部分比特。这与 FDM 类似。然而，对于 OFDM 来说，多个**子载波**服务于单个数据源。

图 5-23 给出了对 OFDM 概念的理解。实际的发射机操作被大大简化，但可以先利用这

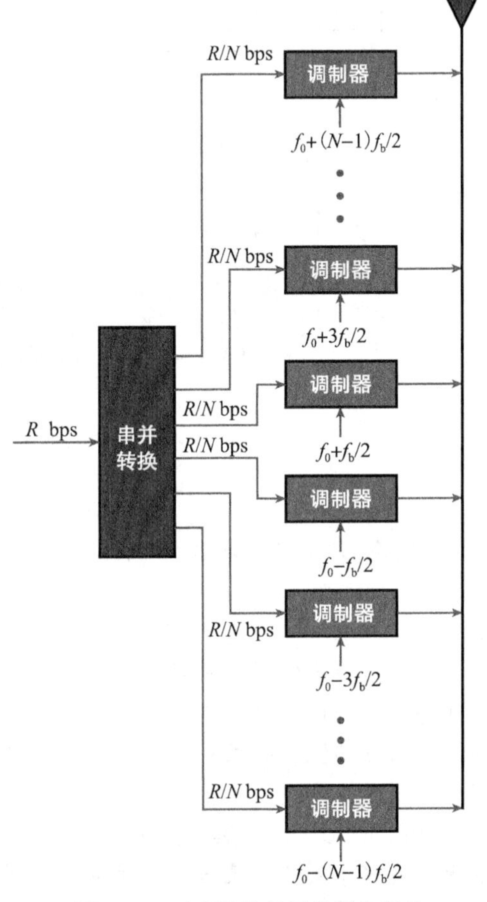

图 5-23　正交频分复用的概念理解

幅图理解基本概念。

假设我们有一个速率为 R bps 二进制数据流，可用带宽为 Nf_b，中心频率为 f_0。整个带宽可用于传输该数据流，在这种情况下，每一个比特的持续时间将是 $1/R$。另一种方法是利用串并转换器将该数据流分成 N 个子数据流。每个子数据流的数据速率为 R/N bps，并且每个子数据流在相互分离的子载波上传输，相邻子载波之间的间隔为 f_b。由于比特持续时间大幅增加至 N/R，因此提高了克服多径衰落的能力。

OFDM 技术的基础是正交性原理。如果两个子载波之间具有恰当的频率间隔，即使信号相互重叠，每个子载波上的信号也可以在接收端恢复。如图 5-24b 所示，因为它们充分地重叠，所以看起来这几个信号像是被紧密地塞在一起。先前的 FDM 方法如图 5-24c 所示，这里假设信号在频率上的间隔足够远，以便 1)避免在频率上重叠，2)提供额外的频率间隔，称为保护带，防止带外辐射引入的相邻子载波间干扰的影响。但 OFDM 技术能够大大提高频谱的利用。从图 5-24b～图 5.24c，可支持信号的数量增加了 6 倍！

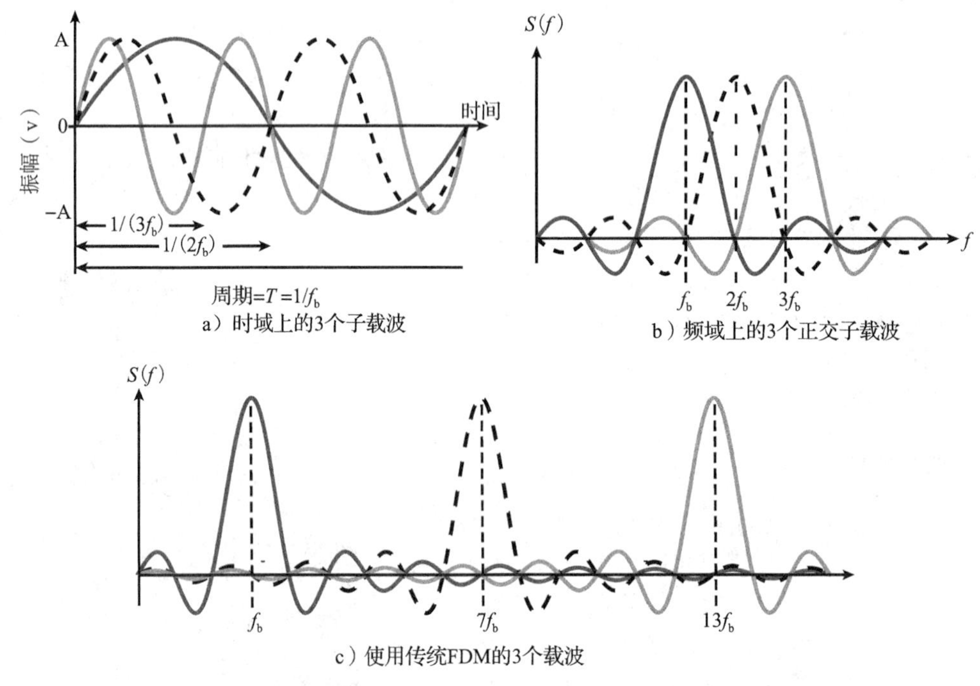

图 5-24　OFDM 正交性的示意图

OFDM 技术具有许多优点。首先，频率选择性衰落只影响某些子载波而不会影响所有信号。如果数据流被一个前向纠错码保护，那么这种类型的衰落很容易克服。更重要的是，OFDM 能够克服由众多多径信号所造成的码间干扰(ISI)的影响。这是因为，相比于多径信号的延迟传播，符号时间是非常长的。另外，OFDM 在每一个符号的开始添加了一个称为循环前缀的一组比特，用于降低多径效应的影响。

OFDM 实现　虽然 OFDM 的历史可以追溯到大约 40 年前，但直到 20 世纪 90 年代，随着先进技术的发展才使得 OFDM 技术成为一项非常具有应用前景的技术。图 5-23 给出了对 OFDM 概念的理解，图中一个数据流被分解成为许多更低速率的比特流，然后分别调制到许多不同的子载波上。然而，这种实现方法会导致发射机和接收机的成本非常昂贵，因为它需要许多昂贵的振荡器来产生每个子载波频率。幸运的是，OFDM 可以利用

快速傅里叶变换(FFT)和**快速傅里叶反变换**(IFFT)的性质来实现。

图 5-25 给出了利用 FFT 和 IFFT 实现 OFDM 的框图。通过对数据流进行串并(S/P)转换，为每一个子载波分配一个样值，每组样值称为一个 **OFDM 符号**。从某种意义上来讲，每一个样值都是赋予相应子载波的权重。然后将所有子载波上赋的值进行 IFFT(不是 FFT)，计算传输的时域数据流，它是所有这些子载波信号的合并。IFFT 操作能够确保子载波间互不干扰。这些值利用 P/S 转换转换为一个串行数据流，然后使用振荡器将该数据流调制到载波。在接收端进行逆操作。利用 FFT 模块将传入的信号映射回 M 个子载波上，这样利用该模块就可以将数据流恢复，从该过程恢复的数据流与为每一个样值获取的每个子载波的权重是一样的。

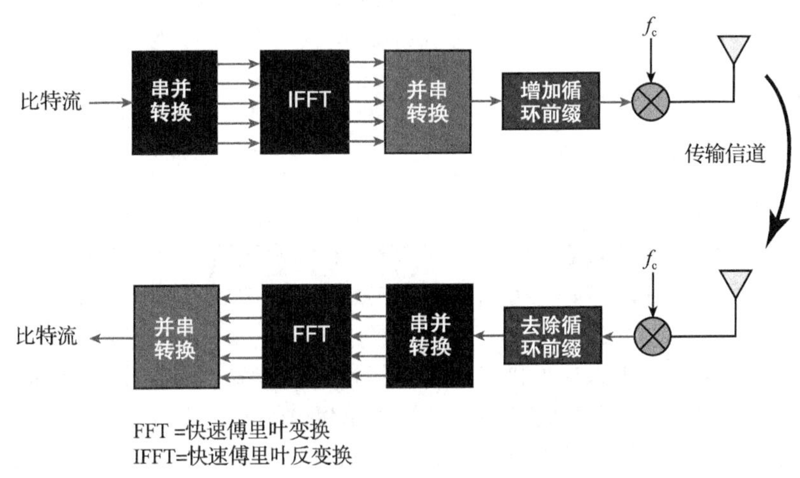

图 5-25　OFDM 的 IFFT 实现

正交频分多址(OFDMA)　多址接入策略通过利用调度时间(时分多址)、随机时间(载波侦听多址)、频率的调度使用(频分多址)、信号的编码扩展(直接序列扩频)和信号的编码的跳频(跳频扩频)来共享一个无线信道。在本书中，需要明确的技术特征之一是如何实现多址，包括刚刚提到的实现方法和用于移动设备相互协作的协议。

OFDMA 将 FDMA 和 TDMA 相结合，允许不同的用户在不同的时间使用不同的子载波集合。所有使用 OFDM 的技术不使用 OFDMA。例如，802.11 的一些版本使用 OFDM 进行信号传输，但采用 CSMA 用于多址接入。当发送时发射机使用全部的子载波集合。LTE 仅在下行链路上采用 OFDMA，而在上行链路上采用单载波方式。

OFDMA 使用 OFDM，它采用多个紧密间隔的子载波，但将子载波分为多个子载波组，因为调度单个子载波不易计算(由于有数百个子载波)或容量不足(因为每一个子载波的承载容量小)。每一组子载波称为一个子信道。在下行链路中，一个子信道可以供不同的接收机使用。图 5-26 对比了 OFDM 和 OFDMA。在 OFDMA 的情况下，给出了利用相邻子载波构成一个子信道的例子。根据技术和预期的无线信道的具体特征，可以使用相邻的子载波、等间隔的子载波或随机间隔的子载波来构成子信道。

单载波频分多址接入(SC-FDMA)是一种新近提出的多址接入技术，它与 OFDMA 具有相似的结构和性能。与 OFDMA 相比，SC-FDMA 的一个突出优势是发射波形具有更低的峰均功率比(PAPR)，这会给移动终端带来电池寿命、功率效率和更低开销等方面的好处。

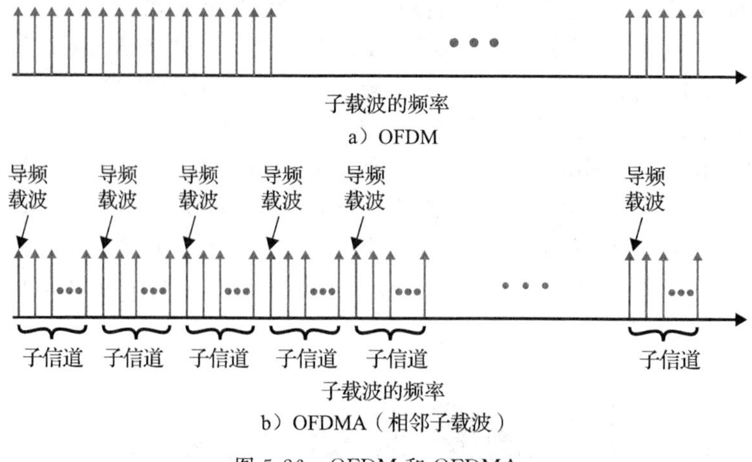

图 5-26　OFDM 和 OFDMA

5.7.2　机会调度

无线资源的子信道化定义了子信道，在 LTE 中称为*资源块*，可以根据信道条件和数据需求将它分配给用户站(SS)。也可以通过指定这些用户站的功率水平来优化吞吐量并限制干扰。

人们可能认为无线通信的时变和多径传播特性会制约我们有效使用无线信道的能力，但事实恰恰相反。这种变化为我们提供了可开发和利用的机会。因为信道条件变化并且是可预期的变化，所以资源分配可以以动态方式进行调整。因此，使用**机会调度**这一术语。特定的安装和设备供应商可以提供更具竞争优势的方法来解决这一问题，因为大多数标准对 OFDMA 调度方法不做规定。在进行信道调度时需要考虑多种因素。

- **效率**：可以根据在一个时隙中具有最高信干噪比(SINR)的用户来调度子信道。这些用户可以通过使用自适应调制和编码技术来获得比其他具有较差 SINR 的用户更高的吞吐量。这样，总的效率和容量将是最高的，并且无线信道的时变特性将被充分利用以获得最大的增益。
- **公平性**：然而，如果调度只是基于效率，那么一些用户(可能是那些远离基站的用户)将获得很少或没有获得吞吐量。公平性也是一个考虑因素。一个完全公平的分配是给所有用户相同数量的子信道或相同的吞吐量，但这会牺牲效率。一种流行的妥协方法称为*比例公平性*，即在确定资源分配时，每个用户计算下面的指标。

$$\text{比例公平性} = \frac{r_i}{\bar{r}_i}$$

这是用户 i 在该时隙内利用该子信道能够获得的数据速率比，它是 r_i 与利用该子信道能够获得的平均速率$\bar{r}_i$之间的比值。本质上，用户仅和自己进行比较，而不和其他人进行比较。那些对他们来说是很好的机会将有更大的机会被调度。

- **需求**：如音频和视频等应用可能有延迟和抖动方面的需求。这些应该考虑。
- **优先级**：在某些情况下，高优先级用户，如警察、消防、救护车或其他公共安全工作者，在紧急情况下需要特殊的优先级，无论他们此时的信道条件如何。然而，需要注意的是，即使对于那些用户，他们的信道条件也有可能在几毫秒内到显著改善。

5.8 扩频

一种重要的通信形式称为**扩频**。扩频技术最初为了满足军事和情报的需求。其基本思想是将信息信号扩展到更宽的带宽上进行传输，从而使干扰和拦截变得更加困难。第一种类型的扩频称为跳频[⊖]。一种较新的扩频技术是直接序列扩频。这些技术都已经应用于各种无线通信标准和产品中，特别是2G和3G蜂窝移动通信、蓝牙以及前几代的IEEE 802.11无线局域网。扩频方法在许多无授权频谱分配中使用，如2.4GHz和5GHz的ISM频段。这是因为使用扩频技术时，许多用户可以使用相同的频率而对彼此造成的影响非常小，并且不需要任何集中控制。

简短的概述后，我们看看两种扩频技术。然后，我们来看看基于扩频的码分多址技术。

5.8.1 扩频的概念

图5-27给出了所有扩频系统的关键特性。将输入信号送到信道编码器，产生一个以某个频率为中心的窄带模拟信号。该信号利用一个称为扩频码或扩频序列的数字序列来进一步调制。通常但也不总是，扩频码是由伪随机噪声或伪随机生成器产生的。这种调制的效果是能够显著增加发送的信号的带宽(扩展频谱)。在接收端，相同的数字序列用于解调该扩频信号。最后，将该信号送到一个信道解码器，以恢复数据。

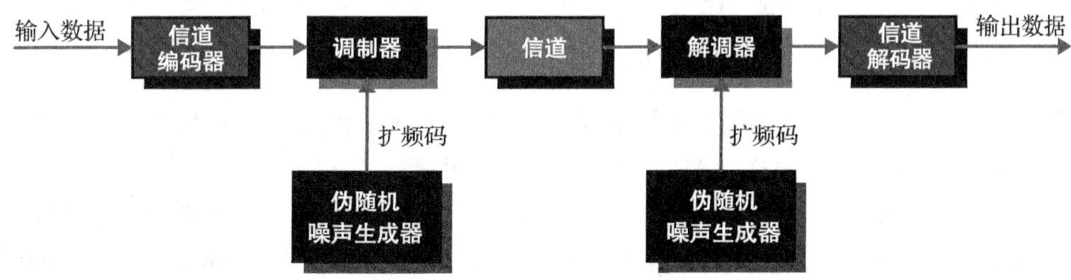

图5-27 扩频数字通信系统的通用模型

从这个貌似浪费频谱的技术中可以获得几个方面的好处：

- 信号获得对各种噪声和多径失真的免疫。扩频的最早应用是军事通信，由于其对干扰具有免疫能力。
- 它也可用于隐匿和加密信号。只有一个知道扩频码的接收机可以恢复已编码的信息。
- 多个用户可以独立使用相同的且更宽的带宽，并且相互之间的干扰非常小。利用该特性的技术，称为码分复用(CDM)或码分多址(CDMA)，已经应用于蜂窝电话系统。

5.8.2 跳频扩频

在**跳频扩频**(Frequency Hopping Spread Spectrum，FHSS)技术中，信号在一系列看

⊖ 扩频通信(使用跳频)，无论你相信或不相信，于1940年被时年26岁的好莱坞影视明星Hedy Lamarr发明。她和搭档，后来和她一起努力，于1942年获得了一项专利(U.S. Patent 2，292，387。1942年8月11日)。Lamarr认为这是她对战争的贡献，没有因此而获利。

似随机的频率上传输，且频率在具有固定间隔的频率上跳变。与发射机之间进行同步频率跳变的接收机可以接收到传输的信息。潜在的窃听者只能听到莫名其妙的只言片语。尝试对某一个固定频率上信号进行干扰，只能够成功干扰到其中的几个比特。

图 5-28 给出了一个跳频(Frequency Hopping，FH)信号的例子。给跳频信号分配的信道数是 C。例如，IEEE 802.15.1，蓝牙，使用 $C=80$。载波频率之间的间隔，即每个信道的带宽，通常与输入信号的带宽有关。发射机工作一个信道上的时间间隔为固定值，例如，IEEE 802.15.1 蓝牙标准采用 0.625ms 的时间间隔。在这段时间内，采用某个编码方案发送一些比特(如后面讨论的，也可能是一个比特的一部分)。信道的使用顺序由扩频码来决定。发射机和接收机用相同的扩频码来同步地调整信道的使用序列。

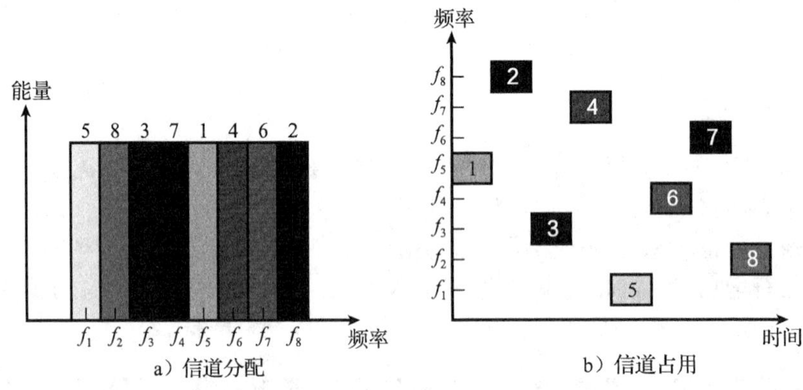

图 5-28　跳频的例子

图 5-29 给出了一个跳频系统的典型框图。为了传输，将二进制数据送入使用数字模拟编码方案的调制器，如频移键控(FSK)或二进制相移键控(BPSK)。产生的信号 $s_d(t)$ 以某个基频为中心。源端采用一个伪噪声(PN)或伪随机数作为频率表中的频率索引，这就是前面提到的扩频码。在每一个连续的时间间隔(每 k 个 PN 比特)，选择一个新的载波频率 $c(t)$。然后将前面利用调制器产生的信号来调制该频率，产生一个具有相同形状但中心频率为选定值 $c(t)$ 的新信号 $s(t)$。接收时，扩频信号可以通过使用由相同的 PN 码生成的频率来解调，并解调出输出数据。

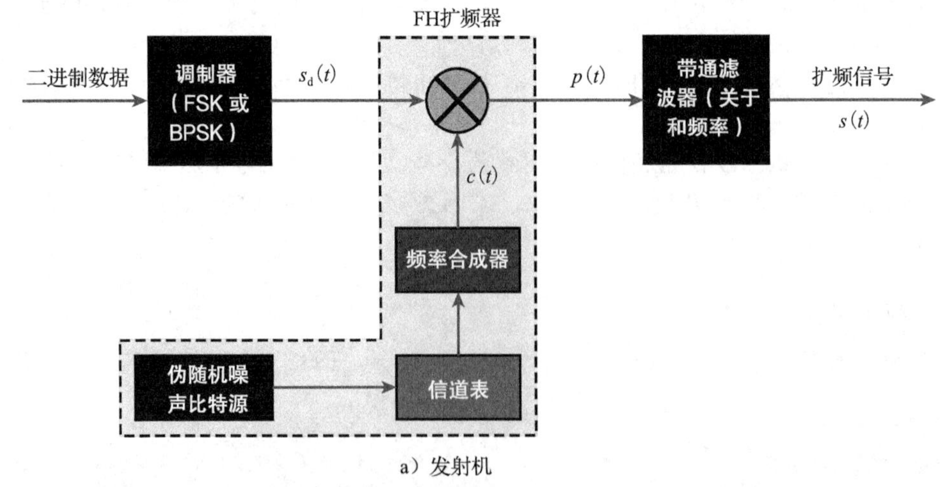

图 5-29　跳频扩频系统

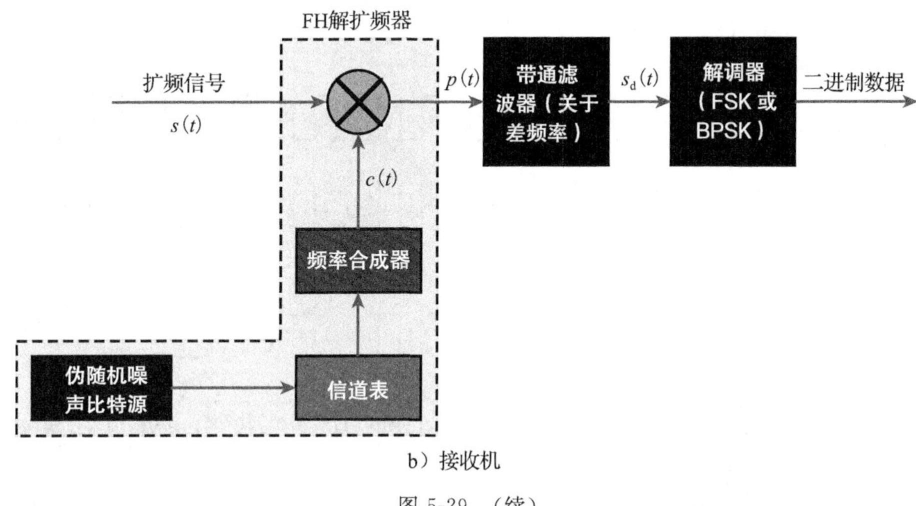

b）接收机

图 5-29 （续）

FHSS 性能方面的考虑 通常情况下，FHSS 使用大量的频率，使 FHSS 的总带宽 W_s 比每个单独的信道的带宽 W_d 大很多。其中的一个好处是，较大的 k 值会使系统具有很好的抗噪声和抗干扰的能力。例如，假设我们有一个带宽为 W_d 的发射机以及一个具有相同带宽和在单个载波频率上具有固定功率 S_j 的噪声干扰机。因此，我们可以得到每比特信号能量与每赫兹干扰机干扰功率密度的比值

$$\frac{E_b}{I_j}=\frac{E_b}{S_j/W_d}=\frac{E_bW_d}{S_j}$$

如果使用跳频，干扰机必须阻塞所有 C 个频率。对于固定的发射功率，在任何一个频段上的干扰功率减少为 S_j/C。信噪比上的增益，或处理增益，为

$$G_P=C=\frac{W_s}{W_d}\tag{5-13}$$

5.8.3 直接序列扩频

对于**直接序列扩频**(DSSS)，利用扩频码，将原始信号中的每一个比特表示为多个传输信号比特。扩频码将信号扩展为与所使用的扩频码的比特数成正比的更宽的频段。因此，利用一个 10 比特的扩频码将信号扩展后的带宽是使用 1 比特扩频码所扩展带宽的 10 倍。由于在伪随机序列中的比特相对较小，所以有时也将其称为*码片*，这个序列也称为*码片序列*。

直接序列扩频技术的一种实现方式是利用异或运算(XOR)实现数字信息流与扩频码比特流的合并。异或遵循以下规则：

$$0\oplus0=0\quad 0\oplus1=1\quad 1\oplus0=1\quad 1\oplus1=0$$

图 5-30 给出了一个例子。需要注意的是，在合并过程中出现信息比特 1 时需要将扩频码比特反转，而出现信息比特 0 时扩频码比特无需反转即可传输。合并后的比特流具有与原始扩频码序列相同的数据速率，所以它比信息流具有更宽的带宽。在这个例子中，将扩频码比特流的速率控制为信息速率的 4 倍。图 5-31 给出了具体的实现方法。

DSSS 性能方面的考虑 直接序列技术实现的扩频很容易被确定(如图 5-32 所示)。在我们的例子中，信息信号的比特宽度为 T，相当于 $1/T$ 的数据速率。在这种情况下，根据编码技术的不同，该信号的频谱大约可以确定为 $2/T$。类似地，PN 信号的频谱为 $2/T_c$。

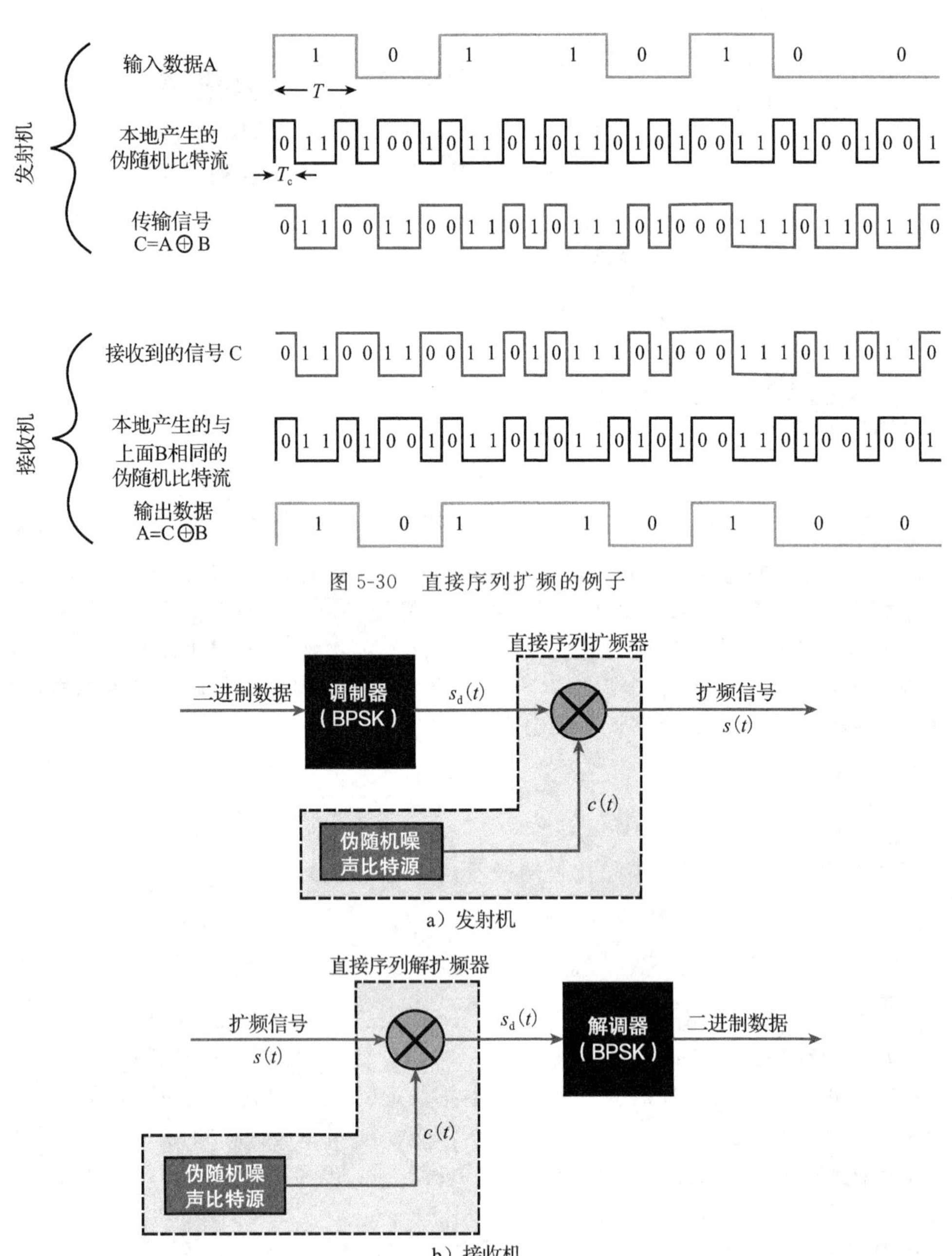

图 5-30　直接序列扩频的例子

图 5-31　直接序列扩频系统

图 5-32c 给出了频谱扩展的结果。总频谱为 $2/T_c+2/T$，由于 $2/T$ 比较小，所以它约等于 $2/T_c$。对于一个实际实现来说，如果每个符号使用 128 个码片，则 $T/T_c=128$。因此，获得的扩频数量是 PN 流的数据速率的直接结果。

与跳频通信一样，我们可以通过观察其抗干扰的有效性来洞察 DSSS 的性能。利用扩频可以将干扰功率减小 T_c/T 因子。这个因子的倒数是传输信号的信噪比增益：

$$G_P=\frac{T}{T_c}=\frac{R_c}{R}\approx\frac{W_s}{W_d} \tag{5-14}$$

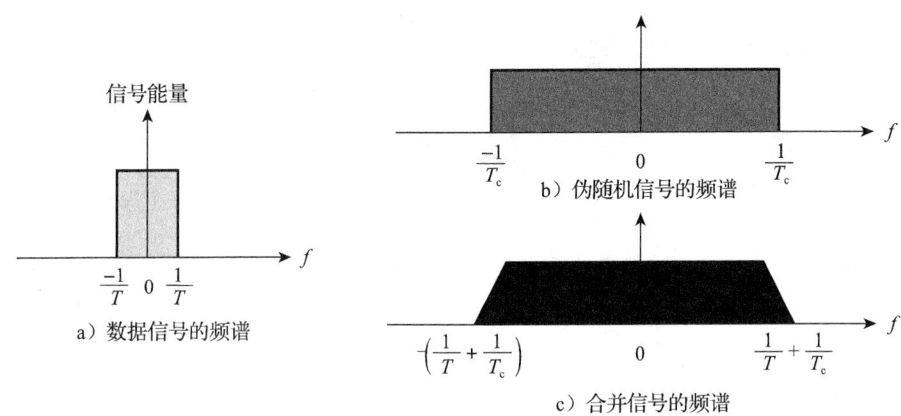

a）数据信号的频谱

b）伪随机信号的频谱

c）合并信号的频谱

图 5-32　直接序列扩频信号的近似频谱

这里 R_c是扩频比特率，R 是数据速率，W_d是信号带宽，W_s是扩频信号带宽。

5.8.4　码分多址

码分多址(CDMA)是一种通过扩频来共享无线传输媒质的复用技术。它对不同的用户仅仅采用不同的 PN 序列。对于跳频通信的理解相对容易，因为，只有当接收机知道跳频序列时才能将数据恢复出来。

对于直接序列扩频，再次考虑图 5-31。接收机将检测到一个信号，该信号是使用不同扩频码的多个用户的信号的合并。使用理想代码时(称为“正交码”)，只有所需的信号才能在完成解扩的乘法运算后恢复出来。将所有其他信号删除为零。这样的代码非常好但没那么多。因此，实际系统中将使用非理想的代码。从解扩器出来的输出包括期望信号和来自其他用户的看似某种程度的噪声。

在实际中，CDMA 接收机可以滤除来自非期望用户的信号或让其以微弱噪声存在。然而，如果有许多用户与接收机正在试图接收的用户竞争信道，或者如果一个或多个竞争信号的功率太高，可能是因为这些用户距离接收机非常近(发生“近/远”效应问题)，那么系统就会崩溃。许多 CDMA 系统使用严格功率控制的发送设备，这样就不会出现很强的竞争信号。

系统中限制的用户数可以这样来理解。CDMA 系统中的常见指标是底噪抬升量(Rise-Over-Thermal，ROT)，即系统中所有用户贡献的总噪声与传输环境中的背景热噪声的比值。系统通常采用 7dB 底噪抬升作为限制额外用户的一个关键性能指标。

5.9　推荐阅读

有关具体内容的参考文献，请参阅有关详细内容的章节。

5.10　关键术语、复习题和问题

关键术语

adaptive modulation and coding(AMC，自适应调制和编码)
amplitude-shift keying(ASK，幅移键控)
antenna(天线)
antenna gain(天线增益)
atmospheric absorption(大气吸收)

attenuation(衰减)
code division multiple access(CDMA，码分多址)
code rate(码率)
codeword(码字)
coding gain(编码增益)
cyclic redundancy check(CRC，循环冗余校验)
diffraction(衍射)
direct sequence spread spectrum(直接序列扩频)
diversity(分集)
Doppler spread(多普勒扩展)
error detection(差错检测)
fading(衰落)
fast fading(快衰落)
femtocells(毫微微蜂窝)
flat fading(平坦衰落)
forward error correction(FEC，前向纠错编码)
free space loss(自由空间损耗)
frequency hopping spread spectrum(跳频扩频)
frequency selective fading(频率选择性衰落)
frequency-shift keying(FSK，频移键控 FSK)
ground wave propagation(地面波传播)
Hamming distance(汉明距离)
hybrid automatic repeat request(H-ARQ，混合自动重传请求)
isotropic antenna(全向天线)
large-scale fading(大尺度衰落)
line of sight(LOS，视距)
mmWave(毫米波)
multiple-input multiple-output(MIMO，多输入多输出)
multipath(多径)
noise(噪声)
orthogonal frequency division multiplexing(OFDM，正交频分复用)
multi-user MIMO(MU-MIMO，多用户)
orthogonal frequency division multiple access(OFDMA，正交频分多址)
parity check(奇偶校验)
phase-shift keying(PSK，相移键控)
picocells(微微蜂窝)
radiation pattern(辐射方向图)
reflections(反射)
refraction(折射)
scattering(散射)
signal-to-noise ratio(SNR，信噪比)
small cells(小蜂窝)
small-scale fading(小尺度衰落)
sky wave propagation(天波传播)
slow fading(慢衰落)
spectrum(频谱)
spread spectrum(扩频)
subcarriers(子载波)
thermal noise(热噪声)
turbo coding(Turbo 编码)

复习题

5.1　全向天线是什么？
5.2　从辐射方向图可以得到哪些信息？
5.3　衰落是什么？
5.4　衍射和散射之间的区别是什么？
5.5　快衰落和慢衰落之间的区别是什么？
5.6　平坦衰落和选择性衰落的区别是什么？
5.7　说明数字传输比模拟传输的 3 个主要优势。
5.8　如何用幅移键控来表示二进制值？
5.9　QAM 是什么？
5.10　校验比特是什么？
5.11　CRC 是什么？
5.12　为什么你希望 CRC 能够比奇偶校验比特检测更多的错误？
5.13　错误控制包括哪两个关键要素？
5.14　解释 go-back-N ARQ 是如何工作的。
5.15　简单定义 OFDM、OFDMA 和 SC-FDMA。
5.16　信号在扩频前后带宽之间的关系是怎样的？

5.17 列出扩频通信带来的 3 种好处。

5.18 跳频扩频是什么？

5.19 直接序列扩频是什么？

5.20 CDMA 是什么？

问题

5.1 在自由空间中进行无线传输，信号功率衰减与距离的平方成正比，而在有线传输中，每公里的衰减是一个固定数量的分贝值。下表给出了自由空间无线传输和均匀分布的有线传输关于某一参考值的 dB 减少值。

距离(km)	无线(dB)	有线(dB)	距离(km)	无线(dB)	有线(dB)
1	−6	−3	8		
2			16		
4					

5.2 已经证明，在海洋中能够检测到的机载电磁波信号的深度随着信号波长的增长而增加。因此，军方的想法是使用波长非常长的电磁波，相应的频率约为 30Hz，与潜艇在整个世界范围内进行通信。如果我们需要一根约半个波长的天线，这根天线需要多长？

5.3 人类发出的声音功率集中在 300Hz 左右。适合于传输该频率信号的天线尺寸太长而不实用。为了便于通过无线传输，必须将语音信号调制到一个更高的频率(载波)上，自然天线尺寸就会减小。

a. 以 300Hz 的频率发送无线信号，半个波长天线的长度是多少？

b. 一个替代方案是使用调制技术将语音信号调制到载波频率，从而使发送信号是以载波频率为中心的窄带信号。假设我们希望使用 1m 的半波长天线，请问使用的中心频率是多少？

5.4 故事中经常有些人能够在他们的牙齿中接收无线电信号。假设有一个 2.5mm(0.0025m)长的填充物作为无线天线。也就是说，它等于半个波长的长度。请问你收到频率是什么？

5.5 我们通常用 km 而不是 m 来更方便地描述距离、用 MHz 来描述频率而不是 Hz。重写式(5-1)来确定这些单位。

5.6 假设一个发射机的发送功率为 50W。

a. 将传输功率用 dBm 和 dBW 来表示。

b. 如果发射机以 900MHz 的载波频率向一个单位增益天线施加功率，在 100m 的自由空间距离接收功率是多少 dBm？

c. 在距离为 10km 时重复(b)。

d. 当天线增益为 2 时重复(c)。

5.7 请说明为什么当传输频率增加一倍或距离增加一倍时，发射天线和接收天线的接收功率衰减 6dB？

5.8 利用模 2 运算而不是二进制运算计算 FCS 的目的是什么？

5.9 考虑一个由 2 个字符构成的数据帧，且每个字符 4 比特。假定误比特概率为 10^{-3}，且每个比特相互独立。

a. 接收到的数据帧至少包含 1 个比特错误的概率是多少？

b. 在每个字符后增加入一个校验比特，上述概率又是多少？

5.10 使用 CRC-CCITT 项式，为消息产生 16 比特 CRC 码，该码由 1 个 1 后面 15 个 0 组成。使用长除法。

5.11 如果 $P=110011$，$M=11100011$，计算 CRC。

5.12 计算以下两两码字之间的汉明距离：

a. 00000，10101，01010

b. 000000，010101，101010，110110

5.13 对于一个正整数 t，如果一个代码满足 $d_{min} \geq 2t+1$，则该代码可以纠正所有的比特错误，包括 t 比特的错误。证明这一说法。提示：如果将一个码字 w 解码为 w'，则接收到的序列至少与 w' 的距离和与 w 的距离相同。

5.14　最简单的流量控制方式，称为**停止和等待流量控制**，工作原理如下所述。源实体发送帧。在目标实体接收到该帧之后，为了表示它愿意接收下一个帧，它发送回一个对该帧的确认信息。源端必须等到接收到当前帧的确认信息后才发送下一个帧。因此，目的端可以简单地通过抑制确认信息来停止数据流。考虑一个使用停止和等待流量控制协议的半双工点对点连接，其中发送一系列的消息，并将每个消息分割成多个帧。忽略错误和帧开销。

a. 在其他参数保持不变的情况下，增加消息大小以减少消息个数对线路利用率的影响是什么？

b. 当消息大小固定时，帧数目的增加对线路利用率的影响是什么？

c. 增加帧的大小对线路利用率的影响是什么？

5.15　对于一个 18Mbps 的 LTE 数据流，其符号时间为 66.67μs，请问有多少个子载波？

5.16　LTE 通过分配 180kHz 的资源块来分配子载波。具体参数与问题 5.15 一样，请问每个资源块中包含多少个子载波？满足 $Bs \approx r_b$。

5.17　下图给出了 FHSS 系统对一个完整周期的 PN 序列的工作过程。

时间	0	1	2	3	4	5	6	7	8	9	10	11	12	13	14	15	16	17	18	19
输入数据	0	1	1	1	1	1	1	0	0	0	1	0	0	1	1	1	1	0	1	0
频率	f_1		f_3		f_{23}		f_{22}		f_8		f_{10}		f_1		f_3		f_2		f_2	
PN 序列	001				110				011				001				001			

a. 系统使用了某种 FSK 调制，请问是哪种 FSK？

b. 每一个信号元素(符号)包含的比特数是多少个？

c. FSK 的频率是多少个？

d. 每一跳的 PN 序列有多长？

e. 这是一个快跳频还是慢跳频系统？

f. 总的载频个数可能是多少个？

g. 给出随时间变化的基或者解调的频率。

无线信道

学习目标

通过本章的学习，你应该能够：

- 描述天线方向图以及 MIMO 定向天线是如何工作的。
- 解释非授权频率的重要性。
- 使用路径损耗指数来计算自由空间和实际环境中的路径损耗。
- 利用 Okumura-Hata 模型来计算路径损耗。
- 描述信道的多径和多普勒扩展特征。
- 描述用于纠正信道损伤的方法。

与使用其他类型的通信媒质相比，无线通信面临一些独特的挑战。随着距离的增加信道衰减很强，由于多径传播效应的存在，很短的距离变化也会引起信号幅度的宽幅波动。如何共享稀缺的无线频谱资源以及如何应对用户的移动性也是非常重要的。然而，现代的无线通信系统已经开发了一系列富有创造性的和有效的方法以提供良好的覆盖率和更高的数据传输速率。

本章为无线传输提供了一些基本的背景。本章首先概述天线，然后讨论频谱方面的考虑因素，之后是信号传播、衰落和信道纠错。

6.1 天线

天线可以定义为一个用于辐射电磁能量或者收集电磁能量的电导体或导体系统。为了传输信号，天线将发射机的射频电能转换为电磁能量并辐射到周围环境中(如大气、空间和水)。为了接收信号，到达天线的电磁能量转换为射频电能并送入接收机。

在双向通信中，同一个天线可以并且经常既用于传输又用于接收。这是可能的，因为任何天线将能量从周围环境中转换到它的接收机输入端与它将能量从输出发射机终端转换到周围环境中具有相同的效率，假设两个方向使用相同的频率。另一方面，无论一个天线是否发送或接收电磁能量，天线的特性是基本相同的。

6.1.1 辐射方向图

天线将在所有方向上辐射能量，但通常情况下并不是每个方向上的辐射都是相同的。描述天线性能的一种通用方式是**辐射方向图**(radiation pattern)，它是一种图示的天线辐射特性关于空间坐标的函数。最简单的方向图是全向天线的方向图。**全向天线**(isotropic antenna)是指能够在所有方向上辐射相同能量的空间点。全向天线的实际辐射方向图是一个以天线为中心的球体。然而，方向图通常绘制成三维图形的二维截面。全向天线的方向图如图 6-1a 所示。方向图上任一点到天线的距离与天线在该方向上辐射功率大小成正比。图 6-1b 所示为另一种理想的天线辐射方向图。这是一个**定向天线**(directional antenna)，辐射的首选方向是沿着一条轴。

辐射方向图的实际大小可以是任意的。重要的是在每个方向上的天线位置的相对距离。因为相对距离的大小将直接决定辐射功率的大小。为了确定一个给定方向上的辐射功率大小，可以选择一个合适的角度从天线的位置向外画一条直线，该直线与辐射方向图相交的点就表示该方向上辐射功率的相对大小。图 6-1 画出了两个不同的传输方向 ***A*** 和 ***B*** 在不同的方向图中辐射功率的大小。全向天线产生的辐射图在各个方向的辐射都是等强度的，因此矢量 ***A*** 和 ***B*** 的是等长的。在图 6-1b 中，矢量 ***B*** 比矢量 ***A*** 长，表明该天线在 ***B*** 方向上辐射的能量比 ***A*** 方向上的多，并且两个矢量的相对长度与该方向上的辐射能量的大小是成正比的。需要注意的是，这种方向图说明了每个方向上的相对天线增益，并不是天线覆盖的相对距离，虽然它们确实是相互关联的。

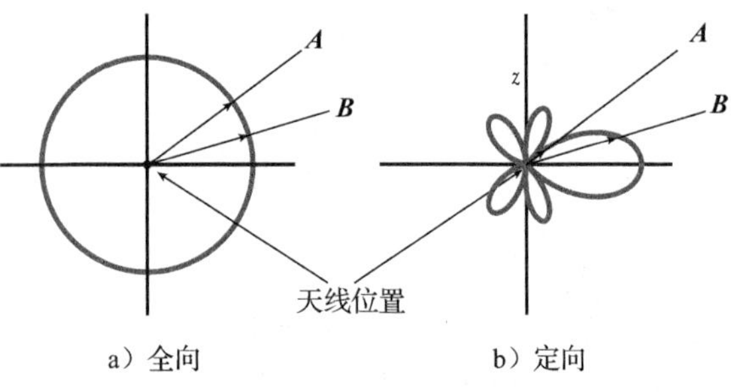

图 6-1　天线辐射方向图

辐射方向图提供了一种确定天线**波束宽度**(beam width)的方便方式，这是一种天线方向性的常用测量方法。波束宽度(也称为半功率波束宽度)，是天线辐射的功率不少于最大辐射功率一半的角度。

当天线用于接收时，辐射方向图成为一个**接收方向图**(reception pattern)。方向图的最长部分表示最佳的接收方向。

6.1.2　天线类型

偶极子　两个最简单的和最基本的天线是半波**偶极子**天线或 Hertz **天线**(见图 6-2a)和 1/4 波长垂直天线或 Marconi **天线**(见图 6-2b)。半波偶极子由长度相等的两个直线导体构成，中间有一个小小的缝隙。该天线的长度是信号波长的一半，这样可以进行最有效的传输。1/4 波长垂直天线是汽车收音机和便携式收音机常用的天线类型。

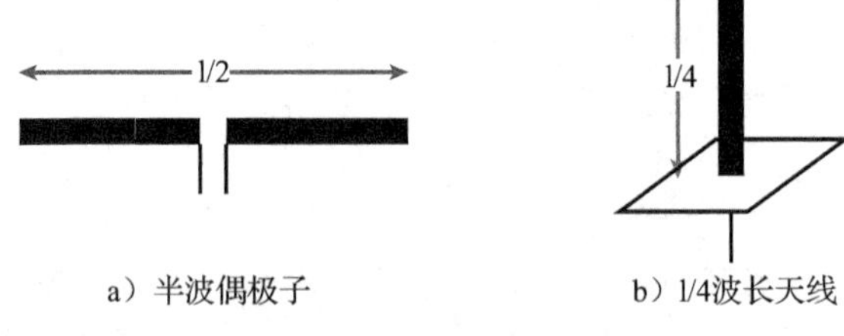

图 6-2　简单天线

半波偶极子在一个维度上具有均匀或全向辐射方向图，在其他两个维度上的辐射方向图呈 8 字形(见图 6-3a)。这意味着能量沿着地面辐射。与全向天线相比，只有很少的能量在垂直方向扩散(和丢失)。

定向天线　如果一个天线阵列中配置了多根天线，则这些多天线可以产生一个定向波束。从单根天线辐射的电场是

$$E=\frac{E_0}{d}\mathrm{Re}\left[\exp\left(\mathrm{j}\left(\omega t-\frac{2\pi d}{\lambda}\right)\right)\right]=\frac{E_0}{d}\cos\left(\omega t-\frac{2\pi d}{\lambda}\right) \tag{6-1}$$

具有多个天线时，每个天线的信号可以利用复权重 z_i 进行调整，从而施加一定的相位、幅度和延时，这样天线方向图的和能够对特定的方向实现更强的发送或接收。其结果是

$$E=\mathrm{Re}\left[E_0\exp(\mathrm{j}\omega t)\sum_{i=1}^{N}z_i\,\frac{1}{d_{\mathrm{k}}}\exp\left(-\frac{\mathrm{j}2\pi d_{\mathrm{k}}}{\lambda}\right)\right] \tag{6-2}$$

这里 d_{k} 表示每根天线到接收机的距离。权重可以根据不同的准则进行优化。例如，如果天线呈线性天线阵列放置，则一个典型的定向辐射方向图如图 6-3b 所示。这种方向图将产生一个宽 60°的主瓣。这需要四根线性天线阵列，其中相邻两根天线的间隔是半波长。在

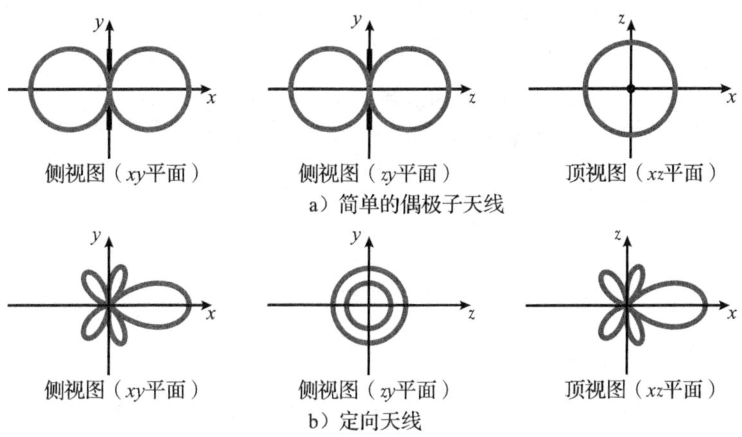

图 6-3　3 个维度的辐射方向图

这个例子中，天线的主要辐射强度在 x 轴方向上。注意，有些能量辐射到其他方向或相反方向，这些方向称为**旁瓣**(sidelobe)。然而，在方向图中还有**零点**(Null)，在这些方向上天线的辐射能量极小。

定向天线在现代系统中变得越来越实用和有用，但实际上它已经使用了很多年。例如，一个典型的蜂窝覆盖区域可以分成 3 个 120°的扇区，在一个三角形的天线配置中使用 3 组定向天线。对于现代应用，定向天线可以进行动态配置以跟随单个用户或者一组用户，从而在预定的方向上提供更强的增益并在干扰方向上设置零点。这可以认为是自适应天线阵列或切换天线阵列。

抛物面反射天线(parabolic reflective antenna)　一个重要的天线类型是抛物面反射天线，它在地面微波和卫星应用中得到了广泛的使用。抛物线是到一条固定直线和不在该直线上的一个固定点等距的所有的点的轨迹。这个固定点叫作*焦点*(focus)，固定的线称为*准线*(directrix)(见图 6-4a)。如果一条抛物线绕其对称轴旋转所得到的曲面就称为*抛物面*(paraboloid)。抛物面的一个平行于其轴线的横截面就形成一条抛物线，垂直于其轴线的截面呈圆形。这种表面常用于汽车前照灯、光学和无线电望远镜以及微波天线，因为它有以下特性：如果一个电磁(或声音)能量源放置在抛物面的焦点，如果抛物面是一个反射面，则波将被反弹到平行于抛物面轴线的方向。图 6-4b 在截面上显示了这一效应。理论上，这种效应构成一个平行光束，不会分散。实际上，会有一些分散，因为能量源必须占据一个以上的点。反之亦然。如果入射波平行于抛物面反射天线的轴线，则此信号将集中在焦点位置。

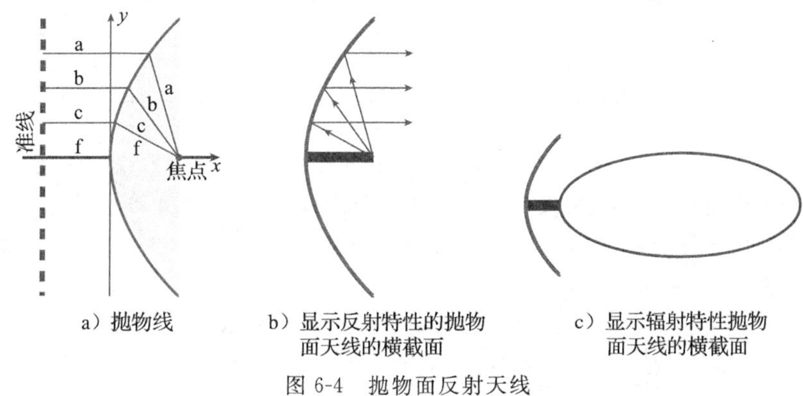

图 6-4　抛物面反射天线

图 6-4c 给出了典型的抛物面反射天线的辐射方向图，表 6-1 列出了在 12GHz 频率上的各种尺寸天线的波束宽度。请注意，天线的直径越大，波束的方向性就越强。

表 6-1　不同直径的抛物面反射天线的波束宽度，$f=12$GHz

天线直径(m)	波束宽度(°)	天线直径(m)	波束宽度(°)
0.5	3.5	2.0	0.875
0.75	2.33	2.5	0.7
1.0	1.75	5.0	0.35
1.5	1.166		

6.1.3　天线增益

天线增益可以用来测量天线的方向性。天线增益定义为以理想的全向天线（各向同性的天线）的任意一个方向的输出功率为参考基准，实际天线在一个特定方向上的输出功率。例如，如果一个天线具有 3dB 的增益，与全向天线相比，该天线在该方向上提高了 3dB 或 2 倍。在一个给定方向上的功率增加是以降低其他方向上的功率为代价的。实际上，在一个方向上增加的辐射功率，是通过减少在其他方向上的辐射功率来实现的。需要注意的是，天线的增益并不是指与输入功率相比能够获得更大的输出功率，而是指方向性。

与天线增益相关的概念是天线的**有效面积**（effective area）。如果我们把天线向外辐射的能量画为一个球形，则有效面积是指球形上能够接收到能量的表面积。天线的有效面积涉及天线的物理尺寸和它的形状。天线增益和有效面积之间的关系是

$$G=\frac{4\pi A_e}{\lambda^2}=\frac{4\pi f^2 A_e}{c^2} \tag{6-3}$$

式中　G——天线增益；

A_e——天线的有效面积；

f——载波频率；

c——光速（$\approx 3\times10^8$m/s）；

λ——载波波长。

表 6-2 给出了一些典型无线形状的天线增益和有效面积。

表 6-2　天线增益和有效面积

天线类型	有效面积 A_e(m²)	功率增益（相对于全向天线）
全向天线	$\lambda^2/4\pi$	1
无穷小偶极子或回路	$1.5\lambda^2/4\pi$	1.5
半波偶极子	$1.64\lambda^2/4\pi$	1.64
喇叭天线，口面积为 A	$0.81A$	$10A/\lambda^2$
抛物面天线，面形区域面积 A	$0.56A$	$7A/\lambda^2$
旋转场天线（交叉、垂直偶极子）	$1.15\lambda^2/4\pi$	1.15

例 6.1　对于一个抛物面反射天线，其半径为 2m，工作在 12GHz 频段，求天线的有效面积和天线增益。根据表 6-2，对于抛物面天线，我们使用圆形的端面面积（face area）。我们有其端面面积 $A=\pi r^2=\pi$，且有效面积为 $A_e=0.56\pi$。波长为 $\lambda=c/f=(3\times10^8)/(12\times10^9)=0.025$m。则

$$G=(7A)/\lambda^2=(7\pi)/(0.025)^2=35\ 186$$

$$G_{dB}=45.46\text{dB}$$

6.2 频谱的考虑因素

对于无线通信技术来说，选择合适的工作频段范围(即，频谱)对于其成功来说是至关重要的。有些频率适合长距离传输，另一些则在穿透建筑物、墙等类似的障碍物上更加有效。因此，不同类型的用户需要共享整个无线频段。

6.2.1 监管措施

无数种不同的用户、应用和流量类型共享着整个无线传输媒介。所有这些都在管理机构的监管之下，确保在公平使用的同时能够满足社会的一些关键需求。下列参数可以将信号区分开来。

- **载波频率**：每一个信号都从它的基频搬移到载波频率上。例如，一个 22MHz IEEE 802.11 信号可能被搬移到 2.412GHz 的载波频率上，这样该信号占据 2.401～2.423GHz 的频段。
- **信号功率**：信号需要在允许的频段内按照规定的传输功率进行传输。如果彼此之间的距离足够长，多个用户或组可以重复使用相同的频谱。
- **多址接入方法**：在同一频谱中的多个用户可以通过使用分配给他们的时间上或者频率上的一段小间隙来共享这段频谱，这就是时分多址(TDMA)或频分多址(FDMA)。这些用户还有可能通过不同方式的编码来共享相同的时间和频率资源，这就是码分多址(CDMA)。

在美国，联邦通信委员会(FCC)负责监管不同类型的用户组如何共享无线频谱。类似的组织在全世界各国都有。大多数情况下，频率需要通过 FCC 的授权才能使用。有时候，为了购买这些频率的使用授权需要召开拍卖会。FCC 规定了哪些频率是政府专用的，哪些是非政府专用的，哪些是政府和非政府共用的。这些频率提供给下列设备：

- 航空
- 无线电业余爱好者
- 广播
- 海事
- 气象
- 移动通信
- 卫星通信
- 空间

为了避免冲突，FCC 频率使用授权将不同的频率分配给不同的用户使用。这经常导致频谱无法充分利用，所以研究人员目前正在研究一种叫作**动态频谱接入**(dynamic spectrum access)的新概念。在这个概念中，主用户和次用户可以共享所有的频谱。如果主用户未激活，次用户就可以使用该频谱，但是一旦主用户需要使用该频谱，次用户就需要马上释放该频谱。在实际的设备中可以使用一个叫作**认知无线电**(cognitive radio)的技术来扫描宽带频谱，从而感知频谱的使用状态。

相比于整个无线宽频谱来说，本书介绍的频带使用的技术都属于窄带技术。一些技术(例如，IEEE 802.11 和 802.15)都使用工业、科学、医用(Industrial，Scientific，and Medical，ISM)频带，因为只要发射机的功率保持在限制的水平以下，并使用扩频技术，那么这些频带就可以不需要授权而使用。这些 ISM 频带包括 915±13MHz、2450±

50MHz、5.8±0.75GHz，以及57～64GHz。

6.2.2 传播模式

天线辐射出的信号在3条路径上传播：地面波(GW)、天波(SW)或**视距**(Line Of Sight，LOS)。表6-3给出了在不同频率范围内每种传播的优势。在本书中，我们几乎只关心LOS通信，但本节将给出每一种传播模式的简要概述。

表6-3　频带

频带	频率范围	自由空间波长范围	传播特性	典型应用
ELF(极低频)	30～300Hz	10 000～1 000km	地面波	电力线频率，用于一些家居控制系统
VF(音频)	300～3 000Hz	1 000～100km	地面波	用于模拟用户线路的电话系统
VLF(甚低频)	3～30kHz	100～10km	地面波，昼夜衰减低，大气噪声高	长距离导航，对潜通信
LF(低频)	30～300kHz	10～1km	地面波，较VLF稍不可靠，白天吸收	长距离导航，船舶通信信标
MF(中频)	300～3000kHz	1000～100m	地面波和夜晚天波，白天衰减大，夜晚衰减小，大气噪声	海上无线电，测向，调幅(AM)广播
HF(高频)	3～30MHz	100～10m	天波，传播质量随着一天的时间、季节以及频率变化	业余无线电，国际广播、军事通信，飞机与船舶远程通信
VHF(甚高频)	30～300MHz	10～1m	LOS，逆温散射，宇宙噪声	VHF电台，调频广播与双向无线电，调幅航空器通信，飞机导航设备
UHF(特高频)	300～3000MHz	100～10cm	LOS，宇宙噪声	UHF电台，蜂窝电话，雷达，微波链路，个人无线通信系统
SHF(超高频)	3～30GHz	10～1cm	LOS，10GHz以上会遭受雨衰，氧气和水蒸气会造成大气衰减	卫星通信，雷达，陆地微波链路，无线本地环路
EHF(极高频)	30～300GHz	10～1mm	LOS，氧气和水蒸气会造成大气衰减	实验系统，无线本地环路
红外线	300GHz～400THz	1mm～770nm	LOS	红外线局域网，消费电子产品
可见光	400THz～900THz	770～330nm	LOS	光通信

地面波传播　地面波传播(见图6-5a)或多或少地依附于地球轮廓，并且可以传输相当远的距离，该距离大大超过可视的地平线。这种效应在频率约高于2MHz时被发现。几个因素可以解释为什么在这个频段内的电磁波传播是遵循地球曲率的。一个因素是电磁波感应地球表面的电流，其结果是减缓地球附近的波前，导致波前倾斜向下，因此遵循地球的曲率。另一个因素是衍射，这是一个与存在障碍物时电磁波传播有关的现象。

这个频段的电磁波受到大气的散射，从而使它们无法穿透外部大气层。

最有名的地面波通信的例子是调幅(AM)无线电。

天波传播　天波传播(见图6-5b)主要用于业余无线电、无线电广播电台和国际广播，如英国广播公司(BBC)和美国之音(VOA)。利用天波传播，来自陆基天线的信号受到上层大气电离层(电离层)的折射而返回地球。虽然它似乎是从电离层反射的，好像电离层是一个硬反射面，但实际上这种效应是由折射引起的。随后将描述折射现象。

天波信号的传输是通过在电离层和地面之间的来回多跳来实现的(见图 6-5b)。在这种传输方式下，信号在距离发射机数千米之外也能够接收到。

视距传播 在地面波传播和天波传播无法工作时，视距传播(见图 5-1c)是一种必要的传播模式，其频率通常在 30Mhz 以上。应用于卫星通信时，由于 30MHz 以上的信号不会被电离层反射，所以它可以在一个地球站和头顶上的卫星之间传输，只要它在地平线以上。对于地面通信，发射天线和接收天线之间必须在一个*有效的*视距范围内。使用术语*有效的*，因为微波可能会弯曲或被大气折射。弯曲的量和方向取决于条件，但一般微波的弯曲服从地球的曲率，因此它的传播距离比光学的视距远。

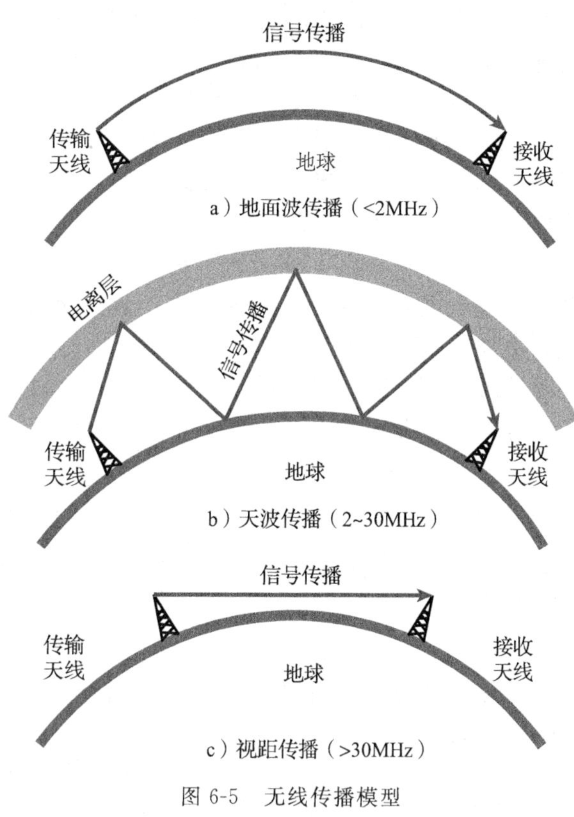

图 6-5 无线传播模型

折射 在开始之前，有必要对折射进行简短的讨论。折射是由于电磁波的传播速度与它传播通过的介质的密度呈一个函数关系。在真空中，电磁波(如光或无线电波)的传播速度大约为 3×10^8 m/s。这是一个常数，记为 c，通常称为光的速度，但实际上指的是在真空中光的速度。在空气、水、玻璃和其他透明或部分透明的介质中，电磁波以低于 c 的速度传播。

当电磁波从一个密度的介质移动到另一个密度的介质时，它的速度会发生变化。其结果是导致在两个介质之间的边界上波的传播方向会发生一次弯曲，如图 6-6 所示。如果从一个密度不大的介质传播到一个密度更大的介质，则波将向密度更大的介质弯曲。这种现象可以很容易通过向水中插入一根棍棒来实际观察到。结果如图 6-6 所示，棍棒变得更短并发生弯曲。

一种介质相对于另一种介质的折射率可以表示为：入射角 θ_i 的正弦除以折射角 θ_r 的正弦值。折射率也等于电磁波在两种介质中各自的传播速度之比。一种介质的绝对折射率可以通过计算其传播速率与真空中的传播速率的比值来计算。折射率会随波长的变化而变化，因此不同波长信号的折射效应各不相同。

图 6-6 给出了信号从一种介质传播到另一种介质时发生了一个突然的、一次性的方向变化，然而如果信号通过一个折射率逐渐变化的介质来传播，

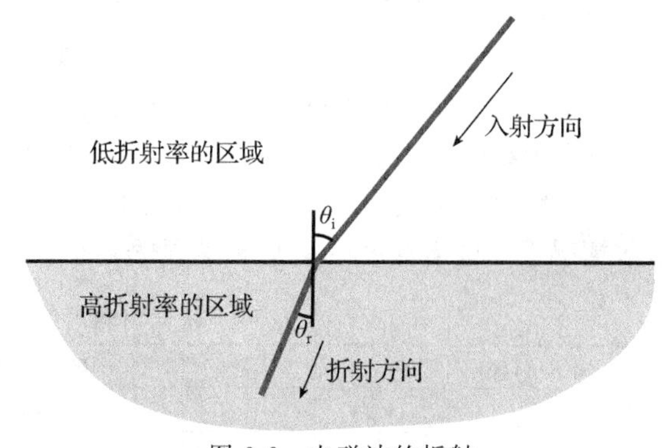

图 6-6 电磁波的折射

实际信号可能会发生一个连续的、逐渐弯曲的方向变化。在正常的传播条件下，大气的折射率会随着高度的升高而降低，从而使无线电波在地面附近的传播速度比更高的海拔高度变得更慢。其结果是无线电波会向地球方向有一个轻微的弯曲。对于天波，电离层密度的逐渐变化会导致电磁波被折射回地球。

光与无线视距传播　在没有中间障碍物干预的条件下，**光学视距**受到地球曲率的影响，并可以表示为

$$d = 3.57\sqrt{h}$$

其中 d 是天线和地平线之间的距离，单位为千米，h 是天线的高度，单位为米。实际的距离或**无线视距传播**到地平线的距离可以表示为(见图 6-7)

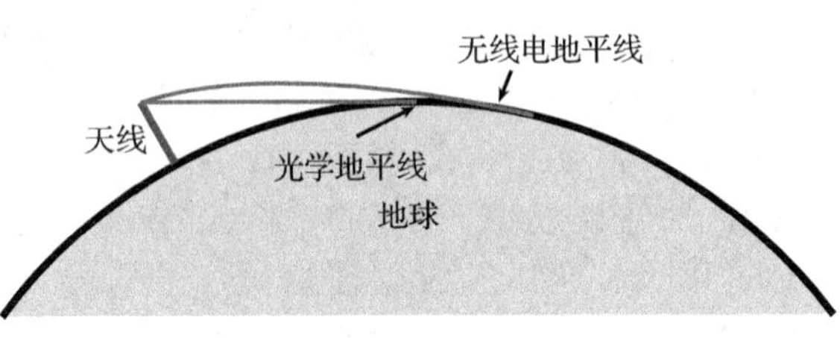

图 6-7　光学和无线电地平线

$$d = 3.57\sqrt{Kh}$$

其中 K 是一个解释折射的调整因子。一个很好的经验值是 $K=4/3$。因此，对于 LOS 传播，视距传播时两个天线之间的最大距离为 $3.57(\sqrt{Kh_1}+\sqrt{Kh_2})$，其中 h_1 和 h_2 为两个天线的高度。

例 6.2　如果一个天线高度为 100m，另一个天线在地面水平上，则这两个天线之间的最大距离为

$$d = 3.57\sqrt{Kh} = 3.57\sqrt{133} = 41\text{km}$$

现在假设接收天线高 10m。为了实现相同的距离，发射天线必须多高？结果是

$$41 = 3.57(\sqrt{Kh_1} + \sqrt{13.3})$$

$$\sqrt{Kh_1} = \frac{41}{3.57} - \sqrt{13.3} = 7.84$$

$$h_1 = 7.84^2/1.33 = 46.2\text{m}$$

发射天线高度可以节省超过 50m。这个例子说明了提高接收天线的高度可以使发射机天线高度减少的好处。

6.2.3　传输与反射特性

电磁波将与物体发生透射、反射和吸收等联合作用。这主要依赖于材料的介电常数，该常数依赖于几个因素，包括信号频率。这意味着某些频率可能有效地通过一个物体，而其他频率可能不会。例如，道路桥梁会影响调幅收音机的频率而不会影响那些调频(FM)收音机。这影响室内无线网络设备的设计，其传播特性取决于所使用的地板和墙壁等建筑材料。

表 6-4 给出了不同频率的信号通过不同的材料时所能够观察到的衰减情况[NIST97]。大多数情况下，随着频率的增加衰减显著增加。

表 6-4　不同材料的信号衰减[NIST97]

材料	0.5GHz(dB)	1GHz(dB)	2GHz(dB)	5.8GHz(dB)	8GHz(dB)
89mm 厚砖	−0.5	−3.7	−5.4	−15.5	−16.0
267mm 厚砖	−3.8	−6.9	−10.6	−38.0	−27.2

（续）

材料	0.5GHz(dB)	1GHz(dB)	2GHz(dB)	5.8GHz(dB)	8GHz(dB)
90mm 厚复合砖/203mm 厚混凝土墙	−20.7	−25.0	−33.0	−73.8	−82.4
203mm 厚砖墙	−9.5	−11.5	−11.3	−15.5	−18.4
610mm 厚砖墙	−26.3	−28.0	−30.0	−47.2	−38.8
16mm 厚石膏板	−0.1	−0.3	−0.6	−0.3	−1.0
102mm 厚混凝土	−9.7	−12.2	−14.9	−24.1	−27.8
305mm 厚混凝土	−32.2	−34.8	−36.0	−74.9	−90.0
6mm 厚玻璃	−0.2	−0.8	−1.4	−1.0	−1.5
19mm 厚玻璃	−2.3	−3.1	−3.9	−0.4	−1.0
6mm 厚胶合板(干)	−0.07	−0.49	−0.93	−0.1	−1.0
32mm 厚胶合板(干)	−0.73	−1.4	−2.0	−0.9	−1.0
203mm 厚钢筋混凝土/1%钢	−22.3	−27.3	−31.0	−56.7	−69

6.3 视距传播

在任何一个通信系统中，由于受到多种传输损伤的影响，接收到的信号与发射的信号通常不是完全相同的。对于模拟信号，这些传输损伤会引入多种随机变化从而降低信号的质量。对于数字信号，这些损伤会引入误码：将发送的二进制数 1 转换为 0 或者将 0 转换为 1。本节将讨论和评价多种损伤以及它们对通信链路信息承载能力的影响。本书中，我们主要关注适于视距无线传播的频带，在此情况下，传输损伤主要来自：

- 衰减和衰减失真
- 自由空间损耗
- 噪声
- 大气吸收
- 多径
- 折射

6.3.1 5 种基本传播机制

电磁波信号有 5 种不同的传播机制可以将信号从发射机传输到接收机。

1）**自由空间传播** 当发射机和接收机之间没有障碍物时电磁波的传播途径。信号强度的衰减是距离的函数。

2）**穿透传播** 电磁波信号可穿透或者穿过介质进行传输。信号会在介质的表面发生折射后以不同的角度继续传播。

3）**反射** 当电磁波遇到比波长大得多的物体表面时，就发生反射。

4）**衍射** 当信号被一个尖锐的物体边缘阻挡时，就发生衍射。此时，阻挡体的背面会产生二次波，从而可能将信号传输给处在阻挡体阴影区的接收机。

5）**散射** 当信号与大量的小于波长的物体相互作用时，散射就发生。在实际的通信系统中，这些物体包括：粗糙表面、植被的叶子、街道标志等。

后面 4 种现象与信号相互作用的对象有关。这些对象的介电和导电特性直接决定了信号与这些对象相互作用时信号强度和相位受到的影响。

6.3.2 衰减

在任何传输介质上，一个信号的强度随着距离的增加而下降。对于导向介质，强度的降低或**衰减**，一般是指数的，因此通常距离每增加 10 倍则衰减增加一个固定的常数，单位为分贝。对于非导向介质，衰减是关于距离和大气组成的一个更复杂的函数。对于传输工程师来说，衰减会引入 3 个因素：

1）接收的信号必须有足够的强度，这样接收机中的电子电路可以检测并解调该信号。

2）该信号必须相对噪声保持足够高的电平以确保无差错。

3）更高频率上的衰减将更大，从而导致失真，因为信号通常包括多个频率分量。

第一个和第二个因素可以通过注意信号强度以及采用放大器或中继器来进行克服。对于点对点传输（一个发射器和一个接收器），发射机的信号强度必须足以被接收机处理，但不能太强，否则会使发射机或接收机的电路过载，这会导致失真。监管机构也要求对传输功率进行限制。当超过了某个距离后，衰减大到不可接受，采用中继器或放大器来定期放大信号。当有多个接收机时，发射机到接收机的距离是各不相同的，这些问题将变得更复杂。

第三个因素称为衰减失真。由于衰减随着频率的函数进行变化，所以接收到的信号遭受了失真，降低了可懂度。具体而言，与发送信号的频率分量相比，接收信号在不同的频率分量上具有不同的相对强度。为了解决这个问题，均衡技术可用于均衡不同频段上的衰减。一种方法是使用功率放大器，该放大器对高频信号的放大倍数大于低频信号。

6.3.3　自由空间损耗

对于任何类型的无线通信，信号随着距离的增加而不断扩散从而导致信号衰减。能量扩散可视为这一过程：由于信号呈一个球体向外辐射，所以接收机仅能够接收球体表面的一部分区域的能量，随着距发射机的距离不断增加，球体也越来越大，而表面区域单位面积上的能量也就越来越少。因此，距离发射机越远，接收固定区域信号的天线接收到的信号能量就越少。对于卫星通信，这是信号衰落的基本模式。即使没有其他的衰减或损伤，信号也会因为随着距离的增加而传播到越来越大的区域而导致衰减。这种形式的衰减称为**自由空间损耗**（free space loss），我们可以用天线辐射的能量 P_t 与接收的能量 P_r 的比值来表示自由空间损耗，或者用分贝的形式表示，也就是 P_t 与 P_r 的比值取对数后乘以 10。对于理想的全向天线，自由空间损耗可以表示为

$$\frac{P_t}{P_r}=\frac{(4\pi d)^2}{\lambda^2}=\frac{(4\pi fd)^2}{c^2}$$

式中　P_t——发射天线的信号功率；

P_r——接收天线的信号功率；

λ——载波波长；

f——载波频率；

d——天线之间的传输距离；

c——光速。

其中 d 和 λ 的单位是一样的（也就是米）。

该式可以用分贝重新描述为

$$\begin{aligned} L_{dB} &= 10\log\frac{P_t}{P_r}=20\log\left(\frac{4\pi d}{\lambda}\right)=-20\log\lambda+20\log d+21.98\text{dB} \\ &= 20\log\left(\frac{4\pi fd}{c}\right)=20\log f+20\log d-147.56\text{dB} \end{aligned} \tag{6-4}$$

图 6-8 显示了由自由空间损耗方程画出的曲线[⊖]。

对于其他天线，我们必须考虑天线的增益，可以得到下面的自由空间损耗方程：

$$\frac{P_t}{P_r}=\frac{(4\pi)^2\ (d)^2}{G_rG_t\lambda^2}=\frac{(\lambda d)^2}{A_rA_t}=\frac{(cd)^2}{f^2A_rA_t}$$

式中　G_t——发射天线增益；

G_r——接收天线增益；

A_t——发射天线的有效面积；

A_r——接收天线的有效面积。

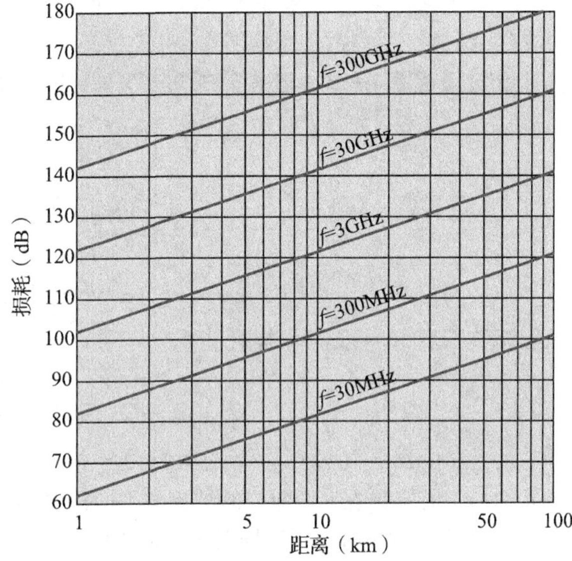

图 6-8　自由空间损耗

第三个小数是通过将式(6-3)中定义的天线增益和有效面积的关系代入第二个小数中得到的。可以把这个公式表示为

$$L_{dB}=20\log\lambda+20\log d-10\log(A_tA_r)$$
$$=-20\log f+20\log d-10\log(A_tA_r)+169.54\text{dB}\qquad(6\text{-}5)$$

因此，对于相同的天线尺寸和距离，载波的波长越长或者载波频率越低，自由空间损耗就越高。有趣的是，将式(6-4)和式(6-5)进行比较，我们会发现，式(6-4)表明，随着频率的升高自由空间损耗将升高，这表明在更高的频率上，损耗变得更加严重。然而，式(6-5)表明，我们可以很容易通过增加天线增益来补偿这个增加的损耗。由于式(6-3)表明，频率更高增益也更高，所以事实上，在其他因素保持不变的情况下，更高的频率上有净增益。式(6-4)表明，在距离一定的情况下，频率的增加会导致损耗增加 $20\log f$。然而，如果我们考虑天线增益，并固定天线的有效面积，那么频率的增加会导致损耗增加变为 $-20\log f$，也就是说，频率更高时，损耗实际上会减少。

例 6.3　请确定频率为 4GHz 的同步卫星在到地球的最短路径(35 863km)上全向天线的自由空间损耗。频率为 4GHz，波长为$(3\times10^8)/(4\times10^9)=0.075$m。那么

$$L_{dB}=-20\log0.075+20\log(35.853\times10^6)+21.98=195.6\text{dB}$$

现在考虑卫星天线和地面天线的天线增益，典型值分别为 44dB 和 48dB。自由空间损耗为

$$L_{dB}=195.6-44-48=103.6\text{dB}$$

现在假设地球站的发射功率为 250W。那么卫星天线的接收功率为多少呢？功率为 250W 就是 24dBW，所以接收天线的功率就是−79.6dBW，这里 dBW 是分贝瓦特，在附录 2A 中有定义。这个信号近似为 10^{-8}W，在接收电路中仍然是可以接收的。

6.3.4　实际系统中的路径损耗指数

实际系统涉及许多类型的障碍物，它们导致反射、衍射等现象。理论模型和基于测量

⊖ 正如附录 2A 提到的，这里使用的术语增益与损耗概与文献中的有些冲突。式(6-4)遵循 2.4 节中的式(2-2)的惯例。

的模型都显示，当超过一个特定的距离后，信号接收的平均功率会按照 $1/d^n$ 的关系下降，也可以表示为随着距离 d 的对数关系 $10n\log d$ 减少，这里 n 是指**路径损耗指数**[RAPP02]。这种模型目前广泛使用。式(6-4)和式(6-5)有 $20\log d$ 项，其来自于与距离的 d^2 关系，因此路径损耗指数 $n=2$。这些公式可以用更通用的包含 $10n\log d$ 项的公式来代替：

$$\frac{P_t}{P_r}=\left(\frac{4\pi}{\lambda}\right)^2 d^n=\left(\frac{4\pi f}{c}\right)^2 d^n$$

$$L_{dB}=10\log\frac{P_t}{P_r}=10\log\left(\left(\frac{4\pi}{\lambda}\right)^2 d^n\right)=-20\log\lambda+10n\log d+21.98\text{dB}$$

$$=10\log\left(\left(\frac{4\pi f}{c}\right)^2 d^n\right)=20\log f+10n\log d-147.56\text{dB} \tag{6-6}$$

使用有效面积和一般路径损耗指数 n，可以得到

$$L_{dB}=20\log\lambda+10n\log d-10\log A_tA_r$$

$$=-20\log f+10n\log d-10\log(A_tA_r)+169.54\text{dB} \tag{6-7}$$

表 6-5 给出了各种环境下的典型路径损耗指数。需要指出的是，在建筑物内视距传输优于 $n=2$(例如，在走廊上)的情况，因为不像在自由空间中信号强度会随着距离的增加而减弱，建筑物内的反射有时有助于增强信号。

表 6-5　不同环境的路径损耗指数[RAPP02]

环境	路径损耗指数，n	环境	路径损耗指数，n
自由空间	2	建筑物内视距传播	1.6～1.8
市区蜂窝	2.7～3.5	被建筑物阻挡	4～6
市区蜂窝阴影	3～5	被工厂阻挡	2～3

例 6.4　比较两种可能的蜂窝环境下以分贝为单位的路径损耗：1）移动用户与基站之间的自由空间；2）城市区域蜂窝无线电 $n=3.1$。令频率为 1.9GHz，距离为 1.5km，假设天线为全向天线。

对于自由空间，$n=2.0$，

$$L_{dB}=20\log(1.9\times10^9)+10\times2.0\log(1.5\times10^3)-147.56=101.53\text{dB}$$

对于城市蜂窝无线通信，$n=3.1$，

$$L_{dB}=20\log(1.9\times10^9)+10\times3.1\log(1.5\times10^3)-147.56=136.47\text{dB}$$

例 6.5　比较两个可能的蜂窝环境的覆盖范围：1）移动站和基站之间是自由空间；2）市区蜂窝无线环境 $n=3.1$。使用 1.9GHz 频段且假设使用全向天线。假定发送功率为 2W 且接收功率必须高于－110dBW。

发送功率　　$P_t=10\log2=3.0\text{dB}$

路径损耗需要满足　　$L_{dB}<113\text{dB}$

对于自由空间损耗，$n=2.0$，

$$L_{dB}=20\log(1.9\times10^9)+10\times2.0\log d-147.56<113\text{dB}$$

$$10\times2.0\log d<74.99\text{dB}$$

$$d<5.61\text{km}$$

对于城市蜂窝无线通信，$n=3.1$，

$$L_{dB} = 20\log(1.9\times10^{9}) + 10\times3.1\log d - 147.56 < 113\text{dB}$$
$$10\times3.1\log d < 74.99\text{dB}$$
$$d < 262\text{m}$$

6.3.5 基于实际测量的信道模型

在实际的无线通信系统设计中，通信工程师必须考虑不同的传播效应、在基站和移动单元上需要的最大发射功率电平、移动单元天线的典型高度，以及基站天线的可用高度等因素。这些因素将决定无线系统的覆盖范围。但是，传播效应是动态的且难以预测的。我们最好能够拿出一个基于经验数据的模型，并将该模型作为给定无线环境的设计依据。这其中使用最广泛的模型是由奥村(Okumura)等人发明的奥村模型[OKUM68]，之后被哈塔(Hata)等人进行了彻底改进[HATA80]，通常称为**奥村-哈塔**(Okumura-Hata)模型。奥村模型是奥村等人在日本东京使用不同的频率和不同的天线高度，选择不同的距离进行一系列测试，最后绘成经验曲线构成的城市环境模型。奥村-哈塔模型是一个考虑了各种环境和条件的经验公式。对于城市环境，预测的路径损耗是

$$L_{dB} = 69.55 + 26.16\log f_c - 13.82\log h_t - A(h_r) + (44.9 - 6.55\log h_t)\log d \quad (6\text{-}8)$$

式中 f_c——载波频率，单位是兆赫兹，150Hz～1500MHz；

h_t——发射天线(基站)的高度，单位米，30～300m；

h_r——接收天线(移动单元)的高度，单位米，1～10m；

d——天线之间的传播距离，单位是千米，1～20km；

$A(h_r)$——移动设备天线高度的修正因子。

对于小型或中型城市，修正因子由下式给出。

$$A(h_r) = (1.1\log f_c - 0.7)h_r - (1.56\log f_c - 0.8)\text{dB}$$

而对于一个大型城市，修正因子由下式给出

$$A(h_r) = 8.29\left[\log(1.54h_r)\right]^2 - 1.1\text{dB} \quad f_c \leqslant 300\text{MHz}$$
$$A(h_r) = 3.2\left[\log(11.75h_r)\right]^2 - 4.97\text{dB} \quad f_c \geqslant 300\text{MHz}$$

为了估计郊区的路径损耗，将式(6-8)中的市区路径损耗公式修改为

$$L_{dB}(\text{郊区}) = L_{dB}(\text{小 / 中城市}) - 2\left[\log(f_c/28)\right]^2 - 5.4$$

将户外或农村地区的路径损耗公式修改为

$$L_{dB}(\text{户外}) = L_{dB}(\text{小 / 中城市}) - 4.7(\log f_c)^2 - 18.733(\log f_c) - 40.98$$

奥村-哈塔模型提供了一种能够在各种情况下估算路径损耗的实际方法，它在路径损耗预测准确性方面被视为所有模型中最好的[FREE07，RAPP02]。

例 6.6 令 f_c=900MHz，h_t=40m，h_r=5m，d=10km。估计一个中等城市的路径损耗。

$$A(h_r) = (1.1\log900 - 0.7)5 - (1.56\log900 - 0.8)\text{dB}$$
$$= 12.75 - 3.8 = 8.95\text{dB}$$
$$L_{dB} = 69.55 + 26.16\log900 - 13.82\log40 - 8.95$$
$$+ (44.9 - 6.55\log40)\log10$$
$$= 69.55 + 77.28 - 22.14 - 8.95 + 34.3 = 150.14\text{dB}$$

6.3.6 噪声

对于任何形式的数据传输，接收到的信号将包括发射的信号、由传输系统引入的各种失真、收发信机之间的某处引入的额外的非期望信号。这些非期望信号称为**噪声**。噪声是影响无线通信系统性能的主要因素。

噪声可以分为4类：

- 热噪声
- 互调噪声
- 串扰
- 冲击噪声

热噪声 热噪声源于电子的热搅动。它存在于所有的电子设备和传输介质中，并且可以表示为温度的函数。热噪声在频谱上呈均匀分布，因此经常称为**白噪声**。无法彻底消除热噪声，因此通信系统存在性能上限。由于卫星地面站接收信号弱，所以热噪声对卫星通信的影响尤为显著。

在任何设备或导体中，1Hz的带宽中可以发现的热噪声的量是

$$N_0 = kT\text{(W/Hz)}$$

式中⊖ N_0——宽带的噪声功率密度，单位为W/1Hz带宽；

k——玻耳兹曼(Boltzmann)常数$=1.38\times10^{-23}$J/K；

T——绝对温度，单位为开尔文(k)。

> **例6.7** 房间的温度通常指定为$T=17°\text{C}$，或者290K。在这个温度下，热噪声功率密度可以表示为
>
> $$N_0 = (1.3803\times10^{-23})\times290 = 4\times10^{-21}\text{W/Hz} = -204\text{dBW/Hz}$$

假定噪声与频率相互独立。因此，在BHz的带宽中，热噪声以瓦特为单位的表示形式为

$$N = kTB$$

以分贝瓦特为单位可以表示为

$$\begin{aligned}N &= 10\log k + 10\log T + 10\log B\\ &= -228.6\text{dBW} + 10\log T + 10\log B\end{aligned}$$

> **例6.8** 给定一个接收机，其有效的噪声温度为294K，带宽为10MHz，则接收机输出的热噪声电平是
>
> $$\begin{aligned}N &= -228.6\text{dBW} + 10\log294 + 10\log10^7\\ &= -228.6 + 24.7 + 70 = -133.9\text{dBW}\end{aligned}$$

当不同频率上的信号共享同一个传输介质时，结果可能是**互调噪声**(intermodulation noise)。互调噪声在两个原始频率的和或差或者这些频率的倍数上产生新的信号。例如，

⊖ 焦耳(J)是国际系统(SI)的电气、机械和热能单位。瓦特(W)是SI的功率的单位，其等于每秒1焦耳。开尔文(K)是SI的热力学温度单位。以开尔文为单位的温度T，对应的以摄氏度为单位的温度等于$T-273.15$。

频率为 f_1和 f_2的两个信号可能在频率 f_1+f_2上产生新的信号，这可能对打算在频率 f_1+f_2上进行通信的信号造成干扰。

当发射机、接收机，或者中间传输系统中存在某些非线性器件时产生互调噪声。通常情况下，这些组件应该表现为一个线性系统。即，输出等于输入乘以一个常数。在一个非线性系统中，输出将是输入的一个更复杂的函数。这种非线性可能是由组件故障、使用过多的信号强度，或者仅是由所使用的放大器的性质决定的。正是在这些情况下，会产生和与差频率项。

串扰 串扰可以直观地理解为这样一种现象，当任何一个人在打电话时听到另一对用户的对话声音。它是信号路径之间出现的非期望的耦合。它可能发生在双绞线之间的电耦合，携带多个信号的同轴电缆之间的电耦合，虽然这种情况很少见。当微波天线接收到非期望的信号时，串扰也有可能发生。虽然使用高度定向天线，但微波能量在传播过程中也会发生一定的扩散。通常情况下，串扰与热噪声处于相同的数量级，也或者可能小于热噪声。然而，在ISM频段中，串扰往往占主导地位。

到目前为止，讨论的所有类型的噪声都是可预测的且具有相对恒定的振幅。因此，工程师有可能通过对传输系统进行设计来应付它们。**冲击噪声**是指不可预测的、不连续的噪声，通常是不规则脉冲或者持续时间短的噪声尖峰且具有相对较高的振幅。它产生的原因有很多，包括外部电磁干扰，如闪电、故障和缺陷的通信系统。

脉冲噪声对于模拟数据来说仅仅是一个很小的烦恼。例如，语音传输可能遭到咔嚓声、爆裂声等破坏，但不会损失清晰度。脉冲噪声是数字数据传输中的主要误差来源。例如，一个持续时间为0.01s的能量尖峰对语音通话来说几乎是注意不到的，但在以1Mbps速率传输的无线数据通信系统中它将损坏大约10 000比特的数据。

6.3.7 E_b/N_0表达式

第2章介绍了信噪比(Signal-To-noise Ratio，SNR)的概念。这里有一个与信噪比密切相关的参数，它可以更方便地表征数字数据速率和错误率，它们是数字通信系统的主要性能评价指标。该参数就是每比特的信号能量与每赫兹噪声功率密度的比值 E_b/N_0。考虑一个信号，数字的或模拟的，它包含一个以速率 R 传输的二进制数字数据。由于1W=1J/s，所以每比特信号的能量可以表示为 $E_b=ST_b$，这里 S 是信号功率，T_b为发送一个比特所需要的时间。数据速率 R 可以表示为 $R=1/T_b$，因此

$$\frac{E_b}{N_0}=\frac{S/R}{N_0}=\frac{S}{kTR} \tag{6-9}$$

或者，以分贝的形式

$$\left(\frac{E_b}{N_0}\right)_{dB}=S_{dBW}-10\log R-10\log k-10\log T=S_{dBW}-10\log R+228.6\text{dBW}-10\log T$$

E_b/N_0这个比值很重要，因为数字数据的误比特率(Bit Error Rate，BER)是一个关于该比值的(递减)函数。图6-9给出了误比特率与 E_b/N_0的典型形状。这样的图通常在文献中可以找到，并且本书中也有多个这样的例子。对于任何特定的曲线，随着信号强度相比于噪声的增加(增加 E_b/N_0)，接收机的BER性能就会降低。这很容易想到。但是，这并不是只有唯一的一条曲线来描述BER与 E_b/N_0的相互依赖关系。但是对于BER与 E_b/N_0所描述的收发信机的性能来说，它与数据的编码方式也密切相关。因此，图6-9给出了两条曲线，一条曲线的性能比另一条曲线的性能好。左下方的曲线显示了性能较好的一条曲

线。当两个信号的 BER 相同时，左边的曲线达到该 BER 所需要的 E_b/N_0（实际上是 E_b，因为 N_0 是固定值）要小一些。当两个信号的 E_b/N_0 相同时，下方的曲线能够获得更好的 BER 性能。第 7 章研究信号编码与性能之间的关系。关于 E_b/N_0 更详细的讨论可以查阅文献[SKLA01]。

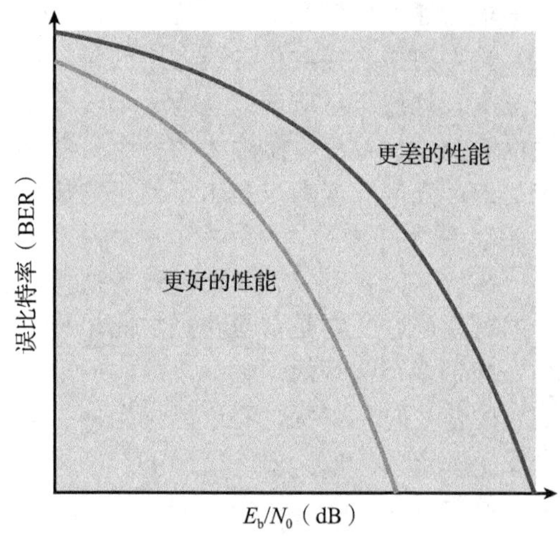

图 6-9　BER 随 E_b/N_0 变化的曲线形状

给定一个 E_b/N_0 值需要达到的期望的错误率，可能需要选择式(6-9)中的参数。值得注意的是，由于比特率 R 的增加，相对于噪声来说，发射信号功率 S 必须增加以维持所需的 E_b/N_0。

让我们再次通过考虑图 2-9 来直观地掌握这一结果。这里的信号是数字的，但推理过程与模拟信号是相同的。在多个实例中，噪声足以改变一个比特的值。如果数据速率增加一倍，比特将更紧密地聚集在一起，那么经过相同的噪声可能会破坏两个比特。因此，对于恒定的信号和噪声强度，数据速率的增加会带来错误率的增加。此外，一些解码方案通过在比特周期内求平均来去除噪声的影响。如果比特周期较短，则平均的时间很短因而有效性较差。

与 SNR 相比，E_b/N_0 的优势是其数值不依赖于信号带宽。

例 6.9　假设一个信号编码技术在误比特率为 10^{-4} 时（每 10 000 比特错 1 比特）所需要的 E_b/N_0 为 8.4dB。如果有效的噪声温度为 290K（室内温度）且数据速率为 100kbps，则需要什么样的信号电平来克服热噪声？

我们有

$$\begin{aligned} 8.4 &= S_{dBW} - 10\log 100\,000 + 228.6\text{dBW} - 10\log 290 \\ &= S_{dBW} - (10\times 5) + 228.6 - (10\times 2.46) \\ S &= -145.6\text{dBW} \end{aligned}$$

我们可以将 E_b/N_0 与 SNR 进行关联，如下所示：

$$\frac{E_b}{N_0} = \frac{S}{N_0 R}$$

其中，N_0 表示噪声的功率密度，单位为瓦特/赫兹。因此，带宽为 B 的噪声功率密度为 $N=N_0B$。代入上式，可得

$$\frac{E_b}{N_0} = \frac{SB}{NR} \tag{6-10}$$

人们感兴趣的另一个与 E_b/N_0 相关的公式是频谱效率。在第 2 章中介绍的香农最大信道容量，单位为比特/秒，可以表示为

$$C = B\log_2(1+S/N)$$

这里 C 表示信道容量，单位为比特/秒。B 为信道带宽，单位为 Hz。我们可以将其重写为

$$\frac{S}{N} = 2^{C/B} - 1$$

使用式(6-10)以及 R 和 C，我们有

$$\frac{E_b}{N_0}=\frac{B}{C}(2^{C/B}-1)$$

这是一个很有用的公式，它将频谱效率 C/B 与 E_b/N_0 相关联。

例 6.10　假设我们希望得到频谱效率为 6bps/Hz 时所需的最低 E_b/N_0。则 $E_b/N_0=(1/6)(2^6-1)=10.5=10.21\text{dB}$。

6.3.8　大气吸收

发射天线和接收天线之间的附加损耗是**大气吸收**。水蒸气和氧气对衰减的贡献最大。由于水蒸气的影响，峰值衰减发生在 22GHz 附近。在 15GHz 以下的频率，衰减很少。在氧气存在的条件下，在 60GHz 附近将出现吸收峰，但在低于 30GHz 的频率吸收效应将很少。雨和雾(悬浮水滴)会带来无线电波的散射，从而导致衰减。这可能是信号损失的一个主要原因。因此，在降水显著的区域，需要保持路径长度较短或者使用较低的频段。

6.3.9　多径

对于无线通信设施，选择在哪儿放置天线相对来说比较自由，它们可以放置在附近没有障碍物干扰的位置，也可以使发射机到接收机之间有视距传播路径。对于许多卫星通信和点对点的微波设备来说，一般情况下是这样的。但是，对于移动通信的手机用户，其周围有丰富的障碍物。信号会被这些障碍物反射，从而使接收到的是该信号的具有不同延迟的多个副本信号。事实上，在极端情况下，接收机捕获到的只有反射信号，而不是直达信号。根据直达路径与反射路径的长度差的不同，叠加后的信号可能比直达信号大或者小。多路径信号产生的信号增强与抵消可以通过选取较好的天线之间的固定位置以及卫星和固定地面站来控制。一个例外是，传播路径穿过水面，风持续使水的反射面不停地运动。对于天线无法具有很好位置的移动电话和通信系统，多径效应需要着重考虑。

图 6-10 给出了一般的陆地固定微波和移动通信系统中的典型的多径干扰。

对于固定的微波，除了直接的视距外，由于大气的折射，信号可能遵循一个弯曲的路径并且信号也可能被地面反射。对于移动通信，地形结构和特征将提供反射面。

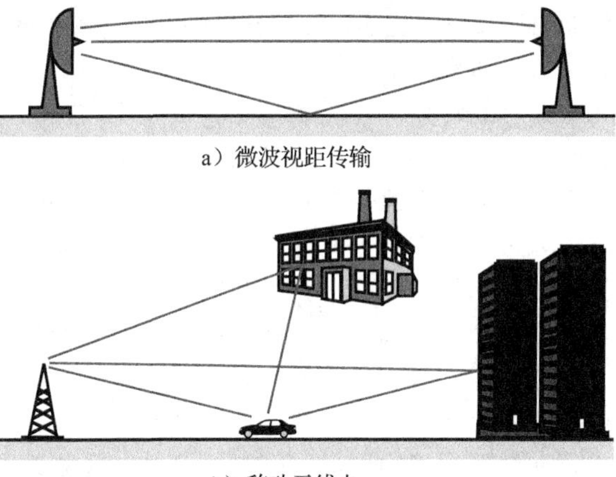

图 6-10　多径干扰的例子

6.3.10　折射

当无线电波通过大气进行传播时会发生折射(或弯曲)。折射是由高度的变化引起的传播速度的变化或者大气条件的其他空间变化所引起的。通常情况下，信号的速度随着高度的增加而增加，这将导致无线电波向下弯曲。然而，有时天气条件可能会导致速度随高度

的变化与典型情况下的变化有着显著的不同。这可能会导致一种情况，只有小部分或没有任何视距传输的电磁波到达接收天线。

6.4　移动环境中的衰落

对于通信系统工程师来说无线通信面临的最大挑战可能是移动环境中的**衰落**。术语衰落是指由传输介质或者传输路径的变化而引起的接收信号功率的时变现象。在固定的环境下，衰落会受到大气环境改变的影响，如下雨。但是在移动环境下，一个天线相对于另一个天线的移动，各种障碍物的相对位置随着时间而不断变化，从而使衰落影响变得非常复杂。

在普通的白话文中，“衰落”一词通常涉及一个逐渐变弱的过程。在无线系统中的某些情况下，例如，大尺度衰落，信号的退化确实是渐进的。然而，对于小尺度衰落，信号退化则不是渐进的，而可以是相当迅速的。

多径传播

图 6-11 中以扮演角色的方式给出了 5 种主要的无线信号传播方式中的 3 种。**反射**通常发生在电磁信号遇到了比信号波长大的物体表面时。例如，假设移动单元接收到了附近地面的反射波，由于地面反射波在反射后会出现一个 180°的相移，所以地面反射波和视距波会使复合后的信号趋于消失，从而导致很高的信号损耗[⊖]。并且，由于移动天线比大多数的人造建筑低，所以多径干扰就会经常发生。这些反射波可能在接收机产生建设性或破坏性干扰。

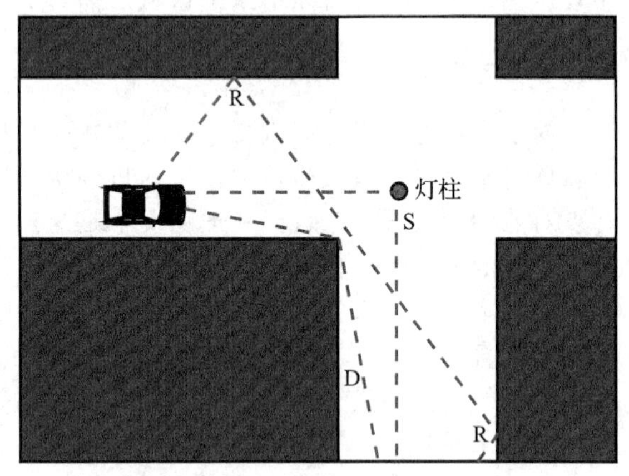

图 6-11　3 种重要的传播机制示意图：反射(R)、散射(S)和衍射(D)

衍射通常发生在电磁信号遇到了一个无法穿透的物体，且物体的边缘比无线电波的波长大很多时。当无线电波遇到物体的边缘，波会以该物体边缘为源并按照不同的方向进行传播。因此，信号即使在没有通畅的视线里也可以进行传播。

如果障碍物小于或等于信号的波长，则发生**散射**。此时，一个传入信号将分散到多个较弱的传出信号。在典型的蜂窝微波频段中，有无数的满足这一条件的物体会引起散射，如灯柱和交通标志等。因此，散射效应是难以预测的。

电磁波的这 3 种传播方式将对系统性能造成多种不同的影响，这主要取决于本地地形以及移动单元在小区内的移动。如果移动单元到发射机之间有一个明显的视距路径，那么衍射和散射的影响一般较轻微，而此时反射现象可能对系统产生显著的影响。如果存在视距路径，如在城市街道上，则衍射和散射是信号接收的主要手段。

多径传播的影响　多条路径信号加在一起，有时会增强接收信号功率，但有时甚至也会使信号遭受衰减 100 或 1000 倍(20 或 30dB)。信号电平相对于噪声的下降会使接收机对

⊖ 另一方面，反射的信号有一个较长的路径，它与直达路径之间由于有相对延迟，所以会出现一个相移偏移。当延迟是半个波长时，两个信号是同相的。

信号的检测变得更加困难。

数字传输中的另一个重要现象是符号间干扰(InterSymbol Interference，ISI)。我们假设一个固定的天线以给定的频率向移动单元发送窄脉冲，如图 6-12 所示。如果脉冲在两个不同的时间发送，我们观察通过信道后接收机会收到什么样的信号。图 6-12 中的上图给出了发送脉冲的示意图。下图给出了接收机接收到的脉冲。在每种情况，第一个接收的脉冲是期望的视距信号，由于大气衰减中的变化脉冲的振幅可能改变。此外，当移动单元移动到远离固定发射天线的位置时，视距衰减的量会增加。但是，除了这个主要脉冲处，由于反射、衍射、散射等的存在，可能还有多个次要脉冲。现在假设这个脉冲是编码后的一个或多个比特。这种情况下，一个或多个脉冲的延迟副本可能与接下来的一个主脉冲同时到达。这些延迟脉冲对于接下来的一个主脉冲来说是一种噪声，从而使信息的恢复变得更加困难。

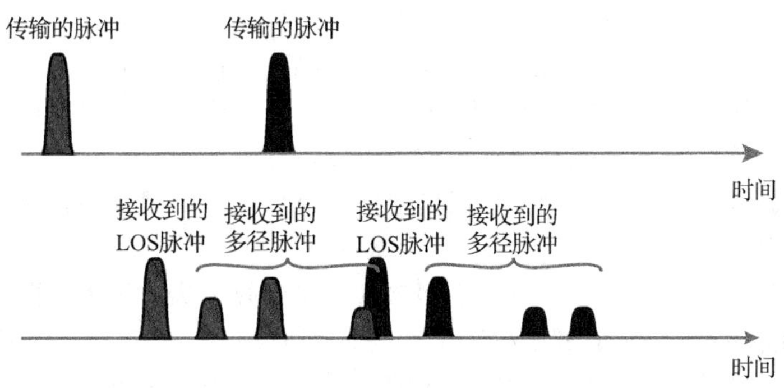

图 6-12　时变多径中的两个脉冲

由于移动单元天线的移动、各种障碍物的位置在不断变化，所以次要脉冲的数量、大小和延迟都在变化。这使得能够有效滤除多径效应且高保真地恢复预期信号的信号处理方法设计变得异常复杂。

衰落的类型　移动环境中的衰落的影响可以分为小尺度衰落和大尺度衰落。如图 6-11 所示，当移动单元在城市街道环境中移动，且移动的距离远超过波长时，用户经过具有不同高度的建筑、空地、交叉路口等也会引起城市传输环境的不断变化。在这相当长的距离中，信号的平均接收功率在变化。这种变化主要是由阴影效应和移动单元与发射机的距离差异造成的。这种效应可以表示为图 6-13 所示的缓慢变化的波形，也称之为**大尺度衰落**。

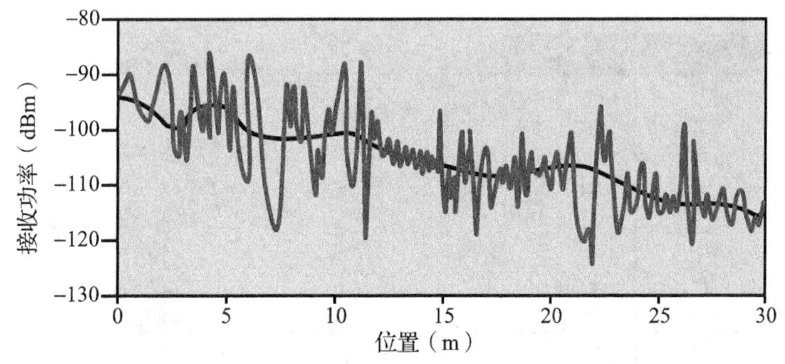

图 6-13　城市移动环境中的典型慢衰落与快衰落

然而，在半个波长的距离内信号强度仍然会发生快速的变化。在移动蜂窝系统 900MHz 这一典型频率，波长为 0.33m。图 6-13 中快速变化的波形表示在 900MHz 城市环境下接收信号振幅随着空间的变化而变化的一个例子。值得注意的是，在短距离内信号振幅度的变化可以达到 20 或 30dB。这种快速变化的衰落现象，称为**小尺度衰落**，这一现象不仅会对乘坐汽车等交通工具的移动电话用户，而且还对城市街道中行走的移动电话手机用户产生影响。

小尺度衰落主要可以分为两种不同的类型：

- **多普勒扩展**　由于移动电话或者障碍物的运动多普勒扩展引发接收信号性能随着时间的推移而不断变化。
- **多径衰落**　由于多个具有不同延迟的多径信号的叠加，多径衰落引发信号随接收位置的变化而不断变化。

对于多普勒扩展，信道可以在很短的时间间隔内发生改变。这可以用信道的**相干时间** T_c来描述，在该时间内信道保持相对不变。对于一个行人来说，相干时间可能是 70ms，而对于一个在高速公路上行驶的汽车来说，相干时间可能是 5ms[⊖]。针对不同的比特率 r_b bit/s，相干时间可能对信号产生很大的影响。信号的比特时间为 $T_b=1/r_b$ s/bit。如果相干时间 T_c比比特时间 T_b长很多，那么信道可以称为**慢衰落信道**。在传输每一个比特时信道变化得很慢。反之，信道就是**快衰落信道**。因此，在本书中，如果相干时间比比特时间小或者近似相等甚至稍微大，我们都考虑信道为快衰落信道，因为在这些情况下相干时间并没有比比特时间大很多。

另一种小尺度效应，多径衰落可以引起失真和符号间干扰。**平坦衰落**是指接收信号的所有频率分量的衰落按照相同的比例波动。多径衰落可以用**相干带宽** B_c来刻画，相干带宽是指信道响应在该频率范围内是相对恒定的。因此，如果相干带宽远大于信号带宽，则产生平坦衰落。如果信号带宽可以近似地表示为 $B_S\approx r_b$，那么 B_C必定远大于 B_S。反之，当平坦衰落的条件不满足时它称为**频率选择性衰落**。频率选择性衰落信道对不同的频谱分量造成的衰落影响是不一样的。如果衰落仅发生在部分信号带宽，那么就可以认为信道是频率选择性衰落的。图 6-14 给出了平坦衰落与频率选择性衰落的对比。

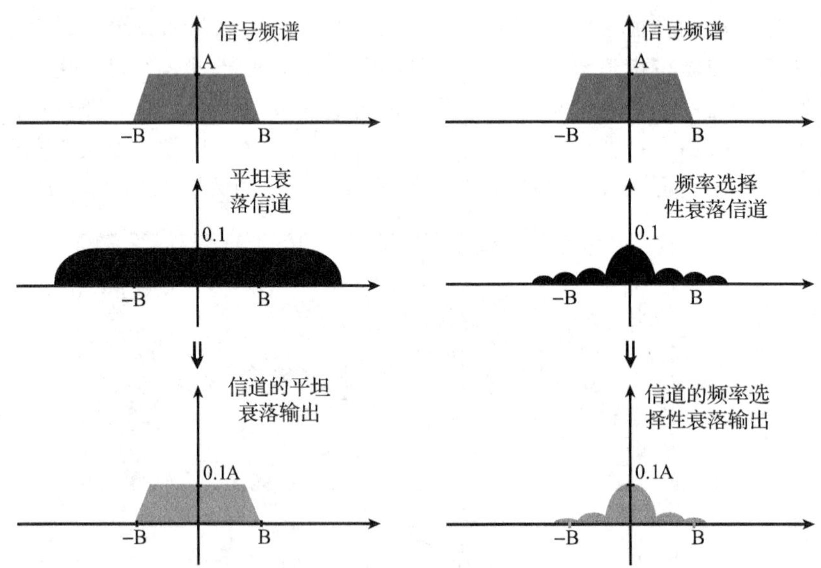

图 6-14　平坦衰落与频率选择性衰落

⊖　一个通用的公式是 $T_c=0.423c/vf$，这里 c 表示光速，v 表示运动速度，f 表示频率[RAPP02]。

多普勒扩展和多径衰落的这些特性并不相互依赖。因此，有4种衰落组合：快平坦衰落、慢平坦衰落、快频率选择性衰落、慢频率选择性衰落。

例6.11 考虑一个在城市环境中步行的人，其无线信道的相干时间为70ms、相干带宽为150kHz，信号的比特率为100kbps。

a. 分别从多普勒扩展和多径衰落的角度判断信道属于什么类型？

为了判断信道是否属于慢衰落，选择因子10来判断是否是大于或者远大于。

$$T_b = 1/r_S = 10\mu s$$
$$T_C \gg T_b?$$
$$T_C > 10T_b?$$
$$\text{测试条件}: 70ms > 10\mu s?$$

该条件成立，因此是慢衰落。

为了判断有信道是否属于平坦衰落，测试，

$$\text{假设}: B_S \approx r_S = 100kHz$$
$$B_C \gg B_S?$$
$$B_C > 10B_S?$$
$$\text{测试条件}: 150kHz > 1Mbps?$$

该条件不成立，所以是频率选择性衰落。

信道是慢频率选择性衰落信道。

b. 在什么比特率范围内信道是平坦衰落信道？

这就要求

$$B_C \gg B_S$$
$$B_C > 10B_S$$
$$150kHz > 10B_S$$
$$B_S < 15kHz$$
$$r_b < 15kbps$$

衰落信道 在设计一个通信系统时，通信工程师需要估计移动信道上的多径衰落和噪声的影响。从系统分析的角度来看，最简单的信道模型是**加性高斯白噪声**(AWGN)信道。在这个信道中，期望的信号会受到物理信道本身以及发射机和接收机(以及任何中间放大器或中继器)中的电子器件等引起的热噪声的影响。对于某些情况，该模型如空间通信和部分有线传输(如同轴电缆)，是相当准确的。对于地面无线传输系统，特别是在移动的情况下，AWGN无法给工程师提供一个很好的指导。

瑞利衰落 当发射机和接收机之间有多条间接路径而没有明显的主导路径(如一个LOS路径)时。出现瑞利衰落这是一种最坏的情况。幸运的是，可以对瑞利衰落进行分析处理，它可以应用于复杂的环境中(如城市的市区)，以洞察系统的性能特点。

莱斯衰落 莱斯衰落可以很好地描述除了有多条间接路径存在以外还有直达路径存在时的衰落特性。莱斯模型通常适用于室内环境而瑞利模型刻画了户外环境。莱斯模型也更适用于较小的小区或者更开阔的室外环境。信道可以利用参数K来定义：

$$K = \frac{\text{直达路径中的功率}}{\text{散射路径中的功率}}$$

当 $K=0$ 时，信道是瑞利衰落(即分子为 0)；当 $K=\infty$ 时，信道是 AWGN(即分母为 0)。图 6-15 基于[FREE98a]和[SKLA01]给出了噪声存在情况下的系统性能。这里，画出了误比特率随着 E_b/N_0 的变化函数曲线。当然，随着 E_b/N_0 的增加，误比特率下降。图 6-15 显示，给定一个相对于噪声合理的强信号，AWGN 信道能够提供相当好的性能，K 值较大的莱斯信道也是如此，其大致对应于微蜂窝或野外环境。对于一个数字化语音应用来说，该性能可能是足够的，但是对于数字数据传输来说，补偿技术是必要的。瑞利信道提供了相对较差的性能。它可以视为平坦衰落和慢衰落。在这些情况下，差错补偿机制变得更加重要。最后，在某些环境中，衰落的影响比所谓的最坏的瑞利情况还要差。例如，城市环境中的快衰落和频率选择性衰落信道的影响。在这些情况下，找不到合适的 E_b/N_0 来实现所需的性能，因此差错补偿机制是强制性的。我们接下来将讨论这些机制。

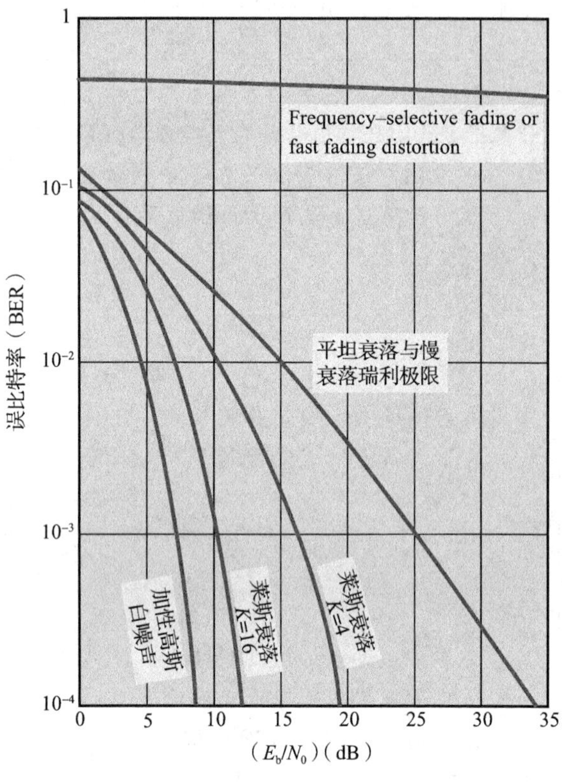

图 6-15　不同衰落条件下的理论误比特率

6.5　信道纠错机制

目前，用于补偿多径衰落引发的错误或者失真的方法主要有 4 种：前向纠错(Forward Error Correction，FEC)、自适应均衡(adaptive equalization)、自适应调制和编码(adaptive modulation and coding)，分集技术(尤其是基于 MIMO 的)、正交频分复用(Orthogonal Frequency Division Multiplexing，OFDM)和扩频(spread spectrum)。在典型的移动无线环境中，需要将所有这几类技术结合使用以对抗所面临的错误率。

6.5.1　前向纠错

前向纠错适合于这些数字传输：所传送的信号承载了数字数据或数字化语音或视频数据。术语前向是指接收机仅利用包含在输入数据中的信息来纠正数据中的比特错误的过程。与之相反的是后向纠错，接收机只检测存在的错误，然后请求发射机将发生错误的数据重新发送。在许多无线应用中，后向纠错是不可行的。例如，在卫星通信中，很大的传输延迟使重传过程变得不可取。在移动通信中，较高的错误概率往往会导致重发比特块中也包含错误的比特。在这些应用中，前向纠错技术是不可或缺的。本质上，前向纠错通过以下方式来实现：

1) 使用编码算法，在发射机对每个发送的数据块增加一些额外的、冗余的比特。这些比特形成一个**纠错码**，并作为数据比特的函数进行计算。

2) 对于每一个传入比特块(包括数据和纠错码)，接收机根据传入的数据比特计算一个新的纠错码。如果该计算得到的纠错码与传入的纠错码相匹配，则接收机认为该比特块中没有发生错误。

3) 如果传入的纠错码与计算得到的纠错码不匹配，则发生了一个或多个比特错误。如果错误的比特数目低于阈值，该阈值取决于码长和算法本身，则接收机有可能确定错误比特的位置并纠正所有的错误。

通常情况下，在移动无线应用中，发送的总比特与发送的数据比特的比值是 2～3。这看起来似乎是一种奢侈的开销，因为系统容量被削减为它潜在容量的 1/2 或 1/3，但在移动无线环境这样一个具有挑战性的传输介质中，保持这样水平的冗余是非常必要的。

第 10 章将对前向纠错技术进行详细的介绍。

6.5.2 自适应均衡

自适应均衡技术可以应用于模拟信息(例如，模拟语音或视频)或数字信息(例如，数字数据、数字化的声音或视频)的传输系统中，用于对抗符号间干扰。均衡主要是指将扩散的符号能量集聚到其原始时间间隔的处理方法。均衡是一个广泛的话题，主要技术包括使用所谓的集成模拟电路和复杂的数字信号处理算法。这里，我们仅给出了数字信号处理方法。

图 6-16 给出了一种常见的使用线性均衡器电路的方法。在这个特定的例子中，对于每个输出符号，输入信号按照 5 个均匀的时间间隔进行采样，彼此之间有一个延迟 τ。每个采样信号乘以一个单独的加权系数 C_i，然后将这 5 路采样信号相加，产生输出信号。该电路称为自适应电路，因为系数是动态调整的。通常情况下，系数的设置需要使用训练序列，这是一个已知的比特序列。接收机将接收到的训练序列与期望的训练序列进行比较，并在比较的基础上计算得到合适的系数值。周期性地发送一个新的训练序列来反映传输环境的变化。

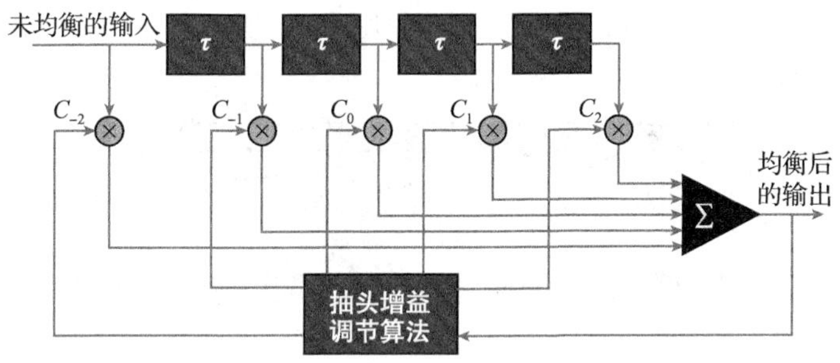

图 6-16 线性均衡电路

对于瑞利信道，或更糟的信道，可能每一块数据都需要包含一个新的训练序列。这会带来相当大的开销，但是对于克服移动无线环境中的差错来说这也是合理的。

6.5.3 自适应调制和编码

由于无线信道的特性受到衰落和多普勒频移的影响会发生高达每秒几百次的快速变化(例如，相干时间为 5ms 会发生 200 次/秒的快速变化)，所以现代通信系统使用**自适应调制和编码**(Adaptive Modulation and Coding，AMC)技术来快速地调整传输方案。第 7 章和第 10 章分别对调制和编码技术进行更深入的探讨。该技术能够根据给定的接收信号的强度和噪声来设计信号从而使传输的信息尽可能地多(在一定的误比特率限制下)，然后该技术能够检测并纠正错误比特。为了适应每秒几百次的信道变化，系统的传输协议中必须具有以下两个功能：

1）测量无线信道质量的机制。这些可能包括数据包丢失概率监测或通过发送特殊导频来进行测量。

2）在收发信机之间传递信号质量指标的消息传递机制，以及传递新的调制和编码格式的消息传递机制。

3G 和 4G 蜂窝系统，如长期演进(LTE)系统，广泛使用了 AMC 技术。第 14 章将深入讨论 LTE 系统，包括它的 AMC 协议。

6.5.4　分集技术和 MIMO

分集是建立在不同传输路径的信道衰落是相互独立的这一事实的基础之上。例如，多个相距足够远的天线的信道衰落是相互独立的。因此，我们可以在某种意义上将发射机和接收机之间的信道视为多个逻辑信道，通过在每个逻辑信道上发送部分信号，从而弥补传输错误的影响。这种技术不排除错误但它确实可以减少错误概率，因为我们已经将传输分散以避免可能发生的最高错误概率。其他技术(如均衡、前向纠错)仍然可以同时使用以降低错误概率。

利用不同物理传输路径进行分集的技术称为**空间分集**。例如，许多距离相近的天线，如果相互之间的间隔足够大，就可以按照某种规则将接收的信号进行合并来重建最有可能的原始发送信号。另一个例子是使用多个定向天线接收信号，每个定向天线接收不同方向传入的信号，之后再将不同的接收信号合并来重建原始信号。

频率分集技术是指将信号扩展到一个更大的频段或调制到多个载频上。该方法的一个最重要例子是扩频技术，该技术将在第 9 章详细介绍。

时间分集技术主要是通过在时间上扩展数据来减少突发噪声影响的比特数。该技术可以通过第 10 章中介绍的交织技术来实现，如图 6-17 所示。或者使用第 9 章中介绍的 RAKE 接收机来实现。

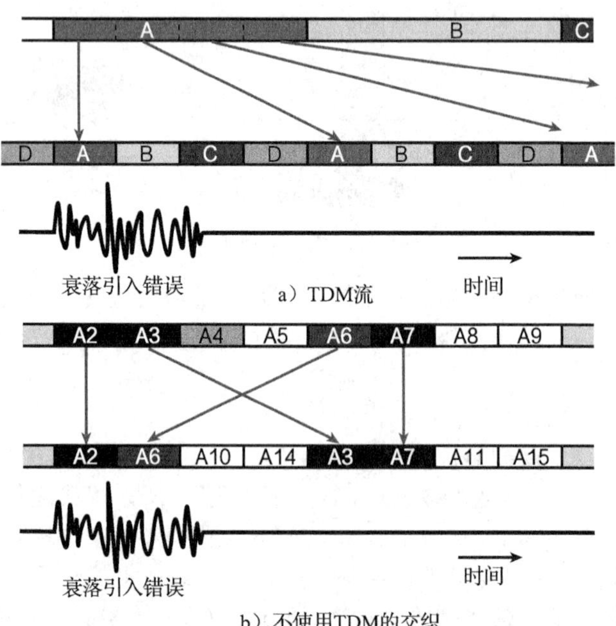

图 6-17　通过数据块交织来扩展突发错误的影响

当接收到的多个信号，有两种基本的处理方法：

1）**选择分集**：选择一个最好的或者可接受的信号。

2）**分集合并**：将最佳信号和其他信号合并。调整增益和相位使它们相加后能够改善整体输出信号的性能。

> **例 6.12**　假设一个无线信道具有两种信道质量，它以 80% 的概率出现 10^{-6} 的误比特率或者以 20% 的概率出现 0.1 的误比特率。假设两个天线可以接收到独立变化的信号，系统采用选择分集来选择最佳信号。请问整体性能可以提高多少？
>
> 对于一个信号，系统性能可以表示为
>
> $$P_b = \Pr\{较差\} \times (较差情况的 P_b) + \Pr\{较好\} * (较好情况的 P_b)$$
>
> $$P_b = 0.2 \times 0.1 + 0.8 \times 10^{-6} \approx 0.02$$
>
> 对于两个分集支路，只有当两个分支都是较差的情况时才无法选择最佳的接收信号，此时系统获得最差的性能。两个分支都是较差的情况出现的概率是 0.2^2，所以
>
> $$P_b = 0.2^2 \times 0.1 + (1 - 0.2^2) \times 10^{-6} \approx 0.004$$
>
> 对于 k 个信号，$P_b \approx 0.2^k \times 0.1$。这意味着每增加一个额外的分集支路，误比特率 P_b 将下降一个数量级。

多输入多输出(MIMO)天线　如果发射机和接收机具有多个天线，则它称为**多输入多输出**(Multiple-Input Multiple-Output，MIMO)系统。该技术支持本章中将要讨论的几种传输机制。前面，我们讨论了如何利用一个天线阵列来提供一个定向天线的方向图。图 6-18 给出了 3 种重要的天线阵列的可能应用。

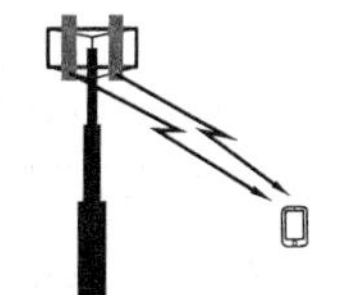

通过分集提高系统性能

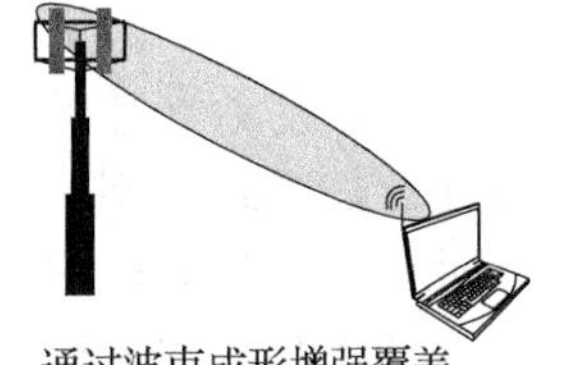

通过波束成形增强覆盖
（使用更少的小区覆盖特定区域）

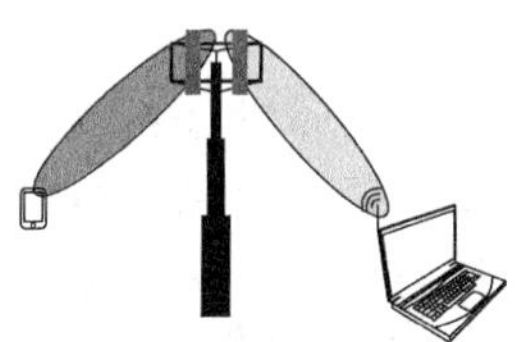

通过空分多址（“MU-MIMO”）提高
容量（每个小区服务更多用户）

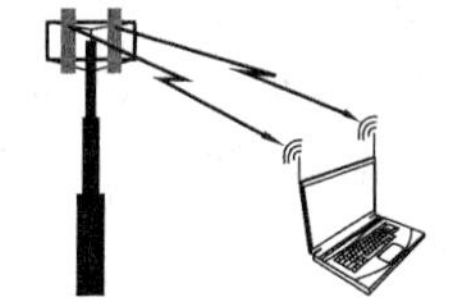

通过多层传输（“SU-MIMO”）来利用
给定带宽提供更高的数据速率

图 6-18　4 种 MIMO 使用方式

1）**分集**：分集可以通过多天线发送和多天线接收得到的多个接收信号来实现。如果不具有能够达到信号完全独立的天线间距，空间分集的一些好处仍然可以实现。

2）**多流**：成对的发射和接收天线可以传输多个、并行的数据流。

3）**波束成形**：利用配置的多个天线可以产生定向天线方向图以实现对特定接收用户的聚焦并增加传输能量。

4) **多用户** MIMO(MU-MIMO)：配置足够的 MIMO 天线，可以构建定向天线波束以便同时服务多个用户。

现代无线通信系统已经实现了 4×4(4 输入，4 输出)和 8×8 的 MIMO 配置。由每个天线阵列 8 个天线构成的系统已经被采纳，并且由 64 个天线构成的二维天线阵列有望在未来技术中得以实现。

MIMO 天线架构已经成为开发高速无线网络的关键技术，包括 IEEE 802.11Wi-Fi 局域网和长期演进(Long Term Evolution，LTE)。MIMO 技术利用空间维度来提高无线通信系统的容量、覆盖范围和传输可靠性。MIMO 技术和 OFDM 技术的结合是新兴宽带无线网络的基石。

MIMO 原理　在 MIMO 方案中，发射机和接收机使用多个天线。源数据流分为 n 个子数据流，n 个发射天线的每一根天线对应一个子数据流。每个独立子数据流作为每个发射天线的输入(即多输入)。在接收端，m 个天线接收来自 n 个源天线通过视距和多径传输信号的合并信号(如图 6-19 所示)。将所有的 m 个接收天线(多个输出)的输出信号合并。通过大量复杂的数学运算，结果是能够获得一个与单个天线接收或者多频信道接收相比更好的接收信号。需要注意的是，术语输入和输出分别指的是传输信道的输入和传输信道的输出。

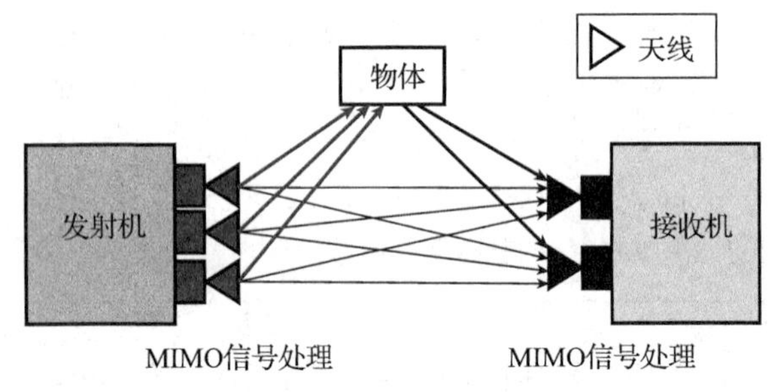

图 6-19　MIMO 方案

MIMO 系统可以通过无线信道的每一端的天线数目来表征。因此，一个 8×4 MIMO 系统在无线信道的一端有 8 个天线，在无线信道的另一端有 4 个天线。在配置一个基站时，第一个数字通常是指在基站上配置的天线数量。有两种类型的 MIMO 传输方案：

- **空间分集**：对相同的数据进行编码并通过多个天线进行传输，这能够按照与发射天线的数目成正比的方式来有效地增加信道上的功率。这提高了小区边缘性能的信噪比(SNR)。此外，多径衰落的多样性也为接收机提供了对发送数据的多种“观察”，从而增加了系统的鲁棒性。在多径信道的条件下，每个接收天线可能经历不同的干扰环境，以下情况将以一个很高的概率出现：如果一个天线遭受很大的衰落，则另一个天线有足够的信号电平。
- **空间复用**：将源数据流划分到每个发射天线。信道容量的增益与发射机或接收机中的可用天线数(较少的那一个)成正比。当发射条件是有利的时可以使用空间复用，与空间分集相比，它仅需要相对较短的距离。接收机需要进行大量的信号处理以整理这些通过相同频率的信道传入的子流，并恢复原始的数据流。

对于空间复用，多链路信道可以表示为 $\boldsymbol{y}=\boldsymbol{Hc}+\boldsymbol{n}$，其中 $\boldsymbol{y}$ 表示接收信号失量，$\boldsymbol{c}$ 是发送信号向量，$\boldsymbol{n}$ 是加性噪声分量，$\boldsymbol{H}=[h_{ij}]$表示一个 $r\times t$ 的信道矩阵，这里 r 表示接收天线数，t 表示发射天线数。空间数据流的个数可以表示为 $\min[r, t]$。对于一个具有 3 个发射天线、4 个接收天线的信道来说，公式为

$$\begin{pmatrix} y_1 \\ y_2 \\ y_3 \\ y_4 \end{pmatrix} = \begin{pmatrix} h_{11} & h_{12} & h_{13} \\ h_{21} & h_{22} & h_{23} \\ h_{31} & h_{32} & h_{33} \\ h_{41} & h_{42} & h_{43} \end{pmatrix} \begin{pmatrix} c_1 \\ c_2 \\ c_3 \end{pmatrix} + \begin{pmatrix} n_1 \\ n_2 \\ n_3 \end{pmatrix}$$

h_{ij}是一个复数，可以表示为$x+jz$，它表示一个信道的平均振幅衰落(x)和一个路径依赖的相移(z)，n_i表示加性噪声分声。接收机基于包含在数据包前导码中已知模式的训练字段来测量信道增益，并可用下式估计所发送的信号

$$\begin{pmatrix} \hat{c}_1 \\ \hat{c}_2 \\ \hat{c}_3 \end{pmatrix} = \boldsymbol{H}^{-1} \begin{pmatrix} y_1 \\ y_2 \\ y_3 \\ y_4 \end{pmatrix}$$

多用户 MIMO 多用户 MIMO(MU-MIMO)将基本的 MIMO 概念扩展到多个终端，每一个终端具有多个天线。与单用户 MIMO 相比，MU-MIMO 的优势是通过共享可用容量来满足变化的需求。MU-MIMO 技术已用于 Wi-Fi 和 4G 蜂窝网络。

MU-MIMO 有两种典型的应用：

- **上行-多址信道**：多个终端用户同时给一个基站发送信息。
- **下行-广播信道**：基站给多个不同的用户传输独立的数据流。

MIMO-MAC 用于上行信道以给用户台站提供多址接入。一般情况下，MIMO-MAC 系统优于点对点 MIMO，特别是如果接收机天线的数目大于每个用户的发射天线的数目。多种多用户检测技术用于分离不同用户传输的信号。

MIMO-BC 用于下行信道，从而使基站能够在相同的频带上给多个用户传输不同的数据流。MIMO-BC 的实际实现更具很大的挑战性。使用的技术涉及发射机对数据符号的处理以减少用户间的相互干扰。

6.5.5 OFDM 和扩频

传统的通信技术，无论有线或无线，都是简单地将基带信号调制为所要求的传输信道和频率，因而没有改变原始的信号。尽管如此，有两种主要的克服无线信道损伤的方法。为了传输都对信号进行明显的改进。

- **正交频分复用**(OFDM)技术将一个信号转换成许多具有较低比特率的数据流，并且这些数据流在具有精确频率间隔的频段上传输。这样我们可以通过增加每个数据流的比特时间来降低每个数据流占用的带宽，从而有效地克服频率选择性衰落。其中每一个频段上的信号可以单独进行放大。本章稍后将进行一些简单的讨论，第 8 章将进行详细的介绍。
- **扩频技术**使信号带宽扩展数百倍或更宽之后进行传输，因此信号在每一个频率都拥有更低的能量密度。该技术可以克服频率选择性衰落的影响。即使某些频率的信号很差，但也可以获得较好的整体平均性能。我们将在本章接下来的内容和第 9 章中对此进行简要的介绍。

6.5.6 带宽扩展

所有上述的纠正机制都设法增加信道的使用效率，通常可以用 bps/Hz 来度量使用效率。但根据香农定理，在给定信噪比的条件下该使用效率是受限的。如果吞吐量的要求超过了给定带宽可以提供的吞吐量，则需要使用一系列带宽扩展方法。

- **载波聚合**：载波聚合将多个信道合并使用。例如，802.11n 和 802.11ac 通常将 802.11 中的 20MHz 带宽聚合为 40、80 或者 160MHz 的带宽。
- **频率复用**：频率复用技术允许相同的频率在距离足够远时进行重复使用，其前提是

信干比足够低。传统上，通常提供将一个蜂窝覆盖区域分成直径几公里的大蜂窝，称为**宏蜂窝**，当小区足够远时可以将频率重复使用。为了实现同频复用，现有的**小蜂窝**使用有限的功率和覆盖范围。室内小蜂窝通常被称为**毫微微蜂窝基站**(femtocell)，并通过**中继**(relay)或**微微蜂窝**(picocell)来实现室外小蜂窝覆盖。这些将在第 14 章中的 LTE 技术中进行讨论。这种方法称为**网络致密化**，因为它允许频率被重复使用多次。

- **毫米波**(Millimeter wave，mmWave)：毫米波频段是更高的 30～300GHz 频段，该频段有更多的带宽，因此可以实现更宽的信道。我们知道波长公式 $\lambda=c/f$，因此 30～300GHz 频段对应的波长为 10～1mm。给定不同的频谱监管，这是使用不同的载波频率来获得更高带宽的例子。然而，由于毫米波频段更容易被障碍物和大气吸收而衰减，所以说更难使用。IEEE 802.11ad 在室内使用毫米波频段。未来，可以将其与高增益 MIMO 相结合来实现更大范围的传输。

6.6 推荐阅读

[FREE07]和[RAPP02]对本章讨论的问题进行了详细的探讨。[BERT00]对天线与传播进行了更详细的讨论。[THUR00]提供了关于天线的详细讨论。

BER00 Bertoni，H. Radio Propagation for Modern Wireless Systems. Upper Saddle River，NJ：Prentice Hall，2000.

FREE07 Freeman，R. Radio System Design for Telecommunications. New York：Willy，2007.

RAPP02 Rappaport，T. Wireless Communications：Principles and Practice. Upper Saddle River，NJ：Prentice Hall，2002.

THUR00 Thurwachter，C. Data and Telecommunications：Systems and Applications. Upper Saddle River，NJ：Prentice Hall，2000.

6.7 关键术语、复习题和问题

关键术语

adaptive equalization(自适应均衡)
adaptive modulation and coding(自适应调制与编码)
antenna(天线)
antenna gain(天线增益)
atmospheric absorption(大气吸收)
attenuation(衰减)
beam width(波束宽度)
cognitive radio(认知无线电)
coherence bandwidth(相干带宽)
coherence time(相干时间)
cross talk(串扰)
diffraction(衍射)
dipole(偶极子)
directional antenna(定向天线)
diversity(分集)
Doppler spread(多普勒扩展)
dynamic spectrum access(动态频谱接入)
fading(衰落)
fast fading(快衰落)
flat fading(平坦衰落)
Forward Error Correction(FEC，前向纠错))
free space loss(自由空间损耗)
frequency selective fading(频率选择性衰落)

ground wave propagation(地波传播)
Hertz antenna(Hertz 噪声)
impulse noise(脉冲噪声)
intermodulation noise(互调噪声)
isotropic antenna(全向天线)
large-scale fading(大尺度衰落)
line of sight(LOS，视距)
linear antenna array(线性天线阵列)
Multiple-Input Multiple-Output(MZME，多输入多输出)
Multiuser MIMO(多用户 MIMO)
multipath(多径)
noise(噪声)
Okumura-Hata model(奥村-哈塔模型)
optical line of sight(光视距)
parabolic reflective antenna(抛物面反射天线)
path loss exponent(路径损耗指数)
radiation pattern(辐射方向图)
radio line of sight(无线电视距)
reception pattern(接收方向图)
reflection(反射)
refraction(折射)
scattering(散射)
sidelobe(旁瓣)
small-scale fading(小尺度衰落)
sky wave propagation(天波传播)
slow fading(慢衰落)
thermal noise(热噪声)

复习题

6.1 天线的两个主要功能是什么?
6.2 什么是全向天线?
6.3 描述一个定向天线的方向图及其特征。
6.4 天线方向图的可用信息是什么?
6.5 抛物面反射天线的主要优点是什么?
6.6 什么因素决定了天线增益?
6.7 什么是路径损耗指数?
6.8 卫星通信中信号损耗的主要原因是什么?
6.9 给出4种主要噪声的名称和简要定义。
6.10 折射是什么?
6.11 多径衰落是什么?
6.12 衍射和散射的区别是什么?
6.13 快衰落和慢衰落之间的区别是什么?
6.14 平坦衰落和选择性衰落的区别是什么?
6.15 给出3种主要分集技术的名称和简要定义。

问题

6.1 在自由空间中的无线电传输中，信号功率按照与信源距离的平方成正比衰减，而在有线传输中，每千米的衰减是一个固定的分贝数。下表给出了自由空间无线传输和均匀电线相对于一个参考值的分贝减少值。填写数字来填满该表格。

距离(km)	无线电(dB)	有线(dB)	距离(km)	无线电(dB)	有线(dB)
1	−6	−3	8		
2			16		
4					

6.2 求长度为10m的半波偶极子的最佳波长和频率。

6.3 人类声音的音频功率集中在约300Hz。这个频率大小所适用的天线是不切实际地大，所以为了使用收音机来传输声音信号，发送的声音必须调制到更高的频率(载波)，从而减小天线的实际尺寸。

a. 为了发送一个300Hz的无线电信号，半波长天线的长度是多少?

b. 另一种方法是使用第7章所述的调制方案，通过调制载波频率来发送语音信号，从而使该信号的带宽是以载波频率为中心的一个窄带。假设我们需要一个 1m 长的半波天线，需要使用什么频率？

6.4 6.1 节指出，如果一个电磁能量源放置在抛物面的焦点，并且如果天线是反射面，那么波会被反射到平行于抛物面的轴线方向。为了证明这一点，考虑抛物线 $y^2=2px$，如图 6-20 所示。设 $P(x_1, y_1)$是抛物线上的一个点，且 PF 是从 P 到焦点 F 的连线。构造一条通过 P 且平行于 x 轴的线 L，以及经过 P 点的抛物线的切线 M。L 与 M 之间的夹角为 β，PF 与 M 之间的夹角为 α。角度 α 表示一个从焦点 F 发出的射线击中抛物线 P 点的角度。因为入射角等于反射角，所以 P 反射的射线与 M 的角度是 α。因此，如果我们能够表明 $\alpha=\beta$，我们就证明了从焦点 F 发出的射线被抛物面反射后将平行于 x 轴。

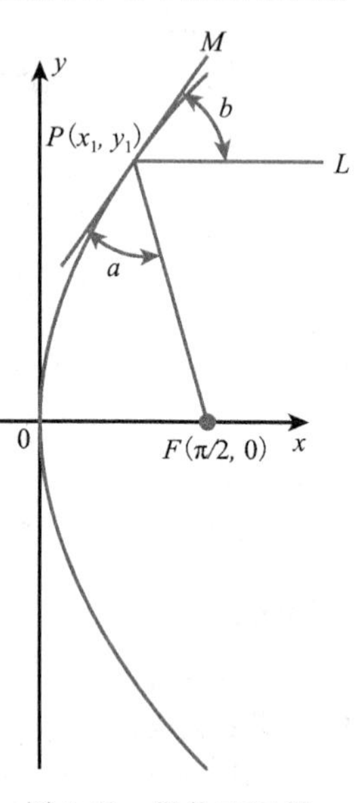

图 6-20 抛物面反射

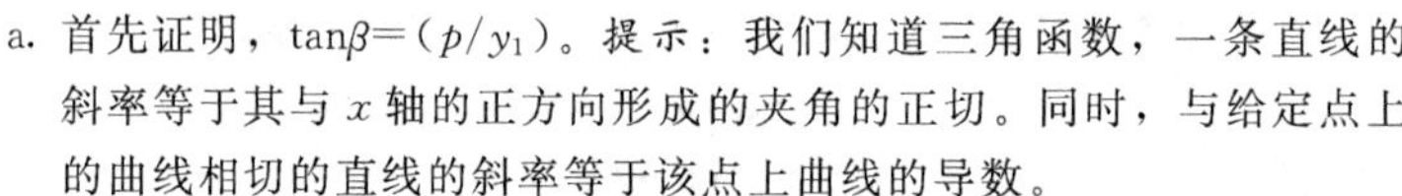

a. 首先证明，$\tan\beta=(p/y_1)$。提示：我们知道三角函数，一条直线的斜率等于其与 x 轴的正方向形成的夹角的正切。同时，与给定点上的曲线相切的直线的斜率等于该点上曲线的导数。

b. 现在证明 $\tan\alpha=(p/y_1)$，这表明 $\alpha=\beta$。提示：我们知道三角函数，两个角度 α_1 和 α_2 之差的正切可以表示为：$\tan(\alpha_2-\alpha_1)=(\tan\alpha_2-\tan\alpha_1)=(\tan\alpha_2-\tan\alpha_1)/(1+\tan\alpha_2\times\tan\alpha_1)$。

6.5 使用 km 来表示距离，使用 MHz 来表示频率，这样比使用 m 和 Hz 更加方便。请使用这些单位重写式(6-4)。

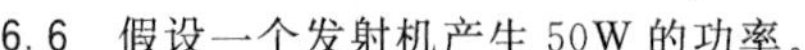

6.6 假设一个发射机产生 50W 的功率。

a. 将发射功率表示为单位 dBm 和 dBW。

b. 如果发射机的功率施加到一个单位增益天线且载波频率为 900MHz，在 100m 自由空间距离上接收功率是多少 dBm？

c. 距离为 10km 时重做(b)。

d. 重复(c)且发射天线增益为 2。

6.7 在城市移动环境下考虑问题 6.6，而不是在自由空间环境下。路径损耗指数 $n=3.1$，发射功率为 50W。

a. 这种环境的路径损耗指数的范围是什么？

b. 如果发射机的功率施加到一个工作在 900MHz 载波频率的单位增益天线，在 100m 自由空间距离下接收功率是多少 dBm？

c. 距离为 10km 时重做(b)。

d. 重复(c)且发射天线增益为 2。

6.8 在满足以下要求时，路径损耗指数的范围是什么？

- 发射机功率＝2W。
- 接收功率为－105dBm。
- 单位发射和接收天线增益。
- 载波频率＝1.8GHz。
- 距离为 5.2km。

6.9 一个微波发射机在 2GHz 有一个 0.1W 的输出。假设用于微波通信系统的发射天线和接收天线为抛物线，每个直径为 1.2m。

a. 每个天线的增益是多少 dB？

b. 考虑天线增益，发射信号的有效辐射功率是多少？

c. 如果接收天线在发射天线的 24km 以外，且是自由空间传播路径，求接收天线的可用信号功率，单位为 dBm。

6.10 证明当传输频率增加一倍或发射天线和接收天线之间的距离增加一倍时，则接收功率衰减 6dB。

6.11 用奥村-哈塔模型计算郊区环境的路径损耗，单位为 dB。$f_c=900\text{MHz}$，$h_t=45\text{m}$，$h_r=3\text{m}$，

$d=5\text{km}$。

6.12 确定一个能够覆盖高达80km用户的电视台天线的高度。采用农村环境的奥村-哈塔模型，$f_c=76\text{MHz}$和$h_r=1.5\text{m}$。发射功率为150kW，接收功率必须大于10^{-13}W。

6.13 考虑一个信道带宽为10kHz，承载1000W功率且工作在500°C时的热噪声电平是多少？将噪声电平与工作功率进行比较。

6.14 图2-5c所示的方波，$T=1\text{ms}$，通过一个低通滤波器，它可以无衰减地通过最高8kHz的频率。

a. 求输出波形的功率。

b. 假设在滤波器的输入有一个热噪声$N_0=0.1\mu\text{W/Hz}$，求输出信号的信噪比，单位为dB。

6.15 假设一辆汽车正在通过一个郊区环境，有一个无线信道的相干时间为10ms，相干带宽为600kHz。

a. 信道是慢衰落还是快衰落？

b. 信道是平坦衰落还是选择性衰落？

6.16 假设一个无线信道的相干带宽为100kHz。它可以支持什么范围的比特率使其经历平坦衰落？

6.17 重新考虑问题6.12。假设一个无线信道有两种可能的质量水平。它具有85%的概率可以实现10^{-6}的误比特率，但有15%的概率会出现0.1的误比特率。假设独立变化的信号可以通过k个天线来接收，系统采用选择分集来选择最好的信号。根据例6.12中的近似方法，要达到10^{-4}的误比特率需要有多少个分支？

6.18 假设一个可见光的光线以一个与水平方向成30°的角度从大气进入水中。在水中光线的角度是什么？注：在标准地球表面的大气条件下，一个合理的折射率值为1.0003。一个典型的水的折射率值为4/3。

信号编码技术

学习目标

通过本章的学习，你应该能够：

- 掌握将数字数据编码成模拟信号的三种主要方式。
- 解释相移键控和频移键控之间的折中。
- 根据 E_b/N_0 曲线确定调制方案的性能。
- 通过信号波形识别调制方案。
- 掌握模拟波形的调制方法。
- 比较波形编码器和声码器。

在第 2 章中，我们定义了如何区分模拟数据和数字数据以及模拟信号和数字信号。图 2-8表明，任何一种形式的数据都可以编码为任何一种形式的信号。

图 7-1 是另一种描述方式，其重点关注信号的处理过程。对于**数字信号传输**，一个数据源 $g(t)$（可以是数字的或模拟的）编码为数字信号 $x(t)$。$x(t)$的实际形式取决于编码技术，并且需要选择能够优化使用传输介质的编码技术。例如，可以选择能够节省带宽或最小化错误的编码方式。

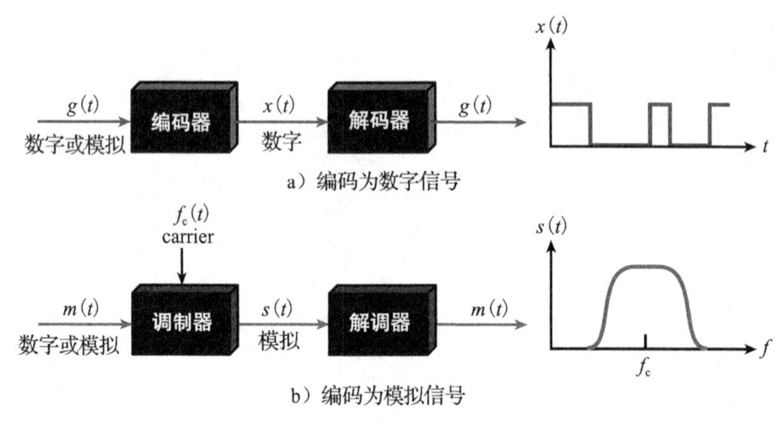

图 7-1　编码和调制技术

模拟信号传输的基础是一个连续的恒定频率信号，称为载波信号。载波信号频率的选择需要与所使用的传输媒质相兼容。在无线通信中，必须使用管理机构所指定的频率。数据是通过将其**调制**到载波信号上来传输的。调制是指将源数据编码到频率为 f_c的载波信号上的过程。所有的调制技术都涉及改变 3 个基本频域参数的一个或多个（振幅、频率和相位）来发送信息。

输入信号 $m(t)$可能是模拟的或数字的，称为调制信号或基带信号。调制载波信号的结果称为已调制信号 $s(t)$。如图 7-1b 所示，$s(t)$是一个带限（带通）信号。带宽的位置一般是与 f_c相关的且往往是以 f_c为中心的。再次强调，实际编码形式的选择要能够优化传输的某些特性。

图 7-1 给出了 4 种不同的映射，或编码方式，如第 2 章所讨论的：数字到数字、数字到模拟、模拟到模拟和模拟到数字。后 3 种技术与无线通信环境最为相关且已经得到了广泛应用：

- **数字到模拟**：数字数据和数字信号必须转换成模拟信号以便进行无线传输。
- **模拟到模拟**：通常情况下，基带模拟信号，如语音或视频，必须调制到一个更高频率的载波进行传输。
- **模拟到数字**：无论在导向介质或非导向介质中，传输之前通常需要将语音信号进行数字化以提高信号质量，并可利用 TDM 技术的优势。对于无线传输而言，所得到的数字数据必须调制到模拟载波。

本章将研究这 3 种技术。首先来看看评估每个类别中的各种方法的一些准则。第 8 章和第 9 章研究的正交频分复用(OFDM)和扩频技术是其中这几类技术的结合。

7.1 信号编码准则

首先，我们需要定义一些术语。我们知道，数字信号是一个离散的、不连续的电压脉冲序列。每个脉冲是一个信号元素(signal element)。通过编码将每个二进制数据比特转换成信号元素之后再发送。在最简单的情况下，比特和信号元素之间可以是一一对应的关系。如图 2-9 所示，二进制 0 用高电平来表示，二进制 1 用低电平来表示。同样，一个数字比特流可以编码成一个由信号元素序列构成的模拟信号，每个信号元素是一个具有恒定频率、相位和振幅的脉冲。现代系统中成形脉冲不完全是矩形的，但其概念是明确的。数据元素(比特)与模拟信号元素间存在一一对应关系。对模拟和数字信号而言，数据元素(data element)和信号元素之间可能存在一对多或者多对一的对应关系，后面将举例说明。

数据信号传输速率，或者仅是**数据速率**，是指信号的速率，用来描述每秒发送数据的比特数。一比特的持续时间或长度是指发射机发射该比特所花费的时间；如果数据速率为 R，则比特持续时间是 $1/R$。**调制速率**，相比之下，是指该信号电平改变的速率。这将取决于编码的性质，后面会进一步解释。调制速率用波特(baud)表示，其表示每秒发送的信号元素(或符号)个数。表 7-1 总结了重要的术语，在本章后面的例子中看到它们时，我们应该清楚其含义。

表 7-1　关键的数据传输术语

术语	单位	定义
数据元素	bit	一个二进制 1 或 0
数据速率	bit/s	数据元素的发送速率
信号元素	数字：一个定振幅的电压脉冲 模拟：一个恒定频率、相位和振幅的脉冲	信号的一部分，即信号码中占据最短间隔的那部分
信号速率或者调制速率	信号元素数/秒(baud)	发送信号元素的速度

接收机上解释数字信号的任务，可以再次参照图 2-9 来进行概括。首先，接收机必须知道每比特的时序。即，接收机必须相当精确地知道一个比特什么时候开始和结束。其次，接收机必须确定每个比特位置的信号电平是高(0)或低(1)。在图 2-9 中，这些任务可以通过对间隔中间的每个比特值进行采样并将该值与阈值进行比较。由于噪声和其他损伤，这一过程中可能会出现错误，如图 2-9 所示。

什么因素将决定接收机如何正确解释传入的信号？我们在第 2 章讲到的 3 个因素是：

信噪比(或者 E_b/N_0)、数据速率和带宽。当其他因素保持不变时，下列说法是正确的：

- 数据速率的增加会导致**误比特率**(BER)[⊖]的增加。
- 信噪比(SNR)的增加会减小误比特率。
- 带宽的增加支持数据速率的增加。

提高系统性能的另一因素是编码方案。简单的编码方案是将数据比特映射到信号元素。目前正在使用的方法有很多。在描述这些技术之前，让我们首先考虑以下评估或比较各种技术的方法。

- **信号频谱**：信号频谱的许多方面是非常重要的。缺少高频成分意味着需要的传输带宽更少。此外，还要求信号中不能含有直流(DC)成分。当信号中含有一个直流成分时，就必须有传输元件的直接物理连接。当没有直流成分时，交流电可以经过变压器耦合来传输，这样可以提供优良的电绝缘并减少干扰。最后，失真和干扰对信号影响的大小依赖于所发射信号的频谱特性。实际上，靠近频段边缘时信道的传输函数通常更差。因此，一个好的信号设计应当将发射功率集中在传输带宽的中间部分。在这种情况下，接收信号中会存在更小的失真。为了达到这一目标，可以通过低码设计来实现使发送信号的频谱成形的目的。
- **时钟**：接收机必须确定每个比特的开始和结束位置。这不是一件容易的事。一种代价很大的方法是提供一个单独的时钟信道来同步发射机和接收机。另一种选择是提供一些基于发送信号的同步机制。这可以通过合适的编码来实现。
- **信号干扰和噪声免疫**：某些编码在存在噪声的情况下能够表现出优越的性能。这通常用误比特率来表示。
- **成本和复杂度**：虽然数字逻辑器件的价格在持续下降，但这个因素不应被忽视。特别是，需要实现的数据速率越高，所需的成本就越高。我们将看到有些编码方法需要一个比实际数据速率更大的信号速率。

我们现在来讨论各种技术。

7.2　数字数据、模拟信号

我们首先从使用模拟信号来传送数字数据的情况开始。一个熟悉的传输方式是通过公共电话网来发送数字数据。电话网络能够接收、交换和发送频率范围约为300～3400Hz的模拟声音信号。数字设备通过调制解调器(调制器-解调器)连接到电话网络，调制解调器能够将数字数据转换成模拟信号，反之亦然。

对于电话网络，调制解调器用于产生语音频率范围内的信号。对于调制解调器，采用同样的基础方法也可以产生较高频率的信号(例如，微波)。本节介绍将这些技术并简要讨论其他方法的特性。

我们前面提到，调制涉及对载波信号的3个特性(振幅、频率和相位)中的一个或多个进行操作。因此，数字数据转换成模拟信号的编码或调制技术主要有3种基本方法(如图7-2所示)**幅移键控**(ASK)、**频移键控**(FSK)和**相移键控**(PSK)。在所有这些方法中，产生的信号占据以**载波频率**为中心的带宽。

⊖ 在数据电路中，误比特率是最常见的衡量标准，其定义为一个比特被错误接收的概率。也可以称为比特错误比率。后面的这种定义方式更明确，因为通常术语率是指一些随时间变化的数量。可惜的是，在大多数书籍和标准文档中，BER中的R都是指速率。图中用“BER”和“比特错误概率”两个标签。

7.2.1　幅移键控

在幅移键控中，两个二进制数由载波频率的两个不同振幅表示。通常，一个振幅是 0；即，一个二进制数字用恒定振幅表示载波的存在，另一个表示载波不存在（如图 7-2a 所示）。产生的一比特时间的发送信号是

$$\text{ASK}\quad s(t)=\begin{cases}A\cos(2\pi f_c t) & \text{二进制 1}\\ 0 & \text{二进制 0}\end{cases}\tag{7-1}$$

其中，载波信号是 $A\cos(2\pi f_c t)$。ASK 信号容易发生突然的增益变化并且是一种效率低下的调制技术。

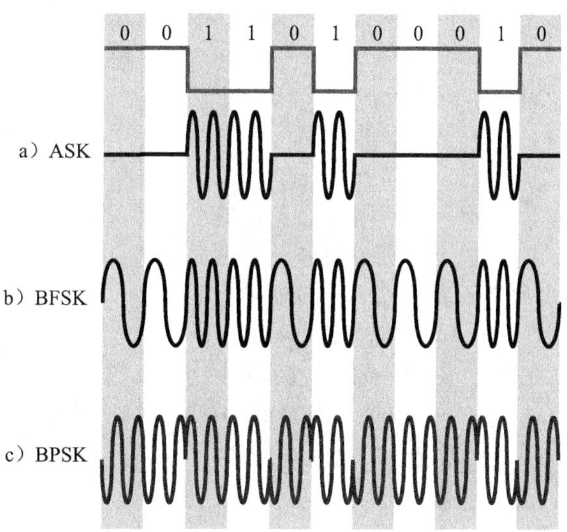

图 7-2　数字数据调制为模拟信号

ASK 技术可用于光纤通信系统来传输数字数据。对于发光二极管（LED）发射机，式（7-1）仍然是有效的。即，一个信号元素由一个光脉冲表示，而另一个信号元素由光脉冲的不存在来表示。激光发射机通常有一个固定的“偏斜”电流，它导致器件发射低电平的。低电平代表一个信号元素，而较高振幅光波代表了另一个信号元素。

7.2.2　频移键控

频移键控（FSK）的最常见形式是二进制 FSK（BPSK），其中两个二进制值由载波频率附近的两个不同的频率表示（如图 7-2b 所示）。产生的一比特时间的发送信号是

$$\text{BFSK}\quad s(t)=\begin{cases}A\cos(2\pi f_1 t) & \text{二进制 1}\\ A\cos(2\pi f_2 t) & \text{二进制 0}\end{cases}\tag{7-2}$$

其中，f_1和 f_2通常是载波频率 f_c的偏移量，它们大小相同但方向相反。

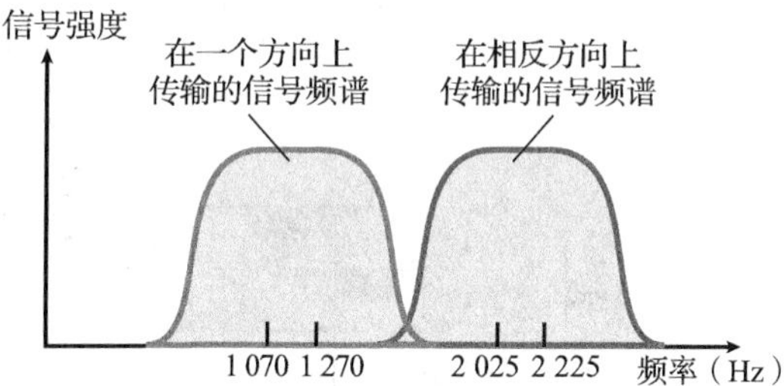

图 7-3　话音信道进行全双工 FSK 传输

图 7-3 给出了在音频级线路使用 BFSK 调制实现全双工通信的一个例子。该图给出的是一个贝尔系统 108 系列调制解调器的设备规范。音频级线路大约覆盖 300～3400Hz 的频率范围。全双工意味着同时在两个方向上发送信号。为了实现全双工传输，整个带宽分割为两个部分。在一个方向（发送或接收）上，用于表示 1 和 0 的频率以 1170Hz 为中心，并在其两侧分别有 100Hz 的频率偏移。这两个频率的交替出现从而产生一个信号，该信号的频谱可以表示为图 7-3 左边的阴影区域。同样，对于另一方向（接收或发送），调制解调器使用中心频率 2125Hz 且在两侧分别有 100Hz 频率偏移的两个频率。产生信号的频谱由图 7-3 右边的阴影区域表示。注意，由于重叠区域很小，所以干扰很小。

与 ASK 相比，BFSK 不易出错。在音频级线路中，通常使用 1200bps 的传输速率。

该技术也经常用于高频(3～30MHz)无线传输。该技术甚至还可以用于更高的频段，如使用同轴电缆的局域网。

多进制频移键控(MFSK)也是一种不易出错的信号。这种信号使用两个以上的频率。在这种调制方式中，每个信号元素代表一个以上的比特。发送的MFSK信号元素在一个信号元素时间内可以定义为：

$$\text{MFSK}\quad s_i(t)=A\cos(2\pi f_i t)\quad 1\leqslant i\leqslant M \tag{7-3}$$

式中　f_i——$f_c+(2i-1-M)f_d$；

f_c——载波频率；

f_d——差频率；

M——不同信号元素的个数$=2^L$；

L——每个信号元素的比特数。

为了匹配输入比特流的数据速率，每个输出信号元素的周期需要保持在$T_s=LTs$，其中T是比特周期(数据速率$=1/T$)。因此，一个信号元素，即一个恒定频率的音调，编码L比特。例如，$M=8$的每个信号元素可以表示$L=3$比特的信息。所需的总带宽约为$2Mf_d$。可以证明，所需的最小频率间隔为$2f_d=1/T_s$。因此，调制器需要$W_d=2Mf_d=M/T_s$的带宽。

例7.1　令$f_c=250\text{kHz}$，$f_d=25\text{kHz}$，$M=8(L=3)$，对于3比特数据共8种可能的频率，我们有以下频率分配方案：

$f_1=75\text{kHz}$　000　$f_2=125\text{kHz}$　001　$f_3=175\text{kHz}$　010　$f_4=225\text{kHz}$　011

$f_5=275\text{kHz}$　100　$f_6=325\text{kHz}$　101　$f_7=375\text{kHz}$　110　$f_8=425\text{kHz}$　111

这个方案可以支持数据速率$1/T=2Lf_d=150\text{kbps}$。

例7.2　图7-4给出了一个$M=4$的MFSK例子。一个20比特的输入比特流一次对2比特进行编码，将由2个比特组合而成的4种不同频率中的每一个都作为可能的发送频率。图中给出了发送频率(y轴)随着时间(x轴)变化的函数。每列代表在一个单位时间T_s内，发送的一个2比特信号元素。该列中的矩形阴影表示在该单元时间内发送的频率。

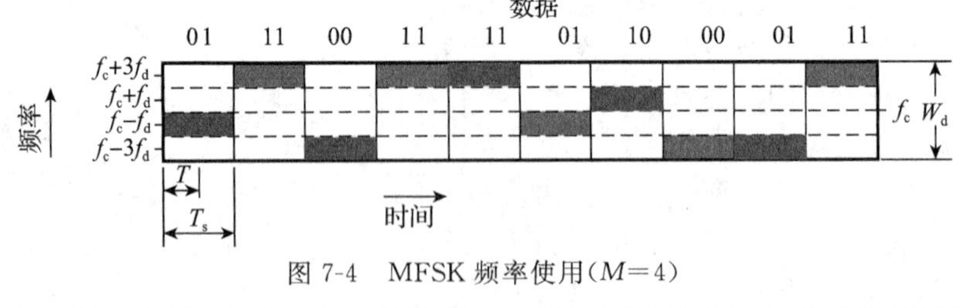

图7-4　MFSK频率使用($M=4$)

7.2.3　相移键控

在相移键控(PSK)中，利用载波信号的相位来表示数据。

二进制PSK　最简单的方法使用两个相位来表示两个二进制数字(如图7-2c所示)，这种方法称为二进制相移键控。产生的一比特时间的发送信号是

$$\text{BPSK}\quad s(t)=\begin{cases}A\cos(2\pi f_c t)\\ A\cos(2\pi f_c t+\pi)\end{cases}=\begin{cases}A\cos(2\pi f_c t) & \text{二进制 1}\\ -A\cos(2\pi f_c t) & \text{二进制 0}\end{cases}\tag{7-4}$$

因为 180°(π)的相移相当于翻转正弦波或将其乘以−1，即使用式(7-4)最右边的表达式。这是一种更简便的表述形式。如果我们有一个比特流，并且我们定义离散函数 $d(t)$，如果一个比特时间内比特流中的相应比特为 1，则 $d(t)$的值就为 1，如果一个比特时间内比特流中的相应比特为 0，则 $d(t)$的值就为−1，则我们可以定义所发送的信号为

$$\text{BPSK}\quad s_d(t)=Ad(t)\cos(2\pi f_c t)\tag{7-5}$$

二进制 PSK 的另一种形式是**差分 PSK**(Differential PSK，DPSK)。图 7-5 给出了 DPSK 的一个例子。在该方案中，二进制 0 是通过发送一个与前一个信号具有相同相位的信号来实现的。二进制 1 可以表示为发送一个与前一个信号具有相反相位的信号。术语*差分*是指，相移的参考相位是发送的前一个比特的相位而不是一个恒定的基准信号的相位。在差分编码中，发送的信息用连续数据符号之间的相位变化来表示，而不是用信号元素自身的相位来表示。DPSK 调制在接收机不需要获得与发射机准确匹配的本地振荡器的相位。只要正确接收前一个相位，则参考相位就是准确的。但是，DPSK 的 BER 性能比 BPSK 差，如图 7-9 所示。

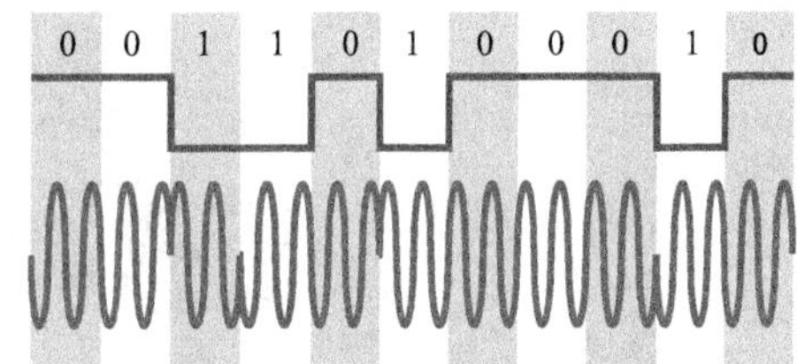

图 7-5 差分相移键控(DPSK)

四进制 PSK 如果每个信号元素能够表示多比特，则它可以更有效地利用带宽资源。例如，在 PSK 调制中，一种更普遍的编码技术，不是采用 180°的相移，而是使用 90°的倍数作为相移，称为**正交相移键控**(Quadrature Phase-Shift Keying，QPSK)。

$$\text{QPSK}\quad s(t)=\begin{cases}A\cos\left(2\pi f_c t+\dfrac{\pi}{4}\right)\\ A\cos\left(2\pi f_c t+\dfrac{3\pi}{4}\right)\\ A\cos\left(2\pi f_c t-\dfrac{3\pi}{4}\right)\\ A\cos\left(2\pi f_c t-\dfrac{\pi}{4}\right)\end{cases}\tag{7-6}$$

因此，每个信号元素表示两个比特而不是一个。我们称这样的信号元素为一个符号，并且该符号具有相应的符号时间和符号速率。我们可以很容易发现符号速率和比特速率之间的关系。例如，这里的比特速率将是符号速率的两倍。如果每秒传送 100 万个符号，这将对应于 200 万比特/秒，因为每个符号将携带两个比特。

调制方案通常使用**星座图**来表示，如图 7-6 所示。每个点表示每个符号所使用的 $I(t)$和 $Q(t)$的组合。

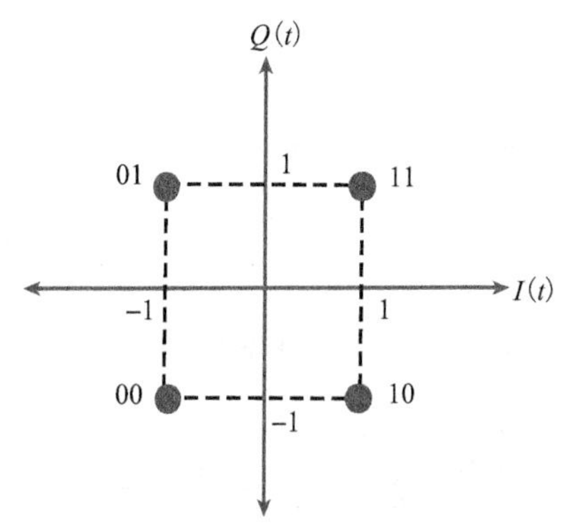

图 7-6 QPSK 星座图

图 7-7 给出了常用的 QPSK 调制方式。输入是一个二进制比特流，其中比特率 $R=1/T_b$，T_b为每个比特的宽度。通过交替获取两个比特流，将该比特流转换成两个速率为 $R/2$bit/s 的独立比特流。这两个比特流称为 I(同相)和 Q(正交相位)流。在图 7-7 中，上方的比特流通过与频率为 f_c的余弦载波相

乘实现载波调制。为了调制器的结构，我们将二进制比特 1 映射为$\sqrt{1/2}$，将二进制比特 0 映射为$-\sqrt{1/2}$。因此，二进制 1 代表载波的一个缩放版，二进制 0 代表载波的一个负缩放版，并且都具有恒定的振幅。将同一个余弦载波进行 90°相移，使其成为一个正弦波，并用于调制下面一个二进制流。最后将这两个调制后的信号加在一起并发送出去。发送的信号可表示为：

$$\text{QPSK}\quad s(t)=\frac{I(t)}{\sqrt{2}}\cos(2\pi f_c t)-\frac{Q(t)}{\sqrt{2}}\sin(2\pi f_c t)$$

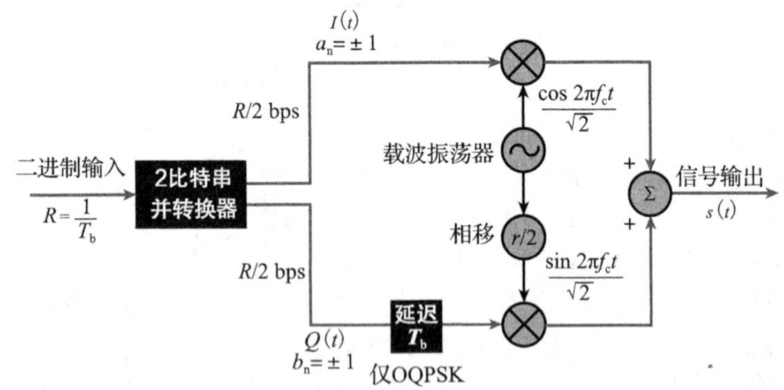

图 7-7　QPSK 和 OQPSK 调制器

图 7-8 给出了 QPSK 编码的一个例子。两个调制后每个流都是 BPSK 信号，且数据速率是原始比特流的一半。因此，该合成信号的符号速率是输入比特速率的一半。这可以减少所需要的带宽。需要注意的是，从一个符号时间到下一个符号时间，可能发生多达 180°的相位变化。

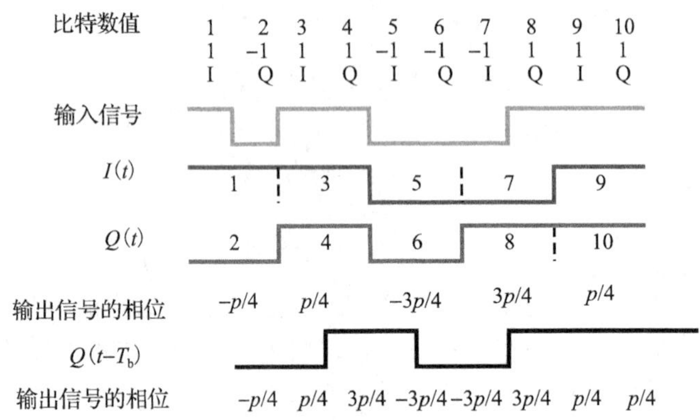

图 7-8　QPSK 和 OQPSK 波形的例子

图 7-8 也给出了 QPSK 的一个变形，称为偏移 QPSK(Offset QPSK，OQPSK)或正交 QPSK。与 QPSK 不同的是，在 Q 流中引入一比特时间(1/2 符号时间)的延迟，从而产生以下信号：

$$\text{OQPSK}\quad s(t)=\frac{I(t)}{\sqrt{2}}\cos(2\pi f_c t)-\frac{Q(t-T_b)}{\sqrt{2}}\sin(2\pi f_c t)$$

由于 QPSK 仅在 Q 流的延迟上不同于 QPSK，所以其频谱特性和比特错误性能与 QPSK 是相同的。从图 7-7 中我们可以观察到，在任何时候，任意成对的两个比特只有一个可以改变符号，因此组合信号的相位变化不超过 90°(π/2)。这将是一个优点，因为由于受相位调制器物理器件的限制，大相移的高速转换难以实现。当传输信道(包括发送机和接收机)具有显著的非线性分量时，OQPSK 能够获得更好的差错性能。非线性对信号的影响是信号带宽的扩展，这可能导致对相邻信道的干扰。如果相位变化较小则更容易实现对信号带宽扩展的有效控制，因此 OQPSK 优于 QPSK。

多进制 PSK 使用多进制一次可以传输超出 2 个比特。同时使用 8 个不同的相位使得一次传输 3 个比特是可能的。这就是 8PSK，其性能将在稍后的图 7-10 中进行说明。此外，每个角度可以有一个以上的振幅。例如，可以使用 12 个相位角来发送一个信号，其中 4 个角度具有两个振幅值，这样总共有 16 个不同的信号元素。

接下来的一个实例很好地说明了信号的数据速率 R(bit/s)和调制速率 D(baud)之间的关系。让我们假设这个方案采用数字输入，其中每个比特由一个恒定电压脉冲表示，一个电平表示二进制 1，另一个电平表示二进制 0。数据速率 $R=1/T_b$。然而，该编码的信号在每个信号元素中包括 $L=4$ 比特，可以构成 $M=16$ 种不同的振幅和相位的组合。因为信号元素的每个变化可以传输 4 个比特，所以调制速率为 $R/4$。例如，信号传输速度为 100 万个符号/秒(1Mbaud)，则数据速率为 4Mbit/s。这就是为什么可以通过采用更复杂的调制方案在相同的带宽下实现更高的比特率。然而，对于相同的总发射功率，噪声和失真的影响将变得更加明显。这也就限制了可以使用的进制数。

一般来说，

$$D = \frac{R}{L} = \frac{R}{\log_2 M} \tag{7-7}$$

式中 D——调制速率，baud(符号/秒)；

R——数据速率，bit/s；

M——不同信号元素的个数$=2^L$；

L——每个信号元素的比特数。

7.2.4 性能

考察不同的数模调制方案的性能时，最感兴趣的参数是调制信号的带宽。这取决于多种因素，包括所使用的带宽的定义以及产生带通信号时所采用的滤波技术。我们将使用从文献[COUC12]中直接获得一些结果。

ASK 的传输带宽 B_T 可以表示为

$$\text{ASK} \quad B_T = (1+r)R \tag{7-8}$$

其中 R 是比特率，而 r 与为建立传输的带宽所采用的滤波技术有关。通常情况下，$0<r<1$。因此带宽直接与比特率相关。前面的公式也适用于 PSK 调制并且在一定的假设条件也适用于 FSK。

对于 MPSK 调制，可以获得显著的带宽改善。一般情况下，

$$\text{MPSK} \quad B_T = \left(\frac{1+r}{L}\right)R = \left(\frac{1+r}{\log_2 M}\right)R \tag{7-9}$$

其中，L 是每比特信号元素的编码比特数，M 是不同信号元素的个数。

对于多进制 FSK(MFSK)，我们有

$$\text{MFSK} \quad B_T = \left[\frac{(1+r)M}{\log_2 M}\right]R \tag{7-10}$$

表 7-2 显示了多种调制方案的数据速率与传输带宽的比率(R/B_T)。这个比率也称为**带宽效率**。顾名思义，该参数表示带宽可以用来传输数据的效率。

表 7-2　多种数模编码方案的带宽效率(R/B_T)

	$r=0$	$r=0.5$	$r=1$
ASK	1.0	0.67	0.5
FSK	0.5	0.33	0.25
多进制 FSK			
$M=4$，$L=2$	0.5	0.33	0.25
$M=8$，$L=3$	0.375	0.25	0.187 5
$M=16$，$L=4$	0.25	0.167	0.125
$M=32$，$L=5$	0.156	0.104	0.078
PSK	1.0	0.67	0.50
多进制 PSK			
$M=4$，$L=2$	2.0	1.33	1.00
$M=8$，$L=3$	3.00	2.00	1.50
$M=16$，$L=4$	4.00	2.67	2.00
$M=32$，$L=5$	5.00	3.33	2.50

当然，前面的讨论指的是一个通信线路的输入信号的频谱。尚未考虑存在噪声情况下的性能。图 7-9 总结了在合理假设条件下，相关传输系统的一些性能结果[CUC12]。图 7-9画出了误比特率随着第 6 章中定义的 E_b/N_0 变化的函数。当然，随着该比率的增加，误比特率不断下降。此外，DPSK 和 BPSK 优于 ASK 和 BFSK 约 3dB。

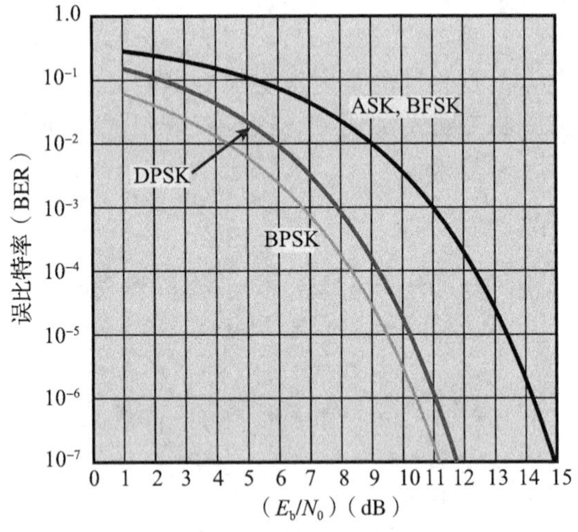

图 7-9　多种编码方案的理论 BER

图 7-10 给出了不同进制 M 时 FSK 和 QPSK 的性能结果。一个重要的不同之处是，对于 MFSK，对于给定的 E_b/N_0，随着 M 的增加，错误概率减小；而对于 MPSK，结论是相反的。另一方面，比较式(7-9)和式(7-10)，对于 MFSK，随着 M 的增大带宽

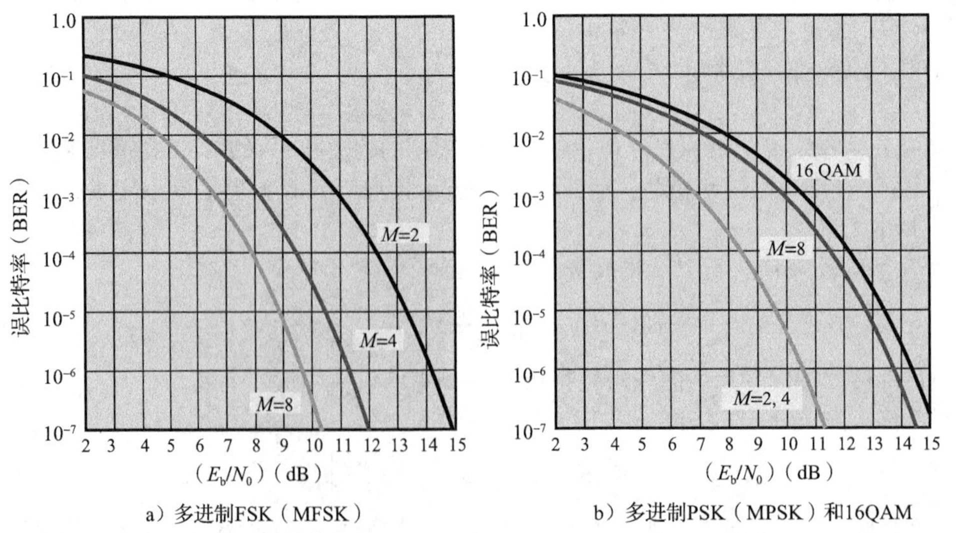

图 7-10　多进制 FSK、PSK 和 QAM 的理论 BER

效率下降，而对于MPSK，结论也是相反的。因此，在这两种情况下，带宽效率和错误性能之间存在折中关系：增加带宽效率会导致错误概率增加。实际上，根据基本公式可以得到，对于MFSK和MQPSK，这些折中相对于进制数M会向相反的方向移动。造成这一不同的原因已经超出了本书的讨论范围。文献[SKLA01]中有一个完整的说明。

例7.3 当误比特率为10^{-7}，信噪比为12dB时，FSK、ASK、PSK和QPSK的带宽效率分别是多少？

使用式(6-9)，我们有

$$\left(\frac{E_b}{N_0}\right)_{dB} = \left(\frac{S/R}{N/B_T}\right)_{dB} = \left(\frac{S}{N}\right)_{dB} - \left(\frac{R}{B_T}\right)_{dB} = 12dB - \left(\frac{R}{B_T}\right)_{dB}$$

对于FSK和ASK，根据图7-9，可得

$$\left(\frac{E_b}{N_0}\right)_{dB} = 14.8dB$$

$$\left(\frac{R}{B_T}\right)_{dB} = -2.8dB$$

$$\frac{R}{B_T} = 0.53$$

对于PSK，根据图7-9，可得

$$\left(\frac{E_b}{N_0}\right)_{dB} = 11.2dB$$

$$\left(\frac{R}{B_T}\right)_{dB} = 0.8dB$$

$$\frac{R}{B_T} = 1.2$$

QPSK的结果必须考虑波特率$D=R/2$，因此

$$\frac{R}{B_T} = 2.4$$

如上例所述，FSK和ASK有相同的带宽效率。PSK的带宽效率更好，通过多进制信号传输甚至可以获得更大的性能改善。

7.2.5 最小频移键控

比上述方法更高级的调制方法现在已经得到了广泛的应用。最小频移键控（Minimum-Shift Keying，MSK）是一些移动通信系统中经常使用的一种调制方式。它能够提供比BFSK更高的带宽效率，但只是适度降低了其错误性能。MSK可以认为是BFSK的一种形式。对于MSK，一个比特时间发送的信号为

$$\text{MSK} \quad s(t) = \begin{cases} \sqrt{\dfrac{2E_b}{T_b}}\cos(2\pi f_1 t + \theta(0)) & \text{二进制 1} \\ \sqrt{\dfrac{2E_b}{T_b}}\cos(2\pi f_2 t + \theta(0)) & \text{二进制 0} \end{cases}$$

其中E_b是发送信号的每比特能量，T_b是比特持续时间。$\theta(0)$表示在$t=0$时的相位值。MSK的一个重要特征是它是FSK的一种形式，也称为连续相位FSK（Continuous-Phase

FSK，CPFSK），其信号的相位从一个比特时间到下一个比特时间是连续的。图 7-2b 中的 BFSK 信号实际上是 CPFSK 的一个例子。需要注意的是，信号在比特之间是平滑的。作为对比，图 7-2c 所示的信号有时存在一个相位突变。

对于 MSK，两个频率满足下式：

$$f_1 = f_c + \frac{1}{4T_b} \quad f_2 = f_c - \frac{1}{4T_b}$$

可以证明，这两个频率之间的间距是接收机成功检测信号的最小值。这就是 MSK 称为最小的原因。

还可以证明，MSK 可以认为是 OQPSK 的一种特殊情况。在 OQPSK 中，载波与 $I(t)$ 或者 $Q(t)$ 中的任意一个相乘，这两者都是矩形脉冲函数，取值分别为 1 和 −1。对于 MSK，载波与正弦函数相乘，如下所示：

$$\text{MSK} \quad s(t) = I(t)\cos\left(\frac{\pi t}{2T_b}\right)\cos(2\pi f_c t) + Q(t - T_b)\sin\left(\frac{\pi t}{2T_b}\right)\sin(2\pi f_c t)$$

关于 MSK 的分析不在本书的范围内，更多细节请参考文献[PASU79]和[XION94]。

7.2.6 正交振幅调制

正交振幅调制（Quadrature Amplitude Modulation，QAM）是一种在无线通信标准中普遍使用的调制技术。这种调制技术是 ASK 和 PSK 的结合。QAM 也可以认为是 QPSK 的逻辑扩展。QAM 调制的优势是，可以通过使用一个载波频率及其 90°相移的副本在同一个频率上同时发送两个不同的信号。两个独立信号通过同一个的媒介同时进行传送。在接收端，对两个信号解调，将它们的解调结果进行结合以产生原始的二进制输入比特。

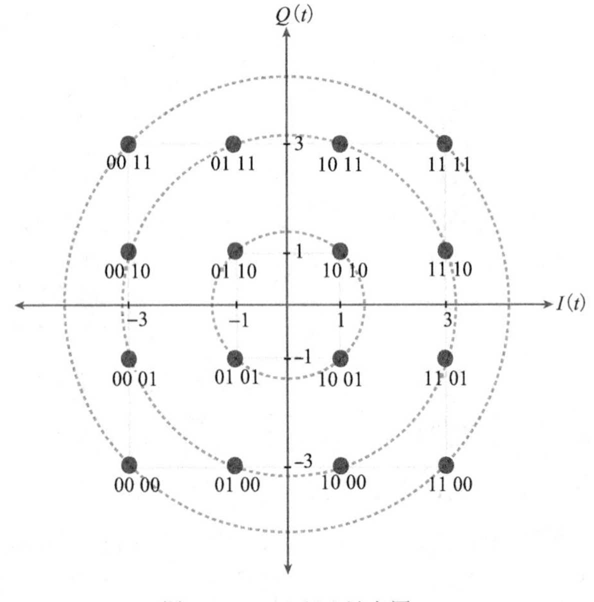

图 7-11　16QAM 星座图

图 7-12 给出了 QAM 调制方案的一般形式。其输入是一个到达速率为 R ps/s的二进制比特流。此比特流通过交替选取比特转换成两个独立的比特流，每个为 $R/2$ ps/s。这些比特根据具体的 QAM 方式转换成 a_n 和 b_n 的具体值。在图 7-12 中，将上面的比特流调制在频率为 f_c 的载波上，并将 a_n 与该载波相乘。该载波相移 90°后用于调制下面的比特流 b_n。然后，这两个调制后的信号合并在一起并发送。所发送的信号可以表示为：

$$\text{QAM} \quad s(t) = a_n(t)\cos 2\pi f_c t + b_n(t)\sin 2\pi f_c t$$

图 7-11 给出了一个 16 QAM 星座图，它可以描述相互独立的余弦函数和正弦函数的振幅。

如果使用两个电平，则每个数据流可以有两个状态，而合并的数据流是 2×2=4 个状态中的一种。这实质上就是 QPSK 调制。如果使用 4 个电平（即，4 种不同的振幅电平），则合并的数据流是 4×4=16 个状态之一，如图 7-11 所示。具有 64 甚至 256 个状态的

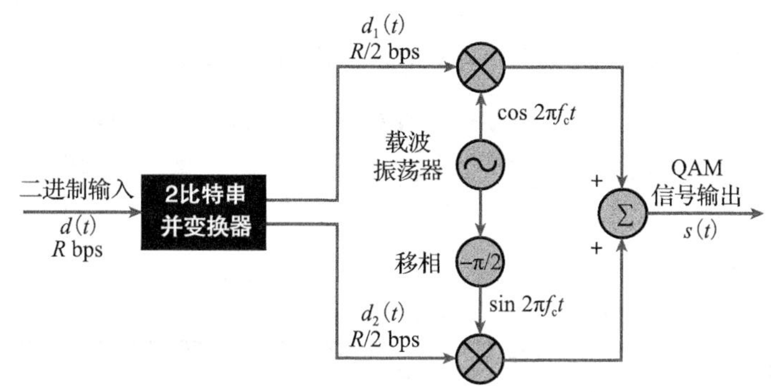

图 7-12　QAM 调制器

QAM 调制已经实现并被普遍使用，尤其是在噪声影响比较低的情况下。状态的数量越多，给定带宽内数据速率就越高，然而，由于噪声和衰落的影响，潜在错误也就会越多。

7.3　模拟数据、模拟信号

调制已经定义为将输入信号 $m(t)$ 与频率 f_c 上的载波进行合并以产生一个以 f_c 为中心的（通常）信号 $s(t)$ 的过程。对于数字数据，调制的动机是明确的：当只有模拟传输设施可用时，需要使用调制技术将换数字数据转转为模拟形式。数据是模拟的时，调制的动机就没有那么明确。毕竟，语音信号在其原来的频谱上通过电话线进行传输（称为基带传输）。模拟信号的模拟调制有 3 个主要理由：

- 为了进行有效的传输，可能需要更高的频率。在非导向介质中进行传输时，几乎不可能发送基带信号；此时，所需的天线直径可能是数千米。
- 调制允许频分复用，这是第 2 章讨论的一个重要的技术。
- 对于无线传输，针对不同目的（例如，商业、军事或业余爱好）监管要求使用特定的载波频率。

在本节，我们看看使用模拟数据调制的主要技术：**振幅调制**（Amplitude Modulation，AM，简称为调幅），**频率调制**（Frequency Modulation，FM，简称为调频）和**相位调制**（Phase Modulation，PM，简称为调相）。如前面所述，信号的三个基本特征都可以用于调制。

7.3.1　振幅调制

振幅调制如图 7-13 所示。在数学上，这个过程可以表示为

$$\text{AM}\quad s(t)=[1+n_a x(t)]\cos 2\pi f_c t \tag{7-11}$$

其中 $\cos 2\pi f_c t$ 为载波，$x(t)$ 是输入信号（携带的数据），都进行了振幅的归一化。参数 n_a 称为调制指数，是输入信号和载波的振幅的比值。为了与前面的表示一致，输入信号可以表示为 $m(t)=n_a x(t)$。在式（7-11）中，“1”是防止信号损耗的直流分量，随后将进行解释。本方案也称为双边带传输载波（Double Sideband Transmitted Carrier，DSBTC）。

例 7.4　如果 $x(t)$ 是调幅信号 $\cos 2\pi f_m t$，我们可以得到 $s(t)$ 的表达式为

$$s(t)=[1+n_a\cos 2\pi f_m t]\cos(2\pi f_c t)$$

通过三角几何变换，有

$$s(t)=\cos(2\pi f_c t)+\frac{n_a}{2}\cos[2\pi(f_c-f_m)t]+\frac{n_a}{2}\cos 2\pi(f_c+f_m)t$$

产生的信号有一个原始载波成分加上一对与载波频率间隔 f_m 的频率成分。

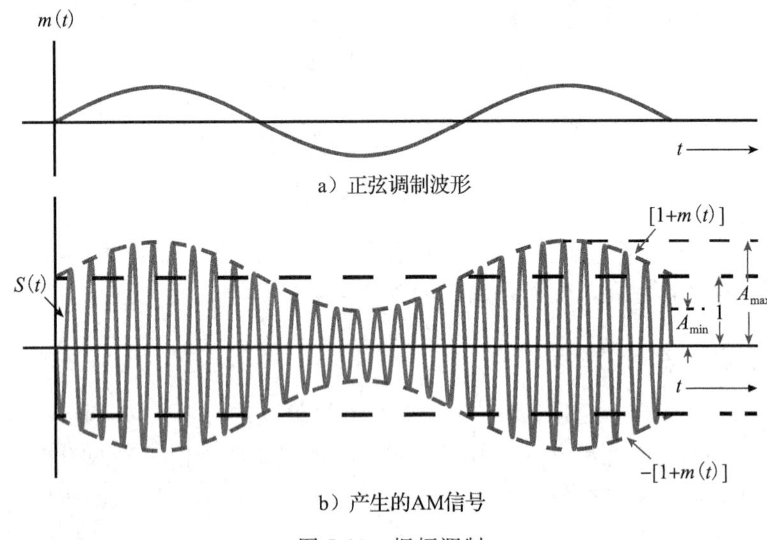

图 7-13　振幅调制

从式(7-11)和图 7-13 可以看出，振幅调制涉及输入信号与载波相乘。所产生信号的包络为$[1+n_a x(t)]$，只要 $n_a<1$，则包络是原始信号的真实再现。如果 $n_a>1$，则包络将跨越时间轴，那么信息将会丢失。

从 AM 信号的频谱中得到启发。如图 7-14 所示的一个例子。频谱包括原始载波加上转换为 f_c处输入信号的频谱。$|f|>|f_c|$的频谱部分是上边带，$|f|<|f_c|$的频谱部分是下边带。无论是上边带还是下边带都是原始频谱 $M(f)$的副本，并且下边带的频谱是反转的。举一个例子，考虑将一个带宽 300～3000Hz 的语音信号调制到 60kHz 载波上。产生的信号包含 60.3～63kHz 上边带和 57～59.7kHZ 下边带，以及 60kHz 载波。一个重要的关系是

$$P_t=P_c\left(1+\frac{n_a^2}{2}\right)$$

其中，P_t 是 $s(t)$的总发射功率，P_c 是载波的发射功率。我们希望 n_a尽可能大，这样大部分信号功率可以用来携带信息。然而，n_a必须保持小于 1。

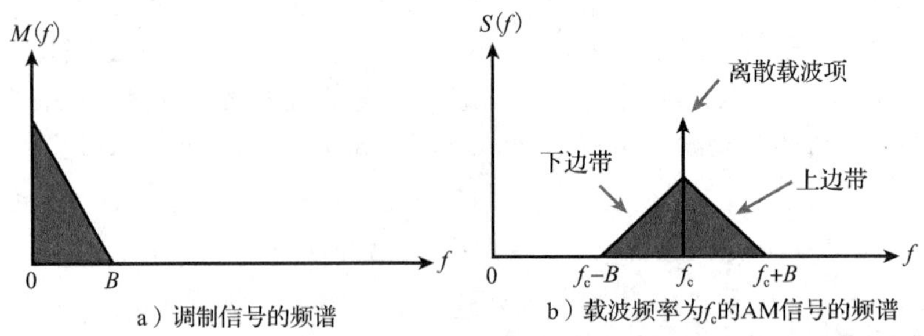

图 7-14　AM 信号的频谱

可以清楚地看到，$s(t)$中含有不必要的成分，因为每个边带包含 $m(t)$的完整频谱。一种广泛使用的 AM 变形，称为单边带(Single Sideband，SSB)，通过仅发送其中的一个边带，消除了其他边带和载波。这种方法的主要优点是

- 仅需要一半的带宽，即 $B_T = B$，其中 B 是原始信号的带宽。而对于 DSBTC，$B_T = 2B$。
- 需要较少的发送功率，因为没有功率用来发送载波或另一个边带。另一种变形是双边带抑制载波(Double Sideband Suppressed Carrier，DSBSC)，它利用滤波器滤除载波频率，并发送两个边带。这样可以节省一些功率，但与双边带的带宽是相同的。

抑制载波的缺点是，载波可以用于同步。例如，假设原始模拟信号是一个 ASK 波形编码的数字数据。接收机需要知道每个比特时间的起点，以正确地解调数据。恒定的载波可以提供时钟机制以同步达到的比特。一种折中的方法是残留边带(Vestigial Sideband，VSB)，它传输一个边带和一个减小功率的载波。

7.3.2 角度调制

频率调制(也称为调频)和相位调制(也称为调相)都是角度调制的特殊情况。经调制的信号可以表示为

$$\textbf{角度调制}\quad s(t) = A_c\cos[2\pi f_c t + \phi(t)] \tag{7-12}$$

对于相位调制，相位正比于调制信号：

$$\text{PM}\quad \phi(t) = n_p m(t) \tag{7-13}$$

其中，n_p 是相位调制指数。

对频率调制，相位的导数正比于调制信号：

$$\text{FM}\quad \phi'(t) = n_f m(t) \tag{7-14}$$

其中 n_f 为频率调制指数。

对于希望前面的数学解释更详细的读者，请考虑以下推导。在任何时刻$s(t)$的相位为 $2\pi f_c t + \phi(t)$。与载波信号的瞬时相位偏移为 $\phi(t)$。在 PM 中，这个瞬时相位偏移正比于$m(t)$。因为频率可以定义为信号的相位变化速率，所以 $s(t)$的瞬时频率是

$$2\pi f_i(t) = \frac{\mathrm{d}}{\mathrm{d}t}[2\pi f_c t + \phi(t)]$$

$$f_i(t) = f_c + \frac{1}{2\pi}\phi'(t)$$

与载波频率的瞬时频率偏移为 $\phi'(t)$，而在 FM 中相位的导数正比于 $m(t)$。

图 7-15 给出了正弦波的振幅、相位和频率调制。可以看出 FM 和 PM 信号的形状非常相似。的确，如果没有调制函数我们不可能将它们区别开来。

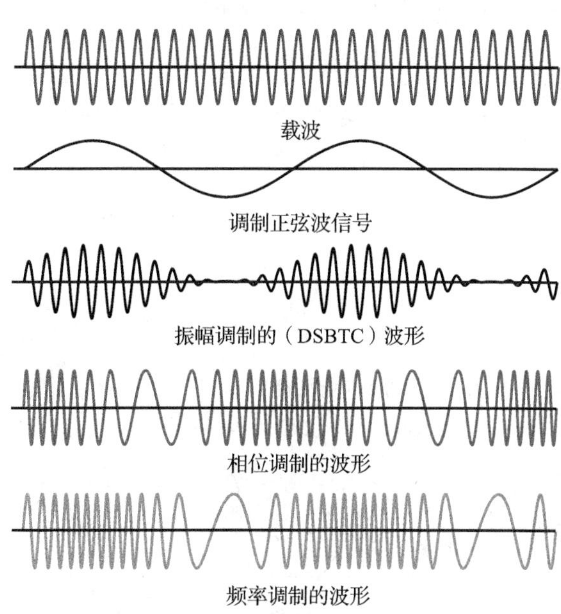

图 7-15　正弦波信号的正弦载波的振幅、相位与频率调制

观察 FM 过程可以得到如下结论。峰值偏移 ΔF 可以看作

$$\Delta F = \frac{1}{2\pi} n_f A_m (\text{Hz})$$

其中，A_m 是 $m(t)$的最大值。因此，增加 $m(t)$的振幅将增加 ΔF，直观上，它会增加传输带宽 BT。然而，从图 7-15 可以明显看出，这并不会增加 FM 信号的平均功率水平 $A_c^2/2$。这与 AM 完全不同，AM 的调制电平会影响 AM 信号的功率，但不影响其带宽。

例 7.5　如果 $\phi(t)$是相位调制信号 $\cos 2\pi f_m t$，我们可以得到 $s(t)$的表达式。假定 $A_c=1$，我们可以直接得到

$$s(t) = \cos[2\pi f_c t + n_p \cos 2\pi f_m t]$$

与载波信号的瞬时相位偏移是 $n_p \cos 2\pi f_m t$。信号的相位角以简单的正弦波形式随着未调制的值变化，且峰值相位偏移等于 n_p。

因为前面的表达式是一个包含一个正弦波的正弦波函数，所以根据贝塞尔(Bessel)三角恒等式

$$s(t) = \sum_{n=-\infty}^{\infty} J_n(n_p) \cos\left[2\pi f_c t + 2\pi n f_m t + \frac{n\pi}{2}\right]$$

其中，$J_n(n_p)$是第一类 n 阶贝塞尔函数，利用性质

$$J_{-n}(x) = (-1)^n J_n(x)$$

可以将上式重写为

$$s(t) = J_0(n_p)\cos 2\pi f_c t +$$

$$\sum_{n=1}^{\infty} J_n(n_p)\left[\cos\left(2\pi(f_c + n f_m)t + \frac{n\pi}{2}\right) + \cos\left(2\pi(f_c - n f_m)t + \frac{(n+2)\pi}{2}\right)\right]$$

产生的信号包含原始载波频率成分和以 f_c为中心间隔的为 f_m的整数倍的频率成分。当 $n_p \ll 1$ 时，高阶项将迅速下降。

例 7.6　如果 $\phi'(t)$是频率调制信号$-n_f \sin 2\pi f_m t$，请给出 $s(t)$的表达式。选择方便计算的 $\phi'(t)$形式，我们有

$$\phi(t) = -\int n_f \sin 2\pi f_m t \mathrm{d}t = \frac{n_f}{2\pi f_m} \cos 2\pi f_m t$$

因此

$$s(t) = \cos\left[2\pi f_c t + \frac{n_f}{2\pi f_m}\cos 2\pi f_m t\right] = \cos\left[2\pi f_c t + \frac{\Delta F}{f_m}\cos 2\pi f_m t\right]$$

与载波信号的瞬时频率偏移是$-n_f \sin 2\pi f_m t$。信号的频率以简单的正弦波形式随着信号的频率变化，且峰值频率偏移等于 n_f 弧度/秒。

FM 信号的公式与例 7.5 中的 FM 信号有相同的形式，只是用$\dfrac{\Delta F}{f_m}$来替代 n_p，因此贝塞尔表达式是一样的。

与 AM 相同，FM 和 PM 都可以产生一个带宽以 f_c为中心信号。然而，我们现在可以看到，不同带宽的振幅是不同的。振幅调制是一个线性过程，因此产生的频率是载波信号

频率和调制信号频率成分的和与差。因此，对于 AM

$$B_T = 2B$$

然而，角度调制包括一个 $\cos(\phi(t))$项，它是非线性的且会产生一个很宽的频率范围。本质上，为了调制一个频率为 f_m的正弦波，$s(t)$将包含 f_c+f_m，f_c+2f_m等频率成分。一般情况下，为了发送 FM 或 PM 需要无穷的带宽。在实际中，一个非常好的经验公式是卡尔森(carson)规则[COUC12]

$$B_T = 2(\beta+1)\beta$$

这里

$$\beta = \begin{cases} n_p A_m & \text{PM} \\ \dfrac{\Delta F}{B} = \dfrac{n_f A_m}{2\pi B} & \text{FM} \end{cases}$$

我们可以将 FM 的公式重写为

$$B_T = 2\Delta F + 2B$$

因此，FM 和 PM 都比 AM 要求更大的带宽。

7.4 模拟数据、数字信号

在本节中，我们研究模拟数据转换为数字信号的方法。严格来说，这一过程称为模拟数据转换为数字数据的过程可能更加准确。这个过程称为数字化。一旦模拟数据已转换为数字数据，可能发生许多情况。3 种最常见的情况是：

1）可以使用非归零电平编码(NRZ-L)[⊖]发送数字数据，这种情况下，我们实际上直接经历了从模拟数据到数字信号的转换。

2）数字数据可使用其他编码方式而不是 NRZ-L 来产生数字信号。因此，一个额外的步骤是必需的。

3）数字数据可以转换为模拟信号以进行带通传输，可以使用 6.2 节中所讨论的调制技术。

最后，图 7-16 给出了看似奇妙的过程。其中，首先对语音数据数字化，然后将它转换成模拟 ASK 信号。这允许在第 2 章中定义的意义上进行数字传输。语音数据，因为它们已数字化，所以可以视为数字数据，即使传输时需要使用模拟信号(例如，利用微波)。

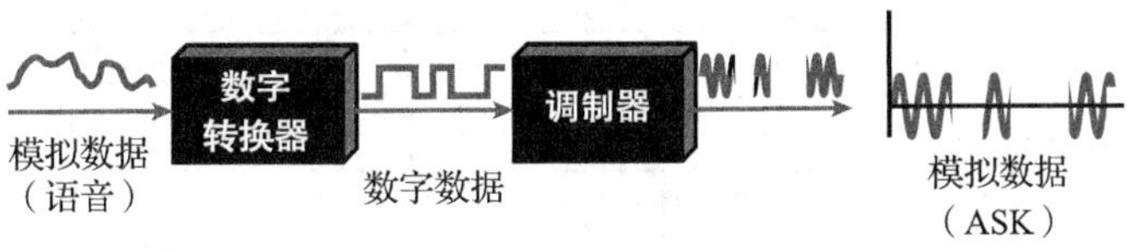

图 7-16 数字化模拟数据

将模拟数据转换成数字形式以进行传输，并随后从数字形式获得原始模拟数据的设备，称为编解码器(coder-decoder，codec)。

编解码器主要利用两种方法：**波形编码**和**基于模型的编码**。波形编码旨在获取模拟波

⊖ 非归零电平编码(Non-Return to Zero Level，NRZ-L)是最常用的、最简单的数据信号传输方式。其使用两种电平来分别表示两个二进制比特：正电平表示二进制 1，负电平表示二进制 0。终端或者其他设备一般使用不归零电平编码来生成或解释数字数据。如果传输过程使用了其他的编码方式，则通常采用 NRZ-L 编码信号。

形的形状。基于模型的编码获取模拟信号源的特征知识以及声音是如何产生的。当应用于语音信号时，**声码器**(vocoder)通过获取声带、口、唇和鼻腔是如何产生声音的来实现。下面我们研究每一种方法，然后进行性能比较。

7.4.1　波形编码

在本节中，我们将研究编解码器中使用的主要波形编码技术：脉冲编码调制、增量调制和差分脉冲编码调制。

脉冲编码调制　脉冲编码调制(Pulse Code Modulation，PCM)是基于采样定理的，其可以描述为

如果信号 $f(t)$ 以超过信号最高频率两倍的速率进行等间隔采样，那么采样信号中将包含原始信号的所有信息。可以通过对采样信号进行低通滤波来重建原始信号 $f(t)$。

感兴趣的读者，本书网站的支持文档中提供了一个证明。如果语音数据频率限制为低于 4000Hz，为了保证处理过程的清晰度，8000 样本/秒就完全可以描述语音信号的特征。但是请注意，这些是模拟样本，称为**脉冲振幅调制**(Pulse Amplitude Modulation，PAM)样本，其振幅的可能取值在一个连续范围内。为了转换为数字样本，必须给这些模拟样本分配给一个二进制代码。

图 7-17 给出了一个例子，假设原始带限信号的带宽为 B。PAM 样本的速率为 $2B$，或采样周期为 $1/2B$ s。每个 PAM 样本近似量化为 16 个不同的电平。因此，每个样本可以用 4 个比特来表示。但由于量化值仅是近似值，所以它不可能准确地恢复原始信号。使用 8 比特样本，允许有 256 个量化电平，则恢复语音信号的质量可以与模拟传输相媲美。注意，这意味着单个声音信号的数据速率为(8000 个样本/秒)×(8 比特/样本)=64kbps。

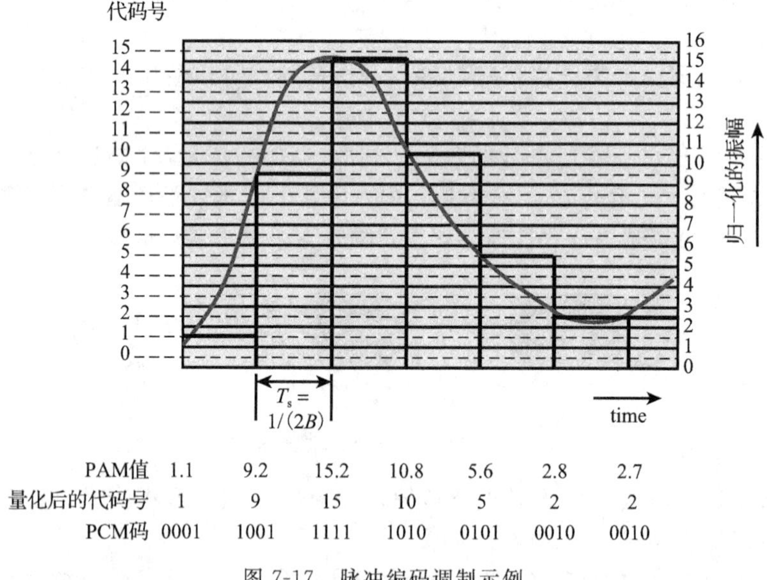

图 7-17　脉冲编码调制示例

因此，基于一个连续时间、连续振幅的(模拟)信号，PCM 能够产生数字信号。数字信号由多个 n 比特构成的数据块组成，其中每个 n 比特数据块对应于一个 PCM 脉冲的振幅。接收时，该过程被反转以再现该模拟信号。需要注意的是，这个过程违背了采样定理。通过量化 PAM 脉冲，原始信号现在只能够近似而并不能准确地恢复。

此效应称为量化误差或量化噪声。由量化噪声带来的信噪比可以表示为[GIBBS 93]

$$\mathrm{SNR_{dB}} = 20\log 2^n + 1.76\mathrm{dB} = 6.02n + 1.76\mathrm{dB}$$

其中 n 是量化的比特数。为量化每增加一个额外的比特大约增加信噪比 6dB，也就是 4 倍。

通常，PCM 利用非线性编码技术来进行改进，这意味着，实际上，量化电平的间隔并不相等。等间隔带来的问题是，不管信号电平有多大，每个样本的平均绝对误差是一样的。带来的问题是，低振幅信号的失真较大。通过增加低振幅信号所使用的量化电平个数并减少高振幅信号所使用的量化电平个数，可以显著降低总体的信号失真(如图 7-18 所示)。

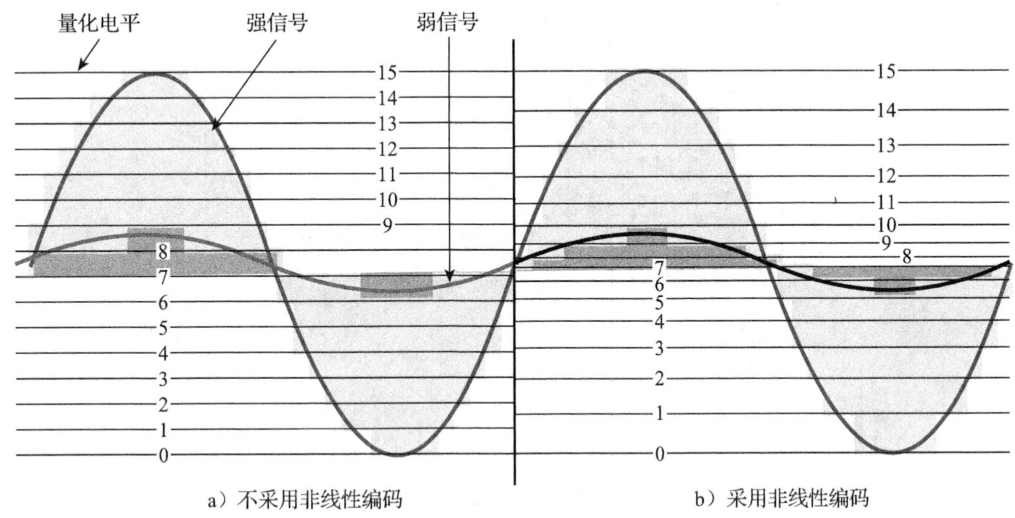

图 7-18 非线性编码的影响

使用均匀量化但对输入模拟信号进行压扩(压缩-扩展)可以达到的同样效果。压扩过程是指，在输入端给弱信号赋予比强信号更大的增益来压缩信号的强度范围。在输出端，进行相反的操作。图 7-19 给出了典型的压扩函数。需要注意的是，在输入端对样本进行压缩，以达到相比于低振幅值来说，高振幅值被显著降低的目的。因此，对固定数目的量化电平，更多电平可用于量化低电平信号。在输出端，压扩器对压缩的样本进行扩展以将信号恢复为原来的振幅值。

非线性编码可以显著改善 PCM—SNR 比率。对于语音信号，已经实现 24～30dB 的改善。

增量调制(DM) 目前，多种技术已用于改善 PCM 性能或减少其实现复杂度。其中最流行的替代 PCM 的方法是**增量调制**(DM)。

使用增量调制，用一个阶梯函数来近似模拟输入信号，每个采样间隔(T_s)

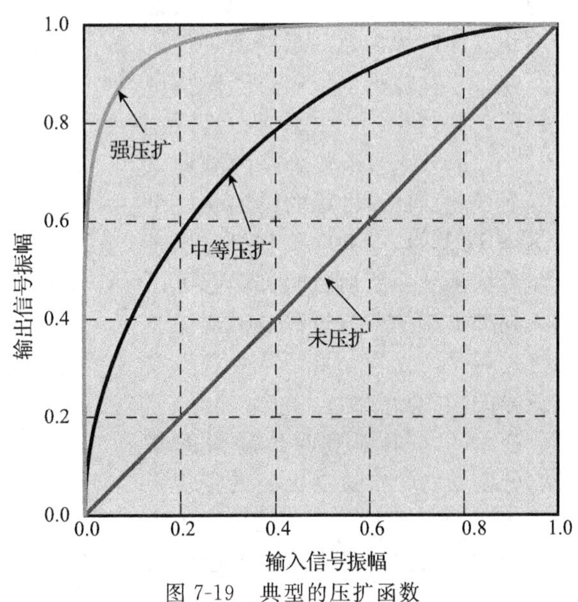

图 7-19 典型的压扩函数

向上或向下移动一个量化步长(δ)。图 7-20 给出了一个例子，其中阶梯函数与原始模拟波形相重叠。这种阶梯函数的重要特征是，它是二进制的：在每次采样时，该函数向上或向下移动恒定的量。因此，增量调制的每个采样过程的输出可以表示为单个二进制比特。本质上，产生的比特流近似为模拟信号振幅的导数，而不是它的振幅：如果阶梯函数在下一个采用间隔内向上移动，那么产生的比特为 1；否则，产生比特 0。

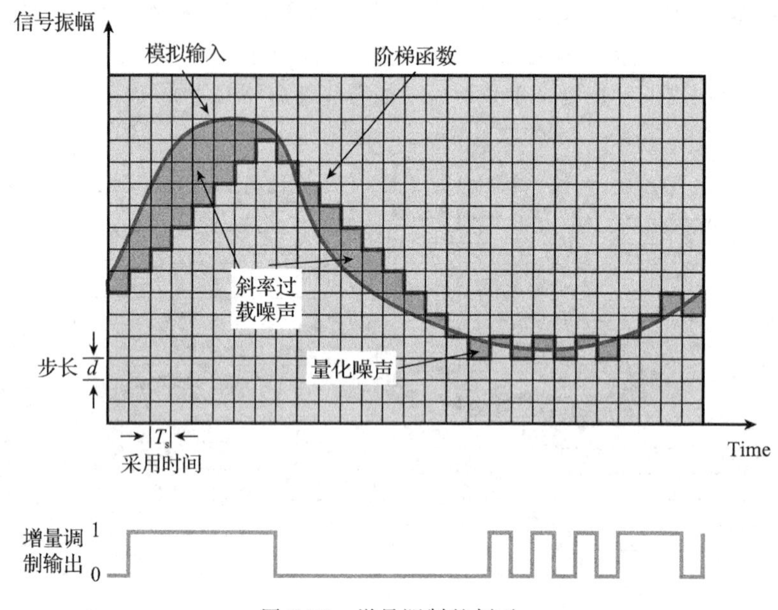

图 7-20 增量调制的例子

选择在每个采样间隔发生的转换(向上或向下)这样阶梯函数能够尽可能近地跟踪原始模拟波形。图 7-21 给出了这一过程的逻辑关系，它实质上是一个反馈机制。传输过程中，实际实现可能是这样的：在每个采样时刻，模拟输入信号与相近的阶梯函数的最新值进行比较。如果采样波形的值超过了阶梯函数的值，则产生一个比特 1；否则产生 0。因此，阶梯函数总是随着输入信号而变化。DM 过程的输出是一个二进制序列，该序列在接收机可用于重建阶梯函数。然后，阶梯函数可以利用某种类型的积分过程或低通滤波器来进行平滑处理，从而产生模拟输入信号的模拟近似值。

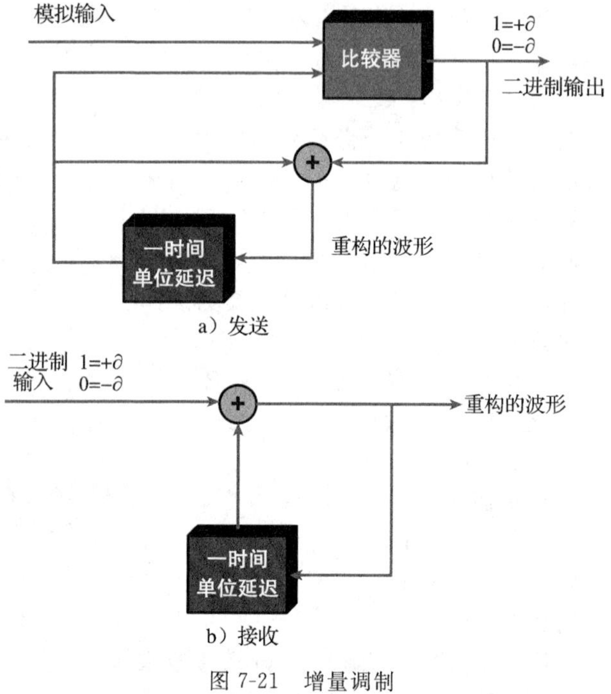

图 7-21 增量调制

在 DM 方案中有两个重要的参数：分配给每个二进制比特的量化步长的大小 δ；采样率。如图 7-20 所示，量化步长的选择必须在产生的两类错误或者噪声之间进行平衡。当模拟波形变化非常缓慢时，存在量化噪声。量化噪声会随着量化步长的增大而增加。另一方面，当模拟波形的变化速度比阶梯函数快很多，从而使阶梯函数跟不上模拟波形的变化时，存在斜率过载噪声。这种噪声会随着量化步长的降低而增加。

需要明确的是，该方案的准确度会随着采样率的增加而提高。然而，这也增加了输出信号的数据速率。

与 PCM 相比，DM 的主要优点是实现简单。在一般情况下，在数据速率相同时，PCM 具有更好的信噪比特性。

差分脉冲编码调制 将 PCM 和 DM 相结合，研发了许多相关技术。在**差分脉冲编码调制**(Differential PCM，DPCM)中使用了 DM 方法，但从一个采样点到下一个采样点的信号变化可以是量化步长 δ 的整数倍。这就需要用多个比特来表示每个采样点的信号变化，但通常需要的比特数比 PCM 的少。DPCM 也可以使用以前的样本 $m[k-1]$，$m[k-2]$、$m[k-3]$等来预测下一个采样$\hat{m}[k]$的值。然后它只发送预测误差 $d[k]=m[k]-\hat{m}[k]$即可，这样甚至需要更少的比特。

自适应 DPCM(ADPCM) 通过改变步长 δ 来进一步改善 DPCM 方法的效率。

7.4.2 基于模型的编码和声码器

波形编码器不考虑模拟信号本质上是怎样产生的。因此，它们的压缩能力是有限的。基于模型的音频信号编码器使用参数来表示主要声音品质和源的物理发生特征。

目前，最受关注的声源是人类的语音。在无线网络中，语音信号也是一个非常重要的流量组成，并且语音是在一个由声带、气管、舌相，口腔和鼻腔等构成的非常复杂的发音器官中产生的。一个复杂的振荡器，即声带，用来产生声音和音调。男性的基波频率为100～150Hz，而女性的为 190～250Hz，并且产生的强谐波的频率范围为数千赫兹。一个人声音的许多独特特点是由谐波形成的[BEAR 79]。频率变化很频繁，往往是从音节到音节，在某些语言中音调的变化非常重要。

语音信号通过由咽喉、口腔和鼻腔构成的声道，然后由嘴巴从信号形成声音。某些声音是浊音。在发声过程中声带会产生振动，例如，在单词 mut、nut、gut 和 but 中的字母 m、n、g 和 b。其他声音是清音，通过空气流动和压力来形成。例如，在单词 hut、cut 和 put 中的字母 h、c 和 p。

声码器主要使用两种方法来提供品质优良、低比特率的数字比特流。

1. **线性预测编码(Linear Prediction Coding，LPC)**：确定一段声音是浊音或清音后，将分析估计嘴巴如何对声音进行滤波。分析结果将是一组线性滤波器的参数被发送出去。接收机使用这些参数来建立一个合成的再生语音信号。终端用户实际上听到的是语音合成器的输出。

2. **码激励线性预测编码(Code-Excited Linear Prediction，CELP)**：码激励线性预测编码(CELP)声码器使用码本，这是由一些典型的线性预测编码(LPC)信号构成的列表。设计人员预先设置码本，发射机搜索与该声音最匹配的码本中的条目。然后，发送该条目的索引。码本必须足够大以产生良好的效果，但产生的数据速率还是相当小的。CELP 方法的增强版本用于大多数现代蜂窝通信系统中。

必须选择能够平衡带宽和语音质量需求的声码器。同时，设计人员还必须考虑端到端编码延迟、算法复杂性、功率需求以及代码对传输错误的鲁棒性。由于无线介质会损伤无线信号，所以声码器对传输错误必须具有足够的鲁棒性。在低比特率时，所有的信息对于信号的清晰度来说都是非常重要的，需要更加安全地保存。这种保护需要相应的额外差错控制过程，因此可以抵消比特率压缩这一期望的好处。

7.4.3 性能

采用 128 个量化电平，或 7 比特编码($2^7=128$)来再现 PCM 语音信号，可以获得良好的语音。保守地说，语音信号需要占用 4kHz 带宽。因此，根据采样定理，采样速率需要选为 8000 样本/秒。这意味着，对于一个经过 PCM 编码的数字数据，数据速率为 $8000\times 7=56$kbps。

考虑从带宽需求的角度来看，这意味着什么。模拟语音信号占用 4kHz。如果使用 PCM 编码，则该 4kHz 的模拟信号将转换成一个 56kbps 的数字信号。但利用第 2 章的奈奎斯特定理，该数字信号可能需要 28kHz 带宽。对于具有更高带宽的信号，上述差异甚至更严重。例如，彩色电视信号常用的 PCM 方案采用 10 比特编码，因此一个 4.6MHz 带宽的信号将变成 92Mbps。尽管有这些数据的存在，但用于发送模拟数据的数字技术仍然得到了持续快速增长与普及。主要理由如下所述：

- 使用中继器来替代放大器，因此没有附加噪声。
- 正如我们看到的，数字信号使用时分复用(TDM)，而模拟信号使用频分复用(FDM)。使用 TDM，没有互调噪声，而 FDM 技术存在互调噪声。
- 允许使用更高效的数字化技术进行数字信号转换。

此外，已经开发出多种技术以提供更有效的编码。对于声音信号，一个合理的目标似乎是在 4kbps 附近。LPC 和 CELP 编码器可以实现速率从 1.2k～13kbps 不等的具有不同质量的编码。对于视频信号，利用从一帧到另一帧大多数图像元素不会改变的优点，帧编码技术允许视频减少到速率大约为 15Mbps，而对于缓慢变化的场景，如在视频电话会议中，速率可以下降到 64kbps 或更少。

最后一点，我们提到在许多情况下，电信系统将使用数字-模拟和模拟-数字两个处理过程。绝大多数的本地终端到电信网络是模拟的，而网络本身使用模拟和数字技术的混合形式。因此，用户终端的数字数据可以被调制解调器转换成模拟的，随后由编解码器进行数字化，并在到达目的地前可能经过多次重复操作。

因此，电信设备能够处理用于表示语音和数字数据的模拟信号。但这些模拟信号的波形特征是完全不同的。而语音信号趋向于偏斜的带宽的下部(见图 2-6)，数字信号的模拟编码具有更均匀的频谱成分，因此含有较多的高频成分。研究表明这些更高频率的存在，对于利用数字化进行模拟信号的数字数据表示来说，与 PCM 相关的技术比与 DM 相关的技术更有优势。

7.5 推荐阅读

关于数字数据的模拟调制方案有很多很好的参考文献，如[COUC13]、[XION06]和[PROA14]。这 3 个文献也提供了模拟数据的数字和模拟调制方案的全面解读。

另一个清楚解释数字-模拟、模拟-数字和模拟-模拟技术的文献是[PEAR92]。关于本章主题的另一个综述是[SKLA01]。

关于比特率、波特和带宽的一个指导性解释是[FREE98]。[LATH09]和[RAPP02]提供了关于声码器的讨论。

COUC13 Couch, L. *Digital and Analog Communication Systems*. Upper Saddle River, NJ: Pearson, 2013.

FREE98 Freeman, R. "Bits, Symbols, Baud, and Bandwidth." *IEEE Communications Magazine*, April 1998.

LATH09 Lathi, B. *Modern Digital and Analog Communication Systems*. New York: Oxford University Press, 2009.

PEAR92 Pearson, J. *Basic Communication Theory*. Englewood Cliffs, NJ: Prentice Hall, 1992.

PROA14 Proakis, J. *Fundamentals of Communication Systems*. *Upper* Saddle River, NJ: Pearson, 2014.

RAPP02 Rappaport, T. *Wireless Communications: Principles and Practice*. Upper Saddle River, NJ: Prentice Hall, 2002.

SKLA01 Sklar, B. *Digital Communications: Fundamentals and Applications*. Upper Saddle River, NJ: Prentice Hall, 2001.

XION06 Xiong, F. *Digital Modulation Techniques*. Boston: Artech House, 2006.

7.6 关键术语、复习题和问题

关键术语

Amplitude Modulation(AM，调幅)
amplitude-shift keying(ASK，幅移键控)
angle modulation(角度调制)
bit error rate(BER，误比特率)
carrier frequency(载波频率)
delta modulation(DM，增量调制)
differential PSK(DPSK，差分 PSK)
frequency modulation(FM，频率调制)
frequency-shift keying(FSK，频移键控)
model-based encoding(基于模型的编码)
modulation(调制)
phase modulation(PM，相位调制)
phase-shift keying(PSK，相移键控)
pulse code modulation(PCM，脉冲编码调制)
quadrature amplitude modulation(QAM，正交幅度调制)
quadrature PSK(QPSK，正交 PSK)
vocoder(声码器)
waveform encoding(波形编码)

复习题

7.1　什么是差分编码？

7.2　调制解调器的功能是什么？

7.3　说明数字传输比模拟传输的 3 大优势。

7.4　在幅移键控中二进制数代表什么，这种方法的限制是什么？

7.5　什么是 NRZ-L？该数据编码方法的主要缺点是什么？

7.6　QPSK 和偏移 QPSK 之间的差异是什么？

7.7　什么是 QAM？

7.8　采样定理告诉我们模拟信号的采样速率有什么要求？

7.9　AM、PM 和 FM 之间的不同是什么？

7.10　波形编码器和声码器有什么不同？哪个通常提供更低的比特率？

问题

7.1　给定 10Mbps 比特率和 20MHz 载波频率，画一个比特序列为 10110 的 ASK 信号

7.2　给定 10Mbps 比特率和 10MHz 或 20MHz 载波频率来表示二进制 0 或 1，画出一个比特序列为 10110 的 FSK 信号。

7.3　给定 10Mbps 比特率和 10MHz 载波频率，使用图 7-6 的星座图画一个比特序列为 10110 的 QPSK 信号。

7.4　给定 20Mbps 比特率和 10MHz 载波频率，使用图 7-13 的星座图画一个比特序列为 101100001100111 的 16QAM 信号。

7.5　图 7-22 显示了相对于图 7-12 中的 QAM 调制器的 QAM 解调器。说明这种结构不能恢复两个信号 $d_1(t)$和 $d_2(t)$它们可以合并以恢复原始输入。

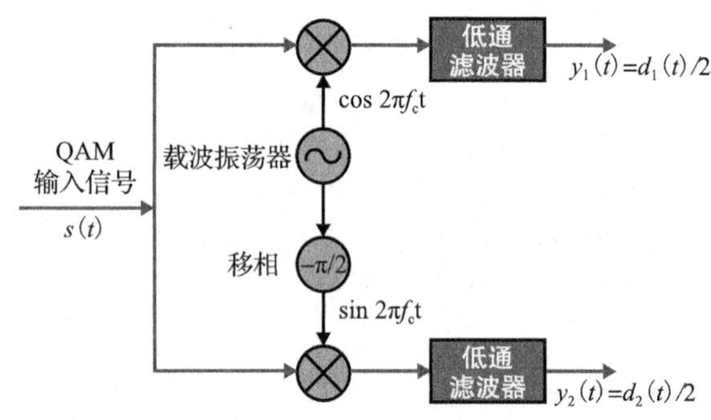

图 7-22　QAM 解调器

7.6　正弦波用于两个不同的信号传输方案：a) PSK；b) QPSK。一个信号元素的持续时间为 10^{-5}s。如果接收信号是如下形式：

$$s(t) = 0.005\sin(2\pi\ 10^6 t + \theta)V$$

并且如果在接收机上的测量噪声功率是 2.5×10^{-8} W，确定每一种情况下的信噪比。

7.7　用图 7-2 中 QPSK 数字编码技术获得波特率 D 作为比特率函数的表达式。

7.8　给出图 7-9 的误比特率曲线，为了实现 BER $=10^{-4}$，与 BPSK 相比，DPSK 和 ASK 需要多高的信噪比？

7.9　鉴于问题 7.8 的答案，当使用矩形脉冲时，BPSK 信号的振幅是 0.01V，对于 DPSK 和 ASK 所需要的信号振幅是多少？

7.10　假定所要求的误比特率是 10^{-6}，对于 ASK、PSK 和 QPSK 实现带宽效率 1.0 需要多大 SNR 比率？

7.11　对于表示数字数据的编码模拟信号时，为什么 PCM 优于 DM？

7.12　一个信号使用 10 比特 PCM 来进行量化。求出信号与量化噪声比。

7.13　考虑一个频谱分量为 300～3000Hz 的声频信号。假定以采样速率 7000 样本/秒生成一个 PCM 信号。

a. 对于 SNR=30dB，需要多少个均匀量化电平？

b. 数据速率是多少？

7.14　假设所有的分量都有振幅 A，求出步长可以防止斜率过载噪声作为信号的最高频率分量的函数。

7.15　PCM 编码器接收具有 10V 满量程电压的信号，并使用均匀量化生成 8 比特代码。最大归一量化电压是 $1-2^{-8}$。确定(a)归化的步长；(b)实际步长大小(单位为 v)；(c)实际最大量化电平(单位为 v)；(d)归一化的分辨率；(e)实际分辨率；(f)分辨率百分比

7.16　在图 7-23 中显示了增量调制的模拟波形。采样周期和步长大小通过图中的网格表示。第一个 DM 输出和期间的阶梯函数也显示了。说明剩下的阶梯函数和 DM 输出。指出斜率过载失真存在的区域。

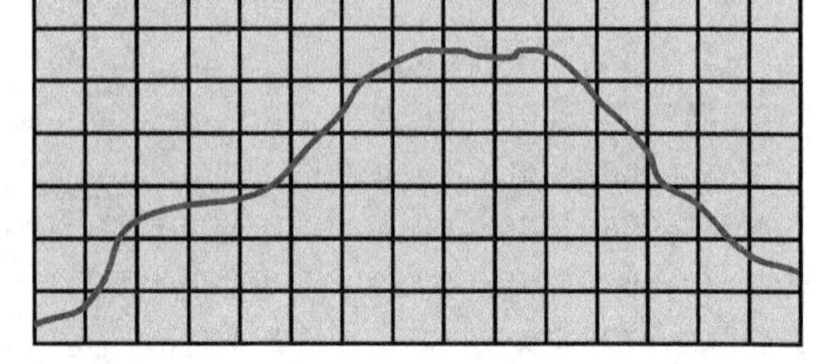

增量调制输出

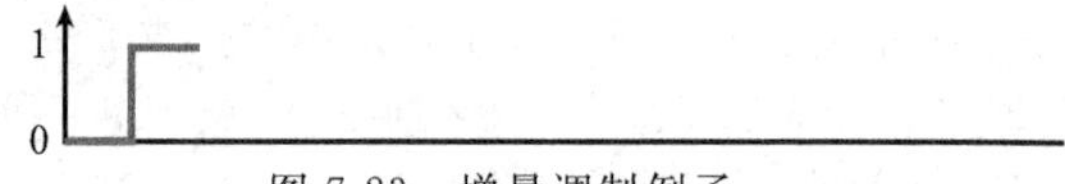

图 7-23　增量调制例子

7.17　考虑角度调制信号

$$s(t) = 10\cos[(10^8)\pi t + 5\sin 2\pi(10^3)t]$$

找到最大相位偏移和最大频率偏移。

7.18 考虑角度调制信号

$$s(t)\pi = 10\cos[(2\pi\,10^6)t + 0.1\sin(10^3)\pi t]$$

a. 当 $n_p=10$ 时，写出调相信号 $s(t)$ 的表达式。

b. 当 $n_f=10$ 时，写出调频信号 $s(t)$ 的表达式。

7.19 令 $m_1(t)$ 和 $m_2(t)$ 是消息信号，并令 $s_1(t)$ 和 $s_2(t)$ 是使用载波频率 f_c 所对应的调制信号。

a. 说明如果简单地使用 AM 调制，然后 $m_1(t)+m_2(t)$ 产生的调制信号等于 $s_1(t)$ 和 $s_2(t)$ 的一个线性组合。这就是为什么 AM 有时也称为线性调制。

b. 说明如果简单地使用 PM 调制，然后 $m_1(t)+m_2(t)$ 产生的调制信号不是 $s_1(t)$ 和 $s_2(t)$ 的一个线性组合。这就是为什么角度调制有时称为非线性调制。

第 8 章

Wireless Communication Networks and Systems

正交频分复用

学习目标

通过本章的学习，你应该能够：

- 对 OFDM、OFDMA 和 SC-FDMA 有初步的了解。
- 理解 OFDM 如何对抗频率选择性衰落。
- 解释正交载波的作用。
- 理解使用 IFFT 变换可以减少使用的振荡器数量。
- 理解什么是峰均功率比(PAPR)。
- 解释如何利用 OFDM 和 SC-FDMA 实现多址接入。

本章介绍**正交频分复用技术**(Orthogonal Frequency Division Multiplex，OFDM)，该技术可以大大提升无线网络的容量。从第三代过渡到第四代蜂窝技术时，正交频分复用是主要的空中接口技术。正交频分复用同样适用于提高 IEEE 802.11 标准数据速率。最后，正交频分复用也在基于 WiMAX 标准的固定和移动宽带无线网络接入系统的发展中起到核心作用。本节中，我们首先了解正交频分复用的基本原理，即正交子载波和基于快速傅里叶逆变换的发射机设计。然后我们再来看看正交频分复用在实际的多址接入系统中的应用方式，以及如何解决正交频分复用在实际系统应用时面临的诸多问题，尤其是峰均功率比(PAPR)和载波间干扰。本章主要讨论了一些基本原理；更多关于 OFDM 的具体实现技术将在第 11、14、16 章讨论 IEEE 802.11、LTE 和 WiMAX 技术时给出。

8.1 正交频分复用简介

OFDM，也称为多载波调制，通过使用不同频率的多个载波信号，在每个载波信道上发送比特。这一过程与频分复用(Frequency Division Multiplex，FDM)相似。然而，在 OFDM 中，多个子载波是一个数据源专用的。

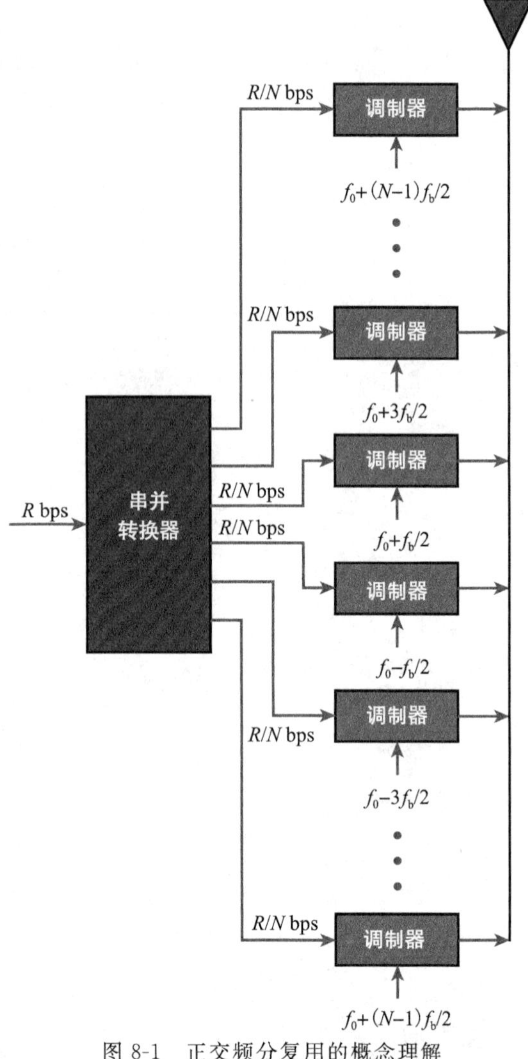

图 8-1 正交频分复用的概念理解

图 8-1 给出了 OFDM 的概念理解。为了使读者能够通过该图对 OFDM 的基本概念有一个初步的了解，我们对实际发射机功能进行了简化。假设有一个比特率为 R bps 的二进制数据流和一个频率以 f_0 为中心的可用带宽 Nf_b。我们可以用整个带宽来传输比特流，此时每个比特时间为 $1/R$。我们也可以用串并转换器将整个比特流分为 N 个子流。每个子流的比特率为 R/N，不同的子数据流在不同的载波上传输，相邻子载波的频率间隔为 f_b。此时，比特时间为 N/R，比特时间的显著增加特别有助于提高克服多径衰落的能力。

8.1.1　正交性

为了更清楚地认识 OFDM，让我们研究所有子载波的基 f_b。该子载波是最低频率的子载波。如图 8-2 所示，所有其他子载波的频率都是基频的整数倍，即 $2f_b$、$3f_b$ 等。OFDM 使用高级数字信号处理技术将数据分发到精确频率的多个子载波上。各个子载波之间的关系满足**正交性**。结果如图 8-2 所示。由于它们完全重叠，所以看起来所有的子载波信号似乎都聚集在一起，但正交性的一个特点就是当每个子载波的功率谱密度达到峰值时，其他的子载波的功率谱密度为 0。图 8-2c 中展示了前面提到的 FDM 技术，其假设信号在频率上充分分离以满足：(1) 避免频带的相互重叠；(2) 提供额外的频带作为所谓的保护带以防止相邻载波频率之间由于带外辐射造成的相互干扰。但是 OFDM 却能大大提高频谱使用率。将图 8-2b 与图 8-2c 对比可以看出，可以支持的信号数增加了 6 个！

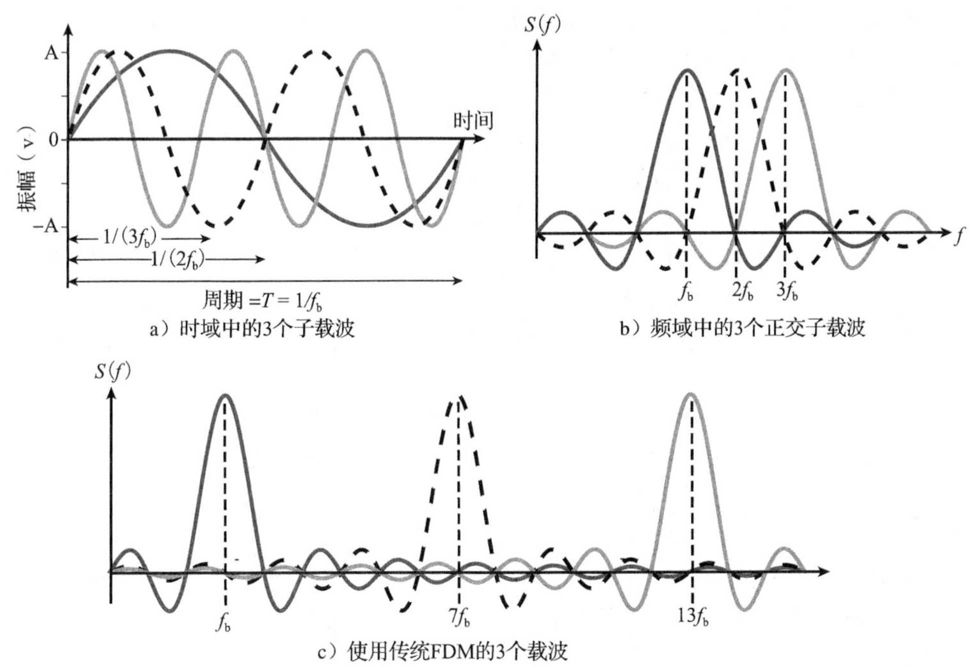

图 8-2　OFDM 的正交性示意图

在 OFDM 技术中，子载波可以相互咬合在一起，因为相邻子载波之间的干扰最小（如果不损坏载波间隔就会出现零干扰）。正交性是由一个重要的数学原定理定义的。两个信号 $s_1(t)$ 和 $s_2(t)$，如果它们满足下面的条件，则称它们是正交的：

$$s_1(t)s_2(t) \text{ 的平均比特时间 } = 0$$

在发送端，我们发送信号

$$s(t) = s_1(t) + s_2(t)$$

在接收端，如果打算从接收信号中提取 $s_1(t)$，那么可以将 $s_1(t)$ 与接收信号相乘后再取平均。如果信号是正交的，则可以得到

$$s_1(t)s(t) \text{ 的平均比特时间} = s_1(t)s_1(t) + s_1(t)s_2(t) = s_1^2(t) + 0$$

输出信号仅是期望信号 $s_1(t)$ 的平方而将 $s_2(t)$ 移除。如果存在多路相互正交的信号，则接收端可以将除 $s_1(t)$ 之外的所有信号全都移除而只保留 $s_1(t)$。

下面给出作为 OFDM 子载波的正交数字信号所需要满足的需求。如果一个子载波的比特时间为 T，那么基频 f_b 一定要取 $1/T$ 的整数倍。其他的每一个子载波则是基频 f_b 的整数倍。对于整数 M，$Mf_b = M/T$。满足这些条件，所有的子载波将是相互正交的。OFDM 的一个应用实例是在第四代蜂窝 LTE 技术中使用了频率间隔为 15kHz 子载波。

注意在图 8-2 中的频段是从基频开始的一组 OFDM 子载波集合。为了便于传输，将该子载波集合进一步调制到一个更高的频带。例如，在 IEEE 802.11n 无线 LAN 标准中 OFDM 方案采用基频 $f_b = 0.3125$MHz，带宽 20MHz，共 48 个子载波，或者带宽为 40MHz，共 108 个子载波。为了便于传输，将这些子载波进一步调制到 2.4GHz 或者 5GHz。

8.1.2　OFDM 的优点

OFDM 有很多优点。首先，频率选择性衰落仅影响某些子载波而不影响所有的子载波信号。如果该数据流受到前向纠错码的保护，则这种衰落是容易克服的。更重要的是，OFDM 能够在多径信道环境中克服码间干扰（Intersymbol Interference，ISI）。正如在第 3 章中讨论的，码间干扰对高速比特流的影响非常大。因为比特或者符号之间的间距非常小，所以多径信道引入的时间扩展很容易对随后的比特产生影响。采用 OFDM 技术，每个子载波上的数据速率被降低了 N 倍，符号周期由此也增加了 N 倍。因此，如果信源数据流的符号周期为 T_s，那么 OFDM 信号的符号周期则为 NT_s。由于符号周期显著增长，所以极大地减小了码间干扰的影响。关于 N 的一个设计标准是使 NT_s 明显大于信道的均方根时延扩展。此时，信道的多径分量引入的时间扩展也无法对信号造成极大的影响。

正是基于这些方面的考虑，在 OFDM 中可能没有必要采用均衡器来抵消 ISI 的影响。均衡器是复杂和昂贵的设备，并且它的复杂性随着 ISI 的严重程度而不断增加。

8.1.3　OFDM 实现

在 OFDM 实现中为了获得上述优点涉及两个重要的操作：快速傅里叶逆变换（Inverse Fast Fourier Transform，IFFT）和循环前缀（Cyclic Prefix，CP）。

快速傅里叶逆变换　即使 OFDM 起源于 40 年前，但直到 20 世纪 90 年代技术的不断进步才使 OFDM 成为商用技术。图 8-1 展示了对 OFDM 将原始数据流分为许多低速比特流然后调制到不同子载波上这一概念的理解。这种实现方式会导致非常昂贵的发射机和接收机，因为必须使用许多昂贵的振荡器。

幸运的是，OFDM 的实现可以充分利用**离散傅里叶变换**（Discrete Fourier Transform，DFT）的特点，即该算法可以生成离散时域函数 $x(n)$ 的量化傅里叶变换 $X[k]$。

$$X[k] = \sum_{n=0}^{N-1} x[n] e^{-j\frac{2\pi kn}{N}}$$

离散傅里叶逆变换(Inverse Discrete Fourier Transform，IDFT)，将频率数值转换为时域数值，也就是，

$$x[n]=\sum_{n=0}^{N-1}X[k]\mathrm{e}^{\mathrm{j}\frac{2\pi kn}{N}}$$

当使用数据点数 N(N 是 2 的幂)时执行该函数时，计算时间大大减少，这些函数称为**快速傅里叶变换**(Fast Fourier Transform，FFT)和**快速傅里叶逆变换**(Inverse Fast Fourier Transform，IFFT)。

图 8-3 中给出了使用 FFT 和 IFFT 的 OFDM 实现。数据流经过串并转换(S/P)操作，它给每一个子载波分配一个样本，并生成称为一 **OFDM 符号的一组样本**。从某种意义上来说，每个样本对应于每个子载波的权重。然后，IFFT(不是 FFT)取这些子载波的值并计算要发送的时域数据流，这些时域数据是由这些子载波的组合。IFFT 可以确保各个子载波之间不会相互干扰。这些值经由并串转换(P/S)操作转换为一串数据流，这些数据流利用振荡器调制到高频载波上。在接收端进行相反的操作。利用 FFT 模块将传入的信号映射为 M 个子载波，发射端的样本将随着这些输入数据流对应的子载波的权重的恢复而复原。

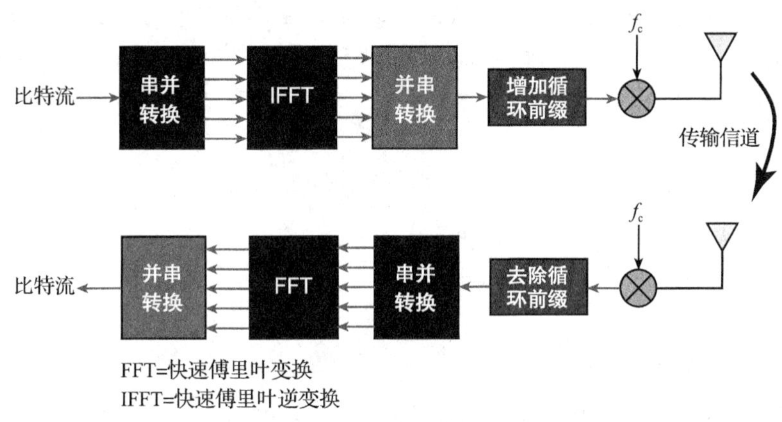

图 8-3　OFDM 的 IFFT 实现

需要注意的是，在 OFDM 中术语“符号”与其他章节中的含义有所不同。最初这可能会有点困惑。在第 7 章中，我们把一个符号视作星座图中的一个点，每个符号可用来传输多个比特。这里，一个 OFDM 符号是指一组样本，每个样本来自一个不同的载波。这是 IFFT 模块的输入。因此，我们完全可以通过利用具有 8 个样本的 OFDM 且每个样本采用 16QAM 调制来传输一个具有 8 个 16QAM 符号的 OFDM 符号！

循环前缀　虽然 OFDM 定义了更长的符号时间来抑制部分码间干扰的影响，然而**循环前缀**的使用则能够进一步消除码间干扰从而完全消除对均衡器的依赖。图 8-4 显示了循环前缀。X_i 是 OFDM 符号。其主要有两个功能：

1) 在 OFDM 符号的实际数据之前加入额外的时间，也称为保护间隔。这样可以消除残余的 ISI 使其不会对实际的接收数据造成影响。

2) 最前面的时间段填充的是发送的 OFDM 符号结尾处数据的真实副本。这使信号处理中面临的许多数学问题由线性处理问题转换为一个循环处理问题。这种分离的并行子信道允许使用简单的数字信号处理技术。

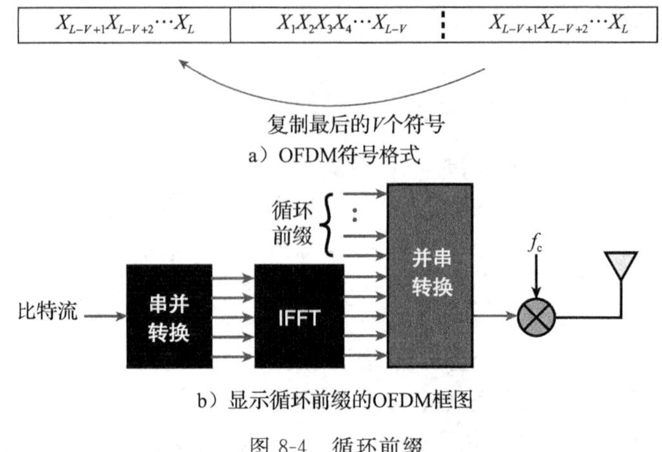

a）OFDM符号格式

b）显示循环前缀的OFDM框图

图 8-4 循环前缀

例 8.1 考虑 LTE 蜂窝标准中的 OFDM 实现。LTE 使用 15kHz 的子载波并使用 1024 个子载波的 OFOM 符号。名义循环前缀的保护时间为 7%，扩展循环前缀的保护时间为 25%。600 个子载波用来传输数据，其余的用作导频和空子载波。名义循环前缀增加了 0.07×1024=72 个保护符号，扩展循环前缀则增加了 0.25×1024=256 个保护符号。对于一个 10MHz 传输带宽和 16 QAM 调制(4 比特符号)，名义和扩展循环前缀的数据速率分别为

$$R_{名义} = 10\text{MHz} \times \frac{600\text{ 个数据子载波}}{1024+72\text{ 个总符号数}} \times 4 = 21.9\text{Mbps}$$

$$R_{扩展} = 10\text{MHz} \times \frac{600\text{ 个数据子载波}}{1024+256\text{ 个总符号数}} \times 4 = 18.8\text{Mbps}$$

8.1.4 OFDM 的缺点

虽然 OFDM 有着巨大优势且实现过程也已极大简化，但为了成功实现 OFDM 技术这里还有两个关键的问题必须解决。

峰均功率比 相比于单载波信号，OFDM 信号具有更高的峰均功率比(Peak-to-Average Power Ratio，PAPR)。这是因为在时域中，多载波信号是多个窄带信号的和。在某些时候，这个和是大的，在另一些时候，它是小的，这意味着信号的峰值振幅显著大于平均值。这是 OFDM 实现所面临的最重要的挑战之一，因为它增加了功率放大器的成本。

使用功率放大器的目的是使信号的振幅放大 K 倍。功率放大器的输入电压和输出电压之间的关系可以表示为：

$$V_{out} = KV_{in}$$

它表示了图 8-5 中标记为理想放大器的那条线的输入/输出关系方程。理论上，这个方程适用于所有的输入电压，然而实际上所有的放大器都有一个非线性区域，放大器在非线性区域会达到饱和，这意味着即使输入电压再高，也不能获得更高的输出电压。图 8-5 显示了的实际的放大器，输入电压在 3V 以下时，曲线都是线性的，但随后该曲线变得非线性，并且无论输入电压多大，放大器都不能产生超过 10V 的输出电压。

图 8-6 给出了图 8-5 中的放大器对输出信号的影响。图 8-6a 给出了振幅分别为 2V 和 20V 的两个信号。图 8-6b 展示了 2 个放大器产生的输出信号，其中输入振幅较小的信号

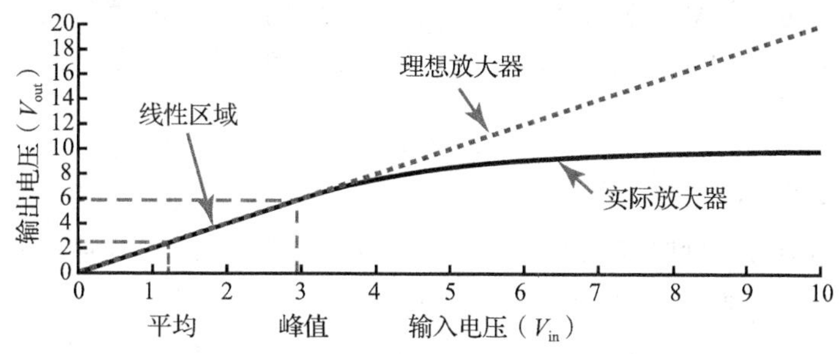

图 8-5 理想和实际放大器特性

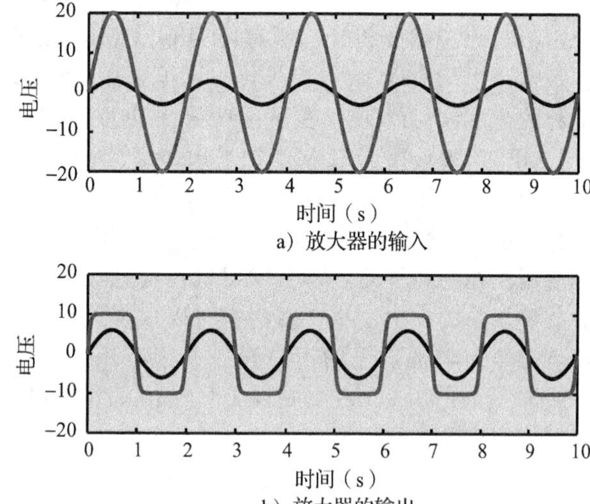

a）放大器的输入

b）放大器的输出

图 8-6 线性与非线性放大器输出的例子

获得了 2 倍放大且无失真。然而，振幅值较大信号的顶部被削平。因此信号已经产生了失真。如果这种失真出现在 OFDM 系统中，那么将失去子载波之间的正交性，从而出现带外泄漏并增加误比特率。

由于 OFDM 的信号振幅范围很宽而存在峰均功率比问题，所以需要使用具有较大线性区间的放大器。这种放大器非常昂贵。另一个简单的方案是将信号的最大振幅限制在放大器的线性区间内，这称为*输入回退*。但这可能降低系统的能效、减少信干噪比(SINR)、缩小覆盖范围。

因此，在 OFDM 系统中减少实际信号的峰均功率比具有重要意义。这一重要性在由移动端到基站的上行链路中更加明显。对于下行链路，由于基站数目较少，所以可以使用更昂贵的处理方法和放大器，而移动端数目众多且对成本较为敏感。现有的峰均功率比降低技术包括特殊编码、相位调整、高斯函数裁剪以及主动星座扩展。LTE 系统还采用了单载波频分多址接入技术(Single-Carrier Frequency Division Multiple Access，SC-FMDA)，将在随后的章节中讨论。

载波间干扰 为了解调一个 OFDM 信号，时间频率同步是必要的。因为 OFDM 符号时间较长，所以对于时间同步的要求相比其他系统更低。但相反，因为 OFDM 频率间隔尽可能地紧密，所以对频率同步的要求将更加严格。如果不满足这些条件，就会产生**载波间干扰**(ICI)。定时和频率同步算法由各个设备制造商负责，而这些问题将给 OFDM 技术的实现带来一些严峻的挑战。

由于循环前缀能够有效消除多径的影响，所以它已经成为一种有效确保载波间正交性的方法。然而，由于循环前缀造成系统频谱效率的降低，所以减少循环前缀长度需要能够容忍这一过程带来的一定程度的 ICI。此外，多普勒频移或者一个子载波的不匹配振荡器可能在多个相邻子载波之间产生载波间干扰。再回到图 8-2，很容易看到子载波之间的间隔有严格的正交性限制且易被干扰。

因为对 OFDM 系统来说载波间干扰是一个限制因素，所以实际实现时需要在子载波间隔与 OFDM 符号长度之间进行折中。短符号时间能够减少由多普勒效应引发的载波间干扰，但也可能使循环前缀由于占用 OFDM 符号时间的一大部分而无法被接受。系统还可以通过 OFDM 脉冲成形、基于跨多个子载波信息调制的自干扰消除技术，或者频域均衡器来降低载波间干扰。

8.2 正交频分多址

多址接入策略通过调度时间(时分多址)、随机接入时间(载波侦听多址接入)、调度频率(频分多址)、信号编码扩展(直接序列扩频)和编码的跳频信号(跳频扩频)来共享一个无线信道。在本章中，需要明确的技术特征之一是如何实现多址接入，包括刚刚提到的实现方法和用于移动设备之间相互协作的协议。

正交频分多址(OFDMA)将 FDMA 和 TDMA 相结合，允许不同的用户在不同的时间使用不同的子载波集合。所有使用 OFDM 的技术就不使用 OFDMA。例如，802.11 的一些版本使用 OFDM 进行信号传输，但采用 CSMA 用于多址接入。当发射机发送时它使用全部的子载波。LTE 仅在下行链路上采用 OFDMA，而在上行链路上采用单载波方式。

OFDMA 使用 OFDM，它采用多个间隔紧密的子载波，但将子载波分为多个子载波组，因为单个子载波不易计算(由于有数百个子载波)或容量不足(因为每一个子载波的承载容量小)。每一组子载波称为一个子信道。在下行链路，一个子信道可以供不同的接收机使用。在上行链路，一个发射机可能分配给一个或多个子信道。上行链路的子信道化能够节省设备的发射功率，因为它可以仅将能量集中在已分配的子信道上。这种节约能量的特点对于由电池供电的用户设备尤为有用，例如 4G 移动通信。图 8-7 对比了 OFDM 和 OFDMA。在 OFDMA 的情况下，给出了利用相邻子载波构成一个子信道的例子。子信道可以使用以下 3 种不同的方法产生。

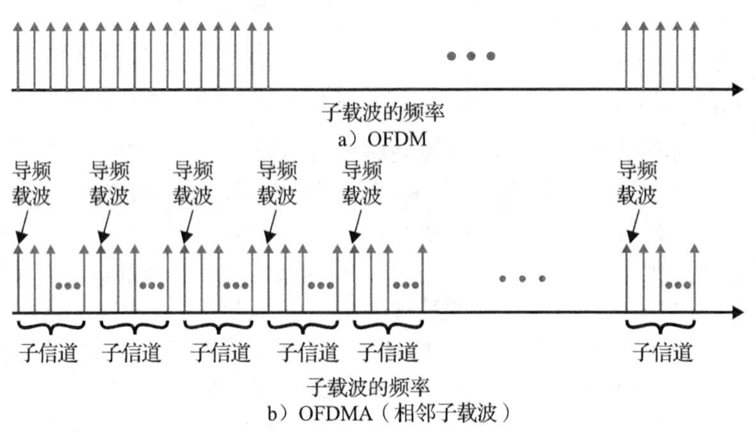

图 8-7 OFDM 和 OFDMA

- **相邻子载波**：所有的子载波能以连续的频率块方式分配。所有的子载波具有几乎相同的信噪比。问题是所有这些频率上的子载波可能出现性能都很差的情况。但同时这也是一个机会，如果系统可以在多个频率块中进行选择从而发现对不同用户的最好的块，则可以进行优化选择以均衡信道效率、用户需求、优先级以及公平性。尽管如此，该方法需要精确已知每个用户在整个系统带宽上的传输信道，并适配这些特性的变化。这需要导频符号和信号，也需要引入预测机制，因为信息在接收以及完全处理时可能已经过时。这种方法可以应用于 LTE 和 WiMAX。
- **等间隔子载波**：这种方法可以理解为“分布式”或者“梳状”分配。这种方法提供了频率分集，因此不管选择哪些子载波，好的子载波的数量总是充足的。信道估计的负担也不大。这种方法也可应用于 LTE 系统。

- **随机间隔子载波**：该方法与等间隔子载波有类似的优点，但它还有能够避免相邻小区间干扰的优点。这种方法也可应用于 WiMAX 系统。

机会调度

无线资源的子信道化定义了子信道，在 LTE 中称为*资源块*，可以根据信道条件和数据需求将它分配给用户站(SS)。也可以通过指定这些用户站的功率水平来优化吞吐量并限制干扰。

人们可能认为无线通信的时变和多径传播特性会制约我们有效使用无线信道的能力，但事实恰恰相反。这种变化为我们提供了可开发和利用的机会。因为信道条件变化，并可以预期变化，所以资源分配可以以动态方式进行调整。因此，使用术语**机会调度**。特定的安装和设备供应商可以提供更具竞争优势的方法来解决这一问题，因为大多数标准对 OFDMA 调度方法不做规定。在调度子信道时需要考虑多种因素。

- **效率**：可以根据在一个时隙中具有最高信干噪比(SINR)的用户来调度子信道。这些用户可以通过使用自适应调制和编码技术来获得比具有较差 SINR 的其他用户更高的吞吐量。这样总效率和容量将是最高的，并且无线信道的时变特性将被充分利用以获得最大的增益。
- **公平性**：然而，如果调度只是基于效率，那么有些用户(可能是那些远离基站的用户)可能获得很少或没有获得吞吐量。公平性也是一个考虑因素。一个完全公平的分配是给所有用户分配相同数量的子信道或相同的吞吐量，但这会牺牲效率。一种流行的妥协方法称为**比例公平性**，即在确定资源分配时，每个用户计算下面的指标。

$$\text{比例公平性} = \frac{r_i}{\overline{r}_i}$$

  这是用户 i 在该时隙内利用该子信道能够获得的数据速率 r_i 与利用该子信道能够获得的平均数据速率$\overline{r}_i$的比值。本质上，用户仅和自己进行比较，而不和别人进行比较。那些对他们自己来说是很好的机会将会有更大的机会被调度。
- **需求**：音频和视频等应用可能有延迟和抖动方面的需求。这些应该被考虑。
- **优先级**：高优先级用户，如警察、消防、救护车或其他公共安全工作者，在紧急情况下需要特殊的优先级，无论他们此时的信道条件如何。然而，需要注意的是，即使对于那些用户，他们的信道条件也有可能在几毫秒内得到显著改善。

8.3　单载波频分多址

单载波频分多址(SC-FDMA)是近年来发展起来的多址接入技术，它与 OFDMA 着相似的结构和性能。单载波频分多址的一个显著的优势是发射波形的低峰均功率比，这将使用户设备在电池寿命、电源效率以及低成本等方面受益。即使术语“单载波频分多址”听起来好像是基本的正交频分复用技术，但实际上它是不同的，因为它在发射机和接收机还需要一个额外的傅里叶变换和频率均衡处理。单载波频分多址用于上行链路，而 OFDMA 依然用于下行链路以获得更多多址接入的可能。

如图 8-8 所示，在单载波频分多址中，在 IFFT 处理之前需要进行 DFT，该步骤将数据符号扩展到所有携带信息的子载波上，并而构成了一个虚拟的单载波结构。随后这些信号经过 OFDM 处理模块并将信号子载波信号。然而，现在每个数据符号由每个子载波携带。图 8-9 给出了 OFDM 和 SC-FDMA 信号具体流程的一个例子。

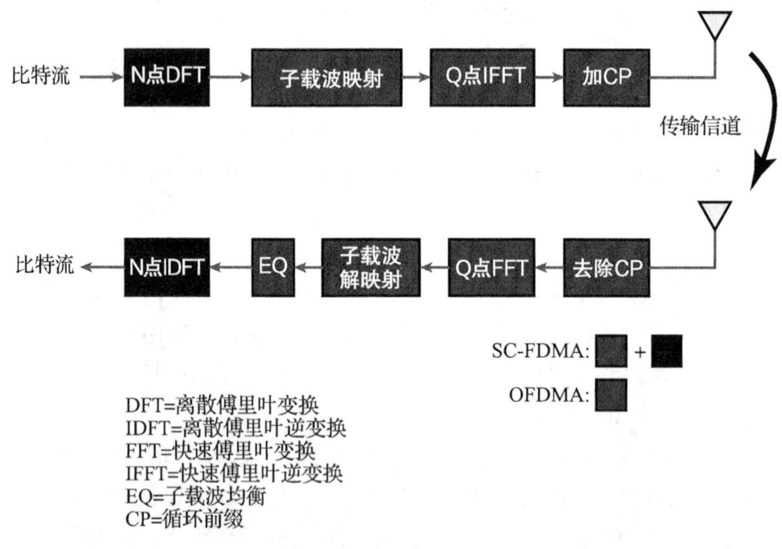

图 8-8　简化的 OFDMA 和 SC-FDMA 框图

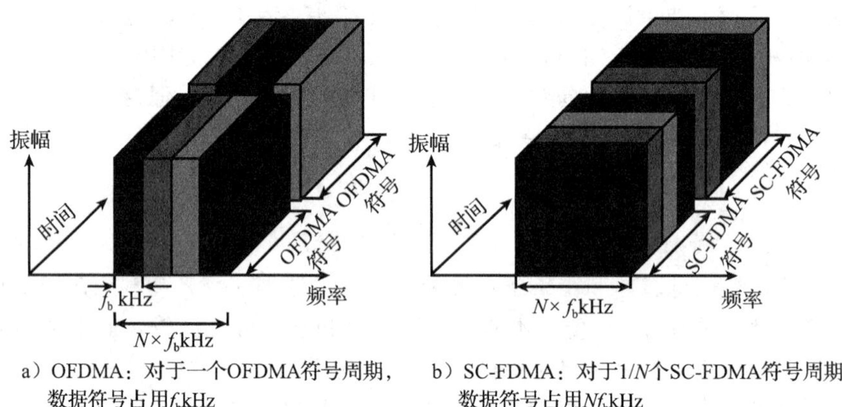

图 8-9　OFDMA 和 SC-FDMA 的例子

观察图 8-9，我们可以得到一些看法。对于 OFDM，一个源数据流分为 N 个不同的子数据流，对这些子数据流进行调制并在每个带宽为 f_b 的 N 个不同的子载波上并行传输源数据流的数据速率为 R bps，每个子载波的数据速率为 R/N bps。从图 8-9 中可以看出，对于 SC-FDMA 来说，将源数据流调制到一个带宽为 Nf_b 的单载波上(因此其名字为单载波的前缀)，并以速率 R bps 传输。以更高的速率传输数据，但与 OFDM 中的单个子载波相比，SC-FDMA 系统中的子载波有更宽的带宽。然而，由于 SC-FDMA 的复杂信号处理，之前的描述不准确。实际上，源数据流被复制 N 次，每个数据流的副本在一个子载波上独立调制和发送，其中每个子载波上的数据速率为 R bps。与 OFDM 相比，在每个子载波上都以更高的速率进行发送，但因为在每个子载波上发送相同的数据流，所以接收端仍然能够可靠地恢复出原始数据流。

最后我们来关注术语**多址接入**。在 OFDMA 技术中，通过在一个时间间隔内将所有子载波分配给多个用户，使不同用户同时进行发送或接收成为可能。这对于 SC-FDMA 技术来说是可能的：在任何一个给定的时间点，所有的子载波携带相同数据流，因此只能服务一个用户。但是，如图 8-9 所示，随着时间流逝，它可以提供多址接入。因此，对于 SC-FDMA 来说，一个更好的术语可能是 SC-OFDM-TDMA，即使这个术语并没有被使用。

8.4 推荐阅读

[BERA08]和[MYUN06]很好地介绍了 OFDMA 和 SC-FDMA 技术。[GHOS11]讨论了 OFDMA 和 LTE 技术。

BERA08 Beradinelli，G.，et al. "OFDMA vs SC-FDMA：Performance Comparison in Local Area IMT-A Scenarios." *IEEE Wireless Communications*，October 2008.

GHOS11 Ghosh，A.；Zhang，J.；Andrews J.；and Muhamed，R. *Fundamentals of LTE*. 2011. Upper Saddle River，NJ：Prentice Hall.

MOLI11 Molisch，A，*Wireless Communications*，Second Edition，West Sussex，UK：John Wiley & Sons，Ltd.

MYUN06 Myung，H.；Lim. J.；and Goodman，D. "Single Carrier FDMA for Uplink Wireless Transmission." *IEEE Vehicular Technology*，September 2006.

8.5 关键术语、复习题和问题

关键术语

cyclic prefix（循环前缀）
discrete Fourier transform（DFT，离散傅里叶变换）
fast Fourier transform（FFT，快速傅里叶变换）
intercarrier interference（ICI，载波间干扰）
inverse fast Fourier transform（IFFT，快速傅里叶逆变换）
opportunistic scheduling（机会调度）
orthogonality（正交性）
orthogonal frequency division multiplexing（OFDM，正交频分复用）
orthogonal frequency division multiple access（OFDMA，正交频分多址接入）
peak-to-average power ratio（PAPR，峰均功率比）
proportional fairness（比例公平）
single-carrier FDMA（SC-FDMA，单载波频分复用）

复习题

8.1 简要定义 OFDM、OFDMA 以及 SC-FDMA。
8.2 OFDM 的基本要求是什么？
8.3 OFDM 的主要优势是什么？
8.4 OFDM 的主要技术问题是什么？
8.5 OFDM 和 OFDMA 的主要区别是什么？
8.6 快速傅里叶逆变换怎样影响发射机和接收机中振荡器的数量？
8.7 正交性如何提高容量？
8.8 循环前缀解决什么问题？
8.9 OFDM 产生了多个低速率（即，长的符号时间）的子载波。发挥什么作用？
8.10 下列每种 OFDMA 方法的好处是什么？相邻子载波、等间隔子载波以及随机间隔子载波。
8.11 使用 SC-FDMA 的目的是什么？

问题

8.1 对于一个符号时间为 66.67μs 的 18Mbps 的 LTE 数据流，共产生多少个子载波？

8.2 LTE 在 180kHz 的资源块上分配子载波。参数如图 8-1 所示，请问一个资源块有多少个子载波，近似认为 $B_s = r_b$。

8.3 现在考虑一个与问题 8.1 和问题 8.2 中描述的不同的系统。第 6 章中，如果相干带宽 B_c 远大于(使用因子 10)信号带宽 B_s，则这个系统就认为是平坦衰落的。一个信道的相干带宽为 80kHz，对于 16Mbps 的高速率信号会产生频率选择性衰落。请问需要多少个子载波使每个子载波都经历平坦衰落？近似认为 $B_s \approx r_b$。

8.4 循环前缀倾向于足够长以便能够包括最显著的多径信号。考虑一个持续时间为 4.7μs 的 LTE 的循环前缀。多径延迟来源于最短路径信号和具有较长距离路径的接收信号之间的延迟。如果在发送方和接收方之间的最短路径为 1km，多径延迟远小于循环前缀的长度，那么最长路径的距离是多少？假设信号以光速传输。

8.5 证明子载波频率 f_1 和 f_2 之间的正交性关系需满足下列正交性条件。假设 f_1 和 f_2 都是 $1/T_b$ 的整数倍。

$$\int_0^{T_b} \cos(2\pi f_1 t)\cos(2\pi f_2 t)\,\mathrm{d}t = 0$$

8.6 对于问题 8.5，仍然保持正交性的最小频率间隔是多少？

第9章

Wireless Communication Networks and Systems

扩　　频

学习目标

通过本章的学习，你应该能够：

- 描述两种主要扩频方法的工作过程：跳频和直接序列扩频。
- 掌握利用跳频实现扩频的原理。
- 理解带宽与扩展比特率之间的关系。
- 理解RAKE接收机如何利用直接序列扩频提供时间分集来克服多径衰落。

扩频是一种重要的通信形式。这种技术和前面章节中定义的类别不同，因为它使用模拟信号既可以用于传输模拟数据，也可以用于传输数字数据。

最初扩频技术的发展是为了满足军事和情报的需求。基本思想是将信息信号扩展到更宽的带宽上进行传输，从而使干扰和拦截变得更加困难。第一种类型的扩频称为跳频[⊖]。一种更新的扩频技术是直接序列扩频。这两种技术都已经应用于各种无线通信标准和产品中。

简单概述之后，我们首先关注上述两种扩频技术，之后再看基于扩频的码分多址技术。

9.1　扩频的概念

图9-1给出了所有扩频系统的关键特性。将输入信号发送到一个信道编码器，产生一个以某个频率为中心的窄带模拟信号。利用一个称为**扩频码**或**扩频序列**的数字序列对该信号进行调制。通常，但也不总是，扩频码是由**伪噪声**(PN)或伪随机数发生器产生的。这种调制的效果能够显著增加发送信号的带宽(扩展频谱)。在接收端，相同的数字序列用于解调该扩频信号。最后，将该信号发送到一个信道解码器，以恢复数据。

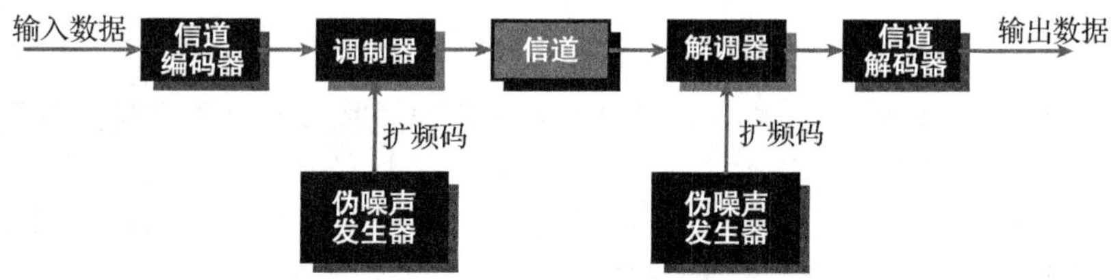

图9-1　扩频数字通信系统的通用模型

从这个似乎浪费频谱的技术中可以获得几个方面的好处：

- 该信号可以抵抗各种噪声和多径失真。扩频的最早应用是军事通信，由于它对干扰具有免疫能力。

⊖ 扩频(使用跳频)，无论你信或不信，是1940年被时年26岁的好莱坞影视明星Hedy Lamarr发明。她和搭档，后来和她一起努力，于1942年获得了一项专利(U.S. Patent 2，292，387；1942年8月11日)。Lamarr认为这是她对战争的贡献但并没有因此而获利。

- 它也可用于隐匿和加密信号。只有知道扩频码的接收机才可以恢复编码的信息。
- 多个用户可以独立使用相同的且更宽的带宽，并且相互之间的干扰非常小。利用该特性的技术，称为码分复用(CDM)或码分多址(CDMA)，已经应用于蜂窝电话系统。

9.2　跳频扩频

跳频扩频(Frequency Hopping Spread Spectrum，FHSS)技术中，信号在一系列看似随机的频率上传输，且频率跳变在具有固定间隔的频率上进行。与发射机之间进行同步频率跳变的接收机可以接收到传输的信息。潜在的窃听者只能听到莫名其妙的只言片语。尝试对某一个固定频率上信号进行干扰，只能够成功干扰其中的几个比特。

9.2.1　基本方法

图 9-2 给出了一个跳频(FH)信号的例子。给跳频信号分配 C 个信道。例如，IEEE 802.15.1，蓝牙，使用 $C=80$。载波频率之间的间隔，即每个信道的带宽通常与输入信号的带宽有关。发射机每次在一个信道上工作的时间间隔为固定值。例如，IEEE 802.15.1 蓝牙标准采用 0.625ms 的时间间隔。在这段时间内，采用一些编码方案发送一些比特(如后面讨论的，也可能是一个比特的一部分)。信道的使用顺序由扩频码来决定。发射机和接收机使用相同地扩频码来同步地调整信道的使用序列。

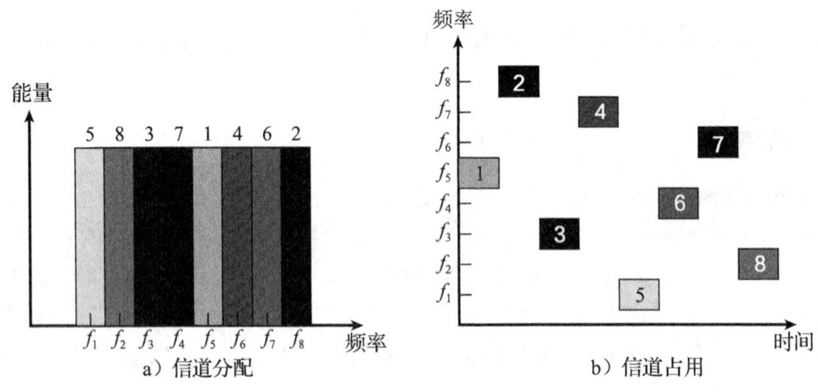

图 9-2　跳频的例子

图 9-3 给出了一个跳频系统的典型框图。为了传输，将二进制数据送入使用数字到模拟编码的调制器中，如频移键控(FSK)或二进制相移键控(BPSK)。产生的信号 $s_d(t)$ 以某个基频为中心。源端采用一个伪噪声(PN)或伪随机数作为频率表中的频率索引。这就是前面提到的扩频码。在每一个连续的时间间隔(每 k 个 PN 比特)，选择一个新的载波频率 $c(t)$。然后将前面利用调制器产生的信号来调制该频率，以产生一个具有相同频谱形状但中心频率为选定值 $c(t)$ 的新信号 $s(t)$。在接收时，可以使用由相同的 PN 码生成的频率对扩频信号进行解调，并解调出输出数据。

图 9-3 给出了两个信号相乘的情况。下面我们举一个 BPSK 调制的例子来说明。我们将 FHSS 系统的输入定义为 FSK 信号(与式(7-2)比较)

$$s_d(t) = A\cos(2\pi(f_0 + 0.5(b_i + 1)\Delta f)t) \quad iT < t < (i+1)T \tag{9-1}$$

式中　A——信号振幅；

f_0——信号基频；

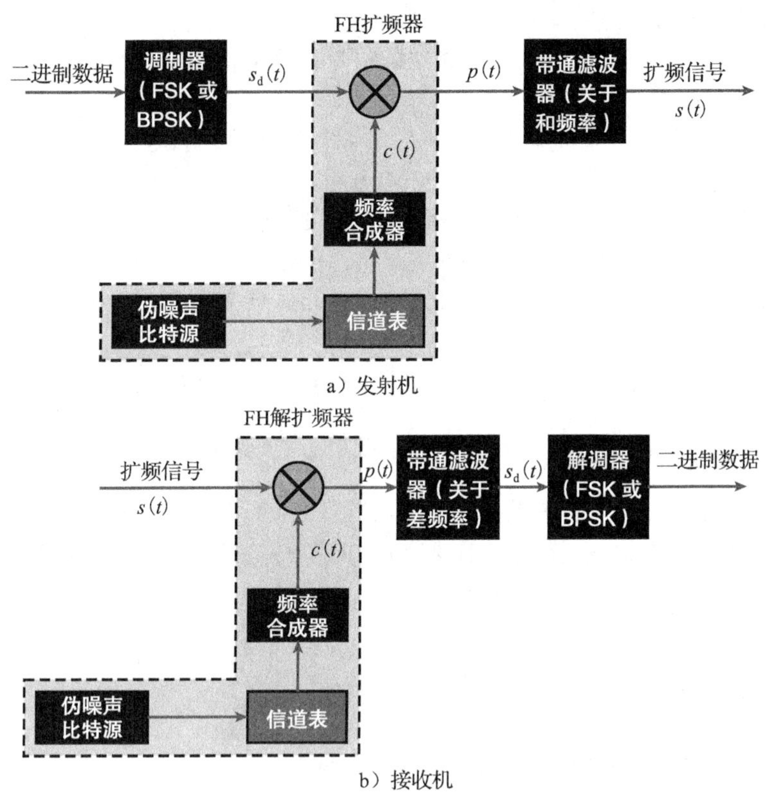

图 9-3　跳频扩频系统

b_i——数据的第 i 个比特的值（+1 表示 1，−1 表示 0）；

f——载波间隔；

T——比特持续时间；数据速率为 $1/T$。

因此，在第 i 个比特时间间隔内，如果数据比特是−1，则数据信号的频率就是 f_0，如果数据比特是+1，则数据信号就是 $f_0+\Delta f$。

频率合成器产生一个恒定的频率音调，其频率在一组可能的 C 个频率中跳变，跳频模式由一个 PN 序列决定。为简单起见，假设一跳的持续时间和 1 比特的持续时间相同，并且我们忽略数据信号 $s_d(t)$和扩频信号（也称为**码片信号**）$c(t)$之间的相位差。那么第 i 跳（第 i 比特）的输出信号可以表示为

$$p(t) = s_d(t)c(t) = A\cos(2\pi(f_0 + 0.5(b_i + 1)\Delta f)t)\cos(2\pi f_i t)$$

这里 f_i是频率合成器在第 i 跳生成的信号频率。利用三角恒等式[⊖]

$\cos(x)\cos(y)=(1/2)[\cos(x+y)+\cos(x-y)]$，我们有

$$\begin{aligned} p(t) =& 0.5A[\cos(2\pi(f_0 + 0.5(b_i + 1)\Delta f + f_i)t) \\ &+ \cos(2\pi(f_0 + 0.5(b_i + 1)\Delta f - f_i)t)] \end{aligned}$$

采用带通滤波器（如图 9-3 所示）来阻塞差频率并通过和频率，产生 FHSS 信号。

$$s(t) = 0.5A\cos(2\pi(f_0 + 0.5(b_i + 1)\Delta f + f_i)t) \tag{9-2}$$

因此，在第 i 个比特间隔内，如果数据比特是−1，则数据信号的频率是 f_0+f_i，如果数

⊖　参阅 computersciencestudent.com 提供的数学复习文档，其中有关于三角恒等式的介绍。

据比特是+1，则数据信号是 $f_0+f_i+\Delta f$。

接收端将接收一个与发送信号 $s(t)$类似的信号。将该信号与扩频信号的副本相乘，产生的积信号可以表示为

$$p(t)=s(t)c(t)=0.5A\cos(2\pi(f_0+0.5(b_i+1)\Delta f+f_i)t)\cos(2\pi f_i t)$$

再次应用三角恒等式，我们有

$$p(t)=s(t)c(t)=0.25A\{\cos[2\pi[f_0+0.5(b_i+1)\Delta f+f_i+f]t]$$
$$+\cos[2\pi[f_0+0.5(b_i+1)\Delta f]t]\}$$

采用带通滤波器(如图 9-3 所示)来阻塞和频率并通过差频率，产生一个类似于式(9-1)中定义的信号 $s_d(t)$。

$$0.25A\cos(2\pi(f_0+0.5(b_i+1)\Delta f)t)$$

9.2.2 基于 MFSK 的跳频扩频

与 FHSS 一起使用的常用调制技术是多进制频移键控(MFSK)。在第 7 章中，MFSK 一次采用 $M=2^L$个不同的频率对输入数据 L 比特进行编码。传输的信号可以表示为(式(6-3))：

$$s_i(t)=A\cos 2\pi f_i t,\quad 1\leqslant i\leqslant M$$

式中 f_i——$f_c+(2i-1-M)f_d$；

f_c——载波频率；

f_d——差值频率；

M——不同信号元素的个数$=2^L$；

L——每个信号元素(符号)的比特数。

在 FHSS 系统中，通过用 FHSS 的载波信号来调制 MFSK 信号，每 T_c秒将 MFSK 信号转换为一个新的频率。其影响是将 MFSK 信号转换到合适的 FHSS 信道。对于数据速率 R，每个信号元素(符号)传送 L 比特。这意味着符号速率是 $R_s=R/L$，符号时间为 $T_s=1/R_s$。因为每个符号传输 L 个比特，所以可以说每个比特花费 $T=T_s/L$s。如果 T_c大于或等于 T_s，则在每个跳频传输多个符号，并且这种扩频调制称为**慢跳频扩频**(慢 FHSS)。反之，如果频率跳变速度快于符号速率或通过多个跳频来传输一个符号[⊖]，则称为**快跳频扩频**(快 FHSS)。因此，可以总结为

慢跳频扩频	$T_c\geqslant T_s$
快跳频扩频	$T_c<T_s$

> **例 9.1** 一个系统的传输速率为 30kbps，每个符号包含 3 比特。FHSS 系统的每跳时间为 0.125ms。请问该系统是快跳频还是慢跳频？
>
> $$R=30\text{kbps}=30\times 10^3\text{bps}$$
> $$R_s=R/L=10\times 10^3\ 符号/秒$$
> $$T_s=1/R_s=0.1\ 毫秒/符号$$

⊖ 有些作者采用其他的定义方法，每比特多跳传输称为快跳频，每一跳传输多个比特称为慢跳频，每一比特一跳称为不快不慢跳频[PICK82]。更常用的定义方式采用跳数与符号之间的关系来定义，而不是与比特之间的关系。

$$T_c = 0.125\text{ 毫秒 / 跳}$$

$$T_c < T_s$$

因此，该系统是一个快跳频系统。

图 9-4 给出了一个慢 FHSS 的例子，它使用了图 7-4 所示的 MFSK 例子。其中，$M=4$，并且在两个例子中都使用了同一个输入比特序列。图 9-4 中给出了传输的频率（y 轴）随着时间（x 轴）的变化情况。每一列代表一个时间单元 T_s，该时间单元中传输了一个 2 比特信号元素。每一列中的阴影矩形表示在该时间单元中发送的频率。每一对列矢量对应一个基于 2 比特 PN 序列选择的频带。因此，对于第一对列矢量，由于受 PN 序列 00 的控制，所以使用最低频带中的频率。对于第二对列矢量，由于受 PN 序列 11 控制，所以使用最高频带中的频率。

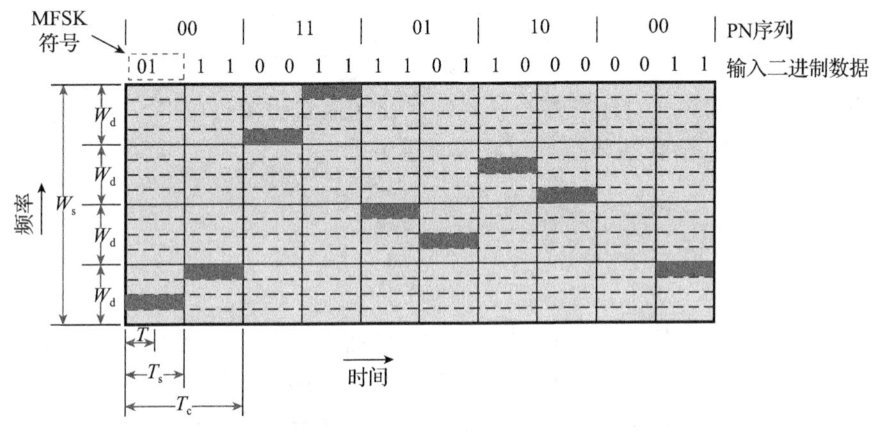

图 9-4 使用 MFSK 的慢跳频扩频（$M=4$，$k=2$）

这里，我们有 $M=4$，这意味着每次有 4 个不同的频率用来对输入的 2 比特数据进行编码。每个信号元素是一个离散的频率音调，总的 MFSK 带宽为 $W_d=Mf_d$。我们使用 FHSS 方案，其中 $C=4$。就是说，有 4 个不同的信道，每个信道的宽度为 W_d。总的 FHSS 带宽为 $W_s=CW_d$。每个 2 比特的 PN 序列可用于在 4 个信道中选择一个。该信道持续两个信号元素的持续时间，或者 4 比特的慢跳频时间（$T_c=2T_s=4T$）。

图 9-5 给出了快速 FHSS 的一个例子，它使用相同的 MFSK 例子。并且，$C=4$。然而，在这种情况下，每个信号元素由两个跳频音调来承载。仍然有，$W_d=Mf_d$ 和 $W_s=CW_d$。在这个例子中，$T_c=T_s/2=T$，每个频率的保持时间为 1/2 个符号。通常，在面对噪声或干扰时，与慢跳频相比，快跳频能够提供更好的性能。例如，如果 3 个或更多的频率（码片）用于传输每个信号元素，则接收机可以根据大多数的码片是正确的来决定发送的哪个信号元素。

9.2.3 FHSS 性能方面的考虑

通常，FHSS 会使用大量的频率，使得 W_s 比 W_d 大很多。其中的一个好处是，较大的 k 值会使系统具有很好的抗噪声和干扰的能力。例如，假设我们有一个带宽为 W_d 的发射机和一个具有固定功率 S_j 和相同带宽且与信号的载波频率相同的噪声干扰机。因此，我们可以得到每比特能量信号与干扰机干扰功率谱密度的比值为

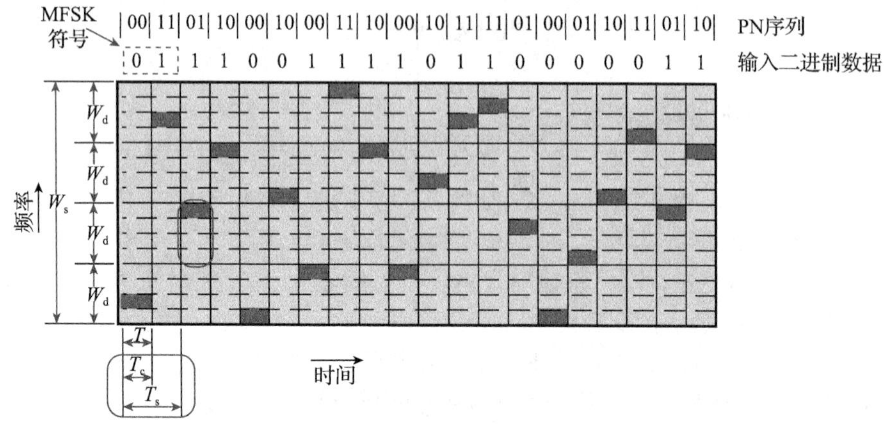

图 9-5　使用 MFSK 的快跳频扩频($M=4$，$k=2$)

$$\frac{E_b}{I_j}=\frac{E_b}{S_j/W_d}=\frac{E_bW_d}{S_j}$$

如果使用跳频，干扰机必须阻塞所有 C 个频率。使用固定的发射功率，在任何一个频段的干扰功率减少为 S_j/C。信噪比增益，或处理增益为

$$G_p=C=\frac{W_s}{W_d} \tag{9-3}$$

9.3　直接序列扩频

对于**直接序列扩频**(DSSS)，利用扩频码，将原始信号中的每个比特表示为传输信号中的多个比特。扩频码将信号扩展为与所使用的扩频码的比特数成正比的更宽的频段上。因此，利用一个 10 比特的扩频码将信号扩展后的带宽是使用 1 比特扩频码所扩展带宽的 10 倍。由于在伪随机序列中的比特相对较小，所以有时也将它们称为**码片**；这个序列也称为**码片序列**。

直接序列扩频技术的一种实现方式是利用异或运算(XOR)实现数字信息流与扩频码比特流的组合。异或遵循以下规则：

$$0\oplus 0=0\quad 0\oplus 1=1\quad 1\oplus 0=1\quad 1\oplus 1=0$$

图 9-6 给出了一个例子。需要注意的是，在组合过程中出现信息比特 1 时需要将扩频码比特反转，而出现信息比特 0 时无需反转扩频码比特就可传输。组合后的比特流具有与原始扩频码序列相同的数据速率，所以它比信息比特流具有更宽的带宽。在给出的例子中，扩频码比特流的速率控制为信息速率的 4 倍。

9.3.1　基于 BPSK 的直接序列扩频

为了更方便地观察直接序列扩频在实际中如何工作，我们假设调制方案为 BPSK。由于使用+1 和−1 来表示二进制数字更方便，所以不是用 1 和 0 表示二进制数据。在这种情况下，BPSK 信号可以表示为式(7-5)的形式

$$s_d(t)=Ad(t)\cos(2\pi f_c t) \tag{9-4}$$

式中　A——信号的振幅；

f_c——载波频率；

$d(t)$——离散函数，如果比特流中的相应比特为 1 则一个比特时间的值为+1，如果比特流中的相应比特值为 0 则一个比特时间的值为−1。

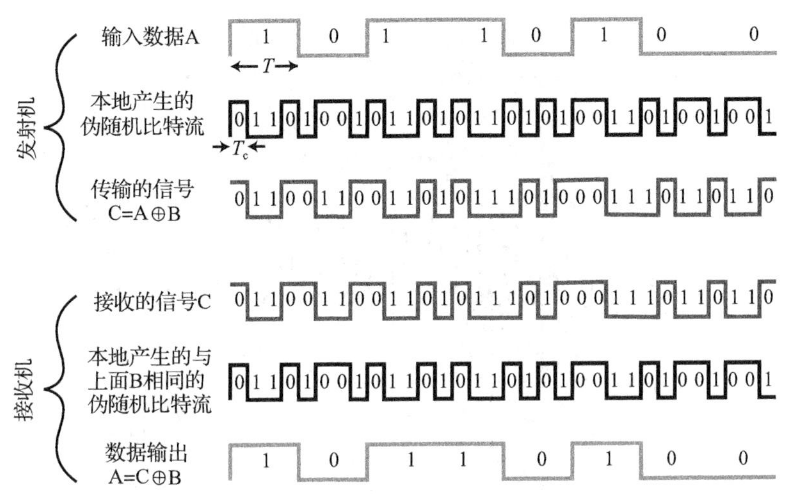

图 9-6　直接序列扩频的例子

为了产生 DSSS 信号，我们将前面的值乘以 $c(t)$，它是值为+1 和−1 的 PN 序列：

$$s(t) = Ad(t)c(t)\cos(2\pi f_c t) \tag{9-5}$$

在接收端，传入的信号再乘以 $c(t)$。但 $c(t)\times c(t)=1$，因此可以恢复原始信号：

$$s(t)c(t) = Ad(t)c(t)c(t)\cos(2\pi f_c t) = s_d(t)$$

式(9-5)可以通过两种方式来解释，产生两种不同的实现方式。第一种解释是首先将 $d(t)$和 $c(t)$相乘，然后进行 BPSK 调制。这是我们一直讨论的方案。或者，我们可以先对数据流 $d(t)$进行 BPSK 调制来产生的数据信号 $s_d(t)$。然后再将这个信号乘以 $c(t)$。

第二种实现方式如图 9-7 所示。图 9-8 是这种方法的一个实际例子。

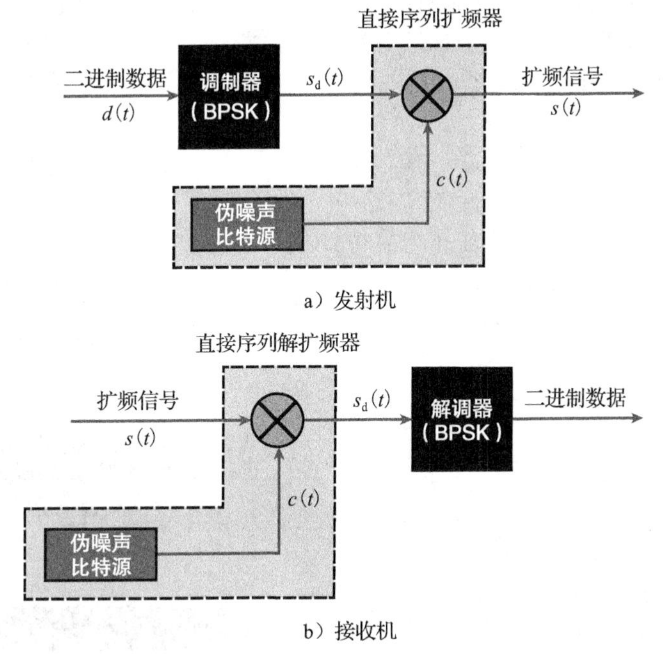

图 9-7　直接序列扩频系统

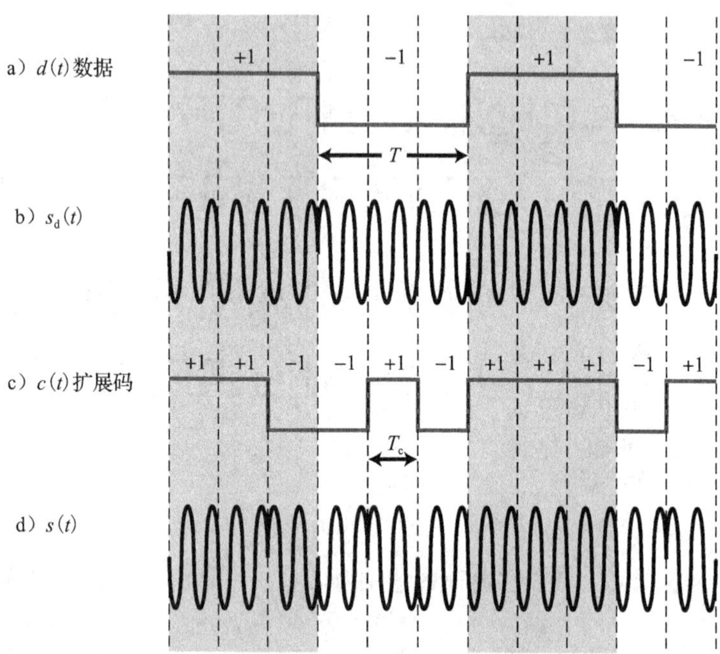

图 9-8　使用 BPSK 的直接序列扩频的例子

9.3.2　DSSS 性能方面的考虑

利用直接序列技术实现的频谱扩展很容易被确定（如图 9-9 所示）。在我们的例子中，信息信号的比特宽度为 T，相当于 $1/T$ 的数据速率。在这种情况下，根据编码技术，该信号的频谱大约可以确定为 $2/T$。类似地，PN 信号的频谱为 $2/T_c$。图 9-9c 给出了频谱扩展的结果。总频谱为 $2/T_c+2/T$，由于 $2/T$ 比较小，所以它约等于 $2/T_c$。对于一个实际实现来说，如果每个符号使用 128 个码片，则 $T/T_c=128$。因此，得到的扩频倍数是 PN 流的数据速率。

与 FHSS 一样，我们可以通过观察其抗干扰的有效性来洞察 DSSS 的性能。我们假设在 DSSS 系统的中心频率有一个简单的干扰信号。干扰信号的形式是

$$s_j(t)=\sqrt{2S_j}\cos(2\pi f_c t)$$

接收的信号是

$$s_r(t)=s(t)+s_j(t)+n(t)$$

式中　$s(t)$——发送的信号；

$s_j(t)$——干扰信号；

$n(t)$——加性白噪声；

S_j——干扰信号功率。

在接收端，解扩频器将 $s_r(t)$ 乘以 $c(t)$，因此干扰信号的信号成分是

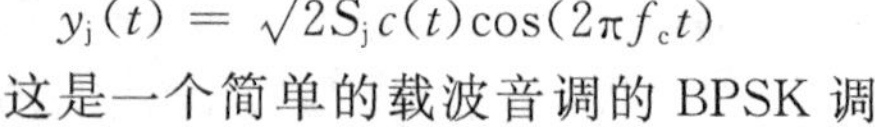

$$y_j(t)=\sqrt{2S_j}c(t)\cos(2\pi f_c t)$$

这是一个简单的载波音调的 BPSK 调

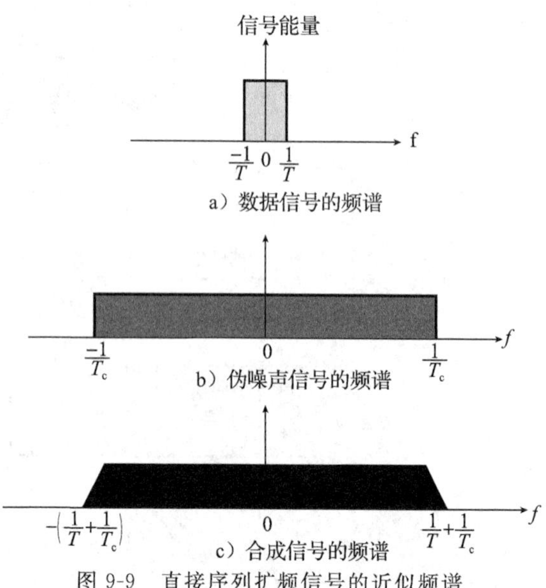

图 9-9　直接序列扩频信号的近似频谱

制。因此，载波功率 S_j 占据了约 $2/T_c$ 的带宽。然而，在 DSSS 解扩器之后的 BPSK 解调器(见图 9-7)包含了一个与 BPSK 数据相匹配的带宽为 $2/T$ 的带通滤波器。因此，滤除大部分的干扰功率。虽然有很多因素会发挥作用，但近似地，我们可以说，通过滤波器的干扰功率是

$$S_{jF} = S_j(2/T)/(2/T_c) = S_j(T_c/T)$$

通过使用了扩频技术，干扰功率已经减少了 T_c/T 倍。这个因子的倒数是传输信号的信噪比增益：

$$G_P = \frac{T}{T_c} = \frac{R_c}{R} \approx \frac{W_s}{W_d}$$

这里 R_c 是扩频比特率，R 是数据数率，W_d 是信号带宽，W_s 是扩频信号带宽。结果与 FH-SS 的结果类似(见式(9-3))。

9.4 码分多址

9.4.1 基本原理

码分多址(CDMA)是一种通过扩频共享无线传输媒质的复用技术。它按照以下工作方式工作。首先，我们有一个数据信号，其速率为 D，也称为比特数据速率。我们按照一个固定模式把每一个比特分为 k 个码片，该模式对于每个用户来说是特定的，称为用户码。这个新信道的码片数据率为 kD 码片/秒。我们考虑一个 $k=6$ 的简单例子[⊖]。最简单的代码序列可以是具有多个 1 或 −1 的序列。图 9-10 给出了 3 个用户 A、B 和 C 的用户码，他们都与同一个基站接收机 R 进行通信。因此，用户 A 的用户码是 $c_A=\langle 1, -1, -1, 1, -1, 1\rangle$。同样，用户 B 的用户码是 $c_B=\langle 1, 1, -1, -1, 1, 1\rangle$，用户 C 的用户码是 $c_C=\langle 1, 1, -1, 1, 1, -1\rangle$。

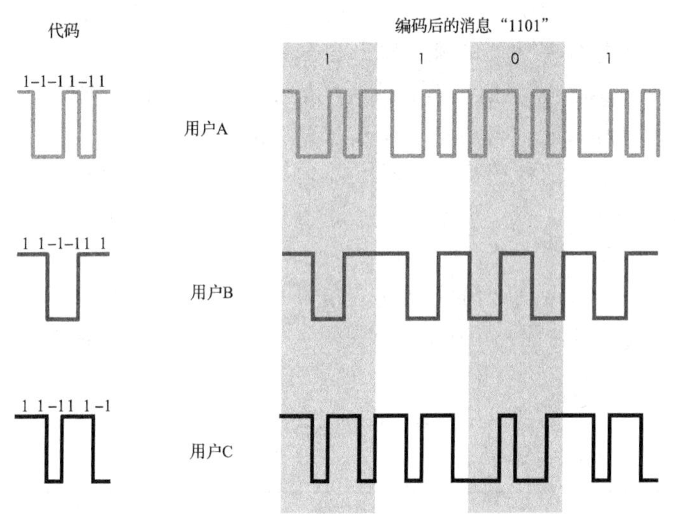

图 9-10 CDMA 例子

我们现在考虑用户 A 与基站通信的情况。假定基站知道 A 的用户码。为简单起见，我们假设通信已经同步，因此基站知道何时开始寻找用户码。如果 A 想发送 1 比特，则 A

⊖ 该例子由布鲁克林理工大学的 Richard Van Slyke 教授提供。

以码片模式〈1，−1，−1，1，−1，1〉的代码来传输该比特。如果发送比特 0，则 A 发送其用户码的补码(1 和−1 反转)，即〈−1，1，1，−1，1，−1〉。在基站，对接收的码片模式进行解码。在这个简单的例子中，如果接收机 R 接收到的码片模式 $d=\langle d_1, d_2, d_3, d_4, d_5, d_6\rangle$，并且接收机想要与用户 u 进行通信，并且它有 u 的用户码，〈$c1$，$c2$，$c3$，$c4$，$c5$，$c6$〉，则接收机执行以下解码函数：

$$S_u(d)=(d_1\times c_1)+(d_2\times c_2)+(d_3\times c_3)+(d_4\times c_4)+(d_5\times c_5)+(d_6\times c_6)$$

S 的下标 u 表示用户 u 是我们的期望用户。假设用户 u 实际上是 A，我们来看看会发生什么。如果 A 发送一个 1 比特，则 d 是〈1，−1，−1，1，−1，1〉，根据前面的计算函数，S_A 可以表示为

$$S_A(1,-1,-1,1,-1,1)=[1\times 1]+[(-1)\times(-1)]+[(-1)\times(-1)]+[1\times 1]+[(-1)\times(-1)]+[1\times 1]=6$$

如果 A 发送一个对应于比特 0 的 $d=\langle -1, 1, 1, -1, 1, -1\rangle$，则可以得到

$$S_A(-1,1,1,-1,1,-1)=[-1\times 1]+[1\times(-1)]+[1\times(-1)]\ [(-1)\times 1]+[1\times(-1)]+[(-1)\times 1]=-6$$

请注意，无论−1 和 1 按照什么顺序组成 d，它总是满足 $-6\leqslant S_A(d)\leqslant 6$，并且仅有的两个极值 6 和−6 分别是 d 与 A 的用户码和它的补码进行运算得到的结果。所以如果 S_A 产生一个+6，可以认为我们已经收到了来自用户 A 的比特 1；如果 S_A 产生一个−6，可以认为我们已经收到了来自用户 A 的比特 0；否则，我们认为其他用户正在发送信息或者发生一个错误。那么，为什么要这样进行解码呢？如果我们看到当用户 B 正在发送而我们试图用 S_A 来接收它时会发生什么，那么原因就清晰了，即我们正在用错误的用户码(A 的用户码)进行解码。如果 B 发送比特 1，那么 $d=\langle 1, 1, -1, -1, 1, 1\rangle$。我们有

$$S_A(1,1,-1,-1,1,1)=[1\times 1]+[1\times(-1)]+[(-1)\times(-1)]+[(-1)\times 1]+[1\times(-1)]+[1\times 1]=0$$

因此，非期望信号(来自 B)根本没有被解码。如果 B 发送一个比特 0，则可以证明 S_A 的计算结果仍然是 0。这意味着，如果解码器是线性的且 A 和 B 同时分别发送信号 s_A 和 s_B，由于解码器使用 A 的用户码，所以 B 的信号将被忽略，那么有 $S_A(s_A+s_B)=S_A(s_A)+S_A(s_B)=S_A(s_A)$。如果用户 A 和 B 的代码具有性质 $S_A(c_B)=S_B(c_A)=0$，则称为**正交**的。这种代码性能很好但数量并不是特别多。更常见的是，当 $X\neq Y$ 时，$S_X(c_Y)$ 的绝对值非常小。并且，我们很容易区分 $X=Y$ 和 $X\neq Y$ 这两种情况。在我们的例子中，$S_A(c_C)=S_C(c_A)=0$，但是 $S_B(c_C)=S_C(c_B)=2$。在后面的式子中，信号 C 将代替 0 并对解调信号有一些贡献。使用解码器 S_u，接收机能够在同一小区有多个用户广播消息的情况下区分出用户 u 的信号。

表 9-1 总结了之前讨论的例子。

表 9-1　CDMA 例子

a）用户码

用户 A	1	−1	−1	1	−1	1
用户 B	1	1	−1	−1	1	1
用户 C	1	1	−1	1	1	−1

b）A 发送的信号

发送(数据比特=1)	1	−1	−1	1	−1	1	
接收码字	1	−1	−1	1	−1	1	
相乘	1	1	1	1	1	1	=6

（续）

发送（数据比特＝0）	−1	1	1	−1	1	−1	
接收码字	1	−1	−1	1	−1	1	
相乘	−1	−1	−1	−1	−1	−1	＝−6

c）B 发送信号，接收机试图恢复用户 A 发送的信号

发送（数据比特＝1）	1	1	−1	−1	1	1	
接收码字	1	−1	−1	1	−1	1	
相乘	1	−1	1	−1	−1	1	＝0

d）C 发送信号，接收机试图恢复用户 B 发送的信号

发送（数据比特＝1）	1	1	−1	1	1	−1	
接收码字	1	1	−1	−1	1	1	
相乘	1	1	1	−1	1	−1	＝2

e）B 和 C 发送信号，接收机试图恢复用户 B 发送的信号

用户 B（数据比特＝1）	1	1	−1	−1	1	1	
用户 C（数据比特＝1）	1	1	−1	1	1	−1	
合并信号	2	2	−2	0	2	0	
接收码字	1	1	−1	−1	1	1	
相乘	2	2	2	0	2	0	＝8

在实践中，CDMA 接收机可以滤除来自非期望用户的信号或让其以微弱噪声存在。然而，如果有许多用户与接收机正在试图接收的用户竞争信道，或者如果一个或多个竞争信号的功率太高，可能是因为这些用户距离接收机非常近（发生“近/远”效应问题），那么系统就会崩溃。

系统中限制的用户数可以这样来理解。CDMA 系统中的一个常见指标是**底噪抬升量**（Rise-Over-Thermal，ROT），即系统中所有用户贡献的总噪声与传输环境中的背景热噪声的比值。系统通常采用 7dB 低噪抬升量作为限制其他用户的一个关键性能指标。

9.4.2　直接序列扩频的 CDMA

现在让我们从使用 BPSK 调制的 DSSS 系统的视角来看看 CDMA。图 9-11 给出了一个有 n 个用户，每个用户使用一个不同的、相互正交的 PN 序列（与图 9-7 进行比较）进行传输的 CDMA 系统。对于每个用户来说，要发送的数据流 $d_i(t)$ 是 BPSK 调制的带宽为 W_s 的信号，然后该信号与用户扩频码 $c_i(t)$ 相乘。接收机的接收天线收到所有用户的信号和噪声。假设接收机正在试图恢复用户 1 的数据。将传入信号乘以用户 1 的扩频码，然后进行解调。这样做的目的是将传入信号中与用户 1 相关部分的信号带宽缩窄为未扩频信号的原始带宽，该带宽与数据速率成正比。来自其他用户的输入信号不能利用用户 1 的扩频码进行解扩频，因此他们的带宽仍保留为 W_s。

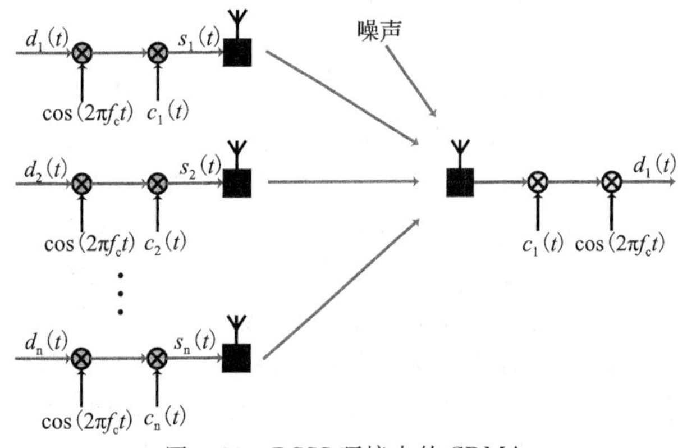

图 9-11　DSSS 环境中的 CDMA

非期望信号的能量在一个大的带宽范围内扩散，而期望信号的能量集中在一个更窄的带宽内。因此，解调器中的带通滤波器可以恢复期望的信号。

9.4.3　扩频序列的产生

正如前面所提到的，扩频序列 $c(t)$ 是一个由发射机和接收机共享的二进制数字序列。扩频过程包括扩频序列乘以(XOR)输入数据，这里扩频序列的比特率高于输入数据的比特率。当接收到该信号时，通过将其与接收的信号完全同步的同一个扩频码相乘来删除扩频。

产生的数据速率就是扩频序列的数据速率。这就增加了信号传输的数据速率，因此增加了所需的带宽。该系统的冗余度也增加了。选择扩频使得产生的信号与噪声类似。因此，在扩频码中 1 和 0 的数目应该近似相等，并且很少或者没有出现重复的模式。当扩频码应用在 CDMA 中时，还需要对缺乏**相关性**有进一步的要求。当接收到多个信号时，每一个信号都采用不同的扩频码进行扩频，接收机应该能够通过使用该信号的扩频码将该信号单独取出。扩频信号应该表现得好像彼此互不相关，这样其他信号就像噪声一样出现，而不会干扰某个特定信号的解扩。由于扩频操作提供很高的冗余度，所以解扩操作能够应付在相同频段上的其他干扰信号。

两种常用类型的扩频序列有：伪噪声(PN)序列和正交码。PN 序列最常用于 FHSS 系统和不采用 CDMA 的 DSSS 系统。在基于直接序列扩频的 CDMA 系统中，PN 和正交码均使用。我们下面分别来看看这些方法。

PN 序列　一个理想的扩频序列应该是一个二进制 1 和 0 的随机序列。然而，因为它要求发射机和接收机必须有一个随机比特流的副本，所以发射机和接收机需要一个可预测的方式来产生相同的比特流，并且还要保留该随机比特流的期望特性。伪噪声发生器可以满足这个需求。伪噪声发生器将产生一个周期序列，该周期序列最终是重复的序列，但看起来是随机的。在它开始重复之前，序列的**周期**是序列的长度，并且该周期设计得非常大。

PN 序列是由一个算法使用某个称为**种子**的初始值生成的。该算法是确定性的，因此产生的数字序列并不是统计随机的。然而，如果该算法是好的，则所得到的序列将通过许多合理的随机性测试。这样的数字通常称为**伪随机数，或伪噪声 PN 序列**。重要的一点是，除非你知道该算法和种子，否则你想预测该序列是不切实际的。因此，只有与发射机共享该序列信息的接收机才能成功地对信号进行解码。PN 序列在计算机和通信中得到了许多应用，所涉及的原理也得到了很好的发展。

正交码　与 PN 序列不同，正交码是一组序列，其中所有序列对的**互相关性**为零。因此，系统中的用户看不到其他用户产生的噪声。

沃尔什码(Walsh code)是用于 CDMA 系统中的最常见的正交码。当同一个 CDMA 信道中的所有用户都可以达到小数倍码片的同步精度时，才可以使用沃尔什序列正交扩频码。因为沃尔什序列的不同移位之间的互相关性是不为零的，所以如果不提供严格的同步，则需要使用 PN 序列。

多扩展　当带宽足够时，已证明多扩展技术是非常有效的。一个典型的方法是，通过正交码来扩展数据速率以使同一小区内的用户间相互正交，并通过 PN 序列将结果进一步扩展以使不同小区内的用户间之具有互随机性(低互相关性)。在这样一种两级扩展中，正交码称为**信道化码**，PN 码称为**扰码**。

9.4.4 RAKE 接收机

在无线系统中多径传输环境是很常见的，如果一个信号的多个副本到达时彼此相隔超过一个码片间隔，则接收机可以通过将码片序列与主传入信号相关联来恢复信号。其他信号则作为噪声处理。然而，如果接收机试图恢复来自多条路径的信号，然后通过调整合适的延迟将这些信号合并，则可以获得更好的性能。RAKE 接收机中正是使用了这一原理。

图 9-12 给出了 RAKE 接收机的工作原理。通过与发射机的码片进行异或(XOR)来对要发送的二进制信号进行扩频。之后，为了在无线信道中实现更好的传输，对扩频序列进行调制。由于多径效应，多径信道产生了信号的多个副本，每一个副本具有不同的时间延迟(τ_1、τ_2等)，每个副本具有不同的衰减因子(a_1、a_2等)。在接收端，对组合的信号进行解调。然后将解调后的码片流送入多个相关器，每一个延迟不同的量。然后使用来自该信道的权重因子估计对这些信号进行合并。

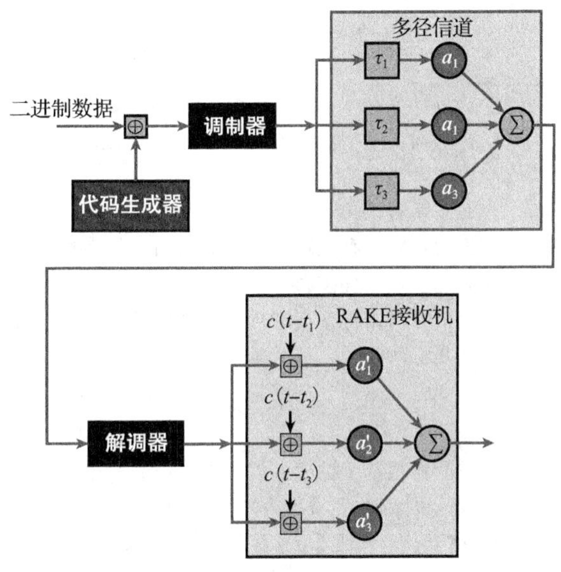

图 9-12　RAKE 接收机的原理

9.5 推荐阅读

文献[PETE95]和[DIX094]详细介绍了扩频通信。[TANT98]给出了本领域中的许多重要的研究文献，其中[PICK82]很好地介绍了扩频通信。

DIX094 Dixon, R. *Spread Spectrum Systems with Commercial Applications*. New York: Wiley, 1994.

PETE95 Peterson, R.; Ziemer, R.; and Borth, D. *Introduction* to *Spread Spectrum Communications*. Englewood Cliffs, NJ: Prentice Hall, 1995.

PICK82 Pickholtz, R.: Schilling, D.; and Milstein, L. "Theory of Spread Spectrum Communications-A Tutorial." *IEEE Transactions on Communications*, May 1982. Reprinted in [TANT98].

TANT98 Tantaratana, S, and Ahmed, K., eds. *Wireless Applications of Spread Spectrum Systems: Selected Readings*. Piscataway. NJ: IEEE Press, 1998.

9.6 关键术语、复习题和问题

关键术语

chip(码片)

chippingsignil(码片信号)

code division multiple access(CDMA，码分多址)

correlation(相关)

cross correlation(互相关)
direct sequence spread spectrum(DSSS，直接序列扩频)
fast FHSS(快 FHSS)
frequency hopping spread spectrum(FHSS，跳频扩频)
orthogonal(正交的)
pseudonoise(PN，伪噪声)
pseudonoise sequence(伪噪声(PN)序列)
pseudorandom numbers(伪随机数)
rise-over-thermal(底噪抬升)
slow FHSS(慢 FHSS)
spread spectrum(扩频)
spreading code(扩频码)
spreading sequence(扩频序列)

复习题

9.1　在扩频前后一个信号的信号带宽之间的关系是什么？
9.2　列出扩频通信的 3 个好处。
9.3　什么是跳频扩频？
9.4　请说明快跳频和慢跳频之间的区别是什么？
9.5　什么是直接序列扩频？
9.6　一个信号的比特率在进行直接序列扩频前后的关系是什么？
9.7　什么是 CDMA？

问题

9.1　假设我们想基于扩频通信技术来传输一个 56kbps 的数据流。

a. 请分别给出在 SNR=0.1、0.01 和 0.001 时，获得 56kbps 信道容量所需的信道带宽是多少？

b. 对于一个普通系统(不是扩频系统)，一个合理的频谱效率目标值为 1bps/Hz。也就是说，传输一个 56kbps 的数据流，需要 56kH 的带宽。在这种情况下，实现无错误传输的 SNR 的最小值是多少？并与扩频通信进行比较。

提示：参见 2.3 节中讨论的信道容量。

9.2　一个跳频系统的带宽为 W_s=40MHz，每一个信道带宽为 100Hz。请问跳频系统中每个跳频所需的最小 PN 码是几个比特？

9.3　一个采用 M=4 的 MFSK 调制的跳频系统，共使用了 1000 个频率，请问系统的处理增益为多少？

9.4　下表给出了 FHSS 系统对 PN 序列的一个完整周期工作过程。

时间	0	1	2	3	4	5	6	7	8	9	10	11	12	13	14	15	16	17	18	19
输入数据	0	1	1	1	1	1	1	0	0	0	1	0	0	1	1	1	1	0	1	0
频率	f_1		f_3		f_{23}		f_{22}		f_8		f_{10}		f_1		f_3		f_2		f_2	
PN 序列	001				110				011				001				001			

a. 系统使用了一种 FSK 调制方式，请问是什么方式的 FSK 调制？

b. 每一个信号元素(符号)包含几个比特？

c. FSK 频率数是多少？

d. 每跳的 PN 系列的长度是多少？

e. 这是快跳频还是慢跳频系统？

f. 可能的载频总数是多少？

g. 请给出基频或者调制的频率随时间的变化情况。

9.5　下表给出了与问题 9.4 中使用相同 PN 序列的跳频系统的工作过程。

时间	0	1	2	3	4	5	6	7	8	9	10	11	12	13	14	15	16	17	18	19
输入数据	0	1	1	1	1	1	1	0	0	0	1	0	0	1	1	1	1	0	1	0
频率	f_1	f_{21}	f_{11}	f_3	f_3	f_3	f_{22}	f_{10}	f_0	f_0	f_2	f_{22}	f_9	f_1	f_3	f_3	f_{22}	f_{10}	f_2	f_2
PN 序列	001	110	011	001	001	001	110	011	001	001	001	110	011	001	001	001	110	011	001	001

a. 系统使用了一种 FSK 调制方式，请问是什么方式的 FSK 调制？

b. 每一个信号元素(符号)包含几个比特？

c. FSK 频率数是多少？

d. 每跳的 PN 系列的长度是多少？

e. 这是一个快跳频还是慢跳频系统？

f. 可能的载频总数是多少？

g. 请给出基频、或者调制的频率随时间的变化情况。

9.6 考虑一个 MFSK 系统，$f_c=250\text{kHz}$，$f_d=25\text{kHz}$，$M=8$($L3$ 比特)。

a. 给出由 3 比特构成的 8 种可能的频率分配。

b. 我们希望将 $k=2$ 的 MFSK 应用到跳频系统中，也就是说，系统将在 4 个载频上跳频。扩展(a)中的结果为 4×8 的频率分配。可参见第 7 章中的例子。

第 10 章

Wireless Communication Networks and Systems

编码与差错控制

学习目标

通过本章的学习，你应该能够：

- 解释和比较差错检测、重传/ARQ 以及纠错等差错恢复过程。
- 构造循环块码并译码。
- 构造卷积码并译码。
- 描述代码的能力和带宽效率，如码率、汉明距离和编码增益。
- 解释 LDPC 码和 Turbo 码的工作过程。
- 解释 H-ARQ 的工作过程以及选择如何可以实现它。

前面的章节讨论了传输损伤以及数据速率和信噪比对误比特率的影响。无论传输系统如何设计，错误将始终存在，从而导致在一个传输帧中的一个或多个比特发生变化。

处理数据传输错误通常有 3 种方法：

- 差错检测码。
- 纠错码，也称为前向纠错(Forward Error Correction，FEC)码
- 自动重传请求(Automatic Repeat Request，ARQ)协议

错误检测码仅是简单地检测错误的出现。通常情况下，该码字在数据链接层或传输层中与 ARQ 协议一起使用。在 ARQ 协议中，接收机丢弃检测到错误的数据块，发射机重新发送该数据块。FEC 码不仅用于检测错误，它还可以纠正错误从而避免重传。由于误比特率很高导致重传效率低下，所以在无线传输系统中常用 FEC 方案。一些无线协议还使用混合 ARQ，它是 FEC 和 ARQ 的组合。

本章依次讨论所有 3 种方法。

10.1 差错检测

在下文中，假设数据以一个或多个连续比特序列(称为帧)传输。下面定义一些与传输帧中的误码相关的概率：

- P_b：单个比特错误的概率，也称为误比特率(Bit Error Rate，BER)；
- P_1：帧到达时没有比特错误的概率；
- P_2：使用差错检测算法，帧到达时存在一个或多个未检测出的错误比特的概率；
- P_3：使用差错检测算法，帧到达时存在一个或多个可检测的错误比特，但没有未检测出的错误比特的概率。

首先考虑没有进行比特差误错检测的情况。之后再考虑检测到错误的概率(P_3)为零的情况。为了表示其他的概率，假定任何比特的错误概率(P_b)是恒定的且相互独立的。那么，我们有

$$P_1 = (1 - P_b)^F$$
$$P_2 = 1 - P_1$$

这里 F 是每帧的比特数。总之，如期望的那样，当单个比特的错误概率增加时，帧到达时

无错误比特的概率在减小。同样，帧到达时没有任何比特错误的概率会随着帧长度的增加而减小，且帧的长度越长，它的比特数就越多，并且存在比特错误的概率就越高。

> **例 10.1**　一个系统设定了连接的设计目标，即在1分钟内至少有90%的时间连接的误比特率是低于10^{-6}的。现在我们假设中等的用户需求，即在一个持续的1Mbps信道上平均每天出现一个未检测出错误比特的帧，其中每一帧包含1000比特。每天传输的帧的个数为8.64×10^{7}，因此可以得到所需的帧错误概率为$P_2=1/(8.64\times10^{7})=1.16\times10^{-8}$。如果假设误比特率为$P_b=10^{-6}$，那么$P_1=(0.999\,999)^{1000}=0.999$，$P_2=10^{-3}$。这比我们期望的帧错误概率高出5个数量级，因此无法满足要求。也就是说，当$P_b=10^{-6}$时，每天会有$(8.64\times10^{7})\times P_2=86\,400$个帧出现未检测的错误。

该结果将激励我们去使用**差错检测**(error detection)技术。所有这些差错检测技术的工作原理如下所述(如图10-1所示)。对于一个给定比特数的帧，发射机增加了额外的比特以构成**差错检测码**(error detection code)。此码是作为其他发送比特的函数计算的。通常情况下，对于一个具有k个比特的数据块，差错检测算法会产生$n-k$个比特的差错检测码，这里$n-k<k$。差错检测码，也称为**校验位**(check bit)，将它附加到数据块以构成一个n比特的帧，然后将它发送出去。接收机将传入的帧分成k比特的数据和$(n-k)$比特的差错检测码。接收机对数据比特进行相同的差错检测，并将此值与传入的差错检测码进行比较。只要检测到有一个比特不匹配，则错误发生。因此，P_3是一个帧包含错误比特且差错检测机制发现这一事实的概率。P_2称为残余错误率(residual error rate)，是即使使用了差错检测机制，但比特错误还是未被检测出来的概率。

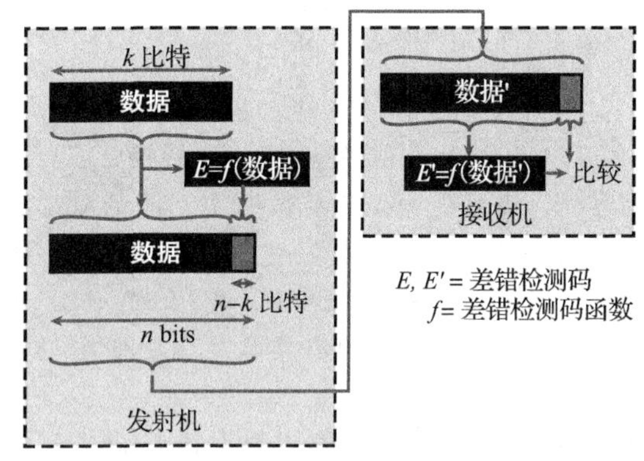

图10-1　差错检测过程

10.1.1　奇偶校验

最简单的差错检测方法是在一个数据块的末端增加一个奇偶校验比特。一个典型的例子是字符传输，每个7比特字符后面增加一个奇偶校验比特。通过设置该比特的值以使整个字符具有偶数个1(偶校验)或奇数个1(奇校验)。

> **例 10.2**　如果一个发射机发送1110001且采用奇校验，则它将在末尾增加一个1，构成11110001。接收机对接收到的比特进行**奇偶校验**(parity check)，如果所有1的个数是奇数，则认为没有比特错误。如果1个比特(或者任意奇数个比特)在传输过程中被错误反转(如11100001)，那么接收机能够发现错误的发生。

需要注意的是，由于传输错误的存在，如果两个(或任何偶数个)比特的值被反转，那么就会发生未检测到的错误。通常情况下，偶校验用于同步传输，奇校验用于异步传输。

因此，奇偶校验位的使用也不是万无一失的，噪声脉冲经常长到足以损伤不只一个比特，尤其是在高数据率的情况下。

10.1.2 循环冗余校验

差错检测编码中最常用、功能最强的是**循环冗余校验**(Cyclic Redundancy Check，CRC)，它可以描述如下。给定 k 比特信息时，发射机产生一个$(n-k)$比特的序列，称为**帧校验序列**(Frame Check Sequence，FCS)，由此构成的 n 比特帧，可以被预设的除数整除。接收机将传入的数据帧除以该预设的除数，如果没有余数，则认为没有错误[⊖]。

为了解释清楚这一点，我们给出 3 种实现该过程的方法：模 2 运算、多项式和数字逻辑。

模 2 运算 模 2 运算采用无进位的二进制加法，也就是异或(XOR)运算。无进位的二进制减法也可以理解为异或运算。

$$\begin{array}{r} 1111 \\ +\,1010 \\ \hline 0101 \end{array} \qquad \begin{array}{r} 1111 \\ -\,0101 \\ \hline 1010 \end{array} \qquad \begin{array}{r} 11001 \\ \times\,11 \\ \hline 11001 \\ 11001 \\ \hline 101011 \end{array}$$

这里定义：T——待发送的 n 比特帧；

D——k 比特数据块，或消息，T 的前 k 比特；

F——$(n-k)$比特 FCS，T 的后$(n-k)$比特；

P——$n-k+1$ 比特模式，这是预置的除数。

我们希望 T/P 没有余数。为了便于描述，我们给出

$$T = 2^{n-k}D + F$$

即，将 D 乘以 2^{n-k}能够将数据块 D 向左移动 $n-k$ 比特，并将后面的比特补 0。与 F 相加表示将 D 和 F 中的比特串连起来构成数据帧 T。假设 $2^{n-k}D$ 除以 P：

$$\frac{2^{n-k}D}{P} = Q + \frac{R}{P} \tag{10-1}$$

式(10-1)中包含一个商和一个余数。由于采用模 2 除法运算，所以余数至少比除数少一个比特。此时，我们使用该余数作为我们的 FCS，那么

$$T = 2^{n-k}D + R \tag{10-2}$$

余数 R 能否满足 T/P 没有余数的要求呢？为了验证这一结论，考虑

$$\frac{T}{P} = \frac{2^{n-k}D + R}{P} = \frac{2^{n-k}D}{P} + \frac{R}{P}$$

将其代入式(10-1)中，我们有

$$\frac{T}{P} = Q + \frac{R}{P} + \frac{R}{P}$$

尽管如此，任何二进制数与自己进行模 2 加都等于 0，因此，

$$\frac{T}{P} = Q + \frac{R+R}{P} = Q$$

上式没有余数，所以 T 可以被 P 整除。因此，FCS 可以很容易产生：简单地将 $2^{n-k}D$ 除以 P，并使用 $n-k$ 比特余数作为 FCS。接收信号时，接收机将 T 除以 P，如果没有余数，则说明没有出现错误。

⊖ 这一过程与图 10-1 所示的过程有明显区别。可以看出，循环冗余校验的实现过程是，接收机将对传入的 k 比特数据执行除运算，并将结果与传入的$(n-k)$个校验比特进行比较。

例 10.3

1. 给定

消息　$D=$ 1010001101(10 比特)

模式　$P=$ 110101(6 比特)

$Fcs\ R=$ 待计算的(5 比特)

因此 $n=15$，$k=10$，$(n-k)=5$。

2. 将消息乘以 2^5，得到 101000110100000。

3. 将得到的积除以 P：

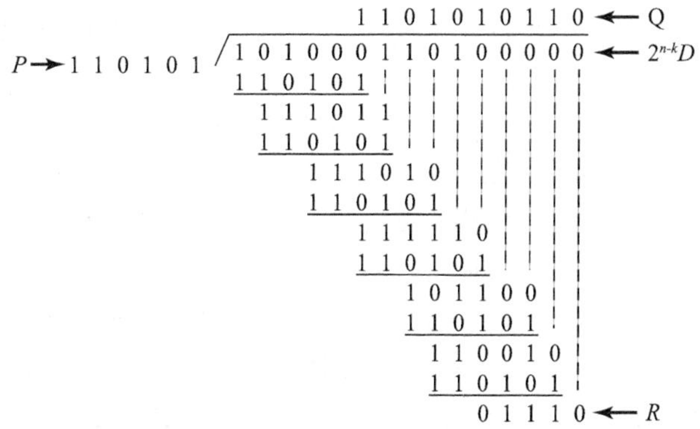

4. 余数加上 2^5D，得到 $T=$101000110101110，并将其发送出去。

5. 如果没有错误，则接收机完好无损地接收 T。将接收到的帧除以 P：

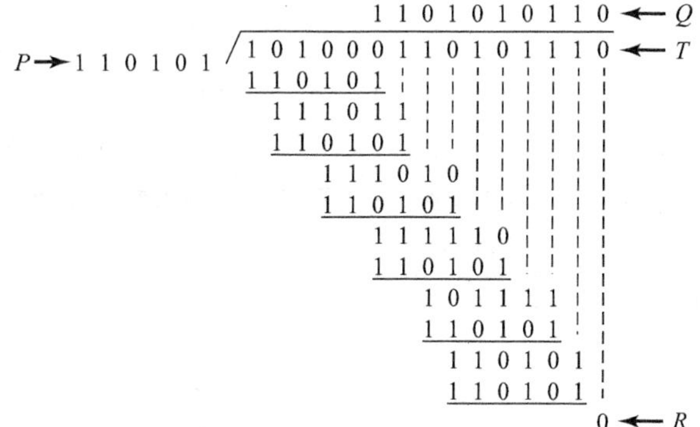

由于没有余数，所以认为没有发生错误。

模式 P 选择比所需的 FCS 多一个比特，并且模式中具体每个比特如何进行选择取决于预期的误差类型。至少，P 的最高比特和最低比特必须是 1。

有一种简洁的方法用于描述一个或多个错误的发生。错误导致一个比特的逆转。这相当于该比特与 1 进行异或(模 2 加 1)：$0+1=1$；$1+1=0$。因此，在长度为 n 比特的数据帧的误差可以利用一个 n 比特的字段且每个错误比特的位置用 1 来表示。得到的帧 T_r 可以表示为

$$T_r = T \oplus E$$

式中　T——传输帧；

E——错误模式，在错误发生的位置是 1；

T_r——接收到的帧。

如果存在一个错误($E\neq 0$)，那么当且仅当 T_r 可以被 P 整除时接收机将无法检测到该

错误，这等同于 E 可以被 P 整除。直观地，这似乎不可能发生。

多项式　理解 CRC 过程的另一种方法是用一个具有二进制系数的虚拟变量 X 的多项式来表示所有的值。这个二进制系数与二进制数中的比特相对应。算术运算也是模 2。CRC 过程现在可以描述为

$$\frac{X^{n-k}D(X)}{P(X)}=Q(X)+\frac{R(X)}{P(X)}$$

$$T(X)=X^{n-k}D(X)+R(X)$$

将上式与式(10-1)、式(10-2)进行比较。

如果 $E(X)$ 不能被 $P(X)$ 整除，那么检测不到错误 $E(X)$。它说明[PETE61, RAMA88]，以下所有错误都不能被合适选择的 $P(X)$ 整除，因此错误是可以检测出来的：

- 所有单个比特错误，如果 $P(X)$ 有多个非零项。
- 所有两比特错误，如果 $P(X)$ 至少包含一个 3 项的因子。
- 任何奇数个数错误，如果 $P(X)$ 包含因子 $(X+1)$。
- 任何长度小于或等于 $n-k$ 比特的突发错误[⊖]；即小于或等于 FCS 的长度。
- 部分长度为 $n-k+1$ 比特的突发错误；这部分等于 $1-2^{-(n-k+1)}$。
- 部分长度大于 $n-k+1$ 比特的突发错误；这部分等于 $1-2^{-(n-k)}$。

此外，可以看出如果认为所有的错误模式具有相同的出现概率，那么对于长为 $r+1$ 的突发错误，未发现错误的概率(即 $E(X)$ 可以被 $P(X)$ 整除)为 $1/2^{r-1}$，对于较长的突发错误，概率是 $1/2^r$，其中 r 是 FCS 的长度。这意味着 2^r 个可能的错误模式中只有一个将无法被发现。

例 10.4　继续例 10.3，对于 $D=1010001101$，我们有 $D(X)=X^9+X^7+X^3+X^2+1$，对于 $P=110101$ 我们有 $P(X)=X^5+X^4+X^2+1$。我们需要以 $R=01110$ 结束，它对应 $R(X)=X^3+X^2+X$。图 10-2 给出了前面例子中对应于二进制除法的多项式除法。

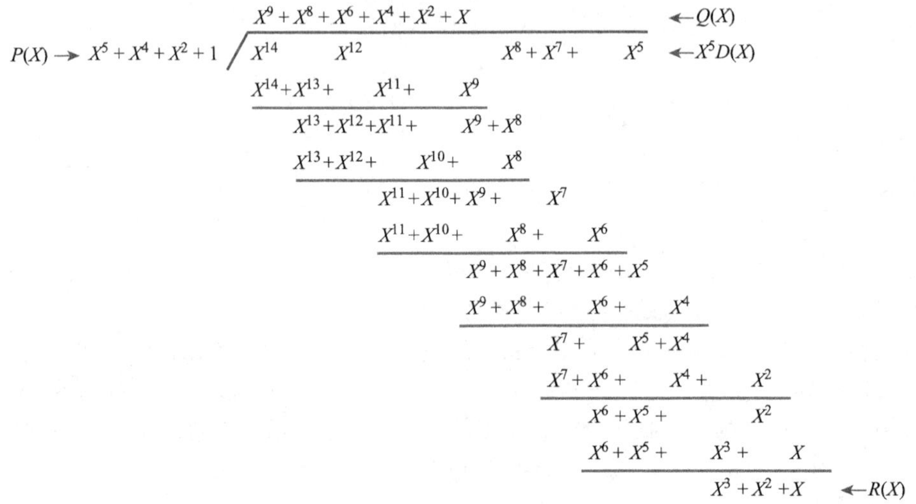

$$X^9+X^8+X^6+X^4+X^2+X \quad \leftarrow Q(X)$$
$$P(X)\rightarrow X^5+X^4+X^2+1 \;\big)\; X^{14}+X^{12}+X^8+X^7+X^5 \quad \leftarrow X^5D(X)$$
$$X^{14}+X^{13}+X^{11}+X^9$$
$$X^{13}+X^{12}+X^{11}+X^9+X^8$$
$$X^{13}+X^{12}+X^{10}+X^8$$
$$X^{11}+X^{10}+X^9+X^7$$
$$X^{11}+X^{10}+X^8+X^6$$
$$X^9+X^8+X^7+X^6+X^5$$
$$X^9+X^8+X^6+X^4$$
$$X^7+X^5+X^4$$
$$X^7+X^6+X^4+X^2$$
$$X^6+X^5+X^2$$
$$X^6+X^5+X^3+X$$
$$X^3+X^2+X \quad \leftarrow R(X)$$

图 10-2　例 5.10 中的多项式除法

⊖ 长度为 B 的突发错误是指连续 B 个比特错误，即无论是第一个还是最后一个或者中间某个比特都发生了错误。

这里给出 4 种广泛使用的生成多项式 $P(X)$。

$$\text{CRC}-12 = X^{12}+X^{11}+X^{3}+X^{2}+X+1$$
$$\text{CRC}-16 = X^{16}+X^{15}+X^{2}+1$$
$$\text{CRC}-\text{CCITT} = X^{16}+X^{12}+X^{5}+1$$
$$\text{CRC}-32 = X^{32}+X^{26}+X^{23}+X^{22}+X^{16}+X^{12}+X^{11}+X^{10}+X^{8}+X^{7}+X^{5}+X^{4}+X^{2}+X+1$$

CRC－12 系统用于传输 6 比特字符流并产生一个 12 比特 FCS。在美国和欧洲，CRC－16 和 CRC－CCITT 分别是主流的 8 比特字符流传输系统，两者都使用一个 16 比特 FCS。这些方法似乎适用于大多数的应用，不过在某些点对点同步传输标准中 CRC－32 是指定的校验方法。

数字逻辑　CRC 校验过程确定可以使用由 XOR 门电路和移位寄存器构成的除法电路来实现。移位寄存器是用于存储一比特串的设备。每个设备都有一个输出线和输入线，输出线指示当前存储的值。在称为时钟时间的离散时刻，存储设备中的值被其输入线显示的值所取代。整个寄存器是时钟同步的，从而使整个寄存器都移 1 位。

电路实现过程如下：

1）寄存器含有 $n-k$ 比特，相当于 FCS 的长度。

2）最多可以有 $n-k$ 个 XOR 门。

3）门的存在或不存在对应于除数多项式 $P(X)$ 中除了 1 和 X^{n-k} 以外的项存在或不存在。

例 10.5　首先考虑一个例子来更好地解释该电路的体系结构，如图 10-3 所示。本例中我们使用

$$\text{数据 } D = 1010001101 \quad D(X) = X^{9}+X^{7}+X^{3}+X^{2}+1$$
$$\text{除数 } P = 110101 \quad P(X) = X^{5}+X^{4}+X^{2}+1$$

它已经用于例 10.3 和例 10.4 中。

图 10-3a 给出了移位寄存是如何实现的。这个过程从移位寄存器清零(所有的零)开始。然后输入该消息或被除数，从最高有效位开始，每个时钟输入一个。图 10-3b 给出了一个表，它显示了每次输入 1 个比特时一步一步的工作过程。表中的每一行显示当前存储的 5 个移位寄存器元素中的值。此外，该行也显示了 3 个异或电路的输出值。最后，该行显示下一个输入位的值，它可用于下一步的操作。

请注意，异或操作影响 C_4、C_2和 C_0的下一次移位。这与前面介绍的二进制长除法的过程是相同的。这个过程将继续通过消息的所有位。为了产生正确的输出需要使用两个开关。将输入数据比特送入 A 位置上的两个开关。因此，在前 10 个步骤中，将输入比特送入移位寄存器中，同时也用作输出比特。在最后一个数据比特被处理后，移位寄存器中包含剩余的(FCS)(显示阴影的)。当最后一个数据比特提供给移位寄存器后，将两个开关设置为 B 位置。这有两个作用：1）所有的 XOR 门成为简单的通路，不改变任何比特；2）随着移位的继续进行，输出 5 个 CRC 比特。

在接收机中，使用相同的逻辑。当 M 的每一比特到达时，将它插入移位寄存器中。如果没有发生错误，则在 M 的结尾移位寄存器中将包含比特模式 R。此时，R 开始到达，并且寄存器的输出为 0，因为在接收结束时，寄存器的值包含全 0。

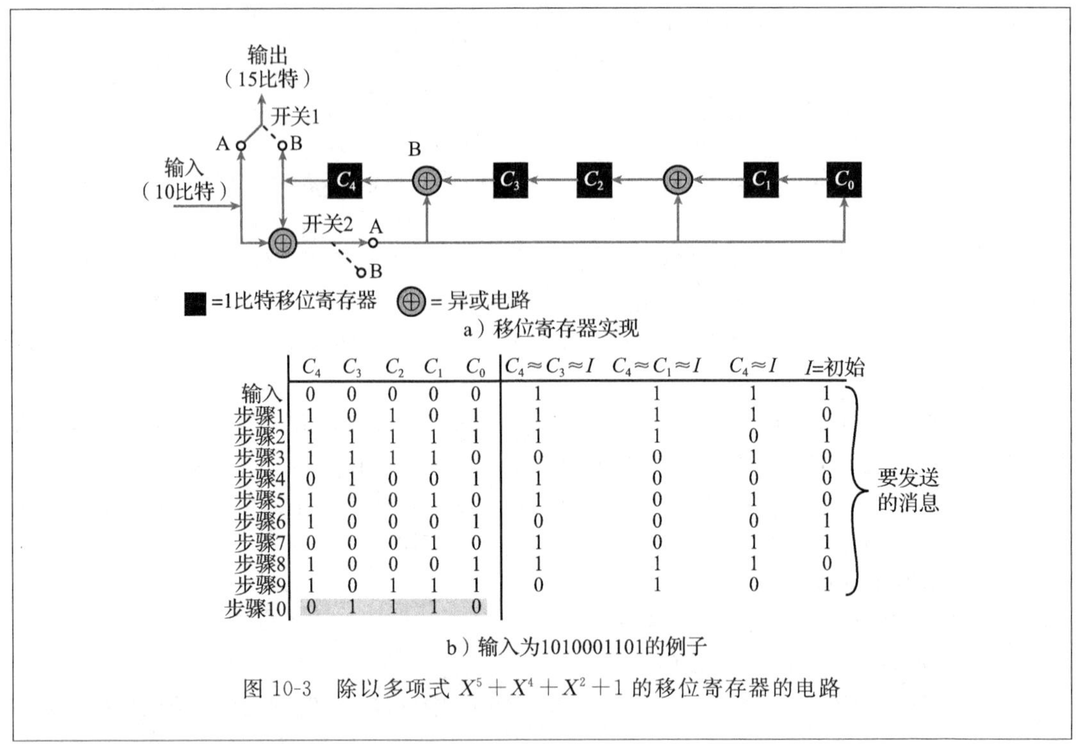

a）移位寄存器实现

	C_4	C_3	C_2	C_1	C_0	$C_4 \approx C_3 \approx I$	$C_4 \approx C_1 \approx I$	$C_4 \approx I$	I=初始
输入	0	0	0	0	0	1	1	1	1
步骤1	1	0	1	0	1	1	1	1	0
步骤2	1	1	1	1	1	1	1	0	1
步骤3	1	1	1	1	0	0	0	1	0
步骤4	0	1	0	0	1	1	0	0	0
步骤5	1	0	0	1	0	1	0	1	0
步骤6	1	0	0	0	1	0	0	0	1
步骤7	0	0	0	1	0	1	0	1	1
步骤8	1	0	0	0	1	1	1	1	0
步骤9	1	0	1	1	1	0	1	0	1
步骤10	0	1	1	1	0				

b）输入为1010001101的例子

图 10-3　除以多项式 $X^5+X^4+X^2+1$ 的移位寄存器的电路

图 10-4 给出了利用移位寄存器实现多项式 $P(X)=\sum_{i=0}^{n-k} A_i X^i$ 的 CRC 的通用架构，其中 $A_0=A_{n-k}=1$，且其他 A_i 为 0 或 1[⊖]。

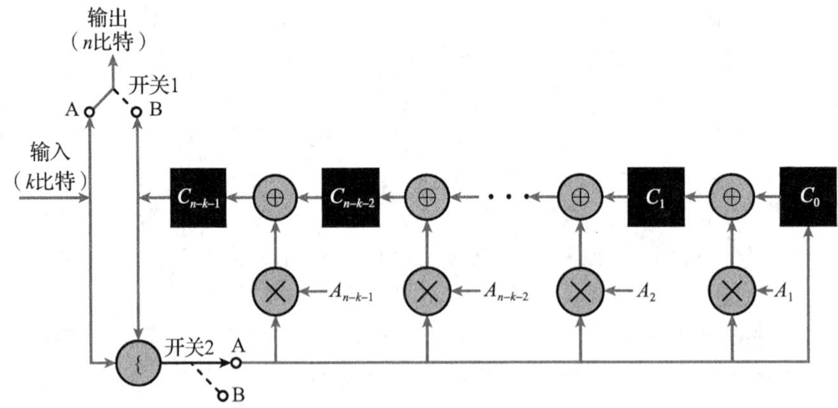

图 10-4　实现除数 $1+A_1X+A_2X_2+\cdots+A_{n-1}X^{n-k-1}+X^{n-k}$ 的通用 CRC 架构

10.2　分组纠错码

差错检测是一种非常有用的技术，它用于数据链路控制协议中，如高级数据链路控制（High-Level Data Link Control，HDLC）协议，以及传输协议中，如 TCP 协议中。然而使

⊖　通常 CRC 寄存器都显示为向右移位，这与类似的二进制除法是反向的。因为二进制数字通常最高位显示在左边，所以左移寄存器更合适。

用差错检测编码的纠错需要对数据块进行重传，这里需要使用 10.4 节详细介绍的 ARQ 机制。对于无线应用来说，这种方法是合适的，原因有两个方面。

1）无线链路上的误比特率可能相当高，这将导致大量的重发。

2）在某些应用中，尤其是卫星链路中，与一个帧的传输时间相比，信号的传播延迟是很长的。重传机制会大大降低系统的传输效率。正如在 10.4 节所讨论的，常用的重传方法是重传错误帧和后续所有的数据帧。在一个长的数据链路中，一个帧中的错误需要重传许多数据帧。

相反，我们希望接收机能够根据传输的比特来纠正传入传输中出现的错误。图 10-5 给出了如何实现这一过程的原理框图。在发送端，利用 **FEC**(Forward Error Correction)编码器将每 k 个比特的数据块映射为 n 比特的数据块($n>k$)，称为一个**码字**(codeword)。然后将该码字发送。对于无线传输，调制器为传输产生模拟信号。在传输过程中，信号受到噪声的影响，这可能在信号中产生一些比特错误。在接收端，将传入的信号解调以产生类似于原始码字的比特串，但其中可能会包含一些错误。将该块送入 FEC 解码器，会出现 5 种可能的结果之一：

1）如果没有比特错误，FEC 解码器的输入应该与原始码字相同，并且解码器的输出应该与原始数据块相同。

2）对于某些错误模式，解码器可能检测并纠正这些错误。因此，即使传入数据块与发送的码字不同，FEC 解码器也能够将该块映射为原始的数据块。

3）对于某些错误模式，解码器可以检测出错误但无法纠正错误。在这种情况下，解码器简单报告一个无法纠正的错误。

4）对于某些少见的错误模式，解码器检测到一个错误，但无法正确地纠正错误。当实际发送一个码字时，它假定是某个特定的数据块。

5）对于某些更罕见的错误模式，解码器没有检测到任何已经发生的错误并且将传入的 n 比特数据块映射为与原始 k 比特块不同的 k 比特数据块。

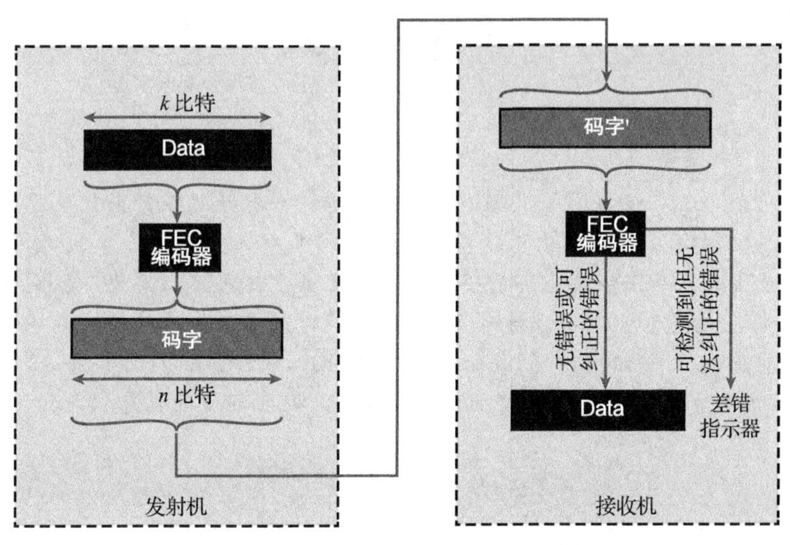

图 10-5　前向纠错过程

怎样才能让解码器纠正比特错误？本质上，通过向传输的消息添加冗余来实现纠错。考虑一个发送二进制 0 或 1 的例子，但发送的是替代码字 0000 或 1111。即使存在一定程度的错误率冗余使得接收机可能推断出原始消息是什么。如果收到了 0010，我们可以假设发送的 0000 对应于原始二进制 0，因为只有一个比特改变才会发生这种情况。然而，有一个不太可能但仍然会发生的情况是发送的是 1111。然后，解码器假设发送的是 0 而出现错误。考虑如果另一个接收到的码字为 0011。在这种情况下，解码器将无法确定，因为发送 0000 或 1111 具有同样的可能。

在这一节中，我们研究一种广泛使用的纠错码，称为分组纠错码。我们首先讨论一般原则。在继续讨论之前，我们注意，在许多情况下，纠错编码都具有类似于图 10-1 所示的差错检测编码的总体流程。即 FEC 算法将 k 比特信息码元作为输入并与 $(n-k)$ 校验比特相加，构成 n 比特码字；所有原始 k 比特信息码元会出现在 n 比特码字中。对于一些 FEC 算法，如卷积码，FEC 算法将原始的 k 比特输入信息码元映射为一个 n 比特码字，且原始的 k 比特信息码元将不在 n 比特码字中出现。

10.2.1 分组编码原理

首先，我们定义一个非常有用的术语。**汉明距离**(Hamming distance)，两个 n 比特二进制序列 $\boldsymbol{v}_1$ 和 $\boldsymbol{v}_2$ 的汉明距离 $d(\boldsymbol{v}_1, \boldsymbol{v}_2)$ 定义为 $\boldsymbol{v}_1$ 和 $\boldsymbol{v}_2$ 两个序列之间互不相同的比特个数。例如，如果

$$\boldsymbol{v}_1 = 011011 \quad \boldsymbol{v}_2 = 110001$$

则

$$d(\boldsymbol{v}_1, \boldsymbol{v}_2) = 3$$

假设我们希望发射块长度为 k 的信息码元。我们将每一个 k 比特序列映射为一个唯一的 n 比特码字，而不是发送每个 k 比特的块。

例 10.6 对于 $k=2$，$n=5$，我们可以进行如下的分配：

信息码元	码字
00	00000
01	00111
10	11001
11	11110

现在假设接收到一个码字 00100，该码字不是一个有效码字，因此接收机检测到误码。该误码可以被纠正吗？我们无法确定发送的信息码元是哪一个，因为发送的第 1、2、3、4 甚至所有 5 个比特都有可能受到噪声的污染。观察可以发现，仅需要改变一个比特就可以将有效码字 00000 转换为 00100。当然，改变两个比特将有效码字 00111 转换为 00100。改变 3 个比特将 11110 转换为 00100，改变 4 个比特将 11001 转换为 00100。我们可以推断发送的码字更可能是 00000，因此期望的信息码元是 00。这样就实现了纠错。从汉明距离的角度

$$d(00000,00100) = 1 \quad d(00111,00100) = 2$$
$$d(11001,00100) = 4 \quad d(11110,00100) = 3$$

所以我们引入的规则是，如果接收到一个无效的码字，则选择与它最近(最小距离)的有效码字。该规则在每一个无效码字都满足存在唯一一个有效码字与之距离最小的条件下才有效。

对于我们上面的这个例子，无法满足对于每一个无效码字有且仅有一个与之距离最小的有效码字。共有 $2^5=32$ 个码字，其中 4 个是有效码字，其余 28 个是无效码字。对于无效码字，我们有：

无效码字	最小距离	有效码字	无效码字	最小距离	有效码字
00001	1	00000	10000	1	00000
00010	1	00000	10001	1	11001
00011	1	00111	10010	2	00000 或 11110
00100	1	00000	10011	2	00111 或 11001
00101	1	00111	10100	2	00000 或 11110
00110	1	00111	10101	2	00111 或 11001
01000	1	00000	10110	1	11110
01001	1	11001	10111	1	00111
01010	2	00000 或 11110	11000	1	11001
01011	2	00111 或 11001	11010	1	11110
01100	2	00000 或 11110	11011	1	11001
01101	2	00111 或 11001	11100	1	11110
01110	1	11110	11101	1	11001
01111	1	00111	11111	1	11110

有 8 种情况，其中每一个无效码字与两个有效码字的最小距离是 2。因此，如果接收到一个这样的无效码字，则两个比特中的错误导致它且没有办法在两个选择之间进行选择。因此，虽然检测到了错误，但是没有办法进行纠错。唯一的补救方法就是重传。尽管如此，当仅有唯一一个比特出现错误时，产生的码字唯一一个有效码字之间的距离为 1，因此可以进行决策。因此，这个码字可以纠正所有单个比特错误，但是无法纠正两个比特错误。另一种方法是研究有效码字之间的两两距离：

$$d(00000,00111)=3 \quad d(00000,11001)=3 \quad d(00000,11110)=4;$$

$$d(00111,11001)=4 \quad d(00111,11110)=3 \quad d(11001,11110)=3;$$

有效码字之间的最小距离是 3。因此，单个比特错误将产生与原始有效码字之间距离为 1 的无效码字，但是它与所有其他有效码字之间的最小距离为 2。因此，这种编码总是可以纠正单个比特错误。需要注意的是，这种编码还总是能够检测出两个比特错误。

上面的例子说明了分组纠错码的基本特性。一个(n, k)分组编码将 k 比特信息码元编码为 n 比特码字。因此一个分组编码等同于形式为 $\boldsymbol{v}_c=f(\boldsymbol{v}_d)$的函数，这个函数中的 $\boldsymbol{v}_d$是 k 比特的信息码元向量，$\boldsymbol{v}_c$是 n 比特码字的向量。

对于一个(n, k)分组编码，需要从 2^n个可能的码字中选择 2^k个有效码字。冗余比特数与信息码元数的比值$(n-k)/k$，称为编码的**冗余率**，而信息码元数与码字的总比特的比值 k/n，称为**码率**。码率是衡量与数据速率相同的未编码数据相比，承载编码后的码字需要多少额外的带宽。例如，码率为 1/2 时，需要将未编码系统的带宽加倍才能够维持相同的数据速率。在我们前面的例子中，码率为 2/5，所以未编码系统需要 2.5 倍的带宽。例如，如果输入到编码器的数据速率为 1Mbps，则编码器的输出必须保持 2.5Mbps 的数据速率。

一个由码字 $\boldsymbol{w}_1$，$\boldsymbol{w}_2$，…，$\boldsymbol{w}_s$组成的分组编码，其中 $s=2^k$，该编码的最小距离 $d_{\min}$定

义为

$$d_{\min} = \min_{i \neq j} \lfloor d(\boldsymbol{w}_i, \boldsymbol{w}_j) \rfloor$$

它说明以下条件成立。对于一个给定正整数 t，如果一个编码满足 $d_{\min} \geqslant 2t+1$，那么该编码可以纠正所有小于或等于 t 个比特的错误。如果 $d_{\min} \geqslant 2t$，那么可以纠正所有小于或等于 $t-1$ 个比特的错误，t 个比特错误可以检测出来但是一般不能纠正。相反，任何小于或等于 t 个比特的错误都能够被纠正的编码必须满足 $d_{\min} \geqslant 2t+1$，所有小于或等于 $t-1$ 个比特的错误能够被纠正，所有小于或等于 t 个比特的错误能够被检测出来的编码必须满足 $d_{\min} \geqslant 2t$。

$d_{\min}$和 t 之间关系的另一种描述是每个码字保证的最大可纠错比特数满足

$$t = \left\lfloor \frac{d_{\min} - 1}{2} \right\rfloor$$

这里$\lfloor x \rfloor$表示不超过 x 的最大整数(例如，$\lfloor 6.3 \rfloor = 6$)。此外，如果我们只关心差错检测，而不关心纠错，那么可以检测到的错误比特数 t 满足

$$t = d_{\min} - 1$$

为了解这一点，考虑如果发生 $d_{\min}$个比特错误，这可能将一个有效码字变为另一个有效码字。任何小于 $d_{\min}$个比特的错误都不能变成另一个有效码字。

设计一个块编码需要诸多考虑：

1）对于给定的 n 和 k，取 $d_{\min}$为最大可能的值。

2）代码应该相对容易地解码和编码，需要最小的存储空间和处理时间。

3）额外的比特数($n-k$)尽量少以减少带宽。

4）额外的比特数($n-k$)尽量大，以减少误比特率。

显然，最后两条是相互矛盾的，必须做出折中。

在看具体的代码前，我们先来看看图 10-6。研究纠错编码的文献经常包含这种类型的图，以证明各种编码方案的有效性。回忆第 7 章的内容，可以通过选择调制方式来减少所需的 E_b/N_0值以达到给定误码比特[⊖]。调制必须定义表示比特的信号元素。调制还影响 E_b/N_0。在图 10-6 中，右边的曲线是未编码的调制系统，阴影区表示有性能提升潜力的区域。在这个区域中，对于给定的 E_b/N_0可以获得更小的 BER，相反，对于给定的 BER，需要较小的 E_b/N_0小。另一条曲线是一个典型的码率为二分之一的编码方法的性能结果(信息码元等于校验元)。需要注意的是，当误码率为 10^{-6}时，编码方案所需的 E_b/N_0比未编码方案减少 2.77dB。这种降低称为**编码增益**(coding gain)，它定义为与未编码系统相比，在调制方式相同时，为了达到特定的 BER，纠错编码系统所需 E_b/N_0(以分贝为单位)的减少量。

实现过程中很重要的一点是第二条码率为 1/2 的 BER 曲线表示未纠正的错误率，E_b是指每个数据比特的能量。因为码率是 1/2，所以每两个数据比特在信道上有两个比特，可以有效地减少 1/2 的数据吞吐量。每一个编码的比特的能量是每个数据比特能量的一半，或者说减少了 3dB。如果我们研究系统中每一个编码比特的能量，那么我们可以看到信道的比特错误率约为 2.4×10^{-2}，或 0.024。

最后，请注意，当 E_b/N_0低于某一阈值时，编码方案实际上会降低性能。在如图 10-6 所示的例子中，阈值大约为 5.4dB。低于这个阈值时，额外的校验位增加了系统的开销，

⊖ E_b/N_0是每比特信号能量与每赫兹噪声功率谱密度的比值。它已在第 6 章定义讨论过。

这样会降低每一个数据比特的能量从而造成错误率的增加。当 E_b/N_0 高于这个阈值时，编码的纠错能力不仅补偿减少的 E_b，还带来编码增益。

下面我们将详细介绍几种特定的块纠错码。

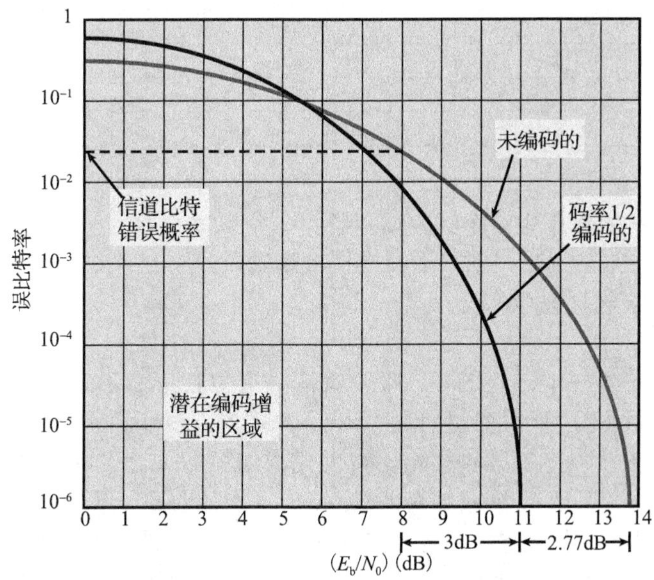

图 10-6　编码如何提高系统性能

10.2.2　汉明码

汉明码(Hamming code)是一系列(n, k)分组纠错码，它具有以下参数：

块长度：　$n=2^m-1$

数据比特数：　$k=2^m-m-1$

校验比特数：　$n-k=m$

最小距离：　$d_{min}=3$

这里 $m\geqslant3$。汉明码简单、易于分析，但很少使用。我们从这种码字开始，因为它可以说明一些分组码的基本原则。汉明码的设计是为了纠正单比特错误。首先，让我们确定码字必须有多长。汉明码的处理过程具有与图 10-1 所示的差错检测逻辑相同的结构。也就是说，编码过程保留了 k 个数据比特并添加了$(n-k)$个校验比特。

解码时，比较逻辑接收作为输入的两个$(n-k)$比特值，一个来自传入的码字，另一个来自对传入数据比特计算的结果。这种逐比特的比较可以通过对两路输入进行 XOR 运算来实现。得到的结果称为指误字(syndrome word)。因此，根据这两个输入比特位置是否匹配，指误字的每一个比特是 1 或 0。

因此，指误字的宽度为$(n-k)$比特，范围为 $0\sim2^{(n-k)}-1$。值 0 表示没有检测到错误，其余的 $2^{(n-k)}-1$ 个值表明其中有错误以及错误的位置。由于错误可能发生在任意 k 比特数据或者$(n-k)$校验比特，所以我们有

$$2^{(n-k)}-1\geqslant k+(n-k)=n$$

该式给出了当一个包含 k 个数据比特的字能够纠正一个比特错误时所需的比特数。表 10-1 列出了各种数据长度所需的校验比特数。

表 10-1　汉明码的需求

	纠正单个错误		纠正单个错误/纠正两个错误	
数据比特	校验比特	增加(%)	校验比特	增加(%)
8	4	50	5	62.5
16	5	31.25	6	37.5
32	6	18.75	7	21.875
64	7	10.94	8	12.5
128	8	6.25	9	7.03
256	9	3.52	10	3.91

为方便起见，我们想产生一个具有以下特点的指误字：

- 如果该指误字包含全 0，则表示没有检测到错误。
- 如果该指误字包含且仅包含 1 个比特为 1，那么校验位发生一个错误。没有必要纠错。
- 如果指误字包含一个以上的 1，那么该指误字的数值表示错误的数据比特的位置。通过倒置该数据位可以进行校正。

为了实现这些特性，将数据和校验比特设置成如下的 n 比特块。从最低有效位置(最右边)开始计数，将汉明码的校验比特插入在 2 的幂的位置(例如，位置 1，2，4，…，$2^{(n-k)}$)。其余的比特是数据比特。为了计算校验位，值为 1 的每个数据位置用一个与其位置相等的二进制数值来表示。因此，如果第 9 位是 1，则相应的值为 1001。所有位置的值进行异或产生汉明码的比特。在接收机中，将所有值为 1 的比特位置进行 XOR。这种情况下，异或包括数据比特和校验比特。因为校验比特发生在 2 的幂的位置，所以我们可以简单地异或所有数据值为 1 的位置的值，加上由校验比特组成的汉明码。如果异或的结果是 0，则没有检测到错误。如果结果不是 0，那么结果是指误字，它的值等于错误比特的位置。

例 10.7　一个(12，8)汉明码的值如表 10-2 所示。8 比特数据块为 00111001。数据比特中的四个值为 1(表中的阴影部分)，将它们的位置的值进行异或产生汉明码 0111，从而形成 4 个校验比特。传送的整个数据块是 001101001111。假设数据比特 3，在比特位置 6，出现一个错误，从 0 变为 1。则所接收到的数据块为 001101101111。接收到的汉明码仍然是 0111。接收机对汉明码和所有非零的数据比特的比特位置值进行异或，得到 0110。非零结果表示检测到一个错误，并指出该错误是在位置 6 上的比特。

表 10-2　数据比特和校验比特的布局

a)传输的数据块

比特位置	12	11	10	9	8	7	6	5	4	3	2	1
位置编号	1100	1011	1010	1001	1000	0111	0110	0101	0100	0011	0010	0001
数据比特	D8	D7	D6	D5		D4	D3	D2		D1		
校验比特					C8				C4		C2	C1
传输的数据块	0	0	1	1	0	1	0	0	1	1	1	1
代码			1010	1001		0111				0011		

b）传输前的校验比特计算

位置	码字	位置	码字
10	1010	3	0011
9	1001	XOR=C8C4C2C1	0111
7	0111		

c）接收到的数据块

比特位置	12	11	10	9	8	7	6	5	4	3	2	1
位置编号	1100	1011	1010	1001	1000	0111	0110	0101	0100	0011	0010	0001
数据比特	D8	D7	D6	D5		D4	D3	D2		D1		
校验比特					C8				C4		C2	C1
接收到的数据块	0	0	1	1	0	1	0	0	1	1	1	1
代码			1010	1001		0111				0011		

d）接收后的校验位计算

位置	码字	位置	码字
汉明	0111	7	0111
10	1010	3	0011
9	1001	XOR=伴随式	0110

刚才所描述的码字称为单个错误的校正(Single-Error-Correcting，SEC)码。它的一个变形是单纠错双差错检测(Single-Error-Correcting Double-Error-Detecting，SEC-DED)码。如表 10-1 所示，与 SEC 码相比，该码需要一个额外的比特。额外的比特是整个码块的奇偶校验比特。

10.2.3 循环码

目前使用的大多数块纠错码都属于一个称为**循环码**的类别。对于该码，如果 n 比特序列 $\mathbf{c}=(c_0, c_1, \cdots, c_{n-1})$是一个有效的码字，则由 $\mathbf{c}$ 向右循环移位构成的码字$(c_{n-1}, c_0, c_1, \cdots, c_{n-2})$也是一个有效的码字。这类代码可以很容易地使用线性反馈移位寄存器(Linear Feedback Shift Register，LFSR)来进行编码和解码。循环码的例子包括 BCH(Bose-Chaudhuri-Hocquenghem)码和 RS(Reed-Solomon)码。

使用 LFSR 实现的循环纠错编码器的结构与 CRC 检错码的相同，如图 10-4 所示。关键的区别是，CRC 码对于任意长度的输入都产生一个固定长度的 CRC 校验码，而循环纠错码采用固定长度的输入(k 位)，并产生一个固定长度的校验码($n-k$ 位)。

图 10-7 给出了一个循环块码的解码器的 LFSR 实现。将它与图 10-4 中的编码器逻辑进行比较。需要注意的是，对于编码器，k 比特数据视为输入，在移位寄存器中产生($n-k$)的校验比特。对于解码器，输入是接收比特流的 n 比特，其中包含 k 个数据比特和($n-k$)个校验比特。如果没有错误，在开始的 k 步后，移位寄存器中包含已发送的校验比特的模式。在剩余的($n-k$)步后，移位寄存器包含一个指误码。

对于循环码的解码，将使用以下过程：

1）按照编码器处理数据比特以产生校验码的过程完全相同的方式来计算接收到的比特的指误码。

2）如果该指误比特都为 0，则没有检测到任何错误。

3）如果该指误为非零，则对该指误进行额外的处理以进行纠错。

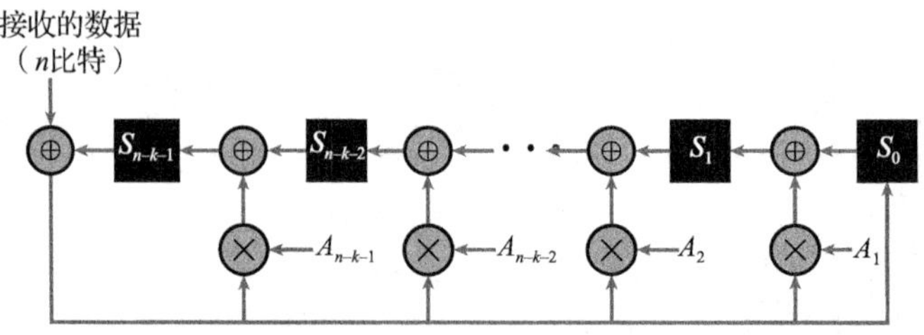

图 10-7　除数 $1+A_1X+A_2X^2+\cdots+A_{n-1}X_{n-k-1}+X_{n-k}$ 的块指误生成器

为了了解该指误码的意义，让我们使用多项式来研究分组码。在 CRC 情况下，一个特定的循环码可以由一个多项式除数来表示，称为生成多项式。对于(n, k)码，生成多项式的形式为

$$P(X)=1+\sum_{i=1}^{n-k-1}A_iX^i+X^{n-k}$$

这里每个系数 A_i 是 0 或 1，对应于除数的一个比特位置。例如，对于 $P=11001$，则我们有 $P(X)=X^4+X^3+1$。类似地，数据比特符合可以用多项式 $D(X)$来表示，校验码可以用多项式 $C(X)$来表示。在 CRC 讨论中校验码可以通过下式来确定：

$$\frac{X^{n-k}D(X)}{P(X)}=Q(X)+\frac{C(X)}{P(X)}$$

也就是说，数据块 $D(X)$左移$(n-k)$比特，并除以 $P(X)$。这产生一个商 $Q(X)$以及长度为$(n-k)$位的余数 $C(X)$。传输的数据块由 $D(X)$和 $C(X)$连接而成：

$$T(X)=X^{n-k}D(X)+C(X) \tag{10-3}$$

如果没有接收到错误，则 $T(X)$可以被 $P(X)$整除而没有余数。这可以简单地表示为

$$\begin{aligned}\frac{T(X)}{P(X)}&=\frac{X^{n-k}D(X)}{P(X)}+\frac{C(X)}{P(X)}\\&=\left[Q(X)+\frac{C(X)}{P(X)}\right]+\frac{C(X)}{P(X)}\\&=Q(X)\end{aligned} \tag{10-4}$$

因为模 2 运算的规则$(a+a=0$，无论 $a=1$ 或 $a=0)$，所有最后一个等式是有效的。因此，如果没有错误，则 $T(X)$除以 $P(X)$不会产生余数。

如果出现一个或多个比特错误，那么接收到的数据块 $Z(X)$的形式将可以表示为

$$Z(X)=T(X)+E(X)$$

其中 $E(X)$是一个 n 比特的误差多项式，在 $Z(X)$中发生错误的比特位置为 1。如果我们将 $Z(X)$通过图 10-7 中给出的 LSFR，我们就执行除法 $Z(X)/P(X)$，并产生$(n-k)$位的指误码 $S(X)$：

$$\frac{Z(X)}{P(X)}=B(X)+\frac{S(X)}{P(X)} \tag{10-5}$$

这里 $B(X)$是商，$S(X)$是余数。因此，$S(X)$是 $Z(X)$的函数。但是，这如何帮助我们进行纠错？为了看得清楚，让我们对展开式(10-5)：

$$\frac{Z(X)}{P(X)}=B(X)+\frac{S(X)}{P(X)}$$

$$\begin{aligned}\frac{T(X)+E(X)}{P(X)} &= B(X)+\frac{S(X)}{P(X)}\\ Q(X)+\frac{E(X)}{P(X)} &= B(X)+\frac{S(X)}{P(X)}\\ \frac{E(X)}{P(X)} &= [Q(X)+B(X)]+\frac{S(X)}{P(X)}\end{aligned} \tag{10-6}$$

我们所看到的是 $E(X)/P(X)$ 与 $Z(X)/P(X)$ 产生相同的余数。因此，无论比特的初始模式($T(X$ 的发送值)是什么，该校正子(伴随式)$S(X)$ 仅依赖于错误比特。如果我们根据 $S(X)$ 恢复错误比特 $E(X)$，则我们通过简单的加法就可以纠正 $Z(X)$ 中的错误。

$$Z(X)+E(X)=T(X)+E(X)+E(X)=T(X)$$

由于 $S(X)$ 仅依赖于 $E(X)$，所以我们可以很容易地确定循环块码的幂。指误模式由 $n-k$ 比特组成，因此有 2^{n-k} 个可能的值。全零的值表示没有错误。因此，总共可以纠正 $2^{n-k}-1$ 种不同的错误模式。为了能够纠正(n, k)码的所有可能的单比特错误，必须要有 $n\leqslant(2^{n-k}-1)$。为了能够纠正所有的单比特和两个比特错误，需要满足 $(n+n(n-1)/2)\leqslant(2^{n-k}-1)$。

从 $S(X)$ 中恢复 $E(X)$ 的方法可能依赖于所涉及的具体代码。最直接的方法是开发一个表，列出与 $E(X)$ 的所有可能的值以及每个与之相对应的 $S(X)$ 的值。这样仅需要一个简单的表查找就可以实现。

10.2.4 BCH 码

BCH 码是最强大的循环码之一，目前已经广泛应用于无线应用中。对于任意的正整数对 m 和 t，二进制(n, k)BCH 码具有下列参数：

分组长度： $n=2^m-1$

校验比特数： $n-k\leqslant mt$

最小距离： $d_{\min}\geqslant 2t+1$

例 10.8[⊖] 考虑一个(7, 4)码且其生成多项式为 $P(X)=X^3+X^2+1$。我们有 $7=2^3-1$，因此，该码能够纠正所有的单比特错误。表 10-3a 列出了所有的有效码字。注意，$d_{\min}$ 是 3，确认这是一个单比特纠错码。例如，对于数据块 1010，我们有 $D(X)=X^3+X$，$X^{n-k}D(X)=X^6+X^4$。按照式(10-4)进行除法运算，有

```
                          X³ + X² + 1              ← Q(X)
P(X) → X³ + X² + 1 ) X⁶         X⁴                 ← 2³D(X)
                     X⁶ + X⁵ +        X³
                          X⁵ + X⁴ + X³
                          X⁵ + X⁴ +        X²
                                X³ + X²
                                X³ + X² +        1
                                                 1  ← C(X)
```

然后，使用式(10-3)，我们有 $T(X)=X^6+X^4+1$，它是码字 1010001。

为了纠错，我们需要构建表 10-3b 所示的指误表。例如，对于错误模式 1000000，则 $E(X)=X^6$。使用式(10-6)的最后一行，我们可以计算

⊖ 该例子来自[LATH98]。

$$
\begin{array}{rl}
 & X^3+X^2+X \quad \leftarrow Q(X)+B(X) \\
P(X) \rightarrow X^3+X^2+1 \,/ & X^6 \quad \leftarrow E(X) \\
 & X^6+X^5+\quad X^3 \\
 & \overline{\quad X^5+\quad X^3} \\
 & \quad X^5+X^4+\quad X^2 \\
 & \overline{\quad\quad X^4+X^3+X^2} \\
 & \quad\quad X^4+X^3+\quad X \\
 & \overline{\quad\quad\quad X^2+X} \quad \leftarrow S(X)
\end{array}
$$

因此，$S=100$。类地计算表 10-3b 中的其余条目。现在假设接收的数据块为 1101101，或者 $Z(X)=X^6+X^5+X^3+X^2+1$。使用式(10-5)：

$$
\begin{array}{rl}
 & X^3 \quad \leftarrow B(X) \\
P(X) \rightarrow X^3+X^2+1 \,/ & X^6+X^5+\quad X^3+X^2+1 \quad \leftarrow Z(X) \\
 & X^6+X^5+\quad X^3 \\
 & \overline{\quad\quad\quad X^2+1} \quad \leftarrow S(X)
\end{array}
$$

因此，$S=101$。使用表 10-3b，这将产生 $E=0001000$。然后，

$$T = 1101101 \oplus 0001000 = 11000101$$

然后，根据表 10-3a，发送的数据块为 1100。

表 10-3 单比特错误纠正(7，4)循环码

a）有效码字列表

数据块	码字	数据块	码字
0000	0000000	1000	1000110
0001	0001101	1001	1001011
0010	0010111	1010	1010001
0011	0011010	1011	1011100
0100	0100011	1100	1100101
0101	0101110	1101	1101000
0110	0110100	1110	1110010
0111	0111001	1111	1111111

b）单比特错误的伴随式列表

错误模式 E	伴随式 S	错误模式 E	伴随式 S
0000001	001	0010000	111
0000010	010	0100000	011
0000100	100	1000000	110
0001000	101		

此码可以纠正 t 个或更少错误的所有组合。这种码的生成多项式可以由$(X^{2^m-1}+1)$个因子构成。对于给定的需要纠正的错误比特数，BCH 码可以提供灵活的参数选择(数据块长度、码率)。表 10-4 列出了码长高达 2^8-1 的 BCH 码的参数。表 10-5 列出了一些 BCH 码的生成多项式。

表 10-4　BCH 码的参数

n	k	t	n	k	t	n	k	t	n	k	t	n	k	t
7	4	1	63	30	6	127	64	10	255	207	6	255	99	23
15	11	1		24	7		57	11		199	7		91	25
	7	2		18	10		50	13		191	8		87	26
	5	3		16	11		43	14		187	9		79	27
31	26	1		10	13		36	15		179	10		71	29
	21	2		7	15		29	21		171	11		63	30
	16	3	127	120	1		22	23		163	12		55	31
	11	5		113	2		15	27		155	13		47	42
	6	7		106	3		8	31		147	14		45	43
63	57	1		99	4	255	247	1		139	15		37	45
	51	2		92	5		239	2		131	18		29	47
	45	3		85	6		231	3		123	19		21	55
	39	4		78	7		223	4		115	21		13	59
	36	5		71	9		215	5		107	22		9	63

表 10-5　BCH 码多项式发生器

N	k	t	P(X)
7	4	1	X^3+X+1
15	11	1	X^4+X+1
15	7	2	$X^8+X^7+X^6+X^4+1$
15	5	3	$X^{10}+X^8+X^5+X^4+X^2+X+1$
31	26	1	X^5+X^2+1
31	21	2	$X^{10}+X^9+X^8+X^6+X^5+X^3+1$

许多比简单表查找法占用的内存更少的 BCH 解码技术已经设计出来。其中一个最简单的方法是 Berlekamp 法[BERL80]。该算法的核心思想是计算一个错误位置多项式并求解它的根。该算法的复杂性只以需要纠正的错误数的平方增加。

10.2.5　RS 码

RS(Reed-Solomon)码是一种广泛使用的非二进制 BCH 码的子类。使用 RS 码，数据以 m 比特为一块进行处理，称为符号。一个(n，k)的 RS 码具有以下参数：

符号长度：　每符号 m 比特

块长度：　$n=2^m-1$ 个符号 $=m(2^m-1)$ 比特

数据长度：　k 个符号

校验码大小：　$n-k=2t$ 个符号 $=m(2t)$ 比特

最小距离：　$d_{\min}\geqslant 2t+1$ 个符号

因此，该编码算法通过添加 $n-k$ 个冗余校验符号，将 k 个符号的块扩展为 n 个符号的块。通常情况下，m 是 2 的幂，常用的 m 值是 8。

例 10.9　令 $t=1$ 和 $m=2$。符号为 0、1、2、3，我们可以写它们的二进制等价值为 0=00、1=01、2=10、3=11。该码有以下参数：

$$n=2^2-1=3\text{ 个符号 }=6\text{ 比特}$$

$$(n-k)=2\text{ 个符号 }=4\text{ 比特}$$

该码可以纠正跨越 2 个比特符号的任何突发错误。

RS 码适用于纠正突发错误。它们可以高效地使用冗余，并且可以很容易地调整块长度和符号大小以广泛适用消息的大小。此外，RS 码也可以实现高效编码。

10.2.6 低密度奇偶校验码

几十年来，研究人员都无法在一个给定的信道带宽内逼近香农数据容量极限，至少无法在实际的计算硬件资源受限的条件下实现。在 20 世纪 60 年代研究人员提出了一种称为低密度奇偶校验(Low-Density Parity-Check，LDPC)码的容量逼近编码方法，并在 20 世纪 90 年代被重新发现。由于其计算复杂度使得该编码方法在最初被发现时使人望而却步，直到现在 LDPC 码才被实际应用。该方法现在已经被进一步增强且得到广泛应用，如在最新一代的 IEEE 802.11 标准中得到了应用。

LDPC 码使用很长的块码，通常超过 1000 比特。为了检测这些比特中的错误，需要使用一组奇偶校验方程，通常用校验矩阵 $\boldsymbol{H}$ 来描述。例如，某一比特可能需要符合以下方程：

$$b_{10} + b_{13} + b_{45} + b_{192} = 0$$

每个方程应该至少有 3 个比特相加，并且对于 1000 比特来说有数百个类似的方程。

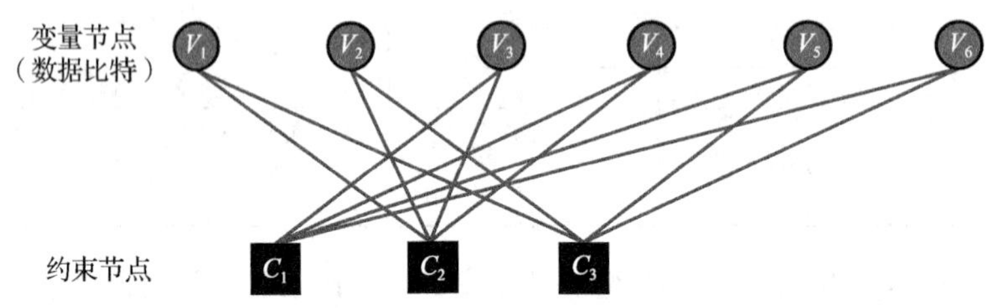

图 10-8 LDPC 迭代解码的 Tanner 图

我们将几个校验方程形象化，如图 10-8 所示，这是 tanner 图。在顶行中的节点对应于每个数据比特的节点，被称为变量节点。在底行的节点称为约束节点，这些节点对应于各个校验方程。例如，约束节点的 c_1 对应下面的方程式：

$$v_3 + v_4 + v_5 + v_6 = 0$$

LDPC 使用如下的迭代解码过程：

1) 该过程从顶部的变量节点开始。这些节点使用主要来自解调器的外部信息来确定它们比特值的估计值。如果它们使用软解码方法，那么它们也估计该比特应该是 0 还是 1 的概率。

2) 然后把这些估计值发送给约束节点，看看这些估计值是否满足所有的校验方程。如果满足，则解码停止，因为已经得到一个可以接受的答案。如果不满足，则约束节点结合从连接变量节点发送给他们的信息，以确定哪些比特与它们估计的值最有可能不同。这相当于寻找能够满足校验方程的最有可能的比特变化。

3) 将约束节点的估计值发送给变量节点。由于变量节点连接到多个约束节点，所以变量节点结合新获得的信息来更新它们比特值和概率的估计值。

4) 将这些更新后的值再次发送给约束节点。如果现在满足校验方程，则停止解码。否则，继续进行解码处理。

上述解码过程称为消息传递(massage passing)或置信传播(belief propagation)。LDPC 码的性能可以给人留下深刻的印象，使用长码，LDPC 码与香农(Shannon)容量的差小于 1dB。

10.2.7 块交织

块交织是一种在无线系统中使用块编码时的常见技术，我们看到了图 6-17 中的一个例子。交织的优点是，影响连续比特序列的突发错误在接收机扩散为许多单独的块，从而使纠错成为可能。交织是通过不同的顺序对内存进行读/写数据实现的。图 10-9 给出了一个简单且常用的交织技术。在这种情况下，将要发送的 m 块数据存储在一个矩形阵列中，其中每一行存储一块，即 n 比特。然后每次读出一列数据。结果是，k 数据比特和它们相应的$(n-k)$校验比特，形成一个 n 比特块，将它们分布和穿插于其他块的比特中。每两个比特之间共插入 $m-1$ 个其他块的比特。在接收端，数据通过解交织恢复原始顺序。如果在传输过程中，一个突发的噪声影响一个连续比特序列，这些比特属于不同的块，因此，只有很少的错误比特是一个特定块的一部分，需要被任何一组检验位校正。具体地，一个长为 $l=mb$ 的突发错误可以分解成 m 个突发错误，每个长度为 b。有人认为可以通过以下断言来证明：假设我们有一个(n, k)代码，它可以纠正 t 比特或者少于 t 比特错误的所有组合，其中 $t=\lfloor(n-k)/2\rfloor$。那么如果我们用度为 m 的交织，那么结果是一个(mn, mk)的代码，该代码可以纠正 mt 比特的突发错误。

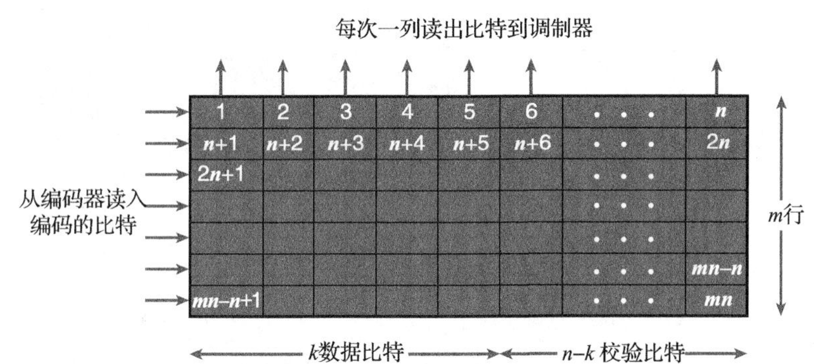

图 10-9 块交织

注：矩阵中的数表示比特的读入顺序。交织器的输出序列为：

10.3 卷积码

分组编码是两种广泛用于无线传输系统的纠错编码方法之一，另一种编码方法是卷积码。一个(n, k)分组编码一次能够处理 k 比特信息码元，对每一个 k 比特输入信息码元都可以产生一个 n 比特$(n>k)$输出块。如果在发送与接收时是一个几乎连续的数据流，特别是当 n 的值很大时，分组编码就没有能够连续产生冗余比特并连续进行差错检测和纠正的编码那么方便。而这正是卷积码的工作方式。

卷积码可以用 3 个参数来进行定义：n，k，和 K。一个(n, k, K)卷积码一次处理 k 比特输入信息码元，然后对每个传入的 k 比特产生 n 比特输出。到目前为止，这和分组编码都是相同的。在卷积码的情况下，n 和 k 一般都是相当小的数。不同的是，卷积码有记忆，它是由**约束因子** K 来描述的。本质上，(n, k, K)卷积码的当前 n 比特输出不仅取决于 k 比特输入的当前块的值，也取决于 k 比特的前 $K-1$ 块。因此，n 比特的当前输出是关于最后 $K\times k$ 比特输入的函数。

想理解卷积码的最好方法是借助实际的例子，如图 10-10 所示。在图 10-10 中有两种不同的代码表示方式。图 10-10a 给出的是移位寄存器，它对描述和实现编码过程是非常方便的。图 10-10b 中给出的是编码器的状态图，它在讨论解码过程时是非常有用的。

对于一个(n，k，K)卷积码，移位寄存器包括最近的 $K\times k$ 个输入比特，寄存器初始化为全零[⊖]。在从寄存器中丢弃最前面的 k 并将 k 个新比特移入后，编码器产生 n 比特输出。因此，虽然 n 比特的输出与 $K\times k$ 个输入比特有关，但编码速率是每 k 个输入比特输出 n 比特。与块编码一样，码率为 k/n。最常用的二进制编码器有 $k=1$，因此移位寄存器的长度为 K。在我们的例子中给出了一个(2，1，3)卷积码的示意图(见图 10-10a)。移位寄存器中存储了 $K\times k=3\times 1$ 比特，分别是 u_n、u_{n-1} 和 u_{n-2}。对于每一个新输入的比特 u_n，可以根据寄存器中的最近 3 个比特得到两个输出比特 v_{n1} 和 v_{n2}。第一个输出比特根据上面的逻辑电路($v_{n1}=u_n\oplus u_{n-1}\oplus u_{n-2}$)计算得到，第二个输出比特可以根据逻辑电路($v_{n2}=u_n\oplus u_{n-2}$)计算得到。

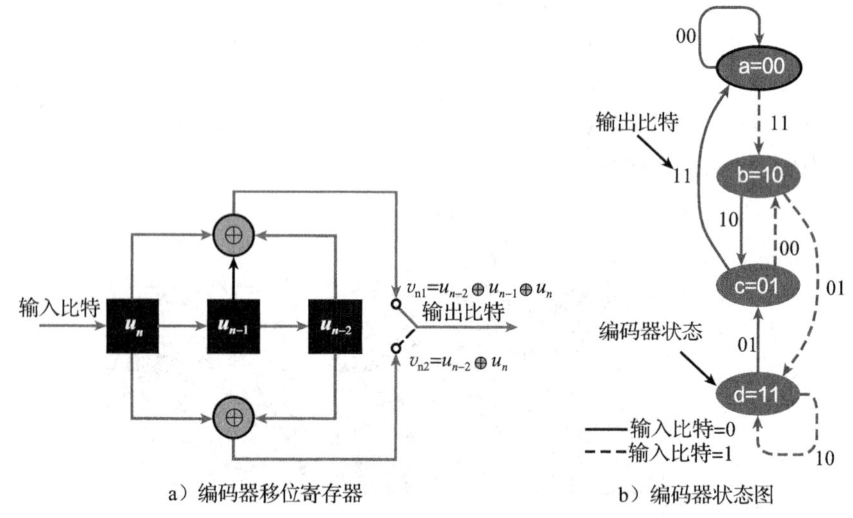

图 10-10 卷积编码器(n，k，K)=(2，1，3)

对于任何给定的 k 比特输入，有 $2^{k(K-1)}$ 个不同的函数将 k 比特输入映射为 n 比特输出。使用哪一个函数取决于每个 k 比特的前($k-1$)个输入块的历史。因此，我们可以使用有限状态机来表示卷积码。该状态机具有 $2^{k(K-1)}$ 个状态，并且从一个状态转换到另一个状态取决于最近的 k 比特输入并产生 n 比特输出。状态机的初始状态为全零状态。在我们的例子中(如图 10-10b 所示)，有 4 个状态，每一个都是之前两个比特的一对可能的数值。下一个输入比特会导致状态变化，并产生一个 2 比特的输出。例如，如果最后两比特为 10($u_{n-1}=1$，$u_{n-2}=0$)，且下一个比特为 1($u_n=1$)，那么当前的状态是状态 b(10)，下一个状态是 d(11)。输出是

$$v_{n1}=u_{n-2}\oplus u_{n-1}\oplus u_n=0\oplus 1\oplus 1=0$$
$$v_{n2}=0\oplus 1=1$$

10.3.1 译码

为了解解码过程，可以通过展开状态图以显示编码器的时序来进行简化。状态图是垂直放置的，如图 10-10b 所示，通过在水平方向重新产生状态并从左到右显示状态随着时

⊖ 在有些文献中，用较少的存储单元来说明移位寄存器，并且将输入比特送入 XOR 运算电路和存储单元；这两种描述是等价的。

间或输入数据的转移来构建一个展开图，也称为**网格图**(trellis)(见图 10-11)。如果约束长度 K 很大，那么网格图将变得不实用，因为会出现很多行。在这种情况下，使用 2^{k-2} 个简化网格片段来转换过程。图 10-12 给出了一个(2，1，7)码。编码器的每个状态及每个支路的定义都显示出来了。

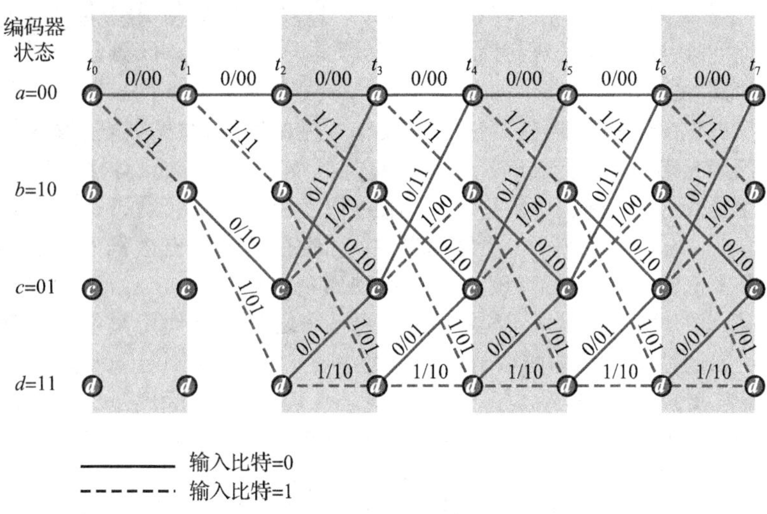

图 10-11　图 10-9 所示的编码器的网格图

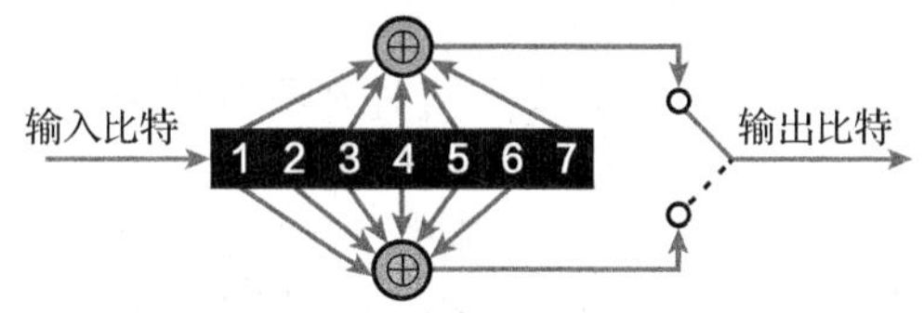

a）移位寄存器图

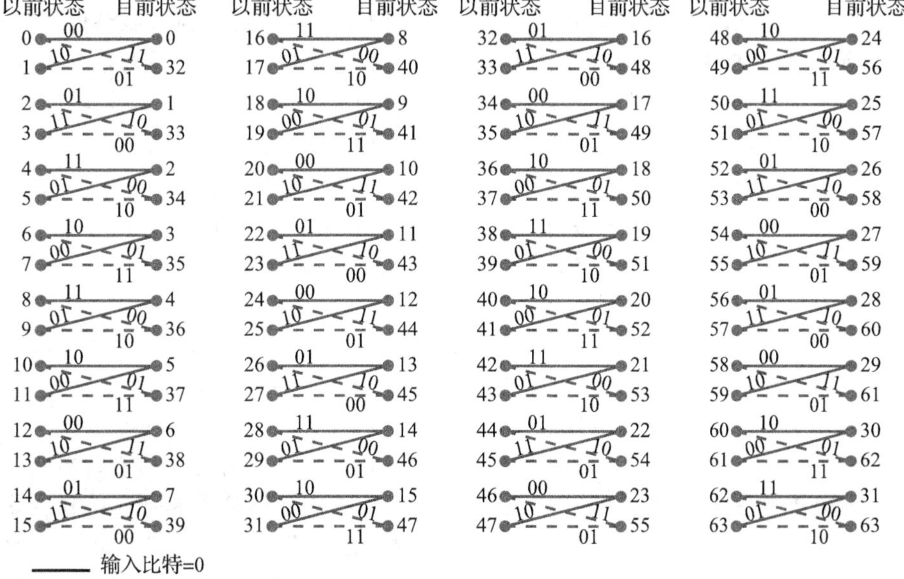

b）状态转移图

图 10-12　编码器(n，k，K)=(2，1，7)的网格图

任何有效的输出都是通过网格图的路径来定义的。在我们的例子中，路径 a—b—c—b—d—c—a—a 将产生输出 11 10 00 01 01 11 00，它是由输入 1011000 产生的。如果出现一个无效的路径时，如 a—c，则解码器尝试进行纠错。本质上，解码器必须确定哪些数据输入最有可能产生无效的输出。

目前已经开发了大量的卷积码的纠错算法。也许最重要的算法是 Viterbi。本质上，Viterbi 解码技术将接收到的序列与所有可能的发送序列比较。该算法选择一条路径，使网格图中通过该路径产生的编码序列与接收到的序列有最少的不同的数。一旦将一条有效路径选择为正确的路径，解码器就可以根据最有可能的输出比特来恢复输入数据比特。

根据用来测量接收序列与有效序列之间的差的度量，Viterbi 算法也有一些不同。为了给出算法的工作思想，我们利用汉明距离来进行度量。我们接收一个编码序列，它可以表示为 $\boldsymbol{w}=w_0w_1w_2\cdots$，并试图通过网格图来找到最有可能的有效路径。在时刻 i 对于每一个状态，我们通过网格图列出到该状态的**活动路径**(active path)。活动路径是网格图中的一条有效路径，在时刻 i 活动路径与接收到的码字之间的汉明距离最小。我们标出了时刻 i 的每一个状态的活动路径与接收到的码字之间的距离。并使用下列关系：

(路径的距离)＝(最后一条边的距离)＋(最后一个且仅有一个状态的距离)　(10-7)

该算法将处理($b+1$)步，其中 b 是一个预先选定的窗口大小。对于一个(n，k，K)码，第一个输出的 n 比特数据块 $w_0w_1w_2\cdots w_{n-1}$ 可以表示为：

- **步骤** 0：在时刻 0 网格的初始状态标记为 0，因为到目前为止没有差异。
- **步骤** $i+1$：对于时刻 $i+1$ 的每个状态 S，寻找所有能够达到 S 的活动路径(利用式(10-7))，用该路径或多条路径的距离来标记 S。
- **步骤** b：算法在时刻 b 停止。如果在该时刻所有的路径具有相同的第一条边，且边的标签是 $x_0x_1x_2\cdots x_{n-1}$，则第一个代码块 $w_0w_1w_2\cdots w_{n-1}$ 是对 $x_0x_1x_2\cdots x_{n-1}$ 的校正。如果有两条活动的第一条边，则错误无法被纠正。

接收后，如果必要的话，对第一个代码块进行纠错，解码窗口向右移动 n 比特并执行下一个数据块的解码。

卷积码在嘈杂的信道环境中，其中一个很高比例的比特是错误的，能够提供良好的性能。因此，该技术被越来越多地应用在无线系统中。

例 10.10[⊖]　使用图 10-9 和图 10-10 中定义的编码器，图 10-13 给出了应用 Viterbi 算法来对序列 10010100101100…进行解码，解码窗口长度 $b=7$。图 10-13 所示的动画演示了下面的过程。图中的每一条直线表示网格图中的有效路径。每条直线的标签代表产生该路径的输入数据比特和输出数据比特。黑实线表示当前步骤根据最小汉明距离选择的活动路径。在步骤 1 中，我们已经收到序列 $w_0w_1=10$。两个有效序列为边 $a—a$ 对应的 00 以及边 $a—b$ 对应的 11，如图 10-10 所示。这两个序列与所接收序列的距离都为 1。此时，需要定义两个活动路径，每一个活动路径的状态标记都为 1。对于下一步，我们有 $w_2w_3=01$。利用式(10-7)，我们计算 4 个可能的有效状态的总的累积差(从上到下)为 2、2、3 和 1。到目前为止，活动路径包括所有可能的有效路径。在步骤 3 中，我们看到一些有效路径没有保存，因为它们没有被选择作为活动路径。这是因为每一个这样的路径都会终止于一个状态，如果该状态的其他有效路径存在一个更小的

⊖ 该例子来自[ADAM91]。

距离。例如，状态序列 $a-a-a-a$ 的差为 3，而状态序列 $a-b-c-a$ 的差为 4，则排除它。在步骤 7 可以得到的结论是，所有经过第一条边 $a-b$ 的活动路径都具有比特输出 11。该算法将 w_0w_1 纠正为 11，并继续对下一个块 w_2w_3 进行解码。在网格图中进行回溯并通过寻找导致该路径的输入比特也可以解码出原始数据。需要注意的是，如果窗口大小为 5，则无法纠错，因为第一条边 $a-a$ 和 $a-b$ 都是活动路径。

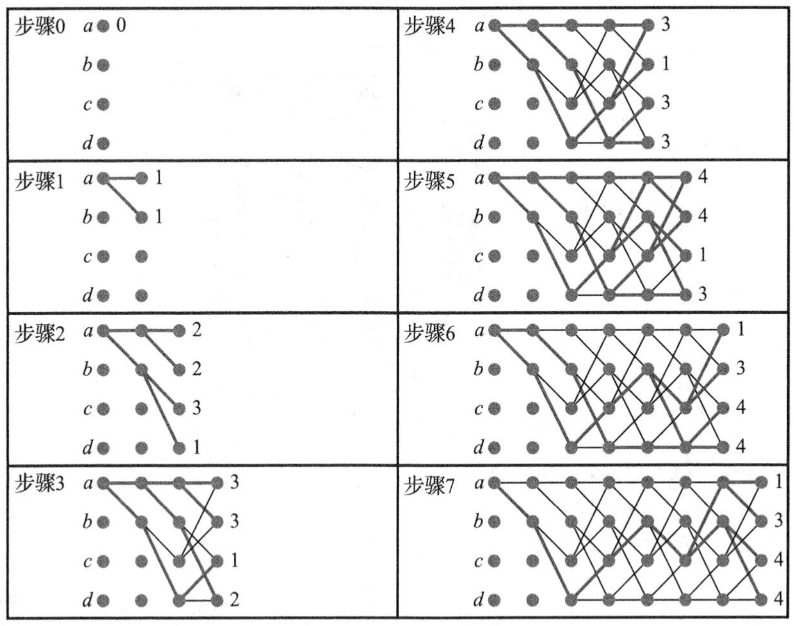

图 10-13 应用 Viterbi 算法来对序列 10010100101100…进行解码，解码窗口长度 $b=7$

10.3.2 Turbo 码

随着无线应用中的数据速率越来越高，纠错一直是一个主要的设计挑战。最近，称为 Turbo 码的新一类编码，已经成为第三代和第四代无线通信系统的主流选择。在误比特率方面，Turbo 码表现出了非常接近香农极限的性能，并且能够有效地满足高速数据传输的应用需求。目前，已经发明了多种 Turbo 编码器和解码器，其中大部分是基于卷积码构造的。在本节中，我们进行一个总体回顾。

图 10-14a 给出了 Turbo 码编码器。在这个方案中，编码器重复使用。编码器的一个副本接收输入比特流，并为每个输入比特产生一个单独的输出校验比特 C_1。另一个编码器的输入是交织后的输入比特流，产生一个校验比特序列 C_2。两个初始输入比特加两个校验比特，进行复用，产生序列 $I_1C_{11}C_{21}I_2C_{12}C_{22}\cdots$，即第一个输入比特之后是编码器 1 的第一个比特，之后是编码器 2 的第一个比特，以此类推。由此产生的序列的码率为 1/3。一个 1/2 码率序列可以由仅使用一半的校验比特来实现，即交替输出两个编码器的校验比特；这个过程称为打孔。码率为 1/3 和 1/2 的卷积码都在第三和第四代移动通信系统中得到了应用。

需要注意的是，每个编码器只为每个输入比特产生一个单独的校验比特，并保存该输入比特。在目前讨论的卷积编码器中(如图 10-10a 所示)，都没有保存输入比特，并且有

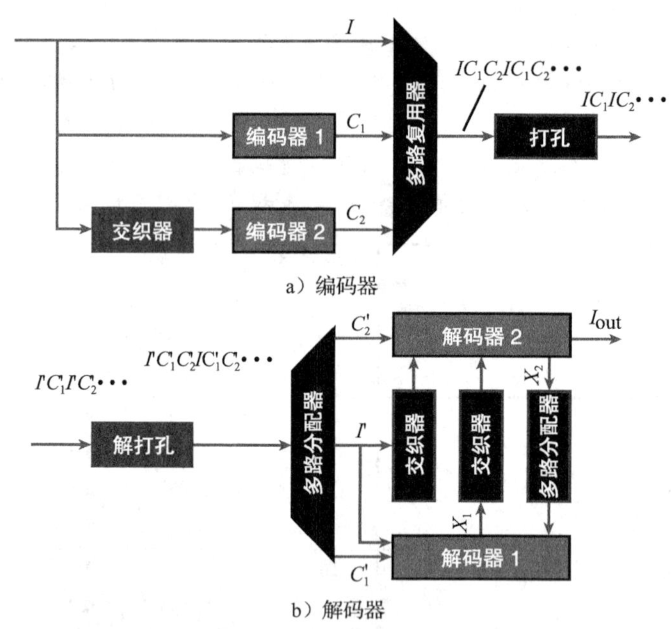

图 10-14　Turbo 编码与解码

多个输出比特(对于 k 个输入比特有 n 个输出校验比特)。Turbo 码使用的卷积码是一种卷积码的变型，称为递归系统卷积码(Recursive Systematic Convolutional Code，RSC)。在一个典型的(2，1，K)RSC 编码器中，将两个校验位的计算结果的其中一个反馈回移位寄存器，另一个校检位计算结果产生一个输出比特(见图 10-15)。编码器的输出包括输入比特和校验位。RSC 编码器具有与传统卷积编码器相同的网格结构和类似的统计特性。

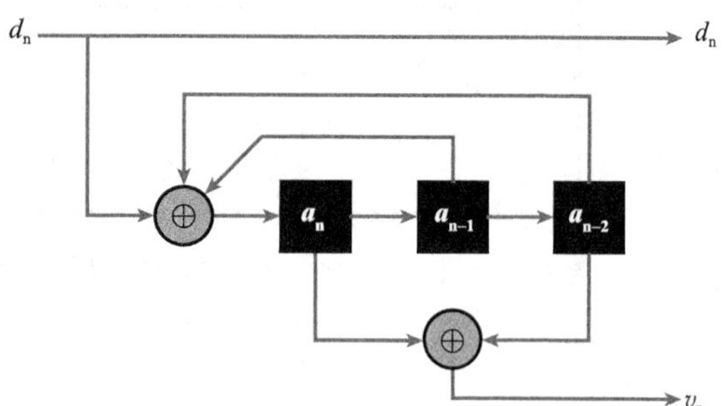

图 10-15　递归系统卷积码(RSC)编码器

图 10-16 给出了如何利用两个 RSC 编码器来构造一个 Turbo 编码器。其中使用一个开关来对代码进行打孔，产生一个 1/2 的码率。如果不使用开关，则码率为 1/3。

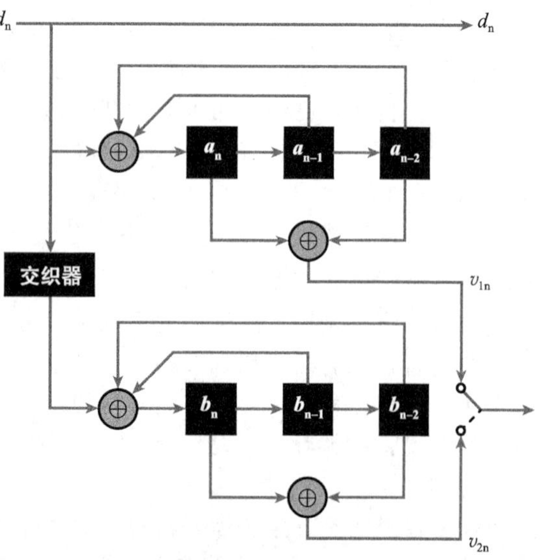

图 10-16　两个 RSC 编码器的并行级联

图 10-14b 给出了 Turbo 译码器的通用框图。如果需要，可以通过估计丢失的校验比特或将丢失的比特设置为 0 来对接收到的数据进行解打孔。译码器 1 首先工作，利用从解调器接收到的 I' 和 C_1' 的估计值。这些值不是简单的 0 或 1，而是较大或较小的值，表示解调器进行判决时的置信度。这就是所谓的软判决解码。解码器 1 产生校正值(X_1)。将 I' 和 X_1 值以及 C_2' 的值一

同送入译码器 2。这里必须进行交织以使比特正确对齐。译码器 2 利用所有的输入产生校正值 X_2。然后将这些值进行解交织之后反馈到译码器 1 进行二次迭代解码，为了对齐，先进行交织。经过充分的迭代得到一个很高的置信度后，产生一个输出比特。这一过程可能需要多次迭代才能够产生一个很好的结果，同时可能还会带来显著的延迟。Turbo 码通过使用交织、并行编码、打孔、软判决解码、反馈等获得很好的纠错性能。

10.4　自动重传请求

自动重传请求(Automatic Repeat Request，ARQ)机制适用于数据链路控制和传输协议，依赖于差错检测编码，如 10.1 节介绍的循环冗余校验(CRC)等。ARQ 差错控制机制本身作为流量控制机制的一部分而与之密切相关。我们首先研究流量控制机制，然后研究 ARQ。接下来，我们将协议实体之间传输的数据块称为**协议数据单元**(Protocol Data Unit，PDU)。这个术语在第 4 章已经介绍过。

10.4.1　流量控制

流量控制是一种用于保证传输实体不会用数据覆盖接收实体的技术。接收实体通常给发射机分配某个最大长度的数据缓冲区。当接收数据时，接收机在将数据传递到更高层的软件之前必须做一定的处理(例如，检查头并将其从 PDU 中去除)。在没有流量控制的情况下，接收机的缓冲区可能在处理旧数据的同时也会不断对其进行填充并产生溢出。

我们首先研究没有流量控制的机制。我们使用图 10-17a 所示的垂直时序图模型。它具有说明时间依赖性和说明正确的发送-接收关系的优点。每个箭头代表一个在两个站之间传输的 PDU。数据以 PDU 序列的形式发送，每个 PDU 包含部分数据和一些控制信息。现在，我们假设发送的所有 PDU 均成功接收，没有 PDU 丢失或没有错误到达。而且，PDU 按照与发送时相同的顺序到达。然而，在接收之前每个发送的 PDU 会遭受任意和可变的延迟。

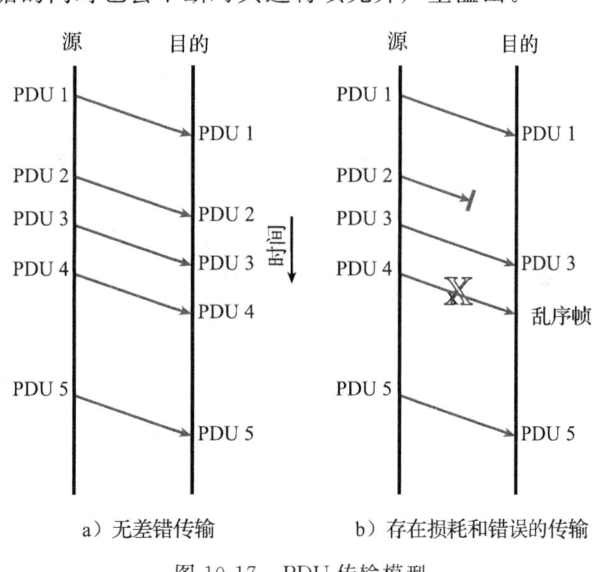

图 10-17　PDU 传输模型

通常，当一个信源有数据块或者数据流需要发送时，它将把数据块分为多个小的块并以许多 PUD 的形式发送。这样做有以下原因：

- 接收机的缓冲区大小是受限的。
- 传输的数据越长，越容易出现错误，需要重发整个 PDU。使用小的 PDU，差错检测可以更快，因此需要重传的数据量很小。
- 在共享媒质中，例如 LAN，通常不允许一个台站在扩展周期内占用媒质，因此导致在其他台站的长延迟。

通常，具有流量控制机制的协议允许多个 PDU 同时传输。下面我们来研究。该协议如何支持通过全双工连接的两个台站 A 和 B。台站 B 有 W 个 PDU 分配了缓冲区。这样，台站 B 可以接收 W 个 PDU，台站 A 可以发送 W 个 PDU 而不需要等待确认。为了跟踪已确认了哪个 PDU，每一个 PDU 用一个编号来标识。B 通过发送包括期望的下一个 PDU 的序列号的确认来确认 PDU。该确认信息也表示 B 准备好接收下面的 W 个 PDU，从指定的序列号开始。为了节省网络负载，该方法也可以用来确认多个 PDU。例如，B 可以在接收到 PDU4 后确认它已经收到 PDU2、3 和 4，但不同确认。通过返回一个序列号 5 来确认，可以一次完成对 PDU2、3 和 4 的确认。A 维护一个允许发送的序列号的列表，B 维护一个准备接收的序列号的列表。所有这两个列表可以视为一个 PDU **窗口**。这种工作方式也称为**滑动窗流量控制**(sliding-window flow control)。

许多其他的问题需要进一步说明。由于 PDU 中的序列号需要占用一定的 PDU 字段，所以其序列号值具有一定的界限。例如，对于 3 比特的字段，其序列号值可以是 0～7。因此，PDU 的序列号是通过模 8 运算来实现的，即序列号 7 之后是序号 0。总之，对于 k 比特的字段其序列号范围可以是 $0 \sim 2^{k-1}$，即 PDU 的编号是通过模 2^k 运算来实现的。

图 10-18 给出了一种有效的描述滑动窗流量控制的方法。假设使用 3 比特的序列号，那么编号可以连续地从 0 编到 7，接下来的序列号还使用这些数字。阴影的正方形表示正在传输的 PDU，图 10-18 中，发射机可能正在发送从序列号 0 开始的 5 个 PDU。当发送一个 PDU 后，收缩发送窗口。当收到一个确认消息时，发送窗口增大。处在窗口和垂直线之间的 PDU 是已经发送但未被确认的 PDU。正如我们看到的，发送端需要将这些 PDU 存入缓冲区中以使在需要时进行重传。

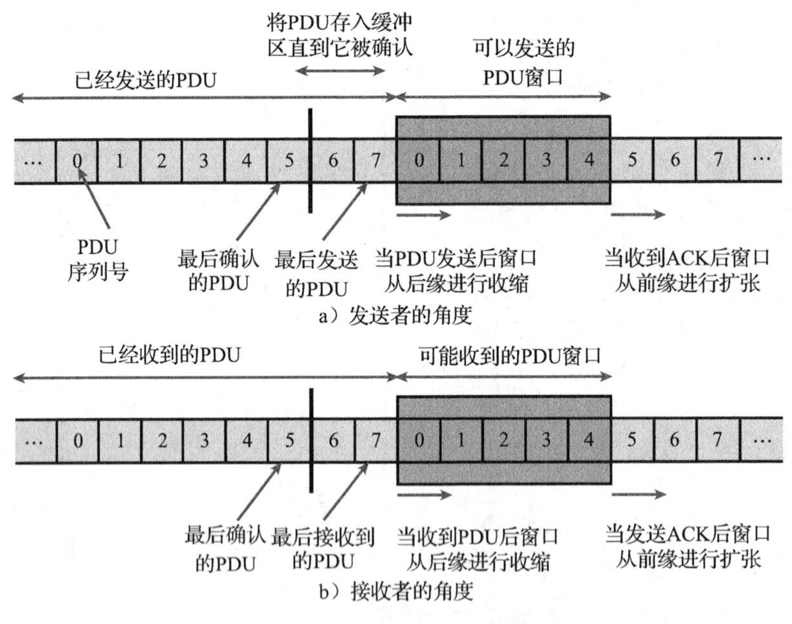

图 10-18　滑动窗工作过程

窗口的大小无需等于给定序列号长度的最大值。例如，对于 3 比特的序列号，对于使用滑动窗流量控制协议的台站，窗口大小可以设置为 4。

到目前为止，我们讨论的都是这样一种流量控制的形式：在超出了接收机已经最后确认的一个 PDU 后，它最多可以处理 7 个 PDU。大多数协议也允许一个台站通过发送一个 Receive Not Ready(RNR)消息给另一端，以便对已收到的 PDU 进行确认并阻止将要发送的 PDU，从而切断 PDU 流。因此，RNR5 表示“我已经收到了直到序列号 4 的所有

PDU，但是我不能接收更多了”。在后续的某个点，该台站可以通过发送一个常规的确认信息来重新打开该窗口。

到目前为止，我们主要讨论了单向通信。如果两个台站需要进行双向通信，则需要维护两个窗口，一个用于发送，一个用于接收，并且每一端都需要发送数据和确认消息。为了对这一需要提供有效的支持，提供了一种称为*捎带确认*(piggybacking)的方式。每一个数据 PDU 包含一个用于表示该 PDU 序列号的字段和一个用于确认消息的字段。

因此，如果一个台站有数据和确认消息需要发送，将这两者放在一个 PDU 中发送可以节省通信容量。当然，如果该台站仅有确认信息而没有数据需要发送，它也可以发送一个单独的确认 PDU。如果该台站有数据要发送但没有确认消息需要发送，它需要重复前面的确认消息。这是由于数据 PDU 中包含一个确认序列号(acknowledgment number)字段，其中需要填入相关的值。当一个台站接收到重复的确认消息时，它可以简单地忽略它。

10.4.2　差错控制

差错控制机制检测并纠正 PDU 传输过程中发生的误码。我们使用的模型，包括典型的案例，如图 10-17b 所示。发送的数据是一个 PDU 序列；PDU 到达的顺序和发送时的顺序相同，在接收前每个发送的 PDU 会经历一个任意和可变量的延迟。此外，我们允许 2 种类型的错误可能：

- **PDU 丢失**：PDU 无法到达另一端。例如，一个突发噪声可能在某种程度上造成接收机无法感知到一个 PDU 已经发送出来。
- **PDU 损坏**：一个可识别的 PDU 确实到达，但出现误码(在传输过程中码字已经被改变)且无法纠正。

最常见的差错控制技术是基于下列的部分或全部内容：

- **差错检测**：接收机检测到错误并丢弃出现错误的 PDU。
- **肯定确认**：目的端反馈一个成功接收了无差错 PDU 的肯定确认(positive acknowledgment)消息。
- **超时后重传**：在一个预设的时间内没有收到确认消息，源端重传该 PDU。
- **否定确认与重传**：检测到 PDU 出现错误时，目的端反馈一个否定确认消息。源端将重传该 PDU。

总的来说，这些机制都称为**自动重传请求**(Automatic Repeat Request，ARQ)；ARQ 的作用是把一个不可靠的数据链路变成一个可靠的数据链路。ARQ 最常用的版本称为 go-back-N ARQ。

例 10.11　图 10-19 给出了一个例子和它的动画。假设有一个 3 比特序列号字段和 7 个 PDU 的最大窗口大小。开始时，A 和 B 有窗口表明 A 将要发送 7 个 PDU，其 PDU 的起始序列为 PDU 0(P0)。在发送 3 个 PDU(P0，P1，P2)而未得到确认以后，A 将其窗口大小收缩为 4 并保存三个已发送的 PDU 的副本。窗口表明 A 将发送从序列 3 开始的 4 个 PDU。然后，B 发送一个 RR(Receive Ready)3 消息，含义是“我已经正确收到了序列 2 之前的所有 PDU，并且做好接收 PDU 3 的准备。实际上我已经做好了接收从 PDU 3 开始的 7 个 PDU 的准备”。根据该确认消息，A 重新获得从 PDU 3 开始的 7 个 PDU 的发送许可，同时 A 可以丢弃已经确认被正确接收的所有 PDU。A 开始发生

PDU3、PDU4、PDU5和PDU6。B返回RR4，该消息将确认P3，并允许通过P2的下一个实例传输P4。当这个RR达到时A，它已经发送了P4、P5和P6，因此A可以只打开它的窗口允许发送从P7开始的4个PDU。

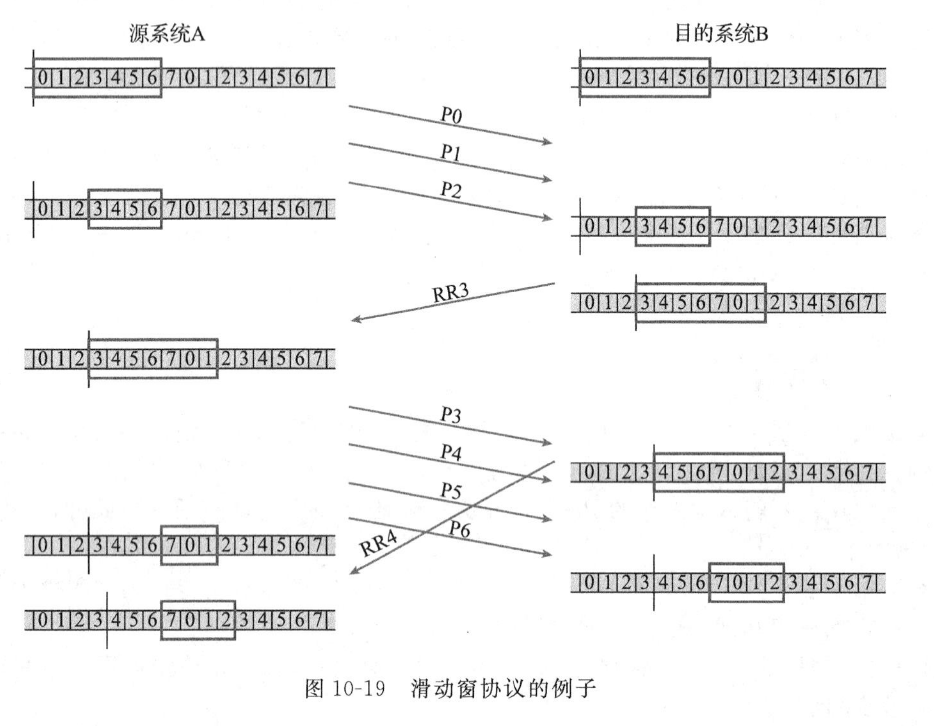

图10-19　滑动窗协议的例子

在go-back-N ARQ协议中，一个台站可以发送一组按照顺序编号的PDU，编号可以通过与某个最大值取模运算得到。当使用滑动窗口流量控制技术时，未确认的PDU的个数由窗口的大小来决定。当没有错误发生时，目的端会发送RR＝接收，或在数据PDU中捎带传输确认信息。如果目的端检测出PDU有错误，它发送一个关于该PDU的否定确认信息(REJ＝拒绝)。目的端将丢弃这个PDU和其后面所有的PDU直到出错的PDU被正确接收。因此，当源端接收到一个REJ时，它必须重传这个错误的PDU以及后续所有在这期间已经传输的PDU。因此，这一过程称为go-back-N以重传这些PDU。

考虑台站A发送PDU到台站B。在每次传输之后，A设置一个关于该PDU的确认定时器。假设B已经成功接收到PDU($i-1$)，并且A刚刚发送PDU i。则go-back-N技术需要考虑以下事项：

1) **PDU损坏**。如果收到的PDU是无效的(即B检测到错误)，则B丢弃该PDU，并且对这一结果不做任何进一步的反应。此时，有两种子情况：

a. 在合理的时间内，A随后发送PDU($i+1$)。B接收到PDU($i+1$)但并未按照顺序进行接收，因为B期望接收的是PDU(i)，因此B发送REJ i。A必须重传PDU i和后续所有的PDU。

b. A不立即发送其他的PDU。B什么也接收不到，既不返回一个RR也不返回REJ。当A的定时器到期时，它发送一个RR PDU，其中包括一个称为P比特的比特，该比特设置为1。B将这个带有P比特且值为1的RR PDU作为命令，并通过发送RR确认信息来告知 A 它期望的下一个 PDU 序号，也就是 PDU i。当 A 接收到 RR，它将重新发送 PDU i。

2）**RR 损坏**。有两种子情况：

a. B 接收到 PDU i 并发送 RR$(i+1)$，但在传输中发生错误。因为确认消息是累积的（例如，RR 6 意味着直到序号 5 的所有 PDU 是已经确认的），A 将可能收到关于后续 PDU 的 RR 消息，因为它有可能在 PDU i 的定时器到期之前到达。

b. 如果 A 的定时器已到期，它与情况 1b 中一样发送一个 RR 命令。同时它设置另一个计时器，称为 P 比特定时器。如果 B 没有响应 RR 指令，或者如果它的响应在传输过程中发生了错误，那么 P 比特定时器将到期。这时，A 将通过发送一个新的 RR 命令重新启动 P 比特定时器再次进行尝试。此过程将进行一系列的迭代尝试。如果经过某个设定的最大次数的尝试，A 仍然无法获得一个确认信息，它将启动复位程序。

3）**REJ 损坏**。如果 REJ 丢失，则与情况 1b 相同。

图 10-20 给出了一个满足 go-back-N ARQ 协议的 PDU 传输流程的实例。它只为偶数的 PDU 发送 RR。由于链路上的传播延迟，所以在一个确认消息（肯定或否定）返回到发送端之前，它在一个已经被确认的 PDU 基础之上又已经发送了两个额外的 PDU。因此，当 PDU 5 接收到 REJ 时，不仅是 PDU 5、PDU 6 和 PDU7 也必须重发。因此，发送方必须保留一份所有未被确认的 PDU 的备份。

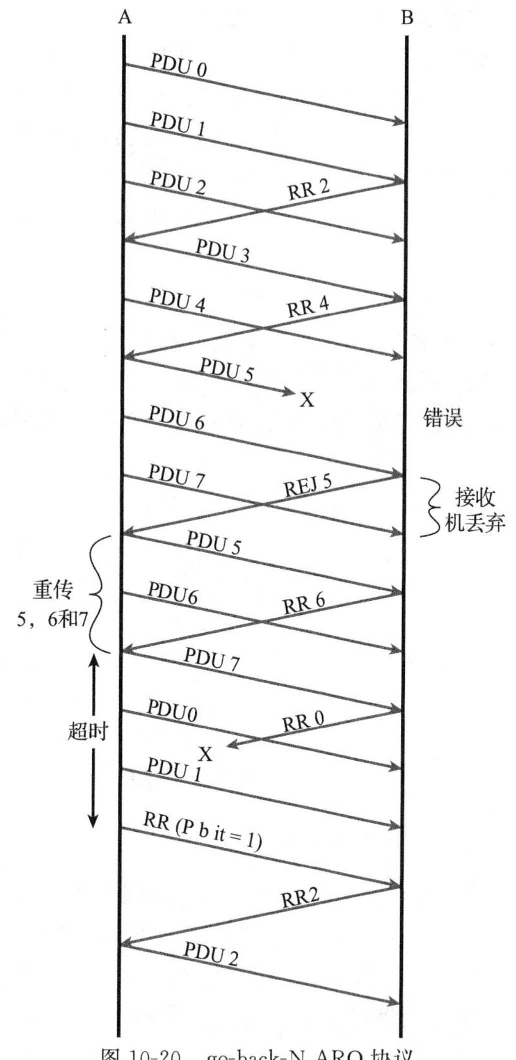

图 10-20 go-back-N ARQ 协议

10.4.3 混合自动重传请求

在实际的无线系统实现中，FEC 和 ARQ 都不是一刀切的解决方案。如果信道条件好，FEC 可能添加不必要的冗余（例如，使用额外的带宽），而在信道条件较差时，具有差错检测的 ARQ 可能因为重传机制的存在而导致过量的延迟。因此，一种叫作**混合自动重传请求**（Hybrid Automatic Repeat Request，HARQ）的解决方案，已经在今天的无线通信系统中得到广泛应用。它将 FEC 和 ARQ 技术相结合，采用 FEC 技术来纠正最常见的错误，当 FEC 不能纠错时 ARQ 进行重传。在这个基本概念的基础上，具体有以下实现方法：

- **软判决解码**：解码过程不仅可以提供一个比特是评估为 0 还是 1，也对这个判决结果的确定程度进行评估。
- **Chase 合并**：之前采用 FEC 无法纠正的数据帧不要丢弃。将软判决信息可以存储，然后与重传阶段的软判决信息合并。如图 5-14 所示，如果使用 Turbo 码，在接收机中的解码器可能使用来自多个帧的信息而不仅仅是当前帧。这将带来更强的 FEC 能力。在 Chase 合并中，每次重传相同的数据帧并进行软结合。

- **增量冗余**：每次发送端重传，都提供不同的编码信息。这可以实现两个目标。
  1. 降低开销。初始包可以包含更少的码字；如果足够进行译码，则该分组可以被成功接收，并能够避免额外的开销。例如，第一帧可能仅包含类似 CRC 的几个字节的差错检测码，在第一帧发生错误后后面的帧就可能包含 FEC。
  2. 更强的纠错能力。重传可以提供具有相同码率的不同编码码字，或者具有更低码率的纠错性能更强的编码码字。如果适应当前的无线信道环境，可以提高第二或第三帧成功传输的概率。
- **打孔**：为了提高增量冗余的不同码率，每次可以使用不同的 FEC 编码算法。一种简单的方法就是打孔，它减少比特来提高码率。

例 10.12 考虑一个 1/3 码率的 FEC 编码器，通过打孔将码率变为 1/2。也就是说，100 比特数据编成 300 比特 FEC 码字。为了得到 1/2 码率的 FEC 码字，每 1 比特信息仅允许编为 2 比特码字，因此码字为 200 比特。这意味着，共有 100 个比特需要被打孔掉，即每 3 个原始 FEC 比特需要打孔掉 1 个比特。在接收端，丢弃的 100 比特需要在解码之前替换回来。这些丢弃的比特只能够利用随机数来代替，这意味着巧的话大约有 50 个新添加的比特是错的而另外 50 个新添加的比特是正确的。如果接收信噪比相对较好，原始的 FEC 编码可以足够有效地纠正这些错误。如果无法解码，则接下来的传输中将减少打孔掉的比特数或者对其他位置的比特进行打孔。

一般来说，在同样的码率下，打孔码的性能要弱于未打孔码。然而，简单通过对相同的编码进行打孔来实现不同的码率，允许解码器结构保持不变，而不是针对不同的码率应用不同的解码器。这种设计带来的复杂性降低的好处大于打孔带来的性能下降。与增量冗余 HARQ 结合使用，对同一个 FEC 编码器的输出码字打孔，并且每次打孔可以去除更多的或不同的比特。

- **自适应调制和编码**：系统将使用信道质量信息(CQI)来估计 HARQ 使用 HARQ 的最佳调制与编码。例如，LTE 采用 CQI 来确定第一个 HARQ 传输过程中误块率达到 10%时相应的最高调制和码率。另外，如果在一个 HARQ 过程中 CQI 发生了变化，调制和编码也有可能调整。
- **并行 HARQ 处理**：有些系统等到 HARQ 完成一帧的发送才能够发送下一帧数据，这称为停止等待协议。等待一个 ACK 或 NACK 的过程以及接下来可能发生的多次重传过程是很耗费时间的。因此，一些 HARQ 协议在实现过程中允许在同一时刻存在多个打开的 HARQ 操作。这是称为 N 信道停止等待协议。

10.5 推荐阅读

[PETE61]介绍了经典的纠错码和 CRC。[RAMA88]是介绍 CRC 的优秀教程。

[ADAM91]详细介绍了纠错码。[SKLA01]有一个关于该部分内容写得很好的章节。[BERL87]和[BHAR83]是两篇非常有用的调研文章。[ASH90]是一篇关于纠错码的颇具可读性的理论和数学介绍。[SKLA97]和[BERR96]很好地介绍了 Turbo 码。[VUCE00]进行了深入的分析。[GHOS11]在介绍 LTE 时多次详细介绍了 HARQ。

ADAM91 Adamek，J. *Foundarions of Coding*. New York：Wiley，1991.

ASH90 Ash，R. *Information Theory*. New York：Dover，1990.

BERL87 Berlekamp，E.；Peile，R.；and Pope，S. "The application of error control to Communications." *IEEE Communications Magazine*，April 1987.

BERR96 Berrou，c.，and Glavieux，A. "Near Optimum Error Correcting Codes and Decoding：Turbo Codes." *IEEE Transactions on Communications*. October 1996.

BHAR83 Bhargava，V. "Forward Error Correction Schemes for Digital Communications." *IEEE Communications Magazine*，January 1983.

GHOS11 Ghosh，A.；Zhang，J.；Andrews J.；and Muhamed，R. *Fundamentals of LTE*. Upper Saddle River，NJ：Prentice Hall，2011.

PETE61 Peterson，W.，and Brown，D. "Cyclic Codes for Error Detection." *Proceedings of the IEEE*，January 1961.

RAMA88 Ramabadran，T.，and Gaitonde，S. "A Tutorial on CRC Computations." *IEEE Micro*，August 1988.

SKLA97 Sklar. B. "A Primer on Turbo Code Concepts." *IEEE Communications Magazine*，December 1997.

SKLA01 Sklar，B. *Digital Communications：Fundamentals and Applications*. Upper Saddle River，NJ：Prentice Hall，2001.

VUCE00 Vucetic，B.，and Yuan，J. *Turbo Codes：Principles and Applications*. Boston：Kluwer Academic Publishers，2000.

10.6 关键术语、复习题和问题

关键术语

automatic repeat request(ARQ，自动重传请求)
block interleaving(块交织)
chase combining(Chase 合并)
check bits(校验比特)
codeword(码字)
convolutional code(卷积码)
cyclic code(循环码)
cyclic redundancy check(CRC，循环冗余校验)
error control(差错控制)
error correction(纠错)
error detection(差错检测)
error detection code(差错检测码)
flow control(流量控制)
forward error correction(FEC，前向纠错)
frame check sequence(FCS，帧校验序列)
go-back-N ARQ
Hamming code(汉明码)
Hamming distance(汉明距离)
Hybrid Automatic Repeat Request(混合自动请求重传(HARQ))
incremental redundancy(增量冗余)
N-channel Stop-and-Wait(N 信道停止等待协议)
parity bit(奇偶校验比特)
parity check(奇偶校验)
protocol data unit(PDU，协议数据单元)
puncturing(打孔)
sliding-window flow control(滑动窗流控制)
trellis(网格图)
turbo code(Turbo 码)

复习题

10.1　奇偶校验位是什么？

10.2　什么是 CRC?

10.3　为什么你会期望 CRC 能够检测出多于 1 个校验比特的错误？

10.4　列出能够描述 CRC 算法的 3 种不同的方式。

10.5　可能设计一个 FEC 机制使得其能检测出某些双比特错误而不能检测出所有的双比特错误？为什么能或者不能？

10.6　在一个$(n,\ k)$块 FEC 码中，n 和 k 分别表示什么？

10.7　在一个$(n,\ k,\ K)$卷积码中，n、k 和 K 分别表示什么？

10.8　卷积码中的网格图是什么？

10.9　构成差错控制的两个主要要素是什么？

10.10　解释 go-back-N ARQ 是如何工作的？

10.11　软判决解码如何改进 H-ARQ?

问题

10.1　利用模 2 运算而不是二进制算术计算 FCS 的目的是什么？

10.2　考虑一个由两个字符且每个字符由 4 比特组成的帧。假设比特错误概率为 10^{-3}，并且每个比特是相互独立的。

a. 接收到的帧中包含至少 1 个比特错误的概率是多少？

b. 如果为每一个字符添加一个校验位，则概率又是多少？

10.3　使用 CRC－CCITT 多项式，产生关于一个包含 1 个 1 和 15 个 0 的消息的 16 比特 CRC 码。

a. 使用长除法。

b. 使用图 10-4 所示的移位寄存器机制。

10.4　解释为什么利用移位寄存器实现 CRC 时，如果没有出现错误则接收机会得到一个全零的结果。请举例说明。

10.5　对于 $P=110011$ 和 $M=11100011$，请给出 CRC。

10.6　使用 CRC 为 11 比特的消息构建 4 比特 FCS。生成多项式为 X^4+X^3+1。

a. 画出实现这一功能的移位寄存器电路(参见图 10-4)。

b. 使用生成多项式对消息序列 10011011100 进行编码(最左边是最低位)并给出结果。

c. 现在假设码字的第 7 个比特(从最低有效位开始计数)发生了错误，给出检测算法检测到该错误的过程。

10.7　在通信标准中，如 HDLC，通常使用修正的 CRC 实现过程。其定义如下：

$$\frac{X^{16}M(X)+X^{k}L(X)}{P(X)}=Q(X)+\frac{R(X)}{P(X)}$$

$$\text{FCS}=L(X)+R(X)$$

这里

$$L(X)=X^{15}+X^{14}+X^{13}+\cdots+X+1$$

k 表示需要校正的比特数(地址、控制和信息字段)。

a. 描述这个过程的影响。

b. 解释可能的好处。

c. 给出利用移位寄存器来实现 $P(X)=X^{16}+X^{12}+X^5+1$。

10.8　图 10-21 给出了一个多项式除法电路，其产生的结果等价于图 10-4 所示的电路。

a. 使用这种替代结构，画一个用于除以 $X^5+X^4+X^2+1$ 的等价于图 10-3a 的 LFSR。

b. 根据图 10-3 的思想，给出产生 CRC 的步骤顺序。在操作结束时的移位寄存器中，必须以相同的模式 01110 来结束。提示：注意在输入为$(n-k)$比特时，输出会有一个延迟，所以需要执行$(n-k)$比特移位以产生最终的结果。

c. 与图 10-4 所示的结果相比，图 10-21 中的结构的一个优点是，它能够更清楚地解释与长除法运算的对应关系。

d. 图 10-21 中的结构有什么缺点？

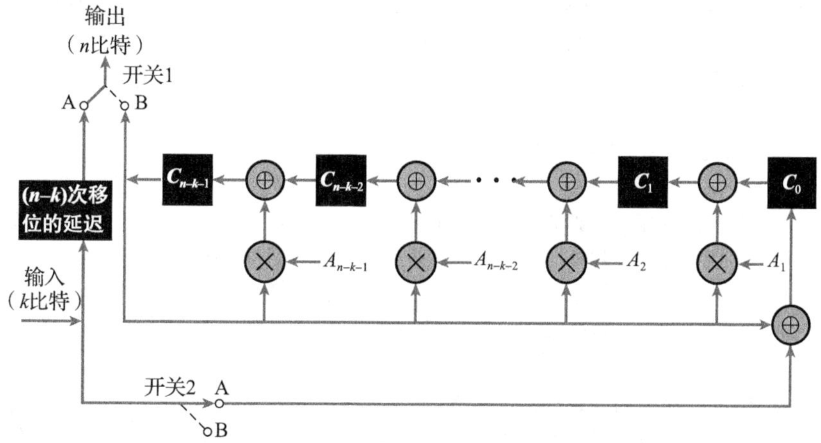

图 10-21 实现除法 $1+A_1X+A_2X^2+\cdots+A_{n-1}X^{n-1}+X^{n-k}$的另一种 CRC 实现结构

10.9 计算以下码字之间的汉明距离：

a. 00000，10101，01010

b. 000000，010101，101010，110110

10.10 10.2 节讨论了基于最小距离的的块纠错码。即，给定一个 s 个等可能的长度 n 的码字组成的代码，对于每个接收序列 $\boldsymbol{v}$，接收方选择与 $\boldsymbol{v}$ 的距离 $d(\boldsymbol{w},\boldsymbol{v})$最小的码字 $\boldsymbol{w}$。我们想证明在这种意义下，即在给定接收序列 $\boldsymbol{v}$ 时接收方总是选择能够使概率 $p(\boldsymbol{w}|\boldsymbol{v})$最大的一个码字，此方案是非常“理想的”。由于所有的码字都是等可能的，所以最大化 $p(\boldsymbol{w}|\boldsymbol{v})$的码字与最大化 $p(\boldsymbol{v}|\boldsymbol{w})$的码字是相同的。

a. 为了将 $\boldsymbol{w}$ 接收为 $\boldsymbol{v}$，在传输中必须准确出现 $d(\boldsymbol{w},\boldsymbol{v})$个错误比特，这些错误发生在那些 $\boldsymbol{w}$ 和 $\boldsymbol{v}$ 不相同的比特。令 β 表示给定比特错误传输概率，n 表示一个码字的长度。写出 $p(\boldsymbol{v}|\boldsymbol{w})$关于 β、$d(\boldsymbol{w},\boldsymbol{v})$和 n 的函数表达式。提示：错误的比特数为 $d(\boldsymbol{w},\boldsymbol{v})$，没有错误的比特数为 $n-d(\boldsymbol{w},\boldsymbol{v})$。

b. 通过计算 $p(\boldsymbol{v}|\boldsymbol{w}_1)/p(\boldsymbol{v}|\boldsymbol{w}_2)$来比较两个不同码字 $\boldsymbol{w}_1$ 和 $\boldsymbol{w}_2$ 的 $p(\boldsymbol{v}|\boldsymbol{w}_1)$和 $\mathrm{p}(\boldsymbol{v}|\boldsymbol{w}_2)$。

c. 假设 $0<\beta<0.5$，并说明当且仅当 $d(\boldsymbol{v},\boldsymbol{w}_1)<d(\boldsymbol{v},\boldsymbol{w}_2)$时 $p(\boldsymbol{v}|\boldsymbol{w}_1)>p(\boldsymbol{v}|\boldsymbol{w}_2)$。这证明了使 $p(\boldsymbol{v}|\boldsymbol{w})$最大的码字 $\boldsymbol{w}$ 是与码字 $\boldsymbol{v}$ 的距离最小的码字。

10.11 10.2 节中指出，对于一个给定的正整数 t，如果代码满足 $d_{\min}\geqslant 2t+1$，则代码可以纠正不超过 t 比特的错误。证明这一断言。提示：先观察将一个码字 $\boldsymbol{w}$ 解码为另一个码字 $\boldsymbol{w}'$，接收序列与 $\boldsymbol{w}'$ 的距离必须至少等于与 $\boldsymbol{w}$ 的距离。

10.12 对于表 10-2 所示的汉明码，给出作为数据比特的函数用于计算校验位的公式。

10.13 对于表 10-2 所示的汉明码，给出接收到的错误比特为校验位而不是数据位时会发生什么情况。

10.14 假设一个存储在内存中的 8 位数据字是 11000010。使用汉明算法，确定存储在该内存中的关于该数据字的校验位是什么。说明你如何得到你的答案。

10.15 对于 8 比特的字 00111001，它存储的校验位将是 0111。假设从内存中读取这个字，计算校验位为 1101。从内存中读取的数据字是将什么？

10.16 如果在一个 1024 比特的数据字中使用汉明纠错码来检测单个比特的错误，需要多少校验位？

10.17 $f(X)=X^6+1$ 除以 $g(X)=X^4+X^3+X+1$。通过将得到的商与 $g(X)$相乘来恢复 $f(X)$以证明结

果的正确性。

10.18 关于表 10-3 中的例子：

a. 画出 LFSR。

b. 使用类似于图 10-3b 的布局，表明数据块 1010 的校验位为 001。

10.19 使用 $n=4$，$m=6$(见图 10-9)的交织结构，请给出下面每个块交织的特点：

a. 任何突发的 m 个连续信道比特差错在交织器输出时至少会带来 n 比特彼此分离。

b. 任何 $bm(b>1)$ 比特的突发错误，在交织器的输出端会带来不超过$\lceil b \rceil$比特的突发错误。输出的突发错误之间至少有$\lfloor b \rfloor$比特。这里$\lceil b \rceil$表示不小于 b 的最小整数，$\lfloor b \rfloor$表示不大于 b 的最大整数。

c. 一个每隔 m 比特出现的单比特周期序列错误，将在解交织器的输出端产生一个长度为 n 的突发错误。

d. 不考虑信道传播延迟，交织器的端到端延迟为 $2[n(m-1)+1]$。在传输之前仅需要填充$[n(m-1)+1]$个空格，并在接收机进行解交织之前也仅需要填充相应数量的空格。

10.20 考虑一个定义为($v_{n_1}=u_n \oplus u_{n-2}$)和($v_{n_2}=u_{n-1} \oplus u_{n-2}$)的卷积编码器。

a. 画出类似于图 10-10a 的该编码器的移位寄存器实现。

b. 给出类似于图 10-10b 的该编码器的状态图。

c. 绘制与图 10-11 类似的该编码器的网格图。

10.21 对于问题 10.20 中的编码器，假定将移位寄存器初始化为全零，并且在最后一个传输的信息比特之后，仍然发送两个零比特。

a. 为什么需要两个额外的比特？

b. 对应于信息序列 1101011 的编码序列是什么(最左边的位是传送到编码器的第一位)？

10.22 最简单的流量控制形式，即**停止等待**流量控制，其工作过程如下。一个信源实体发送一个帧。在目标实体接收到该帧以后，它通过发送一个对刚刚收到帧的确认消息来表达愿意接收另一个帧。该信源在发送下一个帧之前必须等待，直到它收到确认消息。因此，目的端可以简单地通过保持其确认消息来停止数据流。考虑一个使用停止等待方案的半双工点对点链路，其发送了一系列的消息，将每个消息分割成多个帧。忽略错误和帧的开销。

a. 增加消息大小给链路利用率带来的影响是什么？为什么必须减少消息大小？在其他因素保持不变的情况下。

b. 在保持消息大小不变的情况下，增加帧的个数将会给链路利用率带来什么影响？

c. 增加帧大小给链路的利用率带来的什么影响？

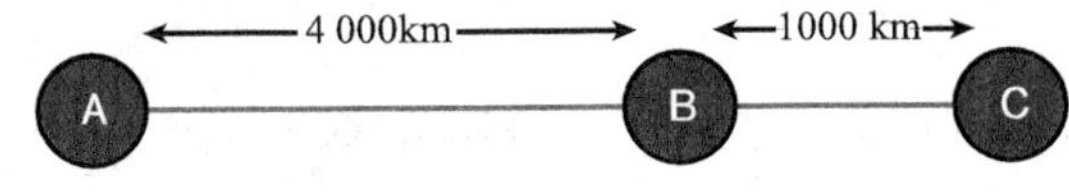

图 10-22 问题 10.22 的参数配置

10.23 在图 10-22 中，节点 A 生成帧，并通过节点 B 发送到节点 C。在以下条件下，确定节点 B 和 C 之间所需的最小数据速率，以便节点 B 的缓冲区不溢出：

a. 节点 A 和 B 之间的数据速率为 100kbps。

b. 每条链路的传播延迟为 5μs/km。

c. 节点之间存在全双工链路。

d. 所有数据帧的长度为 1000 比特，ACK 帧是独立的且长度可以忽略不计。

e. 节点 A 和 B 之间使用窗口大小为 3 的滑动窗协议。

f. 节点 B 和 C 之间使用停止等待协议。

g. 没有错误。

提示：为了使节点 B 的缓冲区不溢出，在一个长的时间间隔内，进入和离开 B 的帧的平均个数必须是相同的。

10.24 假设一个信道有一个 R bps 的数据速率和 $t$km/s 的传输延迟。发送节点和接收节点之间的距离为 Lkm。节点之间相互交换 B 比特的固定大小的帧。找出一个公式，它能够给出作为 R、t、B 和 L 函数(考虑最大利用率)的帧的最小序列字段大小。假定 ACK 帧的大小是可以忽略不计的并且节点的处理是瞬时的。

10.25 两个相邻节点(A 和 B)使用一个具有 3 比特序列号的滑动窗口协议。使用窗口大小为 4 的 go-back-N ARQ机制。假设节点 A 发送，节点 B 接收，给出下列事件的窗口位置：

a. 在节点 A 发送任何帧之前。

b. 在节点 A 发送帧 0、1、2 之后，并且接收到来自节点 B 的关于帧 0 和 1 的确认消息。

c. 在节点 A 发送帧 3、4、5 之后，并且节点 B 发送关于帧 4 的确认消息且被节点 A 接收到。

10.26 两个台站通过一个具有 270ms 传播延迟的 1Mbps 卫星链路进行通信。卫星仅仅将从一个台站接收到的数据转发给另一个台站，交换延迟可以忽略不计。使用具有 3 比特序列号的 1024 比特的帧，可能获得的最大吞吐量是多少？也就是说，通过帧承载的数据比特的吞吐量是多少？

无线局域网与个域网

无线局域网技术

学习目标

通过本章的学习，你应该能够：

- 解释 IEEE 802.11 体系结构中层的角色。
- 描述 IEEE 802.11 提供的服务。
- 解释 IEEE 802.11 的 MAC 层操作中关于退避、帧间间隔、点协调和分布协调的功能。
- 描述在 IEEE 802.11n、802.11ac 以及 802.11ad 中提高吞吐量的主要方法。
- 解释 IEEE 802.11i 无线局域网的安全程序。

无线局域网(Wireless LAN，WLAN)在局域网市场中扮演着重要的角色。逐渐地，有关组织发现无线局域网是对传统有线局域网不可或缺的辅助，它能够满足移动性、重新定位、自组织组网(Ad hoc networking)等要求，可以覆盖有线网难以覆盖的区域。此外，一定区域内的大量无线设备(通常在室内)可以使用无线局域网来替代小区覆盖或者将其作为无线连接的主要来源。

本章对无线局域网技术进行详细的综述。首先我们概述了使用无线局域网的主要动机，然后总结了众多当前广泛使用的方法。

11.1 概述及动机

无线局域网是利用无线电磁波作为传输介质的局域网络。图 11-1 显示了许多环境中的简单无线局域网配置。利用有线局域网作为骨干网，如以太网，支持服务器、工作站并通过一个或多个网桥或路由器与其他网络相连。此外，将控制模块(Control Module，CM)作为无线网络接口。控制模块包括连接无线局域网与骨干网的网桥或者路由器，它需要包括一些访问控制逻辑，如轮询或令牌传递方案，以控制终端系统的接入。注意有些终端系统是独立的设备，如工作站或服务器。用于控制与有线局域网隔绝的大量节点，如集线器和其他的用户模块(User Module，UM)，可能也是无线局域网配置的一部分。

图 11-1 的配置称为一个单小区的无线局域网，所有的无线终端系统均在一个控制模块的控制范围内。对于一个小型办公室或家庭来说，可以采用这种配置方式。如图 11-2 所示，其他常用的配置方式是多小区无线局域网。此时，多个控制模块通过有线局域网相连。每个控制模块用于支持在其覆盖范围内的无线终端系统。例如，在 IEEE 802.11ad 无线局域网中，由于使用了 60GHz 频段，所以传输范围仅限于单个房间内。因此，对于需要无线局域网覆盖的每个房间都需要一个控制模块。

一个**自组织网络**(Ad hoc Network)是一个对等网络(没有中心服务器)，其是为了满足一些突发需求而临时建立的。例如，家庭中的一组设备可以相互连接以共享多媒体内容。这可能是一个临时的网络，只在多媒体会话期间建立。图 11-3 给出了一个典型的自组织无线局域网的配置方式。每一个站点收集在其覆盖范围内的其他站点的信息并对其构成的临时网络进行动态配置。无线局域网可以为自组织网络提供无线连接，例如蓝牙(Bluetooth)、Zigbee 以及第 12 章涉及的其他技术，取决于覆盖范围、吞吐量以及功率需求。

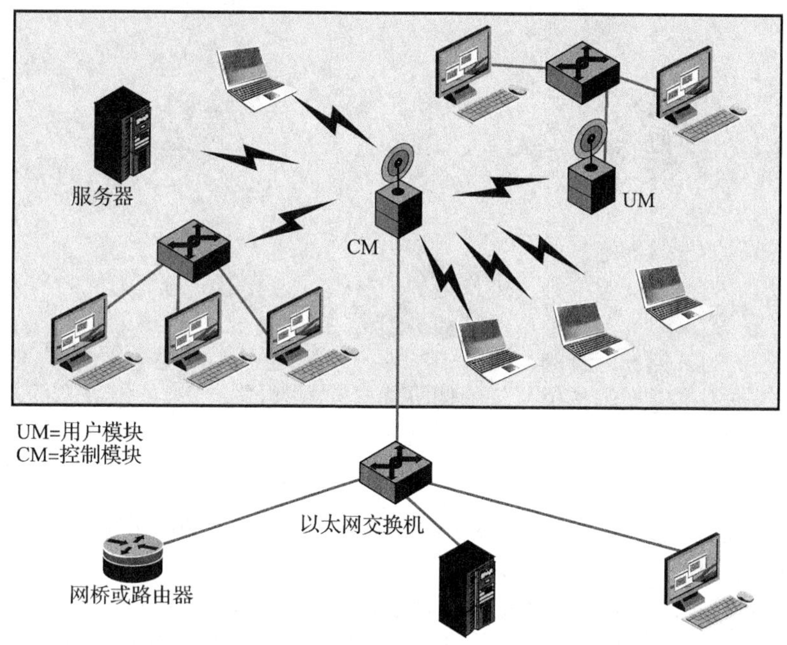

图 11-1　单小区无线局域网配置的例子

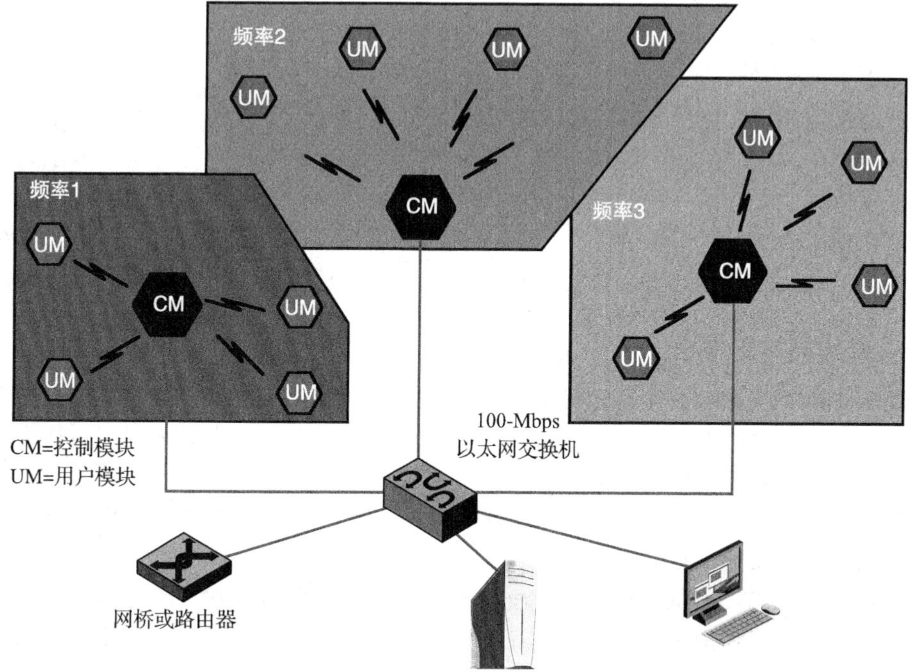

图 11-2　多小区无线局域网配置的例子

图 11-3　自组织无线局域网配置

11.1.1　动机

无线局域网能够提供许多重要的能力。作为超过 Gbps 吞吐量的新标准，它可以显著增强以下能力：

- **蜂窝数据卸载**：对于消费者来说，移动蜂窝网络中可利用的频谱是有限且昂贵的。像智能手机、笔记本电脑、平板电脑这样的移动设备可以使用更高容量的无线局域网。在购物中心、企业、大学，甚至运动馆这样的高密集用户区域，无线局域网尤其是有帮助的。
- **同步/文件传输**：吉比特 Wi-Fi(无线高保真)允许设备之间的同步比先前的 Wi-Fi 技术快 10 倍。例如，这样就不需要使用电缆来同步移动设备。
- **因特网接入**：吉比特 Wi-Fi 技术能够提供更快的因特网接入，能够消除来自无线局域网的任何明显的性能瓶颈。
- **多媒体流**：未经压缩的视频流需要 3Gbps 的传输速率，压缩的视频流存在压缩质量和延迟的问题。由于 Wi-Fi 具有很大的部署范围、用户感知、支持 IP 网络、易于连接以及标准化的安全机制等特点，所以它比其他建议的无线传输方法更合适。

11.1.2　无线局域网需求

无线局域网(WLAN)必须满足任何典型的局域网的相同需求，包括高容量、短距离覆盖能力、各个连接站点之间的完全连接以及广播能力。此外，无线局域网环境还有多个特殊的需求。下面列举无线局域网最重要的几个需求：

- **吞吐量**：介质访问控制协议(Medium Access Control，MAC)应该尽可能有效地利用无线介质来最大化容量。
- **节点数量**：无线局域网可能需要支持跨越多个蜂窝网络的数百个节点。
- **与主干局域网的连接**：大多数情况下，需要将有线主干局域网上的多个站点进行互连。对于基础设施无线局域网，这可以很容易通过连接这两种类型局域网的控制模块来实现。可能还需要连接自组织网络中的移动用户。
- **服务区**：无线局域网的典型覆盖区的直径为 100～300m。

- **电池能耗**：移动用户使用电池供电的智能手机、平板电脑以及工作站，这些都需要有较长的电池寿命。这表明，要求移动节点不断监控接入点或者频繁联系基站的 MAC 协议是不合适的。典型的无线局域网实现方案具有减少能耗的功能，例如当不使用网络时会开启睡眠模式。
- **传输鲁棒性与安全性**：除非经过合适的设计，否则无线局域网特别容易受到干扰和网络窃听的伤害。因此，无线局域网必须在噪声环境下实现可靠传输，并且应该能够提供足够的安全性以阻止窃听。
- **同址网络操作**：两个或多个无线局域网处于同一个区域或者处于 WLAN 之间相互干扰的某个区域是很常见的。这些干扰可能破坏 MAC 算法的正常操作，并且可能允许未经授权接入特定的无线局域网。
- **无许可证操作**：用户在购买和使用无线局域网产品时，无需获得无线局域网使用频段的许可证。
- **切换/漫游**：无线局域网中使用的 MAC 协议应该能够支持移动工作站从个小区移动到另一个小区。
- **动态配置**：无线局域网的 MAC 寻址和网络管理应该支持在不打扰其他用户的情况下进行终端系统的动态和自动添加、删除以及迁移。

如图 11-4 所示，使用 **Kiviat 图**（Kiviat graph）[㊀] 比较无线局域网与有线局域网以及移动数据网络性能方面很有帮助。

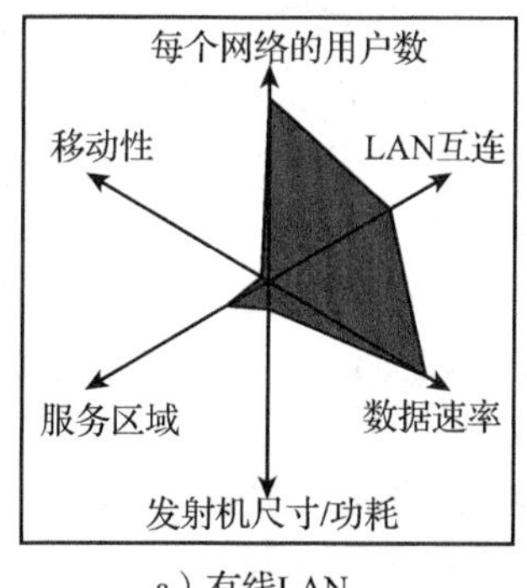

a）有线LAN

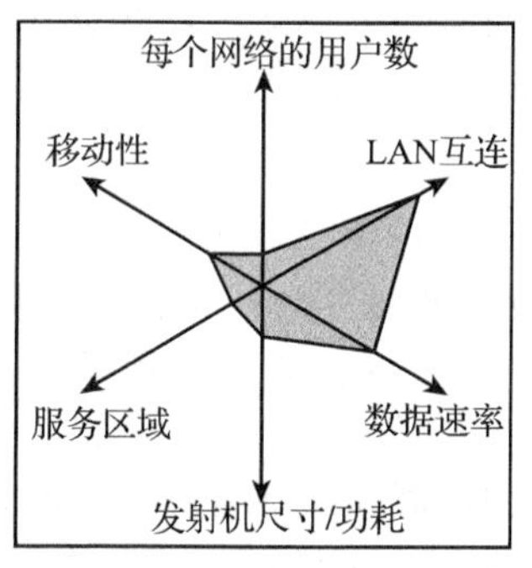

b）无线LAN

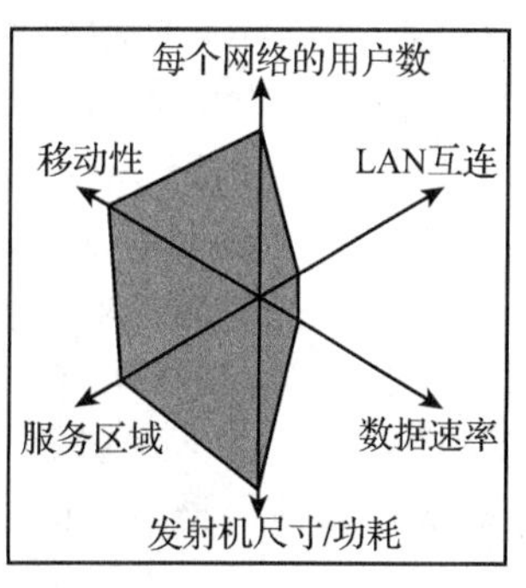

c）移动数据网络

图 11-4　数据网络的 Kiviat 图

11.1.3　无线局域网物理层

无线局域网使用未授权频谱。由于许多用户和应用共享这些频段，所以无线 LAN 使用需要满足一定监管需求的扩频和正交频分复用（Orthogonal Frequency Division Multiplexing，OFDM）。

配置　除了一些极小型办公室外，无线局域网通常需要使用多小区配置，如图 11-2 所示。相邻小区在相同带宽内使用不同的中心频率来避免相互干扰。

在一个给定小区内，网络拓扑可以是集线器拓扑或对等网络。图 11-2 所示为一个集线器拓扑。在集线器拓扑中，集线器通常安装在天花板上，并连接到主干网，以便为连接

㊀ Kiviat 图提供了多变量比较系统的图形化方法。这些变量是以等角度间隔放置的。一个给定系统定义为每个变量上的一个点，将这些点相互连接以产生一个形状，该形状是该系统的特征。

到有线局域网的站点或者其他小区中的的无线局域网部分的站点提供连接。类似于 IEEE 802.11 点协调功能，集线器也能够进行访问控制。集线器也可以实现与多端口以太网中继器一样的功能，作为一个多端口中继器进行访问控制。这种情况下，位于小区中的所有站点只能通过集线器接收和发送信息。另外，即使有访问控制机制，每个站点也可以使用全向天线进行广播，因此位于此小区的其他站点都能够接收到，这相当于逻辑总线配置。

集线器另一个潜在功能是自动切换移动站点。在任何时刻，根据距离将许多站点动态地分配给一个给定的集线器。当集线器感知到一个弱信号时，它可以自动切换到最近的集线器。

对等网络(peer to peer)是一种没有集线器的拓扑。采用 MAC 算法，如载波侦听多址访问(Carrier Sense Multiple Access，CSMA)，进行访问控制。这种拓扑尤其适用于自组织(ad hoc)局域网。

传输问题　无线局域网的一个重要特征是它可以不必经过许可程序就能够使用。各个国家许可规定的不同使得实现这一目标变得非常复杂。在美国，美国联邦通信委员会(Federal Communications Commission，FCC)在 ISM(Industrial，Scientific，and Medical)频段内已授权两项未授权应用：扩频系统，其工作功率最高可达 1W；甚低功耗系统，其运行功率最高可达 0.5W。因为 FCC 已经开放了这个频段，所以扩频无线局域网的使用开始变得流行。

在美国，有 4 个我们感兴趣的微波频段已经预留给未授权扩频使用：902～928MHz、2.4～2.5GHz、5.725～5.875GHz 以及 58～64GHz。其中，2.4GHz 也可用于欧洲和日本的扩频系统。频率越高，潜在的带宽就越大。此外，潜在的干扰因素也要考虑在内。有众多设备工作在 900MHz 附近，包括无绳电话、无线麦克风和业余无线电。极少有设备工作在 2.4GHz，一个值得注意的例子是微波炉，它会随着时间的增长而产生越来越多的电磁辐射泄露。目前在 5.8GHz 和 60GHz 频段的竞争相对缓和。然而，通常，频段越高，设备越昂贵。

扩频无线局域网采用直接序列扩频(DSSS)或者 OFDM。近年来，随着 OFDM、信道捆绑以及多用户多输入多输出(MIMO)技术的使用，信道速率已经能够超过 1Gbps。

11.2　IEEE 802 体系结构

IEEE 802.11 工作组制定了著名的无线局域网规范。我们首先了解 IEEE 802 标准的整体体系结构，然后了解 IEEE 802.11 的具体细节。

从能够体现局域网基本功能的分层协议的角度能够很好地描述局域网的体系结构。本节从描述局域网的标准协议体系结构开始，其中包括物理层、媒体访问控制、逻辑链路控制(LLC)层。然后我们深入了解媒体访问控制和逻辑链路控制。

11.2.1　协议体系结构

专门为局域网和城域网(Metropolitan Area Network，MAN)定义的协议主要用于解决与数据块在网络中传输的相关问题。在 OSI 术语中(见第 4 章)，更高层的协议(3 或 4 层以上)是与网络的体系结构相独立的，适用于局域网、城域网和广域网。因此，对局域网协议的讨论我们主要关注 OSI 模型的较低层。

图 11-5 给出了局域网协议体系结构与 OSI 体系结构的关系(如图 4-3 所示)，该体系结

构是由 IEEE 802 标准委员会制定的并被所有致力于局域网标准化工作的组织所采纳，它通常称为 IEEE 802 参考模型[⊖]。

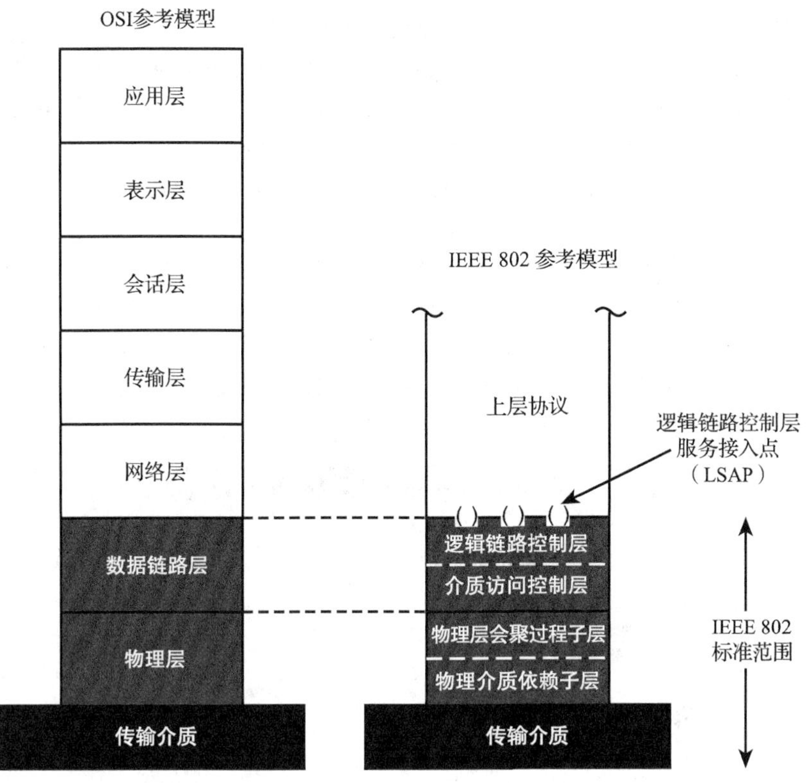

图 11-5　IEEE 802 协议层与 OSI 模型的比较

按照自下而上的顺序，IEEE 802 参考模型的最低层对应于 OSI 模型的物理层，其包括的功能如下：

- 信号的编码/解码。(如，PSK、QAM 等)。
- 前导码产生/去除(用于同步)。
- 比特传输/接收。

此外，802 模型的物理层还包括传输介质和拓扑的规范。这些规范通常认为是“低于”OSI 模型的最底层。然而，传输介质和拓扑的选择对于局域网的设计是至关重要的，所以 IEEE 802 标准包含传输介质的规范。对于某些 IEEE 802 标准，将物理层进一步细分为多个子层。如，IEEE 802.11 标准中定义了下面两个子层：

- **物理层聚合过程**(Physical Layer Convergence Procedure，PLCP)：定义将 802.11 MAC 层协议数据单元(MPDU)映射为帧格式的方法。该帧格式适于两个或多个台站使用相关的 PMD 子层发送和接收用户数据以及管理信息。
- **物理介质依赖(Physical Medium Dependent，PMD)子层**：定义了两个或多个台站之间通过无线介质进行数据传输与接收的方法及特点。

在物理层上面都是与为局域网用户提供服务相关的功能。这些包括：

⊖ 本书的支持文档网站给出了开发通信与传输协议标准的重要组织机构，其中包括 IEEE 802 标准委员会。

- 在传输时，将数据组装成一个带有地址和差错检测字段的帧。
- 在接收时，拆卸帧并执行地址识别和差错检测。
- 管理局域网传输介质的访问。
- 为更高层提供一个接口并执行流量控制和差错控制。

这些功能通常与OSI第2层相关联。通常，将最后一项中的函数集划分为一个逻辑链路控制(Logical Link Control，LLC)层。前3项的功能可以视为一个单独的层，称为介质访问控制(Medium Access Control，MAC)。将其分开是基于以下原因：

- 在传统的两层数据链路控制中不存在管理访问共享访问介质的逻辑。
- 对于同一个LLC，可以提供多个MAC选项。

图11-6说明了体系结构的层次关系。高层数据传给LLC时将给它附加控制信息作为报头，构建一个**LLC协议数据单元**(Protocol Data Unit，PDU)。该控制信息主要用于对LLC协议的操作。然后，将整个LLC PDU传递给MAC层，并在数据包的前面和后面附加控制信息，形成一个**MAC帧**。同样，帧中的控制信息是MAC协议操作所必需的。图11-6也显示了如何使用TCP/IP和局域网协议之上的应用层。

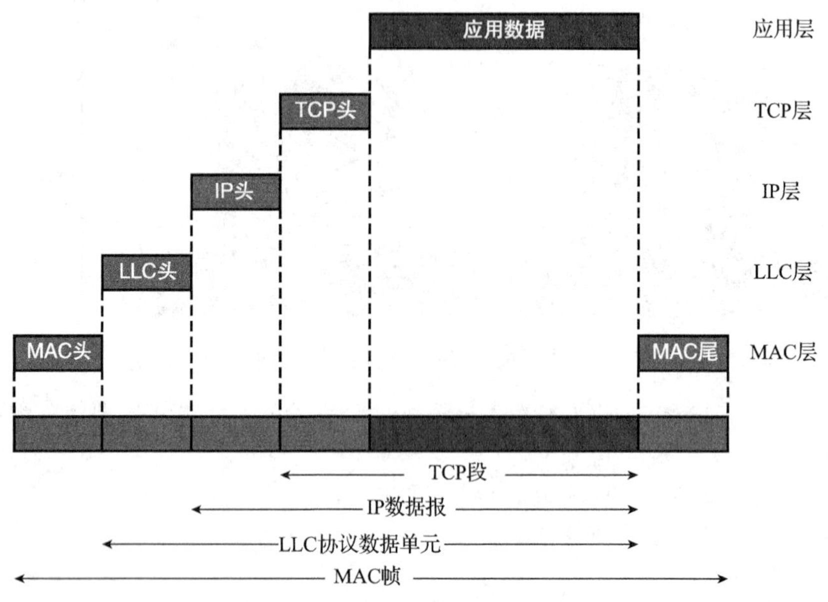

图11-6　IEEE 802协议的应用环境

11.2.2　MAC帧格式

MAC层接收来自LLC层的数据块，并负责执行与介质访问相关的功能和传输数据。与其他协议层一样，MAC在MAC层中使用了协议数据单元来实现这些功能。在这种情况下，PDU称为MAC帧。

在各种不同的MAC协议中，MAC帧的确切格式也有所不同。一般情况下，所有MAC帧都有类似于图11-7所示的格式。该帧所包含的字段如下：

- MAC：该字段包含了MAC协议实现各项功能所需的任何协议控制信息。例如，优先级可以用该字段来表示。
- **目的MAC地址**：该MAC帧的局域网上的目的物理连接点。
- **源MAC地址**：该MAC帧的局域网上的源物理连接点。

- **数据**：MAC 帧的主体。它可能是来自下一个更高层的 LLC 数据或控制 MAC 协议相关操作的控制信息。
- **CRC**：循环冗余校验字段(也称为帧校验序列(Frame Check Sequence，FCS)字段)。这是一个差错检测码，如 10.1 节所述。CRC 几乎用于所有的数据链路协议，如高级数据链路控制(High-Level Data Link Control，HDLC)(在线附录 C)。

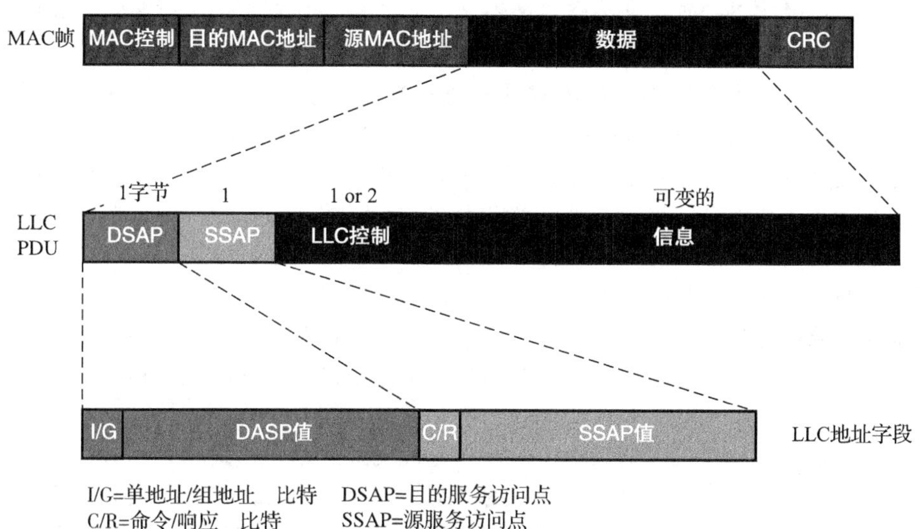

图 11-7　通用 MAC 帧格式的 LLC PDU

在大多数数据链路控制协议中，数据链路协议实体不仅负责使用 CRCU 检测差错而且还通过重传损坏的帧的来恢复帧。在局域网协议体系结构中，这两个功能在 MAC 层与 LLC 层之间是分开实现的。MAC 层负责检测差错并丢弃任何错误的帧。LLC 层有选择地跟踪已经成功接收和未成功重传的帧。

11.2.3　逻辑链路控制

局域网的 LLC 层在许多方面类似于其他的链路层。与所有的链路层一样，LLC 层关注两个台站之间的链路层 PDU 的传输，无需中间交换节点。LLC 有两种其他大多数链路控制协议所没有的特性：

1）它必须支持多址接入、链路的共享介质的性质(这不同于多分支线，因为它没有主节点)。

2）它能够缓解 MAC 层链路访问的细节。

LLC 中的寻址涉及说明源和目的 LLC 用户。通常情况下，用户是一个更高层协议或站内的网络管理功能。这些 LLC 用户地址称为服务访问点(Service Access Point，SAP)，用于保持与 OSI 模型中的协议层用户术语的同步。

首先，我们首先看看 LLC 提供给更高层用户的服务，然后了解 LLC 协议。

LLC 服务　LLC 规定了在跨介质的台站的寻址机制以及两个用户之间数据交换的控制机制。本标准的操作和格式基于 HDLC。LLC 为连接的设备提供了 3 种可供选择的服务：

- **不确认的无连接服务**：这是一个数据报式的服务。它是一个非常简单的服务，不涉及任何流量和差错控制机制。因此，不保证数据的可靠传递。然而，在大多数设备中，有一些更高层的软件来处理可靠性问题。

- **连接模式服务**：该服务提供与 HDLC 类似的服务。在交换数据的两个用户之间建立一个逻辑连接，并提供流量控制和差错控制。
- **确认的连接服务**：该服务是前面两个服务的混合。它提供数据报的确认，但不需要预先建立逻辑连接。

通常，供应商将提供这些服务作为可选项，顾客在购买设备时可以进行选择。或者，客户可以购买提供两个或所有 3 个服务的设备，然后选择基于应用程序的特定服务。

不确认的无连接服务要求最小的逻辑，并且可以用于以下两种情景。首先，它经常是这种情况，高层软件将提供必要的可靠性和流量控制机制，它可以有效地避免重复。例如，TCP 能够提供所需的机制以确保数据能够可靠传输。其次，有些情况下，连接建立和维护的开销是不合理的，甚至是适得其反的(例如，涉及周期性地采样数据源的数据收集活动，如传感器和来自安全设备或网络组件的自动自检报告)。在一个监测应用中，偶然的数据单元丢失不会带来麻烦，因为下一个报告会在短期内到达。因此，在大多数例子中，不确认的无连接服务是首选项。

连接模式服务可在非常简单的设备中使用，例如远程传感器，在该层以上仅有很少的软件操作。这些情况下，它会提供流量控制和可靠性的机制，这些通常由更高层的通信软件来执行。

确认的连接服务可在众多情景中使用。在连接模式服务中，逻辑链路控制软件为每个活动连接维持某种类型的表，以跟踪连接的状态。如果用户需要有保证的交付但数据有多个目的地址，那么连接模式服务可能是不切实际的，因为这要求许多表。一个例子是过程控制或者自动化工厂环境，其中一个中心站点可能需要与多个处理器或者可编程控制器进行通信。另一种用途是在一个工厂中对重要的和紧急的警报或紧急控制信号的处理。由于其重要性，所以确认是必要的，发送方可以确认信号被正确传输了。因为信号的紧迫性，所以用户可能不想首先花费时间建立一个逻辑连接，然后再发送数据。

LLC 协议　基本的 LLC 协议仿照 HDLC 且具有类似的功能和格式。两个协议的不同之处为：

- LLC 利用 HDLC 操作的异步平衡模式，以支持连接模式的 LLC 服务。它称为类型 2 操作。不使用其他的 HDLC 模式。
- LLC 使用无编号信息 PDU 来支持不确认的无连接服务。它称为类型 1 操作。
- LLC 使用两种新的无编号 PDU 来支持确认的连接服务。它称为类型 3 操作。
- LLC 通过定义 LLC 服务访问点(LSAP)来支持多路复用。

所有 3 种类型的 LLC 协议使用相同的 PDU 格式(见图 11-7)，由 4 个字段组成。目的服务访问点(DSAP)和源服务访问点(SSAP)字段中都包含一个 7 比特的地址，分别指定了 LLC 的目的和源用户。DSAP 的一个比特用于指示 DSAP 是一个地址还是组地址。SSAP 的一个比特用于指示该 PDU 是命令还是响应 PDU。LLC 控制字段与 HDLC 控制字段的格式是相同的，都使用扩展的(7 比特)序列号。

对于**类型 1 操作**，它支持不确认的无连接服务，且使用无编号信息(UI)PDU 来传递用户数据。这里不需要确认、流量控制或者差错控制。然而，在 MAC 层中仍然可以进行差错检测及错误数据包丢弃。

其他两种 PDU 类型，XID 以及 TEST，用于支持与 3 种操作类型相联系的管理功能。两种 PDU 类型都按照下列方式来使用。一个 LLC 实体发出 XID 或者 TEST 命令(C/R=0)。接收 LLC 实体发出相应的 XID 或 TEST 作为响应。XID PDU 用于交换两种类型的信息：操作支持和窗口大小。TEST PDU 用于执行两个 LLC 实体之间的传输路径的环回测试。接收到一个 TEST 命令 PDU 后，被寻址的 LLC 实体应尽快发出 TEST 响应 PDU。

在**类型 2 操作**中，在进行数据交换之前，两个 LLC SAP 之间需要建立一个数据链路连接。通过类型 2 协议响应来自用户的请求来尝试连接建立。LLC 实体发出一个 SABME PDU[⊖]请求与另一个 LLC 实体建立逻辑连接。如果该连接被 DSAP 指定的 LLC 用户接受，那么目的 LLC 实体返回一个无编号的确认(UA)PDU。该连接从此用一对用户 SAP 来唯一地标识。如果目的 LLC 用户拒绝该连接请求，则它的 LLC 实体返回一个断开模式(Disconnected Mode，DM)PDU。

一旦连接建立，与在 HDLC 中一样，使用信息 PDU 来交换数据。为了排序和流量控制，信息 PDU 包含发送和接收序列号。与在 HDLC 中一样，使用监控 PDU 进行流量控制和差错控制。通过发出一个断开(disconnect，DISC)PDU 任何 LLC 实体都可以终止一个逻辑 LLC 连接。

在**类型 3 操作**中，对每个发送的 PDU 进行确认。定义了一种新的无编号 PDU、确认的无连接(AC)信息 PDU。用户数据以 AC 命令 PDU 方式发送，且必须以 AC 响应 PDU 方式来确认。为了防止丢失 PDU，使用了一个 1 比特的序列号。发送方在它的 AC 命令 PDU 中交替使用 0 和 1，接收方以一个与相应命令的相反数字的 AC PDU 予以响应。在任何时刻，每个方向上仅有一个 PDU 可能是未完成的。

11.3　IEEE 802.11 体系结构和服务

1990 年，IEEE 802 委员会成立了一个新的工作组，IEEE 802.11，主要致力于发展无线局域网中的 MAC 协议和物理介质标准。最初的兴趣是在 ISM 频段中开发无线局域网。在那之后，开始探索不同频率和数据速率的无线局域网。与这种需求保持同步，IEEE 802.11 工作组已经制订一个不断扩展的标准列表(见表 11-1)。表 11-2 简要定义了 IEEE 802.11 标准中的关键术语。

表 11-1　IEEE 802.11 标准

标准	时间	范围
IEEE 802.11	1997	媒体访问控制(MAC)：无线局域网应用的常见 MAC
		物理层：红外线，1Mbps 和 2Mbps
		物理层：2.4GHz FHSS，1Mbps 和 2Mbps
		物理层：2.4GHz DSSS，1Mbps 和 2Mbps
IEEE 802.11a	1999	物理层：5GHz OFDM，6～2Mbps
IEEE 802.11b	1999	物理层：2.4GHz DSSS，5.5Mbps 和 11Mbps
IEEE 802.11c	2003	在 802.11 MAC 层进行桥接
IEEE 802.11d	2001	物理层：将 802.11 无线局域网扩展到新的监管领域(国家)
IEEE 802.11e	2007	MAC：增强以改进服务质量(Quality of Service，QoS)和提高安全机制
IEEE 802.11f	2003	多厂商接入点互操作性的建议实践
IEEE 802.11g	2003	物理层：扩展的 IEEE 802.11b 以使数据速率大于 20Mbps
IEEE 802.11h	2003	物理层/MAC：增强 IEEE 802.11a 以增加室内、室外信道选择并改进频谱和发送功率管理

⊖　这是一套异步平衡模式(Asynchronous Balanced Mode，ABM)的扩展，它用于 HDLC 中来选择 ABM 和扩展的 7 比特序列号。ABM 和 7 比特序列号在类型 2 操作中是强制使用的。

（续）

标准	时间	范围
IEEE 802.11i	2007	MAC：增强安全和认证机制
IEEE 802.11j	2007	物理层：增强 IEEE 802.11a 以满足日本的需求
IEEE 802.11k	2008	无线电资源测量增强，以便为无线与网络测量的高层提供接口
IEEE 802.11m	进行中	该工作组通过滚动公布修订到修订版的 802.11 标准实现对 IEEE802.11 标准的维护
IEEE 802.11n	2009	物理层/MAC：增强以提高吞吐量
IEEE 802.11p	2010	车载环境中的无线接入(WAVE)
IEEE 802.11r	2008	快速漫游/快速 BSS 切换
IEEE 802.11s	2011	网状组网
IEEE 802.11t	放弃	802.11 无线网络性能评估的建议实践
IEEE 802.11u	2011	与外部网络的互联
IEEE 802.11v	2011	无线网络管理
IEEE 802.11w	2009	受保护的管理帧
IEEE 802.11y	2008	基于竞争的协议
IEEE 802.11z	2010	对直接链路设置进行扩展
IEEE 802.11aa	2012	视频传输流
IEEE 802.11ac	进行中	甚高吞吐量＜6GHz
IEEE 802.11ad	2012	甚高吞吐量＝60GHz
IEEE 802.11ae	2012	管理帧的优先级
IEEE 802.11af	进行中	在 TV 白空间中的无线局域网
IEEE 802.11ah	进行中	1GHz 以下
IEEE 802.11ai	进行中	快速初始链路设置
IEEE 802.11aj	进行中	中国毫米波(CMMW)
IEEE 802.11ak	进行中	增强桥接网络中的传输链路
IEEE 802.11aq	进行中	预关联发现(PAD)
IEEE 802.11ax	进行中	高效的无线局域网(HEW)

表 11-2　IEEE 802.11 术语

术语	定义
接入点(AP)	具有台站功能的任何实体，通过无线介质为相关联的台站提供对分发系统的访问
基本服务集(BSS)	由一个协调功能控制的一组站点
协调功能	一个逻辑功能，它决定在 BSS 中的台站操作什么时候允许发送和接收 PDU
分发系统(DS)	一个用于互接一组 BSS 和集成局域网以创建一个 ESS 的系统
扩展服务集(ESS)	一组或多组互连的 BSS 和集成局域网，与这些 BSS 的其中一个相关联的任何台站的 LLC 都视为单个 BSS
MAC 协议数据单元(MPDU)	使用物理层的服务两个对等 MAC 实体之间通过交换的数据单元
MAC 服务数据单元(MSDU)	MAC 用户之间作为一个单元传递的信息
站点	任何包含符合 IEEE 802.11 MAC 和物理层的设备

11.3.1　Wi-Fi 联盟

虽然 802.11 产品都基于同一个标准，但也总是关注来自不同厂商的产品是否可以成功地进行互操作。为了满足这一需求，无线以太网兼容联盟(Wireless Ethernet Compatibility Alliance，WECA)，一个行业联盟，于 1999 年成立。这个组织随后命名为 Wi-Fi 联盟，它创建了一个测试套件以验证 802.11b 产品的互操作性。用于验证 802.11b 的产品术语叫作 Wi-Fi。Wi-Fi 认证被扩展到其他 802.11 产品。

Wi-Fi 联盟关注无线局域网的一系列市场领域，包括企业、家庭以及热点。

11.3.2　IEEE 802.11 体系结构

图 11-8 给出了由 802.11 工作组开发的模型。无线局域网的最小构件是**基本服务集**(Basic Service Set，BSS)，它由执行相同 MAC 协议并竞争接入同一个共享无线介质的多个站点组成。BSS 可以是孤立的，它也可以通过**接入点**(Access Point，AP)连接到一个主干分发系统(Distribution System，DS)。AP 的作用就相当于一个网桥和中继点。在 BSS 中，客户站点不直接与另一个站点通信。然而，如果在 BSS 中的一个站点想要与在相同 BSS 中的另一个站点通信，那么来自源站的 MAC 帧首先发送到 AP，然后由 AP 发往目的站点。相似地，从 BSS 中的一个站点发往远程站点的 MAC 帧首先从该站点发送到 AP，随后从 DS 上的 AP 进行中继到达目的站点。BBS 通常与文献中的蜂窝相对应，而 DS 则有可能是交换机或有线网络，也可以是无线网络。

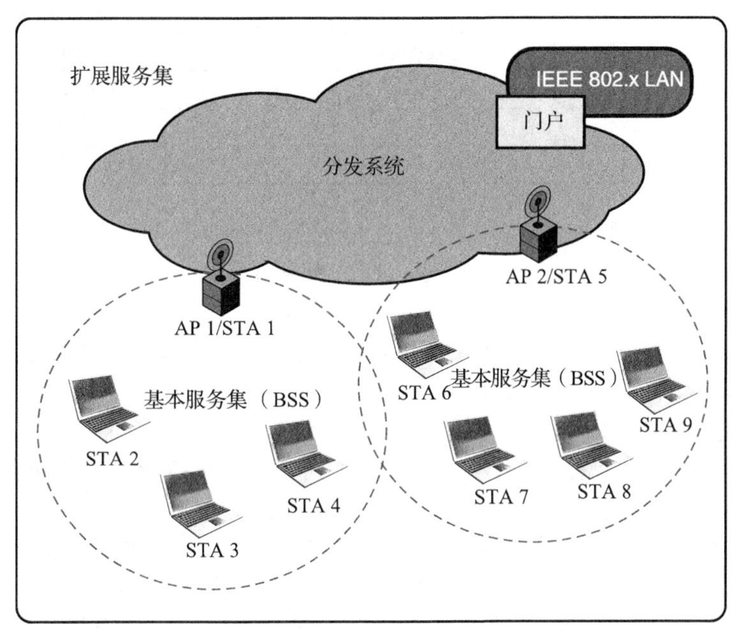

图 11-8　IEEE 802.11 扩展服务集

当在 BSS 中的所有站点都是移动站点，并且与其他 BSS 没有连接时，该 BSS 称为**独立 BSS**(IBSS)。一个 IBSS 通常是一个自组织网络。在一个 IBSS 中，站点之间直接通信，没有 AP 的参与。

图 11-8 给出了一个简单的配置，其中每个站点属于一个 BSS。也就是说，每个站点只在属于同一个 BSS 内的其他站点的覆盖范围内。两个 BSS 也可能在地理位置上重叠，因此一个站点也可以参与多个 BSS。再者，一个站点与一个 BSS 之间的关联是动态的。站点可以关闭、进入覆盖范围或者远离覆盖范围。

一个扩展服务集(Extended Service Set，ESS)由两个或多个通过 DS 互连的 BSS 组成。通常，DS 是一个有线主干网，但它也可以是任何通信网络。对于逻辑链路控制 LLC 层来说 ESS 好像是一个逻辑局域网。

如图 11-8 所示，AP 作为一个站点的一部分来实现。AP 是一个站点内内逻辑部分，它除了作为一个站点外还通过提供 DS 服务来提供 DS 接入。利用**门户**(portal)能够将 802.11 体系结构与传统的有线局域网集成在一起。门户逻辑可以在诸如网桥或路由器这样的设备中实现，它作为有线局域网的一部分并连接到 DS。

11.3.3　IEEE 802.11 服务

IEEE 802.11 定义了需要由无线局域网提供的 9 个服务，以便提供与有线局域网的固有功能相似的功能。表 11-3 给出了各种服务，并给出两类服务的分类方法。

表 11-3　IEEE 802.11 服务

服务	提供者	用于支持
关联(Association)	分发系统	MSDU 传送
认证(Authentication)	站点	LAN 接入和安全
解除认证(Deauthentication)	站点	LAN 接入和安全
解除关联(Deassociation)	分发系统	MSDU 传送
分发(Distribution)	分发系统	MSDU 传送
集成(Integration)	分发系统	MSDU 传送
MSDU 传递(MSDU delivery)	站点	MSDU 传送
加密(Privacy)	站点	LAN 接入和安全
重新关联(Reassociation)	分发系统	MSDU 传送

1) 服务提供者可以是站点或者 DS。站点服务是每个 802.11 站点都需要执行的服务，包括 AP 站点。在 BSS 之间提供分发服务。这些服务可能在一个 AP 或者在连接到分发系统的某个专用设备中执行。

2) 用于控制 IEEE 802.11 LAN 接入和保密性的服务有 3 个。用于支持站点之间的 **MAC 服务数据单元**(MSDU)传送的服务有 6 个。MSDU 是从 MAC 用户传送给 MAC 层的数据块，通常它是一个 LLC PDU。

如果 MSDU 太大，无法使用单个 MAC 帧发送，需要进行分片并使用多个 MAC 帧发送。分片将在 11.4 节讨论。

遵循 IEEE 802.11 文档，接下来我们讨论 IEEE 802.11 ESS 网络运行的服务。之前提到的 MSDU 传递是一个基本服务。与安全相关的服务在 11.8 节讨论。

DS 中的消息分发　在 DS 中涉及消息分发的服务有两种，它们是分发与集成。**分发**(Distribution)是站点之间穿越 DS 以交换 MAC 帧的基础服务，它支持从一个 BSS 站点发送到另一个 BSS 站点。如图 11-8 所示，假设一个帧由站点 2(SAT 2)发往站点 7(SAT 7)。该帧首先由站点 2(SAT 2)发往站点 1(SAT 1)，对于 BSS 来说站点 1(SAT 1)是 AP。AP 将帧传送给 DS，DS 能够将该帧直接发送给目的 BSS 中与站点 5(SAT 5)相连的 AP。站点 5(SAT 5)接收该帧，随后将其传送给站点 7(SAT 7)。如何通过 DS 来传送消息超出了 IEEE 802.11 标准的范围。

如果两个站点在同一个 BSS 中进行通信，那么分发服务逻辑上需要穿过该 BSS 的一个 AP。

集成服务使得一个 IEEE 802.11 LAN 中的站点和一个集成 IEEE 802.x LAN 中的站点之间能够进行数据传递。术语集成指的是与 DS 进行物理相连接的有线局域网中的站点利用集成服务实现与 IEEE 802.11 LAN 在逻辑上的连接。集成服务需要处理数据交换所需的任何地址转换和媒体转换逻辑。

关联相关的服务　MAC 层的主要任务是在 MAC 实体之间传送 MSDU，这个任务是由分发服务实现的。分发服务的正常运行需要 ESS 内所有站点的信息，而这个信息是由关联相关的服务提供的。在分发服务向站点交付数据或者接收来自站点的数据之前，该站点必须是关联的。在了解关联的概念之前，我们需要描述移动性的概念。该标准基于移动性定义了 3 种转移类型：

- **无转移**：这种类型的站点或者是固定的，或者只在一个 BSS 的通信站点的直接通信范围内移动。
- **BSS 转移**：这种类型的站点移动是在同一个 ESS 内从一个 BSS 移动到另一个 BSS。在这种情况下，该站点的数据交付需要寻址功能，能够识别出该站点的新位置。
- **ESS 转移**：这种类型的站点移动是从一个 ESS 的 BSS 移动到另一个 ESS 的 BSS。只有在这种意义上该站点才是移动的。不能保证 802.11 支持的上层连接维护。事实上，可能发生服务中断。

为了在一个 DS 中传送消息，分发服务需要知道目的站点的位置。特别地，DS 需要知道 AP 的标识，以便将消息传送到目的站点。为满足该需求，站点必须与当前 BSS 内的 AP 保持关联。与此需求相关的 3 个服务是：

- **关联**：建立一个站点和一个 AP 之间的初始关联。在一个站点可以在无线局域网中发送或接收数据帧之前，一定要知道它的标识和地址。为了这个目的，站点必须与一个特定 BSS 内的 AP 建立关联。AP 随后可在将该信息传输给 ESS 内的其他 AP，以方便路由并传输带地址的数据帧。
- **重新关联**：使得一个已经建立的连接可由一个 AP 转移到另一个 AP，允许一个移动站点从一个 BSS 移动到另一个 BSS。
- **解除关联**：站点或 AP 通告现有的关联终止。站点在离开 ESS 或者关闭之前应该发布这个通告。尽管如此，MAC 管理机制仍然能够防止没有通告的站点消失来自我保护。

11.4　IEEE 802.11 媒体访问控制

IEEE 802.11 MAC 层包含 3 个功能区：可靠数据传递、访问控制以及安全。本节包含前两个主题，11.8 节讨论第三个主题。

11.4.1　可靠数据传递

与其他无线网络一样，使用 IEEE 802.11 物理层和 MAC 层的无线局域网是相当不可靠的。噪声、干扰以及其他传播效应会导致大量的帧丢失。即使是在有纠错码的情况下，还可能出现多个 MAC 帧无法正确接收。这种情况可由更高层的可靠传输机制来处理，例如 TCP。然而，用于在更高层上进行重传的定时器通常是秒级的。因此，它在处理 MAC 层的错误时更有效。为此，IEEE 802.11 包含一个帧交换协议。当一个站点收到来自另一个站点的数据帧时，它向源站点返回一个确认(ACK)帧。这种交换视为一个原子单元，不会因为任何其他站点的传输而中断。如果源站点在短时间内没有收到 ACK，或者因为它的数据帧被破坏或者返回的 ACK 被破坏，源站点就会重传此帧。

因此，IEEE 802.11 中的基本数据传输机制包括两帧交换。为了进一步提高传输的可靠性，可以使用一个 4 帧交换。在该方案中，源站点首先发送一个请求发送(Request To

Send，RTS)帧给目的站点。目的站点随后响应一个清除发送(Clear To Send，CTS)帧。在接收到 CTS 后，源站点发送数据帧，随后目的站点响应一个 ACK。RTS 提醒在源站点覆盖范围内的所有站点它正在进行帧交换。这些站将不再传输以避免两个帧同时传输而发生数据帧之间的冲突。类似地，CTS 提醒目的站点接收范围内的所有站点它正在进行帧交换。RTS/CTS 的交换部分是 MAC 层所需的功能，但是可以禁用。

11.4.2　媒体访问控制

802.11 工作组考虑了两种建议类型的 MAC 算法：分布式访问协议，与因特网一样，利用载波侦听机制分配决策在所有节点上传输；集中式访问协议，涉及由一个集中决策者传输规则。分布式访问协议对于一个由对等工作站组成的移动自组织网络(典型的如 IBSS)来说是很有意义的，也可能对具有突发流量的其他无线局域网配置很有吸引力。对于许多无线站点相互连接并有一些基站连接到一个主干有线局域网，集中式接入协议是一种自然的配置。如果一些数据对时间敏感或者有高优先级，则它尤为有效。

802.11 的最终解决方案是一个基于分布方式的无线介质访问控制协议(Distributed Foundation Wireless Media Access Control，DFWMAC)的 MAC 算法，它提供了分布式访问控制机制，并在其之上建立了一个可选的集中控制。图 11-9 给出了该结构。MAC 层的较低子层是**分布式协调功能**(Distributed Coordination Function，DCF)。DCF 采用争用算法为所有通信量提供访问。普通异步通信直接使用 DCF。点协调功能(Point Coordination Function，PCF)是一个集中式 MAC 算法，它可以用来提供无竞争服务。PCF 建立在 DCF 之上，并利用 DCF 的特点确保用户访问。下面让我们依次来讨这两个子层。

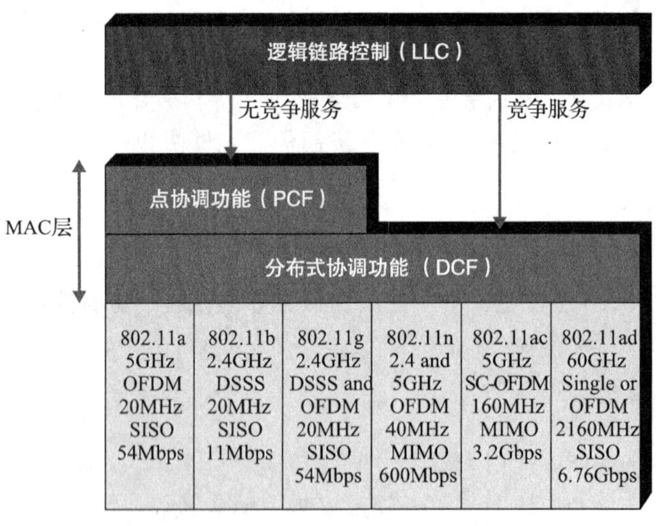

图 11-9　IEEE 802.11 协议体系结构

分布式协调功能　DCF 子层利用一个简单的载波侦听多址访问(Carrier Sense Multiple Access，CSMA)算法。如果一个站点有要发送的 MAC 帧，它对介质进行侦听。如果媒介是空闲的，则站点可以发送；否则，站点在发送之前必须等待，直到当前的发送完成。DCF 不包括冲突检测功能(即，CSMA/CD)，因为冲突检测在无线网络中是不现实的。在传输介质中，信号的动态范围非常大，因此发射站不能从噪声中有效地区分出较弱的输入信号并影响自己的发送。

为了确保这个算法的流畅和公平的运行，DCF 包含针对优先级方案的一套延迟。我们从一个称为帧间间隔(Inter-Frame Space，IFS)的延迟开始考虑。事实上，有 3 种不同的 IFS 值，但最初忽略该细节，算法可以得到最好的解释。使用 IFS CSMA 的规则如下所述(如图 11-10 所示)：

1) 有帧要发送的站点侦听介质。如果介质是空闲的，则等待一个 IFS 时间之后，该站点侦听该介质是否仍然空闲。如果是空闲的，则该站点可以立刻发送。

2) 如果介质忙(无论是站点最初发现介质忙还是介质在 IFS 空闲时间后变得忙)，则站点将延迟发送，继续侦听介质直到最近的发送结束。

3) 一旦最近的传输结束，站点将延迟另一个 IFS。如果介质在此期间仍然空闲，则站点将退避一个随机时间，再次侦该介质。如果介质仍然空闲，则站点可以发送。如果在退避时间内，介质变得忙，则退避定时器中断，当介质空闲时，又重新开始。

4) 如果由于无法得到确认而导致发送不成功，则假定发生了冲突。

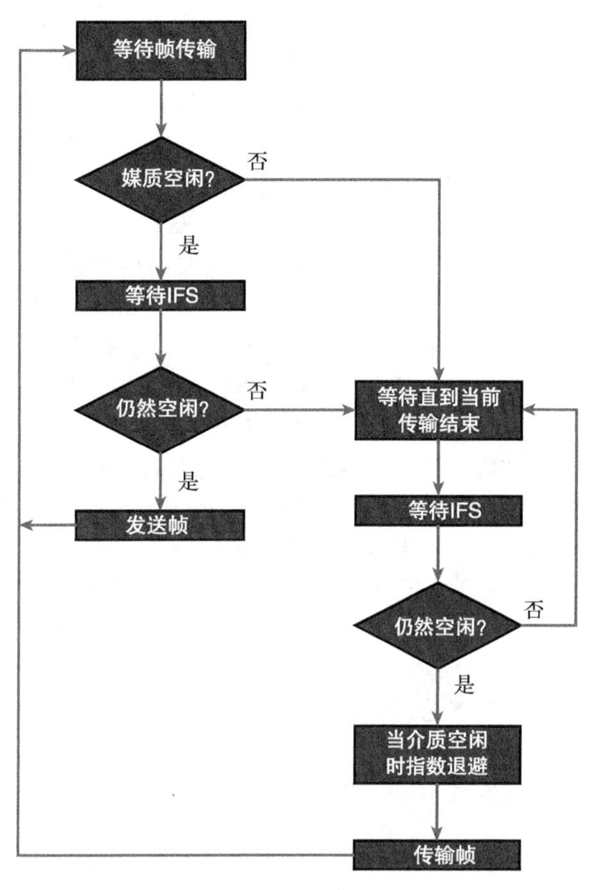

图 11-10　IEEE 802.11 媒体访问控制逻辑

为了保证这种退避保持稳定，采用一种称为**二进制指数退避算法**(binary exponential back-off)的技术。在面对重复冲突时，站点将尝试重复发送，但是在每次冲突后，随机延迟的平均值将增加一倍直至某个最大值。二进制指数退避为解决重负载提供了思路。重复且失败的发送尝试将导致越来越长的退避时间，这样有助于缓解负载。如果没有这样的退避时间，接下来的情形就会发生。两个或多个站点在同一时间尝试发送而会造成冲突。这些站点随即立刻尝试重传，从而又造成新的冲突。

使用 3 种简单且有效的 IFS 值对之前的 DCF 方案进行细化，能够提供基于优先级的接入。

- **短的帧间间隔**(Short IFS，SIFS)：最短的 IFS，主要用于所有立即响应活动，将在后面进行解释。
- **点协调功能帧间间隔**(Point coordination function IFS，PIFS)：中等长度的 IFS，当发出轮询时由 PCF 方案中的集中控制器使用。
- **分布式协调功能帧间间隔**(Distributed coordination function IFS，DIFS)：最长的 IFS，用于异步帧竞争接入的最小延迟。

图 11-11a 说明了如何使用这 3 种时间值。首先考虑 SIFS。任何使用 SIFS 确定发送机会的站点实际上拥有最高的优先级，因为它总是能够先于等待等于 PIFS 或者 SIFS 时间的

站点获得接入。SIFS 使用在下列情景中：

- **确认**(ACK)：当站点收到仅发给自己的帧时(不是组播或者广播)，在等待一个 SIFS 间隔后它会以 ACK 帧作为响应。这有两个期望的效果。第一，因为没有使用冲突检测，所以冲突的可能性与 CSMA/CD 相比将会更大，而 MAC 层的 ACK 可以提供有效的冲突检测。第二，SIFS 能够为需要多个 MAC 帧的 LLC PDU 提供有效传输。在这种情况下，发生下列的情景。拥有多个帧 LLC PDU 的站点一次发送一个 MAC 帧。接收站点收到每一帧后等待 SIFS 进行确认。当发送方收到 ACK 时，它马上按顺序发送下一帧。结果是一旦有一个站点竞争到信道，它将维持对于该信道的控制，直到它发送了一个 LLC PDU 的所有片段。
- **清除发送**(CTS)：站点可以通过首先发布一个小的 RTS 帧来确保它的数据帧能够获得通过。该帧的目的站点如果准备接收，则它应该立刻回复一个 CTS 帧。其他所有站点接收 RTS 后将推迟使用该介质。
- **轮询响应**(Poll response)：这将在下面关于 PCF 的讨论中进行解释。

次最长的 IFS 间隔是 PIFS。集中控制器在发出轮询时使用它，并它优先于正常的竞争流量。尽管如此，使用 SIFS 发送的那些帧优先于 PCF 轮询。

最后，DIFS 间隔使用在普通异步通信中。

点协调功能(PCF)是在 DCF 之上实现的另一种接入方式。其操作由集中轮询主控器(点协调器)发出的轮询构成。点协调器在发出轮询时采用 PIFS。因为 PIFS 比 DIFS 小，所以点协调器在发出轮询和接收响应时能获取介质并锁定所有的异步通信量。

考虑下面一个可能的极端场景。一个无线网络的配置如下，许多具有时间敏感流量的站点由点协调器控制而剩余流量采用 CSMA 进行竞争访问。点协调器可以以循环的方式向所有配置轮询的站点发出轮询。当轮询发出后，被轮询的站点需要使用 SIFS 进行响应。如果点协调器接收到一个响应，则它使用 PIFS 发出另一个轮询。如果在预期的周转时间内没有收到响应，则协调器发出一个轮询。

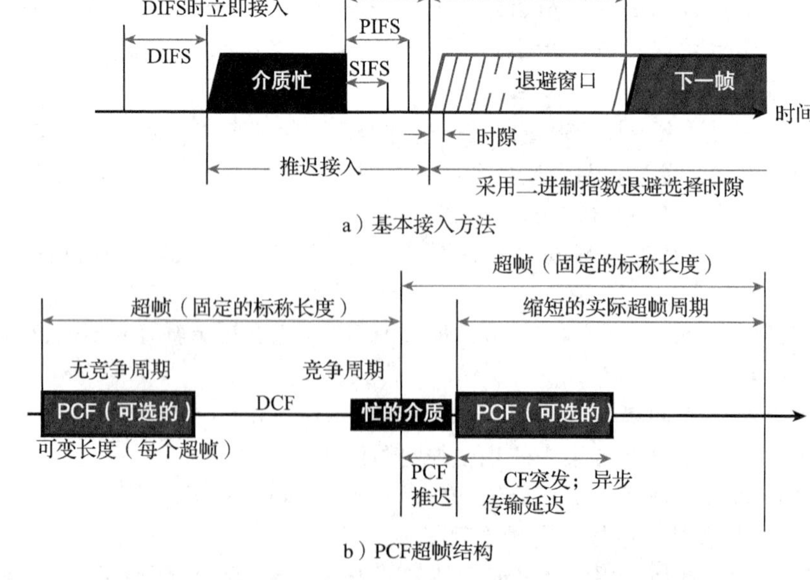

a）基本接入方法

b）PCF超帧结构

图 11-11　IEEE MAC 时序

如果执行了前面一段的范例，点协调器将通过重复发出轮询来锁定所有的异步流量。为了避免这种情况，定义了一个称为超帧(superframe)的时间间隔。在超帧时间的开始部分，点协调器以循环方式向所有配置了轮询的站点发出轮询。然后，在余下的超帧时间内，点协调器空闲，允许异步通信量有一段争用接入的时间。

图 11-11b 描述了超帧的使用。在超帧的开始部分，点协调器可以在给定时间内获得控制权并发出轮询，由于响应站点发出的帧的长度是变化的，所以这个时间间隔也是变化的。超帧的剩余时间用于基于竞争的接入。在超帧的末尾，点协调器使用 PIFS 竞争接入介质。如果介质是空闲的，则点协调器可以立刻接入，然后又是一个全超帧期。不过，介质在超帧的末尾有可能是忙的。在这种情况下，点协调器必须等待直到介质空闲并获得接入。这将导致下一个循环相应缩短的超帧期。

11.4.3　MAC 帧

图 11-12a 给出了 802.11 的格式，也称为 **MAC 协议数据单元**(MPDU)。这个通用的格式用于所有的数据和控制帧，但不是所有的字段都在所有的上下文中使用。这些字段是：

- **帧控制**：指示帧的类型(控制、管理或者数据)并提供控制信息。控制信息包括帧发送给 DS 还是来自 DS、分片信息以及加密信息。
- **持续时间/连接标识符**(ID)：如果作为持生存周期字段使用，它指示为保证一个 MAC 帧的成功传输而分配给该信道的时间(μs)。在某些控制帧中，这个字段包含一个关联标识符、或连接标识符。
- **地址**：48 位比特字段的数量和含义取决于上下文。**发射机地址**(transmitter address)和**接收机地址**(receiver address)是指无线局域网中参与 BSS 进行数据帧的发送和接收的站点的 MAC 地址。**服务集标识符**(Service Set Identifier，SSID)标识用于传输帧的 WLAN。对于一个 IBSS，SSID 是网络形成时生成的一个随机数。对于一个更大网络的一部分的无线局域网来说，SSID 标识帧传输所在的 BSS。特别地，SSID 是这个 BSS 的 AP 的 MAC 地址(如图 11-8 所示)。最后，**源地址**(source address)和**目的地址**(destination address)是无线或其他站点的 MAC 地址，这是该帧的最终来源和目的地的地址。源地址可以和发射机地址相同，目的地址可以和接收机地址相同。
- **顺序控制**：包含一个 4 比特的子字段来表示片段的数量，用于分片和重组，并使用一个 12 比特的序列号来对发射机和接收机之间的帧进行编号。
- **服务质量控制**：包括与 IEEE 802.11 服务质量设备相关的信息。
- **高吞吐量控制**：此字段包括与 802.11n、802.11ac、802.11ad 的操作相关的控制比特。
- **帧主体**：包括一个 MSDU 或者一个 MSDU 的分片。MSDU 是一个 LLC 协议数据单元或者 MAC 控制信息。
- **帧校验序列**：一个 32 位的循环冗余校验序列。

图 11-12b 中给出的帧控制字段由以下字段组成：

- **协议版本**：802.11 版本，当前版本是 0。
- **类型**：描述帧的类型，包括控制、管理或者数据。
- **子类型**：进一步描述帧的类型。表 11-4 定义了有效的类型和子类型的组合。
- **到 DS**：MAC 协调功能将发往 DS 的帧的该比特设置为 1。

- **来自 DS**：MAC 协调功能将来自 DS 的帧的该比特设置为 0。
- **更多分片**：如果该帧后面还有分片则该比特设置为 1。
- **重传**：如果该帧是前面帧的重传帧则该比特设置为 1。
- **电源管理**：如果发射站处于休眠模式则该比特设置为 1。
- **更多数据**：标识一个站点有额外的数据要发送。每一个数据块可以作为一个帧或多个帧中的一组分片来发送。
- **有线等效加密协议**(Wired Equivalent Privacy，WEP)：如果实现了可选的有线等效加密则该比特设置为 1。有线等效加密协议用于安全数据交换的加密密钥交换。如 11-8 节所述，如果使用了更新的 WPA 安全机制，则也要设置该比特。
- **秩序**：在任何使用严格有序服务发送的数据帧中该比特将设置为 1，它告诉接收站点必须按秩序处理帧。

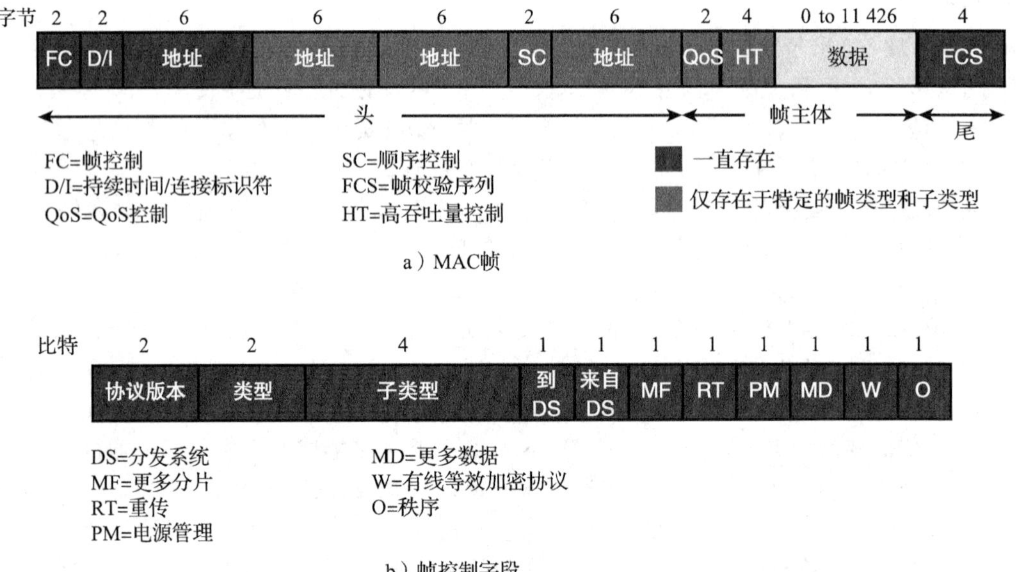

图 11-12　IEEE 802.11 MAC 帧格式

表 11-4　有效的类型和子类型组合

类型值	类型描述	子类型值	子类型描述
00	管理	0000	关联请求
00	管理	0001	关联响应
00	管理	0010	重新关联请求
00	管理	0011	重新关联响应
00	管理	0100	探测请求
00	管理	0101	探测响应
00	管理	1000	信标
00	管理	1001	通知传输指示消息
00	管理	1010	解除关联
00	管理	1011	解除身份认证
00	管理	1100	解除身份认证
01	控制	1010	节电轮询

（续）

类型值	类型描述	子类型值	子类型描述
01	控制	1011	请求发送
01	控制	1100	清除发送
01	控制	1101	确认
01	控制	1110	无竞争(CF)结束
01	控制	1111	无竞争结束＋无竞争确认
10	数据	0000	数据
10	数据	0001	数据＋无竞争确认
10	数据	0010	数据＋无竞争轮询
10	数据	0011	数据＋无竞争确认＋无竞争轮询
10	数据	0100	空功能(无数据)
10	数据	0101	无竞争确认(无数据)
10	数据	0110	无竞争轮询(无数据)
10	数据	0111	无竞争确认＋无竞争轮询(无数据)

现在我们看看这 3 种类型的 MAC 帧。

控制帧　控制帧协助数据帧可靠传输。有 6 个控制帧子类型：

- **节电轮询**(Power Save-Poll，PS-Poll)：该帧由任意站点发送到包括 AP 的站点。它的目的是当站点处于节电模式时请求 AP 为该站点发送存储在缓冲区中的帧。
- **请求发送**(Request to Send)：在 11.4 节开始部分的有关可靠数据传输的子节的讨论中，该帧属于 4 帧交换中的第一帧。站点发送此消息是提醒可能的目的站的，以及在接收范围内的所有其他站点，它打算发送一个数据帧到该目的站的。
- **清除发送**(Clear to Send)：这是 4 帧交换中的第二帧。它从目的站点发送到源站点，允许发送数据帧。
- **确认**(Acknowledgment)：目的站点向源站点提供一个确认，告知源站点之前的数据、管理以及节电轮询帧都已正确接收。
- **无竞争结束**(Contention-Free (CF)-End)：宣布属于点协调功能一部分的无竞争周期结束。
- **无竞争结束＋无竞争反馈**(CF-End＋CF-Ack)：确认无竞争结束。此帧结束无竞争周期，释放与该周期相关限制的站点。

数据帧　有 8 种数据帧子类型，分成两组。前 4 个子类型定义了用于携带上层数据从源站点到目的站点的帧。4 个用于携带数据的帧如下：

- **数据**(Data)：这是最简单的数据帧。它可以用于无竞争周期和竞争周期。
- **数据＋无竞争确认**(Data＋CF-Ack)：只能在无竞争周期中发送。除了携带数据以外，此帧还可以确认之前接收到的数据。
- **数据＋无竞争轮询**(Data＋CF-Poll)：用于点协调器将数据传输给一个移动站点，并请求移动站点发送可能它已经存储在缓冲区中的数据帧。
- **数据＋无竞争确认＋无竞争轮询**(Data＋CF-Ack＋CF-Poll)：将数据＋无竞争确认与数据＋无竞争轮询合并为一个帧。

剩下的 4 个数据帧子类型事实上不携带任何用户数据。空函数数据帧不携带数据、轮询或者确认信息。它仅仅用来携带发往 AP 的控制帧中的电源管理比特，标识站点正变化到一个低功耗操作状态。剩下的 3 个帧(CF-Ack、CF-Poll、CF-Ack+CF-Poll)与之前列表中(Data+CF-Ack、Data+CF-Poll、Data+CF-Ack+CF-Poll)中的相应数据帧子类型有相同的功能，但是没有数据。

管理帧　管理帧用来管理站点与 AP 之间的通信。包括下列子类型：

- **关联请求**(Association Request)：一个站点向 AP 发送请求，请求与这个 BSS 相关联。此帧包括功能信息，如是否使用加密和此站点是否是可轮询的。
- **关联响应**(Association Response)：AP 返回给站点，指出它是否接受这个关联请求。
- **重新关联请求**(Reassociation Request)：当一个站点从一个 BSS 移动到另一个 BSS 并需要与新 BSS 中的 AP 建立关联时，该站点发送重新关联请求。站点使用重新关联而不是简单的关联，这样可以使新的 AP 与旧的 AP 协商数据帧的转发。
- **重新关联响应**(Reassociation Response)：AP 返回给站点，指出它是否接受此重新关联请求。
- **探测请求**(Probe Request)：站点使用探测请求来获得来自另一个站点或者 AP 的信息。此帧用来定位 802.11 BSS。
- **探测响应**(Probe Response)：响应一个探测请求。
- **信标**(Beacon)：周期性地发送信标以允许移动站点定位和辨认 BSS。
- **通知传输指示信息**(Announcement Traffic Indication Message)：移动站点发送通知传输指示消息，通知其他可能已处于低功耗模式的移动站点，此站点有帧缓存并且等待发送到帧的目的站点。
- **解除关联**(Disassociation)：用于站点终止关联。
- **认证**(Authentication)：在交换中使用多个认证帧来实现从一个站点到另一个站点的认证。
- **解除认证**(Deauthentication)：一个站点发送给另一个站点或者 AP，指出它正在终止安全通信。

11.5　IEEE 802.11 物理层

自从首次提出以来，IEEE 802.11 标准已经经过数次扩充和修订。标准的第 1 版本，简单称为 IEEE 802.11，包括 MAC 层和 3 个物理层规范，两个在 2.4GHz 频段(ISM)，一个在红外线频段，所有均工作在 1Mbps 和 2Mbps。目前，该版本已过时，不再使用。表 11-5 总结了以后版本的主要特性。在本节中，我们考查了 802.11b、802.11a、802.11g 以及 802.11n。接下来的一节将讨论 802.11ac 和 802.11ad，两者均提供了超过 1Gbps 的数据速率。

表 11-5　IEEE 802.11 物理层标准

标准	802.11a	802.11b	802.11g	802.11n	802.11ac	802.11ad
发布年份	1999	1999	2003	2000	2012	2014
最大数据传输速率	54Mbps	11Mbps	54Mbps	65～600Mbps	78Mbps～3.2Gbps	6.76Gbps
频段	5GHz	2.4GHz	2.4GHz	2.4GHz 或 5GHz	5GHz	60GHz
信道带宽	20MHz	20MHz	20MHz	20、40MHz	40、80、160MHz	2160MHz
最高阶调制	64QAM	11CCK	64QAM	64QAM	256QAM	64QAM
频谱使用	OFDM	DSSS	DSSS、OFDM	OFDM	SC-OFDM	SC-OFDM
天线配置	1×1 SISO	1×1 SISO	1×1 SISO	最大 4×4 MIMO	最大 8×8 MIMO、MU-MIMO	1×1 SISO

11.5.1 IEEE 802.11b

最初的 802.11 标准之一，现在已过时，使用 DSSS。它工作在 2.4GHz ISM 频段，数据速率为 1Mbit/s 和 2Mbit/s。在美国，FCC 对该频段的使用无许可证要求。可用的信道数取决于各国监管机构所分配的带宽。

IEEE 802.11b 是对 IEEE 802.11 DSSS 方案的扩展，在 ISM 频段中提供 5.5Mbit/s 和 11Mbit/s 的数据速率。码片速率为 11MHz，它与最初的 DSSS 方案相同，因此提供了相同的占用带宽。为了在相同码片速率的情况下在相同的带宽内实现更高的数据速率，使用了一个称为**补码键控**(Complementary Code Keying，CCK)的调制方案。如图 11-13 所示，CCK 调制方案非常复杂，这里不进行详细讨论。

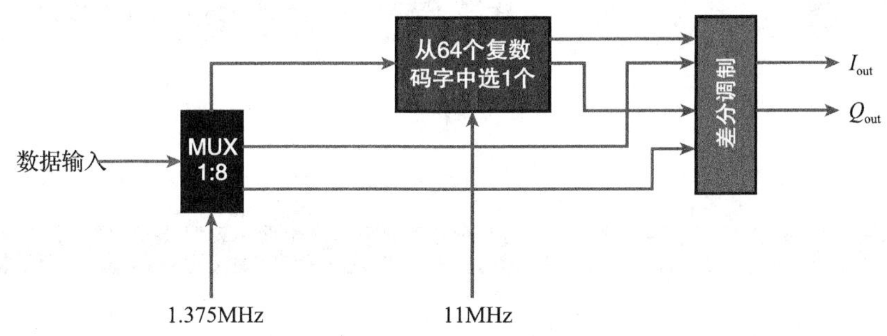

图 11-13 11Mbit/s CCK 调制方案

CCK 调制的一个可选的方案称为分组二进制卷积编码(Packet Binary Convolutional Coding，PBCC)。分组二进制卷积编码以增加接收端计算复杂度为代价提供了潜在的更有效的传输能力。PBCC 已纳入 802.11b 中，以期未来具有更高数据速率的标准增强版本中对其的需求。

物理层帧结构 IEEE 802.11b 定义了两种物理层帧格式，两者仅在前导码(preamble)的长度上不同。用于最初的 802.11 DSSS 中的 144 比特的长前导码是相同的，允许与其他遗留系统的互操作性。72 比特的短前导码能够提供提供更好的吞吐量效率。图 11-14b给出了带有短前导码的物理层帧格式。**物理层会聚协议**(Physical Layer Convergence Procedure，PLCP)前导码字段使接收机能够捕获一个传入信号并同步解调器。它由两个子字段构成：一个用于同步的 56 比特的 Sync 字段和一个 16 比特的**帧起始定界符**(Start-of-Frame Delimiter，SFD)。前导码的发送速率为 1Mbps，使用差分 BPSK 和 Barker码扩频。

紧接着前导码的是 PLCP 头(PLCP Header)，它使用 DQPSK 码以 2Mbps 的速率发送。它由下列子字段组成：

- **信号**(Signal)：规定发送帧的 MPDU 部分的数据速率。
- **服务**(Service)：802.11b 中仅使用该 8 比特字段的 3 个比特。一个比特指示发送频率和符号时钟是否使用相同的本地振荡器。另一个比特指示是否使用了 CCK 或者 PBCC 编码。第三个比特可以作为长度(Length)子字段的扩展。
- **长度**(Length)：通过规定发送 MPDU 所需的微秒数来指示 MPDU 字段的长度。给定数据速率，MPDU 的长度(以字节为单位)可以通过计算得到。对于任何超过 8Mbps 的数据速率，服务字段(Service)中的长度扩展比特对于解决舍入模糊是有必要的。

● CRC：用于保护信号、服务以及长度字段的 16 比特差错检测码。

MPDU 字段由可变数量的比特组成，它们按照信号(Signal)子字段中规定的数据速率进行发送。在传输之前，物理层 PDU 的所有比特是置乱的(Scramble)(见附录 11A 对于如何加扰的讨论)。

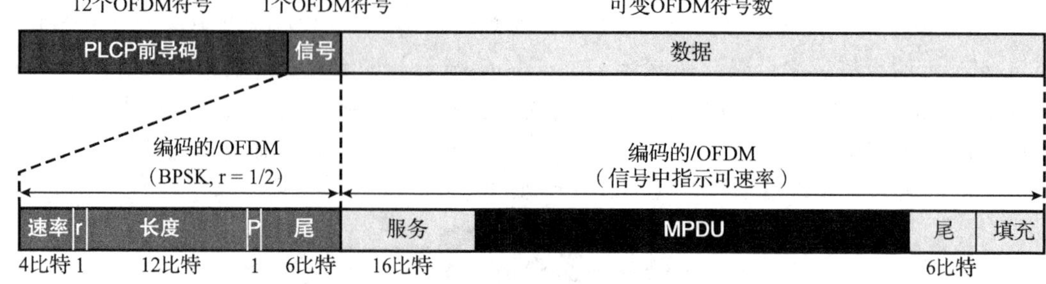

a) IEEE 802.11a物理层PDU

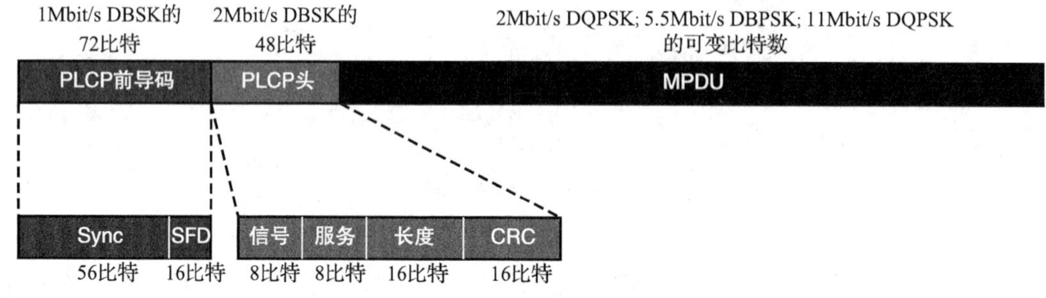

b) IEEE 802.11b物理层PDU

图 11-14 IEEE 802 物理层协议数据单元

11.5.2 IEEE 802.11a

即使 802.11b 实现了某种程度的成功，但它受限的数据速率限制了对它的兴趣吸引力。为了满足真正意义上的高速无线网络，制订了 IEEE 802.11a。虽然它现在已经过时了，但它的功能已经引入了后来的 802.11 改进中，所以我们现在就研究一些细节。

信道结构 IEEE 802.11a 利用称为通用网络信息基础设施(Universal Networking Information Infrastructure，UNNI)的频段，此频段分为三部分。UNNI-1 频段(5.15～5.25GHz)用于室内；UNNI-2 频段(5.25～5.35GHz)在室内或室外均可使用；UNNI-3 频段(5.725～5.825GHz)在户外使用。

相较于 IEEE 802.11b/g，IEEE 802.11a 有多个优势：

● IEEE 802.11a 比 802.11b/g 利用了更多的可用带宽。每个 UNNI 带宽提供了跨 4 组已分配频谱的总共 12 条非重叠信道。

● IEEE 802.11a 比 802.11b 提供更高的数据速率并与 802.11g 相同的最大数据速率。

● IEEE 802.11a 使用了不同的且相对整洁的频谱(5GHz)。

图 11-15 给出了 802.11a(也可以是利用 5GHz 频段的 802.11n 和 802.11ac)使用的信道结构。该图的第一部分给出了一个发送信号频谱掩膜(mask)，它在 802.11b 中定义如下：发送信号频谱掩膜(mask)应该有一个不超过 18MHz(9MHz 偏移)的 0dBr(相对于信号的最大谱密度的分贝)带宽；11MHz 频率偏移时为 −20dBr；20MHz 频率偏移时为

－28dBr；以及 30MHz 频率偏移时为－40dBr。发送信号的发送谱密度应落在该频谱掩膜内。图中给出了一个典型的信号频谱。频谱掩膜目的是限制发送信号的频谱特性，使得相邻信道的信号不会相互干扰。

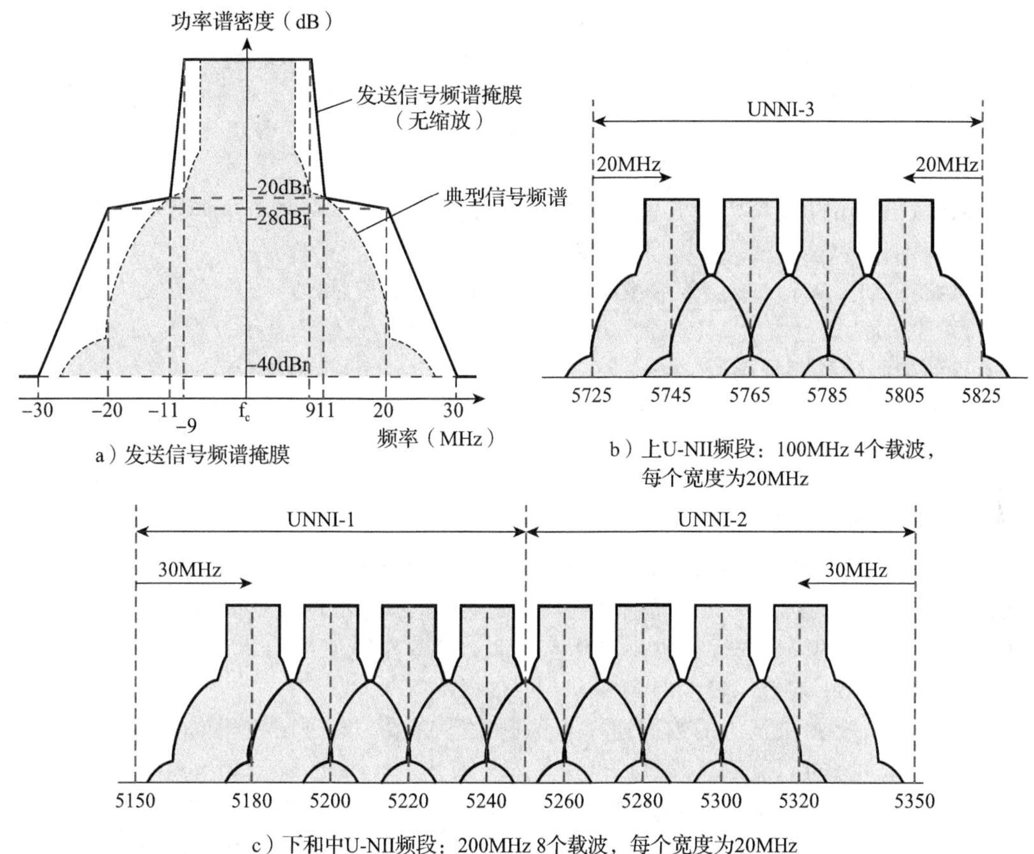

图 11-15　IEEE 802.11a 信道方案

编码和调制　不同于 2.4GHz 规范，IEEE 802.11a 没有使用扩频方案而是使用 OFDM。OFDM，也叫作多载波调制，使用不同频率的多载波信号，在每个信道发送一些比特。在第 8 章中对此进行了讨论。它与 FDM 类似。然而，在 OFDM 中，所有的子信道是单个数据源专用的。

为了补充 OFDM，规范支持使用多种调制和编码方式。系统使用多达 48 个子载波，并进行 BPSK、QPSK、16-QAM 或者 64-QAM 调制。子载波的频率间隔是 0.3125MHz，每个子载波以 250kbaud 的速率发送。码率为 1/2、2/3 或 3/4 的卷积码提供前向纠错。调制技术和编码率的结合决定了数据速率。

物理层帧结构　物理层的主要目的是发送 802.11 MAC 层的 MPDU。PLCP 子层提供了 OFDM 传输所需的成帧和信号比特，PMD 子层执行实际的编码和传输操作。

图 11-14a 给出了物理层帧格式。**PLCP 前导码字段**使接收机能够捕获一个传入的 OFDM 信号并与解调器同步。接下来是信号(Signal)字段，它由编码为 OFDM 符号的 24 比特组成。前导码和信号字段使用 BPSK 调制以 6Mbps 速率进行传输。信号字段由以下子字段组成。

- **速率**：指定帧的数据字段部分的数据传输速率。
- **r**：保留供将来使用。
- **长度**：MAC PDU 的字节数。
- **P**：对速率、r 和长度子字段的 17 比特的偶校验位。
- **尾(Tail)**：附加到符号的 6 个 0 比特，用于将卷积编码器设置为 0 状态。

数据字段包含可变数量的 OFDM 符号，其数据速率由速率字段指定。在传输之前，所有数据字段的比特均被加扰(见附录 11A 对于加扰的讨论)。数据字段由 4 个子字段组成：

- **服务**：由 16 个比特组成，前 7 个比特设置为 0 用于在接收机中同步解扰器，剩下的 9 个比特(全 0)保留以供将来使用。
- **MAC PDU**：从 MAC 层传输下来。格式如图 11-12 所示。
- **尾**(Tail)：通过取代 MPDU 末端后面的 6 个加扰的比特为 6 个 0 比特而产生，用来重新初始化卷积编码器。
- **填充**(Pad)：为了将数据字段填充为 OFDM 符号中的比特数(48、96、192 或 288)的倍数，需要的比特数。

11.5.3　IEEE 802.11g

IEEE 802.11g 扩展了 802.11b，使数据速率超过 20Mbps，达到 54Mbps。与 802.11b 类似，802.11g 工作在 2.4GHz，因此两者是兼容的。该标准的目的是使 802.11b 设备能够连接到 802.11g 的 AP 进行工作，并且 802.11g 设备能够连接到 802.11b 的 AP 进行工作，在这两种情况下均使用较低的 802.11b 的数据率。

IEEE 802.11g 提供宽泛的数据速率和调制方案选项。通过制定相同的调制和成帧方案，IEEE 802.11g 可以兼容 802.11 和 802.11b 的 1、2、5.5 和 11Mbps 等速率。在 6、9、12、18、24、36、48 和 54Mbps 的数据速率时，802.11g 采用 802.11a OFDM 方案以适应 2.4GHz 速率；该方案称为 ERP-OFDM，这里 ERP 是指扩展速率物理层(extended rate physical layer)。此外，ERP-PBCC 方案用来提供 22 和 33Mbps 的数据速率。

IEEE 802.11 标准不包括传输速率与传输距离目标的规范。不同的厂商会给出不同的值，这依赖于环境。基于[LAYL04]，表 11-6 针对典型的办公环境给出了评估值。

表 11-6　测量距离(m)与数据速率

数据速率(Mbps)	802.11b	802.11a	802.11g
1	90+	-	90+
2	75	-	75
5.5(b)/6(a/g)	60	60+	65
9	-	50	55
11(b)/12(a/g)	50	45	50
18	-	40	50
24	-	30	45
36	-	25	35
48	-	15	25
54	-	10	20

11.5.4 IEEE 802.11n

随着无线局域网布设需求的增加，802.11 委员会寻找增加数据吞吐量和 802.11 网络整体容量的方法。这些尝试的目标不只是增加传输天线的比特率，而是要增加网络的有效吞吐量。增加有效吞吐量不仅需要关注信号编码方案，而且还要从天线架构以及 MAC 帧结构方面进行尝试。这些尝试的结果体现在 IEEE 802.11n 的一系列的改进和增强上。该标准工作在 2.4 和 5GHz。因此可以向上与 802.11a 或 802.11b/g 相兼容。

IEEE 802.11n 的变化体现在 3 个方面：MIMO 的使用、无线传输的增强以及 MAC 增强。我们在下面将逐一进行研究。

多输入多输出(Multiple-Input-Multiple-Output，MIMO)　MIMO 天线架构是 802.11n 提供的主要增强方式。关于 MIMO 的讨论详见第 5、6 章，本章仅做一个简短的概述。在 MIMO 方案中，发射机使用多天线。MIMO 通过使用多个并行流、波束成形、分集或多用户 MIMO，能够提供多种类型的好处。802.11n 支持前 3 个能力(有些是可选择的)，并要求 AP 使用至少两个并行流[PERA08]。

信源数据流分为 n 个子数据流，每个子流对应 n 个发射天线的一个。将多个子流送入不同的发射天线(多输入)。在接收端，m 个天线接收到来自 n 个源天线的视距传输与多径传输混合后的数据。m 个接收天线的输出(多输出)是混合后的信号。经过复杂的数学计算，接收到的信号将远好于通过单个天线或者多频率信道得到的结果。802.11n 定义了多种发射机天线与接收机天线的组合，从 2×1 到 4×4。在系统中每增加一个额外的发射机天线或者接收机天线都可以增加 SNR(信噪比)。简化的计算表明，4 个并行流将能够使传输数据速率大约增加 4 倍。

由于多天线的固有成本，所以不要求来自 AP 的信号为三四个空间流，而仅要求来自站点的信号为一个空间流。此标准也支持双向四流传输、波束成形、空时块编码等可选功能，以提高分集可靠性。

无线电传输方案　除了 MIMO 外，802.11n 对无线电传输方案做了许多改变以提升容量。其中最重要的技术，称为信道捆绑，合并两个 20MHz 信道来创建 1 个 40MHz 信道。使用 OFDM 技术，允许使用稍多于两倍的子信道，从而能够提供超过两倍的传输速率。在创建 40MHz 信道时，它可以由两个相邻的 20MHz 信号组合而成。每个 20MHz 信道在边缘保留一些带宽以避免干扰，但当将它们组合时，可以使用信道之间的额外带宽。带来的效果是 802.11n 使用 40MHz 信道实现了稍高于两倍的传输速率。802.11a 和 802.11g 在 20MHz 带宽上使用 48 个子载波，而 802.11n 在 40MH 上使用 108 个子信道，是原始带宽的 2.25 倍。

802.11a 和 802.11g 使用持续 4μs 的 OFDM 符号。对于 54Mbit/s 的最高速率，将每个符号 216 比特在 48 个子载波中传播。这里还包括一个 800ns 的保护带(供 OFDM 循环前缀使用)，其主要目的是抑制多径对 OFDM 数据符号的影响。这个 54Mbit/s 速率使用 64QAM 以及 72 个额外的纠错比特。216 个数据比特用 216+72 个比特替代，产生 3/4 码率。802.11n 还继续使用这个 4μs 的 OFDM 符号，但也要求更好的信道条件。在多径不显著的情况下，可以使用一个 400ns 的保护带，这样可以将符号时间减少到 3.6μs。这提升了 11%的数据速率。最终的结果是最大 150Mbit/s 的数据速率和 4 个并行数据流 600Mbit/s。

除了这些最大数据速率外，802.11n 还提供了 32 种不同的调制和编码(MCS)组合，其中 AP 和站点共同评估信道条件并发现最适合的调制和编码组合。当然，系统也支持多种其他的 MCS 组合方案，如果 AP 和站点在传输时使用不同的方案，因为从 AP 到站点的信道质量可能不同于相反方向。

在某些情况下，802.11 设备必须能够与老式设备一起工作，因此效率会有所降低。首先，802.11n 设备必须能够感知到老式设备，如果其他设备是活动的，则它可能仅能够使用 20MHz。老式设备也需要识别 802.11n，因此 802.11n 头需要包括以低数据速率进行编码的额外的头，这样老式设备就可以识别 802.11n 设备是否正在使用信道以及使用多长时间。此外，802.11n 必须发送 RTS/CTS 或者 CTS-to-self 消息。802.11n 也支持高吞吐量模式(绿地模式，Green field Mode)，如果环境中没有老式设备，则就不需要包括这些头和 RTS/CTS 消息。

MAC 增强　随着物理层数据速率的增加，协议的有效吞吐量受限于它的附加比特。802.11 附加比特包括协议头比特、退避以及 IFS 时间。

802.11n 提供了一些 MAC 增强。最重要的变化是将多个 MAC 帧聚合为一个传输块。一旦站点获得了传输介质，就允许它发送长数据包而没有传输之间的显著延迟。如果每个帧要求一个 ACK，以及每个帧之间的 DIFS 和 SIFS，则吞吐量会受到影响。相反，采用 802.11n，接收机可以发送一个块确认。与发送相关联的物理头仅在聚合帧的开头，而不是每帧一个物理头。帧聚合可以带来对传输容量的有效利用。每个帧不再需要自己的 ACK 和相关联的 IFS 时间。

802.11n 规范包括 3 种形式的聚合，如图 11-16 所示[CISC14]。为了简化，4 字节的尾部字段没有显示。聚合可以结合 MSDU 也可以结合 MPDU，或结合这两者。我们知道，MSDU 来自 LLC 层，MPDU 来自 MAC 层。A-MSDU 聚合是指将多个 MSDU 聚合为一个 MPDU。因此所有的 MSDU 共享一个 MAC 头和一个 FCS 而不是每个 MSDU 一个。这可以从一定程度上改善传输效率，因为 802.11 MAC 头可能相当长。然而，如果一个 MSDU 中发生一个比特错误，则所有的聚合比特必须重传，如图 11-16b 所示。A-MPDU 聚合将多个 MPDU 聚合为一个物理传输。因此，与 A-MSDU 一样，仅需要一个物理层头。这种方法效率不高，因为每个 MPDU 包括 MAC 头和 FCS。然而，如果一个 MPDU 发生一个比特错误，则仅需要重传 MPDU。最后，可以将这两种聚合形式合并(A-MSDU 的 A-MPDU)。

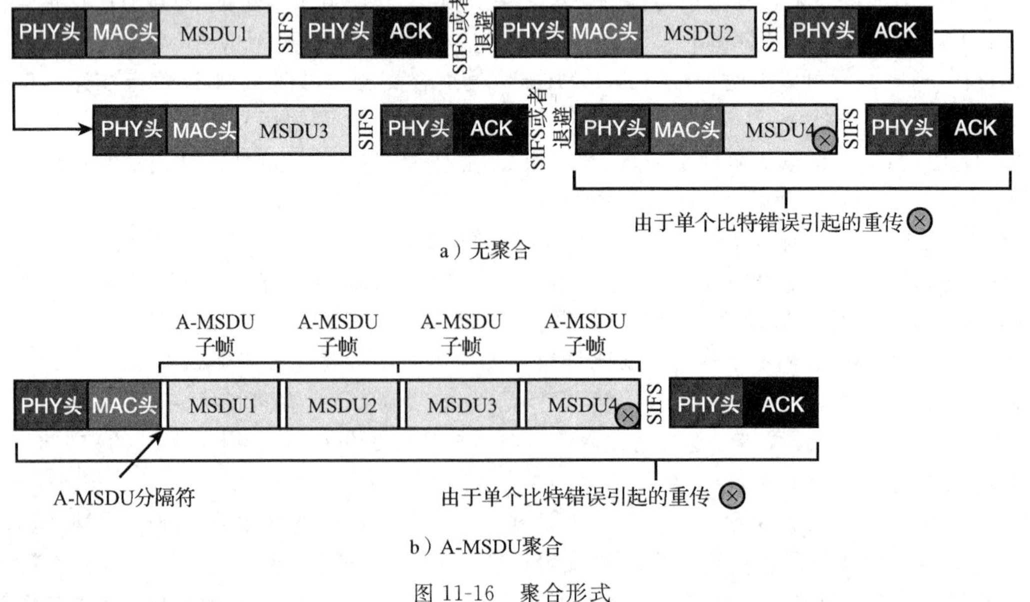

图 11-16　聚合形式

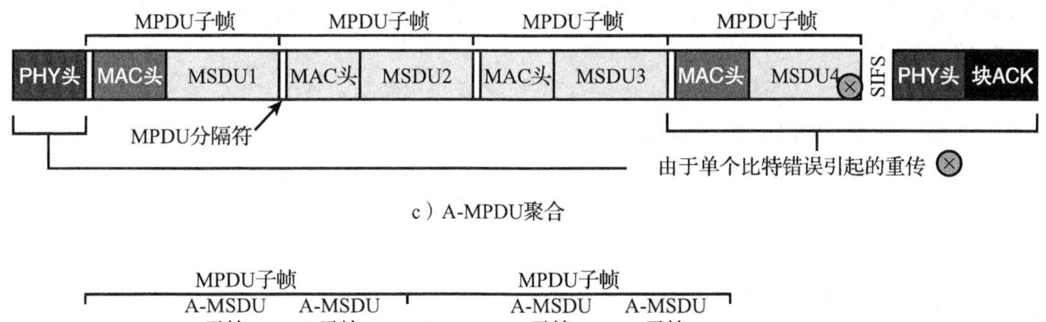

c）A-MPDU聚合

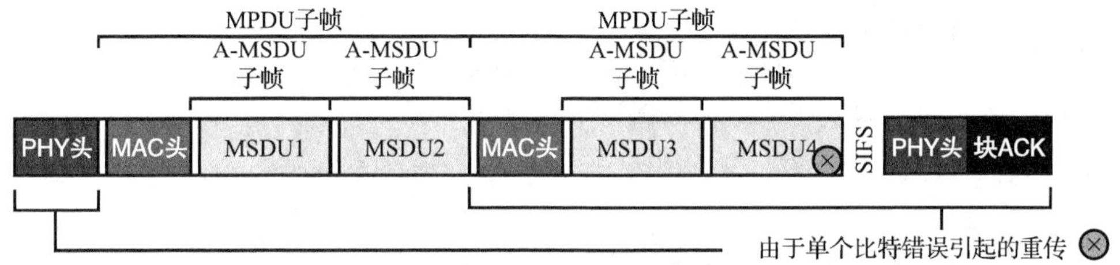

d）A-MSDU聚合的A-MPDU

图 11-16 （续）

如果不使用聚合，则在进行组传输时，802.11n 可以在分组之间使用一个新的 2μs 的缩小的帧间间隔(Reduced Interframe Space，RIFS)来代替 2.4GHz 的 10μs SIFS 或者 16μs SIFS。但是，这个特性并没有证明像聚合一样有效，也没有进入后面讨论的 802.11 增强中。

11.6 吉比特 Wi-Fi

正如有需要扩展有线局域网标准以提速到吉比特/秒(Gbps)的范围一样，Wi-Fi 也存在同样的需求。因此，IEEE 802.11 最近推出了两个新的标准，802.11ac 和 802.11ad，它们可以为 Wi-Fi 网络提供超过 1Gbps 的速率。我们依次来看看这两个标准。

11.6.1 IEEE 802.11ac

如图 11-14 所示，与 802.11a 和 802.11n 一样，IEEE 802.11ac 也工作在 5GHz 信道。它用来提供对 802.11n 的平滑演进。新的标准通过在 3 个方面进行增强，比 802.11n 获得了更高的数据速率(见图 11-17 的 3 个坐标轴)。

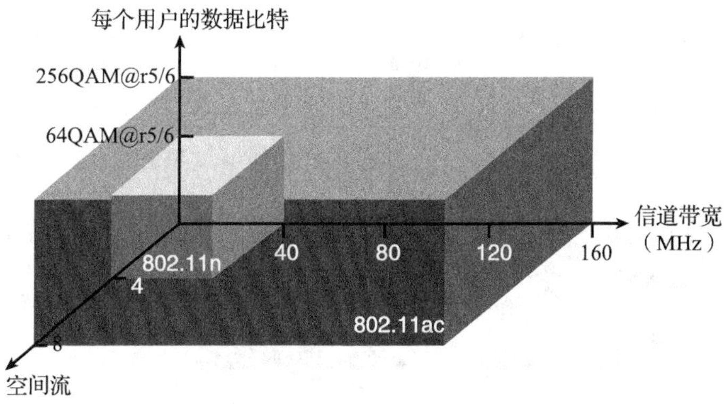

图 11-17 IEEE 802.11 性能因素

- **带宽**：802.11n 的最大带宽是 40MHz，802.11ac 的最大带宽是 160MHz。
- **信号编码**：802.11n 使用 64QAM 调制的 OFDM，802.11ac 可以使用 256QAM 调制的 OFDM。因此，每个符号可以携带更多的比特数。两个方案均使用码率为 5/6 的前向纠错(数据比特与编码后总比特之比)。
- **MIMO**：802.11n 可以使用最大 4 输入 4 输出的多天线。802.11ac 将其增加到 8×8。

我们可以使用下式来量化这些增强效果，从而产生了以 bps 为单位的物理层数据速率：

$$\text{数据速率}=\frac{(\text{数据子载波的个数})\times(\text{空间流的个数})\times(\text{每个子载波的数据比特})}{(\text{以秒为单位的每个 OFDM 符号的时间})}$$

使用上式，我们可以得到下列最大数据速率：

$$802.11\text{n}:\frac{108\times 4\times(5/6\times\log_2 64)}{3.6\times 10^{-6}}=600\times 10^6\,\text{bit/s}=600\text{Mbit/s}$$

$$802.11\text{ac}:\frac{468\times 8\times(5/6\times\log_2 256)}{3.6\times 10^{-6}}=6937\times 10^6\,\text{bit/s}=6.937\text{Gbit/s}$$

通过增加 4 倍的信道带宽使数据速率提高了 4.33 倍，因为子载波的个数从 108 扩大到 468。发射功率随着子载波个数的增加必须提高超过 4 倍，然而这样会导致性能提升的轻微减少。从 64QAM 到 256QAM 使数据速率提高了 1.33 倍。然而，256QAM 对噪声更加敏感，因此仅在短距离内有效。最终，数据速率直接与空间流的个数成正比。当然，更多的空间流要求更多的天线，这样会增加用户设备的成本。

带宽扩展　支持 80MHz 和 160MHz 的信道，需要扩展 CSMA 技术、频谱考虑以及新的 RTS-CTS 过程。

- **CSMA 技术**：802.11ac 设备在这些信道上建立主信道，并在这些信道上执行标准的空闲信道评估(Clear Channel Assessment)程序。随后它们使用其他程序查看附加的次信道是否可以用来将带宽扩充到 160MHz。这些针对次信道的程序具有低复杂度且使用很少的头，但对可能出现的信号能量很敏感。如果整个带宽不可用，则设备可能重新开始竞争和退避过程。然而，802.11ac 设备也可以根据可用信道在每个帧中灵活地调整它们的带宽分配。
- **频谱考虑**：5GHz ISM 频段不是很拥挤，对于 802.11ac 来说这有助于干扰抑制。图 11-18 给出了可能频段的信道化。注意对于一个 160MHz 的信道，它仅有两个可能的连续频率集。因此，802.11ac 支持 80＋80MHz 格式，其中两个非连续的 80MHz 频段可以合并使用。

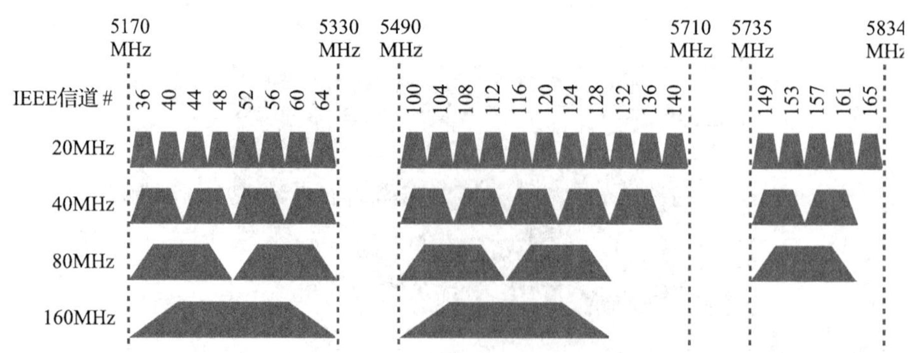

图 11-18　5G 802.11ac 信道分配

- RTS-CTS：例如，为了测试一个 80MHz 的请求信道是否是可用的，发起方需要感知 4 个 20MHz 信道的活动，向每个信道发送一个 RTS(对于 160MHz，类似地需要发送 8 个 RTS)。802.11ac 使用的 RTS 格式包含请求带宽。RTS 的接收机随后感知这些信道是否有用户正在主动使用。图 11-19 给出了导致的两个可能的场景。接收机将响应 CTS 以指示可用的带宽(20、40 或者 80MHz，但不包括 60MHz)。这些 CTS 将在每个空闲的 20MHz 信道上以 802.11a 的格式发送以响应 RTS。所有的 802.11a/n/ac 设备将观察并解码这些 CTS 消息，所以它们可以等待。

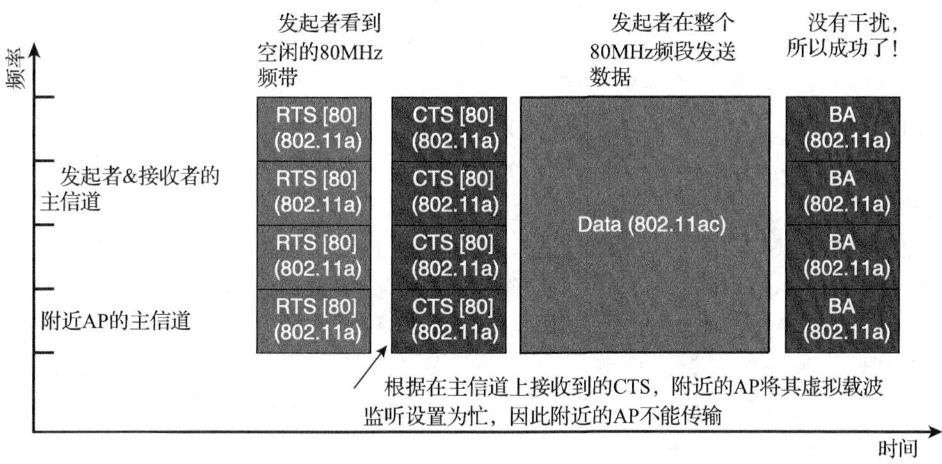

a）无干扰情况

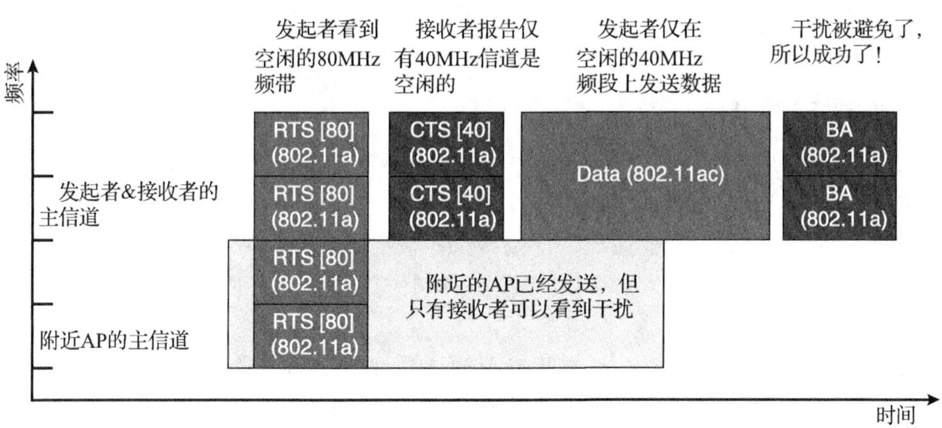

b）有干扰情况

图 11-19　带宽信号的 RTS/CTS 增强

多用户 MIMO　除了将 802.11n 技术扩展到 8×8MIMO 外，802.11ac 还提供了多用户 MIMO(Multiuser MIMO，MU-MIMO)选项。这意味着在下行链路，发射机可以使用它的天线资源，利用同一个频谱将多个帧同时传输到不同的站点。因此，一个 MU-MIMO AP 可以在同一个频率上与多个单天线设备持续进行通信。智能手机和平板电脑通常配置单天线。在用户保持设备最小复杂度的同时，使 AP 可在多种环境中传输更多的数据。

定向天线不仅可以指示信号的方向，还可以将天线方向图的其他方向置零。例如，如果多用户 MIMO 指向 3 个站点，则第一个波束指向用户 1 时增益很强，而指向用户 2 和用户 3 时增益非常小。另外两个光束也具有相应的指向。为了能够有效率地工作，AP 需要能够非常准确地知道无线信道的质量，即使信道是不断随时间变化的。这对于运动的移动设备尤其是一个挑战。

802.11n 有多种可能的机制，但 802.11ac 有确保互操作性更一致的方法。通常 AP 发送一个“甚高吞吐量空数据包通告”(Very High Throughput Null Data Packet Announcement，VHT NDPA)来简单将 AP 地址发送给收件人。在一个 SIFS 之后，发送“甚高吞吐量空数据包”(VHT Null Data Packet，VHT NDP)来进行探测，它包括 AP 发送的训练符号，接收机使用该符号测量信道条件。预期的收件人使用 VHT NDP 中的前导码(帧头中的已知序列比特)来测量射频(RF)信道。然后它们用“VHT 压缩波束成形”消息来响应该消息用于调整 MIMO 方向矩阵(见第 6 章)。理想的情况下，许多测量方法都使用测量中的很多细节，但这会造成很高的开销。因此，压缩测量信息，而且 AP 必须发送适当数量的消息。

其他物理层和 MAC 层的增强　802.11ac 中使用 PBCC 或者可选的低密度奇偶校验(Low Density Parity Check，LDPC)码来进行前向纠错。空时分组编码也可以像在 802.11n 中一样与 MIMO 一起使用，但是可使用的模式更少。802.11ac 的另一个区别是，每次传输都要作为一个 A-MPDU 聚合来发送。这在 802.11n 中有所介绍(见上文)，但在 802.11ac 中有强制性要求且最大帧的大小将更大。除了 RTS/CTS 修改外，与 802.11n 相比这是 MAC 层唯一的重大修改。

Wi-Fi 联盟在 802.11ac 产品的认证过程中已经采取了两阶段处理，相关的功能是必需的和可选的。“波形 1”产品提供高达 1.3Gbps 的速率，采用 256QAM 调制、80MHz 信道和 3 个空间流。“波形 2”产品可能另外提供 160MHz 信道、4 个空间流和 MU-MIMO [CISC14]。

11.6.2　IEEE 802.11ad

IEEE 802.11ad 命名为 **WiGig**，是 802.11 工作在 60GHz 的一个版本。与 5GHz 频段相比，该频段提供了更广泛的信道带宽的潜力，能够获得高达 7Gbps 的数据速率和相对简单的信号编码和天线特性。这促成了一系列的高带宽应用。WiGig 还提供**协议适应层**(Protocol Adaptation Layers，PAL)。视频和音频协议适应层支持 HDMI 和显示接口，输入/输出协议适应层支持 SD、USB 和 PCIe。

工作在 60GHz 的设备很少，这意味着与使用其他频段的 802.11 通信相比它的干扰更小。然而，在 60GHz 时，802.11ad 工作在毫米波范围内，其中有一些我们不希望的传播特性：

1) 自由空间损耗随频率的平方增加(见式(5-1))。与传统微波系统的频率范围相比，该频段的损耗更高(60GHz 比 6GHz 多损耗 20dB)。

2) 多径损耗相当高。当电磁信号遇到一个相较于该信号的波长较大的表面时会发生反射。如果障碍物的大小小于或等于波长，则会发生散射；当信号遇到比波长更大的障碍物的边缘，则会发生衍射。

3) 毫米波信号一般无法穿透固体物体。

由于这些原因，802.11ad 可能仅仅适用于一个房间内。因为它支持高数据速率，例如，可以很容易地传送未压缩的高清晰度视频，所以它很适合应用于家庭娱乐系统以替代电线，或从你的手机到你的电视的流媒体高清电影。它也可用于办公环境，如在一个会议室中将视频流投射到投影仪，或笔记本电脑与平板电脑之间的视频流传输。

802.11ad 使用高增益定向天线自适应波束成形来克服传输损耗。在第 6 章中可以看到，定向波束可以大大增加 MIMO 天线的增益。802.11ad 的波束成形过程通过 MAC 和 PHY 层来支撑，先通过扇区级扫描阶段(Sector Level Sweep，SLS)建立基本层的通信，随后通过波束优化阶段(Beam Refinement Process，BRP)进行细化调整。因为 60GHz 传输高度依赖于视距，所以在两个站点之间行走的人可以破坏通信。但是 802.11ad 设备可以很快自适应调整波束从而找到替代路径，甚至寻找从墙壁或其他物体反射的路径。

802.11ac 和 802.11ad 之间最显著的区别是信道的带宽。不是最大 160MHz，802.11ad 有 2160MHz 的巨大信道带宽，中心频率在 58.32GH、60.48GH 和 64.8GHz(并非所有信道都是利用的，这取决于国家)。

802.11ad 物理层 IEEE 802.11ad 定义了 4 种物理层调制和编码方案(见表 11-7)。每种类型有不同的目的并支持不同的速率范围。

表 11-7 IEEE 802.11ad 调制和编码方案

物理层	编码	调制	原始比特率
控制(CPHY)	1/2LDPC，32 倍扩展	π/2-DBPSK	27.5Mbps
单载波(SCPHY)	1/2LDPC、1/2LDPC、5/8LDPC、3/4LDPC、13/16LDPC	π/2-DBPSK，π/2-QPSK，π/2-16QAM	385Mbps～4.62Gbps
OFDM(OFDMPHY)	1/2LDPC、5/8LDPC、3/4LDPC、13/16LDPC	OFDM-OQPSK OFDM-QPSK OFDM-16QAM OFDM-64QAM	693Mbps～6.76Gbps
低功耗单载波(LPSCPHY)	RS(224，208)＋块码(16/12/9/8，8)	π/2-DBPSK、π/2-QPSK	636Mbps～2.5Gbps

注：BPSK＝二进制相移键控
DBPSK＝差分二进制相移键控
LDPC＝低密度奇偶校验码
OFDM＝正交频分复用
OQPSK＝偏移正交相移键控
QAM＝正交调幅
QPSK＝正交相移键控
RS＝理德-所罗门码

控制 PHY(Control PHY，CPHY)是迄今为止最鲁棒的编码模式(因此吞吐量是最低的)，码率只有 1/2。它的目的是专门发送控制信道消息。通过差分编码、扩频、BPSK 调制等技术使 CPHY 具有很高的鲁棒性。使用差分编码无需载波跟踪，32 倍的扩频理论上给链路预算贡献了 15dB 的增益，而且 BPSK 是噪声容忍的。

与 CPHY 一样，**单载波** PHY(Single Carrier PHY，SCPHY)利用强大的 LDPC 码来进行鲁棒的前向纠错，并提供了 3 种调制选项。对码率和调制密度选项的设置允许在吞吐量和鲁棒性之间进行权衡来确定操作。可以实现高达 4.62Gbps 的速率。

正交频分复用 PHY(OFDMPHY)利用多载波调制，可以提供更高的调制密度，因此比单载波有更高的数据吞吐量，高达 6.756Gbps。与 SCPHY 一样，OFDMPHY 提供错误保护率和应用于 OFDM 数据载波的调制深度的选择，再次提供可操作性的控制来权衡鲁棒性和吞吐量。选择 SCPHY 还是 OFDMPHY，取决于多个因素。OFDM 调制比 SC-

PHY需要更高的功率需求，但存在多径干扰时它却更加稳定。

CPHY、SCPHY和OFDMPHY中常见的LDPC纠错编码技术基于一个通用长度为672比特的码字来携带336、504、420或546有效比特，有效实现了1/2、3/4、5/8或者13/16的码率要求。

低功率单载波 PHY(Low-Power Single Carrier，LPSCPHY)利用单载波调制来最小化功率消耗。它也可以使用理德-所罗门(Reed-Solomon，RS)码或汉明(Hamming)码，它需要较少的IC面积，因此功率低于LDPC，但差错控制的鲁棒性要差一些。小型电池供电设备可以受益于额外的功率节省。

802.11ad MAC层 802.11ad/WiGig MAC层提供了一系列的必要的新的和增强的功能。

- **网络体系结构**：与传统需要通过一个AP不同的是，提供了一个称为**个人BSS**(Personal BSS，PBSS)的新的网络体系结构，它方便设备之间的直接通话。对等(Peer-to-Peer，P2P)802.11通信也可以通过IBSS来实现，但在PBSS中，一个节点需要承担PBSS控制节点的功能以便提供基本时序、服务周期分配以及基于竞争的访问周期分配。这种PBSS使用模式在WiGig中较为常见，例如在多媒体分发设备与显示设备之间。
- **无缝的多频段操作**：允许无缝地在60和2.4/5GHz之间切换以便适配60GHz频段的可用性。
- **电源管理**：802.11ad提供了一个新的调度接入模式来降低功率消耗。当它们要通信时，设备可以在调度的时间接入信道，否则进入休眠模式。
- **高级安全**：WiGig设备将使用伽罗瓦/计数器(Galois/Counter)模式，它通过高效的计算能够支持更高速度的通信。

11.7 其他IEEE 802.11标准

除了目前为止讨论的标准外、还提供了特定的物理层功能，多个其他的802.11标准已经发布或正处于运行阶段。参见表11-1中的完整列表。

IEEE 802.11e对MAC层进行修改，以提高服务质量并解决一些安全问题。在空周期内，当没有其他数据发送时，它可以提供时间调度和轮询通信。此外，它提供了轮询效率的改进和信道鲁棒性的增强。这些增强功能应能够提供如IP电话和视频流服务的质量要求。任何实现802.11e的站点都称为QoS站点，或QSTA。在QSTA内，DCF和PCF(如图11-9所示)模块由一个混合协调功能(Hybrid Coordination Function，HCF)取代。HCF包括增强的分布式信道接入(Enhanced Distributed Channel Access，EDCA)和HCF控制的信道接入(HCF Controlled Channel Access，HCCA)。EDCA是在传统的DCF机制中引入优先级进行扩展。与PCF一样，HCCA集中管理介质访问，但以一种效率更高、更灵活的方式实现。

IEEE 802.11i在MAC层定义安全和认证机制。该标准的目的是解决最初为802.11 MAC层设计的有线等效保密(WEP)机制的安全缺陷。802.11i方案采用更强的加密和其他的增强功能来提高安全性，这将在11.8节中讨论。

IEEE 802.11k定义无线资源测量(Radio Resource Measurement)增强为高层协议提供了无线电和网络测量的可用机制。该标准规定了哪些信息可以促进无线电和移动局域网的管理与维护。所提供的数据如下：

- 为了提高漫游决策，当AP确定一个站点正在远离它时，它可以向该站点提供一个位置报告。位置报告是一个有序的AP列表，它是按照该站点切换到另一个AP时可以得到的服务质量从最好到最坏来排序的。
- AP可以收集无线局域网上每个站点发送的信道信息。每个站点提供噪声直方图，该图显示感知到的该信道上的所有非802.11站点的能量。AP也收集在给定时间内一个信道被占用多少时间这一数据。这些数据使AP能够调节给定信道的访问。
- AP可以查询站点来收集统计数据，例如重试、发送的数据包和接收到的数据包。这给了AP一个更完整的关于网络性能的视图。
- 802.11k将802.11h中定义的发射功率控制程序扩展到其他监管域和频段，以减少干扰和功率消耗，并提供范围控制。

IEEE 802.11m是纠正标准中编辑和技术问题的工作组，它是正在进行活动的工作组。任务组审核其他任务组生成的文档来定位和纠正802.11标准和它已批准的修正案中的不一致和错误。

802.11p为车载环境提供无线接入。它允许移动速度最高为200km/h的设备之间进行通信。设备之间不需要互相关联或认证。相反，它们只是加入区域内的整个车载环境中的无线接入(Wireless Access in Vehicular Environment，WAVE)网络。协议使用较低的数据速率，因为运动会导致更多的数据包错误。802.11p还允许更高的输出功率以适应长距离。

IEEE 802.11r提供了一种快速漫游能力。设备可以提前注册到相邻的AP，所以在设备需要切换到另一个新AP之前可以对安全性和服务质量进行协商。连接损耗的持续时间可以大大减少。

IEEE 802.11s中定义了802.11设备使用多跳通信支持无线局域网网状拓扑的MAC例程。设备互为无线路由器。该修正版本支持单播、组播和广播数据包传送。

IEEE 802.11z提供隧道直接建立链路，避免设备通过AP时产生延迟和竞争处理。如果设备比AP离其他设备更近，那么也可以使用高阶调制方案。802.11z是802.11e功能的扩展，它定义了一种特殊的以太网类型帧，以便通过老式的AP建立隧道消息。频率卸载也可以用于切换到空频率。

IEEE 802.11aa提供了改进的多媒体性能以增强802.11e能力。增强的性能包括带有组寻址帧的新传输策略重传的组播和内部访问类别优先级以进一步明确和创建子类。它还包括一个流分类服务以便任意地将流映射到队列和方法从而通过信道选择和合作资源共享来解决重叠BSS管理问题。

11.8　IEEE 802.11无线局域网安全

无线网络，以及使用它们的无线设备，引入了有线网络中发现的一系列的安全问题。相比于有线网络，导致无线网络高安全风险的一些核心因素包括[MA10]：

- **信道**：无线网络通常包括广播通信，这比有线网络更容易窃听和干扰。无线网络也更容易受到利用通信协议漏洞的主动攻击。
- **移动性**：更主要的是无线设备在实际中通常远比有线设备更具便携性和移动性。这种移动性导致了一些风险，将在随后描述。
- **资源**：一些无线设备，如智能手机和平板电脑，具有复杂的操作系统，但仅有有限的内存和处理资源，无法应对各种威胁，包括拒绝服务和恶意软件。

- **可访问性**：一些无线设备，如传感器和机器人，可以放在远程和敌方位置无人值守。这就极大地增加了来自物理攻击的伤害。

简单地说，无线环境有3个部分易成为攻击点。

- **客户端**：无线客户端可以是一个手机、一个具有Wi-Fi功能的笔记本电脑或平板电脑、无线传感器、蓝牙设备等。
- **接入点**：无线接入点提供了一个网络或服务的连接。无线接入点有蜂窝塔、Wi-Fi热点、到有线局域网和广域网的无线接入点。
- **无线介质**：传输介质，承载用于数据传输的无线电波，也是一个漏洞的来源。

有线局域网中的两项特性在无线局域网中不存在。

1）为了在有线局域网上传输，一个站点必须与局域网进行物理连接。但是基于无线局域网，局域网内处于其他设备无线覆盖范围内的任何站点都可以传输数据。从某种意义上说，需要一种与有线局域网的身份认证，它需要站点有一些积极的和可以观察到的与有线局域网连接的行动。

2）同样，为了接收来自有线局域网部分的传输，接收站点也必须连接到有线局域网。另一方面，在无线局域网中，在无线覆盖范围内的任何站点都可以接收信号。因此，有线局域网提供了某种程度上的隐私，能够限制连接到局域网站点的数据接收。

有线局域网和无线局域网之间的这些差异表明，无线局域网具有增加安全服务和机制的需求。最初的802.11规范包括一组相当弱的针对隐私和身份认证的安全功能。对于隐私，802.11定义了**有线等效保密**（Wired Equivalent Privacy，WEP）算法。802.11标准中的隐私部分包含了主要的弱点。对于WEP随后的发展，802.11i工作组开发了一套解决无线局域网安全的功能。为了加速为无线局域网引入强大的安全机制，Wi-Fi联盟颁布了**Wi-Fi保护接入**（Wi-Fi Protected Access，WPA）作为Wi-Fi标准。WPA是一套基于当前802.11i标准的安全机制，它可以消除大多数的802.11安全问题。802.11i标准的最终形式称为**鲁棒安全网络**（Robust Security Network，RSN）。Wi-Fi联盟的设备供应商遵守WPA2计划下的所有802.11i规范。

RSN规范相当复杂，占了2012 IEEE 802.11标准中的145页。本节中，我们给出一个概述。

11.8.1　IEEE 802.11i服务

802.11i RSN安全规范定义了以下服务：

- **认证**：用来定义用户与**认证服务器**（Authentication Server，AS）之间的交换的协议，认证服务器可以提供相互认证，在无线链路上产生客户端和AP使用的临时密钥。
- **接入控制**[⊖]：此功能强制执行认证功能，正确地路由消息，并方便密钥交换。它可以与各种认证协议一起工作。
- **报文完整性的保密性**：对MAC层数据（如，LLC PDU）进行加密，并带有一个以确保数据不被修改的报文完整性代码。

图11-20给出了用来支持这些服务的安全协议。

⊖　这里，我们将接入控制作为一种安全功能来讨论。这与11.4节所述的MAC功能是不同的。不幸的是，在文献和标准中，这两种情况都使用访问控制这一术语。

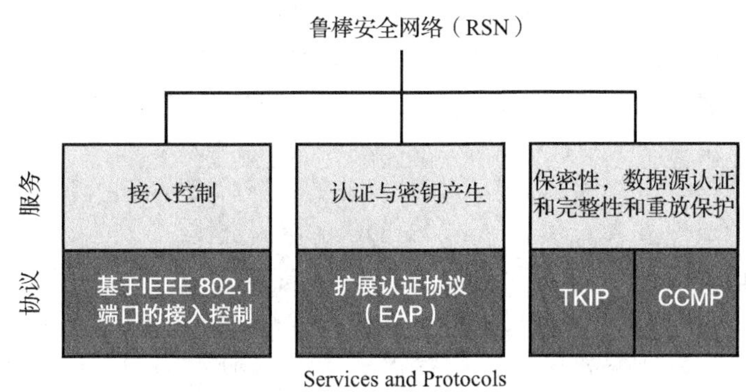

图 11-20　IEEE 802.11i 的元素

11.8.2　IEEE 802.11i 操作阶段

IEEE 802.11i RSN 的操作可以分成 5 种不同的操作阶段，如图 11-21 所示。确切的阶段将取决于配置和通信的终端站点。可能性包括(参考图 11-8 所示的 ESS 架构)以下：

1）在同一个 BSS 中的两个无线站点通过该 BSS 的 AP 进行通信。

2）在同一个自组织网络 IBSS 中的两个无线站点直接通信。

3）在不同 BSS 中的两个无线站点经过一个分发系统中的各自的 AP 进行通信。

4）一个无线站点经由它自己的 AP 和分发系统与有线网络中的终端站点进行通信。

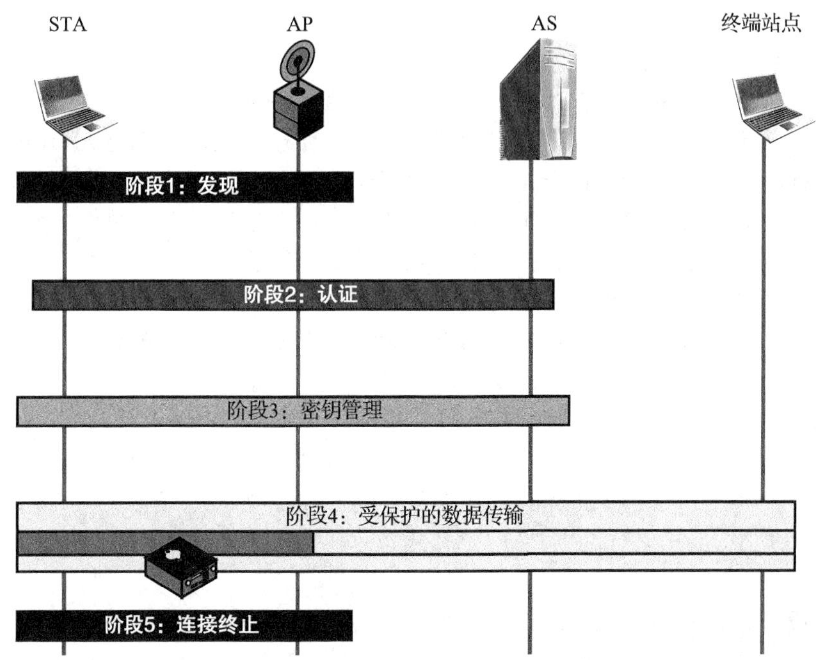

图 11-21　IEEE 802.11i 操作阶段

IEEE 802.11i 安全性仅考虑站点和它的 AP 之间的安全通信。在前面的情况 1 中，如果每个站点与 AP 建立了安全通信，那么安全通信就会得到保证。情况 2 也类似如此，AP 的功能存储在站点中。对于情况 3，在 IEEE 802.11 层，分发式系统中没有提供安全性，安全性仅仅存在于每个 BSS 之中。端到端的安全性(如果要求)必须由一个更高层来提供。类似地，在情况 4 中，安全性仅仅在站点和 AP 中提供。

考虑到这些因素，图 11-21 描述了 RSN 操作的 5 个阶段并将它们映射到涉及的网络组件。其中一个新的组件是 AS。矩形表示 MPDU 的序列交换。5 个阶段可以定义如下：

- **发现**：AP 使用称为信标和探针响应的消息来通知它的 IEEE 802.11i 安全政策。SAT 使用这些安全政策来识别它希望通信的无线局域网的 AP。STA 与 AP 相关联，当信标和探针响应给出一个选项时，利用 AP 来选择密码套件和认证机制。
- **认证**：在这个阶段，STA 和 AS 互相向对方证明身份。AP 在认证处理成功之前它阻碍 STA 和 AS 之间未经认证的流量。AP 不参与认证处理，而仅仅是在 STA 和 AS 之间进行流量转发。
- **密钥的生成和分发**：AP 和 STA 执行许多操作，这些操作生成加密密钥并将它放在 AP 和 STA 中。帧交换仅发生在 AP 和 STA 之间。
- **受保护的数据传输**：通过 AP，帧在 STA 和终端站点之间交换。正如阴影和加密模块图标所示，安全的数据传输仅发生 STA 和 AP 之间。端到端不提供安全性。
- **连接终止**：AP 和 STA 交换帧。在这个阶段，拆除安全连接，并将连接恢复为原始状态。

发现阶段　现在我们从发现阶段开始来更详细地看看 RSN 操作阶段。这个阶段的目的是使得 STA 和 AP 互相识别对方，协商一套安全能力，使用这些安全能力为接下来的通信建立关联。

发现阶段包括 3 个交换：

- **网络和安全能力发现**：在此交换中，站点发现存在可以与之通信的网络。AP 可以在一个特定的信道上通过信标帧周期性地广播鲁棒安全网络信息元(Robust Security Network Information Element，RSN IE)来通告它的安全性，它也可以通过探测响应帧对站点的探测请求做出响应。无线站点可以通过被动监测信标帧或主动探测每一个信道，发现可利用的接入点和相应的安全功能。
- **开放系统认证**：这个帧序列的目的，它没有提供安全性，与现有 IEEE 802.11 硬件实现的相同，仅仅是为了保持与 IEEE 802.11 状态机的向后兼容。本质上，这两个设备(STA 和 AP)简单交换标识符。
- **关联**：这个阶段的目的是协商使用一组安全性能力。STA 随后向 AP 发送关联请求帧。在这个帧中，STA 指定与 AP 通告的所有能力相匹配的一组能力。如果在 AP 和 STA 之间没有能力相匹配，AP 将拒绝关联请求。STA 也阻塞该请求，以防它与一个行为异常的 AP 建立关联或者某些人在它的信道上插入非法帧。

认证阶段　如上所述，认证阶段使得 STA 与位于 DS 的 AS 之间进行相互认证。认证的目的是仅允许授权站点使用网络，保证 STA 是与一个合法的网络进行通信。

IEEE 802.11i 使用另一个标准，该标准为局域网提供接入控制功能。这个标准是 IEEE 802.1X，基于端口的网络访问控制(Port-Based Network Access Control)。IEEE 802.1X 标准中定义了所使用的认证协议，扩展认证协议(Extensible Authentication Protocol，EAP）。IEEE 802.1X 使用术语客户端（supplicant）、认证者（authenticator）、认证服务器（authentication server）。在 802.11 无线局域网的背景下，前两个术语对应于无线站点和 AP。AS 通常是单独的设备，可以在网络的有线一边（如，可通过 DS 访问），也可直接驻留在认证者上。

在 AS 使用认证协议认证一个客户端之前，认证者仅仅在客户端和 AS 之间传送控制和认证消息。802.1X 控制信道是畅通的，但 802.11 的数据信道被阻塞。一旦客户端得到认证并给它提供了密钥，则该认证者能够转发来自客户端的数据，并且它会受到针对客户端的网络预设的访问控制的限制。在这些情况下，数据信道是畅通的。

我们可以认为认证阶段由下列 3 个阶段组成：

- **连接到 AS**：为了连接到 AS，STA 向它的 AP（与该 STA 关联的 AP）发送一个请求。AP 确认这个请求，并向 AS 发出一个接入请求。
- **EAP 交换**：这个交换使得 STA 和 AS 相互认证。一些替代的交换是可能的。
- **安全密钥分发**：一旦建立了认证，AS 就产生一个主会话密钥（Master Session Key，MSK），也叫作验证、授权和记费（Authentication，Authorization，and Accounting，AAA）密钥，并将其发送到 STA。STA 与 AP 进行安全通信所需的所有密钥均来自 MSK。IEEE 802.11i 没有指定 MSK 的安全传输方法而是依赖于 EAP 来实现。无论使用什么方法，它都涉及将一个包含来自 AS 的加密 MSK 的 MPDU，经由 AP，传输给 STA。

密钥管理阶段 在密钥管理阶段，生成大量的密钥，并将它们分发给 STA。主要有两种类型的密钥：用于 STA 与 AP 之间通信的成对密钥；针对多播通信的组密钥。关于这些密钥的讨论见[STAL13b]。

受保护的数据传输阶段 IEEE 802.11 在 802.11 MPDU 中定义了两种受保护的数据传输方案：临时**密钥完整性协议**（Temporal Key Integrity Protocol，TKIP）和**计数器模式密码块链消息完整码协议**（Counter Mode-CBC MAC Protocol，CCMP）。

TKIP TKIP 的设计仅需要对已经实现的称为有线等效保密（Wired Equivalent Privacy，WEP）协议的老式无线局域网安全机制的设备进行软件修改。TKIP 提供两种服务：

- **消息完整性**：TKIP 在数据字段的后面给 802.11 MAC 帧添加了消息完整性代码（Message Integrity Code，MIC）。MIC 由一个叫作 Michael 的算法产生，这个算法利用源和目的 MAC 地址值、数据字段和密钥材料来计算 64 比特值。
- **数据保密性**：数据保密性由 RC4 加密算法对 MPDU 和 MIC 值进行加密来提供。

CCMP CCMP 用于那些配置了支持此方案的相应硬件的新型 IEEE 802.11 设备。与 TKIP 一样，CCMP 提供了两种服务：

- **消息完整性**：CCMP 使用密码块链消息认证码（Cipher-Block-Chaining Message Authentication Code，CBC-MAC）。
- **数据保密性**：CCMP 使用 CTR 块密码的操作模式和 AES 加密算法。相同的 128 比特 AES 密钥用于完整性和保密性。

11.9 推荐阅读

[MCFA03]是关于 802.11 的一个简要但非常有用的调查。[GEIE01]很好地讨论了 IEEE 802.11a 中的 OFDM。[CISC07]和[PERA08]是关于 IEEE 802.11n 的技术处理。

[HALP10]和[PAUL08]仔细研究了 802.11n MIMO 方案。[ALSA13]、[CISC14]、[VERM13]是关于 802.11ac 的技术介绍。[CORD10]和[PER10]提供了关于 802.11ad 的技术概述。[HIER10]总结了所有的 802.11 的活动，[XIAO04]讨论了 802.11e。[STAL13]提供了一个透彻的关于 802.11i 安全性的解决方案。

ALSA13 Alsabbagh, E; Yu, H.; and Gallagher, K. "802.11ac Design Consideration for Mobile Devices." *Microwave Journal*, February 2013.

CISC07 Cisco Systems, Inc. "802.11n: The Next Generation of Wireless Performance." Cisco White Paper, 2007. cisco.com

CORD10 Cordeiro, E; Akhmetov, D.; and Park, M. "IEEE 802.11ad: Introduction and Performance Evaluation of the First Multi-Gbps Wi-Fi Technology." *Proceedings of the 2010 ACM international workshop on mmWave communications: from circuits to networks*, 2010.

GEIE01 Geier, J. "Enabling Fast Wireless Networks with OFDM." *Communications System Design*, February 2001.

HALP10 Halperin, D., et al. "802.11 with Multiple Antennas for Dummies." *Computer Communication Review*, January 2010.

HIER10 Hiertz, G. R.; Denteneer, D.; Stubor, L.; Zang, Y.; Costa, X. P.; and Walke, B. "The IEEE 802.11 universe." *Communications Magazine*, *IEEE*, vol. 48, no. 1 pp. 62, 70, January 2010.

MCFA03 McFarland, B., and Wong, M. "The Family Dynamics of 802.11." *ACM Queue*, May 2003.

PAUL08 Paul, T., and Ogunfunmi, T. "Wireless LAN Comes of Age: Understanding the IEEE 802.11n Amendment." *Circuits and Systems Magazine*, *IEEE*, vol. 8, no. 1, pp. 28, 54, First Quarter 2008.

PERA08 Perahia, E. "IEEE 802.11n Development: History, Process, and Technology." *Communications Magazine*, *IEEE*, vol. 46, no. 7, pp. 48, 55, July 2008.

PERAI0 Perahia, E., et al. "IEEE 802.11ad: Defining the Next Generation Multi-Gbps Wi-Fi." *Proceedings*, *7th IEEE Consumer Communications and Networking Conference*, 2010.

STAL13 Stallings, W. *Cryptography and Network Security: Principles and Practice*, *Sixth Edition*. Upper Saddle River, NJ: Prentice Hall, 2013.

VERM13 Verma, L.; Fakharzadeh, M.; and Sunghyun Choi. "Wi-Fi on steroids: 802.11AC and 802.11AD." *Wireless Communications*, *IEEE*, vol. 20, no. 6, pp. 30, 35, December 2013.

XIAO04 Xiao, Y. "IEEE 802.11e: QoS Provisioning at the MAC Layer." *IEEE Communications Magazine*, June 2004.

11.10 关键术语、复习题和问题

关键术语

access point(AP，接入点)
ad hoc networking(自组织网)
Authentication Server(AS，认证服务器)
basic service set(BSS，基本服务集)
binary exponential backoff(二进制指数退避)
complementary code keying(CCK，补码键控)
counter mode-CBC MAC protocol(CCMP，计数器模式-CBC MAC 协议)
distributed coordination function(DCF，分布式协调功能)
distribution system(DS，分发系统)
extended service set(ESS，扩展服务集)
independent BSS(IBSS，独立基本服务集)
Kiviat graph(Kiviat 图)
logical link control(LLC，逻辑链路控制)
MAC protocol data unit(MPDU，MAC 协议数据单元)
MAC service data units(MSDU，MAC 服务数据单元)
medium access control(MAC，介质访问控制)
open system authentication(开放系统认证)
point coordination function(PCF，点协调功能)
service set identifier(SSID，服务集标识符)
spread spectrum wireless LAN(扩频无线局域网)
Temporal Key Integrity Protocol(TKIP，时序密钥完整性协议)
wired equivalent privacy(WEP，有线等效协议)
Wi-Fi
Wi-Fi protected access(WPA，Wi-Fi 保护访问)
wireless LAN(WLAN，无线局域网)

复习题

11.1 列出并简要定义 IEEE 802 协议层。
11.2 什么是 Kiviat 图?
11.3 MAC 地址和 LLC 地址的区别是什么?
11.4 分发系统是一个无线网络吗? 为什么?
11.5 列出并简要定义 IEEE 802.11 服务。
11.6 关联的概念与移动性的概念怎样相关?
11.7 单蜂窝无线局域网和多蜂窝无线局域网的区别是什么?
11.8 无线局域网中的哪些特点造成了有线局域网中不存在的独特的安全挑战?
11.9 在 Wi-Fi 联盟网站(www.wi-fi.org)中查询 Wi-Fi Direct 技术。这项技术为什么有用? 如图 11-3 所示，它在基本的 802.11 自组织无线局域网中增加了哪些功能?

问题

11.1 回答下列关于无线网络的问题：
a. 什么是 SSID?
b. 谁是设备供应商?
c. 你正在使用什么标准?
d. 网络的大小是什么?

11.2 对于 IEEE 802.11n，使用两个并行数据流的 2/3 码率确定 16QAM 的数据速率。
a. 对于 20MHz 信道
b. 对于 40MHz 信道

11.3 对于 802.11ac，使用 8 个并行数据流的 1/2 编码率确定 64QAM 160MHz 信道上的数据速率。

11.4 有许多可利用的免费工具和有助于破译无线网络的应用程序。最流行的是 Netstumbler。在 www.Netstumbler.com 上可以获得这个软件，点击该链接即可下载。这个网站有一个支持无线网

卡的列表。使用 Netstumbler 软件，确定如下情况：

a. 你的网络中有多少接入点有相同的 SSID?

b. 你的接入点的信号强度是多少?

c. 你可以发现多少其他的无线网络和接入点?

11.5 大多数的无线网卡都附带有可以执行类似于 Netstumbler 的任务的一些应用程序。使用你自己的客户端软件，确定与使用 Netstumbler 一样的项目。它们同意吗?

11.6 尝试这个实验：你可以在不同方向上走多远且仍然可以连接到你的网络? 这在很大程度上取决于你的物理环境。

11.7 比较有线局域网和无线局域网。无线局域网的设计者一定要解决哪些特别的问题?

11.8 对附录 11A 中的 802.11 加扰器和解扰器。

a. 说明对应于该多项式定义的异或运算符。

b. 画一个与图 11-22 相似的图。

附录 11A　扰码

对于某些数字数据编码技术，在一次传输中一长串的二进制 0 或 1 会降低系统的性能。其他传输属性，如光谱属性在数据接近于随机性而不是常量或者重复的情况下会得到提高。一种提高信号质量的常用技术是加扰和解扰。加扰过程倾向于使数据看起来更随机。

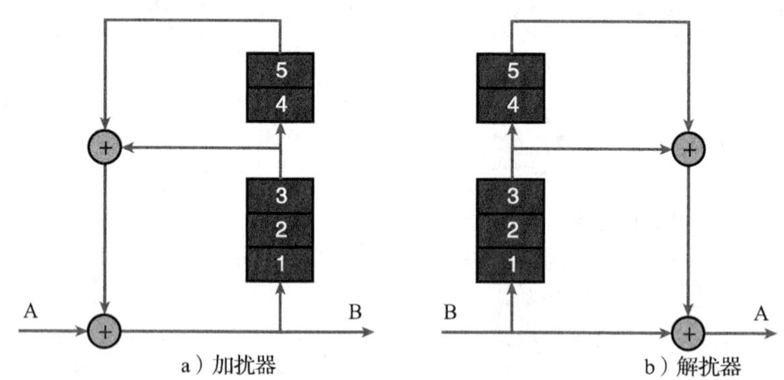

图 11-22　加扰器与解扰器

加扰过程由一个反馈移位寄存器构成，与之匹配的解扰器由一个前馈移位寄存器构成。图 11-22 展示了一个例子。在这个例子中，解扰的数据序列如下：

$$B_m = A_m \oplus B_{m-3} \oplus B_{m-5}$$

这里 $\oplus$ 表示异或运算。解扰的序列是

$$\begin{aligned} C_m &= B_m \oplus B_{m-3} \oplus B_{m-5} \\ &= (A_m \oplus B_{m-3} \oplus B_{m-5}) \oplus B_{m-3} \oplus B_{m-5} \\ &= A_m (\oplus B_{m-3} \oplus B_{m-3}) \oplus (\oplus B_{m-5} \oplus B_{m-5}) \\ &= A_m \end{aligned}$$

我们可以看到，解扰的输出是原始序列。

我们可以用多项式表示这个过程。因此，例如多项式是 $P(X) = 1 + X^4 + X^7$ 。输入序列除以多项式产生加扰的序列。在接收端，收到的加扰信号乘以相同的多项式来恢复原始信号。图 11-23 是使用多项式 $P(X)$ 和输入序列 101110001101001 的例子。加扰序列是由输入序列 101110001101001 除以 $P(X)$(100101)产生的。当这个数乘以 $P(X)$ 时，我们得

到原始序列。注意输入序列包含周期序列 10101010 以及一长串 0。加扰器有效地移除了这两种序列。

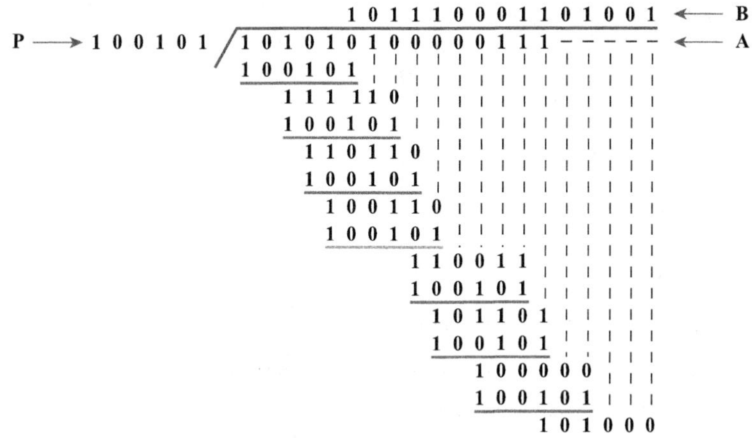

a）Scrambling

1 0 1 1 1 0 0 0 1 1 0 1 0 0 1 ← B
1 0 0 1 0 1 ← P
1 0 1 1 1 0 0 0 1 1 0 1 0 0 1
1 0 1 1 1 0 0 0 1 1 0 1 0 0 1
1 0 1 1 1 0 0 0 1 1 0 1 0 0 1
C = A → 1 0 1 0 1 0 1 0 0 0 0 0 1 1 1

b）Descrambling

图 11-23　$P(X)=1+X^{-3}+X^{-5}$ 的加扰例子

对于 802.11，加扰方程是

$$P(X)=1+X^4+X^7$$

在这个例子中，移位寄存器由 7 个元素组成，图 11-22 中的 5 元素寄存器也使用了同样的方式。

蓝牙与 IEEE 802.15

学习目标

通过本章的学习，你应该能够：

- 描述物联网的愿景和目标。
- 解释蓝牙协议栈和核心协议的作用。
- 描述蓝牙 3.0 和 4.0(智能蓝牙)的增强功能。
- 比较 IEEE 802.15.3 和 IEEE 802.15.4 两个协议的目标。
- 描述 802.15.4 协议的各种增强功能。
- 解释 ZigBee 的体系结构并解释它与 IEEE 802.15.4 的关系。
- 描述 ZigBee 协调器、路由器和终端设备节点的作用。

本章对短距离通信(几米范围内)的相关技术进行了综述。相关的技术标准已经由 IEEE 802.15 工作组制定，并被行业协会进行了扩展。这些短距离通信技术往往把重点放在低成本、低能耗上，从而能够提供更长的电池寿命。这些网络提供了两种服务。第一种是**个域网**(Personal Area Network，PAN)，能够支持个人工作空间内的一系列设备，尤其是随身携带的设备之间的协同工作、共享信息并向用户提供通信服务。第二种是**物联网**(Internet of Things，IoT)，设备之间相互合作从而进行数据采集、数据分析以及自动化应用。本章讨论与 IEEE 802.15 相关的技术，但在这个快速变化的领域还有许多其他的技术。

12.1 物联网

未来的因特网将会有大量的使用标准通信架构的物体来给终端用户提供服务。可以想象的是，若干年后将会有数百亿的设备互连在一起。物理世界与计算、数字内容、分析、应用和服务之间将会产生新的互动。这种网络形式称为物联网(Intornot of Things，IoT)，它将会为用户、制造商和服务提供商在更为广泛的行业提供史无前例的机会。从 IoT 数据采集、分析和自动化能力方面受益的领域包括健康与健身、医疗护理、家庭监控和自动化、能源节约以及智能电网、农业、交通、环境监测、库存和产品管理、安全、监控系统、教育等。

许多领域技术都在不断发展，毫无疑问，无线网络已经进行了相当长时间的研究，但是仅局限于移动计算、普适计算、无线感知网络以及信息物理系统(cyber-physical system)。设计和开发了大量的提案和产品，包括低功耗协议、安全和隐私、寻址、低成本无线电、长寿命电池的节能方案、网络的不可靠和间断性休眠节点的可靠性等。除此之外，该领域也不断地向以下方向发展，如提供物联网设备社交网络功能、利用机器到机器通信、储存和处理大量的实时数据以及相关的应用程序，从而为终端用户提供与这些 IoT 设备和数据之间的智能和有效的接口。

许多文献已经展望了 IoT 的美好愿景。在[STAN14]中，作者展望了 IoT 给个人将带来的好处，如数字化日常生活、仿生皮肤与周围的智能空间进行通信来改进的舒适性、健康和安全、智能手表、节点以优化对城市服务的访问。在城市范围内的好处，包括没有红绿灯的、有效的、无延迟的智能交通以及 3D 交通工具。智能建筑不仅能够控制能源和安全，同时还支持保健和健康活动。与人们利用智能手机与世界进行多种方式的接触一样，IoT 提供了人类获取信息和服务的新形式。除去人们对 IoT 有效性了解的局限性以及具体实现的时效性问题外，IoT 带来的改变还是很乐观的。

12.2　蓝牙技术产生的动机与概述

蓝牙㊀是一种内嵌在芯片上的全时短距离无线连接技术。蓝牙技术由电信巨头爱立信(Ericsson)公司于 1994 年开发，其最初目的是让便携式计算机能通过智能手机打电话。从那以后，多达 20 000 家公司签署协议从而使蓝牙这种低功耗短距离的通信标准能够应用到更广泛的设备上。IEEE 最初将蓝牙技术列为 IEEE 802.15.1 标准，但如今已不再维持该标准。目前，一个称为蓝牙特别兴趣小组(Special Interest Group，SIG)的蓝牙产业联盟负责蓝牙标准的发布。接下来的几节对蓝牙技术进行概述。

蓝牙技术的含义是支持短距离无线通信能力。它具有性能稳定、成本低、功耗低的特点。使用 2.4GHz 无线电频段，这是全球范围内无需取得许可证的低功耗应用频段。配置有蓝牙技术的电子产品能够在 10 米的距离内彼此相互通信，传输速度可以达到 2.1～24Mbps。蓝牙支持开放式的应用，包括数据(例如，时间表和电话号码)、音频、图像，甚至视频。举例来说，音频设备有智能手机、耳机、无绳电话、标准电话和家庭立体声。下面列出了蓝牙能够给消费者提供的功能：

- 通过与手机连接的无线耳机打电话。
- 控制手机与车载音箱的通信。
- 从计算机或者平板电脑控制其外围设备，比如键盘、鼠标、扬声器。
- 设置家庭网络，电视迷可以远程遥控空调，甚至可以监视小孩上网。
- 远程开启或者关闭家用电器，设定闹钟，监控活动。

按使用的优先级对以下设备进行排序：

- 手持移动终端。
- 手持音频设备。
- 立体声耳机和扬声器。
- 个人计算机和平板电脑。
- 人体交互设备，比如鼠标和键盘。
- 视频游戏的无线控制器。
- 汽车。
- 机器到机器应用：信用卡读取器、工业自动化等。

12.2.1　蓝牙的应用

蓝牙是针对多用户环境设计的。多达 8 个设备可以通过**微微网**(piconet)进行通信，在蓝牙的覆盖范围内可以存在数十个这样的微微网。为了提供安全性，每一条链路都进行加密来防止窃听和干扰。

㊀ 蓝牙这个名字来自丹麦国王 Harald Blaatand(Bluetooh)，他生活在公元 10 世纪。与其他的维京人不同，Harald 国王有一头黑发(因而命名为蓝牙，意思是黝黑)Harald 国王征服了丹麦和挪威并将基督教引入整个斯堪的纳维亚半岛。启用蓝牙设备时蓝色的 logo 来自他姓名的首字母缩写。

使用短距离无线连接，蓝牙可以支持以下 3 个一般应用领域：

- **数据和语音接入点**：蓝牙能够为便携式和静止通信设备提供无线连接从而进行实时的语音与数据传输。
- **取代电缆线**：各种设备通过蓝牙进行连接就不需要各种专用的数据线，而且连接是瞬时的甚至在非视距范围内，蓝牙无线电的覆盖范围是 10m，通过专用的放大器放大后可以达到 100m。
- **自组织组网**：配备有蓝牙的设备在蓝牙无线电的覆盖范围内能迅速地与另一个蓝牙设备建立连接。

表 12-1 给出了蓝牙使用的例子。

表 12-1　蓝牙的应用

头戴式耳机 用于智能手机与头戴式耳机之间的通信。这是一种最主要的应用，尤其是对于某些司法管辖区，出于安全原因考虑，要求驾驶时必须使用 **汽车音响** 汽车音响系统的通信与控制 **PC 输入与输出** PC 与鼠标、键盘、打印机等外设的输入与输出通信 **同步** PC 与智能手机之间日历信息和联系人详细信息的自动同步 **电缆替代** 替代以前的有线 RS-232 串行连接，如用在测量设备、医疗设备、交通控制设备中 **替代红外遥控器** 控制器使用蓝牙来替代红外遥控器	**低速数据传输** 可以通过无线传送文件，以替代 USB 设备 **网桥** 以太网的互连 **游戏控制台** 蓝牙也用于无线游戏控制 **医疗设备** 健康监测设备与智能手机或者收集和发送健康数据的设备之间的短距离传输 **安全** 防止智能手机被盗，如果蓝牙连接被破坏，则表明智能手机已不在该人的可穿戴设备的附近。连接的丢失也可能表明其他的危险情况

12.2.2　蓝牙标准文档

蓝牙标准文档超过了 2500 页，分成两部分：核心(core)规范和应用规范。**核心规范**描述了蓝牙协议体系结构从无线电接口到链路控制的各层的具体内容。包含了以下相关内容：与相关技术的互操作性、测试需求、各种蓝牙计时器及其关联值的定义。下面的几节将首先讨论蓝牙 2.1 中采用的**基本速率/增强数据速率**(Basic Rate/Enhanced Data Rate，BR/EDR)标准。采用**高速率**(High Speed，HS)增强蓝牙，蓝牙 3.0 使用了交替射频技术(Alternative MAC/PHY，AMP)标准(实际上就是 IEEE 802.11)，该技术可以实现高速传输，它将在 12.4 节中进行介绍。同时，蓝牙 4.0 的**低功耗**(Bluetooth Low Energy)标准(也称为**智能蓝牙**，Bluetooth Smart)也在 12.4 节中进行介绍。

应用规范涉及支持各种蓝牙技术的应用。每一个应用规范讨论核心规范中定义的技术以实现特定的**使用模型**。应用规范描述核心规范中哪些内容是强制性的、可选择的和不适用的。应用规范定义了互操作性的标准，这样不同供应商提供的产品可以进行互操作。

12.2.3　协议体系结构

蓝牙定义为分层协议体系结构(如图 12-1 所示)，它包括核心协议(core protocol)、电缆替代(cable replacement)和电话控制协议(telephony control protocol)、选用协议(adopted protocol)。

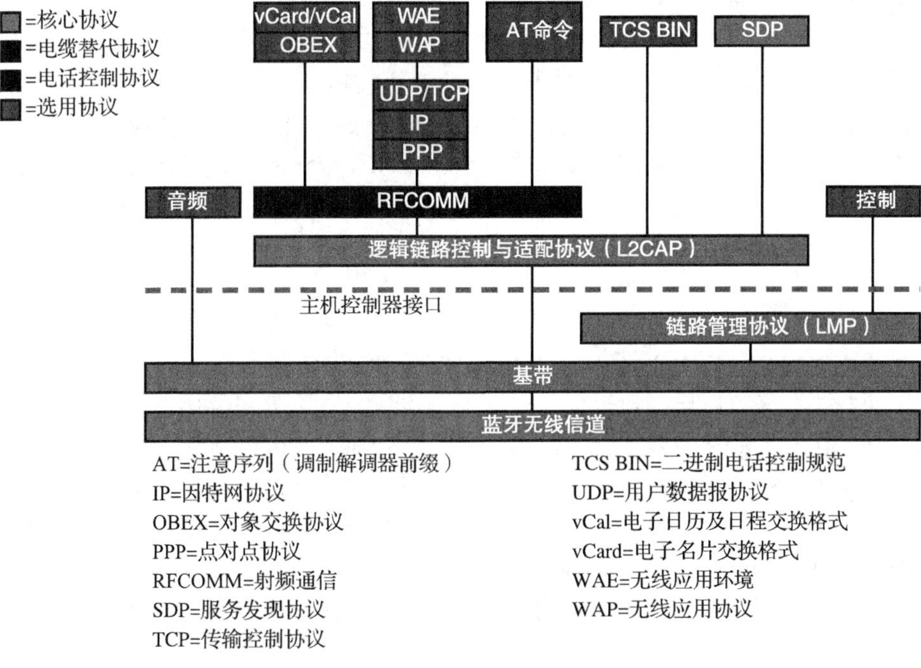

图 12-1　蓝牙协议栈

核心协议是由以下元素组成的 5 层栈。

- **射频协议**(Radio)：指定详细的空中接口配置，包括频率、跳频的使用、调制方法和传输功率。
- **基带协议**(Baseband)：基带协议确保各个蓝牙设备之间的射频连接，以形成微微网。包括寻址、包分组格式、定时以及功率控制。
- **连接管理协议**(Link Manager Protocol，LMP)：该协议负责各蓝牙设备之间连接的建立。安全方面包括身份认证和加密，通过控制和协商确定基带数据分组大小。
- **逻辑链路控制和适配协议**(Logical Link Control and Adaptation Protocol，L2CAP)：该协议是基带层的上层协议，L2CAP 向上层提供面向连接的和无连接的数据服务。
- **服务发现协议**(Service Discovery Protocol，SDP)：使用 SDP 可以查询设备信息和服务特性，从而在两个或多个蓝牙设备之间建立连接。

射频通信(Radio Frequency Communication，RFCOMM)就是电缆替代协议，其也包含在蓝牙规范里面。RFCOMM 提供虚拟的串行端口用来替代有线电缆。串行端口是计算机和通信设备进行通信的最常用的接口。因此，用 RFCOMM 代替电缆，现行设备端口几乎可以不做修改。RFCOMM 提供了基于蓝牙基带层的二进制数据转换和模拟 EIA-232 串行控制信号。EIA-232(即早前的 RS-232)是广泛使用的串口标准。

蓝牙规范了**电话控制协议**(telephony control protocol)。二进制电话控制协议(Telephony Control Specification-Binary，TCS-BIN)是一个面向比特的协议，它定义了蓝牙设备之间建立语音和数据呼叫的控制信令。另外，它定义了处理蓝牙 TCS 设备群的移动管理过程。

选用协议(adopted protocol)是由其他标准制定组织定义并被纳入总体蓝牙协议中的。标准化组织尽量使用现有的标准，只在必要时才开发蓝牙协议。选用协议包括：

- PPP：点对点协议(Point-to Point Protocol，PPP)是通过点对点链路传输 IP 数据报

的因特网标准协议。

- TCP/UDP/IP：这些是 TCP/IP 协议族的基础协议（已在第 4 章中讨论过）。
- OBEX：对象交换协议（DBEX）由红外数据协会（Infrared Data Association，IrDA）开发，是用于对象交换的会话层协议。OBEX 的功能与 HTTP 相似，其形式更加简单。它也为表示对象与操作提供模型。OBEX 传输的内容格式有电子名片交换格式（vCard）和电子日历及日程交换格式 vCalendar，它们能够分别提供电子商务名片、个人日程条目与调度信息等格式。

12.2.4　应用规范

在蓝牙应用规范文档中定义了超过 40 种不同的应用规范。本质上，蓝牙应用规范是实现特定的基于蓝牙的应用的协议集。每一个应用规范定义了相关协议，该协议支持特定的使用模型。所有的蓝牙节点支持通用接入规范，附加规范可以独立于其他规范。

例如，文件传输应用规范（File Transfer Profile）支持目录、文件、文档、图像和流媒体格式的文件传输。它也支持远程设备的文件夹浏览功能。文件传输规范依赖于通用对象文件交换（Generic Object File Exchange）、串行接口以及通用接入规范（Generic Access Profile）。它使用 GOFE 的 OBEX 功能。然后，它提供与 L2CAP 和 RFCOOM 协议的接口。

12.2.5　微微网和散射网

正如前面所提到的，蓝牙中的基本网络单元是**微微网**（piconet），它由主设备（Master）单元和 1～7 个从设备（Slave）单元构成。微微网中所有用户使用的信道（跳频序列）和相位（时偏，即什么时候传输）由主设备单元决定。主设备在进行决定时使用它自己的设备地址作为参数，而从设备必须调整到同一个信道和相位。从设备只能与主设备进行通信，而且必须得到主设备的允许。微微网中的设备可以存在于另一个微微网中，并且该设备可以作为主设备也可以作为从设备（如图 12-2 所示），这种网络重叠的形式成为**散射网**（scatter-net）。图 12-3 对微微网/散射网与其他的无线网络进行了对比。

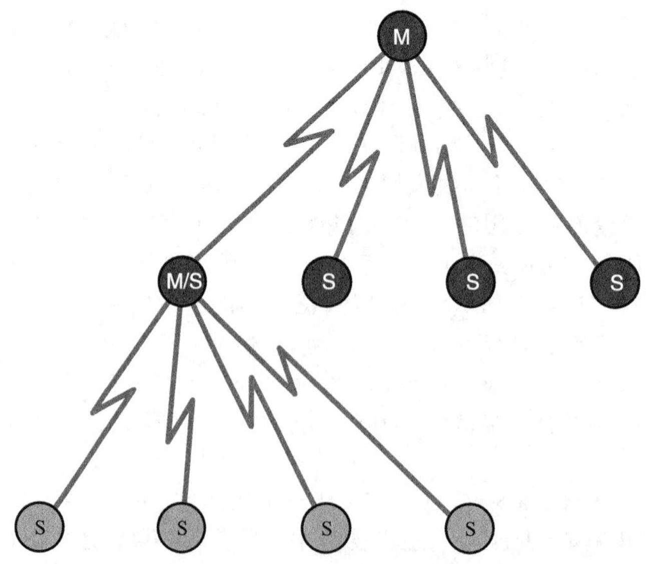

图 12-2　主设备/从设备关系

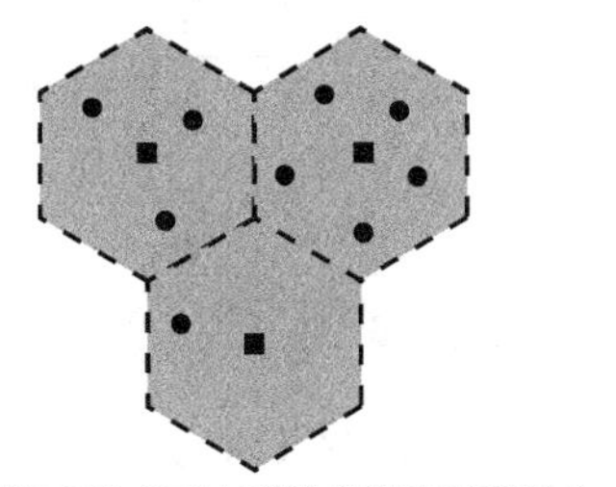

a）蜂窝系统（正方形代表固定的基站）

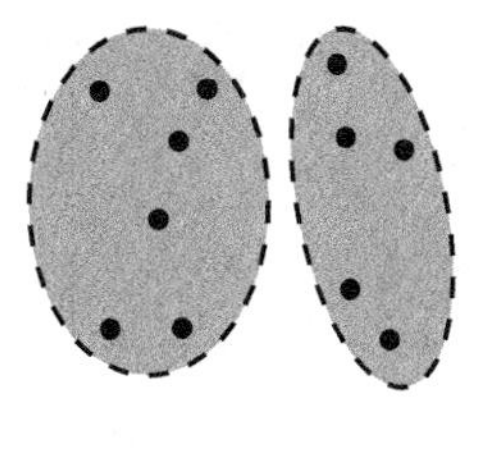

b）传统的自组织系统

c）散射网

图 12-3　无线网络配置

微微网/散射网的优点是允许多个设备工作于同一个物理区域，提高了带宽效率。蓝牙系统使用跳频技术，载波间隔为 1MHz。典型地，在 80MHz 带宽范围内可以使用 80 个不同的频率。如果不使用跳频，单信道带宽只有 1MHz。采用跳频技术后，逻辑信道由跳频序列决定。在任何给定的时间内，系统有效带宽是 1MHz，最多有 8 个设备共享该带宽。不同的逻辑信道(不同的跳频序列)可以共享 80MHz 带宽。当同一个设备处于多个微微网时，如果同时在不同的逻辑信道上使用相同的频率，就会产生冲突。随着一个物理区域内微微网数量的增多，冲突的数量也会增加，系统的性能也就随之下降。总之，物理区域和整个带宽由散射网共享，逻辑信道和数据传输由微微网共享。

12.3　蓝牙技术规范

接下来按照从射频协议规范向上的顺序介绍蓝牙协议栈的不同层的协议规范。

12.3.1　射频规范

蓝牙射频规范介绍了蓝牙设备射频传输的具体情况。主要参数总结在表 12-2 中。蓝牙由基本数据速率和增强数据速率 PHY 层选项组成。

表 12-2　蓝牙射频与基带参数

	基本速率(BR)	增强数据速率(EDR)
拓扑	在一个逻辑星形网络中最多支持 7 个同时的链接	在一个逻辑星形网络中最多支持 7 个同时的链接
调制方式	GFSK	π/4-DQPSK 和 8DPSK
峰值数据速率	1Mbps	2Mbps 和 3Mbps
RF 带宽	220kHz(-3dB)、1MHZ(-20dB)	220kHz(-3dB)、1MHZ(-20dB)
RF 频带	2.4GHz、ISM 频段	2.4GHz、ISM 频段
RF 载波	23/79	23/79
载波间隔	lMHz	lMHz
发送功率	0.1W	0.1W

（续）

	基本速率（BR）	增强数据速率（EDR）
微微网接入	FH-TDD-TDMA	FH-TDD-TDMA
跳频速率	1600跳/秒	1600跳/秒
散射网接入	FH-CDMA	FH-CDMA

射频规范的一个方面是根据输出功率定义了3类发射机：

- **第一类**：输出功率最大值为100mW（+20dBm），最小值为1mW（0dBm）。该类发射机功率是受控的，范围为4～20dBm，这种模式下发射距离最远。
- **第二类**：输出功率最大值为2.5mW（+4dBm），最小值为0.25mW（−6dBm）。功率控制是可选择性的。
- **第三类**：最大输出功率为1mW。

蓝牙采用工业、科学和医疗（industrial，scientific and medical，ISM）波段的2.4GHz短距离无线电频段。在大部分国家，该带宽可以定义79个1MHz带宽的物理层信道（如表12-3所示）。功率控制技术用来保证设备不发射过多的没有任何必要的射频功率。功率控制算法是由微微网中的主设备和从设备的链路管理协议来完成的。

表12-3 国际蓝牙频率分配

地区	监管范围	RF信道
美国、多数欧洲国家和其他多数国家	2.4～2.4835GHz	$f=2.402+n$MHz，$n=0$，…，78
日本	2.471～2.497GHz	$f=2.473+n$MHz，$n=0$，…，22
西班牙	2.445～2.475GHz	$f=2.449+n$MHz，$n=0$，…，22
法国	2.4465～2.4835GHz	$f=2.454+n$MHz，$n=0$，…，22

蓝牙可以采用基本数据速率（BR）和增强数据速率（EDR）连接。BR采用的调制方法是高斯频移键控（GMSK），二进制数字1代表正的频偏，0代表负的频偏。1Mbps意味着每秒发送100万比特符号。系统最小频偏是115kHz。

蓝牙2.0版本推出了EDR，EDR使用$\pi/4$-DQPSK、8DPSK两种调制技术，发送速率同样为100万个符号/秒，由于每个符号包含2～3个比特，所以数据速率分别可以达到2Mbps或者3Mbps。去除协议开销后，原先的3Mbps在实际中能够获得约2.1Mbps的数据传输速率。

12.3.2 基带规范

基带规范是蓝牙协议文档中最复杂的规范之一，本节介绍该规范的主要内容。

跳频 跳频（Frequency Hopping，FH）在蓝牙中有两个作用：

1）它提供对抗干扰和多径衰落的能力。

2）它为共处同一地点的不同微微网的设备提供一种多址接入形式。

跳频的工作方法如下所述。整个带宽划分为79个（在大多数国家）**物理信道**，每个信道带宽为1MHz。跳频就是在伪随机序列的控制下从一个物理信道跳到另一个物理信道。在同一个微微网中，所有设备共享一个跳频序列，称为**跳频信道**[⊖]。跳频速率是1600跳/秒，因此每个物理信道的持续时间为0.625ms。每0.625ms时间周期为一个时隙，并按顺

⊖ 跳频信道这个术语并没有出现在蓝牙规范文档中，这里使用这个术语主要是为了理解方便。

序进行编号。

蓝牙无线通信系统采用时分双工(Time Division Duplex，TDD)技术。对于 TDD 传输方式，数据在一个时隙只向一个方向传输数据，在另一个时隙可以向反方向发送数据。因为超过两个设备共享微微网的传输介质，所以多址接入技术采用时分多址(Time Division Multiple Access，TDMA)。因此，微微网的接入技术可以称为 FH-TDD-TDMA。图 12-4 对该技术进行了说明[⊖]。在图 12-4 中，k 表示时隙数量，$f(k)$表示第 k 个时隙选择的物理层信道。

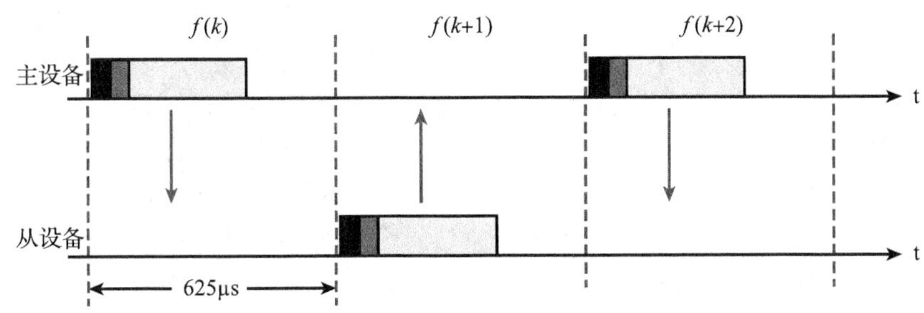

图 12-4　跳频时分双工

数据包在时隙的开始端进行传输，包长度可以为 1、3 或者 5 个时隙。对于多个时隙长度的数据包，在整个数据包传输期间，载波频率保持不变(如图 12-5 所示)。在多时隙数据包传输完的下一个时隙，载波频率按照跳频序列进行变化。因此在数据包传输期间，至少跳过两个或者 4 个跳频频率。

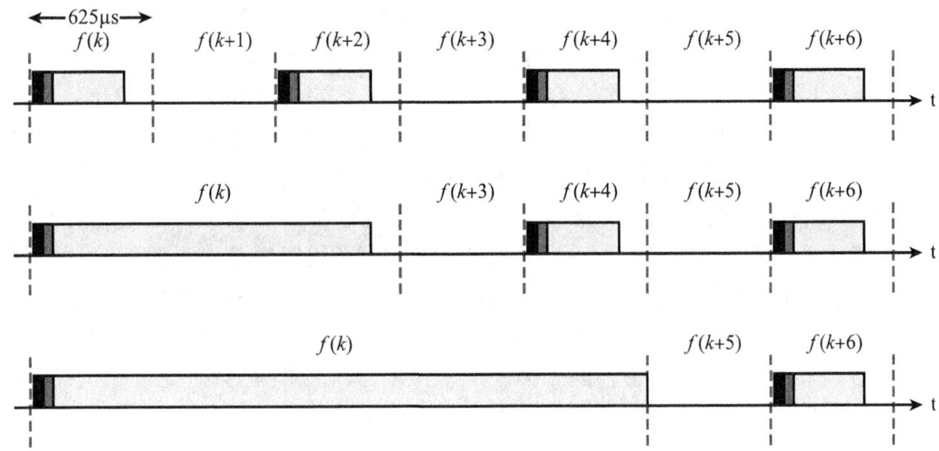

图 12-5　多时隙数据包示意图

使用 TDD 技术可以避免无线收发信机在数据发送和接收时产生的串扰，对于单芯片实现的系统来说必须采用 TDD 技术。需要注意的是，由于发送和接收在不同的时隙，所以也使用了不同的频率。

跳频序列由微微网中的主设备决定，它是主设备蓝牙地址的一个函数。伪随机跳频序列由相当复杂的数学运算(包括排列和异或运算)来产生。

⊖　每个分组可以分为 3 个区域(深灰色、浅灰色、白色)，分别代表每个数据包的 3 个主要划分(接入码、头、负载)，这将在随后解释。

由于相同区域中的不同微微网有不同的主设备，所以主设备需要使用不同的跳频序列。因此，大多数时候，相同区域中的不同微微网上的两个设备内使用不同的物理信道进行数据传输。偶尔地，两个微微网在同一个时隙内使用相同的物理层信道，这样就会导致冲突和数据丢失。然而，这种情况很少发生，可以使用前向纠错和差错检测/ARQ 技术来进行克服。因此，在同一个散射网中的不同微微网的设备之间实现了码分多址(CDMA)，称为 FH-CDMA。

微微网可以使用**自适应跳频技术**，从多个源可以获得跳频序列质量的度量。跳频序列的选取可以避免质量差的信道，尤其是被其他设备占用的信道。这样，可用的信道数量就会远少于 79 个，但是至少必须保证可用信道集中有 20 个信道。

用户逻辑链路　主设备和从设备之间可以建立 3 种不同的数据链路。

- **同步定向连接**(Synchronous Connection Oriented，SCO)：为主设备和从设备的点对点通信分配固定的带宽。主设备通过有规律地使用预留时隙来维持 SCO 链接。预留时隙的基本单位为两个连续的时隙(每个传输方向有一个)，这样连接是对称的。一个主设备可以支持多达 3 个同时的 SCO 链接，而一个从设备对一个主设备可以支持 3 路的 SCO 链接，对不同的主设备可以支持 2 路的 SCO 链路。SCO 数据包不会进行重传。
- **扩展的同步连接**(extended Synchronous Connection Oriented，eSCO)：eSCO 预留时隙的方式与 SCO 一样，但是 eSCO 是非对称的，并且它支持数据包重传。
- **异步无链接**(Asynchronous Connectionless，ACL)：ACL 支持微微网中的主设备与所有从设备的一点对多点的链接。在 SCO 或者 eSCO 链接不预留的时隙中，主设备在每个时隙基上与任何其他从设备进行数据包交换，包括已经进行 SCO 链接的从设备。只允许存在一个 ACL 链接，对于大部分 ACL 数据包，允许进行重传。

SCO 和 eSCO 主要用于传输有传输时间限制的数据，它需要保证传输速率，但不保证准确送达。经常在蓝牙规范中使用的一个协议是，具有内置差错容忍的数字编码音频数据。可以通过预留特定的时隙来实现保证的数据传输速率。

ACL 链接提供分组交换形式的连接。ACL 链接不存在带宽预留，通过差错检测与重传来保证传输质量。在从-主时隙中，当且仅当先前的主-从时隙已被处理，从设备才允许返回一个 ACL 分组。ACL 链路定义了 1 时隙、3 时隙和 5 时隙的数据包。数据可以不进行差错控制直接发送(尽管高层可以采用 ARQ 技术)，也可以使用 2/3 码率的前向纠错码进行差错控制。采用 5 时隙的无差错控制非对称容量分配方案能够达到最大的传输速率，可以达到的最大传输速率为前向传输 721kbps，反向为 57.6kbps。表 12-4 总结了所有可能情况。

表 12-4　ACL 链路上的可达数据速率

类型	对称(kbps)	非对称(kbps)	
DM1	108.8	108.8	108.8
DH1	172.8	172.8	172.8
DM3	258.1	387.2	54.4
DH3	390.4	585.6	86.4
DM5	286.7	477.8	36.3
DH5	433.9	723.2	57.6
AUX1	345.6	345.6	345.6

（续）

类型	对称（kbps）	非对称（kbps）	
2-DH1	345.6	345.6	345.6
2-DH3	782.9	1174.4	172.8
2-DH5	869.1	1448.5	115.2
3-DH1	531.2	531.2	531.2
3-DH3	1177.6	1766.4	235.6
3-DH5	1306.9	2178.1	177.1

注：DMx＝x-时隙 FEC-编码
　　DHx＝x-时隙无保护
　　2-Dxx；＝2Mbps 增强数据速率
　　3-Dxx＝3Mbps 增强数据速率

数据包　所有蓝牙数据包的格式如图 12-6 所示，它由 3 个字段组成。

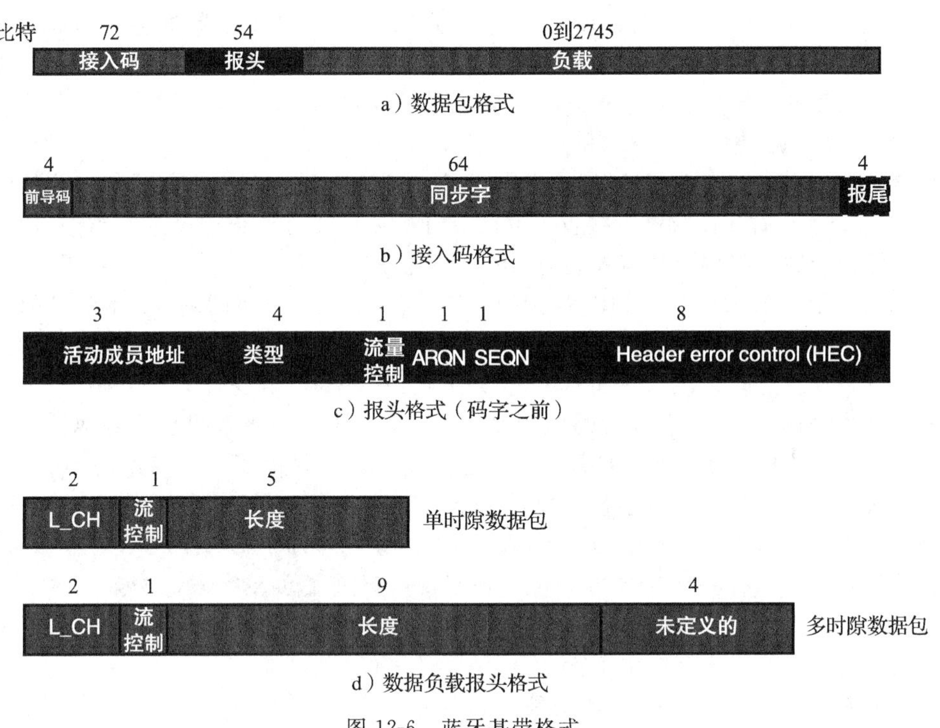

图 12-6　蓝牙基带格式

- **接入码**（Access code）：用于时间同步、偏移补偿、寻呼和查询。
- **包头**（Header）：用于识别分组类型，承载协议控制信息。
- **负载**（Payload）：如果有，它包含用户语音或者数据，大多数情况下，它是一个负载头。

接入码　接入码有 3 种类型：

- **信道接入码**（Channel Access Code，CAC）：识别微微网（对微微网是唯一的）。
- **设备接入码**（Device Access Code，DAC）：用于寻呼及其随后的响应。
- **查询接入码**（Inquiry Access Code，IAC）：用于查询。

接入码由前导码、同步字和尾组成。前导码用于直流补偿。如果同步字中的最低有效比特（最左边的）是 0 时，则它由模式 0101 组成，如果最低有效比特是 1，它由模式 1010

组成。类似地，如果最高有效比特(最右边的)为1，尾由模式0101组成，如果最高有效比特(最右边的)为0，尾由模式1010组成。

数据包头 所有蓝牙数据包的包头格式如图12-6c所示，它由6个字段组成。

- **活动模式地址**(AM_ADDR)：我们知道，一个微微网最多包括7个有效的从设备。每个3比特的AM_ADDR地址包含一个从设备的"活动模式"地址(分配给这个微微网中的从设备的临时地址)。主设备到从设备的传输包含从设备的地址，从设备到主设备的传输也包含该地址。0值预留给在该微微网中的主设备到所有从设备的广播。
- **类型码**(Type)：识别数据包类型。4个类型码预留给SCO和ACL链接通用的控制数据包类型码被保留。剩下的数据包类型码用来传送用户信息。对于SCO链路，多种数据包可以用于携带64kbps语音。区别在于提供的错误保护数量不同，它决定了为保持64kbps数据速率所需的分组的发送频率。其余类型的数据包携带语音和数据。对于ACL链路，表12-4定义了13种不同类型的数据包。它携带不同数量的错误保护和不同数据速率的用户数据。其中一种类型的数据包对于两个物理链接是通用的。它仅由一个接入码组成，码长固定为68比特(不包括尾)，该数据包称为ID数据包，用来查询和接入进程。
- **流控制**(Flow)：仅为ACL业务提供1比特的流控制机制。当数据包接收的流控制为Flow=0时，接收站点接收该数据包时，必须临时停止该链路上ACL数据包的传输。当数据包接收的流控制为1时，发送重新开始。
- **确认指示**(ARQN)：为CRC保护的ACL流量提供1比特的确认机制。如果成功接收，则返回ACK(ARQN=1)；否则，返回NAK(ARQN=0)。当没有收到关于确认的返回信息时，默认收到NAK。如果收到NAK，则数据包进行重传。
- **序列号**(SEQN)：提供1比特的顺序编号方案。发送数据包可以交替地标记为1或者0。在目的端滤除重传数据包时这是需要的。如果由于一个错误的ACK导致重传发生，那么目的端就会收到相同的分组两次。
- **头差错控制**(Header Error Control，HEC)：用于保护分组头的8比特差错检测码。

负载格式 对于有些类型的数据包，基带规范定义了负载字段的格式。对于语音负载，没有定义头。对于所有的ACL分组和SCO DV数据包的数据部分，都定义了头。对于数据负载，负载的格式有3个字段。

- **负载头**(Payload header)：单时隙数据包定义了8比特头，多时隙数据包定义了16比特头。
- **负载主体**(Payload body)：包含用户信息。
- **CRC**：16位CRC检验码用于所有的数据负载，除了AUX1分组之外。负载头存在时可以由以下三个字段组成(见图12-6d)。
- **L_CH**：识别逻辑信道(随后详细说明)。可选择的类型有：LMP消息(11)；未分片的L2CAP消息或者分片的L2CAP消息的开始(10)分片的L2CAP消息的后续消息(01)；或者00。
- **流控制(Flow)**：用于L2CAP层的流控制。提供与ACL业务头中的流控制字段一样的开/关机制。
- **长度**：除了有效载荷头和CRC之外，有效载荷中数据的字节数。

纠错 在基带层，蓝牙采用了3种纠错方案：

- 1/3 码率前向纠错(FEC)
- 2/3 码率前向纠错(FEC)
- ARQ(自动重传请求)

这些纠错方法是用于满足竞争需求。纠错方案必须足以应对固有不可靠的无线链路，并且还必须能够确保数据传输的流畅度和有效性。

1/3 码率 FEC 用于 18 比特的包头，也可用于 HV1 数据包中的语音字段。该方案每个比特发送 3 个副本。使用大数据逻辑：每次接收到的三比特映射为出现次数最多的比特。

2/3 码率 FEC 用于所有的 DM 数据包、DV 包的数据字段、FHS 数据包和 HV2 数据包。编码器采用(15，10)汉明码。可以纠正每个码字中的所有单个比特错误并可检测出所有两个比特错误。

ARQ 方法应用于 DM 和 DH，以及 DV 包的数据字段。与数据链路控制协议(见 10.4 节)中使用的 ARQ 方法相类似。我们知道 ARQ 方法有以下几个要素：

- **差错检测**：目的端检测错误并丢弃错误的数据包。差错检测通过 CRC 差错检测码以及 FEC 码来实现。
- **正确认**：目的端成功接收后它返回正确认。
- **超时重传**：在预定时间后源端没有收到确认，则源节点进行重传。
- **负确认和重传**：目的节点接收数据包错误后发送负确认。源节点进行重传这样的分组。

蓝牙技术使用一种称为快速 ARQ(fast ARQ)的方法，它利用了主设备和从设备使用交替时隙进行通信的事实。图 12-7 介绍了该技术，相应的动画非常有助于理解。当接收站点收到数据包后便使用 16 比特 CRC 校验码确定是否有差错发生。如果有，则头中的 ARQN 设为 0(NAK)；如果没有，则头中的 ARQN 设为 1(ACK)。当站点接收到 NAK 时，它重传与前一个时隙中它发送的分组相同的数据包，使用上一时隙数据包包头中的 SEQN 位相同的 1 比特。使用该技术，发送方可以知道下一个时隙分组是否正确传输，如果没有，则重传。1 比特序列号的使用和数据包立即重传技术可以最小化链路开销，最大化链路响应。

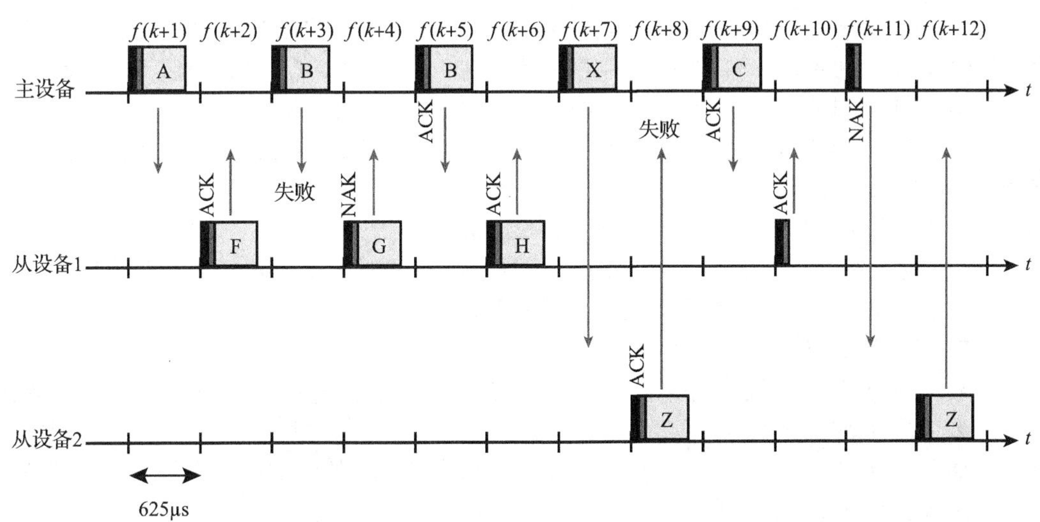

图 12-7 重传操作的例子

逻辑信道　蓝牙定义了6种类型的逻辑数据信道，用于承载不同类型的负载。

- **链路控制**(Link Control，LC)信道：用来管理链路接口上的数据包流。将LC信道映射到包头中。该信道携带低层链路控制信息，如ARQ、流量控制、负载特性。除了ID数据包之外，每个包都携带LC信息，它没有分组头。
- **ACL控制**(ACL-C)信道：携带主设备和从设备中的链路管理的控制信息。
- **链路管理**(LM)信道：在参与的站点之间传输链路管理信息。该逻辑信道支持LMP业务，可以由SCO或者ACL链路进行承载。
- **用户异步/等时**(User Asynchronous/Isochronous，ACL-U)：承载所有的异步和等时[⊖]用户数据。该信道一般由ACL链路承载，也可由SCO链路上的DV数据包承载。
- **用户同步**(User Synchronous，SCO-S)信道：携带同步用户数据。该信道由SCO链路承载。
- **用户扩展同步**(eSCO-S)信道：由扩展的SCO链路承载。
- **规范广播数据**(Profile Broadcast Data，PBD)：承载从一个无连接从设备广播发射机到一个或者多个无连接从设备广播接收机的规范广播数据。

12.3.3　链路管理规范

链路管理规范(Link Manager Specification，LMP)管理主设备和从设备之间的无线电链路的多个方面。链路管理协议涉及主设备和从设备中的管理实体之间的LMP协议数据单元形式的消息交换。消息总是作为一个单时隙数据包进行发送，该数据包带有识别消息类型的1字节负载头和包含与此消息有关的附加信息的负载主体。

为LMP定义的程序可以划分成24个功能区，每个功能区涉及一个或者多个消息的交换。这些区域包括：认证、配对、加密、时钟偏置请求、主-从设备切换、名称请求、保持或者休眠或者监听模式等。

12.3.4　逻辑链路控制与适配协议

与802.11规范中的逻辑链路控制(LLC)一样，逻辑链路控制与适配协议(L2CAP)在共享传输介质网络的实体之间提供链路层协议。与LLC一样，L2CAP提供了许多服务并依靠低层(此时是基带层)进行数据流量控制和差错控制。

L2CAP利用ACL链路，它不支持SCO链路。利用ACL链路，L2CAP为上层协议提供了两种可选的服务：

- 无连接服务：这是一种可靠的数据报形式的服务。
- 面向连接的服务：该服务与HDLC提供的服务类似。在交换数据的两个用户之间建立一条逻辑连接，并提供流量控制和差错控制。

L2CAP信道　L2CAP提供了3种类型的逻辑信道：

- **无连接的**：支持无连接服务。每个信道是单向。这种信道类型通常用于从主设备向多个从设备的广播。
- **面向连接的**：支持面向连接的服务，每个信道是双向的(全双工)。每个方向都指定服务质量(QoS)流规范。

⊖　术语等时(isochronous)是指重发具有已知周期时序的数据块。

- **信令**：用于 L2CAP 实体之间的信令消息交换。

服务质量　L2CAP 中的 QoS 参数基于 RFC 1363[㊀]定义了流规范。本质上，**流规范**是一个参数集，用来说明发射机试图实现的性能水平。

流规范由下列参数构成：

- 服务类型
- 令牌速率(B/s)，用来设置平均长期数据速率
- 令牌桶大小(B)，在限定范围内允许的突发数据流
- 峰值带宽(B/s)
- 延迟(μs)
- 延迟抖动(μs)

服务类型参数表示数据流的服务水平，0 表示信道上没有数据传输。1 表示尽力而为服务，设备尽可能快地传输数据，但不保证传输质量。2 表示保证服务，发送端将按照现有的 QoS 参数传输数据。

令牌速率和**令牌桶大小**参数对 QoS 中常用的令牌桶进行定义，如图 12-8 所示。令牌桶是用桶来作类比，令牌定期存放(B/s)在桶中。每次分组传输时，就从桶中取出一些令牌。如果令牌数量不够，则数据传输分组暂停直到有足够的令牌。如果令牌到达时桶是满的，则直接丢弃令牌。突发分组能够以峰值带宽进行传输直至令牌用完。

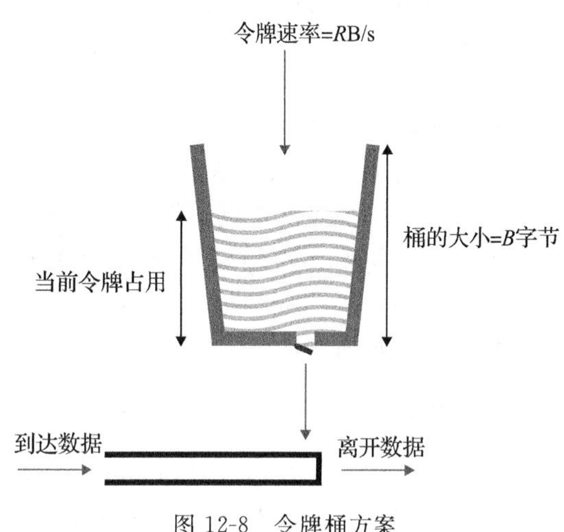

图 12-8　令牌桶方案

令牌桶机制可以管理长期平均传输数据速率，因为它必须小于或等于令牌速率。但是令牌桶方案也允许突发数据流量，但在进行突发数据传输后就会面临接下来没有令牌的情况。

12.4　高速蓝牙和智能蓝牙

蓝牙 3.0 和 4.0 对蓝牙规范做出了重大改进。蓝牙 3.0 使用的创新技术可以实现高达 24Mbps 的传输速率。蓝牙 4.0 创造了称为低功耗蓝牙的能力。

12.4.1　蓝牙 3.0+HS

除了其他改进之外，蓝牙 3.0+HS 的传输速率理论上可高达 24Mbit/s。该版本增加了新的控制器来与 2007 年的 IEEE 802.11 标准版本实现兼容。这在本质上是在有更高数据速率需求时增加了一个 Wi-Fi 连接能力。它称为交替射频(Alternative MAC/PHY，AMP)技术，这是一个可选的能力。无线蓝牙仍旧用于设备发现、关联、初始连接建立、配置文件和保持连接。通常，蓝牙允许工作在高能效的工作模式，除了当需要高数据速率时。每个 AMP 都使用协议适配层(Protocol Adaptation Layer，PAL)，PAL 层工作于 MAC 层和 PHY 层之上，将蓝牙协议和行为映射到 MAC 层和 PHY 层。

㊀　一种建议的流规范，RFC 1363，1992 年 9 月。

12.4.2 智能蓝牙

智能蓝牙，即蓝牙 4.0，之前称为低功耗蓝牙。蓝牙 4.0 具有智能化、功率友好的特点。这使得蓝牙设备利用一块电池或者进行一次充电可以工作很长时间。智能蓝牙设备相比其他低功耗技术设备具有更强的性能优势，因为智能蓝牙设备可以与其他配置蓝牙模块的设备相互通信，如传统蓝牙设备和支持蓝牙的智能手机。因此，它定位为物联网的一项可能成功技术，例如，健康监测设备可以很容易与现有的智能手机集成。

智能蓝牙与蓝牙 ER/EDR 一样工作在 2.4GHz ISM 波段，但它使用 40 个带宽为 2MHz 的信道(3 个广播信道，37 个数据信道)，而不是 79 个带宽为 1MHz 的信道。蓝牙 4.0 设备可以作为发送机、接收机，也可以两者都是。蓝牙设备也可以确定只实现单模或实现具有 BR/EDR 能力的双模智能蓝牙。单模芯片可以降低制造成本并可以集成到更小的设备中。

智能蓝牙有下列设计特点：

- 10mW 输出功率
- 户外区域 150m 覆盖范围
- 新的广播机制能够更有效发现设备
- 新的异步无连接 MAC 能够提供更低延迟和更快的数据速率
- 新的通用属性协议提供简单的客户端/服务器模型
- 新的通用属性配置文件能够更有效地从传感器收集数据

12.5 IEEE 802.15

为**无线个域网**(Wireless Personal Area Network，WPAN)成立了 IEEE 802.15 工作组，它专门制定短距离无线 PAN 的标准。个域网是小范围内的通信网络，其特点是该网络中的所有设备都属于一个个人或者一个家庭。PAN 中的设备包括便携的和可移动的设备，如个人计算机(PC)、智能手机、平板电脑、健康监测设备、智能眼镜或计算机外围设备。工作组的主要贡献是开发了 802.15.1 标准，其目标是制定蓝牙规范的 MAC 层和 PHY 层的正式标准。该标准在 2002 年得到批准，在 2005 年进行了更新。之后，蓝牙 SIG 开发了剩下的规范，并代替 IEEE 开发了随后版本的所有部分。

在 802.15.1 标准之后，802.15 工作出现了两个方向。802.15.3 标准倾向于开发与 802.11 相比具有低成本、低功耗但比 802.15.1 传输速率更高的产品标准。802.15.3 的初始标准发布于 2003 年，最新的 802.15.3c 标准利用 60GHz 频段可以实现吉比特的数据速率。802.15.3d 的标准化工作仍然在进行，将来可以达到 100Gbps 的数据速率。

同时，802.15.4 工作组开发了具有更低成本、更低功耗但与 802.15.1 相比传输速率更低的产品标准，该标准发布于 2003 年。从那之后，在 802.15.4 工作组开发的标准中，定义了多种新的 PHY 层协议，解决了多种其他应用领域的需求。

图 12-9 给出了 802.15 当前的工作：802.15.1、802.15.3 和 802.15.4。3 种无线 PAN 不仅具有不同的物理层规范，而且对 MAC 层的需求也不一样。因此，每一种都有唯一的 MAC 层协议。图 12-10 给出了无线 LAN 和 PAN 标准的应用范围，从该图中可以看出，802.15 无线 PAN 适用于短距离通信，最多 10m 范围，可以应用于低功耗、低成本设备。

本节对 802.15.3 和 802.15.4 进行概述，同时也讨论了 IEEE 802.15.5 和 802.15.7 标准。

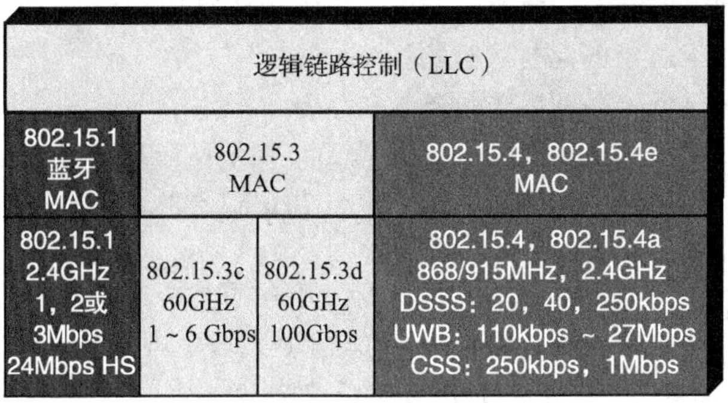

<table>
<tr><td colspan="4">逻辑链路控制（LLC）</td></tr>
<tr><td>802.15.1
蓝牙
MAC</td><td colspan="2">802.15.3
MAC</td><td>802.15.4，802.15.4e
MAC</td></tr>
<tr><td>802.15.1
2.4GHz
1，2或
3Mbps
24Mbps HS</td><td>802.15.3c
60GHz
1 ~ 6 Gbps</td><td>802.15.3d
60GHz
100Gbps</td><td>802.15.4，802.15.4a
868/915MHz，2.4GHz
DSSS：20，40，250kbps
UWB：110kbps ~ 27Mbps
CSS：250kbps，1Mbps</td></tr>
</table>

图 12-9　802.15 协议体系结构

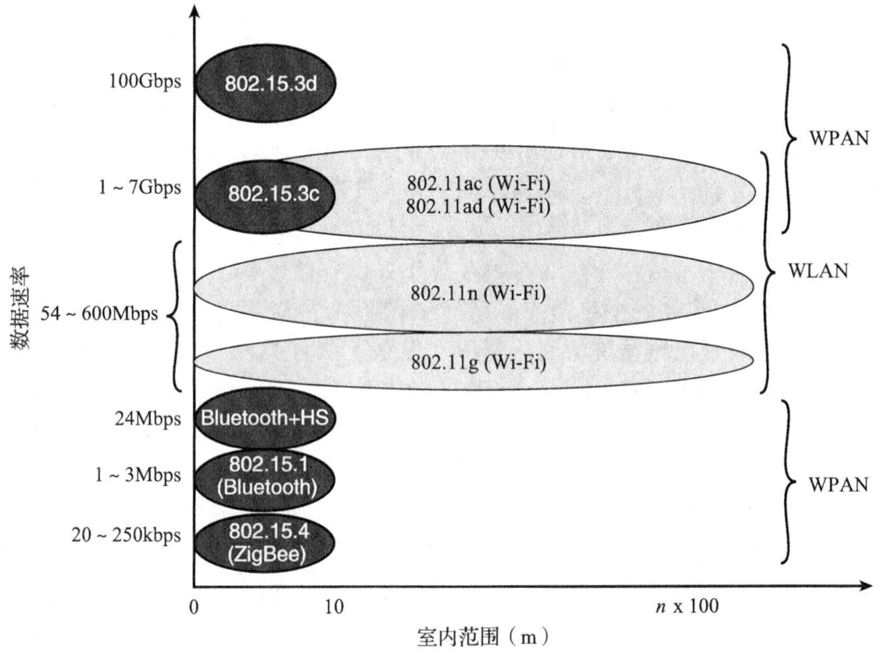

图 12-10　无线局域网

12.5.1　IEEE 802.15.3

802.15.3 工作组重点研究高数据速率 WPAN。适用于 WPAN 规范并且要求相对较高数据速率的应用例子有：

- 连接数码相机或者智能手机到打印机或者公共信息亭
- 笔记本到投影仪的连接
- 5：1 环绕立体声系统扬声机连接到接收机
- 从机顶盒或者线缆调制解调器的视频分配
- 向耳机或者扬声器发送音乐
- 摄像机在电视上播放
- 远程取景器观看视频或数码相机

这些应用主要是在消费电子领域，并产生如下的需求：

- **短距离**：一般是 10m。

- **高吞吐量**：超过 20Mbps 的数据速率支持视频传输和多信道音频传输。
- **低功耗**：适用于对于电池要求高的设备。
- **低成本**：适用于低价格的电子设备；
- **QoS**：保证数据传输速率和其他 QoS 特性，如某些应用对吞吐量和延迟敏感。
- **动态环境**：微微网中移动的、便携的以及静止的设备加入和离开比较频繁。可以处理移动设备速率低于 7km/hr 的情况。
- **简单的连接性**：组网简单，消除技术对于用户的复杂度。
- **隐私**：保证只有用户允许的设备理解传输的信息。

这些需求与 IEEE 802.11 网络并不能很好地吻合，IEEE 802.11 网络并不适用这些应用。

介质接入控制 802.15.3 网络包括一系列的设备(device，DVE)。其中的一个 DVE 作为**微微网协调器**(PicoNet Coordinator，PNC)。PNC 发送信标，这样 DVE 就知道何时以及怎样接入网络。将时间划分成连续的超帧，每个超帧都有信标周期、竞争接入周期和信道时间分配周期。竞争接入周期主要使用 CSMA/CA 执行和控制通信。信道时间分配周期由 DEV 之间的 PNC 授权的信道时间分配组成。802.15.3 MAC 层的 QoS 特性通过规定的具有保证时隙(guaranteed time slot，GTS)的 TDMA 体系结构来保证。该体系结构能够提供有保证的数据传输。

注意，PNC 与 802.11 接入点(AP)或者蓝牙主设备的区别。AP 提供了到其他网络的链路，并作为所有 MAC 帧的中继节点。蓝牙主设备建立微微网，并作为所有流量的中继节点。PNC 用来控制接入微微网的时间资源，但是不参与 DVE 之间的数据帧交换。

物理层 对于最初的 802.15.3，物理层工作于 2.4GHz 频段，使用 5 种调制格式，11Mbaud 符号速率，可以实现 11～55Mbps 的数据速率。该方案最重要的方面就是使用了网格编码调制(Trellis-Coded Modulation，TCM)。TCM 是一种古老的技术，主要用于音频级的电话网络调制解调器。

IEEE 802.15.3c IEEE 802.15.3 的最新批准的标准是 802.15.3c，该版本是在最初的 802.15.3 标准的基础上使用了 60GHz 频段。60GHz 频段是免许可频段，在前面章节介绍 802.11ad 时已经做了介绍。全世界范围内，在 60GHz 频段附近有一个通用的 5GHz 频段，因此可以进行高速数据传输。但是，该频段需要更高的发送功率，并且不能穿透物体，如楼层和墙体。尽管如此，波束成形技术可以解决该问题。通过对 60GHz 无授权频段的国际协商，可以在全球范围内使用 4 个 2160MHz 的信道。

802.15.3c 工作组进行了详细的分析，提出了下列面向高比特率传输的应用模型：

- **应用模型 1**：未压缩的高清晰度视频流，消除了视频播放器和视频设备对于视频电缆的需求。未压缩的 1920×1080 像素分辨率的视频(24 比特/像素和 60 帧/秒)需要 3.5Gbps，这同时也包括了协议开销。
- **应用模型 2**：未压缩的多视频流在同一个屏幕上播放。
- **应用模型 3**：办公桌台式计算机与外围设备的通信。
- **应用模型 4**：会议自组织服务，计算机之间进行通信。
- **应用模型 5**：下载音乐和视频文件的公共信息亭文件下载。

为了支持各种不同的应用模型，定义了 3 种 PHY 模式：

- 应用模型 3 和 5，单载波，速率分别为 3Gbps 和 5Gbps。
- 应用模型 4，高速 OFDM 接口，速率高达 5.775Gbps。

- 应用模型 1 和 2，OFDM 音频/视频模式，速率为 0.952、1.904 和 3.807Gbps。

对 802.15.3c 的 MAC 层进行了增强，这样能够与 3 种 PHY 模式共存。它也支持帧聚合。正如 IEEE 802.11n 和 802.11ac 中论述的，帧聚合可以减少整体开销。

IEEE 802.15.3c 定义了可选的波束成形协议。它不需要估计信号到达角度或者离开角度，也不需要估计信道。波束成形通过 3 步来进行：扇区级的粗搜索；波束级的精确搜索；一个可选的跟踪阶段，用于调整连接过程中的波束。

IEEE 802.15.3d　IEEE 802.15.3d 可以为低成本、低功耗的消费电子设备带来 100GHz 的传输速率。在写本书时，该标准还在制定中。该协议可以支持前文所述 802.15.3c 的应用模型，并在光纤网络造价昂贵的情况下实现无线办公。IEEE 对 802.15.3d 的项目授权中提到，该协议可以为无线数据中心的点对点交换应用提供服务，并能够应用于无线回程链路和内部设备通信。通信范围为几厘米到 100 米。

12.5.2　IEEE 802.15.4

WPAN 低速率任务组(Task Group，TG4)负责开发一个低数据速率的解决方案，该方案可以使电池的寿命达到数月至数年且具有较低的复杂度。该标准已经发展了两个版本的 802.15.4 标准以及一个 802.15.4a 标准。该标准规定了多种物理层：

- 868MHz/915MHz 的直接序列扩频物理层，支持 20、40、100 和 250kbps 的空中速率。
- 2.4GHz 直接序列扩频物理层，支持数据速率 250kbps。
- **超宽带**(Ultra WideBand，UWB)脉冲无线电，它使用超短脉冲实现了对于任何窄带范围内的 UWB 都具有带宽宽、频谱密度低的特点。它工作在不需要授权的 UWB 吉赫兹以下(sub-gigahertz)(249.6～749.6MHz)、低频段(3.1～4.8GHz)和高频段(5.8～10.6GHz)。尽管有其他用户占用这些频段，但 UWB 信号由于其具有较低的功率谱密度，所以相互间的干扰很小，事实上干扰比终端噪声还要小。PHY 支持 851kbps 速率，也提供可选择的 110kbps 或者 6.81Mbps 和 27.234Mbp。UWB 脉冲也支持高精度测距，所以设备可以知道相互之间的距离且精度在 1 米以内。
- 2.4GHz **Chirp 扩频**(Chirp Spread Spectrum，CSS)PHY 支持 1Mbps 数据速率和可选择的 250kbps。Chirp 扩频使用了频率随时间变化的正弦信号。这创建了在宽带宽上扩展信号的另一种形式(也就是，扩频)。

物理层根据当地规定和用户偏好来选择。可能的应用有传感器、互动玩具、智能胸牌、远程控制和家庭自动化。

由于缺少相应的标准和实用技术来开发低成本、低功耗、小尺寸的发射机和接收机，所以直到最近低速率的无线应用才得到重视。在物理层和 MAC 层，设计了 IEEE 802.15.4 协议以满足对这类设备的需求。IEEE 802.15.4 MAC 层包括 CSMA-CA 信道接入、基于协调节点的网络自动建立，以及一个全握手协议来保证数据包的可靠传输。

在 LLC 层之上，ZigBee 联盟和其他的组织正在制定工作于 802.15.4 协议之上的操作规范。ZigBee 协议包括网络、安全和应用接口层，这将在 12.6 节进行详细介绍。

802.15.4 项目组还进行了一系列其他创造性的实践活动。具体说明如下。

- IEEE 802.15.4c 和 802.15.4d 定义了其他 PHY 层，包括 780 和 950Mhz 频段。
- IEEE 802.15.4e 重新设计了 802.15.4 协议 MAC 层，以更好地支持工业应用。通过时间同步和信道跳变实现了高可靠性。它还能够保持高效率运行所需的低占空比。

- IEEE 802.15.4f 为**射频识别**(Radio Frequency Identification, RFID)和传感器应用提供了相应的标准，这些应用具有低成本、超低功耗和灵活可靠的特点。RFID 标签的典型应用就是把它附着于某些目标上(如背包、动物以及人体)，以进行目标识别。主动的 RFID 标签可以利用自己的电池或者外接电源产生信号，被动的 RFID 标签利用外部的无线电信号来产生识别信号。802.15.4f 主要关注主动的 RFID 标签。
- IEEE 802.15.4g 提供了超大规模的程序控制标准以支持**智能公用事业网络**，如公共电网(将在 16.5 节讨论)。特别令人感兴趣的一个例子是，智能电表的传感器网络可以以 40～1000kbps 的速率读取目标数据。
- IEEE 802.15.4j 定义了满足**医疗体域网**(Medical Body Area Network, MBAN)的 2.4GHz 频段上的 PHY 层。多个低成本的传感器分布在病人身上及其周围来获取病人的生理信息。通过病人周围或者其身上的集线器设备来收集和发送相应的信息。该设备也可以分析本地收集到的相关数据并寻找触发治疗程序的某些条件。3 个主要类别的 MBAN 应用都有特殊的要求。对于医院内的病人监测和紧急救护车的应用，需要满足 1～3m 范围内占空比小于 20%；对于家庭监控应用，则要求更远的监控距离(10m)和更长的电池使用寿命(即，占空比小于 2%)。
- IEEE 802.15.4k 由低功耗关键基础设施监控(Low Energy Critical Infrastructure Monitoring, LECIM)工作组定义。其作用是促进与成千上万台设备的通信。该协议用于关键基础设施监控设备中，如公路和桥梁的传感器，它需要非常低的工作能耗以支持长达数年的使用寿命。该应用程序需要最少的网络基础设施，并能够从终端节点收集定期或者事件驱动的数据，这些终端节点的数量可能很多、高度分散且传输环境非常有挑战性。IEEE 802.15.4k 最大限度地减少网络维护流量和设备唤醒时间。
- IEEE 802.15.4m 定义了能够满足 **TV 白频谱**(TV White Space)管理需求的 PHY 层。TV 白频谱是指没有得到有效利用的频谱(也就是，白)，特别是模拟电视的频谱。最近，美国联邦通信委员会(FCC)规定无需授权地使用 TV 频率。这项修正使得 802.15.4 无线网络符合规定，所以它们能够使用这些频谱进行大规模设备的指挥与控制应用。
- IEEE 802.15.4p 对 802.15.4 标准进行了扩展，以应用到铁路运输领域。为下面 4 个组件提供**精密机车调度**(Positive Train Control, PTC)：机车/火车上的设备、铁轨周边的设备、网络接入点、双向无线数据链路，从而将所有这些设备进行无线连接。

12.5.3　其他 802.15 标准

除了 802.15.1、802.15.3 和 802.15.4 这些标准以外，下列标准也已经完成。

- IEEE 802.15.2：由于大部分甚至所有计划 802.15 标准都与 802.11 设备一样工作在相同的频段上，所以 802.11 和 802.15 工作组都非常关注这些大量的设备能够成功共存的能力。802.15.2 工作组的成立就是为开发实际的共存方法。
- IEEE 802.15.5：802.15.5 为多跳**网状组网**技术提供了推荐的实践，其覆盖范围超过个域网。它结合 802.15.3 和 802.15.4 的 MAC 层协议构造了一个高速或者低速网状网络。其目标是可互操作、稳定的和可伸缩的网状拓扑结构。

- IEEE 802.15.6：**体域网**(Body area networks)是高可靠的、小型化的传感器网络，它使用重量轻、低功耗的传感器节点来提供舒适的、经济高效的健康护理。802.15.6 定义了适用于体内、体表和体外的短距离无线通信设备和网络。该协议使用了多个频段，定义了 3 个物理层协议：窄带、超宽带和人体信道通信。
- IEEE 802.15.7：**可见光通信**使用波长为 380～780nm 的可见光。LED 技术的进步使得这种短距离通信成为可能。两个主要技术挑战是去除闪烁和支持亮度调节，使人类在可容忍的范围内与它们共存。IEEE 802.15.7 使用 3 个可选择的 PHY 层以提供 11.67kbps～96Mbps 的传输速率。

12.6 ZigBee

ZigBee 联盟开发了一套基于 IEEE 802.15.4 标准的协议来构建一个具有无线电能力的小的、低功耗的设备。这些设备比无线个域网，如蓝牙，更加简单。ZigBee 非常适用于具有低数据速率、较长电池寿命以及安全组网需求的应用。基于不同的实现和频段，ZigBee 可以提供 20～250kbps 的数据速率，并且适用于周期性的和间歇性的通信。ZigBee 的名字来源于蜜蜂返回蜂箱时摇摆的舞姿。最初的 ZigBee 标准发布于 2003 年。

12.6.1 技术概述

ZigBee 具有以下特点：

- 用于无线控制和监控的成本低。
- 低功耗，电池使用寿命长。
- 组网：连接最近的节点，节点间可以路由信息。体系结构提供高可靠性和更广的覆盖范围。
- 工作在未授权的(ISM)频段——868MHz(欧洲)，915MHz(美国和澳大利亚)，2.4GHz(世界范围)。
- 网络拓扑可以是星形、树形或者网状结构。
- 一个协调器设备创建、控制和维护网络。
- 休眠的唤醒时间短，从休眠到激活只需要 30ms 甚至更少，而蓝牙的激活时间需要 3s。这意味着 ZigBee 节点能在大部分时间都可以休眠，甚至在通信阶段，这样平均功耗就很低。

ZigBee 通过增加 4 个主要组件来补充 IEEE 802.15.4 标准，如图 12-11 所示。

- 网络层提供路由。
- 应用支持子层支持特定的服务。
- ZigBee **设备对象**(ZigBee Device Object，ZDO)是最重要的改进。它维护设备角色、管理设备加入网络的请求、发现设备和管理安全。
- 制造商定义的应用对象允许自定义。

12.6.2 ZigBee 联盟

ZigBee 类型的网络在 1998 年前后就开始设想，但当时的安装者发现蓝牙和 WiFi 技术都不太合适。IEEE 802.15.4 标准发布于 2003 年，并在 2006 年进行了更新。

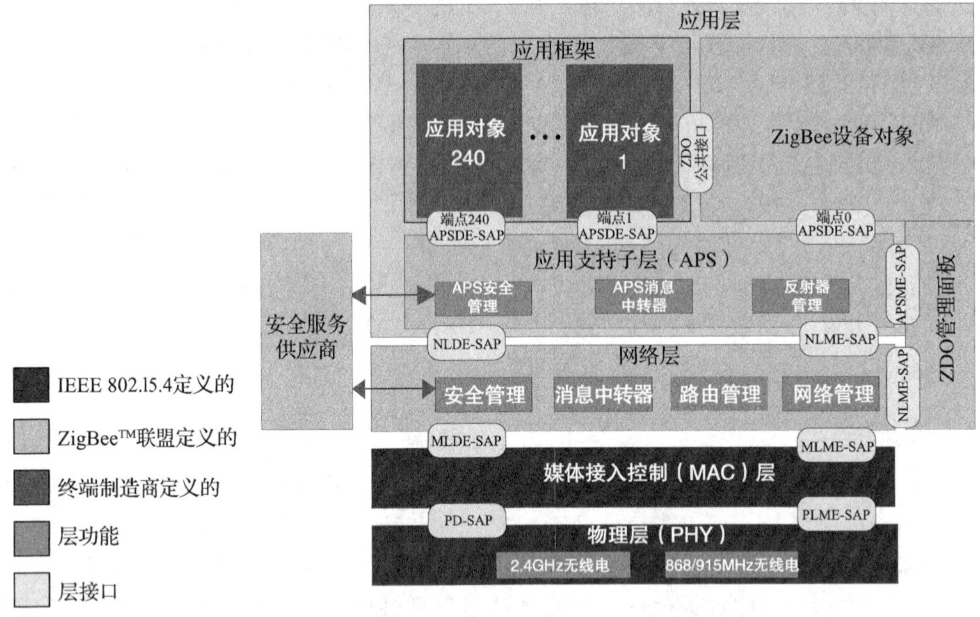

图 12-11　Zigbee 系统结构

现在 ZigBee 联盟负责 ZigBee 标准的维护和更新，ZigBee 规范在 2004 年得到批准，2007 年完成了增强版的 ZigBee 标准，称为 ZigBee PRO。这里提供两个可以实现的栈配置文件。

- 配置文件 1：（称为 ZigBee），用于家庭和轻型商业。
- 配置文件 2：（称为 ZigBee PRO），具有组播和更高的安全性等特点。

除此之外，还有其他两种 ZigBee 规范：

- **ZigBee IP 规范**：该规范提供了基于 IPv6 的全无线网状因特网连接以控制 ZigBee 设备。
- **ZigBee RF4CE**（面向消费者电子设备的射频）：该规范为产品控制提供了一个解决方案，并支持 ZigBee 远程控制和下面将要介绍的 ZigBee 输入设备规范。

ZigBee 联盟也发布应用规范，这样使用相同规范的不同应用商的设备可以相互操作。认证过程可以保证协议规范的正确实现。一个预期是电池寿命至少要达到两年。ZigBee 联盟发布了下列规范：

- ZigBee 楼宇自动化（有效的商业空间）
- ZigBee 健康护理（健康和健身监测）
- ZigBee 家庭自动化（智能家庭）
- ZigBee 输入设备（易于使用的平板电脑、鼠标、键盘和手写笔）
- ZigBee 光链路（LED 灯光控制）
- ZigBee 网络设备（辅助和扩展 ZigBee 网络）
- ZigBee 零售服务（智能购物）
- ZigBee 远程控制（先进的远程控制）
- ZigBee 智能能源 1.1（家庭能源节约）
- ZigBee 智能能源规范 2（基于 IP 的家庭能源管理）
- ZigBee 电信服务（增值服务）

12.6.3　设备类型

ZigBee 网络由 3 种类型的设备构成。这些设备可以组成图 12-12 所示的多种网络拓扑结构。

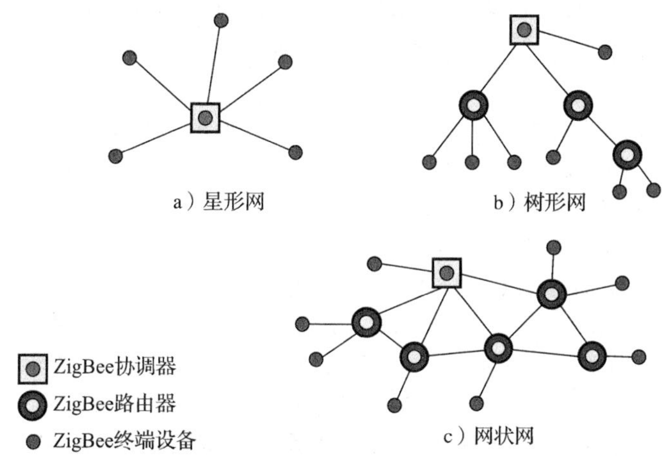

图 12-12　ZigBee 网络拓扑

1）**ZigBee 协调器**(ZigBee Coordinator)是功能最强的设备，每个网络中仅有一个协调器。协调器启动该网络，如果网络拓扑结构是树形的则协调器是根节点。协调器也进行网络信息的维护，就像安全密钥一样。

2）**ZigBee 路由器**向其他 ZigBee 设备转发数据。

3）**ZigBee 终端设备**的功能仅能够与协调器和路由器进行通信，但是不能向其他设备转发信息。这样可以允许它大量时间处于休眠状态以节约能量。它还需要最少的内存，所以它的制造成本很低。

12.6.4　协议

ZigBee 协议的主要目标是应用路由协议来自动构建低速的自组织网络以便通过多跳来转发分组。使用自组织按需距离矢量(Ad hoc On-demand Distance Vector，AODV)协议和其他路由协议。AODV 发送路由请求并响应或者转发信息给其他的节点，直到有人响应。网络中的节点可以存储和使用它们发现的路由信息。节点可以形成小的簇。

ZigBee 可以形成两种类型的网络。基于非信标的网络使用非时隙的 CSMA/CA。设备之间不需要时间同步。ZigBee 路由器的接收机是始终活动的，因此通常需要一个永久的电源供电。其他节点大部分时间处于休眠状态。

基于信标的网络传输节点的周期性信标来证实它们自己的存在。将时间划分成超帧。使用了具有 16 个相等时隙的 CSMA/CA 的竞争接入周期(Contention Access Period，CAP)。无竞争周期(Contention Free Period，CFP)是一个可选择周期，它利用协调器分配的保证时隙(GTS)来应对紧急实时应用。网络也有非活动周期。节点在信标之间保持休眠状态，数据速率为 250Kbps 时，信标间隔时间为 15.36ms～251.658 24s。

信标接入通常应用于星形和树形网结结构中。非信标接入主要用于网状网络结构。事实上，所有商业系统都使用非信标接入，因为很难在 ZigBee 期望的低成本条件下实现时间同步。

12.6.5 射频硬件

射频设计针对低成本的大规模生产进行了周密的优化，尽可能减少模拟阶段和数字电路。ZigBee 工作在 3 个频段：

- 2.4GHz 频段——16 个 ZigBee 信道，每个信道带宽为 5MHz。这可以提供最高 250kbps 的数据速率，分组开销和处理延迟会导致较低的实际吞吐量。采用偏移 QPSK 调制。
- 915MHz 频段——数据速率最高可达 40kbps，采用 BPSK 调制。
- 868MHz 频段——数据速率最高可达 20kbps，采用 BPSK 调制。

传输范围为 10～75m，采用 ZigBee PRO 可以达到 1500m。

应用层　ZigBee 设备对象(ZDO)用来定义设备的角色，比如协调器、终端设备和路由器。ZDO 发现新设备并且了解该设备所能提供的服务，然后它建立安全链路。ZigBee 应用支持子层(Application Support Sublayer，APS)为网络层和应用层的其他组件提供桥接。同时，APS 也支持如下的通信模型，一些应用程序可能分发工作给许多不同的节点来完成一个任务。例如，家庭能源管理中的分布式控制，需要多个设备来共同执行相应的任务。

ZigBee 安全　ZigBee 具有严格的密钥管理和分发规则，这是网络中最重要的功能。网络指定一个具体设备为信任中心，所有设备信任它分配的密钥。节点内部管理它们如何加密层之间的信息。产生数据帧的层负责它的安全性。ZigBee 使用 128 比特的密钥，它可以关联一个网络或者一条链路。

12.7 推荐阅读

[STAN14]对物联网进行了深入探讨。[BRAY01]对蓝牙 1.0 进行了详细分析。[DECU14a]和[DECU14b]对智能蓝牙进行了概述。[GILB04]详细叙述了 802.15.3，[BAYKll]讨论了 802.15.3c。

[GUTI03]详尽介绍了第一个 802.15.4 标准，[KARA10]讨论了 802.15.4a，[PALA13]对低功耗 802.15.4 的 PHY、MAC 以及路由问题进行了介绍。IEEE 工作组网站对 802.15.4 也提供了许多有用的信息。[WHEE07]和[WANG08]对 ZigBee 进行了概述，ZigBee 联盟网站提供了关于标准的最新更新信息。

BAYK11 Baykas，T.，et. al.，“IEEE 802.15.3c：the first IEEE wireless standard for data rates over 1 Gb/s.” *Communications Magazine*，*IEEE*，vol. 49，no. 7，pp. 114，121，July 2011.

BRAY01 Bray，J.，and Sturman，c.，*Bluetooth*：*Connect Without Cables*. Upper Saddle River，NJ：Prentice Hall，2001.

DECU14a Decuir，J.，“Introducing Bluetooth Smart：Part I：A look at both classic and new technologies.” *Consumer Electronics Magazine*，*IEEE*，vol. 3，no. 1，pp. 12，18，January 2014.

DECUI4b Decuir，J.，“Introducing Bluetooth Smart：Part II：Applications and updates.” *Consumer Electronics Magazine*，*IEEE*，vol. 3，no. 2，pp. 25，29，April 2014.

GILB04 Gilb，J.，*Wireless Multimedia*：*A Guide to the IEEE* 802.15.3 *Standard*. New York：IEEE Press，2004.

GUTI03 Gutierrez, J.; Callawy, E.; and Barrett, R. *Low-Rale Wireless Personal Area Networks: Enabling Wireless Sensors with IEEE* 802.15.4. New York: IEEE Press, 2003.

KARAI0 Karapistoli, E.; Pavlidou, F.-N.; Gragopoulos, I.; and Tsetsinas, I., "An Overview of the IEEE 802.15.4a Standard." *Communications Magazine, IEEE*, vol. 48, no. 1, pp. 47, 53, January 2010.

PALA13 Palattella, M. R., et al., "Standardized Protocol Stack for the Internet of (Important) Things." *Communications Surveys & Tutorials, IEEE*, vol. 15, no. 3, pp. 1389, 1406, Third Quarter 2013.

STAN14 Stankovic, J. A., "Research Directions for the Internet of Things." *Internet of Things Journal, IEEE*, vol. 1, no. 1, pp. 3, 9, February 2014.

WANG08 Wang, C., et al., "Voice Communications over ZigBee Networks." *IEEE Communications Magazine*, January 2008, p. 121.

WHEE07 Wheeler, A., "Commercial Applications of Wireless Sensor Networks Using ZigBee." *IEEE Communications Magazine*, April 2007, p. 70.

12.8 关键术语、复习题和问题

关键术语

alternative MAC/PHY(AMP，交替射频)
asynchronous connectionless(ACL，异步无连接)
basic rate(BR，基本速率)
Bluetooth(蓝牙)
Bluetooth Low Energy(低功耗蓝牙)
Bluetooth Smart(智能蓝牙)
cable replacement protocol(电缆替代协议)
chirp spread spectrum(CSS，chirp扩频)
core protocols(核心协议)
core specifications(核心规范)
enhanced data rate(EDR，增强数据速率)
extended synchronous connection oriented(eSCO，扩展同步连接)
flow specification(流规范)
frequency hopping(跳频)
Internet of Things(IoT，物联网)
link manager(LM，链路管理)
logical link control and adaptation protocol (L2CAP，逻辑链路控制与适配协议)
medical body area network(MBAN，医疗体域网)
personal area network(PAN，个域网)
piconet(微微网)
profile specification(配置文件规范)
RFCOMM(射频通信)
Radio Frequency Identification(RFID，射频识别)
scatternet(散射网)
service discovery protocol(服务发现协议)
smart utility networks(智能公用事业网络)
synchronous connection oriented(SCO，面向同步连接)
token bucket(令牌桶)
ultra wideband(UWB，超宽带)
usage model(应用模型)
TV white space(TV白频谱)
ZigBee coordinator(ZigBee协调器)
ZigBee device object(ZDO，ZigBee设备对象)
ZigBee end device(ZigBee终端设备)
ZigBee router(ZigBee路由器)

复习题

12.1 一般来说，蓝牙能够支持哪些应用领域？

12.2　核心规范和应用规范之间的区别是什么？

12.3　微微网中的主设备与从设备之间的关系是什么？

12.4　怎样才能将跳频和时分双工结合起来？

12.5　请说明 FH-CDMA 与 DS-CDMA 有何区别？

12.6　列举并简要定义可以在主设备和从设备之间建立的链接的类型。

12.7　蓝牙 3.0 如何将蓝牙数据速率提高到 24Mbps 的？

12.8　智能蓝牙的另一个名字是什么，其对应的蓝牙标准是什么？

12.9　802.15.3 与 802.15.4 之间的相同点与不同点是什么？

12.10　802.15.3 采用什么技术来达到更高的数据速率？

12.11　对比和比较 802.15.4 的物理层选项。

12.12　描述主动 RFID 和被动 RFID。这需要结合你自己的研究。

12.13　描述添加在 802.15.4 上层的 ZigBee 的 4 个主要组件。

问题

12.1　一步步地描述图 12-7 所示的 12 个时隙的每个时隙的活动。

12.2　考虑一个由 2 个微微网组成的蓝牙散射网。两个微微网的数据包碰撞的概率是多少？假设节点不使用 CSMA。请记住，一次成功的传输需要从主设备成功地发送轮询消息到从设备，然后成功地从从设备发送一个消息到主设备。假设有 80 个可用频率。所有的微微网不断地有试图发送的数据包，并且它们没有使用 CSMA。

12.3　考虑由 10 个微微网组成的散射网，并重复问题 12.2。考虑一个主设备与从设备成功进行双向通信的概率。假设所有微微网都有待发送的数据包。

12.4　说明前面两个问题关于时隙的结果，每个散射网有 2～5 个微微网。这将说明为什么每个散射网限制最多 10 个微微网。

12.5　一个蓝牙散射网络包含 2 个微微网。求发送一个 5 时隙 ACL 数据包的概率。假设另一个微微网仅发送 1 时隙数据包。

12.6　一个典型的 1.5V 手表的电池容量为 28mAh。一个 ZigBee 节点需要利用该电池持续 2 年时间。

a. 如果该阶段持续工作，则它能够消耗多少功率(单位为瓦特)？

b. 如果节点可以关闭其收发信机，则可以降低 75%的功率消耗。这意味着如果收发信机不工作，则仅消耗 25%的功率。如果节点可以通过休眠机制使收发信机仅工作 10%的时间，请问电池寿命有多长？

c. 一个制造商为 ZigBee 设备提供 1mW 的射频收发信机。假设发送和接收时消耗的能量一样。请问如果收发信机仅工作 5%的时间，那么需要多少能量才能够使电池工作 2 年？如果假设该节点在剩余的时间连续工作呢？

12.7　通过你自己的研究，列出并描述至少 5 种能够使节点从周围环境中收集能量的方式。

12.8　根据式(6-4)，计算与 802.15.3d 节点使用 2.4GHz 传输相同距离相比，802.15.3c 节点使用 60GHz 传输相同距离所需的额外能量(in dB)

12.9　令牌桶方案设置了流量可以按照最大数据速率离开的时间长度的限制。令牌桶由桶的尺寸 B 字节和一个令牌的到达速率 R 字节/秒来定义，输出的最大数据速率是 M 字节/秒。

a. 推导 S 的公式，它是最大速率突发的长度。也就是说，在利用令牌桶进行管理时，一个流量以最大输出速率能够传输多久？

b. 当 $b=250$KB，$r=2$MB/s 以及 $M=25$MB/s 时，S 的值是多少？提示：S 的公式并不像看起来那么简单，因为正突发正在输出时，可能会到达更多的令牌。

第四部分

Wireless Communication Networks and Systems

无线移动网络与应用

第 13 章

Wireless Communication Networks and Systems

蜂窝无线网络

学习目标

通过本章的学习，你应该能够：

- 了解蜂窝系统采用频率复用的好处，以及它们是如何实现的。
- 解释通过使用毫微微蜂窝和微微蜂窝来实现网络致密化的目的。
- 描述越区切换过程以及越区切换决策时使用的不同准则。
- 使用网络工程工具分析业务量需求和容量需求。
- 比较第一、第二和第三代蜂窝系统之间的差异和改进。
- 比较第二代 CDMA 和 TDMA 方式。
- 描述第三代系统的两个主要选项。

在数据通信与电信的所有巨大进步中，最具革命性的也许就是蜂窝网络的发展。蜂窝技术是移动无线通信的基础，它支持处在不容易通过有线网络服务到的位置的用户。蜂窝技术是移动电话、智能手机、平板电脑、无线因特网和无线应用，以及更多应用的基础技术。

接下来的两章将描述蜂窝网络的所有方面，从基本无线通信和系统原理到最新的第四代长期演进(LTE)先进标准。本章我们开始研究所有蜂窝网络中使用的基本原理。然后，我们来看看具体的蜂窝技术和标准，它可以方便地分为 4 代。第一代是基于模拟的，基本上已经过时了。**第二代**(Second-Generation，2G)系统目前仍然用于传递语音，**第三代**(Third-Generation，3G)系统是第一个能够承载足够高速数据以支持真正的移动网络。下一章主要研究 LTE 和它在 LTE-Advanced 中的改进。这些形成了一套第四代蜂窝系统的功能。

13.1 蜂窝网络的原理

蜂窝无线电通信技术旨在增加**移动无线电**电话服务的能力。引入蜂窝通信之前，移动无线电话服务仅由一组大功率发射机/接收机设备提供。典型系统支持约 25 个信道，有效半径约 80km。增加系统容量的方法是使用覆盖半径较小的低功耗系统和大量的发射机/接收机。本节开始了解蜂窝系统的组成，然后学习一些具体实现方面的细节。

13.1.1 蜂窝网络组成

蜂窝网络(cellular network)的本质是使用多个低功率发射机，100W 或更少，甚至更低的功率。因为这种发射机的覆盖范围小，所以一个区域可以划分为多个蜂窝，每一个蜂窝有自己的天线。每个蜂窝分配一定带宽的频率，并由一个**基站**(base station)提供服务，基站由发射机、接收机和控制单元组成。相邻蜂窝分配不同的频率，以避免干扰或串扰。然而，距离足够远的其他蜂窝可以使用相同的频带。

第一个设计决策是确定覆盖一个区域的蜂窝的形状。一正方形蜂窝矩阵是最简单的布局定义(如图 13-1a 所示)。然而，这种几何形状并不理想。如果一个正方形蜂窝的宽度是

d，则蜂窝有 4 个距离为 d 的邻居和 4 个距离为 $\sqrt{2}\,d$ 的邻居。当一个手机用户走到蜂窝的边界时，最好是所有的相邻天线是等距的。当用户切换到一个相邻天线时，天线等距简化了选择哪一个天线的判决过程。正六边形能够等距天线(如图 13-1b 所示)。正六边形的半径定义为限制它的圆的半径(等价于中心到每个顶点的距离，也等于六边形的边长)。对于一个半径为 R 的蜂窝，蜂窝中心与每个相邻蜂窝中心之间的距离为 $d=\sqrt{3}\,R$。

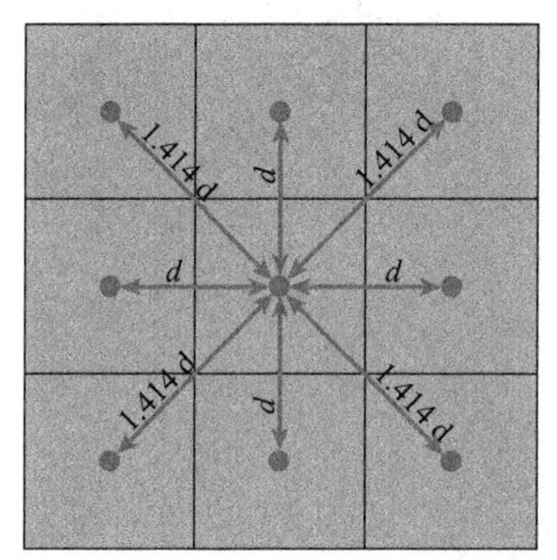

a）正方形模式

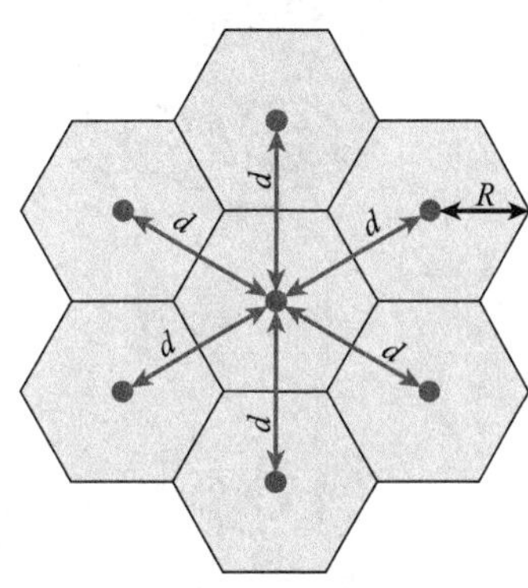

b）六边形模式

图 13-1 蜂窝几何形状

在实践中，不使用精确的六角形模式。当然天线设计也不会有一个六角形模式。由于地形的限制，如丘陵或山区，当地信号传播条件的限制，如阴影的建筑物，以及天线选址的实际限制等因素都会影响实际的蜂窝形状。

频率复用 在蜂窝系统中，每个小区都有一个基本的收发信机。传送功率是精确控制的(在某种程度上，高速变化的移动通信环境会导致其变化)以允许小区内的通信使用给定的频段，同时限制小区在该频率上的发射功率，以免影响到相邻的小区。在某些蜂窝架构中，尝试在两个相邻小区之间使用相同的频带是不切实际的[⊖]。相反，目的是在相隔一定距离的多个小区中使用同一个频段。这允许相同频段可以用在不同的小区内以支持多个同时对话。在一个给定的小区中，分配多少个频段取决于预期的流量。

一个关键设计问题是确定使用相同频段的两个小区之间的最小距离，以便使这两个小区之间不相互干扰。可能有多种**频率复用**模式。图 13-2 给出了一些例子。如果有 N 个小区，每个小区分配相同数量的频率数，每个小区可以有 K/N 个频率，K 是分配给系统的所有频率数。在第一代系统中，$K=395$ 和 $N=7$ 是最小模式，它可以为两个使用相同频率的小区提供足够的隔离。这意味着平均每个小区可以有最多 395/7=57 个频率。

在描述频率复用特征时，下面是常用的参数。

- D：使用相同频带(称为同信道)的小区中心之间的最小距离。
- R：小区半径。
- d：相邻小区的中心之间的距离($d=\sqrt{3}R$)。
- N：重复模式中的小区数(模式中的每个小区使用唯一一组频段)称为**复用因子**(reuse factor)。

对于一个六角形几何形状的小区，N 仅可能取以下值：

⊖ 例外的情况包括 CDMA 系统和第四代移动通信小区间干扰协调和协调多点传输系统，随后将要进行描述。

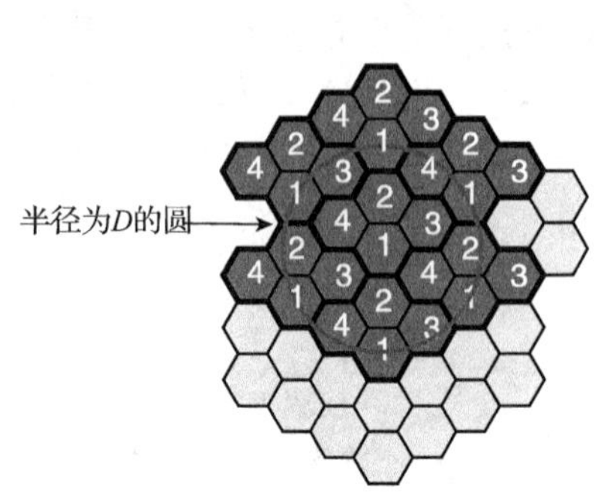

a）$N=4$时的频率复用模式

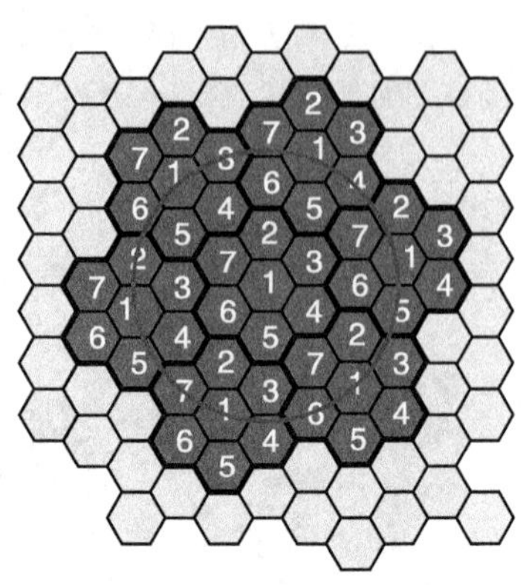

b）$N=7$时的频率复用模式

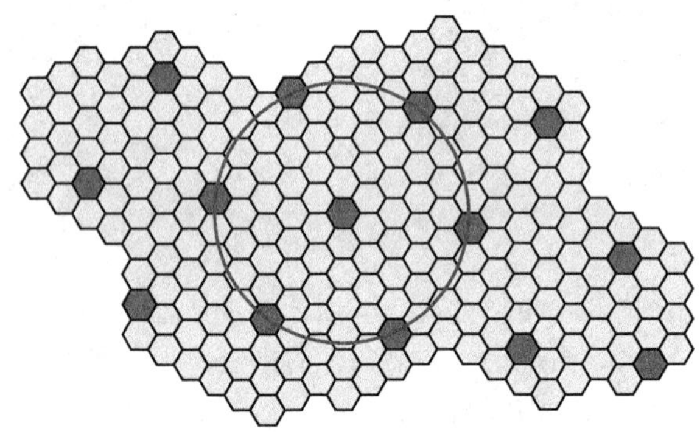

c）黑色的小区表示N=19时的频率复用

图 13-2　频率复用模式

$$N = I^2 + J^2 + (I \times J) \quad I,J = 0,1,2,3,\cdots$$

因此，N 可能的取值是 1，3，4，7，9，12，13，16，19，21，等。以下关系成立：

$$\frac{D}{R} = \sqrt{3N}$$

这也可以表示为 $D/d = \sqrt{N}$。

通过网络致密化增加容量　随着更多用户使用该系统，流量可以建立起来，以至于没有足够的频段分配给一个小区来处理它的呼叫。许多方法可以用来应对这种情况，包括：

- **增加新信道**：通常，当系统已经在一个区域建立时，并不是所有的信道都已经使用，可以通过有秩序的方式管理流量的增长和扩展，如未使用的集合中添加新信道。
- **频率借用**：在最简单的情况下，被堵塞的蜂窝借用邻近蜂窝的频率。频率也可以动态地分配给蜂窝。
- **小区分裂**：在实际中，流量和地貌分布的不均匀，为增加容量提供了机会。在高使用量的小区可以分成更小的小区。一般来说，原始小区约为 6.5～13km。较小的小区本身就可以分裂。同时，特别小的小区可以部署在高流量需求的地区，参见后续关于微微蜂窝和毫微微蜂窝基站等的讨论。为了使用一个更小的小区，使用的功率水平必须降低以保持在小区内的信号。当移动单元移动时，它们从一个小区移动到另一个小区，这就需要将其从一个基站收发信机的呼叫转移到另一个基站。这个过程称为**越区切换**(handoff)。如果小区变小，传递将变得更加频繁。图 13-3 给出了如何进行小区分裂以提供更多的容量。覆盖范围的半径减少 F 倍，所需的基站数量增加 F^2 倍。

- **小区扇区化**：采用小区扇区化，将一个小区分为多个楔形的扇区，每个扇区都有自己的一组频率，通常每个小区有 3 个扇区。给每个扇区分配一个蜂窝信道的独立子集，基站的定向天线用于指向每一个扇区。由于安装在三角形的每一边的天线直接指向各自的扇区，所以这可以看作典型蜂窝天线配置的三角形形状。

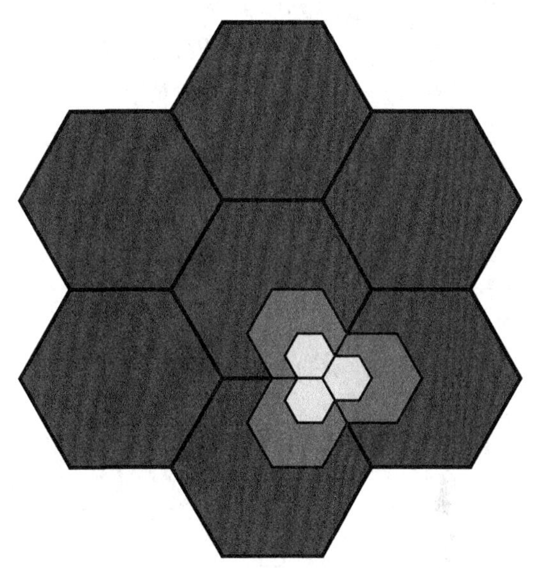

图 13-3　小区分裂

- **微小区**：随着小区变得更小，天线从高楼的顶部或丘陵、小型建筑的顶部或两侧的大型建筑，最后到灯柱上，它们形成**微微蜂窝**。小区大小的减少伴随着基站和移动单元辐射功率水平的减少。微微蜂窝在城市拥挤地区的街道上、公路周边、大型公共建筑内是非常有用的。如果放置在建筑物内，则称为**毫微微蜂窝**，这可能是开放给所有用户或只开放给授权用户，例如只有那些在那栋大楼工作的人员。如果仅用于一组注册的用户，这叫作**闭合用户群**(closed subscriber group)。通过使用微小区来提高容量的过程称为**网络致密化**(network densification)。大型户外小区称为**宏蜂窝**(macrocell)，旨在支持高机动用户。有各种频率使用策略来共享频率但避免小蜂窝和宏蜂窝之间的干扰问题，如在宏蜂窝和小蜂窝之间使用独立的频率或进行动态频谱分配。在动态分配的情况下，基站的**自组织网络**(self-organizing networks)进行快速的协同决策，确定需要的信道分配。
- 最后，蜂窝网络的容量取决于相同的频率可以被不同的手机重复使用的次数(或正交频分多址的子载波个数)。不论它们的位置在哪里，两个手机可以分配相同的频率，如果它们之间的干扰是可以容忍的。因此，干扰是限制因素，而不是位置。如果干扰可以被直接处理，那么图 13-2 所示的信道复用模式甚至可能不需要。例如，如果两个手机相互靠近各自的基站，为每个连接的传输功率可以大大减少，但仍能提供足够的服务。功率的降低将限制对相同频率的其他用户的干扰。因此，两个手机可以使用相同的频率，甚至在相邻的小区。现代系统通过**小区间干扰协调**(Inter-Cell Interference Coordination，ICIC)和**协调多点传输**(Coordinated Multipoint Transmission，CoMP)技术来利用这些机会。这些技术实现各种功能，例如，当干扰很明显时警告相邻的小区(用户可能处在两个蜂窝之间的边界附近)，或执行跨多个小区的联合频率调度。LTE-Advanced 广泛使用这些功能，LTE 中的 ICIC 和 CoMP 将在第 14 章中讨论。

例 13.1　假设一个有 32 个蜂窝的系统，蜂窝的覆盖半径为 1.6km，总频率宽带被分配给 336 个业务信道，复用因子 $N=7$。如果总共有 32 个蜂窝，覆盖的地理区域有多大，每个蜂窝分配多少个信道，可以处理的并发呼叫的总个数是多少？对于蜂窝半径为 0.8km 和 128 个蜂窝，重复做一次。

图 13-4 给出了一个近似的矩形模式。一个半径为 R 的六边形的面积为 $1.5R^2\sqrt{3}$。一个半径为 1.6km 的六边形的面积为 6.65km^2，总覆盖面积是 $6.65\times32=213\text{km}^2$。对于 $N=7$，每个蜂窝信道的数量是 $336/7=48$，总的信道容量(可以处理的呼叫总数) $48\times32=1536$ 个信道。对于图 13-4b 中的布局，覆盖面积是 $1.66\times128=128\text{km}^2$。每个蜂窝的信道数量是 $336/7=48$，总信道容量 $48\times128=6144$ 个信道。蜂窝半径减少 1/2 倍，信道容量可以增加 4 倍。

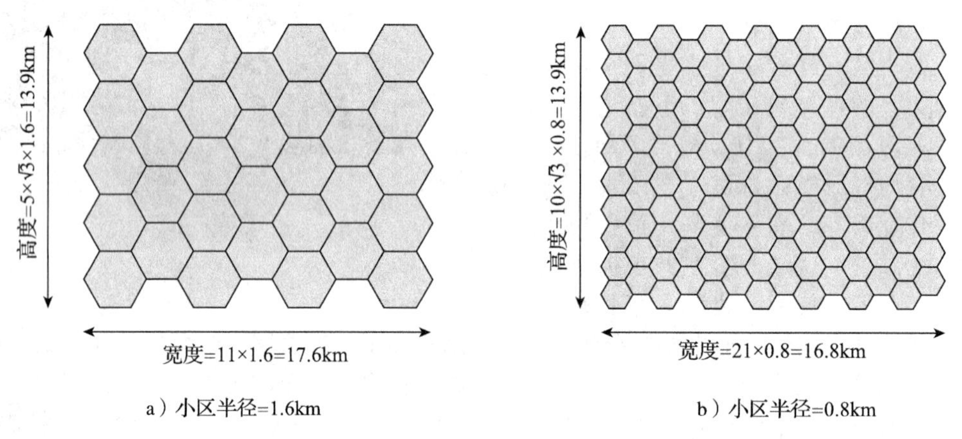

图 13-4　频率复用示例

13.1.2　蜂窝系统的运行

图 13-5 给出了蜂窝系统的主要元素。在每个小区的近似中心的位置是基站(Base Station，BS)。基站包括一个天线、一个控制器和分配给该小区信道上的进行通信的许多收发信机。控制器用于处理移动单元与网络的其余部分之间的呼叫过程。在任何时候，有多个活动的移动用户并在与其通信的基站所在的小区内移动。每个 BS 连接到一个移动通信交换局(Mobile Telecommunication Switching Office，MTSO)，一个 MTSO 服务多个 BS。通常，MTSO 和 BS 之间的链路是有线线路，虽然无线链路，如 WiMAX(技术在第 16 章讨论)，正变得越来越流行。MTSO 连接移动单元之间的呼叫。MTSO 也连接到公共电话或电信网络，从而使固定用户可以连接到公共网络或者蜂窝网络中的移动用户。手机也可以访问因特网。MTSO 为每一个呼叫分配语音信道，执行越区切换(随后讨论)并监控呼叫的计费信息。

蜂窝系统的使用是完全自动的，用户除了拨打或接听电话就不需要其他操作。在移动单元和基站之间有两种类型的可用信道：控制信道和流量信道。**控制信道**是用来交换信息以建立和维护电话、建立移动单元与最近 BS 之间的关系。**流量信道**传递用户之间的语音或数据信息。图 13-6 给出了一个典型的两个移动用户呼叫的步骤，两个用户处在由一个 MTSO 控制的区域。

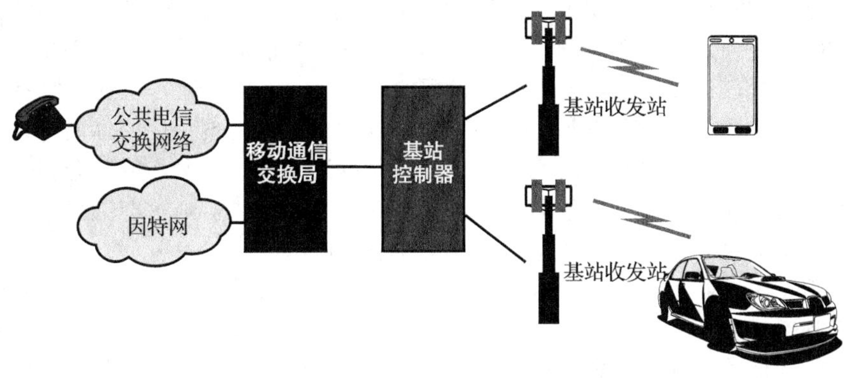

公共电信
交换网络
因特网
移动通信
交换局
基站
控制器
基站收发站
基站收发站

图 13-5　蜂窝系统概述

MTSO
a）最强信号的监测
b）连接请求
c）寻呼
d）呼叫接受
e）继续呼叫
f）越区切换

图 13-6　移动蜂窝呼叫的例子

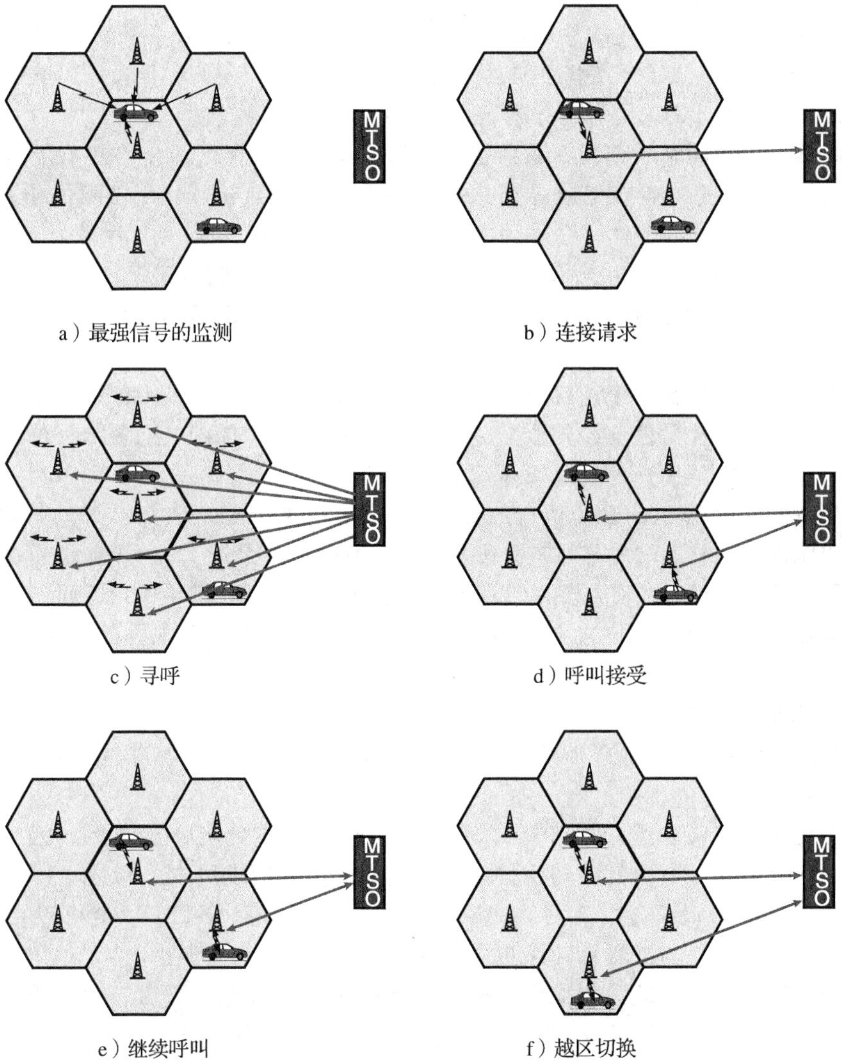

- **移动单元初始化**：当移动单元打开时，它扫描并选择该系统最强设置控制信道(见图 13-6a)。使用不同频段的小区在不同的设置控制信道上重复进行广播。接收方选择最强设置信道并监控该信道。此过程的作用是，移动单元自动选择它将操作的小区的基站天线[⊖]。然后移动单元与 MTSO 控制单元通过本小区的基站进行握手。握手用来识别用户并注册他的位置。只要移动单元在线，考虑该单元会移动，该扫描过程将会定期重复进行。如果该单元进入一个新的小区，则它会选择一个新的 BS。此外，移动单元也进行寻呼监控，这将在随后讨论。
- **移动端发起呼叫**：移动单元通过在预先选择的设置信道上发送被叫方的号码来发起一个呼叫(见图 13-6b)。在移动单元的接收机中，首先通过检查前向(从基站发出)信道中的信息，确定设置信道是空闲的。当检测到空闲状态时，移动单元可以在相应的反向(发往基站)信道上发送。BS 发送请求给 MTSO。
- **寻呼**：MTSO 然后试图完成与被叫单元的连接。MTSO 发送一个寻呼消息给一个特定的 BS 来寻找被叫的移动单元，根据被叫移动单元号和最新移动单元的位置信息(见图 13-6c)。如果某些手机处在空闲模式，则 MTSO 并不总是知道每一个移动的位置。每个 BS 在给自己分配的设置信道上传送寻呼信号。
- **呼叫接受**：被叫移动单元在其监控的设置信道上识别自己的号码并响应基站，该基站向 MTSO 发送响应信息。MTSO 建立呼叫 BS 与被叫 BS 之间的电路。同时，MTSO 为每个 BS 选择一个可用的流量信道并通知每个 BS，之后每个 BS 通知相应的移动单元(见图 13-6d)。两个移动单元移动各自分配的信道上。
- **继续呼叫**：连接保持时，这两个移动单元经过各自的 BS 和 MTSO 来交换语音或数据信号(见图 13-6e)。
- **越区切换**：如果在一个连接过程中，一个移动单元由一个小区范围内移动到另一个小区范围，则流量信道必须改变到新小区的 BS 分配的信道(见图 13-6f)。系统在不中断通话或提醒用户的情况下进行上述变化。

没有在图 13-6 中显示的系统执行的其他功能主要包括：

- **呼叫阻塞**：在移动端发起呼叫阶段，如果所有分配给最近 BS 的业务信道都很忙，那么移动单元反复尝试预先设置的号码。经过几次失败后，则给用户返回一个忙音。
- **呼叫终止**：当两个用户之一挂机时，MTSO 接到通知并释放两个基站之间的流量信道。
- **呼叫掉线**：在连接期间，由于某些地区有干扰或存在弱信号点，如果 BS 无法在一定时间内维持所需的最小信号强度，则通向用户的流量信道就会被关闭并通知 MTSO。
- **从固定和远程移动用户的呼叫**：MTSO 连接到公共交换电话网络。因此，MTSO 可以在其蜂窝区域内的移动用户与接入电话网络的固定用户之间建立一个连接。此外，MTSO 可以通过电话网络或专用线路连接到远程 MTSO，就可以在其蜂窝区域内的移动用户与远程移动用户之间建立一个连接。
- **紧急呼叫优先与排队**：如果用户标识其呼叫为紧急呼叫，那么，由于 BS 可能比较繁忙，所以其通话可能会遇到阻碍而需要排队，当有信道可用时可以给予其优先接入。

⊖ 通常但也不总是，天线和选择的基站是与移动单元最接近的那个。然而，由于传播的异常，也不一直是这样。

13.1.3 移动无线电传播效应

移动无线通信带来了复杂性，这些复杂性并不存在于有线通信或固定无线通信中。其主要关注的两个方面是信号强度和信号传播效应。这些已经在第 6 章中详细讨论过。

- **信号强度**：基站和移动单元之间的信号强度必须大到足以维持接收机的信号质量，但是又不能太强，否则会给使用相同频带的另一个蜂窝带来同信道干扰。这里存在一些复杂的因素。人类制造的噪声变化很大，带来一个可变的噪声水平。例如，城市蜂窝频率范围内的汽车点火噪声比郊区的大。其他信号源也在不停地变化。信号强度随着蜂窝内点与 BS 之间的距离的函数变化。此外，移动单元在移动的过程中，由于障碍物的阴影和地形的不断变化导致信号强度也在动态变化。
- **衰落**：即使信号强度在有效范围内，信号传播效应也会破坏信号从而导致错误。6.4 节讨论了衰落和各种对策。

在设计蜂窝网络的布局时，通信工程师必须考虑这些不同的传播效应、基站和移动台所需的最大传输功率、移动单元天线的典型高度、BS 天线的可用高度等。这些因素将决定每个蜂窝的大小。不幸的是，正如我们所描述的，这些传播效应是动态的且很难预测。我们能做的最好是提出一个基于实证数据的模型，并将该模型应用到给定环境中以指导实际系统中蜂窝大小的设计。最广泛应用的模型之一是由 Okumura 等人开发的，随后 Hata 等人对该模型进行了改进。这已经在 6.3 节中讨论过了。

13.1.4 越区切换

越区切换[㊀]是指，当移动单元从一个小区移动到另一个小区时，信道分配的过程也将由一个基站切换到另一个基站来进行。在不同系统中，越区切换以不同的方式进行处理，这将涉及很多因素。这里我们给出一个简单的概述。

越区切换可能由网络发起，网络可以通过测量得到的移动单元的信号强度来决定是否进行越区切换。另外，移动单元辅助越区切换方案允许移动单元通过给移动网络提供有关其接收信号的反馈来参与越区切换的决定。在这两种情况下，可以用下列的性能指标来做决定。

- **呼叫阻塞概率**：由于 BS 流量容量的负载较重，一个新的呼叫被阻塞的概率。在这种情况下，将移动单元越区切换到一个邻近的蜂窝，此时不是基于其信号质量而是基于其业务容量。
- **呼叫掉线概率**：由于越区切换导致的通话被终止的概率。
- **呼叫完成概率**：一个被接通的电话在掉线之前终止的概率。
- **不成功越区切换概率**：执行越区切换但不足以满足接收条件的概率。
- **越区切换阻塞概率**：越区切换不能成功完成的概率。
- **越区切换概率**：通话终止之前发生越区切换的概率。
- **越区切换的速度**：单位时间内越区切换的数量。
- **中断持续时间**：越区切换过程中移动单元没有连接到其他基站的持续时间。
- **越区切换延迟**：移动单元从越区切换应该发生的点到其发生的点移动的距离。

㊀ 越区切换(handoff)用于美国的蜂窝标准文档中。ITU 文档采用术语 handover。这两个词都出现技术文档中。它们的含义是一样的。

用于进行越区切换决策的主要参数是测量 BS 上的移动单元的信号强度。通常，BS 通过取一个移动时间窗口的平均信号强度来消除由于多路径效应引起的快速波动。图 13-7 给出了当移动单元从 L_A 的基站 A 到 L_B 的基站 B 时相邻两个基站的平均接收功率水平。这个图的动画尤其有用。这个图在解释各种越区切换策略时是非常有用的，可以作为越区切换决策的参数有以下几个。

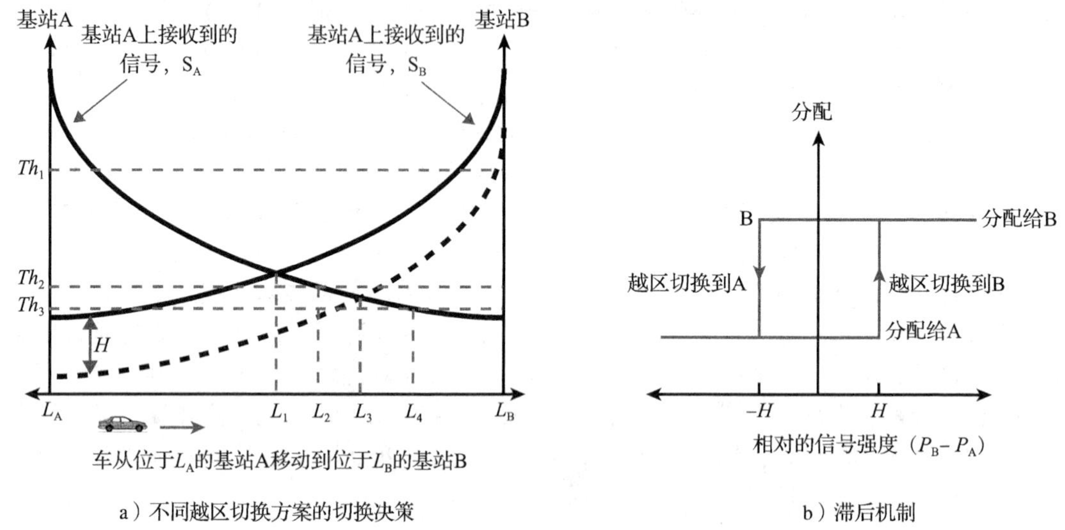

图 13-7　两个小区之间的越区切换

- **相对信号强度**：在基站 B 的信号强度首次超过基站 A 时，移动单元就从基站 A 切换到基站 B。如果基站 B 的信号低于 A 的信号，移动单元再从基站 B 切换到基站 A。如图 13-7 所示，越区切换点出现在 L_1。在这一点上，基站 A 的信号强度仍然是充足的，但正在下降。即使这两个基站的平均功率差不多，由于多径效应会引起信号强度波动，这种越区切换方法可能导致移动单元重复在两个基站之间来回切换的乒乓效应。
- **具有阈值的相对信号强度**：只有满足下面的条件才进行越区切换，如果 1)信号在当前 BS 足够弱(小于一个预定义的阈值)；且 2)其他信号足够强。其目的是，只要信号在当前 BS 足够强，就没有必要进行越区切换。如果阈值设置得太高，记为 Th_1，则这个方案与相对信号强度方案一样。如果阈值设置在 Th_2，则越区切换发生在 L_2。如果与交叉信号强度相比(L_1 的信号强度)，阈值设置得太低，如 Th_3，则移动单元在越区切换之间可能会移动到新小区内(L_4)。这会降低通信链路的质量，并可能导致通话掉线。阈值不应该单独使用，因为它的有效性依赖于当前基站与候选基站之间的交叉信号强度等先验知识。
- **具有滞后的相对信号强度**：越区切换发生，如果新的基站比当前基站足够强(见图 13-7中的边缘 H)。在这种情况下，越区切换发生在 L_3。这个方案可以防止乒乓效应，因为一旦发生越区切换，边缘 H 的影响就会发生扭转。术语*滞后*是指继电器滞后的现象，可以借助图 13-7b 来观察。我们可以认为有两种状态的越区切换机制。当移动单元分配给基站 A 时，当相对信号强度达到或超过 H 时，该机制将产生一个越区切换。当移动单元分配给基站 B 时，它依然如此，直到相对信号强度低于$-H$，此时它切换回基站 A。唯一的缺点是，如果 B 仍有足够的信号强度，那么这个方案的第一次越区切换可能仍然是不必要的。

- **具有滞后和阈值的相对信号强度**：只有当 1）当前信号水平低于一个阈值；且 2）目标基站信号比当前基站信号强 H 时才进行越区切换。在我们的例子中，越区切换发生在 L_3 如果阈值不是 Th_1、Th_2；发生在 L_4，如果阈值是 Th_3。
- **预测技术**：越区切换决策基于接收到的信号强度的预期值。

硬切换或软切换　当邻近小区的信号强度超过当前小区的信号强度加上一个阈值时，指示移动站转换到属于新分配小区的频段上。这种越区切换称为**硬切换**。在软切换中，移动站暂时同时连接到一个以上的基站。移动单元可能开始分配给一个小区。如果该单元进入一个地区，该地区的两个基站的传输信号具有一定的可比性（在相互的某个阈值内），则移动单元进入软切换状态，即它同时连接到两个基站。移动单元保持这种状态，直到一个基站明显占优势，那时该单元专门分配给一个小区。

而在软切换状态，从移动单元到达两个基站的信号都发送给移动交换中心，移动交换中心估计两个信号的质量并选择其中的一个。交换中心发送数据或数字化语音信号给两个基站，两个基站将它们传输给移动单元。移动单元合并两路传入信号从而恢复信息。软切换不仅增加移动通信的质量，特别是在蜂窝边缘，而且也会增加它对系统容量的使用。对于本例，两个基站一次分配两个不同的频率给移动单元。不同的技术可能会或可能不会使用软切换。有些可能还在使用硬切换但基站之间有快速切换协议。

越区切换决策最复杂的是功率控制技术，该技术使得基站能够动态调整由移动单元发送的信号功率。我们将在下一节讨论这个话题。

13.1.5　功率控制

通过大量的设计使蜂窝系统具有动态**功率控制**能力。

1）为了实现有效接收，接收信号功率必须远大于背景噪声，它决定了所需的发射功率。随着移动单元不断远离发射机，由于正常衰减使得接收功率不断下降。此外，由于受到反射、衍射和散射的影响，导致在较小距离内接收功率水平快速变化。这是因为信号的功率来自许多不同路径的和，这些路径的相位是随机的，有时叠加，有时抵消。随着移动设备的移动，不同路径对和信号的贡献也在不断变化。

2）同时，也希望能够尽量减少移动单元发送信号的传输功率，从而减少同信道干扰（远处使用相同频率的小区对信道干扰），缓解健康问题，并节省电池电量。

3）在使用码分多址（CDMA）的扩频（SS）系统中，当信号到达时我们希望能够均衡从所有移动单元到基站的接收功率水平。这对系统性能是至关重要的，因为所有给用户分配的频率是相同的。

蜂窝系统使用两种功率控制。**开环功率控制**（open-loop power control）仅取决于移动单元，无需 BS 的反馈，用于一些 SS 系统中。在 SS 系统中，BS 连续发送一个未调制的信号，称为一个导频（pilot）。该导频使得移动单元能够获得前向（从基站到用户）CDMA 信道的时序，并为解调提供一个参考相位。它也可以用于功率控制。移动单元监控接收到的导频功率水平，并将反向信道（从用户到基站）的发射功率水平设置为导频信号功率的倒数。这种方法假设前向和反向链路信号的强度密切相关，一般情况下是这样的。开环方法没有闭环的方法准确。然而，开环方案对信号强度的快速波动的反应可以更快，如当一个移动单元的后面出现一个大型建筑时。这需要 CDMA 系统的反向链路能够快速做出响应，因为突然增加基站接收到的信号强度可能会干扰到其他信号。

闭环功率控制(closed-loop power control)基于反向信道的一些性能指标，如接收信号功率、接收信噪比(SNR)、接收到的误比特率或接收到的数据包错误率等，来调整反向链路的信号强度(从移动单元到BS)。BS做出功率调整决策并通过控制信道将功率调整命令传递给移动通信单元。闭环功率控制还用于调整前向信道的功率。在这种情况下，移动单元需要给基站提供接收信号的质量，然后基站调整发射功率。

13.1.6　话务量计算

在FDMA系统中，一个小区的容量等于频率信道数量和分配给它的子载波数。理想的情况下，小区中的可用频率数应该等于在任何时候可能活动的需求总量。在实际系统中，在任何时候都具有处理任何可能的负载的能力是不可行的。幸运的是，并不是所有的用户都是在同一时间活动的，因此网络的大小设计为能够处理一些预期的负载水平是合理的。这是话务量计算学科。

话务量计算的概念源于电话交换机和电路交换电话网络的设计，但其概念同样适用于蜂窝网络。考虑一个有L个潜在用户(L个移动单元)的小区，它能够处理N个同时工作的用户(信道容量为N)。如果$L \leqslant N$时，该系统称为非阻塞系统(nonblocking)，所有的呼叫可以在任何时间处理。如果$L>N$，系统称为阻塞系统(blocking)，用户试呼时发现全部信道都在使用中，因此被阻塞。对于阻塞系统，我们希望回答的基本的性能问题包括：

1）什么是阻塞的程度，也就是说，资源请求被阻挡的概率是多少？换句话说，达到一定的阻塞概率上限的系统容量(N)是多少？

2）如果阻塞的请求排队等待服务，直到该呼叫得到服务的平均延迟是什么？换句话说，达到一定的平均延迟所需要的系统容量(N)是多少？

在该节中，我们简要介绍相关的话务量计算的概念，并给出它们使用的一个例子。在线附录A研究了更详细的内容。

两个参数确定一个系统的负载量：

λ=单位时间内试呼(连接请求)次数的平均率；

h=平均每个成功呼叫的保持时间

话务量的基本度量是**话务强度**(traffic intensity)，用一个无量纲的单位表示，Erlang表示为：

$$A=\lambda h$$

A可以按照以下几种方式解释。它是λ的归一化版本：A等于在平均每个成功呼叫保持时间内到达的平均呼叫数。我们可以将蜂窝系统视为一个多服务器排队系统，其中服务器的数目等于信道容量N。服务器的平均服务时间为h。在多服务器队列中基本关系是$\lambda h=\rho N$，其中ρ是服务器的利用率，或服务器繁忙时间的一部分。因此，$A=\rho N$是所需信道的平均数的一种度量。

例13.2　如果呼叫率平均为每分钟20次，平均保持时间为3分钟，那么$A=60$。我们期望一个容量为120个信道的蜂窝系统在任何给定的时间都有一半的利用率。容量为50的交换机显然是不够的。容量为60能够达到平均需求，由于实际通话率围绕平均呼叫率A波动，所以这种容量有时是不够的。

例 13.3　为了澄清这些概念，考虑图 13-8，它显示 1 小时内容量为 10 个信道的蜂窝系统的信道活动模式。每分钟的呼叫率是 97/60。每次呼叫的平均持续时间为 294/97，单位为分钟。因此，$A=(97/60)\times(294/97)=4.9$Erlang。另一种观察参数 A 的方式是，正在进行的呼叫的平均数。因而，平均而言，占用 4.9 个信道。然而，后者的解释，只有在非阻塞情况是真实的。参数 λ 定义为试呼次数，并不是完成话务量。

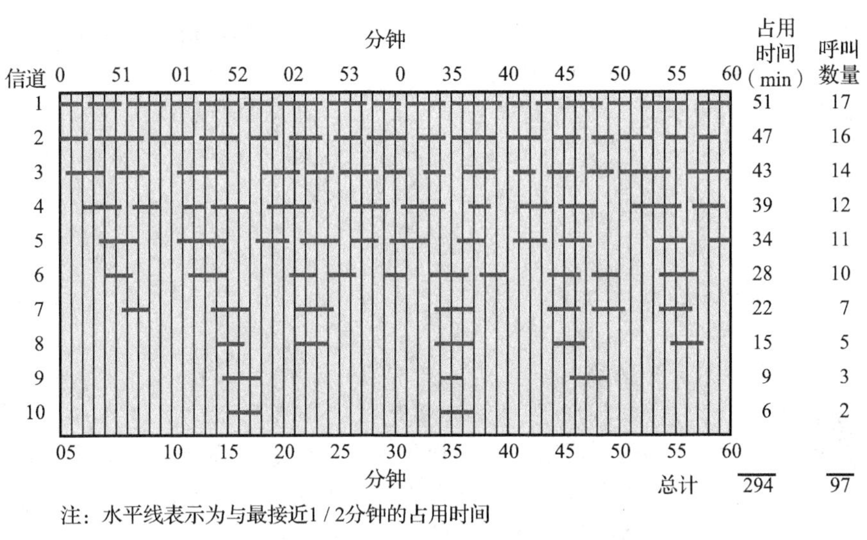

图 13-8　信道容量为 10 的蜂窝系统中的话务量分布

通常情况下，阻塞系统的大小用于话务量强度的上界。人们普遍认为将系统大小设置为预计的最高话务量是不合理的；相反，通常的做法是将系统容量设置为满足最繁忙的一小时内所面临的平均速率。长期来看，最繁忙的一小时是每天话务量最高的 60 分钟。ITU-T 建议将一年中最繁忙 30 天的忙时话务量的平均值，称为"平均忙时话务量"，并且使用该话务量大小来定义系统的大小。北美的做法是取最繁忙 10 天的平均值。完成话务量最繁忙的一天是五月份的母亲节。测量得到的最繁忙话务量通常是流入话务量，而不是流入话务量，只能用来估计真正的负载。

参数 A 表示繁忙一小时的话务量，作为话务量模型的一个输入。然后，该模型用来回答本节开始时所提出的问题。有两个重要因素用来确定模型的性质：

- 被阻塞的呼叫的处理方式。
- 话务源的数量。

阻塞的呼叫可以通过两种方式之一来进行处理。首先，阻塞的呼叫可以放入一个队列以等待空闲信道；这被称为**呼损延迟**(Lost calls delayed，LCD)，尽管事实上呼叫没有丢失，只不过是推迟。其次，阻塞的呼叫可以被拒绝并掉线。这反过来又导致了两个假设的用户行为。如果用户挂断，等待一个随机的时间间隔来进行下一次尝试，这称为**呼损清除**(Lost Call Cleared，LCC)。如果用户反复尝试呼叫，它被称为**呼损保持**(Lost Call Held，LCH)。对于这些阻塞选项的每一个，已推导出相关公式以表征系统的性能。在蜂窝系统中，一般使用 LCC 模型且它通常是最准确的。

话务量模型的第二个关键因素是用户数是否假设为有限的或无限的。对于无限源模型，假设有一个固定的到达速率。对于有限源模型，到达速率取决于已经服务的源的数量。尤其是，如果总用户池为 L，其每一个用户以 λ/L 的平均速率产生呼叫，那么，当蜂窝完全空闲时，到达速率为 λ。然而，如果在时间 t 有 K 个用户占用，则该时间的瞬时到达率为 $\lambda(L-K)/L$。无限源模型分析上更容易处理。当源的数量是系统容量的至少 5～10 倍时，无限源的假设就是合理的。

无限源，呼损清除 对于一个无限源 LCC 模型，感兴趣的关键参数是呼损率或服务等级。服务等级 0.01 意味着，在一个繁忙时段，尝试呼叫被阻塞的概率为 0.01。该值在 0.01～0.001 之间通常认为是相当不错的。

无限源 LCC 的计算公式，称为爱尔兰(Erlang)B，具有如下形式：

$$P=\frac{\frac{A^N}{N!}}{\sum_{x=0}^{N}\frac{A^x}{x!}}$$

式中 A——流入话务量，Erlang；

N——服务器数量；

P——阻塞概率(服务等级)。

该式易于编程，值的表都现成的。表 13-1 是从这样一个表中提取出的。给定流入话务量与服务器的数目，服务质量可以计算得到或者由一个表来确定。更多的时候，反过来的问题是我们感兴趣的：在给定容量和服务等级时，确定可以处理的话务量。另一个问题是在给定服务等级和能够处理的话务量的条件下，确定所需的容量。对于这两个问题，一个表或者合适的反复实验程序是必要的。

表 13-1 爱尔兰(Erlang)B 表

	不同服务等级的容量(爱尔兰)：				
服务器的数量(N)	$P=0.02$ (1/50)	$P=0.01$ (1/100)	$P=0.005$ (1/200)	$P=0.002$ (1/500)	$P=0.001$ (1/1000)
1	0.02	0.01	0.005	0.002	0.001
4	1.09	0.87	0.7	0.53	0.43
5	1.66	1.36	1.13	0.9	0.76
10	5.08	4.46	3.96	3.43	3.09
20	13.19	12.03	11.10	10.07	9.41
24	16.64	15.27	14.21	13.01	12.24
40	31.0	29.0	27.3	25.7	24.5
70	59.13	56.1	53.7	51.0	49.2
100	87.97	84.1	80.9	77.4	75.2

从表 13-1 中可以推断出两个重要的结论：

1）在给定服务等级条件下，具有更大容量的系统比较小容量的系统更有效率。

2）一个更大容量的系统对话务量的增加更敏感。

所有前面的讨论都是针对流入话务量。如果系统大小都是建立在测量的基础上，我们最后可能得到完成话务量。可以很容易开发一个程序，它将完成话务量作为输入，然后执行反向搜索算法得到流入话务量。完成话务量 C 和流入话务量 A 之间的关系是：

$$C=A(1-P)$$

对于较小 P 值，A 是 C 的一个很好的近似。

> **例 13.4** 为说明第一点，考虑两个小区，每个小区的容量为 10 个信道。它们共有 20 个信道的容量，并能处理服务等级为 0.002 的合并流入话务强度 6.86（每小区 3.43）。然而，容量为 20 个信道的一个小区在服务等级为 0.002 时能够处理 10.07Erlang。为了说明第二点，考虑 10 个信道的小区，在服务等级为 0.002 时，负载为 3.43Erlang。话务量增加 30%（达到 4.46Erlang），服务等级降低为 0.01。然而，对于容量为 70 个信道的小区，仅将话务量增加 10%（从 51.0 到 56.1Erlang），服务等级将由 0.002 降至 0.01。

越区切换的影响 蜂窝话务量模型比其他系统中类似的模型更复杂的问题之一是它会受到越区切换的影响。小区中的呼叫到达速率由两部分组成：由位于小区内的移动单元发起的新的呼叫（λ_1）；切换到该小区的呼叫，移动单元在连接时进入该小区（λ_2）。总的到达率 $\lambda=\lambda_1+\lambda_2$。同样，完成率包括正常呼叫完成以及被越区切换的呼叫。该模式必须进行相应的调整，以获得整体的到达率和保持时间。

13.2 第一代模拟系统

本章的其余部分提供了第一、第二和第三代蜂窝系统的概述，然而只提供了高层级的讨论，想了解现代蜂窝系统运行的详细信息，第 14 章将详细介绍第四代 LTE 和 LTE-Advanced 系统。

最初的蜂窝电话网络提供模拟业务信道；现在称为第一代（1G）系统。20 世纪 80 年代初，常见于北美地区的第一代蜂窝移动通信系统是由 AT&T 开发的高级移动电话服务（Advanced Mobile Phone Service，AMPS）。这种方法也常见于南美洲、澳大利亚和中国。虽然 AMPS 已经被取代，但大部分仍然在后续的系统中使用。在本节中，我们提供了 AMPS 的概述。

13.2.1 频谱分配

在北美，给 AMPS 分配了两个 25MHz 的频段（见表 13-2），一个用于从基站到移动单元的传输（869～894MHz），另一个用于从移动单元到基站的传输（824～849MHz）。这些频段的每一个都分为两部分，以鼓励竞争（即，使得在每个市场中两个竞争者共存）。运营商在其系统中的每个方向，只分配 12.5MHz。信道间隔为 30kHz，允许每个运营商有 416 个信道。其中 21 个信道用于控制，其余 395 个信道用于承载通话。控制信道是运行数据速率为 10kbps 的数据信道。会话信道采用模拟频率调制来承载会话。控制信息也通过突发数据的方式在会话信

表 13-2 AMPS 参数

基站传输频段	869～894MHz
移动终端传输频段	824～849MHz
前向与反向信道频率的间隔	45MHz
信道带宽	30kHz
全双工话音信道的个数	790
全双工控制信道的个数	42
移动单元最大功率	3W
小区大小，半径	2～20km
调制方式，语音信道	FM，峰值偏差 12kHz
调制方式，控制信道	FSK，峰值偏差 8kHz
数据传输速率	10kbps
错误控制码	BCH(48，36，5)和(40，28，5)

道中进行发送。对于大多数主要的市场，这些数量的信道是不够的，因此必须寻找一些能够每次会话使用更少带宽或频率复用的技术。针对蜂窝移动电话，这两方面都采用了各种技术。对于 AMPS，利用了频率复用技术。

13.2.2 操作

在每个 AMPS 蜂窝电话的只读存储器中包含一个数字分配模块(Numeric Assignment Module，NAM)。NAM 包含电话号码，这是由服务提供商分配的电话号码，以及电话序列号，这是由制造商分配的序列号。当电话接通时，它发送序列号和电话号码给 MTSO(如图 13-5 所示)。该 MTSO 维护一个与移动单元报失有关的信息数据库，并使用序列号锁定被盗的移动单元。该 MTSO 使用电话号码用于计费。如果手机是在一个偏远城市使用，服务仍然计费到用户的本地服务提供商。

当发起一个呼叫时，将发生下列事件序列：

1）发起用户通过按键输入被叫方的电话号码并按下发送键发起呼叫。

2）MTSO 验证该电话号码是有效的，授权该用户发出呼叫。有些服务供应商要求用户输入个人识别号(Personal Identification Number，PIN)以及被叫号码来对抗盗窃。

3）MTSO 发出指示信息给用户的手机，以通知用于发送和接收该业务的信道。

4）MTSO 发送一个振铃信号给被叫方。所有这些操作(步骤 2)～4))发生在呼叫发起的 10 秒以内。

5）当被叫方应答时，MTSO 建立双方之间的电路，并启动计费信息。

6）当一方挂机时，MTSO 释放电路和无线频道，并完成计费信息。

13.2.3 AMPS 控制通道

每个 AMPS 服务包括 21 个全双工 30kHz 控制信道，它包括 21 个从用户到基站的反向控制信道(Reverse Control Channel，RCC)和 21 个从基站到用户的**前向信道**。这些信道采用 FSK 进行数字数据传输。在这两个信道中，数据以帧的形式发送。

控制信息可以在会话过程中通过语音信道传输。移动单元或基站可以通过关闭大约 100ms 的 FM 话音传输，并在其中插入一个 FSK 编码的突发数据。这些消息用于交换紧急消息，如改变功率电平或越区切换等。

13.3 第二代 TDMA

从本节开始，我们研究第二代蜂窝系统。2G 系统依然承载着大量的语音流量。数据通信主要是由 3G 和 4G 系统承载，在 3G 和 4G 系统中的一些 IP 电话(VoIP)业务通过载波或通过用户应用程序进行通信。了解 2G 系统是很重要的。所以我们首先进行概述，然后详细研究第二代蜂窝系统的其中一种类型。

13.3.1 从第一代到第二代蜂窝系统

第一代蜂窝网络，比如 AMPS，迅速变得非常流行，以至于即使通过频率复用，系统容量仍然不够用。开发了第二代蜂窝系统以支持更高质量的信号、更高的数据速率以支持数字服务和更大的容量。以下是两代系统之间的主要区别：

- **数字业务信道**：在两代之间最显着的区别是，第一代系统几乎纯模拟的，而第二代系统是数字的。特别是，第一代系统设计为支持使用调频语音信道；数字业务仅可以通过使用将数字数据转换成模拟形式的调制解调器来支持。第二代系统提供数字通信信道。这些易于支持数字数据；语音业务在发送之前首先以数字形式编码。当然，第二代系统中，用户业务(数据或数字语音)必须转换为模拟信号以便在移动单元和基站之间进行传输(如，见图 7-16)。

- **加密**：因为在第二代系统中，所有的用户业务和控制业务都是数字化的，所以通过对所有业务进行加密以防止窃听是一个相对简单的事情。所有第二代系统都提供这种能力，而第一代系统通过明文发送用户业务，不提供安全性。
- **差错检测与纠错**：第二代系统的数字业务流还使其能够使用错误检测与纠正技术，如在第 10 章中讨论的。其结果是可以进行清晰的语音接收。或者可以在较低的信噪比条件下得到媲美 1G 的语音质量。
- **信道接入**：在第一代系统中，每个小区支持大量的信道。在任何给定的时间，信道只分配给一个用户。第二代系统还提供每个小区多个信道，但每个信道被动态地由一些采用时分多址(Time Division Multiple Access，TDMA)或码分多址(Code Division Multiple Access，CDMA)的用户共享。我们将在本节讨论基于 CDMA 的系统，并在 13.4 节讨论基于 TDMA 的系统。

1990 年前后，部署了多个不同的第二代系统。表 13-3 列出了这些系统中三个最重要系统的一些关键特征。

表 13-3 第二代蜂窝电话系统

	GSM	IS-136	IS-95
发布时间	1990	1991	1993
接入方式	TDMA	TDMA	CDMA
基站传输频段	935～960MHz	869～894MHz	869～894MHz
移动站点传输频段	890～915MHz	824～849MHz	824～849MHz
前向与反向信道间隔	45MHz	45MHz	45MHz
信道带宽	200kHz	30kHz	1250kHz
双工信道个数	125	832	20
移动站点最大功率	20W	3W	0.2W
每个信道用户数	8	3	35
调制方式	GMSK	π/4DQPSK	QPSK
载波比特率	270.8kbps	48.6kbps	9.6kbps
语音编码器	RPE-LTP	VSELP	QCELP
语音编码比特率	13kbps	8kbps	8，4，2，1kbps
帧大小	4.6ms	40ms	20ms
差错控制编码	1/2 卷积码	1/2 卷积码	前向：1/2 卷积码，反向：1/3 卷积码

13.3.2 时分多址

第一代蜂窝系统提供支持使用频分多址(FDMA)的多用户。基于 FDMA 的蜂窝系统可以如下所述。给每个小区分配了总共 $2M$ 个信道，每个信道的带宽为 δHz。一半的信道(反向信道)用于从移动单元到基站的传输：f_c，$f_c+\delta$，$f_c+2\delta$，…，$f_c+(M-1)\delta$，其中 f_c 是最低频信道的中心频率。另一半信道(前向信道)用于从基站到移动单元的传输：$f_c+\Delta$，$f_c+\delta+\Delta$，$f_c+2\delta+\Delta$，…，$f_c+(M-1)\delta+\Delta$，其中 Δ 是反向和前向信道之间的间隔。当为一个移动用户建立一个连接时，给用户分配两个信道，f 和 $f+\Delta$，从而实现全双工通信。这种安排是很浪费的，因为太多的时间其中的一个或两个信道是空闲的。

基于 TDMA 的蜂窝系统可以描述如下。在 FDMA 系统中，给每个小区分配了多个信道，一半是反向的一半是前向的。同时，为实现全双工通信，给一个移动单元分配匹配的反向与前向信道容量。此外，每个物理信道进一步细分为多个逻辑信道。传输是以一个重复的帧序列形式进行的，每个帧划分为多个时隙。每个帧序列的每个时隙位置形成一个独立的逻辑信道。

13.3.3　全球移动通信系统

在**全球移动通信系统**(GSM)开发之前，欧洲国家使用许多相互不兼容的第一代蜂窝电话技术。GSM 为欧洲提供一个共同的第二代技术，从而使得同一用户单元可以在整个大陆使用。该技术是非常成功的。GSM 最早在 1990 年出现在欧洲。类似的系统也在北美、南美、亚洲、北非、中东和澳大利亚实现。2013 年年底，GSM 协会声明，全球有 69 亿用户身份模块(SIM)连接，达到每用户 1.8 个 SIM 卡的平均水平。

GSM 网络架构　图 13-9 给出了 GSM 系统的关键功能要素。边界 Um、Abis 和 A 指的是在 GSM 文件中标准化的功能要素之间的接口。因此，有可能从不同厂商购买设备并且期望能够成功地互操作。

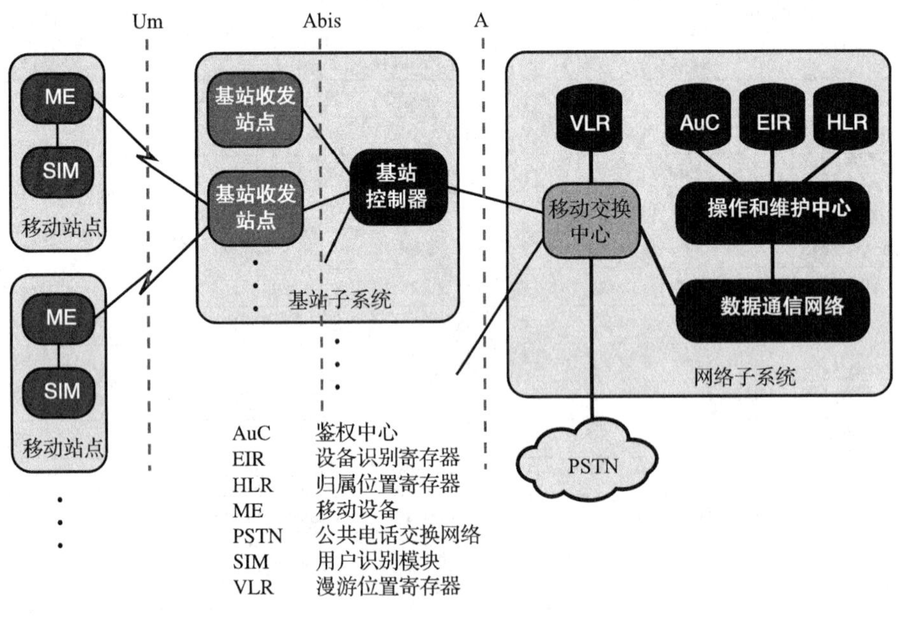

图 13-9　GSM 体系结构

移动站点　一个移动站点与其所在的小区基站的收发信机通过 Um 接口进行通信，也称为**空中接口**(air interface)。移动设备(Mobile Equipment，ME)是指物理终端，如电话或个人通信服务(Personal Communications Service，PCS)设备，其包括无线电收发信机、数字信号处理器和用户身份模块(Subscriber Identity Module，SIM)。SIM 卡是一种智能卡或插件模块等便携式设备，用于存储用户的识别号码、用户被授权使用的网络、加密密钥和其他与该用户相关的信息。GSM 用户单元是完全通用的插入式 SIM 卡。因此，用户只需携带他的 SIM 卡，并通过在设备中插入 SIM 卡来实现对许多国家的各种用户装置的简单使用。事实上，除了一些应急通信外，没有插入 SIM 卡的用户设备将不会工作。因此，SIM 卡漫游，而不一定是用户设备。

由于易于携带和移动到不同的设备，使用 SIM 卡的方式使得 GSM 在世界上许多地方很受欢迎。

基站子系统 基站子系统(Base Station Subsystem，BSS)包括基站控制器和一个或多个基站收发信机。每个**基站收发信台**(Base Transceiver Station，BTS)定义一个小区，它包括一个无线天线、射频收发信机以及一个基站控制器链路。一个 GSM 小区可以有 100m～35km 的半径，取决于应用环境。**基站控制器**(Base Station Controller，BSC)可以与一个 BTS 放置在同一个地点，或者可以控制多个基站单元或多个小区。BSC 保留无线电频率、管理一个移动单元从 BSS 中一个小区到另一个小区的切换，并控制寻呼。

网络子系统 网络子系统(Network Subsystem，NS)为蜂窝网络与公共电信交换网络提供链路。该 NS 控制不同 BSS 之间小区的切换、对用户进行身份验证并验证他们的账号、为移动用户提供包括全球漫游等功能。NS 的中心要素是**移动交换中心**(Mobile Switching Center，MSC)。它由其控制的 4 个数据库来支持。

- **归属位置寄存器(Home Location Register，HLR)数据库**：该 HLR 可以永久或者临时存储每个“归属”它的用户的信息(即，该用户具有与该交换中心相关联的电话号码)。
- **漫游位置寄存器(Visitor Location Register，VLR)数据库**：重要的是，用户的位置是临时信息。位置由用户进入到 VLR 的值来确定。漫游位置寄存器用于维护用户当前所处物理位置区域的交换中心的相关信息。它记录用户是否活跃以及与用户相关其他参数。对于一个被呼用户，系统使用该用户的电话号码来确定该用户归属的交换中心。这个交换中心可以在其 HLR 中寻找用户当前物理位置所在的交换中心。对于一个主呼用户，VLR 用来发起呼叫。即使该用户是在其归属交换中心覆盖的区域内，它也需要表示在交换中心的 VLR 中，以保持一致性。
- **鉴权中心(Authentication Center，AUC)数据库**：该数据库用于系统的认证活动。例如，它持有所有用户的归属和漫游位置寄存器中的认证和加密密钥。该中心控制对用户数据的访问，用于当用户加入网络时的身份验证。GSM 的传输是加密的，因此它是保密的。流密码 A5 对用户到基站收发信机的传输进行加密。然而该会话明确是在固定电话网络中。另一个流密码 A3 用于身份验证。
- **设备标识寄存器(Equipment Identity Register，EIR)数据库**：EIR 跟踪移动站点设备的类型。它还起到安全的作用(例如，阻止从被盗的移动台呼叫，并防止没有授权的站点使用网络)。

13.3.4 无线链路

GSM 系统的频谱分配是 25MHz(935～960MHz)用于基站传输，125MHz(890～915MHz)用于移动站点传输。其他 GSM 频段也被欧洲以外的地区使用。用户使用 FDMA 和 TDMA 的结合(二者都将在下一节讨论)来接入网络。每 200kHz 有一个射频载波，因此它提供了 125 个全双工信道。信道以 270.833kbps 的数据速率进行调制。与 AMPS 相同，它有两种类型的信道：业务和控制。

TDMA 格式 GSM 采用复杂层次结构的 TDMA 帧来定义的逻辑信道。从根本上讲，将每 200kHz 频带划分成由重复时隙定义的 8 个逻辑信道。

最底层是时隙，也称为突发周期，它具有 15/26ms 或约 0.577ms 的持续时间。按照

270.833kbps 的比特率，每个时隙有 156.25 比特的长度。

向上移动帧格式层，8 时隙的 TDMA 帧通常由一个包含 26 个帧的复帧组成。复帧中的一个帧用于控制信令，另一个帧当前并未使用，剩下的 24 个帧用于数据业务。因此，每个业务信道接收每帧中有一个时隙且每 120ms 复帧中有 24 个帧。得到的总数据速率是：

$$\frac{114\text{ 比特}/\text{时隙}\times 24\text{ 时隙}/\text{复帧}}{120\text{ms}/\text{复帧}}=22.8\text{kbps}$$

GSM 规范还允许半速率业务信道，两个业务信道各占 26 个帧的 12 个帧中的一个时隙。随着半速率语音编码器的使用，这可以有效增加系统的容量。系统中也有用于控制业务的 51 个帧的复帧。

GPRS 和 EDGE　GSM 的第二阶段引入了**通用分组无线业务**(Generalized Packet Radio Service，GPRS)，它为 GSM 提供了一个数据报交换能力。以前，发送数据流量需要打开一个语音连接，发送数据，关闭连接。GPRS 允许用户打开一个持续的数据连接。它也建立了一个用于承载数据业务的系统架构。GPRS 具有不同的差错控制编码方案，并且具有最高吞吐量(无差错控制编码，只有协议开销)的方案，能够利用 22.8kbps 的总数据速率产生 21.4kbps 的吞吐量。GPRS 可以捆绑多达 8 个 GSM 连接，可以实现高达 171.2kbps 的总吞吐量性能。

下一代的 GSM 包括**增强型数据速率** GSM 演进技术(Enhanced Data Rates for GSM Evolution，EDGE)。EDGE 引入了相干 8-PSK 调制，与 GSM 系统中 GMSK 调制的 1 比特/符号相比，它能够实现 3 倍的数据速率，即高达 3 比特/符号。每个信道总的最大数据速率可以达到 22.8×3＝68.4kbps(包括来自协议头的开销)，但这取决于信道条件。通过使用 200kHz 载波的所有 8 个信道，使得高达 547.2kbps 的总数据传输速率成为可能。实际吞吐量可以高达 513.6kbps。EDGE 以后的版本，3GPP 版本 7，增加了更高阶的调制和编码方案以适应信道条件。在良好的信道条件下，可以实现超过 750kbps 的下行数据速率和 600kbps 的上行数据速率。

GSM 信令协议架构　关键实体之间需要交换大量的控制消息以实现移动性、无线电资源和连接管理。该架构的最底层是针对实体之间的物理链路。在链路层，使用称为 LAPDm 的数据链路控制协议(见图 4-3)。这是链路接入协议，D 信道(LAPD)的修订版本，主要用于将一个潜在不可靠的物理链路转换成可靠的数据链路。上面的链路层提供一些特定功能的协议。这些包括无线电资源管理、移动性管理、连接管理、移动应用部分和 BTS 管理。

13.4　第二代 CDMA

CDMA 是基于扩频的复用技术，我们已在 9.4 节中进行了介绍，它取代了第二代 TDMA 蜂窝网络。我们在本节概述 CDMA 方法的优点，然后看看使用最广泛的方案，IS-95。

13.4.1　码分多址

码分多址(CDMA)蜂窝系统可以描述如下。与 FDMA 一样，给每个小区分配不同的频率带宽，将它分成两部分，一半用于反向信道(移动单元到基站)，一半用于前向信道(基站到移动单元)。全双工通信是指一个移动单元同时使用反向和前向信道。传输是以直接序列扩频(Direct Sequence Spread Spectrum，DSSS)的形式，它使用切片码(chipping code)来增加传输的数据速率，并带来信号带宽的增加。通过给多个用户分配正交切片码来实现多址接入，使接收机可以从接收到的多个传输信号中恢复一个移动单元的信号。

相比于 TDMA 蜂窝网络，CDMA 有多个优点：

- **频率分集**：由于传输分布在一个较大的带宽上，所以频率相关的传输损伤，如突发噪声和选择性衰落，对信号的影响较小。
- **抗多径**：除了 DSSS 能够通过频率分集来克服多径衰落以外，CDMA 使用的切片码不仅具有低互相关性，也具有低自相关性。因此，延迟多个切片间隔信号版本并不会对主信号产生类似于其他多径环境的影响。
- **隐私**：由于使用类似噪声的信号可以实现扩频，其中每个用户有一个唯一的代码，隐私是与生俱来的。
- **平稳退化**：使用 FDMA 或 TDMA，可同时访问系统的用户数量是固定的。然而，使用 CDMA 技术，随着越来越多的用户可以同时访问该系统，噪声电平或者误码率也在不断增大。只是系统性能逐渐降低到一个不可接受的错误率。

这里，我们还应该提到 CDMA 蜂窝的一些缺点：

- **自干扰**：除非所有的移动用户都是完全同步的，否则来自多个用户的到达信号将不完全在切片边界上对齐。因此，不同用户的扩展序列不能够完全正交且有某种程度的互相关。与之不同的是，TDMA 或 FDMA 需要合理的时间或频率保护带，确保分别接收到的信号是正交的或近似正交的。
- **近远效应问题**：接收到的靠近接收机的信源信号比更远距离的信源信号衰减小很多。由于无法完全正交，所以从接收到的多个用户单元的信号中恢复远程移动单元的信号将更加困难。因此，功率控制技术在 CDMA 系统中是非常重要的。
- **软越区切换**：随后将讨论，从一个小区到下一个小区的平滑切换要求移动单元在放弃旧小区之前能够获得新小区。这被为软切换，比在 FDMA 和 TDMA 方案中使用的硬切换复杂得多。

13.4.2 移动无线 CDMA 设计注意事项

在研究 IS-95 的具体例子之前，有必要考虑 CDMA 蜂窝系统设计的一些关键要素。

RAKE 接收机 多径信道环境在蜂窝系统中是很常见的，如果一个信号的多个版本到达时彼此相距多于一个码片间隔，则接收机可以通过与主输入信号中的切片序列进行相关来恢复信号。这个原则用在 RAKE 接收机的设计中，已在 9.4 节中进行了讨论。

软切换 在 FDMA 或 TDMA 系统中，相邻小区使用的可用频谱是不同的(即，频率复用因子 N 大于 1，通常为 7)。当相邻小区的信号强度超过当前小区的信号强度加上一个阈值时，指示移动站点切换到了一个新的频段，该频段是分配给新小区的频段。这种切换形式称为硬切换。在典型的 CDMA 蜂窝系统中，不使用频率的空间分离(即，没有类似于图 13-2 所示的频率划分，频率复用因子 $N=1$)，因为大部分时间，来自相邻小区的干扰不会影响 DSSS 信号的正确接收。

在 CDMA 系统中，软切换更加可行。在软切换中，移动站点临时同时连接到多个基站。它发送数据包到两个基站，并使用不同的扩频码，使用各自的扩频码从多个基站接收数据包。由于 CDMA 并不使用不同的频率，所以软切换可以简单地通过为每个基站使用不同的扩频码来实现，而不是为每个基站使用单独的频率。

13.4.3　IS-95

最广泛使用的第二代 CDMA 方案是 IS-95，它主要部署在北美。表 13-4 给出了 IS-95 系统的一些关键参数。前向链路和反向链路的传输结构有所不同，我们分别进行描述。

表 13-4　IS-95 前向链路信道参数

信道	同步	寻呼		业务速率集 1				业务速率集 2			
数据速率(bps)	1200	4800	9600	1200	2400	4800	9600	1800	3600	7200	14 400
码重复	2	2	1	8	4	2	1	8	4	2	1
调制符号速率(sps)	4800	19 200	19 200	19 200	19 200	19 200	19 200	19 200	19 200	19 200	19 200
PN 码片/调制符号	256	64	64	64	64	64	64	64	64	64	64
PN 码片/比特	1024	256	128	1024	512	256	128	682.67	341.33	170.67	85.33

IS-95 前向链路　表 13-4 列出了 IS-95 前向链路信道的参数。前向链路包括多达 64 个 CDMA 逻辑信道，每个占据同一个 1228kHz 带宽(如图 13-10a 所示)。前向链路支持 4 种类型的信道：

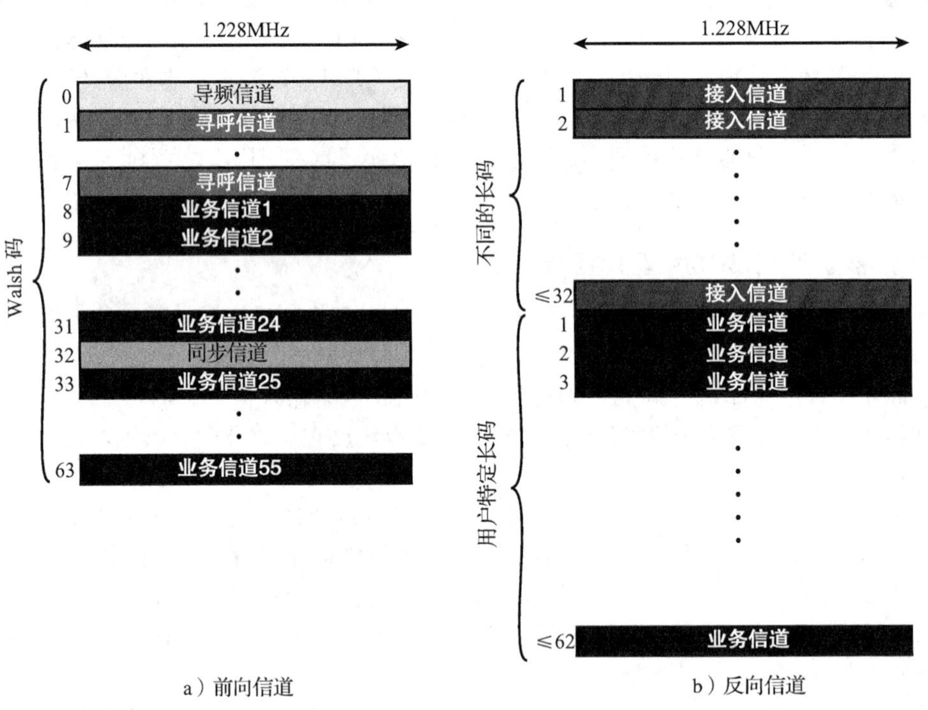

图 13-10　IS-95 信道结构

- **导频(信道 0)**：在一个信道上的连续信号。这个信道允许移动单元用于获取定时同步信息，为解调处理过程提供参考相位，并提供用于越区切换时比较目的信号强度的方法。导频信道包含全零。

- **同步(信道 32)**：移动站点用来获取蜂窝系统的识别信息(系统时间、长码的状态，协议修订等)的 1200bps 的信道。
- **寻呼(信道 1～7)**：包含一个或多个移动站点的消息。
- **业务(通道 8～31 和 33～63)**：前向信道支持 55 个业务信道。最初的版本支持高达 9600bps 的数据速率。随后的版本增加了第二套，速率高达 14 400bps。

请注意，所有这些信道使用相同的带宽。不同信道之间用扩频码进行区分。

IS-95 反向链路 表 13-5 列出了 IS-95 反向链路信道参数。反向信道由高达 94 个逻辑 CDMA 信道组成，每个占据相同的 1228kHz 带宽(如图 13-10b 所示)。反向链路最多支持 32 个接入信道和多达 62 个业务信道。

表 13-5 IS-95 反向链路信道参数

信道	接入	业务速率集 1				业务速率集 2			
数据速率(bps)	4800	1200	2400	4800	9600	1800	3600	7200	14 400
码率	1/3	1/3	1/3	1/3	1/3	1/2	1/2	1/2	1/2
重复前的符号速率(sps)	14 400	3600	7200	14 400	28 800	3600	7200	14 400	28 800
符号重复	2	8	4	2	1	8	4	2	1
重复后的符号速率(sps)	28 800	28 800	28 800	28 800	28 800	28 800	28 800	28 800	28 800
发送占空比	1	1/8	1/4	1/2	1	1/8	1/4	1/2	1
代码符号/调制符号	6	6	6	6	6	6	6	6	6
PN 码片/调制符号	256	256	256	256	256	256	256	256	256
PN 码片/比特	256	128	128	128	128	256/3	256/3	256/3	256/3

在反向链路中每个移动单元的业务信道是唯一的。每个移动单元有一个根据其电子序列号的一个唯一的长码掩码。长码掩码是一个 42 位数，所以有 $2^{42}-1$ 个不同的值。移动单元使用接入信道发起呼叫、响应基站在寻呼信道上发送的消息并进行位置更新。

13.5 第三代系统

第三代无线通信的目的是提供高速无线通信，除了语音业务，还需要支持多媒体、数据和视频业务。ITU 的 2000 年国际移动通信(International Mobile Telecommunications for the year 2000，IMT-2000)，从国际电联的视角定义了第三代移动通信系统的功能：

- 与公共交换电话网相媲美的语音质量。
- 可为大范围内高速汽车用户提供 144kbps 的数据速率。
- 可为小范围内的行人和缓慢移动用户提供 384kbps 的数据速率。
- 支持 2.048Mbps 的办公室应用(需分阶段进行)。
- 对称和不对称数据传输速率。
- 支持分组交换和电路交换数据服务。
- 一种适应于因特网的自适应接口，以便有效地反映出站与入站业务之间的不对称。
- 更有效地利用可用的频谱。
- 为各种移动设备提供支持。
- 灵活性，以允许引进新的服务和技术。

通常，其中一个驱动力是全球个人电信和全球通信接入的趋势。第一个概念是指一个人使用一个账号可以在整个国家、任何一个洲，甚至全球范围内轻松地对他进行认证，并方便地使用任何通信系统。第二个是指在各种环境中，一个终端获取信息服务的能力(例如，一个便携式终端能够在办公室工作，在大街上、在飞机上同样能够工作）。由于个人计算的流行将引发一场彻底的无线通信革命。例如，GSM 蜂窝电话的身份识别模块，也是向实现这些目标迈出的一大步。

个人通信服务与个人通信网络(Personal Communication Network，PCN)是与全球无线通信相关的概念，而且它们还形成了第三代无线系统的目标。

所有参与竞争的 3G 标准都使用码分多址技术，以提供对频谱的有效利用和高的系统容量。

13.5.1　可选接口

图 13-11 给出了 IMT-2000 的部分可选方案。该规范涵盖了在不同无线环境下性能优化的一套无线接口。列入 5 个备选方案的一个重要原因是，为了实现从现有的第一代和第二代系统平滑演进。

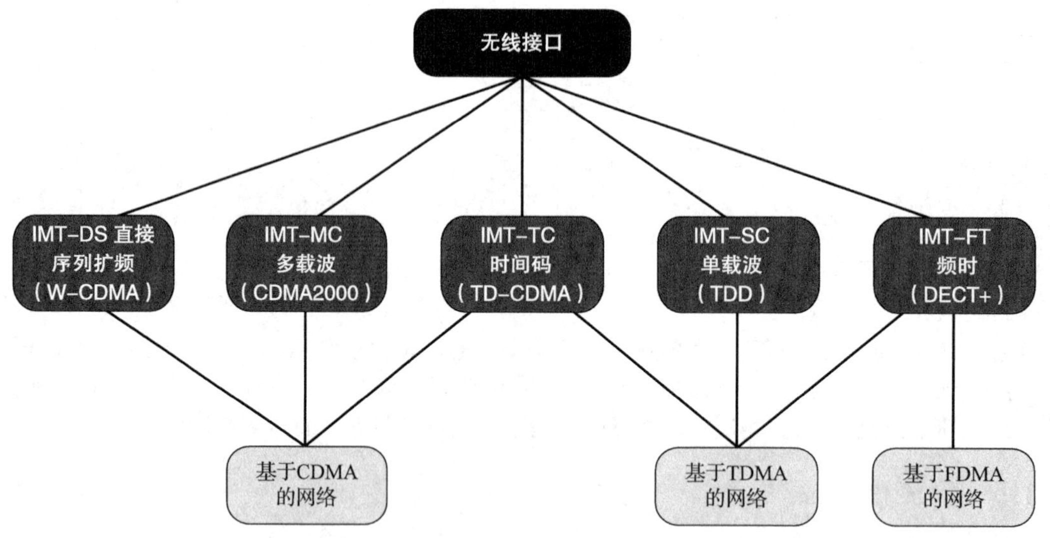

图 13-11　IMT-2000 陆地无线通信接口

5 个可选方案体现了第二代系统的演进。欧洲电信标准协会(European Telecommunications Standards Institute，ETSI)逐渐形成了两种规范，称为**通用移动电信系统**(Universal Mobile Telecommunications System，UMTS)，该系统为欧洲的 3G 无线标准。UMTS 包括两个标准。其中的一个称为**宽带 CDMA**(Wideband CDMA，WCDMA)，用于 UMTS 的空中接口技术。该方案充分利用 CDMA 技术，能够通过对带宽的有效利用来提高数据速率。欧洲国家还致力于开发 UMTS 的另一个标准，称为 IMT-TC 或 TD-CDMA。这种方法是 WCDMA 和 TDMA 技术的结合。IMT-TC 的目的是为基于 TDMA 的 GSM 系统提供升级路径。

另一种基于 CDMA 的系统，称为 **CDMA2000**，起源于北美。该标准与 WCDMA 相似，但是由于使用的码片速率不同，所以无法与其兼容。此外，CDMA2000 使用一种称为多载波的技术，WCDMA 没有使用该技术。

图 13-11 还给出了其他两种接口规范。IMT-SC 主要是为 TDMA 网络设计的。IMT-TC 可以通过 TDMA 和 FDMA 载波提供一些 3G 服务使用，它是欧洲数字无绳通信(Digital European Cordless Telecommunications，DECT)标准的产物。

在本节的剩余部分，我们给出 3G 系统中使用 CDMA 技术的一些通用考虑，然后提供

UMTS/WCDMA 和 1xEV-DO 的 3G 系统的概述。

13.5.2　CDMA 的设计考虑

3G 系统占主导地位的技术是 CDMA。虽然采用了不同的 CDMA 方案，它们共有的一些常见设计问题如下所述：

- **带宽**：所有 3G 系统的一个重要设计目标是将使用的信道限制在 5MHz。有几个原因，一方面，与传统窄带接收机相比，5MHz 或更高带宽提高了接收机对抗多径衰落的能力。另一方面，由于竞争限制了可用的频谱大小，所以 5MHz 是可以分配给 3G 系统的一个合理上限。
- **码片速率**：给定带宽条件下，码片速率取决于所需的数据速率、所需的差错控制和带宽限制。考虑到这些设计参数，3Mcps(mega-chips per second)及以上的码片速率是合理的。
- **多速率**：术语多速率是指，为给定用户提供多个固定数据速率的逻辑信道，不同的数据率由不同的逻辑信道提供。另外，每个逻辑信道上的流量可以通过无线和固定网络独立地切换到不同的目的地。多速率的优点是，该系统能够灵活地为给定用户同时提供多个应用程序的支持，并且可以通过只提供给每个服务所需的容量来有效地使用可用容量。多速率可以通过在单个 CDMA 信道上使用 TDMA 技术来实现，其中通过给每个帧分配不同数目的时隙来获得不同的数据传输速率。所有给定数据速率的子信道都采用纠错和交织技术(见图 13-12a)进行保护。另一种选择是使用多个 CDMA 码，每一个 CDMA 码有独立的编码和交织，并将它们映射到独立的 CDMA 信道(见图 13-12b)。

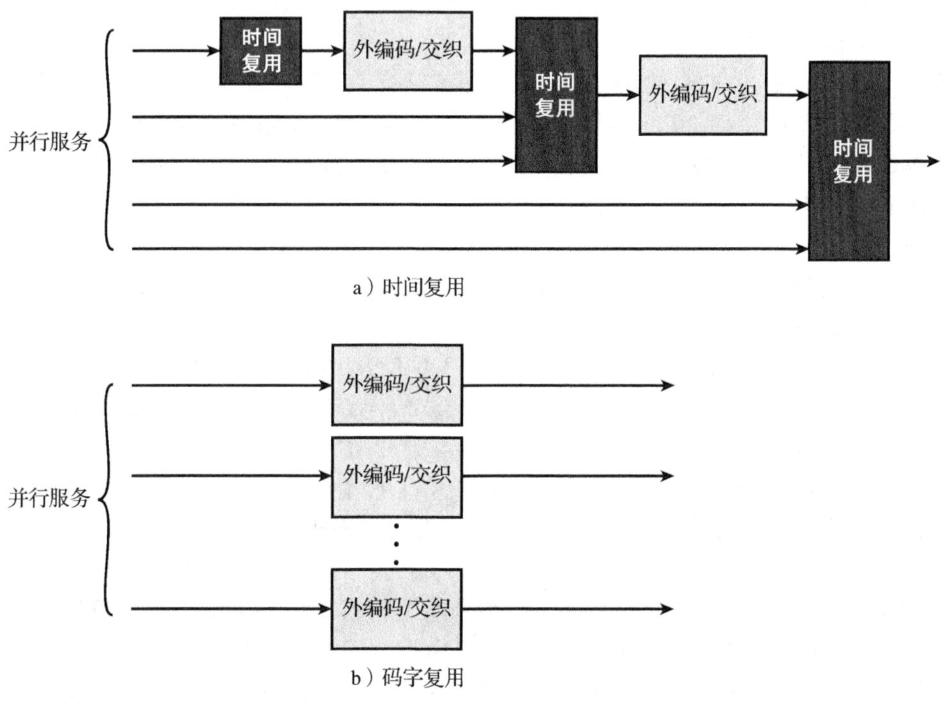

图 13-12　时分与码分复用原理

13.5.3　3G 系统

图 13-13 给出了无线蜂窝系统的演进过程。3G 系统是第一个能够提供每秒兆比特数据率的系统，它经历了多次升级。长期演进（Long-Term Evolution，LTE）4G 系统采用 LTE Advanced 技术（最初的 LTE 版本达不到 4G 的要求），提供了更高的数据传输速率和更加灵活的服务质量（QoS）能力。

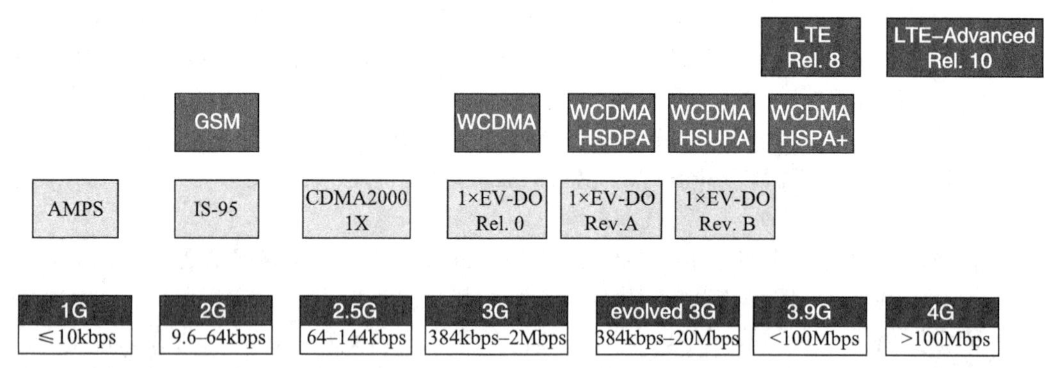

图 13-13　蜂窝移动通信系统的演进

两个 3G 标准非常突出：UMTS/WCDMA 和 CDMA2000。

WCDMA 和 UMTS　WCDMA 是 IMT-2000、UMTS 和第三代合作伙伴计划（Third-Generation Partnership Project，3GPP）行业组织的系列标准的一部分。3GPP 早先发布了 GSM 标准，1999 年为 WCDMA 和 UMTS 发布了一套独创的规范"版本 99"。从"版本 4"起是它的后续版本。许多 GSM 的高层核心网络功能都从 GSM 转换到了 WCDMA。其主要区别是无线接入技术的改变。

WCDMA 支持的用户最大数据速率与移动速度有关。对于最大 500km/h 的速度至少支持 144kbps，对于最大 120km/h 的速度至少支持 384kbps，在最大 10km/h 的速度时采用微微蜂窝能够支持高达 2Mbps。在世界上的大多数国家，支持的频率是 1900～2025MHz。3GPP 版本 5 引入了**高速下行分组接入**（High-Speed Downlink Packet Access，HSDPA），将下行速率范围提高为从 1.8～14.4Mbps。HSDPA 使用自适应调制和编码、混合 ARQ 和快速调度。版本 6 随后提供了**高速上行分组接入**（High-Speed Uplink Packet Access，HSUPA），从而将上行速率增加到高达 5.76Mbps。

版本 7 发布了**高速分组接入＋（HSPA＋）**并依次通过版本 11 进行改进。通过对 64QAM、2×2MIMO 和 4×4MIMO、双或多载波聚合等技术的使用，使最大数据速率从 21Mbps 提高到 336Mbps。

3GPP 版本 8 规范指出 LTE 作为实现 4G 的一个技术途径。版本 8 开始发布 LTE 标准规范，但还对 HSPA＋进行升级。对于 LTE，我们将在第 14 章讨论版本 8 以及后续的 3GPP 版本。

CDMA2000 和 EV-DO　CDMA2000 技术家族首先推出了 **CDMA20001xRTT**（无线电传输技术），其名称表示它使用 1 倍（1x），即一个标准 1.25MHz 的 IS-95 CDMA 信道上使用 1.2288Mcps 的扩频速率（为了与从未开发的潜在的 3xRTT 进行区分）。它是为因特网的无线接入提供接近宽带的分组数据传输速度。传输速率和 3G 目标是不一致的，因此 1xRTT 被认为是"2.5G"技术（许多人认为 GPRS 和 EDGE 也是）。

下一步是将空中接口演进为**仅支持数据的演进格式**(Evolution Data Only，EVDO) **1xEV-DO** 和数据/语音格式 1xEV-DV。EV 表示它是建立在 IS-95 标准上的演进技术。1xEV-DV 技术从来没有成功过，但 1xEV-DO 得到了成功的部署并提供了 2.4Mbps 的下行和 153kbps 的上行数据速率，记为 1xEV-DO 版本 0。该数据速率仅使用 1.25MHz 的带宽来实现，仅为 WCDMA 的 5MHz 带宽的 1/4。

4 年后，**1xEV-DO 修订版本 A** 是具有 3.1Mbps 最大下行速率和 1.8Mbps 最大上行速率的改进版本。版本 A 也支持服务质量保证的 VoIP 和先进的宽带应用。**1xEV-DO 版本 B** 实现了多载波传输能力，使用带宽从 1.25MHz 扩大到 5MHz，能够带来的下行链路和上行链路数据速率分别为 14.7Mbps 和 5.4Mbps。

EV-DO 方案与其他 3G 技术的最主要的区分是，它是专为数据(Data Only，DO)业务设计的，并逐步以 IP 分组传输和因特网接入为目标。然而，采用 VoIP 技术，CDMA2000、1xEV-DO 也可以支持语音业务。

这表明从一个专为数据的设计可以获得一定的好处。1xEV-DO 的设计集中在它与基于 IP 网络的融合。其结果是，有些厂商完全基于 IP 技术构造了 1xEV-DO 网络。图 13-14 给出了这样一个系统的主要构成要素。移动用户使用 1xEV-DO 传输技术与附近小区的基站进行通信。通常，用于管理多个基站的基站控制器位于中心局来提供交换、切换以及其他服务。基站将一个 IP 传输服务连接到该中心局。使用 IP 传输为降低运营商的连接服务成本提供了一个新的选择，包括帧中继、异步传输模式(Synchronous Transfer Mode，ATM)、宽带无线链路以及数字用户线(Digital Subscriber Line，DSL)。在中心局，基站控制器可以将 IP 网络的呼叫路由到另一个蜂窝用户或因特网上的呼叫。

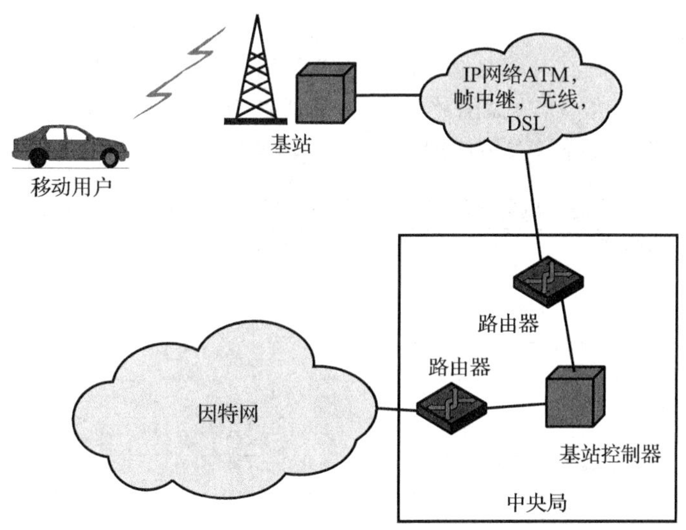

图 13-14 CDMA2000 1xEV-DO 配置要素

因为将 1xEV-DO 指定为仅支持数据，所以该传输方案可针对数据传输进行优化，并且不需要支持语音。语音通信强加了能够阻止对带宽有效利用的限制。例如，100ms 的延迟会使语音通信困难。较长的延迟使得有用的语音通信不切实际。出于这个原因，为了最小化延迟，话音帧较短，通常在 20 毫秒。但使用短帧会增加开销，从而降低效率，因为与数据相比该分组头相对较大。在纯数据网络中，更长的平均延迟是可以容忍的，QoS 设施可用于保证具有严格延迟限制的一小部分传输。相应地，对于仅用于数据传输的网络，可以使用更长的帧，从而减少开销。

较长帧的另一个优点是，它可以更有效地使用 Turbo 码(见 10.3 节)。而卷积编码非常适合于短语音帧，当帧很长(数百比特以上)时 Turbo 码的纠错能力很强。具有较大帧长的 Turbo 码，在允许使用较低 RF 功率的同时，仍能实现相同的错误率，因而能够显著提高系统性能。

在一个典型的仅用于数据的应用中，从网络到用户的业务量显著超过从用户到网络的业务量。这样的应用包括网页浏览和下载电子邮件。为了优化吞吐量和对可用带宽的有效利用，1xEV-DO 在发送和接收时使用不同的数据率。

仅支持数据的设计与针对语音优化设计的最大不同是：在嘈杂的和变化的 RF 环境中保持连续通信的技术。在针对语音优化的系统中使用功率控制：信号较弱的用户增加其发射的 RF 功率以克服路径损耗和衰落，当用户靠近基站时降低其功耗。相反，1xEV-DO 通过改变数据速率，而不是当信号电平差时改变它的功率。这些都是在两个方向上进行的(前向信道和反向信道)。

让我们首先考虑前向信道。基站始终以满功率发送，以确保该移动单元获得可能的最高接收 SNR。如果路径损耗增加，则信噪比的降低产生了较低的有效链路容量(使用香农公式)，或者，换一种方式，带来较高的错误概率。错误不是通过增加射频功率来减少的，而是通过降低数据速率来减少的。通过增加冗余和改变调制方法可以降低数据速率。增加校验位的数量，因为将更多的比特用于编码，所以减少了实际数据的有效速率。使用低阶调制方法(例如，16-QAM 与 QPSK 相比)，通过降低数据速率来提高差错性能。表 13-6 给出了一些用于 1xEV-DO 版本 B 的前向信道的数据速率。更低的数据速率是通过增加使用的 1.67ms 时隙的数量、改变码率或调制方案来实现。当使用多个时隙时，额外的时隙提供冗余信息。如果在所有时隙发送之前，移动单元可以成功解码一个帧，则它发送一个确认给基站。这将导致传输的提前终止，从而增加有效的吞吐量。移动单元提供关于 SNR 条件的连续信息，以便基站能调整其数据传输速率。

表 13-6 CDMA2000 1xEV-DO 版本 B 每个载波的链路参数：前向信道①

数据速率(kbps)	时隙数	分组大小(字节)	分组持续时间(ms)	码率	调制
38.4	16	128	26.67	1/5	QPSK
76.8	8	128	13.33	1/5	QPSK
153.6	4	128	6.67	1/5	QPSK
307.2	2	128	3.33	1/5	QPSK
614.4	2	256	3.33	1/3	QPSK
921.6	2	384	3.33	1/3	8PSK
1228.8	2	512	3.33	1/3	16QAM
1843.2	1	384	1.67	1/3	8PSK
2457.6	1	512	1.67	1/3	16QAM
3686.4②	1	768	1.67	1/3	64QAM
4300.8②	1	896	1.67	1/3	64QAM
4915.2②	1	1024	1.67	1/3	64QAM

①没有列出所有的标准化选项。

②可选项。

表 13-7 列出了反向信道的数据传输速率。由于反向信道的功率有限并且发送信号的

信道条件较差(由于天线更接近地面)，所以仅使用了低阶调制方案，与复杂的调制方案相比，这些方案受到 RF 信道条件的影响较小。

表 13-7 CDMA2000 1xEV-DO 版本 B 每个载波的链路参数：反向信道

数据速率(kbps)	时隙数	分组大小(字节)	分组持续时间(ms)	有效码率	调制
4.8	16	16	26.67	1/5	BPSK
9.6	16	32	26.67	1/5	BPSK
19.2	16	64	26.67	1/5	BPSK
28.8	16	96	26.67	1/5	BPSK
38.4	16	128	26.67	1/5	BPSK
57.6	16	192	26.67	1/5	QPSK
76.8	16	256	26.67	1/5	QPSK
115.2	16	384	26.67	1/5	QPSK
153.6	16	512	26.67	1/5	QPSK
230.4	16	768	26.67	1/5	QPSK
307.2	16	1024	26.67	1/5	QPSK
460.8	16	1536	26.67	1/3	8PSK

13.6 推荐阅读

[POLL96]深入探讨了越区切换问题。[EVER94]和[ORLI98]提供关于蜂窝业务分析的很好的计算公式。[BLAC99]是介绍第二代蜂窝系统最好的设计方案之一。关于 GSM 概念最好的总结是[RAHN93]，更多细节可见[GAG99]。

[OJAN98]提供了 3G 系统关键技术的概述。另一个有用的总结是[ZENG00]。[PRAS00]是一个更详细的分析。对于 CDMA2000 1xEV-DO 的讨论，请参见[BI03]。[BHUS06]和[ATTA06]很好地讨论了 1xEV-DO 修订版 A 和 B。

ATTA06 Attar, R., et al. "Evolution of CDMA2000 Cellular Networks: Multicarrier EV-DO." *Communications Magazine*, *IEEE*, vol. 44, no. 3, pp. 46, 53, March 2006.

BHUS06 Bhushan, N., et al. "CDMA2000 1×EV-DO Revision a: A Physical Layer and MAC Layer Overview." *Communications Magazine*, *IEEE*, vol. 44, no. 2, pp. 37, 49, February 2006.

BI03 Bi, Q., et al. "Performance of 1xEV-DO Third-Generation Wireless High-Speed Data Systems." *Bell Labs Technical Journal*, vol. 7, no. 3, 2003.

BLAC99 Black, U. *Second-Generation Mobile and Wireless Networks*. Upper Saddle River, NJ: Prentice Hall, 1999.

EVER94 Everitt, D. "Traffic Engineering of the Radio Interface for Cellular Mobile Networks." *Proceedings of the IEEE*, September 1994.

GARG99 Garg, V., and Wilkes, J. *Principles and Applications of GSM*. Upper Saddle River, NJ: Prentice Hall, 1999.

OJAN98 Ojanpera, T., and Prasad, G. "An Overview of Air Interface Multiple Access for IMT-2000/UMTS." *IEEE Communications Magazine*, September 1998.

ORLI98 Orlik, P., and Rappaport, S. "Traffic Performance and Mobility Modeling of Cellular Communications with Mixed Platforms and Highly Variable Mobilities." *Proceedings of the IEEE*, July 1998.

POLL96 Pollini, G. "Trends in Handover Design." *IEEE Communications Magazine*, March 1996.

PRAS00 Prasad, R.; Mohr, W.; and Konhauser, W., eds. *Third-Generation Mobile Communication Systems*. Boston: Artech House, 2000.

RAHN93 Rahnema, M. "Overview of the GSM System and Protocol Architecture." *IEEE Communications Magazine*, April 1993.

ZENG00 Zeng, M.; Annamalai, A.; and Bhargava, V. "Harmonization of Global Third-Generation Mobile Systems." *IEEE Communications Magazine*, December 2000.

13.7 关键术语、复习题和问题

关键术语

1xRTT(1 倍无线电传输技术)
1xEV-DO Release 0(1xEV-DO 版本 0)
1xEV-DO Revision A(1xEV-DO 修订版 A)
1xEV-DO Revision B(1xEV-DO 修订版 B)
Advanced Mobile Phone Service(AMPS，先进移动电话服务)
base station(基站)
CDMA2000
cell sectoring(小区扇区化)
cellular network(蜂窝网络)
closed-loop power control(闭环功率控制)
closed subscriber group(封闭用户组)
code division multiple access(CDMA，码分多址)
control channels(控制信道)
coordinated multipoint transmission(CoMP，协调多点传输)
Enhanced Data Rates for GSM Evolution(EDGE，GSM 的增强数据率演进)
Erlang(厄朗)
femtocells(毫微微蜂窝)
first-generation(1G)network (第一代(1G)网络)
forward channel(前向信道)
frequency reuse(频率复用)
Generalized Packet Radio Service(GPRS，通用无线分组业务)
Global System for Mobile Communications(GSM，全球无线通信系统)
handoff(越区切换)
handover(越区切换)
hard handoff(硬切换)
High-Speed Downlink Packet Access(HSDPA，高速下行数据接入)
High-Speed Packet Access Plus(HSPA+，高速下行数据接入)
High-Speed Uplink Packet Access(HSDPA，高速上行数据包接入)
IS-95
inter-cell interference coordination(ICIC，小区间干扰协调)
macrocells(宏蜂窝)
mobile radio(移动无线)
network densification(网络密集化)
open-loop power control(开环功率控制)
picocells(微微蜂窝)
power control(功率控制)
reuse factor(复用因子)
reverse channel(反向信道)
second-generation (2G)network(2G 网络)
self-organizing networks(自组织网络)
soft handoff(软切换)

third-generation(3G)network(3G 网络)
Third-Generation Partnership Project(3GPP，第三代伙伴计划)
time division multiple access(TDMA，时分多址)
traffic channels(业务信道)
traffic intensity(话务强度)
Universal Mobile Telecommunications System (UMTS，通用移动电信系统)
Wideband CDMA(WCDMA，宽带 CDMA)

复习题

13.1 蜂窝系统设计中使用了哪些几何图形？
13.2 蜂窝网络中频率重用的原则是什么？
13.3 列出增加蜂窝系统容量的 5 种方式。
13.4 解释蜂窝系统的寻呼功能。
13.5 列出并简要定义可用于进行越区切换决策的不同性能度量。
13.6 与基站通信中的移动单元在移动时，什么因素确定了用于功率控制和功率调整的量？
13.7 解释开环和闭环功率控制之间的差异。
13.8 解释系统中的话务强度和平均呼叫率之间的差异？
13.9 第一代和第二代蜂窝系统之间的主要区别是什么？
13.10 蜂窝网络中使用 CDMA 的优点是什么？
13.11 蜂窝网络中使用 CDMA 的缺点是什么？
13.12 解释硬切换和软切换的差别。
13.13 第三代蜂窝系统有别于第二代蜂窝系统的一些关键特征是什么？
13.14 第三代蜂窝系统的两种主要标准家族是什么？
13.15 与第三代系统相关的技术的名称是什么？这些标准与哪个标准家族是相关的？

问题

13.1 考虑 4 个不同的蜂窝系统，共享以下特点。移动单元使用 825～845MHz 进行传输，基站使用 870～890MHz 进行业务传输。在每个方向上，30kHz 信道构成一个全双工电路。系统之间通过复用因子进行区分，分别是 4、7、12、19。

a. 假设在每一个系统中，小区簇(4，7，12，19)复制 16 次。求每个系统能够支持的同时通信的数目。

b. 求每个系统中每个小区能够支持的同时通信的数目。

c. 每个系统覆盖的区域大小是多少，以小区为单位？

d. 假设 4 个系统中的小区大小是相同的，且每个系统都覆盖 100 个小区。求每个系统能够支持的同时通信的数目。

13.2 一个蜂窝系统由宏蜂窝和毫微微蜂窝组成。共有 200 个可用的语音信道。假设网络工程师决定采用固定频率分区的方式来实现频率复用，将一些频率分配给宏基站，其余的频率分配给毫微微蜂窝基站。宏蜂窝采用小区的簇大小为 4，每个小区分为 3 个扇区。毫微微蜂窝小区的簇大小为 1，没有扇区。这假设毫微微蜂窝小区之间不会相互干扰。

a. 如果给毫微微蜂窝小区分配 20 个信道，在任何地方移动单元潜在的可用信道数(包括宏蜂窝和毫微微蜂窝)是多少？

b. 在 a. 中，如果一个区域中有 20 个宏蜂窝和 20 个毫微微蜂窝，总的系统容量是多少？

c. 在 a. 中，如果将毫微微蜂窝分配给最近的用户群，那些不在用户群中的用户能够利用的信道数有多少？

d. 如果在毫微微蜂窝小区中的移动用户至少有 68 个可用信道，则信道如何进行分配？

13.3 描述类似于图 13-6 所示的一系列事件：

a. 从移动单元到固定用户的呼叫。

b. 从固定用户到移动单元的呼叫。

13.4　在讨论基于相对信号强度和门限的越区切换过程时，我们指出如果该门限太低，如 Th_3，移动单元将进入新小区太多(L_4)。这将减少通信链路的质量，并导致掉线。你能说出该方案的另一个缺点吗？

13.5　滞后是控制系统中常用的一种技术。作为一个例子，请描述在家用温控器中使用的滞后机制。

13.6　一个电话持续 23 分钟，这是一个小时内由这个来电者唯一的连接。这个连接的业务量有多少厄朗？

13.7　使用表 13-1，得到如下近似的答案。此外，在每一种情况下，给出一个解决该通用问题的描述。提示：直线插值法是足够的。

a. 给定 $N=20$，$A=10.5$，求 P。

b. 给定 $N=20$，$P=0.015$，求 A。

c. 给定 $P=0.005$，$A=6$，求 N。

13.8　一个模拟蜂窝移动通信系统有 33MH 总带宽，采用 2 个 25kHz 的单工(单向)信道来提供全双工的语音和控制信道。

a. 在频率复用因子为 1)4 个小区，2)7 个小区；3)12 个小区时，求每个小区可用的信道数？

b. 假设 1MHz 专门用于控制信道，但是每个小区仅需要 1 个控制信道，给出 a. 中 3 种频率复用因子情况下，每个小区的合理控制信道与语音信道的分布情况。

13.9　正如前面提到的，在 AMPS 系统中，一个运营商的单向可用带宽为 12.5MHz，每个信道带宽为 30kHz，共有 21 个控制信道。我们想计算该系统为一个特定设备提供的带宽利用效率。采用下面的参数：

- 小区面积＝8km²
- 所有覆盖面积＝4000km²
- 频率复用因子＝7
- 每个用户在忙时的平均呼叫次数＝1.2
- 每个呼叫的平均持续时间为＝100s
- 呼叫掉线率＝2%

a. 每个小区有多少个语音信道？

b. 利用表 13-1 和直线插值法来确定每个小区可以承载的总的业务量，单位为厄朗/小区。并将其转换为厄朗/平方千米。

c. 计算呼叫数/小时/小区，以及呼叫数/小时/km²。

d. 计算用户数/小时/小区，以及用户数/小时/信道。

e. 一个通用的与调制、调制效率有关的频谱效率的定义，单位为 Erlang/MHz/km²，可以表示为

$$\eta_m = \frac{\text{系统总的完成话务量}}{(\text{带宽})(\text{总的覆盖区域})}$$

确定该系统的调制效率。

13.10　一个蜂窝系统采用 FDMA，且每个方向分配的频谱是 12.5MHz，频带边缘的保护带宽度为 10kHz，每个信道的宽度为 30kHz。总的可用信道数是多少？

13.11　对于一个蜂窝系统，FDMA 的频谱效率定义为 $\eta_a = \dfrac{B_c N_T}{B_w}$

式中　B_c——信道带宽；

B_w——每个方向上的总带宽；

N_T——覆盖区域内的总的话音信道数。

a. 频谱效率 η_a 的上界是什么？

b. 计算问题 13.8 中系统的频谱效率 η_a。

13.12　考虑一个 7 个小区的系统，覆盖面积为 3100km²。7 个小区中的业务可以表示为：

小区号	1	2	3	4	5	6	7
业务(厄朗)	30.8	66.7	48.6	33.2	38.2	37.8	32.6

每个用户产生一个平均 0.03 厄朗/小时的业务，其平均在线时间为 120s。系统包括 395 个信道，且设计的服务等级为 0.02。

a. 确定每个小区的用户数。

b. 确定每个用户每小时的呼叫次数。

c. 确定每个小区每小时的呼叫次数。

d. 确定每个小区所需的信道数。提示：需要使用表 13-1 来进行推断。

e. 确定总的用户数。

f. 确定每个信道的平均用户数。

g. 确定每平方公里的用户密度。

h. 确定总的业务量(总的厄朗)。

i. 确定每平方公里的厄朗。

j. 小区的半径是多少？

第 14 章

Wireless Communication Networks and Systems

第四代系统和 LTE-Advanced

学习目标

通过本章的学习，你应该能够：

- 描述 4G 的目标和动机。
- 描述 LTE 中的演进的分组核心和演进的 UTRAN。
- 解释演进的分组核心的各个实体的角色。
- 定义 LTE 资源分配中承载和资源模块的角色。
- 描述并比较 FDD 和 TDD 帧的结构。
- 解释 LTE 整个开机过程。
- 描述 LTE-Advanced 版本的主要改进

第四代(4G)蜂窝网络技术提供了一个高速、通用可访问的无线服务能力。这创造一个在所有方向都均衡的网络演进，如用户友好的平板电脑、智能手机和广泛部署的 Wi-Fi 802.11 网络，以便提供室内无线网络。

本章主要关注 LTE 及其 4G 的增强版本，即 LTE-Advanced。本章首先考虑 4G 系统的目标和要求，然后从一个完整的无线系统体系结构的角度提出了 LTE-Advanced 体系结构，之后，讨论了称为演进的分组系统的核心网络、LTE 信道和物理层结构。首先讨论 LTE 版本 8 的技术，然后讨论版本 9 到版本 12 的增强技术。

14.1 4G 的目标、动力和方法

智能手机和移动网络的发展已经迎来了新一代的能力与标准，统称为 4G。4G 系统能够为各种移动终端，包括笔记本电脑、智能手机、平板电脑、设备与设备(Device to Device，D2D)之间的通信等提供宽带网络接入。4G 网络支持移动 Web 访问和高宽带应用，如，高清晰移动电视、移动无线会议和游戏服务。

这些需求已经带来了 4G 移动无线技术的发展，4G 移动无线技术的目标是最大化宽带和吞吐量，即最大化频谱利用率。国际电信联盟(International Telecommunication Union，ITU)已经给出了 4G 网络的规范。根据 ITU，IMT-Advanced(或 4G)蜂窝系统必须满足以下最低需求：

- 基于全 IP 分组交换网络。
- 支持约 100Mbps 的峰值数据速率的高速移动接入，支持约 1Gbps 的峰值数据速率的低速接入，如本地无线接入。
- 动态共享和使用网络资源，以使每个小区支持更多的同时用户。
- 支持异构网络的平滑切换，包括 2G 和 3G 网络、小蜂窝(如微微蜂窝、毫微微蜂窝)、中继和无线局域网。
- 支持高质量的下一代多媒体应用服务。

相比于前几代移动通信系统(见表 14-1)，4G 系统不支持传统的电路交换技术服务，

仅提供称为 VoLTE(Voice over LTE)的 IP 电话服务。从图 14-1 中可以看出，3G 系统的技术特点，即扩频无线通信技术，在 4G 系统中被正交频分复用(Orthogonal Frequency Division Multiple，OFDM)多载波传输和频域均衡技术所取代。

表 14-1 几代移动通信网络

技术	1G	2G	2.5G	3G	4G
设计起始年份	1970	1980	1985	1990	2000
实现年份	1984	1991	1999	2002	2012
业务	模拟语音	数字语音	高容量数据包	高容量、宽带	基于全 IP 的
数据速率	1.9kbps	14.4kbps	384kbps	2Mbps	200Mbps
多路复用	FDMA	TDMA、CDMA	TDMA、CDMA	CDMA	OFDMA、SC-FDMA
核心网络	PSTN	PSTN	PSTN，分组网	分组网	IP 主干网

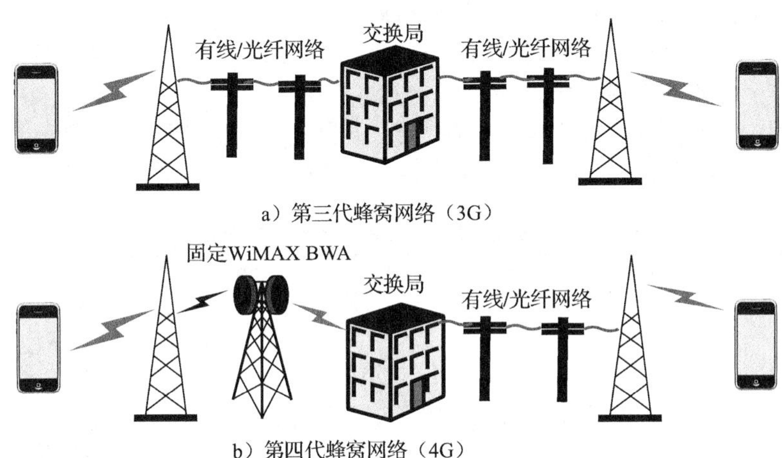

图 14-1 第三代与第四代蜂窝网络对比

图 14-1 给出了 3G 和 4G 蜂窝网之间的主要区别。如 14-1a 所示，**基站**和交换局之间的连接是基于电缆的，铜或光纤。移动用户和 PSTN 电话之间的语音链路通过电路交换来建立。3G 系统的因特网接入也是通过交换局来路由的。相反，4G 网络中网络接入通常是 IP 技术或者 IP 数据包转换。这使得许多链路可以使用无线链路，如固定无线宽带接入(Fixed Broadband Wireless Access，BWA) WiMAX 系统的基站与交换局之间(见图 14-1b)。4G 智能手机的移动用户之间可能再也不会通过电缆、电路交换连接通信，他们所有的通信都是基于 IP 的无线链路来进行的。这种配置便于提供移动到移动的视频通话、视频会议等服务，支持声音和数据的同时传递(就像在打电话时能够同时进行网页的浏览一样)。4G 移动用户仍然能够和 3G 网络的用户进行通信，通过交换局提供的电缆/光纤电路交换连接可以实现与 PSTN 用户的通信。

14.2 LTE 体系结构

4G 的标准化过程中有两个备选技术。一个是长期演进(Long-Term Evolution，LTE)，它是由第三代合作伙伴计划(Third Generation Partnership Project，3GPP)开发的，它是由亚洲、欧洲和北美通信标准化组织构成的联盟。另一个来自 IEEE 802.16 委员会，它是一个支持高速固定无线通信的标准(称为 WiMAX)(第 16 章将进一步描述)。IEEE 802.16 委员针对移动 4G 的需求规定了一个增强版本的 WiMAX。这两种方案在性能和技术方面是相似的。两者都是基于正交频分多址接入(Orthogonal Frequency Division Multiple Access，OFDMA)支持网络资源的多址接入。WiMAX 在上行链路(UpLink，UL)和下行链路(DownLink，DL)也使用 OFDMA。LTE 只在 DL 上使用 OFDMA，在上行链路采用单载波正交频分复用技术(Single-Carrier Orthogooal Frequency-Division Multiplexing，SC-OFDM)来提高上行链路的功率效率。但是，WiMAX 目前保持着固定宽带无线接入技术的角色，而 LTE 已经变成了 4G 无线通信的全球标准。例如，在美国，包括 AT&T 和 Verizon 等主要运营商已经采用了基于**频分复用**(Frequency Division Duplex，FDD)版本的 LTE。中国移动，这个世界最大的电信运营商，已采用了基于**时分复用**(Time Division Duplex，TDD)版本的 LTE。

LTE 技术的开发始于 3GPP 的 3G 时代，最初的 LTE 版本是为了提供类似于 3G 或增强 3G 的数据速率。然而，3GPP 的版本 8、即 LTE，是一个崭新的开始，其采用全新的空中接口技术，即 OFDM、OFDMA 和多天线发送与接收(MIMO)。蜂窝系统的无线接口需要长期演进，因此该名字非常适当。

从版本 10 开始，LTE 提供 4G 服务，称为 **LTE-Advanced**。表 14-2 比较了 LTE 和 LTE-Advanced 的性能指标。即将讨论的版本 11、版本 12 使 LTE 性能进一步得到提升。

表 14-2 LTE 与 LTE-Advanced 的性能需求的对比

系统性能		LTE	LTE-Advanced
峰值速率	下行链路	100Mbps@20MHz	1Gbps@100MHz
	上行链路	50Mbps@20MHz	500Mbps@100MHz
控制面延迟	空闲状态到连接状态	<100ms	<50ms
	休眠状态到激活状态	<50ms	<10ms
用户面延迟		<5ms	低于 LTE
频谱效率(峰值)	下行	5bps/Hz@2×2	30bps/Hz@8×8
	上行	2.5bps/Hz@1×2	15bps/Hz@4×4
移动性		高达 350km/hr	高达 350～500km/hr

LTE 版本规范是宽泛的。本节讨论体系结构。图 14-2 给出了 LTE 网络的组成要素。系统的关键是基站，称为**演进的节点** B(evolved NodeB，eNodeB)。移动设备通过一个 eNodeB 连接到网络。在之前的 3GPP 标准中，基站称为 NodeB。这两种基站技术的主要区别是：

- NodeB 站点与用户站(称为**用户设备**(User Equipment，UE))之间的接口是基于 CDMA 技术的，而与 eNodeB 之间的接口是基于 OFDMA 技术的。
- eNodeB 嵌入了自己的控制功能，而 NodeB 需要使用无线网络控制器(Radio Network Controller，RNC)。这意味着 eNodeB 现在支持无线资源控制、准入控制和移动性管理，而这些最初是由 RNC 来负责的。

不使用 RNC 的简单结构更易于操作并具有更高的性能。

14.2.1 演进的分组系统

3GPP 标准将无线接入网络(RAN)和核心网络(CN)的网络标准进行划分，从而允许每个网络能够独立演进。LTE 称为演进的 UMTS 陆地无线电接入(Evolved UMTS Terrestrial Radio Acces，E-UTRA)，3GPP 的 3G RAN 称为演进的 UMTS 陆地无线电接入网络(Evolved UMTS Terrestrial Radio Acces Network，E-UTRAN)。如图 14-2 所示，eNodeB 是 E-UTRAN 中唯一的逻辑节点，因为 RNC 已经从体系结构中删除了。

连接承载商的所有基站的、运营或承载商核心网络称为**演进的分组核心**(Evolved Packet Core，EPC)。LTE 和 EPC 合起来称为**演进的分组系统**，如图 14-2 所示。因为本书的目的是了解无线网络以及其中运作的完整的无线系统，所以我们将研究 LTE 和 EPC。可以肯定的是 EPS 的目标是提供支持 4G 通信会话所需的一切，从会话管理、计费、物理层资源分配的安全性、服务质量、延迟界限和数据包错误控制。

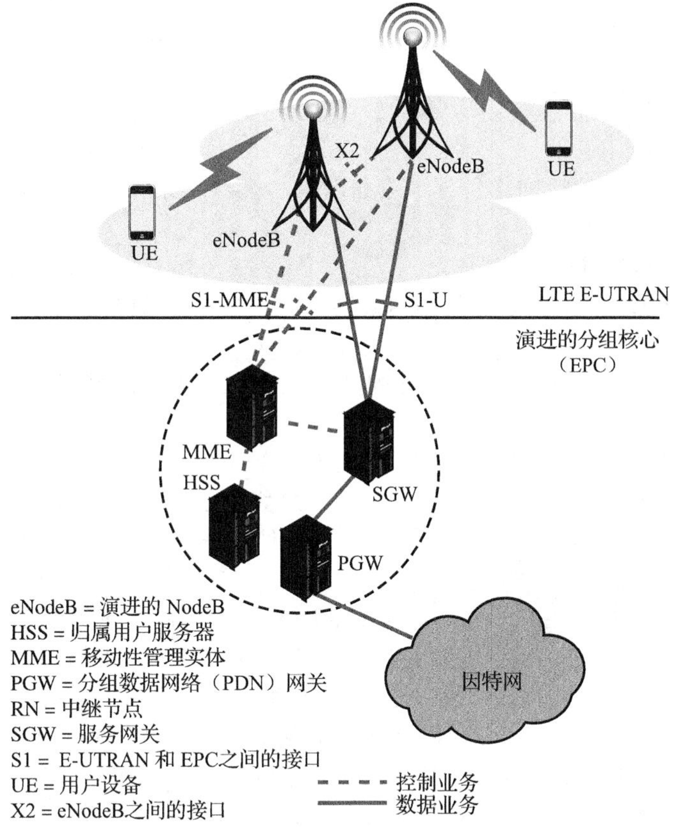

图 14-2　EPC/LTE 体系结构概述

14.2.2　设计原则

以下设计原则是 EPC 和 LTE 的设计基础。

- 简洁的设计。
- 分组交换的 IP 核心网络。
- 最小化接口和网络元素的数量。
- 对所有的服务质量(QoS)类通信提供分组交换传输，包括会话、流媒体、实时、非实时、后台业务。
- 移动速度达到 120km/h 时能够获得最大性能或性能损失最小。LTE-Advanced 在 500km/h 时能够保持连接。

- 表 14-2 中的其他性能需求。
- 无线资源管理，如端到端 QoS、更高层的传输、负载共享/均衡，以及跨不同无线接入技术的策略管理/增强。
- 与现有 3GPP 2G 和 3G 网络的集成。
- 根据地理区域灵活部署频谱。
- 支持广播和组播服务，特别是紧急情况下的支持。
- 从 1.4～20MHz 的可伸缩带宽。
- 载波聚合实现 100MHz 的整体带宽。
- FDD 和 TDD 模式。
- 降低的成本：高频谱效率、现有频谱分配的重用、具有更少网络组件的扁平化网络架构，具有低功率和空间需求的基站、自配置和自优化。

14.2.3　EPS 的高级功能

以下为 EPS 的功能。

- 网络访问控制，包括网络选择、身份验证、鉴权、准入控制、策略和计费、合法拦截。
- 数据包路由与传输。
- 安全，包括加密、完整性保护和网络接口物理层链路保护。
- 移动性管理来跟踪 UE 的当前位置。
- 无线电资源管理以便分配、再分配和释放无线电资源，考虑单个和多个小区等方面。
- 网络管理以便支持系统的运转和维护功能。
- 数据包网关的选择、服务网关和 UE 会话的移动性管理实体(详情后面将介绍)。
- IP 组网功能、eNodeB 与多个移动性管理实体的连接、E-UTRAN 共享、紧急会话支持，以及其他。

下一节讨论版本 8 的 EPC，然后在本章接下来的几节中讨论版本 8 中的 LTE 资源管理功能和 LTE 物理层信道结构。本章最后讨论版本 10 中的 LTE-Advanced 创新技术(载波聚合、增强 MIMO、异构网络环境、中继)以及版本 9、11 和 12 中的其他改进。

最好先了解版本 8 EPC 和 LTE E-UTRAN(简称 LTE)的特性，因为目前部署的许多版本都是版本 8。因此，本章首先讨论版本 8。之后的章节说明后续版本 LTE-Advanced 的改变、增强以及增加的功能。这些增强功能包括载波聚合、使用小蜂窝的**异构网络**(HetNets)(如微微蜂窝和毫微微蜂窝基站)、MIMO 扩展、干扰消除、协调多点传输和中继。

14.3　演进的分组核心

传统上，核心蜂窝网络是电路交换，但是对于 4G，核心网络完全是分组交换。它基于 IP 并支持使用 IP 语音(VoIP)的连接。在 3GPP 中，演进的分组核心中的工作最先称为**系统架构演进**(System Architecture Evolution，SAE)。核心网络可以互换称为 SAE 或 EPC。

14.3.1　EPC 组件

图 14-2 给出了 EPC 的主要组件。

- **移动性管理实体**(Mobility Management Entity，MME)：支持用户设备环境、标识、身份验证和鉴权。
- 服务网关(Serving Gateway，SGW)：eNodeB 和核心网络之间的数据包接收和发送。
- 分组数据网络网关(Packet Data Network Gateway，PGW)：EPC 与外部的连接。
- 归属用户服务器(Home Subscriber Server，HSS)：与用户相关和签约用户相关的信息数据库。
- Sl 接口：创建 E-UTRAN 和 EPC 之间的连接。eNodeB 与 MME 之间通过 Sl-MME 接口进行通信，以实现控制的目的。Sl-U 用于 eNodeB 和 SGW 之间的用户平面的数据业务。
- X2 接口：X2 接口用于 eNodeB 彼此之间的连接。虽然没有在图 14-2 中给出，实际上它有两个 X2 接口：用户平面的 X2-U 和控制平面协议的 X2-C。

图 14-2 给出了两个 eNodeB 和只有一个相互配置元素的实例。在实际中，存在多个 eNodeB 和每个 EPC 有多个元素的实例。在 eNodeB 和 MME 之间、MME 和 SGW 之间、SGW 和 PGW 之间存在多对多的链路。这里每一个都定义为接口。现在，我们对 EPC 的组件进行更加详细的介绍。

移动管理实体(Mobility Management Entity，MME)　MME 管理与 UE 移动性和安全性相关的控制信念。这包括管理 UE 访问网络连接和网络资源。当一个 UE 需要切换到一个新小区时，MME 发起该切换。这种切换将转移到另一个 LTE U-TRAN 区域或 2G 和 3G 接入网络。MME 主要负责对一个在空闲模式下的 UE 进行跟踪和寻呼。MME 提供了安全功能，包括用户终端的临时标识、与 HSS 进行交互来实现身份验证，以及安全算法的协商。它还选择连接到其他 2G 和 3G 网络的合适的 SGW、PGW 和网关。

MME 实现 EPS 移动性管理(EPS Mobility Management，EMM)和 EPS 会话管理(EPS Session Management，ESM)协议。EMM 协议支持连接管理、安全性控制和 U-TRAN 中 UE 的移动性。UE 可以通过 MME 注册或注销，在注销的情况下，MME 就不知道 MME 的位置，直到它再次连接到网络。

MME 通过与 HSS 协调来检索订阅信息，并通过 SGW 建立通信会话承载。HSS 信息也用于创建安全密钥以保护控制平面的消息。

服务网关(Serving Gateway，SGW)　SGW 处理 UE 发送和接收 IP 的数据包。顾名思义，服务网关是无线电端与 EPC 之间的连接点。它是 LTE 内移动性的锚节点(属于同一个 MME 的 eNodeB 之间的切换)。因此，可以通过 SGW 将分组从一个 eNodeB 路由到另一个区域的 eNodeB，也可以通过 PGW 路由到外部网络，如因特网。SGW 也可以将数据包存入缓冲区、给 UL 和 DL 的传输层数据包打标记和计费。

分组数据网关(Packet Data Network Gateway，PGW)　PGW 是 EPC 和外部 IP 网络(如互联网点)之间的互连点。PGW 将数据包路由到外部网络或者从外部网络路由进来。它还执行多种功能，如路由、IP 地址/IP 前缀分配、政策控制、用于过滤的深层数据包检测、合法拦截、传输层数据包标记、跨运营商计费以及访问非 3GPP 网络。

归属用户服务器(Home Subscriber Server，HSS)　HSS 维护一个数据库，其中包含用户相关和签约用户相关的信息。它还支持移动性管理、呼叫和会话设置、用户身份验证和访问授权等功能。

S1 接口　Sl 接口包含 Sl-MME 和 Sl-U 接口。Sl-MME 接口定义为 NodeB 和 MME 之间的控制平面。它负责建立、维护和释放 E-UTRAN 无线电接入承载(更多细节将在本章后面讨论)。它支持 LTE 内切换的移动性功能，采用其他 3GPP 技术和 CDMA2000 3G 系统。Sl-MME 还有寻呼功能从而使 EPC 能够找到 UE 的本地位置。

S1-U 接口是将用户平面数据传输连接到每个承载的 SGW。eNodeB 和 SGW 之间可能存在多个 S1-U 逻辑接口。

X2 接口　X2 接口用于 eNodeB 彼此之间的连接。体系结构是开放的，这样不同制造商之间的设备可以相互连接。还有一个控制计划 X2-C 接口，它支持移动性管理、切换准备、状态转移、UE 上下文释放、切换取消、蜂窝网内干扰协调和负载管理。X2-U 接口是 X2 开始切换期间用于传输数据的用户平面接口。

14.3.2　非接入层协议

LTE E-UTRAN 实现协议是**接入层**协议的一部分，接入层通过网络的无线网络承载数据，这将在 14.5 节中讨论。除了 LTE E-UTRAN 中用于连接管理的这些协议外，还有其他的**非接入层**协议。这些将涉及 UE 和 EPC 核心网络之间的互连。

- **EPS 移动性管理**(EPS Mobility Management，EMM)：管理 UE 的移动性。
- **EPS 会话管理**(EPS Session Management，ESM)：激活、身份验证、修改以及停用 UE、SGW 和 PGW 之间的用户平面信道连接。

14.4　LTE 资源管理

现在我们详细说明完成 LTE 资源管理功能的这些实体和接口。本节讨论 LTE 版本 8 的服务质量、切换和干扰协调功能。后面的章节讨论 LTE 物理层。

14.4.1　服务质量

LTE 在其协议体系结构中使用了**承载**(Bearer)的概念来进行 QoS 控制。由于 LTE 是从端到端的分组交换，所以承载而不是电路，是 LTE 的 QoS 控制的核心要素。每个 **EPS 承载**定义在 PGW 和 UE 之间。它映射到特定的 QoS 参数，如数据速率、延迟和分组错误概率。客户端和服务器上应用之间的业务流可以通过单独的服务数据流(Service Data Flows，SDF)来进行区分。这些 SDF 必须映射到 EPS 承载来进行 QoS 处理。

有些应用，如语音或视频，可能有相当严格的数据速率和延迟要求，而另一些应用，如电子邮件，则可能不会有这种要求。如第 3 章中所述，数据应用可能会有一个对数据速率的期望和一些丢包的要求，但这会有一些弹性，也就意味着它们可以容忍传输过程中出现的数据速率的变化，只要它们能够尽快完成。然而，语音和视频业务，对稳定的数据包延迟有更严格的需求期望，但它可以容忍一定程度的数据包丢失。如果对语音和视频流进行高度压缩，则数据包丢失将产生更严重的影响，但总体来说用户可能不会注意到一些丢失的音频样本或错误的像素。

因此，将 LTE 允许这些业务类型置于不同的承载，并通过不同的接口实现 EPS 的不同处理和优先级。在不同网络上的应用之间端到端服务不能被 LTE 完全控制，但在 EPS 内部(UE 和 PGW 之间)，EPS 承载的定义如图 14-3 所示。在跨域不同的接口时，这个 EPS 承载会被绑定到一个接口类型，不论它是否是一个 E-UTRAN 无线访问承载、S1 承载或 S5/S8 承载。

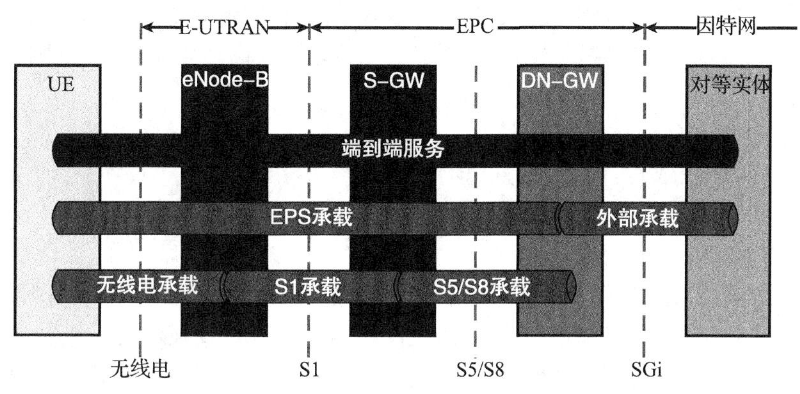

图 14-3 LTE QoS 承载

承载大体分为两类：

- **保证比特率**(Guaranteed Bit Rate，GBR)**承载**：如果系统资源可用，就有保证最低比特率和可能的更高比特率。这对于语音、互动视频或实时游戏将是最有用的。
- **非保证比特率**(non-GBR)**承载**：这些是非证最低比特率。性能更加依赖于 eNodeB 和系统负载服务的 UE 次数。Non-GBR 承载对电子邮件、文件传输、P2P 文件共享等更有用。网页浏览也可能是合适的，只要网页的响应时间是可以接受的。

给每个承载分配一个 **QoS 类标识符**(QoS Class Identifier，QCI)，QCI 指的是优先级、分组延迟预算、最大分组错误丢失率以及 GBR 或 non-GBR 类型。表 14-3 给出了 LTE 定义的 9 种标准的 QCI。每个 QCI 是运营商给出的一系列标准转发处理。这些可以包括调度策略、准入阈值、速率整形策略、队列管理阈值和链路层协议配置。运营商预先设定一组 QCI 以及每个网络要素如何处理它们。因为所有业务最终都映射到这个 9 个 QCI 值集合，所以处理大大简化，且可扩展性进一步改进以支持更多的承载。

表 14-3 标准化的 QCI 特性

QCI	资源类型	优先级	包延预迟算	包错误丢失率	服务示例
1	GBR	2	100ms	10^{-2}	会话语音
2		4	150ms	10^{-3}	会话视频(视频直播)
3		3	50ms	10^{-3}	实时游戏
4		5	300ms	10^{-6}	非会话语音(缓冲流)
5	Non-GBR	1	100ms	10^{-6}	IMS 信令
6		6	300ms	10^{-6}	视频(缓冲流)；TCP 业务(如，www、电子邮件、聊天、ftp，p2p 文件共享、渐进视频等)
7		7	100ms	10^{-3}	语音、视频(视频直播)、交互游戏
8		8	300ms	10^{-6}	视频(缓冲流)；TCP 业务(如，www，电子邮件，聊天，ftp，p2p 文件共享，渐进视频等)
9*		9			

注：* QCI 值通常用于默认承载。

每个承载与以下信息有关：

- QoS 类标识符(QCI)值。

- 分配和保留优先级(ARP)：通过呼叫准入控制来决定是否接受或拒绝一个承载请求。它也可以用来决定，当网络过载时，哪些承载需要释放，哪些承载可以抢占别人的。

GBR承载相关的其他信息：

- 保证比特率(GBR)：网络的最低预期速率。
- 最大比特率(MBR)：从UE到承载所不能超过的比特率。

3GPP还定义下面的承载组：

- UE-聚合最大比特率(UE-Aggregate Maximum Bit Rate，UE-AMBR)：一个UE的所有非GBR承载的聚合比特率的上限。这是eNodeB强制的。
- APN-聚合最大比特率(APN-Aggregate Maximum Bit Rate，APN-AMBR)：连接在同一个网络中的所有分组数据网络的所有非GBR承载的聚合比特率的上限。

当UE连接到EPS时，创建一个EPS承载，它在连接的生命周期内持续存在。我们称为**默认承载**(default bearer)，并有核心网络建立的标准配置。这提供永远在线的连接。在同一个网络中也可以针对特殊需求建立额外的承载，称为**专用承载**(dedicated bearer)。

LTE使用用户平面协议栈和控制平面协议栈。用户平面在PGW和UE之间传输IP数据包。IP数据包封装在一个EPC特定的协议中，使用**GPRS隧道协议**(Tunneling Protocol，GTP)进行隧道传输，然后通过分组数据聚合协议(Packet Data Convergence Protocol，PDCP)从eNodeB传输到UE。控制平面涉及MME和UE之间的交互以实现承载管理、QoS管理、寻呼和切换的移动性管理。这些协议将在14.5节中进行详细讨论。

在介绍了物理层后，后续部分将对物理资源分配(单位资源块中的时隙和OFDM子载波)的EPS承载之间的承载绑定的详细内容进行讨论。

14.4.2 移动性管理

EPC支持LTE系统中的移动性以及到其他3GPP系统的移动性。在LTE系统中移动时，如果在同一个RAN内部移动且其中所有节点都在同一个MME协调下，并且如果eNodeB之间存在一个X2接口，则可以使用X2接口。如果移动到一个eNodeB，该eNodeB属于使用不同MME的不同RAN，则需要使用S1接口。如果eNodeB没有与X2接口连接或者UE移动到一个不同的无线电接入技术，则也可以使用S1接口。这里讨论了X2和S1的选项。在LTE版本8中，所有切换都是*硬切换*，UE只能同时连接到一个eNodeB。

S1移动性　S1移动性涉及以下步骤：

1) **准备**：切换决定已经做出并且已经确定目的MME和eNodeB，所以网络需要分配资源给目的端。MME发送一个切换请求到目的eNodeB。一旦给这个eNodeB分配资源，它将响应一个确认(ACK)给MME。MME然后发送切换命令给UE。

2) **执行**：UE执行RAN相关的切换程序。当UE执行这些程序时，源eNodeB传递UE的PDCP环境给目的eNodeB。源eNodeB也将其PDCP缓冲区中的数据发送给目的eNodeB。一旦所有这些过程完成，且UE用目的eNodeB建立了一个新的无线电接入承载(Radio Access Bearer，RAB)，源eNodeB就发送确认消息。

3) **完成**：目标eNodeB通知MME。然后MME指示源eNodeB释放被UE占用的资源。

X2移动性　当源和目的eNodeB可以直接通过X2接口一起工作时，X2移动性涉及以下步骤。

1）**准备**：切换决定已经做出，源 eNodeB 将切换请求消息发送到目的 eNodeB。然后目的 eNodeB 与 MME、SGW 合作建立 UE 资源。UE 可以用相同的资源和 QoS 继续使用目的 eNodeB 上的相同 RAB。由于 UE 不需要建立一个新的 RAB，所以这可以实现快速和无缝切换。一旦准备好了，目的 eNodeB 用一个 ACK 来响应。

2）**执行**：然后，源 eNodeB 发送信号给 UE，作为响应，UE 执行 RAN 相关的切换过程。当 UE 工作时，源 eNodeB 在每个 RAB 基础上传输状态和数据给目标 eNodeB。

3）**完成**：一旦切换完成，UE 发送切换完成消息给 MME/SGW，SGW 交换 GTP 隧道给目的 eNodeB。当数据路径建立后，目的 eNodeB 发送一条消息通知源 eNodeB 释放分配给 UE 的资源。

对于 X2 移动性，通过源 eNodeB 发送所有的分组给还没有发送或已经发送但尚未被 UE 确认的目的 eNodeB，可以在一个或多个 RAB 之间实现无损切换。然而，目的 eNodeB 可以进行*选择性重传*，它可能选择不重新发送未确认的数据包。

无线电接入网络的移动性过程　前面的讨论假定已经做出是否应该进行切换的决策和目的 eNodeB 的选择。下面是支持这些决定的 RAN 过程。RAN 相关的移动性管理过程发生在 UE 和 eNodeB 之间或 UE 和 MME 之间。移动性出现在两个不同情况，或者在 RRC_IDLE 状态或 RRC_CONNECTED 状态。在这两种状态和在其他不同情况(如网络共享、国家边界、毫微微蜂窝)的主机中的变化期间，移动性管理过程是一致的。

不同类型的切换决策场景中的信息可能包含无线电链路质量、UE 容量、呼叫类型、QoS 需求和政策相关的方面。参考信号接收功率(RSCP)表明了 LTE 蜂窝网中连接的无线电链路质量。UE 准备*测量报告*，它包含邻居 eNodeB 的 RSCP。它用于触发和控制切换过程。服务的 eNodeB 提供 UE 请求的关于邻近小区和频率列表的报告。

对于同一个 EPC 中的不同 eNodeB 之间的 LTE 内切换，有 5 个事件触发测量报告：

- **事件 A1**：服务小区无线电链路质量高于绝对阈值。
- **事件 A2**：服务小区无线电链路质量低于绝对阈值。
- **事件 A3**：相比于服务小区，邻近小区的无线电链路质量变得更好。
- **事件 A4**：邻近小区的无线电链路质量高于绝对阈值。
- **事件 A5**：服务小区的无线电链路质量低于绝对阈值，邻近小区的无线电链路质量高于另一个绝对阈值。

LTE 与 2G、3G 或 3GPP 网络之间的切换有类似的事件。

对于所有这些事件，E-UTRAN 使用*触发时间*(TimeToTrigger)参数，其决定了在测量报告准备发送前这些事件必须持续多长时间。这可以防止由于暂时的多路径衰落下降或阴影而导致 UE 在多个 eNodeB 之间的乒乓效应。在 RRC_IDLE 状态，UE 决定何时进行切换以及目的小区和频率。在 RRC_CONNECTED 状态，E-UTRAN 决定最佳的小区和频率。

14.4.3　小区间干扰协调

当邻近小区中的 UE 使用相同的频率时，UE 将遭受小区间干扰(Inter-cell Interference，ICI)。这限制了蜂窝系统的容量。下面有几种用于缓解 ICI 的技术。随后的 LTE 版本也增强了这些功能。

为了实现 LTE 频谱效率目标，LTE 使用普遍**频率复用**(Universal Frequency Reuse)，

也就是说，所有的频率都在每个蜂窝网中复用。根据13.1节中的讨论，这相当于使用的簇大小为 $N=1$、**复用因子**为1。这意味着两个小区边缘的用户在接近对方时使用相同的频率。然而，与此同时，LTE有特定的小区边缘的目标吞吐量。因此，版本8使用了3种主要的ICI控制技术。

- **ICI随机化**：在错误控制信道编码后使用小区特定的伪随机序列对码字进行加扰。如果一个相邻小区使用相同的频率，其那么将对它的码字进行不同的加扰。类似于直接序列扩展频谱，使用适当的代码，译码器只能破解期望的码字，减小对使用相同频率信号的影响。
- **ICI消除**：如果UE可以解码干扰信号，则它可以重建该信号并从接收信号中将其去除。然而，要做到这一点，需要知道干扰信号的调制和编码格式的知识，但这通常是不可用的。
- **ICI协调和避免**：如果小区协调它们使用的时间/频率和传输功率，ICI是可以避免的。这可以在小区规划过程中静态地进行，也可以进行半静态的重新配置(秒的时间尺度)传输功率和承载业务的资源块。eNodeB使用X2接口来共享这些信息。

对于LTE版本8，需要使用指示符来协助ICI协调/避免。对于DL，eNodeB可以发送一个**相对窄带传输功率**(Relative Narrowband Transmit Power，RNTP)指示符来告诉哪里要使用这些频率，但功率受到限制。因此，邻近的小区也可以使用这些频率。对于UL，LTE在eNodeB之间发送两个指示符。**高干扰指示符**(High Interference Indicator，HII)告诉邻近小区信道带宽的哪些部分被小区边缘的用户使用。邻近小区可能希望避免使用这些被边缘用户使用的频率。eNodeB可以使用**过载指示符**(Overload Indicator，OI)来告诉邻居小区属于其带宽部分的干扰水平。邻近eNodeB收到这样一个指示后可以通过改变其调度来帮助正在被该小区干扰的相邻小区减少干扰。

在本章的后面，将讨论后续的LTE版本中的高级ICI控制方案，特别是协调的多点传输(Coordinated Multi-Point Transmission，CoMP)。在CoMP中，eNodeB可以实现紧密的协调调度、波束成形或多小区共同传输。

14.5　LTE信道结构和协议

LTE实现协议栈的层间分层信道结构。这为QoS提供了有效的支持。本节首先给出了对无线电接口协议的理解，然后给出逻辑、传输和物理信道结构。

14.5.1　无线电接口协议

LTE无线电接口协议栈分为控制平面协议栈和用户平面协议栈，如图14-4所示。图14-5和图14-6中给出了该协议的更多细节，其中与协议相关的各种EPC实体和接口也显示出来。在之前的章节中，我们已经介绍了协议的分层，每层协议需要根据自己的目的添加一个头以实现其功能。图14-5所示的用户平面协议是**接入层**的一部分，它承载数据通过网络的无线部分。用户平面在UE和PGW之间传输IP数据包。PDCP从UE传输数据包给eNodeB，然后IP数据包封装在一个EPC-特定的协议中，并通过到PGW的接口来使用GTP隧道。在

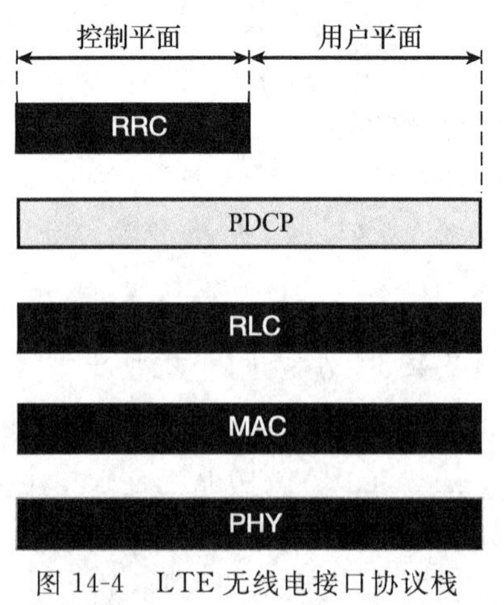

图14-4　LTE无线电接口协议栈

图 14-6 中控制平面的顶部显示了非接入层(Non-Access Stratum，NAS)，NAS 对应于承载管理的 MME 和 UE 之间通信的非接入层、QoS 管理、移动性管理。有如下协议层：

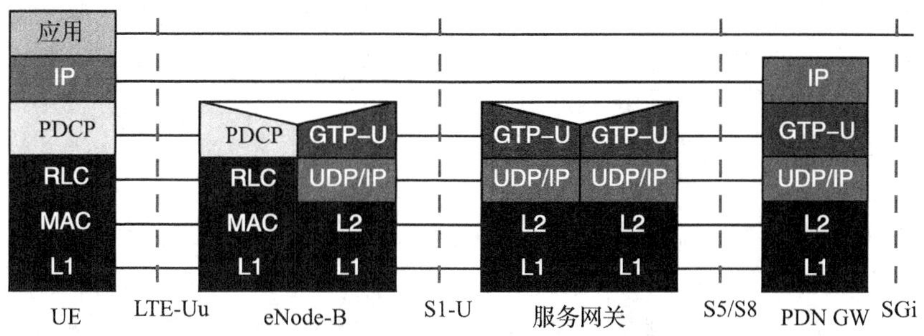

图 14-5　用户平面协议栈

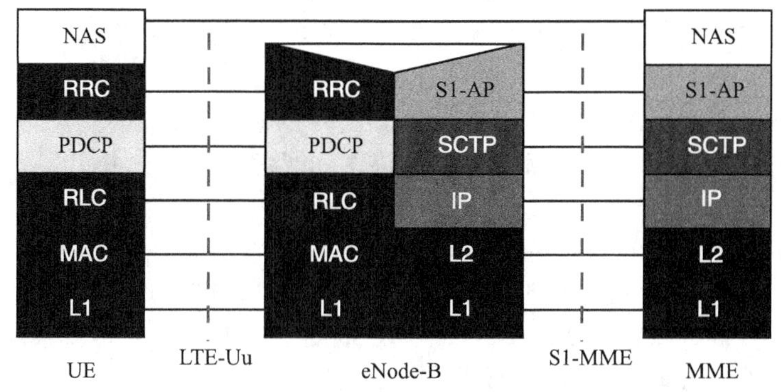

图 14-6　控制平面协议栈

无线电资源控制(Radio Resource Control，RRC)　RRC 层执行控制平面功能，为了可靠、有效地控制无线电资源。它监督管理 RRC 连接、无线承载、移动性和 UE 的测量报告。功能还包括广播系统信息。RRC 层的重要方面如下所述。

- **两种连接状态**：LTE 对 UE 有两种状态，RRC_IDLE 和 RRC_CCONNECTED，相比之下，UMTS 有 4 种状态。在 RRC_IDLE 状态，UE 可以接收系统信息和寻呼，但不发送或接收数据。在 RRC_IDLE 状态，通过测量相邻小区和小区选择，UE 可以控制自己的移动性。在 RRC_CONNNECTED 状态，UE 有 E-UTRAN RRC 连接，可以传输和接收数据。UE 监控 PDCCH 信道，看看数据发送是否准备好了。在这种状态，网络控制移动性/切换决策。
- **信令无线电承载**(Signaling Radio Bearer，SRB)：SRB 是仅用于 RRC 和 NAS 消息传输的无线电承载。主要有 3 种不同类型的 SRB。
- **系统控制信息**：LTE 使用**主信息块**(Master Information Block，MIB)和**系统信息块**(System Information Block，SIB)。MIB 提供 UE 所需要的最基本的小区信息和参数以及如何解调 SIB。SIB 包含多个参数来确定一个小区选择是否合适，比如下行链路系统带宽、天线配置和参考信号功率。
- IP 数据包包头压缩、数据的加密和信令的完整性保护。它支持更高层协议栈(如 RRC、RTP、TCP、UDP)与 RLC 之间的交互。在切换期间它通过与目的 eNodeB 共享数据来支持无损切换，因此不会有数据包丢失。

分组数据聚合协议(Packet Data Convergence Protocol，PDCP)　使用 PDCP 将数据包

从 eNodeB 传送到 UE。其功能如下：

- 使用互联网工程任务组健壮性报头压缩(ROHC)框架压缩报头。LTE 服务是基于 IP 协议的，但这些给 IP、TCP、UDP 和 RTP 协议带来了具有重复信息的大报头(见第 4 章)。ROHC 提供了多种报头压缩算法。
- 用户和控制平面数据的加密和解密。
- 控制平面数据的完整性保护与验证。
- 顺序传递。
- 在切换过程中，缓冲和转发数据包以服务 eNodeB。

无线电链路控制(Radio Link Control，RLC)　RLC 将进行数据单元的分段或连接。当从上层到 MAC 层的服务数据单元(Service Data Unit，SDU)太大时，需要对它进行分段。连接允许对多个较小的数据包进行合并从而共享报头信息以减少系统开销。当 MAC 层的 H-ARQ 已经失败时(即所有 H-ARQ 传输都耗尽)，RLC 还需要执行 ARQ 重传功能以进行纠错。在接收端，RLC 还需顺序地发送数据包到更高的层。RLC 实体可以工作在以下 3 种模式之一。

- **透明模式**(Transparent Mode，TM)：最简单的模式，没有头、没有分段和连接的 RLC 功能。这主要用于广播系统信息消息和寻呼消息，而并不是为了用户平面数据传输。
- **非确认模式**(Unacknowledged Mode，UM)：按顺序传递数据，但不需要重传。这可以用于对延迟敏感的应用程序，它可以容忍一些数据的丢失，例如 VoIP。
- **确认模式**(Acknowledged Mode，AM)：最复杂的模式，与非确认模式有相同的功能，但需要对丢失的 PDU 进行重传。它最适合差错敏感但容忍延迟的应用程序。

图 14-7 给出了 3 种不同模式的 RLC PDU 格式，TM 数据 PDU(TMD)、UM 数据 PDU(UMD)、AM 数据 PDU(AMD)或 AM 数据 PDU 分段。每个格式有不同的字段，如下所述。

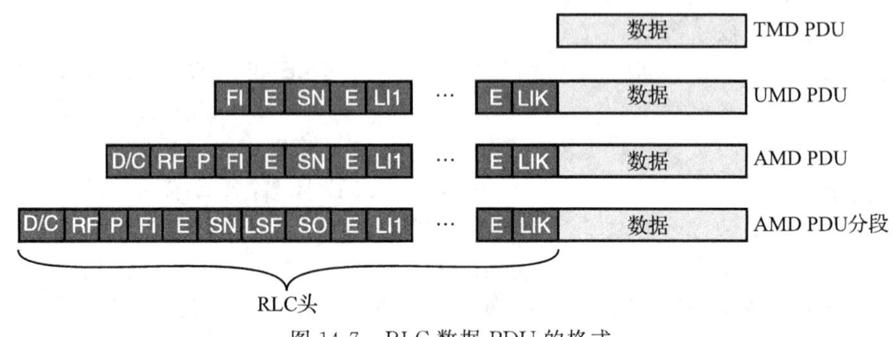

图 14-7　RLC 数据 PDU 的格式

- **帧信息**(Framing Info，FI)：分段信息。
- **长度指示符**(Length Indicator，LI)：相应数据字段的字节长度。
- **扩展比特**(Extension Bit，E)：指示是否有数据或者是否有一个 E-LI 组合跟在其后面。它支持连接，所以数据字段承载了多个 PDU。
- **序列号**(Sequence Number，SN)：用于顺序传递。
- **数据/控制**(Data/Control，D/C)：指示存在控制或数据 PDU。
- **再分段标志**(Re-segmentation Flag，RF)：表示这是否是一个完整的 AMD 或 AMD 分段。

- 轮询比特(Polling bit，P)：表示发送端是否需要来自接收端的状态报告。
- 分段偏移(Segment Offset，SO)：用于表示 AMD 分段在分段之前的整个 PDU 中的位置。
- 最后一段标志(Last Segment Flag，LSF)：指示这是否最后一个分段。

媒体访问控制(Medium Access Control，MAC)　MAC 层实现一个两层重传的 H-ARQ 进程。MAC 层执行一个具有低延迟和低开销的快速 H-ARQ 协议。然后，如果 H-ARQ 不成功，则在 RLC 层执行高可靠的 ARQ。

MAC 层也对来自逻辑信道和传输信道的数据进行多路复用和多路分解(本节中将有更多的信道)；多个分组在一个 MAC 协议数据单元中传输。eNodeB MAC 层优先处理并决定哪个 UE 和无线承载将在共享的物理资源上发送或接收数据。eNodeB MAC 层还决定传输格式，即调制格式、码率、MIMO 秩和功率水平。

物理层(PHY)　PHY 功能主要涉及数据的实际传输。还包括控制机制，如 H-ARQ 反馈信令、功率控制、调度分配信令和信道测量。

14.5.2　信道结构

LTE 有 3 种类型的信道，这些都在协议层之间的**服务访问点**(Service Access Point，SAP)进行定义，如图 14-8 所示。为了简化之前 3GPP 标准的体系结构，LTE 完全由共享或广播信道组成，没有专用传输或物理信道来承载数据到特定的 UE。通过理解信道架构，可以理解各种 LTE 服务的数据流并能够对物理层的处理过程有更详细的理解。

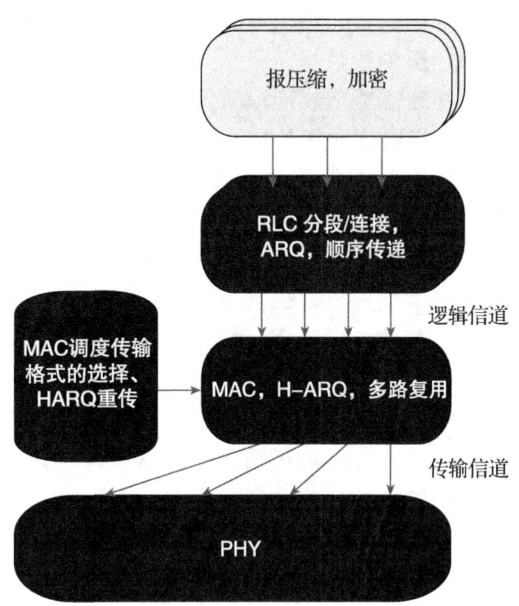

图 14-8　无线电接口协议架构与不同层间的 SAP

逻辑信道　逻辑信道向 RLC 提供 MAC 服务，主要用于控制或业务传递。逻辑控制信道包括以下几种。

- **广播控制信道**(Broadcast Control Channel，BCCH)：下行链路公共信道，用于给 UE 广播系统控制信息，如系统带宽、天线配置和参考信号功率。
- **组播控制信道**(Multicast Control Channel，MCCH)：UE 接收广播或组播服务。
- **寻呼控制通道**(Paging Control Channel，PCCH)：寻找一个没有连接到空闲模式网络的 UE。
- **公共控制信道**(Common Control Channel，CCCH)：当 UE 没有连接到网络时，控制信息的双向信道。
- **专用控制信道**(Dedicated Control Channel，DCCH)：当 UE 连接到网络时，专用控制信息的点对点的双向信道。

逻辑业务信道包括以下几种。

- **专用业务信道**(Dedicated Traffic Channel，DTCH)：UE 和网络之间的专用点对点信道。

- **组播业务信道**(Multicast Traffic Channel, MTCH):从网络到一组 UE 的组播或广播信道。

传输信道 PHY 层通过传输信道为 MAC 层提供服务。这些定义了通过无线电接口进行数据传输的方法和特性,如调制、编码和天线配置。

下行链路传输信道包括以下几种

- **下行链路共享信道**(Downlink Shared Channel, DL-SCH):传输下行链路数据,包括逻辑控制信道和逻辑业务信道使用的控制和业务数据。
- **广播信道**(Broadcast Channel, BCH):广播系统信息。
- **组播信道**(Multicast Channel, MCH):支持组播/广播单频网络(Multicast/Broadcast Single Frequency Network, MBSFN),以便在同一无线电资源上从多个基站发送相同信息给多个 UE。
- **寻呼信道**(Paging Channel, PCH):与逻辑 PCCH 相关联,向整个覆盖区域广播寻呼。

上行链路传输信道包括以下几种。

- **上行链路共享信道**(Uplink Shared Channel, UL-SCH):对应于 DL-SCH 的上行链路信道。
- **随机接入信道**(Random Access Channel, RACH):没有映射到任何信道,用于发送少量数据。

物理信道 物理信道定义了用于携带信息的时间和频率资源集合以传送给上层。

下行链路物理信道包括以下几种。

- **物理下行链路控制信道**(Physical Downlink Control Channel, PDCCH):携带与 DL-SCH 和 PCH 传输相关的格式和资源的信息。
- **物理下行链路共享信道**(Physical Downlink Shared Channel, PDSCH):为更高层承载用户数据和信令。
- **物理广播信道**(Physical Broadcast Channel, PBCH):承载 BCH 传输信道。
- **物理多播信道**(Physical Multicast Channel, PMCH):承载 MBMS 组播服务信息。
- **物理混合** ARQ 指示信道(Physical Hybrid ARQ Indicator Channel, PHICH):承载上行链路传输的 H-ARQ ACK/NACK 信息。
- **物理控制格式指示信道**(Physical Control Format Indicator Channel, PCFICH):通知 PDCCH 使用的 UE OFDM 符号的数量。

上行链路物理信道包括以下几种。

- **物理上行链路控制信道**(Physical Uplink Control Channel, PUCCH):使用信道质量指示符(Channel Quality Indicator, CQI)传输控制信息。
- **物理上行链路共享信道**(Physical Uplink Shared Channel, PUSCH)承载更高层的用户数据和信令。支持 UL-SCH 传输信道。

除了物理信道本身之外,还包括额外的下行链路和上行链路信号。**参考信号**(Reference Signal, RS)用于信道质量测量。这对 MIMO 系统尤其重要。后来的 3GPP 版本为此定义了各种特殊的 RS。**同步信号**(Synchronization Signal)用于下行链路以获得信号定时和精确频率。

在讨论信道结构的基础上,图 14-9 给出了逻辑、传输和物理信道之间的关系。

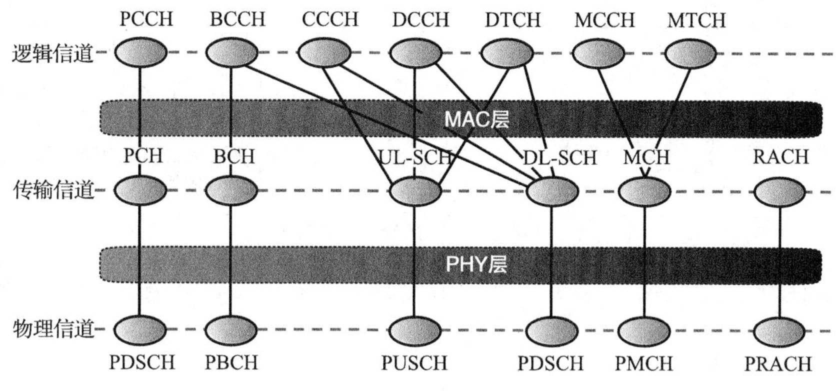

图 14-9 逻辑、传输和物理信道的映射

14.6 LTE 无线电接入网络

LTE 依赖于两个关键技术实现高数据速率和频谱效率：OFDM 和 MIMO 天线技术。这些技术已在第 5 章和第 6 章中详细研究过了。

LTE 在下行链路中使用 OFDMA，在上行链路中使用 SC-OFDM（单载波 OFDM）。OFDM 信号具有较高的峰均功率比（Peak-to-Average Power Ratio，PAPR），因此需要一个线性功率放大器，该功率放大器整体效率低、成本高。在下行链路，基站发射机是可以接受的，但这不适用于使用电池的手机。虽然实现复杂，但使用 SC-FDMA 来替代上行链路能够有效降低 PAPR，因而更适用于手机实现。

14.6.1 帧结构

OFDM 技术能够提供很多比 3G 系统中的 CDMA 技术更好的技术。通过使用长符号时间，OFDM 可以对抗频率选择性衰落。OFDMA，通过对多个用户进行调度，使得每个用户都在对其来说信道质量最好子载波上进行传输，这能够进一步带来许多好处。通过使用 FFT 运算，OFDM 有一个低复杂度的收发信机结构。

LTE 使用 15kHz 的子载波。最大 FFT 是 2048，所以这设定了 LTE 的一个基本时间单位 $T_s=1/(15\,000\times 2048)=1/30\,720\,000\text{s}$。将下行链路和上行链路组织成持续时间为 10ms 的**无线电帧**，它对应于 $307\,200T_s$。

LTE 定义为可以容纳使用配对频谱的 FDD 和不使用配对频谱的 TDD。由于每个标准都有自己的优点和缺点，所以 LTE TDD 和 LTE FDD 目前都得到了广泛部署。表 14-4 比较了这两种方法的主要特性。

表 14-4 TDD 和 FDD LTE 的特性

参数	LTE-TDD	LTE-FDD
成对频谱	当在相同的信道上进行发送和接收时，不需要成对频谱	需要具有足够频率分离的成对频谱来同时接收和发送
硬件成本	不需要双工器来隔离收发链路，所以成本较低。由于数量巨大，所以 UE 的成本是非常重要的	需要双工器且成本很高
信道互易性	两个方向信道的传输特性是相同的，因此允许发送和接收使用同一组参数	由于使用不同的频率，所以两个方向的信道传播特性不相同

（续）

参数	LTE-TDD	LTE-FDD
UL/DL 非对称性	可以按照需求来动态调整 UL 和 DL 的容量	UL/DL 容量取决于监管部门的频率分配。因此，不可能进行动态改变以匹配容量。由于需要监管的变化，所以通常所有方向的容量分配为相同的
保护周期/保护带	通常需要在上行链路和下行链路传输信道间设置保护周期以避免冲突。过大的保护周期会限制容量。随着距离的增加，传输延迟会增加，从而需要更长的保护周期	需要在上行链路和下行链路信道间设置保护频带。大的保护带不会影响容量
不连续传输	为了保证上行链路和下行链路传输，传输是不连续的。这会降低发送机中的 RF 功放性能	需要连续传输
交叉时隙干扰	基站需要上行链路和下行链路传输时间的同步。如果相邻基站使用不同的上行链路和下行链路分配并共享相同的信道，那么小区之间可能会发生干扰	不适用

FDD 系统为 UL 和 DL 传输分配不同的频段。UL 和 DL 信道通常分为两块相邻信道(频谱配对)，两个相邻信道之间有一个由多个空闲射频(RF)构成的保护间隔以避免信道干扰。图 14-10a 给出了典型的频谱分配方案，其中给用户 i 分配一对信道 U_i 和 D_i，带宽为 W_U 和 W_D。用于分隔一对信道的频率偏移 W_O 应该足够大，以避免链路同时工作引入的自干扰。

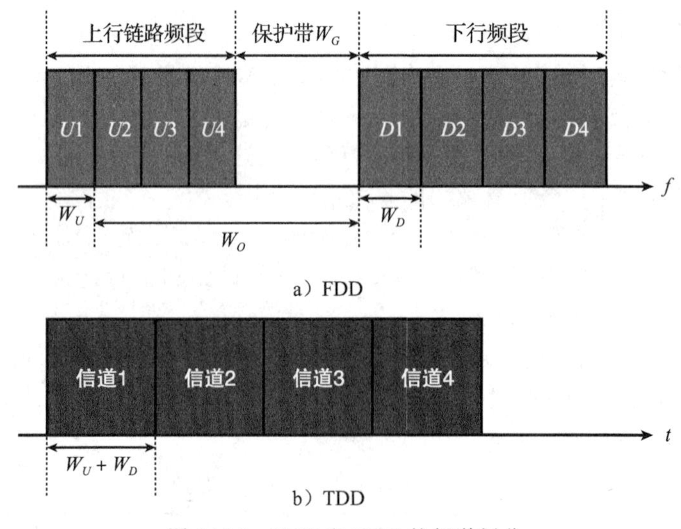

图 14-10　FDD 和 TDD 的频谱划分

对于 TDD，UL 和 DL 传输工作在同一个带宽但在时间域上交替。与 FDD 相比，TDD 的容量分配更加灵活。在给定的信道上改变 UL 和 DL 所使用的时间比例采用一种更简单的方式。

对于 FDD 和 TDD 来说，LTE 系统中的所有的物理层处理实际上都是相同的，这样可以降低支持 TDD 和 FDD 模式的终端的成本。区别主要在于帧结构。

除了 OFDM 电子长符号时间带来的抗多径传播引起的频率选择性衰落强的好处以外，

循环前缀(Cyclic Prefix，CP)增添加了额外的时间以克服多径效应。LTE 采用的循环前缀为 $144\times T_s=4.7\mu s$。对于更糟糕的环境，CP 使用 $512\times T_s=16.7\mu s$。

使用光速，$4.7\mu s$ 对应的最大多路径长度差为 $(4.7\times10^{-6})\times(3\times10^8)=14.1km$。而 $16.7\mu s$ 的 CP 允许 5.0km。

帧结构类型 1，FDD　对于 FDD，帧结构如图 14-11 所示。适用 3 种不同的时间单元。

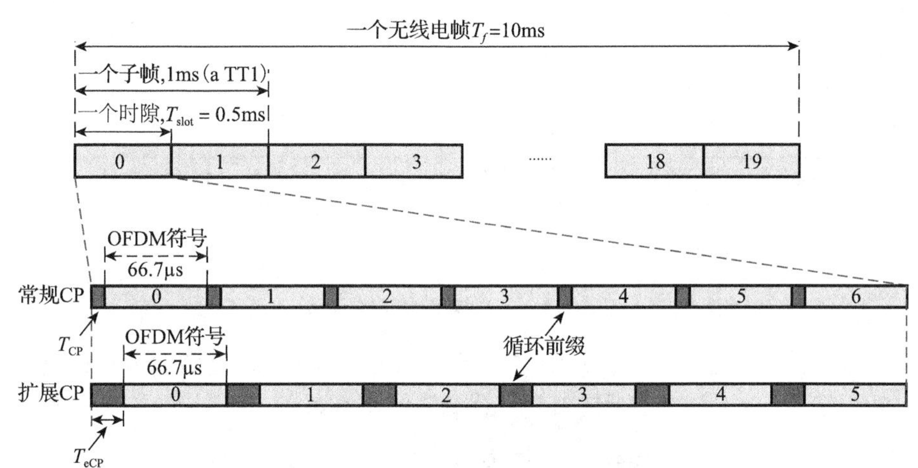

图 14-11　FDD 帧结构，类型 1

- 时隙等于：$T_{slot}=15\,360\times T_s=0.5ms$。

两个连续时隙组成的子帧的长度为 1ms。信道相关调度和链路自适应(或称为自适应调制和编码)出现在一个子帧的时间尺度上(1000 次/秒)。

- 20 个时隙(10 个子帧)等于一个 10ms 的无线电帧。无线电帧调度更缓慢变化信息的分配，如系统信息和参考信号。

常规 CP 填充了 $500\mu s$ 帧中的 $4.7\mu s$，即 15 360 个采样中的 144 个。一个 OFDM 符号是 $1/15\,000=66.67\mu s$，即 2048 个采样。因此 7 个 OFDM 符号和 7 个 CP 将填充一个时隙，因此，第一个 CP 略长一些，即 160 个采样。得到的结果是每 0.5ms $160+6\times144+7\times2048=15\,360$ 个采样。如果使用更长的**扩展 CP**，只有 6 个 OFDM 符号来填充。CP 是 512 个样本，产生每 0.5ms $6\times(512+2048)=15\,360$ 个采样。在其他条件不变的情况下，这意味扩展 CP 的吞吐量是常规 CP 吞吐量的 6/7，即减少了 14.3%。

对于 FDD，UL 和 DL 使用单独的载波频率，所以每条链路都使用相同的结构，即每 10ms10 个子频和 20 个时隙。

帧结构类型 2，TDD　对于 TDD，帧结构如图 14-12 所示。所有传输发生在一个载波频率上。帧结构与 3GPP 的 3G 系统是兼容的。每个无线电帧长度还是 10ms，有两个 5ms 的半帧。具有以下 3 个字段的特殊子帧用来适应下行链路到上行链路的转换：

- **下行导频时隙(Downlink Pilot TimeSlot，DwPTS)**：用于数据传输的常规但较短的 DL 子帧。它可以是 3～12 个 OFDM 符号。
- **上行导频时隙(Uplink Pilot TimeSlot，UpPTS)**：一个或两个 OFDM 符号的较短持续时间，它可用于探测参考信号或随机接入前导码。
- **保护期间(Guard Period，GP)**：特殊子帧之间的其余符号，用于提供下行链路与上行链路之间转换的时间。主要是用来克服传播延迟和干扰。LTE 支持从 140～$667\mu s$ 的保护期间(2～10 个 OFDM 符号)，这取决于 UE 和 eNodeB 之间的距离。

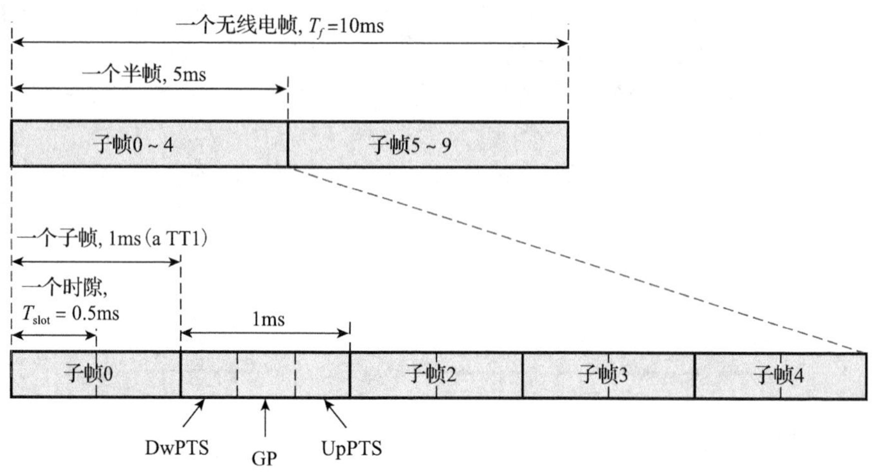

图 14-12　TDD 帧结构，类型 2

这 3 个字段的总长度是 1ms。表 14-5 给出了共享 TDD 上行链路和下行链路时隙的 7 种配置（“S”表示特殊帧）。下行链路与上行链路的比值在 2∶3～9∶1 之间变化。

表 14-5　LTE-TDD 的上行下行链路配置

上行链路-下行链路配置	下行-上行转换点周期性	子帧号									
		0	1	2	3	4	5	6	7	8	9
0	5ms	D	S	U	U	U	D	S	U	U	U
1	5ms	D	S	U	U	D	D	S	U	U	D
2	5ms	D	S	U	D	D	D	S	U	D	D
3	10ms	D	S	U	U	U	D	D	D	D	D
4	10ms	D	S	U	U	D	D	D	D	D	D
5	10ms	D	S	U	D	D	D	D	D	D	D
6	5ms	D	S	U	U	U	D	S	U	U	D

14.6.2　资源块

时频网格用于说明 LTE 系统的 OFDM 物理资源分配。它称为资源网格，下行链路结构如图 14-13 所示。每一列对应于每个时隙 6 或 7 个 OFDM 符号。

每一行对应于分配的子载波。LTE 使用 15kHz 子载波，每 12 个子载波分配为一个资源块，每个分配总共 180kHz。将 6 个或 7 个 OFDM 符号的 12 个子载波的组合构成一个**资源块**（resource block），每个资源块由 72 或 84 个**资源单元**（resource element）（例如，OFDM 符号）构成。

表 14-6 给出了可能的信道带宽和资源块的数量。对于大于 3MHz 的带宽或者更高，10％的带宽用于保护带，剩余 90％为资源块。因此，对于 20MHz 的信道，18.0MHz 可用于 1200 个 15MHz 的子载波。这对应于 100 个资源块。

表 14-6　下行链路传输的典型参数

传输带宽（MHz）	1.4	3	5	10	15	20
占用带宽（MHz）	1.08	2.7	4.5	9.0	13.5	18.0
保护带（MHz）	0.32	0.3	0.5	1.0	1.5	2.0

（续）

保护带，总的百分比	23	10	10	10	10	10
采样频率(MHz)	1.92 1/2×3.84	3.84	7.08 2×3.84	15.36 4×3.84	23.04 6×3.84	30.72 8×3.84
FFT 大小	128	256	512	1024	1536	2048
占用子载波的个数	72	180	300	600	900	1200
资源块的个数	6	15	25	50	75	100
CP 采样本(常规)的个数	9×6 10×1	18×6 20×1	36×6 40×1	72×6 80×1	108×6 120×1	144×6 160×1
CP 采样本(扩展)的个数	32	64	128	256	384	512

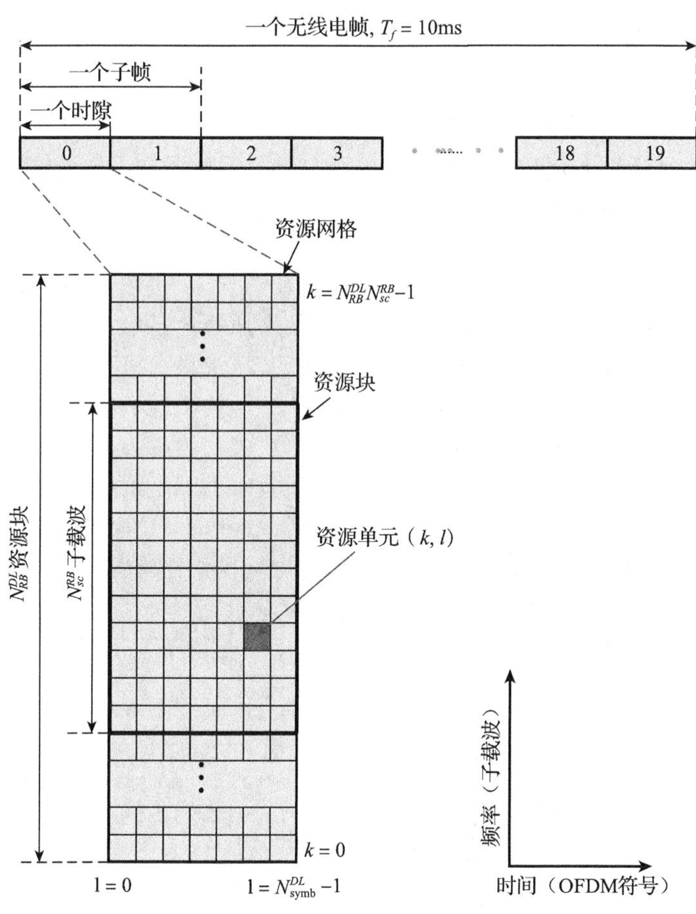

图 14-13 LTE 资源网格

对于 UL，因为使用单载波 OFDM 技术，所以载波频率的分配必须连续使用。第 8 章讨论了 SC-OFDM。因此，180MHz 的连续资源块也称为**物理资源块**(Physical Source Block，PRB)，因为它对应于连续的频率。

然而，DL 的频率不是连续的。事实上，这种不连续的选择潜在地提供了频率分集。因此，分配给 DL 链路的资源块称为**虚拟资源块**(Virtual Resource Block，VRB)，但子载波不需要是连续的。

第5章和第6章详细描述了MIMO技术。LTE版本8支持多达4个发送和4个接收天线的配置。LTE-Advanced在版本10中最多支持8个发送天线和8个接收天线。在这种情况下，每个天线端口有一个资源网格。天线端口通过参考信号来定义，并不指定一物理天线。

对于DL和UL，eNodeB确定资源块并使用PDCCH将这些决策传输给UE。在UL情况下，eNodeB也将与UE进行通信以实现定时同步，从而使信号到达eNodeB时是时间同步的。这种同步能够保留OFDM技术的正交性。

eNodeB采用信道相关调度来动态地分配资源。通过为UE在适当的时隙和载波上分配资源块，可以实现*多用户分集*(multiuser diversity)来提高带宽的使用效率。这些决策也包括公平性考虑、UE的位置、典型的信道条件和衰落，以及其他用户的QoS优先级。

14.6.3　物理传输格式

LTE使用以下物理传输格式。

- **信道编码**：对于传输块，LTE首先增加了8、16、24位奇偶校验的CRC编码。将超过6144比特的块分割成小块，并在每一块的后面添加CRC。把这些分割后的块进行1/3速率咬尾卷积码或1/3速率卷积turbo码。咬尾卷积码是一种特殊起始状态的卷积码。
- **调制**：LTE支持下行链路和上行链路QPSK、16QAM和64QAM，主要根据信道条件和UE能力。基于CQI和其他各种参数来选择。当然，发射机和接收机需要使用相同的格式，这通过下行链路控制信息(DCI)来进行通信。UE确定CQI索引，该索引能够在首次H-ARQ传输中保持最多10%块错误率的情况下提供最高的吞吐量。同时，表14-7中提供了LTE系统的CQI表。然后选择一个能够满足分组错误率目标的调制和编码方案以及分组大小。H-ARQ纠正错误。效率这一列显示了可以实现的bps/Hz的值。例如，在一个CQZ是14的20MHz信道上：

$$\text{总比特率} = (20\text{MHz}) \times (5.1152\text{bps/Hz}) = 102.3\text{Mbps}$$

表14-7　4比特CQI列表

CQI索引	调制	码率×1024	效率
0	Out of Range		
1	QPSK	78	0.1523
2	QPSK	120	0.2344
3	QPSK	193	0.3770
4	QPSK	308	0.6016
5	QPSK	449	0.8770
6	QPSK	602	1.1758
7	16QAM	378	1.4766
8	16QAM	490	1.9141
9	16QAM	616	2.4063
10	64QAM	466	2.7305
11	64QAM	567	3.3223
12	64QAM	666	3.9023
13	64QAM	772	4.5234
14	64QAM	873	5.1152
15	64QAM	948	5.5547

- **加扰**：每个码字与伪随机码混合，该伪随机码取决于物理小区 ID 和移动用户的无线网络的临时标识符。这可以减少使用相同资源块的相邻小区间的传输干扰。
- **参考信号**：参考信号用于测量信道条件。在每一个时隙和每一个频率上都进行测量是不现实的，而且也是不必要的。由于相干时间和相干带宽的存在，相近的时间和频率上的值具有一定的相似性。参考信号以离散点的形式插入在时间、频率和天线资源中以实现开销和估计精度之间的平衡。它们用于相干解调和信道估计。后续的 LTE 版本增加了这些参考信号的类型和用途，特别是增强 MIMO、扩展到 8×8MIMO 和多用户 MIMO。
- **H-ARQ**：Turbo 码首先应用于编码块。如果有重传数据包，则 H-ARQ 将新收到的数据与之前接收到的数据块合并。如果没有差错，则在 PUCCH 物理信道发送 ACK。对于每次重传，H-ARQ 发送同一个 turbo 编码块，但是打孔(puncture)方式不同。由于每次重传通常有一个 8ms 的延迟，所以 LTE 使用 N 信道停止和等待协议(N-channel Stop-and-Wait protocol)以支持其他数据块同时传输。每个传输块的最大值是由 RRC 层决定的。

14.6.4 开机过程

现在给出 LTE 版本 8 的完整描述，这有助于考虑如何将所有这些功能整合在一起以给 UE 创建一个通信会话[COX14]。这通常认为是开机顺序(power on sequence)，因为它涉及从一个 UE 完全断开连接时开始直到成功通信的所有活动。开机顺序如下所述。

1）UE 开机。

2）**网络选择**：UE 选择一个公共陆地移动网络(Public Land Mobile Network, PLMN)。它首先尝试用以前注册的 PLMN 进行注册。如果 UE 无法找到该 PLMN，它就扫描它已知的所有 LTE 载频，以寻找另一个网络。如果手机支持传统的网络，如 UMTS、GSM、CDMA2000，它也将尝试接入这些网络。

3）**小区选择**：UE 选择属于该 PLMN 的合适小区。它可以扫描最新知道的潜在的 LTE 频率或扫描它支持的所有频率。对于一个合适的小区，UE 必须能够成功地接收下行链路传输，基站必须能够成功地接收上行链路的 UE，干扰水平不能太高。

4）**基于竞争的随机接入**：

a. 移动终端在物理随机接入信道(PRACH)发送一个随机接入前导码。如果它没有接收到响应，它将增加发送功率并持续进行重传直到它收到一个响应或达到最大重传次数。

b. 基站将提供一个随机接入响应。由于可能存在其他移动终端的竞争，所以基站可能告诉移动终端进行退避，以后再进行一次重新尝试。基站在 PUSCH 信道上提供一个小区无线电网络临时标识符(Cell Radio Network Temporary Identifier, C-RNTI)、定时提前量和资源。

5）**RRC 连接建立**：移动终端发送一个 RRC 连接请求(RRC Connection Request)并转到 RRC_CONNECTED 状态。eNodeB 用 RRC 连接设置(RRC connection setup)进行响应，它用于配置移动终端的物理层、MAC 协议和无线信令承载。移动终端用确认消息 RRC 连接设置完成(RRC Connection Setup Complete)来响应，该消息也作为与 MME 之间的 EPS 移动性管理交换转发给 MME。

6）**附加过程**：4 个主要目标已经完成。UE 用 MME 注册它的位置，网络为非接入层面信令消息配置无线电承载，网络分配一个 IP 地址，网络设置一个默认的 EPS 承载。

7）**数据包传输**：UE 发送和接收数据。移动终端现在处于 EMM-REGISTERED、ECM-CONNECTED 和 RRC_CONNECTED 状态，只要它仍在通信中它就保持这几个状态。

对于下行链路传输：

a. 基站先使用 PDCCH 上的 DCI 发送一个调度命令。调度命令指定参数，如数据量、资源块分配和调制方案。这需要对发送的每个分组进行重复，除非使用半持续调度（semi-persistent scheduling），它允许 BS 针对一组消息只发送一个调度命令。这对于减少 VoIP 等服务的开销很有用。

b. 然后，基站使用下行链路共享信道（DL-SCH）和 PDSCH 信道来发送数据。

c. 作为响应，移动终端在 PUCCH 上发送一个混合 ARQ 确认消息。或者，如果它在相同子帧上也传输上行链路数据，则它也可能使用 PUSCH。

对于上行传输，移动终端必须首先向 BS 表明它想要发送信息。如果在 RRC_IDLE 模式，它可以使用上面步骤 4 中的随机访问过程。如果在 RRC_CONNECTED 模式，它可以在 PUCCH 上的发送调度请求。如果已经发送其他分组，移动终端可以使用缓冲区状态报告来保持 BS 对其缓存区状态的更新（即，让 BS 知道它还有其他分组要发送）。

a. 基站先用 PDCCH 的 DCI 发送一个调度许可（scheduling grant）。调度许可指定参数，如数据量、资源块分配和调制方案。

b. 移动终端在 UL-SCH 和 PUSCH 上发送数据。

c. 如果不成功，基站可以利用 PHICH 响应一个简单的 NACK 以请求相同格式的重传，或 BS 可以在 PDCCH 上做出响应。PDCCH 上的 NACK 可以是一个包括新的资源块分配或调制方案的调度许可。

8）**提高服务质量**：如果用户需要比默认承载提供的 QoS 更好，它将发送一个 ESM 承载资源分配请求（ESM Bearer Resource Allocation Request）给 MME。它请求一些参数，如 QCI、保证的和最大比特率。它还可以进一步提供关于服务数据流的 IP 地址和 TCP/UDP 端口号的信息。SGW、MME 和 PGW 共享消息，PGW 通常建立一个专用承载。如果用户已经有了一个合适的专用 EPS 承载，它可能会修改那个承载。

3GPP 标准提供了这些过程的更多细节[COX14]。

14.7　LTE-Advanced

自从 3GPP LTE 版本 8 发布以来，版本 9～11 也随后发布，在撰写本书时，版本 12 也接近完成。从版本 10 开始，LTE 能够满足 IMT-Advanced 对于 4G 的真正需求，起名为 LTE-Advanced。在这些版本中，许多重要的技术进步已经公布，但我们将关注那些对 LTE-Advanced 系统容量和质量提升有重大影响的技术。主要有以下几种：

- 载波聚合。
- 增强 MIMO 以支持高维 MIMO。
- 中继节点。
- 涉及小蜂窝的异构网络，如毫微微蜂窝基站、微微蜂窝和中继。
- 协作多点传输和增强的小区间干扰协调。
- LTE 语音。

14.7.1　载波聚合

LTE-Advanced 的最终目标是使带宽增加到 100MHz。载波聚合（Carrier Aggregation，CA)用于 LTE-Advanced 以增加带宽，因而增加了比特率。因为保持向后兼容对 LTE 系统很重要，所以聚合是针对 LTE 载波的。载波聚合可用于 FDD 和 TDD。每个聚合载波称为成分载波(component carrier，CC)。CC 带宽为 1.4、3、5、10、15 或 20MHz，最多可以聚合 5 个成分载波，因此最大的聚合带宽是 100MHz。这些 CC 可能来自多个小区，例如，两个不同的宏蜂窝，或者一个小蜂窝。一个是主蜂窝，其他是次蜂窝。在 FDD 中，对于 DL 和 UL，聚合载波数可以是不同的。然而，在 FDD 中，UL 成分载波的数量总是等于或小于 DL 成分载波的数量。单个成分载波也可以是不同的带宽。当使用 TDD 时，对于 DL 和 UL，CC 的数量与每个 CC 的带宽是相同的。直到版本 11，CC 需要相同的操作模式(FDD 或 TDD)，但在版本 12 中这些限制被删除了。

图 14-14 给出了适用于版本 8 站点的 3 个载波是如何聚合在一起以构成一个更宽的适用于 LTE-Advanced 的 4G 基站频段的。如图 14-14b 所示，LTE-Advanced 的载波聚合使用 3 种方法。

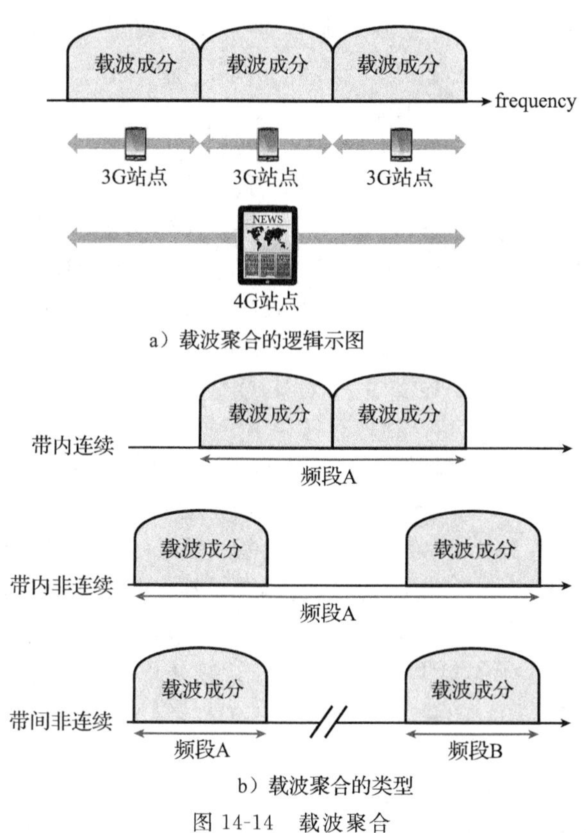

图 14-14　载波聚合

- **带内连续**(Intra-band Contiguous)：这是实现 LTE 载波聚合最简单的形式。这里，载波是相邻的。从 RF 来看，聚合信道可以被终端认为是一个更宽的信道。在这个例子中，用户站只需要一个收发信机。这种方法的缺点是需要一个连续分配的频段。
- **带内非连续**(Intra-band non-Contiguous)：属于同一个频段的多个 CC 呈非连续方式。在这种方法中，无法将多个载波信号视为一个载波来处理，因此多个收发信机是必需的。这增加了实现的复杂度，尤其是对于 UE 来说，空间、功率和成本是主要的考虑因素。这种方法可能用在一个在单个频段内频谱分配是不连续的国家或者中间的其他载波正在被其他用户使用的情况。

- **带间非连续**(Inter-band non-Contiguous)：这种载波聚合形式使用不同的频段。由于通常频段是分片的——有的分片仅有10MHz，所以这种方法特别有用。对于UE来说，每个设备需要使用多个收发信机，通常对成本、性能和功率有一定的影响。

物理和MAC层协议也会受到载波聚合的影响，这将涉及RRC、S1-AP和X2-AP信令协议。然而，对RLC、PDCP或固定网络上的数据传输没有影响。对于不同类型的UE，类别8的UE支持CA，能够提供3Gbps下行链路的峰值数据速率和下行链路1.5Gbps。但不是所有移动终端都支持类别8的每一个特性，这样它们就可以限制成本和复杂度。例如，它们可能只支持两个下行链路CC而不是5个(版本10和版本11)，以及有限的频段数。移动终端将其支持的频段和聚合载波数量作为其访问能力的一部分进行广播。它还需要声明其带宽类(bandwidth class)，它规定了它可以处理的CC和资源块的数量。带宽类A、B、C和D分别支持1、2、2和3个CC，可以处理的最大RB数量分别为100、100、200或300。

独立调度每个CC。下行链路传输不受CA的影响，但上行链路传输需要改变，因为SC-FDMA格式需要一组连续的子载波。版本10详细说明了更一般的方法，即离散傅里叶变换正交频分复用多址(DFT-S-OFDMA)，除了它可以使用非连续的子载波以外，DFT-S-OFDMA与SC-FDMA是一样的。

14.7.2　增强MIMO

LTE-Advanced进行了扩展以支持所谓的8层复用下行链路天线传输技术。LTE版本8已支持4层单用户MIMO。对于LTE-Advanced中的单用户MIMO，向同一个UE最多可以发送8个独立的传输，从而有效地将吞吐量提高8倍。在下行链路的情况下，使用两个成分载波，每个都可以使用8层传播，版本10可以支持以下速率。

$$(75\text{Mbps}/20\text{MHz 载波})\times(2\text{CC})\times(8\text{ 层})=1200\text{Mbps}$$

如果在之后的版本中使用5个CC，则理想条件下3000Mbps是可能的。

如果使用多用户MIMO，多达4个移动终端可以同时接收信号。无需更多RRC信令eNodeB可以将每个子帧在单用户和多用户之间进行切换。

下行链路参考信号是MIMO功能实现的关键。参考信号广泛应用在3GPP版本中。UE通过测量参考信号来进行下行链路信道的测量，准备为eNodeB提供建议，并发回以下信道状态信息(Channel State Information，CSI)的建议。

- **秩指示**(Rank Indicator，RI)：SU-MIMO传输建议的层数。
- **预编码矩阵指示**(Precoding matrix indicator，PMI)：eNodeB使用的预编码矩阵的码本表的索引。
- **信道质量指示**(Channel Quality Indicator，CQI)：建议的调制和编码方案的索引。

LTE版本8使用公共参考信号(Common Reference Signal，CRS)来解调数据。LTE版本10添加了CSI-RS参考信号。这些信号在动态分配的子帧和资源块上进行发送。测量时间间隔是5～80ms，这取决于移动的速度。这样可以不使用信道测量的资源块来减少开销，除非使用资源块信道测量是必要的。

LTE-Advanced上行链路MIMO支持多个天线。在版本8中，支持多用户MIMO，因为它在移动端仅需要一个天线。这允许eNodeB同时将信号发送到多个移动端。在LTE-Advanced中支持UE个根天线，也支持SU-MIMO，这样在UE和eNodeB之间支持多达4个传输层。在上行链路增加了使用两个成分载波的能力，上行链路的最大吞吐量从75Mbps增加了8倍达到600Mbps。

14.7.3 中继

LTE-Advanced 蜂窝网络的另一个关键要素是**中继节点**(Relay Node，RN)的使用。与任何蜂窝系统类似，由于较低的信号水平和较高的干扰水平，LTE-Advanced 基站在小区边缘会遇到数据速率降低的问题。LTE-Advanced 不是使用更小的小区，而是使用更高效的小中继节点，它分布在小区的外围，且与 eNodeB 相比其覆盖半径更小。在 RN 附近的 UE 与附近的 RN 进行通信，进而与 eNodeB 通信。

RN 并不是简单地将接收信号进行放大，这样会放大信号和噪声。相反，RN 接收、解调，在需要的情况下还可以进行纠错，然后将一个新的信号发送给基站，该基站称为施主 eNodeb(donor eNodeB)。参见图 14-15。RN 作为一个基站功能，与 UE 进行通信，作为 UE，它与 eNodeB 进行通信。

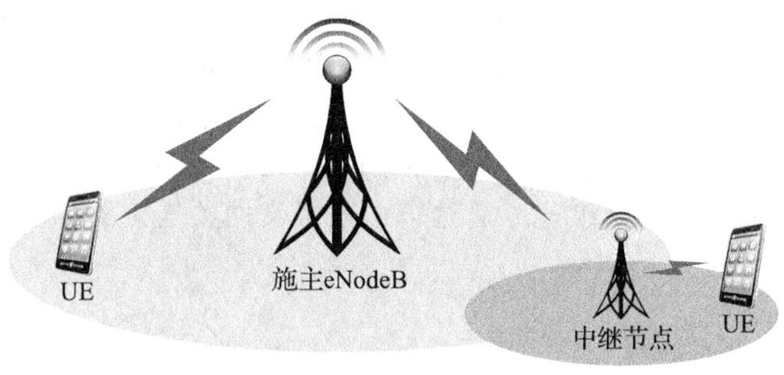

图 14-15 中继节点

- 对于 FDD 系统，eNodeB→RN 传输和 RN→eNodeB 传输分别在 DL 频段和 UL 频段进行。
- 对于 TDD 系统，eNodeB→RN 传输和 RN→eNodeB 传输分别在 eNodeB 和 RN 的 DL 子帧以及 eNodeB 和 RN 的 UL 子帧进行。

RN 可以使用微波链路提供的带外通信或者带内通信。带内通信意味着 RN-eNodeB 接口与 RN-UE 接口使用相同的载波频率。这就造成了如下所述的干扰。如果 RN 从 eNodeB 接收，同时传输给 UE，它将在下行链路信道既传输又接收。RN 传输的信号将比来自 eNodeB 的 DL 信号的信号强度大，因而它很难恢复接收到的 DL 信号。上行链路方向也会发生同样的问题。为了克服这个困难，对频率资源进行如下分区：

- eNodeB→RN 和 RN→UE 链路在单个频段上进行时分多路复用，并且在任何时候只有一条链路是活动的。
- RN→eNodeB 和 UE→RN 链路在单一频带上使用时分多路复用，并且在任何时候只有一条链路是活动的。

中继的非接入层由 MME 控制，其接入层面由 eNodeB 控制。从这个意义上讲，中继扮演着 eNodeB 和 EPC 的移动终端的角色。但同时对于移动终端，它也充当着基站的角色。它处理移动终端的接入层，也可以与使用 X2 接口进行切换的其他基站进行交互。

版本 10 假定中继是静止不动的，所以它们不能切换到其他 eNodeB。也不支持**多跳中继**(Multihop relaying)。

14.7.4 异构网络

业界为了应对智能手机、平板电脑等类似设备日益增长的数据传输要求，引入了 3G

以及现在的 4G 蜂窝网络。随着需求的持续增加，越来越难以满足这个要求，特别是在人口稠密的地区和偏远的农村地区。4G 网络中的一个重要组成部分是使用**微微蜂窝**和毫微微蜂窝来满足这一需求。

毫微微蜂窝是一个低功耗、短距离、独立的基站。最初用于描述以住宅为单位的用户单元，这个词目前扩大到了更大的范畴，包括单位企业、农村和城市区域。关键技术包括：IP 回程、自优化、低功耗、易于部署。毫微微蜂窝是目前使用最多的小蜂窝类型。

术语小蜂窝(small cell)是对采用授权和未授权的频谱、在室内或室外覆盖范围 10m 到数百米的低功率无线电接入节点的总称。它与一个典型的移动宏蜂窝相对应，其可能有几十公里的覆盖范围。**宏蜂窝**适用于高度移动的用户，小蜂窝适用于低速移动或固定用户。现在毫微微蜂窝的数量超过宏蜂窝，4G 中毫微微蜂窝基站的比例预计将大幅上升。这种蜂窝的部署方式称为网络致密化，带来的结果是大蜂窝和小蜂窝的异构网络，称为 HetNet。

图 14-16 给出了一个使用毫微微蜂窝网络的典型要素。毫微微蜂窝访问点是一个小型基站，更像一个放置在一个住宅、商业或公共场所的 Wi-Fi 热点基站。它使用与普通蜂窝网络基站相同的频带和相同的协议。因此，4G 无线智能手机或平板电脑无需任何改变就可以连接到 4G 毫微微蜂窝。毫微微蜂窝通常通过 DSL、光纤或固定电话电缆连接到因特网。来自/发往毫微微蜂窝的分组业务通过毫微微蜂窝网关连接到蜂窝运营商的核心分组网络。

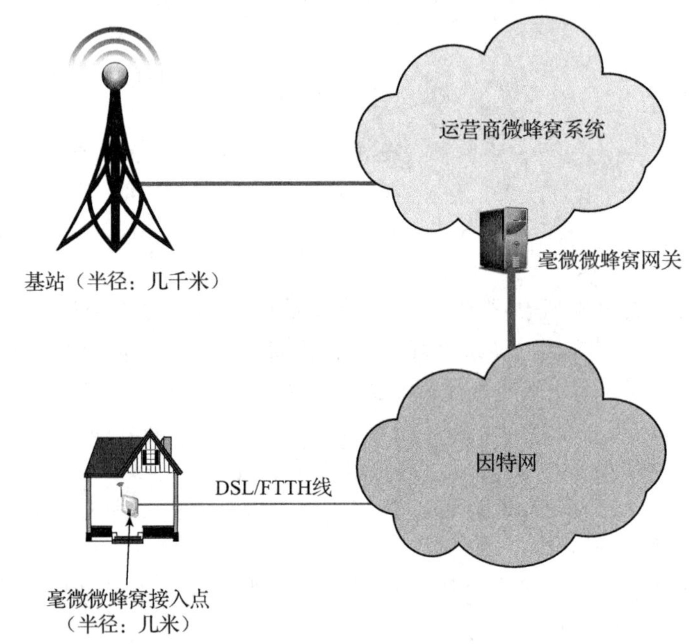

图 14-16　微微蜂窝的角色

14.7.5　协作多点传输和接收

蜂窝之间的干扰协调一直是几个 LTE 版本研究的话题。在 14-4 节中详细讨论了版本 8 中的小区间干扰协调(ICIC)。LTE 支持所有小区复用所有频率，但这可能导致小区边缘的干扰。对 X2 接口进行增强后，使得 eNodeB 可以协调它使用的资源块。小区可以避免使用相同的资源块，但这将降低了整体频谱效率。小区也可以通过减少基站附近移动终端的功率水平来进行增强。因此，版本 8 引入了 RNTP 指示、HII 和 OI 来实现此目的。

小蜂窝与宏蜂窝之间的干扰是巨大的。版本 10 提供了一些解决方案，称为增强型 ICIC。一方面，在系统布设时希望移动终端能够接入附近的一个小蜂窝，但宏蜂窝信号通常很强，移动终端将试图连接到宏蜂窝。这不必要有效减少小蜂窝的范围。相反，一个小蜂窝可以服务一个距离非常近的用户组。例如，一个毫微微蜂窝部署在一个公司内，只有经过授权的员工能连接到它。外部移动终端需要连接到一个宏蜂窝，但因为毫微微蜂窝干扰的存在所以不能这样做。这将在宏蜂窝的覆盖区内创建一个洞。作为解决方案，LTE-Advanced 引入了几乎空白的子帧(almost blank subframe)。每个小区都有子帧用于传输最少的信息(即，它们几乎是空白的)，所以能听到其他小区的信号但引入较少的干扰。这些子帧在小区之间不重用，这意味着频谱效率将会降低，但这种共存的功能使得两个小区能够有效工作。

版本 11 执行**协作多点传输与接收**(Coordinated Multipoint Transmission and Reception，CoMP)。在 CoMP 中，小区协作增加了边缘用户的功率，减少了小区边缘的干扰。天线可能来自同一个 eNodeB 的天线、不同 eNodeB 的天线，宏蜂窝和小蜂窝的天线，以及小区的和**远端射频头**(Remote Radio Head，RRH)的天线，RRH 是一个部署在远离基站位置的简单天线。CoMP 可能使用一些技术，如能够进行天线波束调零和主瓣的协调调度/协调波束成形(CS/CB)、从多个传输点向同一个 UE 传输的联合传输(Joint Transmission，JT)技术，以及从多个传输点向同一个 UE 进行传输，但同时仅能有一个进行传输的动态点选择(Dynamic Point Selection，DPS)技术。

版本 11 支持这些技术(实际上仅仅是非相干的 JT 形式)并定义 CoMP 测量集合(CoMP measurement set)来表示参与这些技术的节点集合。LTE 的主要改进是提供新的信道状态信息来支持 CoMP。信道状态信息提供资源单元集合来测量信号功率(来自于版本 10)，以及一个干扰测量配置来测量干扰，这是版本 11 中新增加的。版本 11 没有增加 RRC 测量来辅助决定 eNodeB 的测量集合、不支持相干 JT、不改变 S1 和 X2 接口。因此，最好在同一个 eNodeB 天线之间或者 eNodeB 与远程射频头之间的天线来执行 CoMP，因为 RRH 是由 eNodeB 直接控制的。

14.7.6　其他增强技术

下面提供了 LTE-Advanced 版本 10 和版本 11 的其他改进，以及可能在版本 12 中发布的技术。

- 通信流量卸载技术，将流量转移到非 LTE 网络。
- 增强物理下行链路控制信道，使得容量可调和干扰协调。
- 增强机器类型通信-过载控制、设备触发，从而使一个应用服务可以调用设备采取行动、一种处理数字资源不足的称为外部标识符的新设备标识、用于设备到设备通信的邻近服务(proximity services)、增强的机器类型数据和移动数据。
- 支持 TDD 动态适应配置，因此可以调节流量波动，这在小蜂窝中特别常见。
- 为了未来的需求版本 12 也研究了小蜂窝和异构网络的增强技术，如 256-QAM 的高阶调制、一种新的移动特定的参考信号、双连通性(例如，同时与一个宏蜂窝和一个毫微微蜂窝连接)、使用极简载波(lean carrier)的次蜂窝。
- 在版本 12 中，还研究了二维阵列天线，它可以创建水平平面的波束，也可以提供具有不同水平高度的特定用户仰角的波束成形。这将得到由二维天线阵列构成的大规模 MIMO(Massive MIMO)或全维度 MIMO(full dimension MIMO)的巨大支持，二维天线阵列的天线元素个数比先前部署的天线个数多。

除了这些增强功能外，蜂窝行业的主要贸易协会，**GSM 协会**还定义了所谓的 VoLTE(Voice over LTE)的配置文件和服务。GSM 协会文档为那些在 3GPP 规范中列为实现选项的问题提供了额外的规范。GSM 协会也指定了除声音以外的服务，如视频通话、即时消息传递、聊天和文件传输等，这些就是所谓的**富媒体融合通信**(Rich Communication Services，RCS)。IP 多媒体子系统(IP Multimedia Subsystem，IMS)用来控制 VoIP 流的传输。IMS 不是 LTE 的一部分，它是一个独立的网络，一个类似于因特网的独立网络。IMS 是主要涉及信令。它提供了使用 LTE 进行语音传输的更高层能力。

14.8　推荐阅读

[GHOS10]给出了 LTE 的整个背景，同时介绍了 LTE-Advanced 的文献还有[FREN13]、[BAKE12]、[PARK11]。[DAEW12]、[LING12]、[IWAM10]介绍了 LTE-Advanced 中的 CoMP、MIMO 和载波聚合。[COX14]介绍了 LTE-Advanced 和版本 11 和版本 12 的详细技术。

BAKE12 Baker，M. "From LTE-Advanced to the Future." *IEEE Communications Magazine*，February 2012.

COX14 Cox，C. *An Introduction to LTE：LTE，LTE-Advanced，SAE，VoLTE，and 4G Communications*，Second Edition. United Kingdom：John Wiley & Sons，Ltd，2014.

DAEW12 Daewon L.，et al. "Coordinated multipoint transmission and reception in LTE-advanced：deployment scenarios and operational challenges." *Communications Magazine*，*IEEE*，vol. 50，no. 2，pp. 148，155，February 2012.

FREN13 Frenzel，L. "An Introduction to LTE-Advanced：The Real 4G." *Electronic Design*，February 2013.

GHOS10 Ghosh，A.，et al. "LTE-Advanced：Next-Generation Wireless Broadband Technology." *IEEE Wireless Communications*，June 2010.

IWAM10 Iwamura，M.，et. al. "Carrier Aggregation Framework in 3GPP LTE-Advanced." *IEEE Communications Magazine*，August 2010.

LING12 Lingjia Liu；Runhua Chen；Geirhofer，S.；Sayana，K.；Zhihua Shi；Yongxing Zhou. "Downlink MIMO in LTE-advanced：SU-MIMO vs. MU-MIMO." *Communications Magazine*，*IEEE*，vol. 50，no. 2，pp. 140，147，February 2012.

PARK11 Parkvall，S.；Furuskar，A.；and Dahlman，E. "Evolution of LTE toward IMT-Advanced." *IEEE Communications Magazine*，February 2011.

14.9　关键术语、复习题和问题

关键术语

assess straum(接入层)

base station(基站)

bearers(承载)

carrier aggregation(CA，载波聚合)

coordinated multipoint transmission and reception (CoMP，协作多点传输与接收)

dedicated bearer(专用承载)
default bearer(默认承载)
donor eNodeB(施主 eNodeB)
EPS mobility management(EMM, EPS 移动性管理)
EPS session management(ESM, EPS 会话管理)
evolved NodeB(eNodeB, 演进的 NodeB)
evolved packet core (EPC, 演进的分组核心)
evolved packet system (EPS, 演进的分组系统)
evolved UMTS terrestrial radio access (E-UTRA, 演进的 UMTS 陆地无线电接入)
evolved UMTS terrestrial radio access network (EUTRAN, 演进的 UMTS 陆地无线电接入网络)
femtocell(毫微微蜂窝)
fourth-generation(4G)network(4G 网络)
frequency division duplex(FDD, 频分双工)
frequency reuse(频率重用)
GSM Association(GSM 协会)
guaranteed bit rate (GBR)bearers(保证比特率承载)
heterogeneous networks(HetNet, 异构网络)
home subscriber server (HSS, 归属用户服务器)
Long Term Evolution (LTE, 长期演进)
LTE-Advanced(LTE-Advanced)
macrocells(宏蜂窝)
mobility management entity(MME, 移动性管理实体)
network densification(网络致密化)
non-guaranteed bit rate bearers(非保证比特率承载)
packet data convergence protocol(PDCP, 分组数据聚合协议)
Packet Data Network Gateway (PGW, 分组数据网络网关)
picocells(微蜂窝)
QoS class identifier(QCI, 服务数量标识符)
radio link control(无线链路控制)
radio resource control(RRC, 无线资源控制)
relay nodes (RN, 中继节点)
relaying(中继)
remote radio head (RRH, 远程射频头)
resource block(资源块)
resource elements(资源元素)
reuse factor(重用因子)
rich communication services(RCS, 富媒体融合通信)
service data flows (SDF, 服务数据流)
S1 interface(S1 接口)
Serving Gateway (SGW, 服务网关)
Time division duplex(TDD, 时分双工)
user equipment (UE, 用户设备)
voice over LTE (VoLTE, VoLTE)
X2 interface(X2 接口)

复习题

14.1 4G 的主要动机是什么?
14.2 哪个 3GPP 版本与 LTE-Advanced 有关?
14.3 演进的分组核心(EPC)的主要组成是什么? 它们有哪些主要功能?
14.4 RRC、PCPD 和 RLC 协议的作用是什么?
14.5 什么是逻辑、传输和物理信道?
14.6 LTE 支持的两种类型的循环前缀是什么?
14.7 LTE FDD 与 TDD 帧结构之间有什么区别?
14.8 资源块是什么? 它是由什么组成的?
14.9 LTE 支持什么调制类型?
14.10 列出并描述开机过程的步骤。
14.11 什么是载波聚合? 载波聚合有哪些不同的类型?
14.12 LTE-Advanced 如何增强 MIMO?
14.13 中继是什么?
14.14 毫微微蜂窝是什么?
14.15 eICIC 和 CoMP 之间的不同点是什么?

问题

14.1 哪代蜂窝网络实现了大于 5Mbps 数据速率?
14.2 根据表 14-2, 如果 LTE-Advanced 利用 100MHz 信道提供 1Gbps, 而 LTE 利用 20MHz 信道提供

大于 100Mbps，是什么因素带来了信道效率(bps/Hz)的提高？

14.3 表 14-2 给出了 LTE-Advance 如何使用 8×8MIMO，或 8 个并行数据流。通过什么因素使得 LTE-Advanced 具有更高的每个流的带宽效率？

14.4 什么因素导致了表 14-2 给出的上行链路信道效率低于下行链路信道？

14.5 当用户正在观看一部在线视频服务的电影时，预期的分组延迟预算是多少？

14.6 为什么在 LTE 系统中，语音和视频对话的形式具有更小的分组延迟预算？

14.7 根据表 14-5，用于上行链路传输的最大和最小子帧的占比是多少？

14.8 根据表 14-6，对于 15MHz 传输带宽，给出如何计算得到表中 13-5 中 MHz 的总占用带宽？

14.9 根据表 14-6 和表 14-7，给出 CQI 9 的 15MHz 信道上预期能够达到的数据速率。

14.10 基于图 14-11，给出 0.5ms 的时隙内如何填充 7 个常规 OFDM 符号以及如何填充 6 个扩展 CP 的 OFDM 符号。

14.11 基于表 14-7，如果用户正在经历一个索引为 6 的 CQI，那么应该分配多少资源块，假设用户要求至少 3.0Mbps？

14.12 根据问题 14.11，如果 CQI 索引提高到 13，那么应该分配多少资源块？

14.13 给定 LTE 系统参数，在 LTE 系统设计中，关于其工作环境的相干时间是如何假设的(见第6 章)？

移动应用与移动 IP

学习目标

通过本章的学习，你应该能够：

- 了解移动应用平台的一些关键特性
- 理解安卓(Android)系统体系结构
- 解释需要移动 IP 的原因
- 定义移动 IP 中设备的各种角色
- 理解移动 IP 的操作过程

无线网络的发展不仅仅是在无线通信、网络或系统本身等几个主要方面，而且还在无线设备支持的应用程序(或简单地称为“Apps”)方面。各种平台以及免费的或低成本的应用程序已经捕获了无线服务的潜在消费者的注意。这些应用程序已经能够使小设备上很容易实现移动计算。移动设备硬件设计人员也在包括许多类型的传感器，如位置、温度、光、加速度、磁场等方面有很多创新。

本章首先着眼于两个领先的移动设备操作系统：**安卓**(Android)和 **iOS**。它描述了应用程序开发的平台，之后给出了应用程序开发和部署的过程。然后，本章的其余部分研究了一个重要的互联网协议(IP)标准，该标准提供了支持应用程序级的无线网络：移动 IP。

15.1 移动应用平台

移动平台的操作系统从根本上来说非常类似于那些传统的桌面环境，通过附加的低层驱动程序和中间件与硬件组件进行通信，如音频 I/O 和相机。移动平台需要与台式计算机相同的核心系统设施：内存管理、进程调度、设备驱动程序和安全性。正因为如此，目前许多现代移动通信系统使用的操作系统(如 Android)实际上与以前的系统(如 Linux)有共同来源和系统设计原则。

虽然移动环境共享核心系统设施，但它们的环境及用例决定了它具有非常不同的需求。例如，移动平台通常具有很有限的计算能力，与服务器不同的是它无法运行批处理程序。移动平台也有非常不同的交互风格。它不是一个基于鼠标和窗口系统的图形用户界面(GUI)，移动设备通常由一个触摸屏的触摸或语音指令进行操纵，并且用户界面(UI)通常也是完全不同的。正因为如此，大多数移动平台需要与传统操作系统的硬件抽象(如内存、设备和网络)配对，并提供额外的抽象，以适应移动平台的特殊需求。

目前，移动平台通常运行一个核心系统(如 Android 和 iOS)并且允许通过在该框架上运行第三方应用程序(有时简称为“Apps”)来对平台进行扩展。系统通常提供了许多机制，这些机制将应用程序从核心功能中分离，从而使编程更容易(例如，使应用程序不必从驱动程序手动读取位置信息)、确保一个统一的用户界面(例如，通过提供单独的 GUI 元素集)、提供安全保证，这可能在以前的系统中(例如，Android 的权限系统)不会出现。

15.1.1　资源约束

现代的台式计算机或服务器将有大量的内存和一个强大的处理器，运行时需要连接到一个充足的电源。相比之下，移动平台拥有有限的资源。具体地，移动系统几乎完全由电池供电，并且RAM和内存资源都相对较小，且图形和计算能力有限。因此，许多移动平台提供了主要的用户界面与远程云服务应用程序之间的接口。考虑许多当下流行的应用程序，如社交网络、银行或聊天平台，作为例子。所有这些应用程序都是运行在云计算远程服务器上的前端应用程序，其中云计算远程服务器中运行大量的计算。

例如，一个应用程序可能使用移动平台上的位置传感器来确定用户的位置，然后将其转发到远程服务器，远程服务器可以通过计算(也许是一个数据库查询)来确定在用户附近有哪些餐馆，并给出最有可能吸引用户的结果。大量的计算(如查找附近的餐馆，并将其关联到用户的喜好)是在具有更高计算能力的服务器上完成的。执行计算后，将结果返回到移动设备，应用程序将提供一个用户界面并以一种可视化的方式将结果显示给用户。

15.1.2　交互层

移动平台比传统台式计算机需要一个更不同的用户界面。用户与移动设备的交互主要是通过触摸或有时通过语音输入，而不是使用鼠标和操纵窗口和文本的方式。因此，移动平台的窗口环境与台式计算机的窗口环境有非常大的不同。

除了使用硬件按钮进行输入外，用户也通常通过触摸(例如，手势)或语音命令与设备进行交互。用户输入层还应该考虑用户的各种可访问性工具，他不能或不喜欢通过触摸单独与设备进行交互。这些包括语音和振动，例如，这可能对视觉受损的用户是有帮助的，还应该考虑在传统输入困难的情况下，(例如，当用户正在驾驶时)。

15.1.3　两个硬件栈的例子

两大**移动应用平台**是苹果的iOS(运行在iPad和iPhone)和Google的Android。(本章讨论的原则也类似于其他主流平台，如Windows和黑莓手机。)

iOS仅在苹果制造的一些有限的设备上运行。因此，开发人员可以确定各种设备的特性，如显示密度和可用的内存数量(至少在一定程度上)。在iOS中，程序员将应用程序面向一个特定的操作系统版本。特定的操作系统版本只能安装在兼容的手机上。因为苹果控制着运行iOS的硬件，所以开发人员还可以将他们的应用程序定制到一个固定的长宽比和感官输入。

iOS应用程序是用Objective C和Swift来编写的，使用苹果的编译器进行编译。应用程序使用iOS应用框架，通过它们显示GUI输出、感官(触觉、位置、语音)输入，并与网络进行通信。这些功能可以使用Objective C和Swift库，这意味着熟悉Objective C和Swift桌面编程的程序员，仅仅通过学习新的系统库以及针对iOS的最佳实践就可以开发iOS。然而，程序员必须学习能够稳健地支持移动环境的新的编程技术。例如，程序员必须能够优雅地处理应用程序只有间歇性网络访问的情况。

相比之下，Google的Android操作系统可能安装在一系列的设备上。这意味着，Android设备的硬件配置范围要大得多。为了运行Google Play，设备必须符合Google所要求的某些标准，允许开发人员对硬件做出一些假设，但最终的配置集合要大得多。由于Google不控制硬件，所以许多第三方厂商搭建Android设备并从Google申请认证。如果设备通过了必要的测试套件，它就可以运行 Android 系统。

设备制造商还编写了一个称为 ROM 的独特的 Android 版本，ROM 传统上代表只读存储器，但这里它代表主要固件/操作系统和系统应用程序。制造商创建一个特定于他们设备的 ROM 并包括一组标准应用程序(例如，仅用于该设备所使用的特定载体上的应用程序)。由于配置集合相对较大，再加上各个设备之间的独特差异(例如，一个主流 ROM 上有一个 Bug)，所以开发人员经常需要测试一个更大范围内的设备(例如，在生产最流行的手机和平板电脑时)。

关于编程，Android 和 iOS 共享一个类似的设计。它们都包括一个核心操作系统，它处理进程(应用程序)、协调资源访问并管理核心问题(例如，安全)。程序员编写的应用程序运行在框架的顶部，并取代桌面程序。当应用程序需要访问资源(如网络、位置等)时，它使用应用程序框架来调用底层系统，它代表应用程序执行的一个动作。

15.2 移动应用开发

15.2.1 应用开发基础

与传统的台式计算机相比，移动平台和操作系统共享许多设计挑战，并且这些差异会影响操作系统的设计以及应用的开发。移动平台的应用开发通常与桌面的开发使用相同的语言(如，Android 系统的 Java 语言、iOS 系统的 Objective C 语言)。这允许程序员能够用熟悉的工具工作。为了访问特定的移动功能，移动平台还提供应用程序框架：应用程序编程接口(Application Programming Interfaces，API)，它允许程序员访问移动设备的独特功能。下面这些框架通常允许程序员访问。

- 与用户交互的 GUI。
- 可用的传感器数据(GPS、加速度等)。
- 认证和账户访问。
- 与远程服务器的交互。

程序员具有丰富的可用输入(如位置和社交媒体账户访问)，这样移动平台上的应用程序是高度上下文感知的。例如，应用程序可能从社交媒体账户检索用户的喜好，并根据他们的喜好推荐用户附近的餐馆。特定上下文信息的使用，不仅为应用程序的设计提供了一个独特的交互风格和丰富的互动机制，而且也给自己带来了许多挑战(如安全和隐私问题)。不同移动应用程序的 Web 服务也在输入程度上有所不同，这也解释了为什么许多网站还提供访问它们的应用程序服务：框架提供的应用程序功能的范围(如数据持久性、感官输入)通常比基于 Web 的相同技术实现提供了更多的灵活性。

移动平台通常与传统台式计算机使用的硬件不同。在移动计算的早期，这意味着移动平台的应用是定制的和具体的。为了编写移动设备的应用程序，程序员必须学习特定厂商的 API 并通常进行具有硬件依赖性的编程。因此，程序员编写一个特定设备的应用程序是很困难的：他们必须学习许多底层细节，如内部处理器或者将他们的应用程序与一个外部操作系统相适配。从移动通信的演进图来看，现代平台主要利用高级语言(如 Objective C 和 Java)并利用系统库来访问系统实体。这使得对于熟悉传统桌面或基于 Web 设置的程序员来说，开发移动应用变得更加容易，因为他们具有这些语言知识并用它们来指导移动平台应用的设计。

许多移动平台使用熟悉的语言，但提供自定义工具链以便在设备上运行代码。例如，

Android 系统允许程序员使用 Java 编写，但将 Java 字节码(由 Java 编译器产生的)转换成 **Dalvik 虚拟机**(Dalvik Virtual Machine，DVM)的字节码。Dalvik 是 Android 虚拟机，它类似于 Java 虚拟机。虚拟机可实现对移动平台的优化从而使 Android 应用程序按照为移动平台特制的资源处理方式运行。同样，在 iOS 中，LLVM 交叉编译器通过编译 Objective C 代码来编译运行在设备处理器上的本机代码。

15.2.2　开发环境

为移动平台开发应用程序意味着管理潜在的大的源项目。项目不仅仅限于应用程序代码，而且也包括 GUI 布局、设备配置(说明应用程序的需求)和文档。为了开发和维护大的应用程序，程序员通常需要使用交互式的开发环境(Interactive Development Environments，IDE)。这允许程序员组织项目、编写代码，并在一个统一的环境中调试应用程序。正如程序员可以使用桌面或 Web 应用程序的集成开发环境一样，移动平台为开发移动应用程序提供了自定义版本的 IDE。

Android 开发允许多个开发环境。Google 支持 Android Studio 和 Eclipse，这两种 IDE 都适合基于 Java 的开发，包括自定义扩展定制的 Android 开发。这两种 IDE 都支持在模拟器上调试代码和测试，允许程序员交互式地设计 GUI 布局、管理编译系统和源控制。同时鼓励开发人员使用这些工具，Android 生态系统还支持通过传统的 Java 编译系统(通过，ant 或者 gradle，均由上述的 IDE 来使用)和由任何其他编辑器管理的代码(例如，Emacs)来使用自定义编译。

iOS 应用程序使用 Xcode 编写，它是一个在苹果框架上开发的应用程序 IDE，它包括为 iOS 设备提供的支持。Xcode 提供了与 Eclipse 类似的功能，但它是针对 iOS 设备的 Objective C 项目。Xcode 还为应用程序分配提供设施。

15.2.3　探寻 Android 内部

最初的 Android 系统是由 Android 公司开发的，该公司被 Google 在 2005 年收购。它的第一个商业版本，Android 1.0，发布于 2008 年。在撰写本书时，已经发布了最新版本 Android 5.0(Lollipop)。2007 年，成立了开放手机联盟(Open Handset Alliance，OHA)。OHA 是由 84 家致力于开发移动设备开放标准的公司组成的联盟。具体来说，作为一个开放的平台，OHA 负责 Android OS 版本的发布。Android 的开源本质一直是其成功的关键。

Android 系统架构　从应用程序开发人员的角度有助于说明 Android，如图 15-1 所示。我们依次来研究架构的每一层。应用程序开发人员主要关注**应用程序和框架层**以及允许访问底层服务的 API。该层提供了高层模块，它可以通过标准化的 API 来访问，程序员可以使用它创建新的应用程序。该架构可以简化组件的重用。该架构的设计可以简化组件的重用。此外，与用户直接交互的所有应用程序都是应用层的一部分。这包括一个通用应用程序的核心集，如电子邮件客户端、短信程序、日历、地图、浏览器、联系人以及其他用于任何移动设备的标准应用程序。这些典型的应用是通过 Java 来实现。

Binder 进程间通信(Inter-Process Communication，IPC)机制允许应用程序框架跨进程边界调用 Android 系统。这从根本上允许高层框架 API 与 Android 系统服务之间进行交互。

应用程序框架 API 的大部分功能都调用了 Android **系统服务**，而这些服务又访问了底层的硬件和内核函数。服务是在后台运行的代码，而不是连接到用户的代码。服务可以看作两个组。媒体服务处理播放和记录媒体。系统服务处理应用程序可见的系统功能。后者包括：

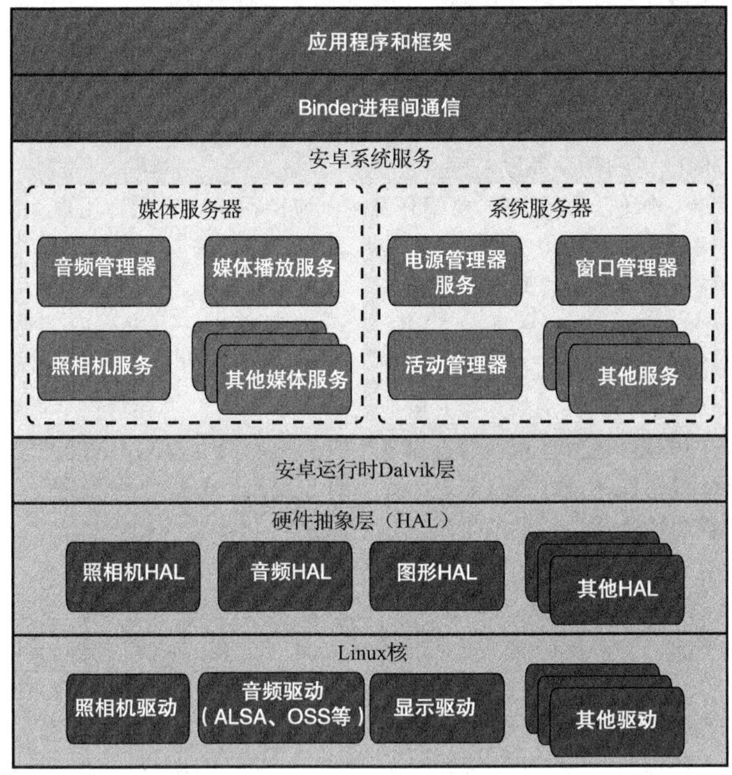

图 15-1 Android 系统架构

- **活动管理器**：管理应用程序的生命周期。它负责启动、停止和恢复各种应用程序。后面将进一步讨论。
- **窗口管理器**：底层表面管理器的 Java 抽象。表面管理器处理帧缓冲区交互和低层绘图，而窗口管理器提供了它上面的一层，允许应用程序声明它们的工作区，并使用类似状态栏这样的功能。
- **内容提供者**：这些函数封装了需要在应用程序之间共享的应用程序数据，如联系人。内容提供者是一个可扩展的接口，它允许其他应用程序按照明确定义的方式来访问资源(类似于数据库)。
- **查看系统**：提供用户界面元素，如按钮、列表框、日期选择器和其他控件，以及 UI 事件(如触摸和手势)。
- **通知管理器**：管理事件，如消息到达和预约。
- **电源管理器**：提供一个添加到 Linux 内核的接口，以提高执行电源管理的能力。

Android 运行时/Dalvik 层提供了两个组件。Android 运行时(Android Runtime)组件包括一组核心库，它提供了大部分的 Java 编程语言核心库的功能。每个 Android 应用都运行在自己的进程中，有自己的 Dalvik 虚拟机实例。

硬件抽象层(Hardware Abstraction Layer，HAL)提供了一个到核心层设备驱动程序的标准接口，使得上层代码不需要关心具体的驱动和硬件实现的细节。HAL 在标准 Linux 发行套件中几乎是不变的。

Android 的 **Linux 内核**类似于标准内核发行套件，但不完全相同。一个值得注意的变化是，Android 内核不包含那些不适用于移动环境中的驱动程序，这样使内核更小。此外，Android 系统增强了适于移动环境的内核功能，这些功能一般不适用或不能用于台式计算机或笔记本电脑平台。

Android 系统依赖于它的内核系统服务，如安全、内存管理、进程管理、网络栈和驱动程序模型等。内核也作为硬件和软件栈的其余部分之间的一个抽象层，使 Android 能够使用 Linux 支持的广泛的硬件驱动程序。

开发应用程序　例如，我们可能希望开发一个应用程序，它允许用户从他们已经下载的一个流媒体因特网电台链接获得流媒体。该应用程序将接收来自用户的关于需要播放的电台的输入，从电台获得流媒体并在耳机中播放音乐，并允许其他应用程序查询用户最喜欢的电台。用户将在一个活动(Activity)中输入代码，这将允许程序员指定布局(例如，文本框或允许用户通过微调选择一个站，播放、停止、下一个电台的按钮)。此代码将与后台服务进行通信，后台服务将保持到因特网的连接并解码音乐，并将它发送到输出信道(耳机)。该应用程序还允许其他应用程序通过使用内容提供者来查询用户最喜爱的无线电台。

每个 Android 应用程序包括一组上述组件。当开发人员构建应用程序时，他们基于使用这些组件作为编译模块来构造他们的逻辑。这些组件由 Java 类代码来实现，并在清单文件中声明。清单文件包含应用程序元数据，如要使用的名称、要使用的图标、应用程序所需的权限集和主要活动(是应用程序的进入屏幕)。与许多桌面应用程序不同的是，应用程序关闭并没有一个明确的概念。许多传统的批量应用程序处理一些输入，产生一个输出，然后关闭。相比之下，Android 应用程序存储在内存中，所以用户在任何时候都可以返回。Android 系统保留了一个应用程序中的活动栈，所以用户保留了他们在应用程序中的位置。

Android 应用程序运行在不同操作系统的进程中以隔离组件并加强系统的安全性能。由于这种隔离，应用程序必须经常跨进程执行操作(例如，一个应用程序调用位置提供者进程以访问位置信息)。Android 提供了一个基于 Binder 系统的快速远程过程调用(Remote Procedure Call，RPC)机制，它是一个进程间的信息快速传递和通信管道。Android 框架中的功能很大一部分是建立在这个轻而快的进程间通信机制上的。

Android 应用程序　Android 应用程序是实现 App 的软件。每个 Android 应用程序都是由 4 种应用程序组件中的一个或多个构成的一种或多种类型实例组成的。每个组件在整个应用程序的行为中执行一个不同的角色，每个组件可以单独在应用程序中被激活，甚至被其他应用程序激活。以下是 4 种类型的组件：

- **活动**：一个活动对应于一个用户界面的可视化屏幕。例如，电子邮件应用程序可能有一个显示新电子邮件列表的活动，另一个撰写电子邮件的活动，以及另一个阅读电子邮件的活动。虽然活动一起工作以形成一个整体的电子邮件应用程序的用户体验，但每一个活动都独立于其他活动。Android 系统在内部活动和外部活动之间有区别。其他应用程序可能启动一个外部活动，它一般是“主”屏幕的应用程序。然而，其他应用程序无法启动内部活动。例如，一个相机应用程序可以启动电子邮件应用程序中的活动，构成一个新的邮件，以便用户共享图片。
- **服务**：服务通常用于执行后台操作，并且需要花相当数量的时间来完成。这保证了与用户直接交互的应用程序的主线程(也称为用户界面线程)具有更快的响应速度。例如，当用户在不同的应用程序中时，服务可能创建一个后台播放音乐的线程或进程，或者它可以创建一个在网络上获取数据而不影响用户与活动交互的线程。应用程序可以调用服务。此外，还有运行在 Android 系统的整个生命周期的系统服务，如电源管理器，电池和振动服务。这些系统服务可以在系统服务器(System Server)进程中创建线程。

- **内容提供者**：内容提供者是一个可以被应用程序使用的应用程序数据的接口。管理数据的一种类型是私有数据，它仅由包含内容提供者的应用程序使用。例如，记事本应用程序使用内容提供者来保存注释。另一种类型是共享数据，可被多个应用程序访问。该类包括文件系统中、SQLite 数据库中、在网上或应用程序可以访问的任何其他永久性存储位置上存储的数据。
- **广播接收机**：广播接收机响应系统广播公告。广播可以来自另一个应用程序，如让其他应用程序知道一些数据已下载到设备上并可供它们使用，或来自系统，如低电量警告。

每个应用程序都运行在自己的专用虚拟机和其自己的一个进程中，包括应用程序和它的虚拟机(见图 15-2)。这种方法，称为沙盒模型，每个应用是分离的。因此，应用程序无法访问其他未授予的资源。每个应用程序都视为一个单独的用户，它有自己唯一的用来设置文件权限的用户标识符。

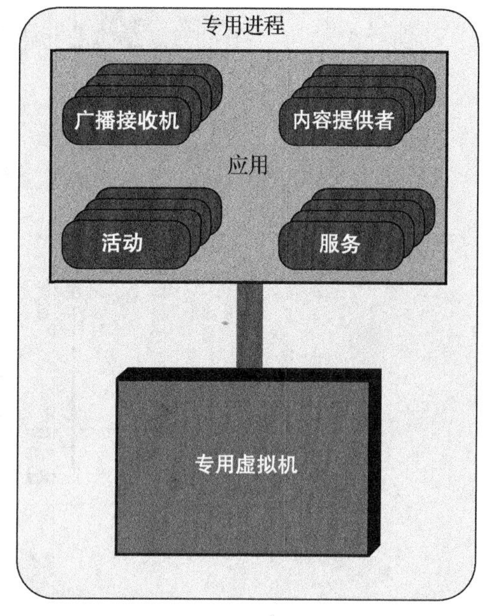

图 15-2　Android 应用程序

活动生命周期　在 Android 系统中每一个组件都围绕着一个叫作生命周期的状态机(见图 15-3)来进行系统行为。活动构成与用户交互的 Android 应用程序的一部分。活动是通过扩展 AndroidAPI 的活动类来实现的。当一个应用程序包含多个活动时，在任何时间只有一个是在屏幕(活动)上的。活动间导航发生在用户执行操作(如单击设备的“后退”按钮)和应用程序通过 Intents(发送到 Android 系统以触发某些动作的消息)发送请求(例如，开始一个新的活动)时。活动类中的一些方法(如 onCreate())，开发者可以对它扩展以实现所需的应用逻辑(如在屏幕上显示按钮)。

GUI 输入　通过 Android **活动**与用户交互。与许多桌面应用程序不同的是，Android 应用程序占据了整个屏幕的设备。每个活动是指用户在屏幕上看到的 GUI 布局。例如，在流媒体应用程序中，可能有一个主屏幕(介绍可以播放的流列表)，一个将新的流媒体添加到数据库的屏幕，和一个喜好设置的屏幕(例如，音乐质量、音量控制等)。在 Android 系统中，屏幕按照如下栈导航：当用户进入一个新的活动(在屏幕上)时，他们可以按下后退按钮，并返回到他们以前的活动。

为了与 Android 操作系统进行交互，应用程序开发人员将向系统发送各种消息。这些信息称为 Intents，它允许程序员改变当前的活动，开始一个新的服务，查询内容提供者，等等。

访问传感器　移动平台允许高度上下文感知的计算，因为可以将丰富的信息提供给程序员。传感器数据和用户信息由内容提供者和应用程序接口访问。例如，用户的位置是通过 LocationProvider 来访问的。这是一个 Java 类，它包含在不同的时间间隔中获取用户位置信息的钩子(hook)。程序员用一块代码注册一个回调函数，每次获取位置修正后都会运行该代码(这将会在某种程度上由硬件约束确定的时间间隔发生)。其他传感器和设备信息也以类似的方式进行访问。

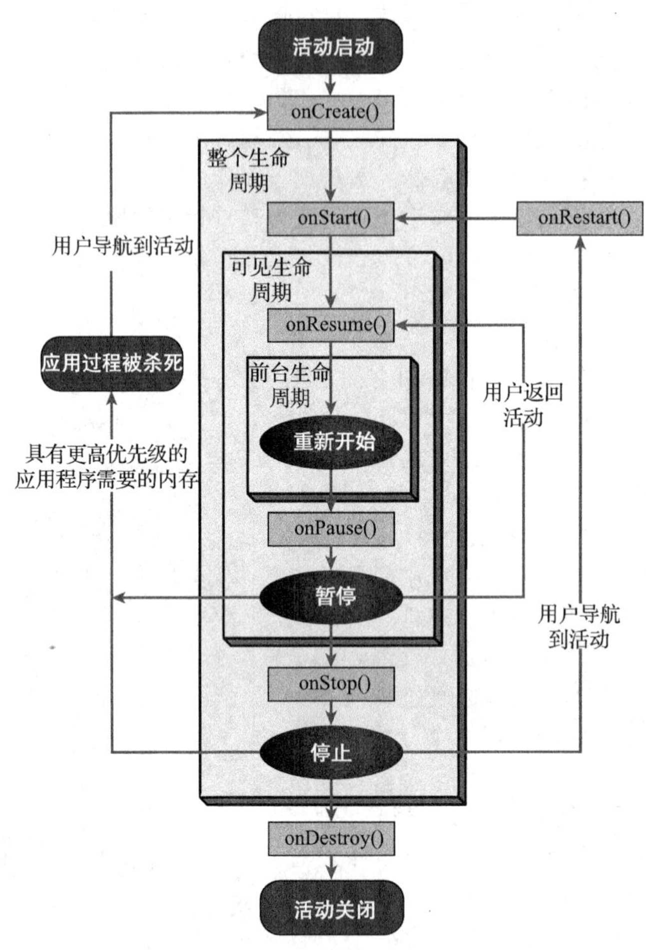

图 15-3　活动状态转移框图

安全　默认情况下，应用程序无法执行任何其他操作，除了显示用户的图形界面外。为了访问用户数据(如他们的联系人和文本消息历史)和执行特权操作(如在因特网上发送文本消息和写入)，用户必须明确授予访问应用程序的权限。在 Android 系统中，这些是通过权限来实现的。每个特权操作或 API 将由清单中声明的权限进行保护(例如，READ_CONTACTS 或 INTERNET)。当安装应用程序时，用户将呈现这些权限的列表，并决定是否安装应用程序。应用程序开发人员应该只要求访问应用程序所需的资源(例如，如果对于应用程序的性能来说是没有必要，应用程序不应该要求联系人信息)。

虽然基于权限的安全体系结构可以进行访问控制，但它仍然有缺陷，应用程序开发人员必须小心以确保应用程序在采用不适当的方式时也不会泄露数据。例如，许多广告服务需要用户的位置，以便为用户提供其地理位置附近商店的有针对性的广告。开发人员必须仔细考虑什么信息泄露给当事方，并在信息被使用时通知该用户。

15.3　移动应用部署

当开发人员完成应用程序的开发时，有多种方式来分发应用程序。一种可能是简单地将应用程序打成一个程序包来供用户下载安装(例如，可以通过在个人网站上托管他们的应用程序)。这种做法，通常称为侧载(sideloading)，但有潜在的危险(如果开发者是不可信的，那么潜在的恶意代码可以访问用户的隐私信息）并可能要求修改设备信息。

由于涉及对一个未知开发者的应用程序的信任问题，所以大多数移动平台有特定的市场可以一个可信的方式来分发应用程序，并有基础设施来报告可疑的应用程序，并在市场内保持质量控制。两个最受欢迎的市场包括 Google Play（用于 Android）；和苹果的应用程序商店。也存在第三方市场（如 Amazon Appstore）为用户和开发人员提供不同的选择（如选择不同的应用程序、应用程序的销售方式、支付流程、开发者提交程序）。

15.3.1　市场部署

每个市场都有一个程序，通过该程序开发人员可以标识自己的应用程序并使他的应用程序可供用户购买（或免费）。开发人员必须先注册（有时需要交费）并提交各种识别信息（如税务信息或加密密钥）。如果用户报告一个应用程序出错时，开发人员的账户作为一个联系点，且支付注册费可以帮助避免开发人员提交恶意应用程序（因为，例如，他们打破了用户的隐私）并且能够很快从市场吊销。

当开发人员在一个市场中注册后，有一个上传自己应用程序的过程，这通常利用加密密钥来进行签名以便将开发人员与在市场中注册的应用程序绑定（防止恶意应用程序代理伪装成开发人员）。下一步，市场通常会审查应用程序，扫描它的病毒，并确保它执行预期的功能，不违反任何服务的条款。例如，许多市场要求，应用程序需要在市场中购买而不是在第三方服务中，并且应用程序确实在以用户的名义执行恶意操作。当应用程序通过这个阶段后，它就可以在市场上发布，用户可以在他们的设备上安装。

15.3.2　用户评论和市场营销

一旦应用程序部署在市场上，用户将在市场上看到与其相关的开发者的账户。用户可以安装应用程序并通过评级的形式给开发者反馈。因为市场包括许多应用程序（例如，Google Play 包括超过 100 万个应用程序），所以开发者之间频繁的竞争，使得他们的用户群对其要有高度的评价和良好的关系。

由于在大多数市场上都有大量的应用，所以新的开发人员很难获得足够的吸引力并建立用户群。由于大多数市场没有对新应用程序做广告的机制，所以开发人员必须依靠第三方的广告机制来推销他们的应用程序，如在社交媒体上（Twitter 和 Facebook）、第三方的广告服务以及口碑传播。

15.3.3　质量控制

应用程序开发人员必须确保一旦将他们的应用程序部署，他们将继续响应用户的需求。开发人员及时响应错误报告和功能的要求，可以帮助提高他们的评价，并且通知用户应用程序的更新，以确保他们的应用程序是对应于新的系统功能的最新程序。由于平台不断变得更加强大，框架也添加了新的功能，所以使用旧布局或主题的应用程序将会显得过时。开发人员必须记住更新他们的应用程序，以考虑当前流行应用程序的主题。

测试应用程序永远无法确定所有可能存在的错误。因此，在部署的应用程序中总是会出现错误。作为开发人员，采用防御性的策略，如单元和回归测试，有助于识别早期的错误，但有许多开发人员不能预测到的因素。例如，一个新的设备可能会使用一个独特的屏幕配置，而应用程序开发人员可能没有考虑到。重要的是，当应用程序中的漏洞出现时，开发人员可以有条不紊地在系统中复制和隔离它们，并及时给用户发布一个更新。

在 Android 系统上有一个工具，称为 Android 自动崩溃报告(Automated Crash Reporting for Android，ACRA)。这个工具允许开发人员检测和隔离错误，并给出详细的报告，其中错误报告是最重要的，它能够让开发人员对错误进行分类。类似的崩溃报告系统也存在于其他系统，开发人员应该有一个评估错误来源的策略，并确定哪些错误可以在随后的应用程序版本中很容易地进行复制和固定。

15.4　移动 IP

为了应对日益普及的移动计算机，开发了**移动 IP**，使计算机在从一个因特网连接点移动到另一个的同时能够保持因特网连接。虽然移动 IP 可以与有线连接，使计算机脱离一个物理连接点而插入另一个，所以它特别适合于无线连接。

术语*移动*意味着用户通过因特网连接到一个或多个应用程序，即用户的连接点动态变化，所有的连接都会自动保持尽管它是在变化的。类与这样的用户相反，如商务旅行者，携带着便携式计算机的人到达目的地后，使用计算机连接到因特网服务提供商(Internet Service Provider，ISP)。对于后一种情况，每次用户移动时用户的因特网连接终止，当用户再次连接时开始建立一个新的连接。每一次建立因特网连接时，在连接点的软件(通常是一个 ISP)用来获得一个新的临时指派的 IP 地址。这个临时的 IP 地址用于用户的对应的每个应用层的连接(例如，FTP、Web 连接)。这种应用的更好术语是*游牧*(nomadic)。

我们首先概述了移动 IP，然后看看一些细节。

15.4.1　移动 IP 的操作

正如第 4 章所述，路由器使用 IP 数据报中的 IP 地址进行路由。特别是，路由器使用一个 IP 地址的**网络部分**(network portion)(见图 4-11)将数据报从源计算机发送到与目的计算机连接的网络。然后，在路径上最后的路由器，这是连接到与目的计算机相同的网络，将 IP 数据报发送到由 IP 地址的**主机部分**(host portion)提供的目的地址。此外，协议体系结构中的下一个高层知道这个 IP 地址(见图 4-1)。特别是，在因特网上的大多数应用程序都是由 TCP 连接支持的。当一个 TCP 连接建立后，在连接每一方的 TCP 实体都知道相应主机的 IP 地址。当一个 TCP 分段交给 IP 层进行传输时，TCP 提供 IP 地址，IP 创建一个 IP 数据报，其中 IP 头包含该 IP 地址，并将该数据报发送出去以进行路由和传递。然而，对于一个移动主机，IP 地址可以在一个或多个活动的 TCP 连接中进行变化。

有两种方法可以用来处理动态地址问题。移动节点可以使用**基于客户端**(client-based)的方法来管理这个过程，或者网络可以使用**基于网络**(network-based)的方法来管理 IP 地址的变化。在基于网络的方法中，如互联网工程任务组(Internet Engineering Task Force，IETF)的征求意见稿(Request for Comments，RFC)5213 的移动 IPv6 规范，许多步骤与基于客户端的方法是相同的，区别在于不同的参与者且这一过程基本上对移动节点是隐藏的。我们主要讨论基于客户端的方法，但再次强调这两个过程是相似的。

图 15-4 给出了在一般条件下移动 IP 如何处理动态 IP 地址问题。将移动节点分配到一个特定的网络，称为它的**归属网络**(home network)。它在网络上的 IP 地址，称为它的**归属地址**(home address)，它是静态的。当移动节点将其连接点移动到另一个网络时，该网络被认为是该主机的一个**外部网络**(foreign network)。当移动节点重新连接时，它通过在一个网络节点上注册来表明其存在，该网络节点通常是一个路由器，因为它在外部网络上，所以称为**外部代理**(foreign agent)。然后，移动节点与用户归属网络上的一个类似代

理通信，该代理称为**归属代理**(home agent)，给归属代理(home agent)提供移动节点的**转交地址**(care-of address)。转交地址确定了外部代理的位置。通常情况下，网络上的一个或多个路由器担当归属代理和外部代理的角色。

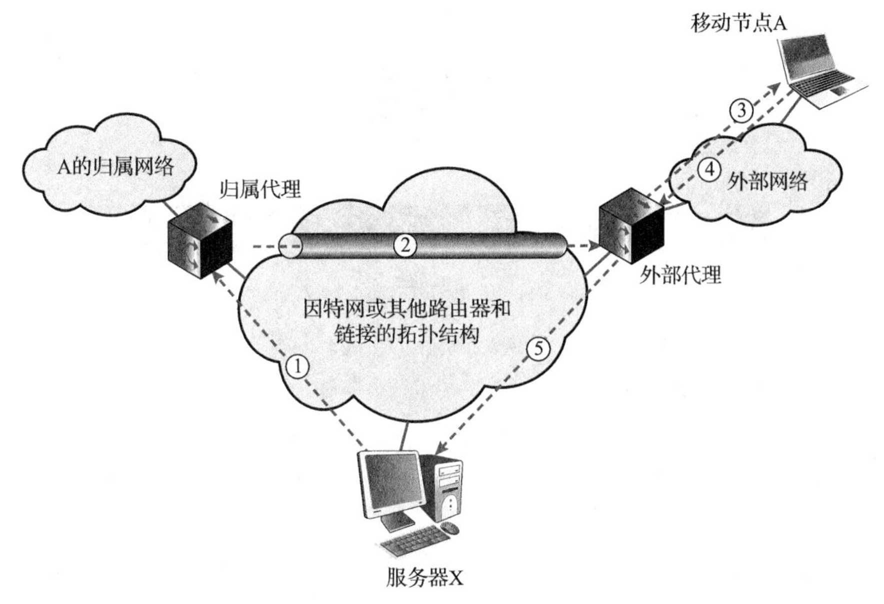

图 15-4　移动 IP 场景

当在移动节点和另一个主机(见图 15-4 中的服务器)之间的连接上进行 IP 数据报交换时，将发生下面的操作：

1) 服务器 X 发送一个 IP 数据报，其目的节点是移动节点 A，将移动节点 A 的归属地址加在 IP 头。将 IP 数据报发送到 A 的归属网络。

2) 在归属网络中，归属代理截获传入的 IP 数据报。归属代理将整个数据报封装为一个新的 IP 数据报，在报头中加入 A 的转交地址，并转发该数据报。使用不同 IP 地址的外部 IP 数据报称为**隧道**。将这个 IP 数据报传送给外部代理。

3) 外部代理去除 IP 报头，将原始 IP 数据报封装为一个网络层 PDU(例如，一个局域网的 LLC 帧)，并将该数据报传送给一个外部网络。

4) 当 A 发送 IP 流量到 X 时，它使用 X 的 IP 地址。在我们的例子中，这是一个固定地址，即，X 不是移动节点。A 将每个 IP 数据报发送到一个外部网络的路由器以路由到 X。通常情况下，该路由器也是外部代理。

5) 从 A 到 X 的 IP 数据报由于使用 X 的 IP 地址，所以可以直接通过因特网传输到 X。

为了支持图 15-4 所示的操作，移动 IP 包括 3 个基本功能：

- **发现**：移动节点使用发现程序来确定潜在的归属代理和外部代理。
- **注册**：移动节点使用一个经过身份验证的注册程序将其转交地址通知其归属代理。
- **隧道**：使用隧道技术将 IP 数据报从归属地址转发到转交地址。

图 15-5 给出了支持移动 IP 能力的基本协议。注册协议用于移动节点上的应用程序和归属代理中的应用程序之间的通信，因此它使用传输层协议。因为注册是一个简单的请求-响应交易，不需要面向连接的 TCP 协议的开销，所以使用 UDP 作为传输协议。发现利用现有的**因特网控制消息协议**(Internet Control Message Protocol，ICMP)并通过添加

适当的扩展ICMP报头来实现。附录15A描述了ICMP，它是一个非常适合发现操作的无连接协议。最后，隧道在IP层上进行。

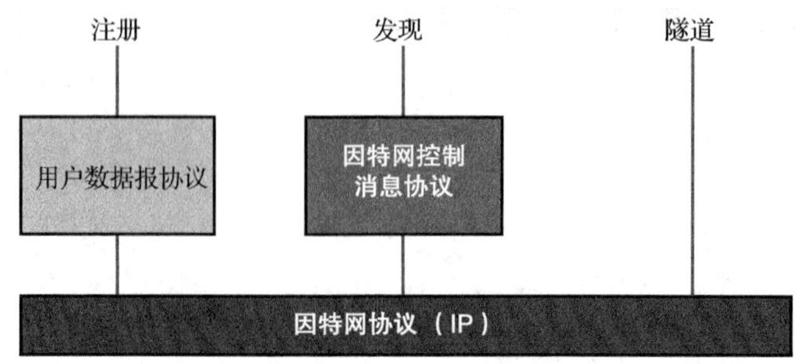

图15-5　移动IP支持的协议

移动IP有一系列的RFC规范。RFC 5944是IPv4的基本定义文档。表15-1给出了RFC 5944中的一些有用的术语。RFC 5213和6275描述了移动IPv6。

表15-1　移动IP术语(RFC 5944)

移动节点	其接入点从一个网络或子网变化到另一个网络或子网的主机或者路由器。移动节点可以改变其位置而不改变其IP地址。假如它到某个接入点的链路层连接可用，它可以在任何地方使用其(固定的)IP地址与因特网上的其他节点通信
归属地址	给移动节点分配的长期(extended period)IP地址。不管节点在何处接入因特网，它都将保持不变
归属代理	位于移动节点归属网络上的一个路由器，该路由器在移动节点不在归属网络上时为数据报创建隧道以把数据报传送到移动节点，并负责维护移动节点的当前位置信息
归属网络	一个网络，也可能是虚拟的，其网络前缀与移动节点的归属地址相匹配。需要注意的是，标准IP路由机制将数据报发往以移动节点的归属地址为目的地址的移动节点的归属网络
外部代理	位于移动节点访问网络上的一个路由器，在注册时该路由器为节点提供路由服务。外部代理把移动节点的归属代理通过隧道传送过来的数据报进行解隧道并把这些数据报传送到移动节点。对于从移动节点传送过来的数据报，外地代理作为该注册移动节点的缺省路由器
外部网络	除了归属网络以外的其他网络
转交地址	指向隧道的终止点，用于移动节点不在归属地时把数据报通过隧道发往该地址，再由该地址转交到移动节点。转交地址有两种不同类型的定义方式："外部代理转交地址"是移动节点在外地注册的外部代理的地址；"联合转交地址"是移动节点从外地获得的新的本地地址，并且移动节点已经将之与自己的一个网络接口建立了关联
对方节点	一个与移动节点正在通信的对等节点。该通信节点可以是移动的或固定的
链路	节点能在其上进行链路层通信的设备或媒介。链路在网络层的下面
节点	一个主机或路由器
隧道	数据报在处于封装状态时所经过的路径。在处于封装状态时，将数据报路由到可知的(knowledgeable)拆封代理(decapsulating agent)，拆封代理对该数据报进行拆封然后把它正确传送到其最终目的地

15.4.2　发现

移动IP中的发现过程与ICMP中定义的路由器通告过程非常相似(见附录15A)。相应地，代理发现利用ICMP路由器通告消息，以及一个或多个特定于移动IP的扩展。

移动节点负责一个正在进行的发现过程。它必须决定是否连接到归属网络，在这种情况下，IP数据报可能被接收但不被转发，或者如果它连接到一个外部网络。因为到另一个网络的切换发生在物理层，所以从归属网络到外部网络的转变可以发生在任何时间而不需要通知网络层(即 IP 层)。因此，移动节点的发现是一个连续过程。

出于发现的目的，路由器或其他网络节点可以作为代理定期发布一个具有通告扩展的路由器通告 ICMP 消息(见附录 15A 中的图 15-9d)。消息的路由器通告部分包括路由器的 IP 地址。通告扩展包括关于路由器作为代理角色的附加信息，将在随后讨论。移动节点侦听这些**代理通告消息**。因为外部代理可以位于移动节点的归属网络(设置为服务访问移动节点)，所以代理通告的到来不需要告诉处在外部网络的移动节点。该移动节点必须将路由器 IP 地址的网络部分与它自己的归属地址的网络部分进行比较。如果这些网络部分不匹配，则移动节点在外部网络上。

代理通告扩展在 ICMP 路由器通告字段的后面。扩展包括以下 1 比特标志位。

- R：必须到这个外部代理(或另一个在这个网络上的外部代理)注册。即使这些移动节点已经从这个外部代理获得转交地址，它也必须注册。
- B：忙。外部代理将不接受来自其他移动节点的注册。
- H：该代理在这个网络上提供了一个归属代理服务。
- F：该代理在这个网络上提供了一个外部代理服务。
- M：该代理可以接收使用最小封装的隧道 IP 数据报，随后解释。
- G：该代理可以接收使用通用路由封装(GRE)的隧道 IP 数据报，随后解释。
- r：保留。
- T：外部代理支持反向隧道。

此外，扩展还包括网络上该代理支持的零个或多个**转交地址**。如果设置 F 位，则必须至少有一个这样的地址，也可能有多个地址。

代理请求 期望外部代理定期发布代理通告消息。如果移动节点立即需要代理信息，它可以发出 ICMP 路由器请求消息(见附录 15A 图 15-9e)。接收到此消息的任何代理然后将发布一个代理通告。

移动检测 正如前面提到的，利用某些切换机制，移动节点可以从一个网络移动到另一个网络，而不被 IP 层感知到。代理发现过程的目的是使代理能够检测到这样的移动。为了达到这个目的，代理可以使用下面两种算法之一。

- **使用生命周期字段**：当移动节点从外部代理接收到一个代理通告时，该代理是它目前正在使用或它现在要注册的，它记录生命周期字段作为一个定时器。如果在移动节点接收到该代理的另一个代理通告之前定时器到期，则该节点假设它与该代理失去了联系。如果，与此同时，该移动节点已经接收到另一个代理的代理通告，且该通告还没有过期，则该移动节点可以注册这个新的代理。否则，该移动节点应该使用代理请求来寻找代理。
- **使用网络前缀**：移动节点检查新接收到的代理通告是否与节点的当前转交地址处在同一个网络上。如果不是，则该移动节点假设它已经移动了，并且需要注册到该移动节点刚刚接收到的代理通告的代理上。

联合地址(co-located address) 迄今为止的讨论仅涉及一个与外部代理转交地址相关的使用，即转交地址是外地代理的 IP 地址。该外部代理将在这个转交地址上接收到发往移动节点的数据报，然后经由外部网络转发给移动节点。然而，在某些情况下，移动节点可能移动到一个没有外部代理的网络，或者所有代理都很忙。作为一个替代方案，移动节点可以通过使用联合转交地址(co-located care-of address)作为它自己的外部代理。联合转交地址是移动节点获得的与移动节点的当前网络接口相关的 IP 地址。

移动节点获取联合地址的方法超出了移动 IP 的范围。一种方法是通过因特网服务，如动态主机配置协议(Dynamic Host Configuration Protocol，DHCP)，动态地获得一个临时 IP 地址。另一种选择是，可以将联合地址作为一个移动节点拥有的长期地址，只供它在访问一个给定网络时使用。

15.4.3　注册

一旦移动节点已经知道它是在一个外部网络并获得了一个转交地址，它需要提醒在其归属网络的归属代理，并要求归属代理转发其 IP 流量。注册过程包括 4 个步骤：

1）移动节点通过向它想要使用的代理发送注册请求来请求转发服务。

2）外部代理将此请求转发到移动节点的归属代理。

3）代理要么接受或拒绝请求，并向外部代理发送注册应答。

4）外部代理将此应答转发给移动节点。

如果移动节点使用共同定位转交地址，那么它直接通过它的归属代理注册，而不是通过外部代理注册。

注册操作使用两种类型的消息，通过 UDP 分段承载(见图 15-6)。**注册请求消息**由以下字段组成。

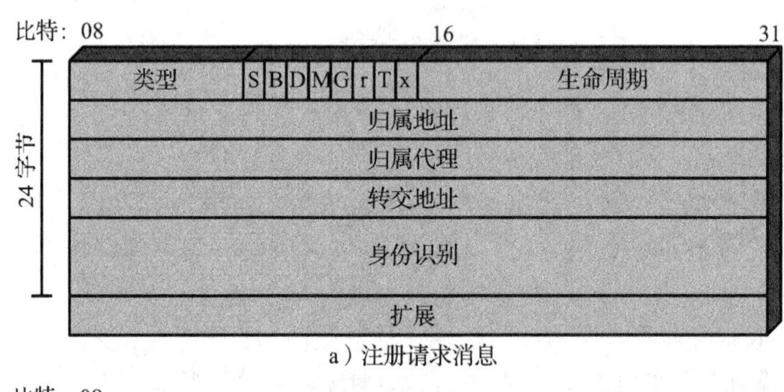

a）注册请求消息

比特：08　16　31

类型	代码	生命周期
归属地址		
归属代理		
身份识别		
扩展		

20字节

b）注册应答消息

图 15-6　移动 IP 注册消息

- **类型**：1，表示这是一个注册请求。
- S：同时绑定。移动节点请求归属代理保留其以前的移动性绑定。当同时绑定在使用时，归属代理将转发 IP 数据报的多个副本到该移动节点注册的每一个转交地址。在无线切换的情况下多个同时绑定是非常有用的，它可以提高传输的可靠性。
- B：广播数据报。表示移动节点可能接收的广播数据报的副本，如果它连接到归属网络，则它已经接收到了这些数据报。
- D：移动节点解封装。移动节点使用一个共同定位转交地址并解封装它自己的隧道 IP 数据报。

- M：表示归属代理应使用最小封装，随后解释。
- G：表示归属代理应该使用 GRE 封装，随后解释。
- r：保留。
- T：反向隧道请求。
- x：保留。
- **生命周期**：认为是过期的注册之前的秒数。零值表示数据需要重新注册。
- **归属地址**：移动节点的归属 IP 地址。归属代理以此地址为目的地址来接收 IP 数据报，而且必须转发这些数据报到转交地址。
- **归属代理**：移动节点的归属代理的 IP 地址。它告诉外部代理该请求应中继到该地址。
- **转交地址**：在隧道这一端的 IP 地址。归属代理需要将它接收到的以移动节点的归属地址为目的地址的 IP 数据报转发到该地址。
- **身份识别**：由移动节点产生的一个 64 位数字，用于匹配注册请求和注册应答复以及安全目的，随后解释。
- **扩展**：迄今为止定义的唯一扩展是身份验证扩展，随后解释。

注册应答消息包括以下字段。

- **类型**：3，表示这是一个注册应答。
- **代码**：表示注册请求的结果(见表 15-2)。

表 15-2　移动 IP 注册应答复的代码值[①]

注册成功	外部代理拒绝的注册
0 注册接受	64 原因不明
1 注册接受，但同时移动性绑定不支持	65 管理性拒绝
2 并发注册(预接受)	66 资源不足
	67 移动节点身份验证失败
归属代理拒绝的注册	68 归属代理身份验证失败
128 原因不明	69 请求的生命周期太长
129 管理性拒绝	70 不合理的请求
130 资源不足	71 不合理的应答
131 移动节点身份验证失败	72 请求的封装不可用
132 外部代理身份验证失败	73 保留和不可用
133 注册识别信息不匹配	74 请求反向隧道不可用
134 不合理的请求	75 反向隧道是强制性的且“t”比特位未设置
135 太多的同时移动绑定	76 移动节点太远
136 未知的归属代理地址	77 无效的转交地址
137 请求反向隧道不可用	78 注册超时
138 反向隧道是强制性的且“t”比特位未设置	79 传送类型不支持
139 请求的封装不可用	80 归属网络不可达(接收 ICMP 错误)
	81 归属代理主机不可达(接收 ICMP 错误)
	82 归属代理接口不可达(接收 ICMP 错误)
	83 归属代理不可达(接收 ICMP 错误)

①完整列表参见 http://www.iana.org。

- **生命周期**：如果代码字段表示已接受注册，则它表示在认为注册过期之前的秒数。零值表示移动节点已被取消注册。
- **归属地址**：移动节点的归属 IP 地址。
- **归属代理**：移动节点的归属代理的 IP 地址。
- **身份识别**：用于匹配注册请求和注册答复的 64 位数字。

- **扩展**：迄今为止定义的唯一扩展是身份验证扩展，随后解释。

注册过程安全 注册过程的一个关键问题是安全性。移动 IP 可以抵抗两种类型的攻击：

1）节点可以假装是一个外部代理并发送注册请求到归属代理从而使发往移动节点的流量转移到该节点。

2）恶意代理可以重播旧的注册消息，从而有效地切断网络中的移动节点。

用于保护免受此类攻击的技术主要涉及：使用消息认证、正确使用注册请求和应答消息的标识字段（见图 15-6）。

为了实现消息认证的目的，每个注册请求和应答包含一个**身份验证扩展**，其中包括以下字段。

- **安全参数索引**（Security Parameter Index，SPI）：标识一对节点之间的安全上下文的索引。配置此安全上下文以使两个节点能够共享一个密钥和与之相关联的参数（例如，认证算法）。
- 认证器：一个用来对消息进行身份验证的代码。发送方将此代码插入使用共享密钥的消息中。接收方使用该代码，以确保消息没有被改变或延迟。认证器保护整个注册请求或应答消息、该扩展之前的任何扩展，以及该扩展的类型和长度字段。

默认的认证算法为 RFC 2104 中定义的 HMAC-MD5 算法，它产生 128 位的消息摘要。HMAC-MD4 就是称为密钥散列代码（keyed hash code）的一个例子。附录 15B 对该代码进行了描述。消息摘要是对共享的加密密钥和注册消息的保护字段进行计算得到。

3 种类型的身份认证扩展定义如下。

- **移动-归属**：这个扩展是必须存在的，并提供了在移动节点和归属代理之间的注册消息的身份验证。
- **移动-外部**：当移动节点和外部代理之间存在安全关联时，可能会出现扩展。外部代理在向归属代理发送请求消息之前将此扩展去除，并将此扩展添加到来自归属代理的应答消息中。
- **外部-归属**：在外部代理和归属代理之间存在一个安全关联时，可能会出现扩展。

需要注意的是，认证器保护请求和应答消息中的识别字段。因此，识别值可以用来阻止重放类型的攻击。如前所述，识别值使移动节点与请求的应答相匹配。此外，如果移动节点与归属代理保持同步，则归属代理可以利用一个合理的识别值来区分可疑的节点，并且归属代理可以拒绝可疑的消息。这样做的一种方法是使用一个时间戳值。只要在移动节点和归属代理之间有合理的同步时间值，时间戳可以服务于此目的。另外，移动节点可以使用伪随机数发生器来产生随机值。如果归属代理知道该算法，那么它知道下一步的期望识别值是什么。

15.4.4 隧道

一旦移动节点注册到归属代理，归属代理必须能够拦截发送到该移动节点归属地址的 IP 数据报，这些数据报可以通过隧道来转发。该标准不要求用于此目的具体技术，但将地址解析协议（Address Resolution Protocol，ARP）列为一个可能的实现机制。归属代理需要通知在同一个网络（归属网络）中的其他节点，以该移动节点为目的地址的 IP 数据报应该通过（在链路层）该代理来发送。实际上，为了获取通过归属网络传输发往该节点的数据包，归属代理冒用了移动节点的标识。

例如，在图 15-7 中，假设 R3 作为一个连接到因特网上任意外部网络的移动节点的归属代理。也就是说，有一个主机 H，其归属网络是局域网 Z，现在将它连接到某个外部网络。如果主机 D 有流量需要传输到 H，它会产生一个 IP 数据包，其目的地址字段为 H 的归属地址。D 中的 IP 模块识别出这个数据报的目的地址在局域网 Z 中，因此将数据报传递到链路层并指示其发送到局域网 Z 中特定的 MAC 地址。在此之前，R3 已经通知 D 中的 IP 层，发送给特定地址的数据报应该发送到 R3。因此，D 在即将发出的 MAC 帧的目的 MAC 地址字段插入 R3 的 MAC 地址。同样，如果带有移动节点归属地址的 IP 数据报到达路由器 R2，它识别目标地址在局域网 Z 并试图将数据报发送到 Z 的 MAC 地址。另外，已经告知 R2，它需要对应于 R3 的 MAC 地址。

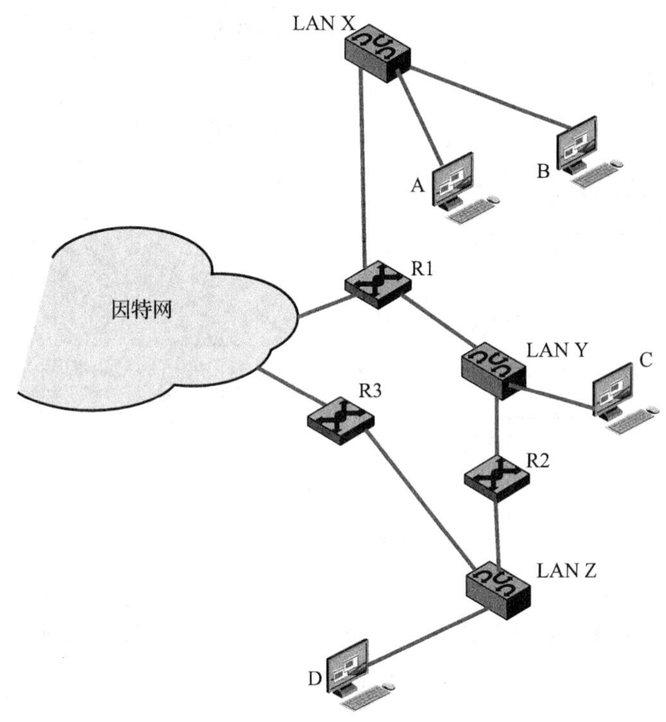

图 15-7　简单的网络互连示例

对于通过因特网路由并到达 R3 的流量，R3 必须识别这个目的地址，数据报才能被捕获并转发。

为了将 IP 数据报转发到转交地址，归属代理将整个 IP 数据报打包成一个外部 IP 数据报。这是一种**封装**，类似于在一个 TCP 分段的前面加入 IP 头来封装 IP 数据报中的 TCP 分段。

移动 IP 允许 3 种封装选项：

- **IP 内 IP 封装**(IP-within-IP encapsulation)：这是最简单的方式，定义在 RFC 2003 中。
- **最小封装**(minimal encapsulation)：此方式涉及较少的字段，定义在 RFC 2004 中。
- **通用路由封装**(Generic Routing Encapsulation，GRE)：这是移动 IP 开发之前，已经开发的通用封装程序，定义在 RFC 1701 中。

下面详细介绍前两种封装方式。

IP 内 IP 封装　采用这种方式，整个 IP 数据报变成新 IP 数据报中的有效载荷（见图 15-8a 中的 IPv4 例子）。内部原始 IP 头除了将 TTL（Time-To-Live）减少 1 外，其他保持不变。外部头是整个 IP 头。两个字段（如图中的阴影部分）从内部头复制：版本号为 4，意味着协议标识为 IPv4，并且外部 IP 数据报请求的服务类型与内部 IP 数据报请求的一样。

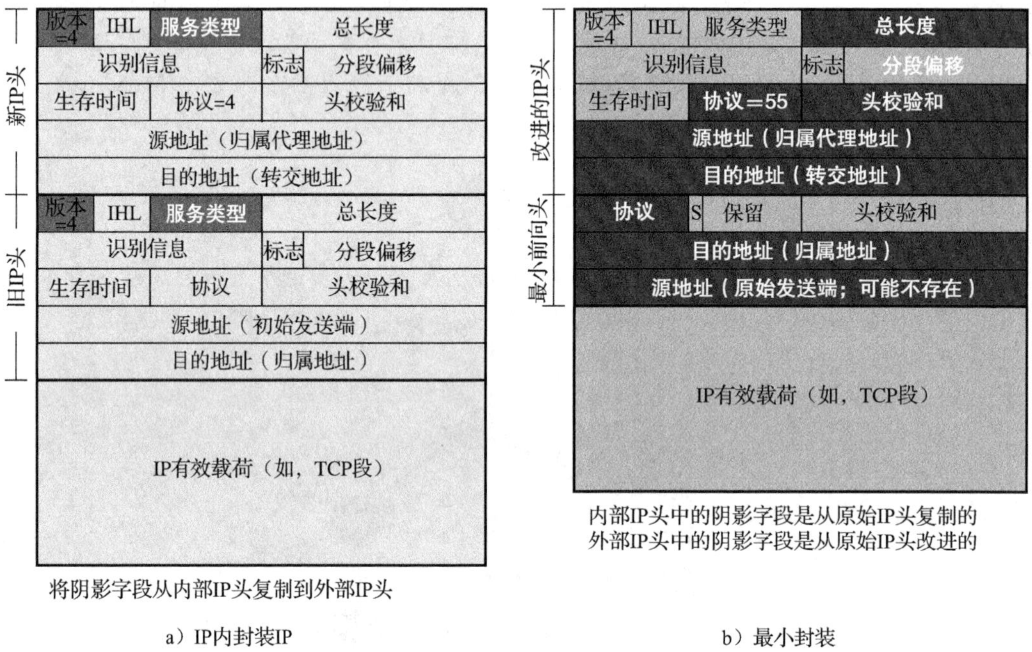

a）IP内封装IP　　　　b）最小封装

图 15-8　移动 IP 封装

在内部 IP 头中，源地址指发送原始数据报的主机，目的地址是期望接收的归属地址。在外部 IP 头中，源和目的地址指隧道的入口点和出口点。这样，源地址一般为归属代理的 IP 地址，目的地址为期望目的节点的转交地址。

> **例 15.1**　考虑图 15-4 所示的一个来自服务器 X 的 IP 数据报，其目的节点为移动节点 A。原始 IP 数据报有一个源地址，它等于 X 的 IP 地址，一个目的地址，它等于 A 的 IP 地址的目的地址。A 的归属地址的网络部分称为一个归属网络，使数据可以通过因特网路由到归属网络，并被归属代理截获。归属代理利用外部 IP 头来封装接收到的数据报，外部 IP 头包括一个等于归属代理 IP 地址的源地址和一个等于外部代理 IP 地址的目的地址，它的节点 A 通过该外部代理连接到外部网络。当这个新的数据报到达外部代理时，它去除外部 IP 头和并将原始数据报发送给 A。

最小封装　最小封装带来较少的开销，如果移动节点、归属代理和外部代理都同意，则可以进行使用最小封装。使用最小封装，将新的头插入原始 IP 头和有效载荷之间（见图 15-8b）。它包括以下字段。

- **协议**：从原始 IP 头的目的地址字段中复制。该字段标识原始 IP 有效载荷的协议类型，因此标识了头类型，而不是开始原始 IP 有效载荷。

- **S**：如果为 0，则原始源地址不存在，并且头的长度为 8 字节；如果为 1，原始源地址存在，并且头的长度为 12 字节。
- **头校验和**：对头的所有字段进行计算。
- **原始源地址**：由原始 IP 头的源地址复制得到。只有 S 位为 1 时，该字段才存在。如果封装者是数据报的源（如数据报由归属代理产生），则该字段不存在。

修改原始 IP 头中的以下字域，形成新的外部 IP 头。

- **总长度**：用最小转发头的大小（8 或者 12）递增。
- **协议**：55，这是分配给最小 IP 封装的协议号。
- **头校验和**：对头的所有字段进行计算。因为有些字段已经被修改，所以该值必须重新计算。
- **源地址**：封装者的 IP 地址，一般为归属代理。
- **目的地址**：隧道终点的 IP 地址。这里是转交地址，也可能是外部代理的 IP 地址或移动节点的 IP 地址。

最小封装的处理过程是：封装者（归属代理）将原始数据报按照图 15-8 所示的最小封装格式打包。该数据报适合于隧道，并通过因特网传送到转交地址。在转交地址中，将最小转发报头字段恢复为原始 IP 头，并将转发头从数据报中删除。在 IP 头的长度字段中减去最小转发头的大小（8 或 12）并且重新计算校验和字段。

15.5　推荐阅读

本书的网站（corybeardwireless. com）中提供了各种关于 Android 和 iOS 开发的参考。RFC 5213 描述了移动 IPv6，[ALI09]提供了关于移动 IP 和与 LTE 演进的分组核心互动的讨论。

ALI09 Ali, I; Casati, A; Chowdhury, K.; Nishida, K.; Parsons, E.; Schmid, S.; and Vaidya, R. "Network-based mobility management in the evolved 3GPP core network," *Communications Magazine*, IEEE, vol. 47, no. 2, pp. 58-66, February 2009.

15.6　关键术语、复习题和问题

关键术语

Android（安卓）
Android activity（Android 活动）
binder（Binder）
care-of address（转交地址）
Dalvik
encapsulation（拆封）
foreign agent（外部代理）
foreign network（外部网络）
hash function（散列函数）
home address（归属地址）
home agent（归属代理）
home network（归属网络）
Internet Control Message protocol（ICMP，互联网控制消息协议）
iOS
mobile application platform（移动应用平台）
Mobile IP（移动 IP）
tunneling（隧道）

复习题

15.1　列出移动平台操作系统与传统桌面/便携式操作系统之间的一些共性。
15.2　程序员可以通过 API 访问移动设备的哪些独特功能？
15.3　列出并简单地定义 Android 的架构层。
15.4　列出并简单地定义 Android 系统的一些关键服务。
15.5　什么是 Dalvik？
15.6　描述 Android 活动的生命周期。
15.7　解释移动用户和游牧用户之间的区别。
15.8　什么是隧道？
15.9　列出并简单地定义移动 IP 的功能。
15.10　移动 IP 发现和 ICMP 之间的关系是什么？
15.11　在连接到一个外部网络时，可以分配给移动节点的两种不同类型的目的地址是什么？
15.12　在什么情况下，移动节点选择使用复习题 15.11 中出现的每种类型的目的地址？

问题

15.1　如图 15-7 所示，假设局域网 Z 是主机 E 的归属网络，并且 D 通过 IP 发送一个数据块。
　a. 给出 PDU 结构，包括 IP 头和底层(MAC、LLC)头的字段，其中地址字段的内容用于表明它在归属网络中的情况。
　b. 重复 a，其中 E 在外部网络并可通过 R3 的因特网进行连接。给出离开 D 的 MAC 帧格式以及离开 R3 的 IP 数据报的格式。假设使用 IP 到 IP 封装。
　c. 重复 b 中离开 R3 的 IP 数据报的格式，但使用最小封装。
15.2　再参照图 15-7，假设 A 是一个移动节点，并且局域网 X 是一个用于 A 的外部网络。假设一个发往 A 的 IP 数据报从因特网到达 R1。给出以下情况中到达 R1 的 IP 数据报和离开 R1 的 MAC 帧的格式(包括 IP 头或多个头)：
　a. 使用 IP 到 IP 封装且 R1 为转交地址。
　b. 使用最小封装且 R1 为转交地址。
　c. 使用 IP 到 IP 封装且 A 为转交地址。
　d. 使用最小封装且 A 为转交地址。
15.3　在一个典型的由归属代理实现的移动 IP 中，代理维护一个移动性绑定表将移动节点的归属地址映射为转发数据包的转交地址。表中每一行必不可少的条目是什么？
15.4　在一个典型的由外部代理实现的移动 IP 中，代理维护一个访问者表，该表包含当前访问此网络的移动节点的信息。表中每一行必不可少的条目是什么？

附录 15A　因特网控制消息协议(ICMP)

IP 标准说明兼容的实施还必须实现 ICMP(RFC 792、RFC 950、RFC 1256)。ICMP 为从路由器传输消息到其他主机提供了一种手段。本质上，ICMP 提供关于通信环境问题的反馈。一个应用的例子是，当数据报不能到达目的地，当路由器没有缓冲区容量来转发数据报，当路由器可以直接使该站点在更短的路由上发送时。在大多数情况下，可以通过沿着数据报路径上的路由器或者预期目的主机来发送一个 ICMP 消息以响应数据报。

ICMP 是 IP 的用户。构造 ICMP 消息并传送给 IP，加入 IP 头封装消息后，将产生的数据报按照常规方式发送。由于 ICMP 消息以 IP 数据报形式传输且其传输没有保证，所以无法确保可靠性。

图 15-9 给出了各种 ICMP 消息类型的格式。ICMP 消息以 64 比特头开始并由以下内

容组成。

类型	代码	校验和
未使用		
IP头+原始数据报的64比特		

a）目的地不可达；超时；源抑制

类型	代码	校验和
指针		
IP头+原始数据报的64比特		

b）参数问题

类型	代码	校验和
路由器IP地址		
IP头+原始数据报的64比特		

c）重定向

类型	代码	校验和
地址个数	入口大小	生命周期
路由器地址1		
优先级1		
⋮		
路由器地址		
优先级		

d）路由器通告

类型	代码	校验和
未使用		

e）路由器请求

类型	代码	校验和
标识符		序列号
初始时间戳		

f）时间戳

类型	代码	校验和
标识符		序列号
初始时间戳		
接收时间戳		
发送时间戳		

g）时间戳应答

类型	代码	校验和
标识符		序列号
可选数据		

h）回送；回送应答

类型	代码	校验和
标识符		序列号

i）地址掩码请求

类型	代码	校验和
标识符		序列号
地址掩码		

j）地址掩码应答

图 15-9 ICMP 消息格式

- **类型**(8 比特)：说明 ICMP 消息的类型。
- **代码**(8 比特)：用来说明消息的参数，它可以编码为一个或多个比特。
- **校验和**(16 比特)：整个 ICMP 消息的校验和。与 IP 的校验和算法相同。
- **参数**(32 比特)：用来说明更多长的参数。

对于某些消息类型，这些字段的后面是用于进一步说明消息内容的附加信息字段。

在这些情况下，ICMP 消息是指前一个数据报，信息字段包括整个 IP 头加上原始数据报的数据字段的前 64 比特。这使源主机将接收到的 ICMP 消息与现有数据报匹配。包括数据字段前 64 比特的原因是，这将使主机中的 IP 模块能够确定涉及哪个或哪些上层协议。特别地，前 64 比特包括 TCP 头的一部分或其他传输层的头。

目的地不可达(destination unreachable)消息包括一些偶发事件。如果路由器不知道如何到达目的网络，路由器可能会返回此消息。在某些网络中，连接的路由器可以确定一个特定的主机是否不可达，并返回此消息。如果用户协议或某些更高层服务访问点是不可达的，目的主机本身也可能返回此消息。如果错误设置了 IP 头中的相应字段，也可能会发生这种情况。如果数据报指定源路由器是不可用的，也返回此消息。最后，如果路由器必须对数据报进行分片，但又设置了不分片(Don't Fragment)标志，则丢弃数据报并返回此消息。

如果数据报的生存周期结束，则路由器返回一个*超时*(time exceeded)消息。如果主机在时间期限内不能完成重组也会发送此消息。

IP 头中的语法或语义错误将造成路由器或主机返回一个**参数问题**的消息。例如，不正确的实参可以提供一个选项。参数字段包含一个指针，它指向检测到的原始头中的错误字节。

源抑制(source quench)消息提供了流量控制的雏形。路由器或目的主机可以向源主机发送此消息，请求它降低正在向因特网目的地发送流量的速率。当收到源抑制消息后，源主机应降低其发送到因特网目的地的流量传输速率，直到它不再接收到该消息。由于缓冲区已满必须丢弃数据报的路由器或主机可以使用源抑制消息。在这种情况下，路由器或主机将为它丢弃的每个数据报发出源抑制消息。此外，在缓冲区接近容量时系统可以预测拥塞并发出源抑制消息。在这种情况下，可以发送源抑制消息中提到的数据报。因此，接收到一个源抑制消息并不意味着相应数据报的传送或未传送。

路由器向直接连接在该路由器的主机发送一个**重定向**(redirect)消息，以向主机提供一个到特定的目的地的更好的路由。下面是图 15-7 所示的一个例子。路由器 R1 收到网络 Y 上的主机 C 发往主机 D 的一个数据报，R1 连接到网络 Y。R1 检查其路由表并获得下一个路由器 R2 的地址，R2 在通往数据报的因特网目的网络 Z 的路由上。因为由数据报的因特网络源地址标识的由 R2 和主机在同一个网络上，所以 R1 给 C 发送一个重定向消息。重定向消息建议主机将网络 Z 的流量直接发往路由器 R2，因为这是到目的地的较短路径。路由器将原始数据报转发给它的因特网目的地(通过 R2)。R2 的地址包含在重定向消息的参数字段。

回送(echo)和**回送应答**(echo reply)消息提供了一种用于测试实体之间通信可能性的机制。回送应答消息的接收者有义务在回送应答消息中返回该消息。标识符和序列号与回送消息相关联，该回送消息是与回送应答消息相匹配的。标识符可以像服务访问点一样用来确定一个特定的会话，并且每个回送请求发送后递增序列号。

时间戳(timestamp)和**时间戳应答**消息提供一个可以采样因特网延迟特性的机制。时间戳消息的发送方可以包含参数字段中的标识符和序列号，以及消息发送的时间(来源于时间戳)。接收方记录收到消息的时间，以及它在时间戳应答消息中发送应答消息的时间。如果使用严格源路由发送时间戳消息，那么可以测量特定路径的延迟特性。

地址掩码请求(address mask request)和**地址掩码应答**(address mask reply)消息在包含子网的环境中是非常有用的。地址掩码请求和应答消息允许主机学习它所连接到的局域网的地址掩码。主机在局域网上广播地址掩码请求消息。局域网上的路由器用包含地址掩码的地址掩码应答消息进行响应。

路由器发现

将路由器发现能力添加到 RFC 1256 的 ICMP 中。路由器发现能力的目标是自动化主机决定路由器地址的过程。为了使主机能够超出它所连接的网络发送 IP 数据报，主机必须至少有一个连接到该网络的路由器地址。这些路由器地址可以在主机中预先设置，但这种方法有局限性。特别是，对于新连接的主机，包括移动主机，可能无法使用这样的配置文件。RFC 1256 提供了一种主机发现路由器地址的方式。它适用于能够提供组播和广播能力的网络[⊖]。

⊖ 组播地址是指定一个域(例如，网络、Internet)中的一组实体的一个地址。广播地址是指定一个域中所有实体的一个地址。组播和广播在局域网上是很容易实现的，因为所有的站点共享同一个传输介质。组播和广播也可在一些无线和交换网络技术中使用。

RFC 1256 中定义了两个新的 ICMP 消息类型：路由器公告和请求。每个遵守 RFC 1256 规范的路由器周期性地发布路由器通告消息。该消息包括以下字段：

- **地址数**：这个通告消息中的路由器的地址数。
- **地址输入尺寸**：每个路由器地址的 32 位字的个数，其数值必须是 2。
- **生命周期**：可以视为有效的路由器通告的最大秒数，默认值是 1800(30 分钟)。
- **路由器地址** i，$1\leqslant i\leqslant$地址数：从该消息发送的接口上发送路由器的 IP 地址。
- **优先级** i，$1\leqslant i\leqslant$地址数：表明每个路由器地址 i 作为默认路由器地址相对于网络上的其他路由器地址的优先级。这是一个有符号值的补码表示；较高的值表示较高的优先级。

通常情况下，路由器将在网络上有一个 IP 地址，但也允许有多个 IP 地址。如果路由器有多个到网络的物理连接(接口)，路由器将有多个 IP 地址。多个 IP 地址可以分配到一个接口以服务多个子网。这里不需要关注后一种情况。对于一个给定的目标地址，当主机没有足够的路由信息来决定哪个路由器是最好的时，主机使用优先级来确定使用的默认路由器。例如，在图 12-6 中，主机 D 通过路由器 R2 向主机 C 发送 IP 数据报是最好的，而发往网络中其他地方的远程主机的数据报应该经由 R3。但最初，如果主机 D 没有路由器使用的相关信息，则它需要将数据报发送到默认路由器。在这个例子中，如果网络管理员决定，来自局域网 Z 的大多数因特网流量是本地的(到这个位置的其他局域网)，那么应该给 R2 赋予较高的优先级；如果大部分的流量是远程的，那么应该给 R3 赋予较高的优先级。

作为默认的路由器，路由器应该每隔 7～10 分钟就发出一个路由器通告信息。如果网络上的所有主机都支持 IP 组播功能，那么该消息应该发送到整个系统的组播地址 224.0.0.1。否则，必须使用广播地址 255.255.255.255。

如果一个主机刚刚在网络上是活动的，它可以通过发出一个**路由器请求**消息(router solicitation)从所有连接的路由器获取路由器通告。从图 15-9e 可以看出，此消息除了鉴别消息类型以外不包含其他信息。它的目的是简单地刺激所有路由器发出通告，因此不需要额外信息。如果在这个网络中所有的路由器都支持 IP 组播功能，那么该消息应该发往所有路由器的组播地址 224.0.0.2。否则，必须使用广播地址 255.255.255.255。

附录 15B　消息验证

移动 IP 注册协议的一个需求是消息验证。本附录提供了一个简短的概述。更多的细节，参见[STAL14]。

一个消息、文件、文档，或其他数据集合称为是验证的，当它是来自它所谓的真正的来源。消息认证是允许通信方验证接收到的消息是真实的过程。两个重要方面是验证消息的内容没有被改变，且该消息的来源是真实的。我们也希望验证消息的及时性(它没有被人为地延迟和重放)以及相对于西方之间流动的其他消息的连续性。

消息验证的常用技术是键控单向散列函数。

单向散列函数

散列函数将一个可变长度的数据块映射到一个较小的固定长度的块。**散列函数**的目的是产生一个文件、消息或其他数据块的“指纹”。为了使消息认证是有用的，**散列函数** H 必须具有以下特性：

1）H 可以用于任何大小的数据块。

2）H 产生一个固定长度的输出。

3）对于任何给定的 x，$H(x)$比较容易计算，可以利用硬件和软件来实际实现。

4）对于任何给定的代码 h，不可能计算找到 x 使得 $H(x)=h$。

5）对于任何给定的块 x，不可能计算找到 $y \neq x$ 且 $H(y)=H(x)$。

6）不可能通过计算找到(x, y)对，使得 $H(x)=H(Y)$。

前 3 个属性是散列函数对消息认证实际应用的需求。第 4 个属性是“单向”属性：它很容易根据给定的消息生成代码，但几乎不可能根据给定的代码产生一个消息。如果认证技术涉及一个秘密值，则这个属性是很重要的，随后介绍。

第 5 个属性保证，不可能找到一个替代的消息与给定的消息具有相同的散列值。

满足前面列表中的前 5 个属性的散列函数称为**弱散列函数**。如果第 6 个属性也满足，那么它称为**强散列函数**。第 6 个属性保护称为生日攻击的复杂类型的攻击。

除了提供认证以外，消息摘要还可以提供差错检测。它与循环冗余校验(CRC)等差错检测码执行相同的功能：如果消息中的任何比特在传输过程中被意外地改变，则消息摘要将发生错误。

一种广泛使用的散列函数是 MD5，它可以产生一个 128 比特的报文摘要。MD5 是移动 IP 默认的散列函数。

键控散列码(Keyed Hash Code)

图 15-10 给出了一个使用散列函数进行消息认证的技术。这种技术假定通信双方，A 和 B，有一个共同的秘密值 S_{AB}。当 A 有一个消息发送到 B 时，它对秘密值和消息的级联计算散列函数：$MD_M=H(S_{AB} \| M)$[⊖]。之后其发送$[M \| MD_M]$给 B。因为 B 有 S_{AB}，所以它可以重新计算 $H(S_{AB} \| M)$并验证 MD_M。因为秘密值本身是不发送的，所以攻击者对截获的消息进行修改是不可能的。只要秘密值仍然是秘密的，攻击者就不可能产生虚假信息。

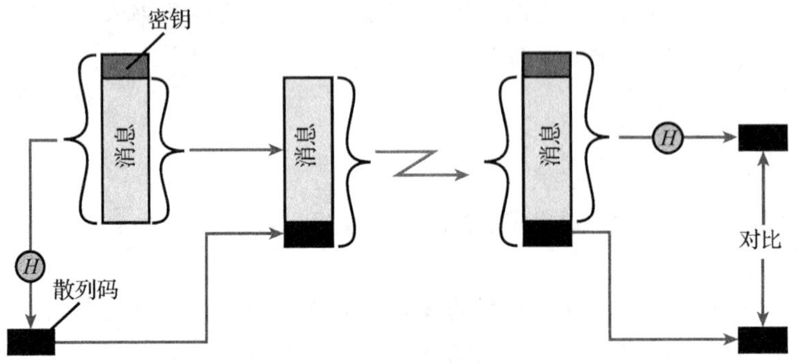

图 15-10 使用单向散列函数的消息认证

键控散列码方法依赖于**散列**函数是单向的。如果**散列**函数不是单向的，攻击者可以很容易地发现秘密值：如果攻击者可以观察或拦截传输，则攻击者就可以获得消息 M 和**散列**码 $MD_M=H(S_{AB} \| M)$。攻击者将散列函数取反来获得 $S_{AB} \| M=(MD_M)^{-1}$。因为攻击者现在有 M 和 $S_{AB} \| M$，所以恢复出 S_{AB}是小事一桩。

⊖ ‖表示级联。

长距离通信

学习目标

通过本章的学习，你应该能够：

- 描述卫星通信过程。
- 确定不同轨道高度之间的区别和用途。
- 了解固定宽带无线接入所涉及的问题和需求。
- 比较 WiMAX、Wi-Fi 和 LTE-Advanced。
- 概述 IEEE 802.16 网络参考模型与协议体系结构。
- 描述 IEEE 802.16 WiMAX 的体系结构。
- 定义实用智能电网及其使用无线通信的方法。

长距离通信中，无线通信有着丰富的历史并且现在仍然发挥着重要作用。这些包括卫星通信、固定无线通信，以及用于对关键基础设施的监测和控制，如电力网、管道和道路等应用。

本章首先讨论卫星通信的原理和目前所使用的技术。然后，讨论了 IEEE 802.16 WiMAX 作为一个固定无线通信的例子。最后，本章讨论智能电网(smart grid)，它融合了智能、控制和通信技术的创新技术，以实现对电力**输电**和**配电网**的控制和监测。智能电网是利用无线通信技术实现长距离通信的一个非常好的重要应用例子。

16.1 卫星通信参数与配置

卫星通信(satellite)在电信和数据通信发展中的重要性可与光纤通信相提并论。本节对使用卫星天线的无线通信中涉及的关键问题和相关参数进行了初步介绍。随后的章节将探讨卫星容量分配及其应用。

卫星通信系统的核心是使用位于地球上空的稳定轨道上的星基天线。在卫星通信系统中，地球上或附近的两个或两个以上的台站以一个或多个卫星作为空间中继站来进行通信。地球上或附近的天线系统称为**地球站**(earth station)。从地球站到卫星的传输称为**上行链路**(Uplink)，从卫星到地球站的传输称为**下行链路**(downlink)。卫星上将上行链路信号转换为下行链路信号的组件称为**应答器**(transponder)。

卫星通信有许多不同的分类方式：

- 覆盖范围：全球、区域或国家。覆盖范围越大，越多的卫星必须参与一个网络系统。
- 服务类型：固定服务卫星(Fixed Service Satellite，FSS)、广播服务卫星(Broadcast Service Satellite，BSS)、移动服务卫星(Mobile Service Satellite，MSS)。本节主要讨论 FSS 和 BSS。
- 一般用途：商业、军事、业余爱好者、实验。

星基和陆基通信之间有许多不同，因而也影响其系统设计：

- 星基系统的覆盖范围远大于陆地系统。对于地球同步轨道卫星，一个天线差不多可以覆盖地球 1/4 的面积。

- 空间飞行器的电能和分配的频谱资源都是受限资源，因此在进行地面站/卫星设计时许多参数都需要进行折中。
- 星际链路的通信条件的动态性较之卫星地链路和陆地移动通信链路要大很多。因此，星际链路在设计时需要更高的精度。
- 在卫星的覆盖范围内，传输成本与距离无关。
- 能够提供广播、多播以及点对点应用。
- 能够为用户提供高带宽或者高数据速率。
- 尽管卫星链路会经历短时中断或者衰减，但传输质量通常相当高。
- 对于同步轨道卫星，地-星-地链路的时延通常为 0.25s。
- 一个发送中的地面站可以在很多情况下能够接收到其自己发送的信息。

16.1.1　卫星轨道

卫星轨道可以按照多种方式来划分：

1）轨道可以是圆形的，地球位于其圆心；或者是椭圆形的，地球在椭圆的一个焦点上。

2）卫星也可以运行在不同的平面上。**赤道轨道**(equatorial orbit)在地球赤道之上。**极地轨道**(polar orbit)运行在地球的经线上。其他轨道称为**倾斜轨道**(inclined orbits)。

3）根据高度的不同，卫星轨道可以分为地球**同步轨道卫星**(Geostationary Orbit，GEO)、**中轨道**(Medium Earth Orbit，MEO)和**低轨道**(Low Earth Orbit，LEO)卫星。下面将依次介绍。

距离　图 16-1 给出描述卫星覆盖的几何图形。一个重要参数是地面站的**仰角**(elevation angle)θ，它表示地平线(即，在天线位置处的地球表面的一条切线)与卫星主波束的中心点之间的夹角，此时该天线可以视为直接连接在该卫星上的点。为了获得最大的覆盖范围，我们假设仰角 θ 为 0，并且如果将卫星在所有方向上的仰角都设置为 0 就可以得到卫星覆盖范围的最大值。但是，[INGL97]指出地面站天线的**最小仰角** θ 必须大于 0 的 3 种实际因素。

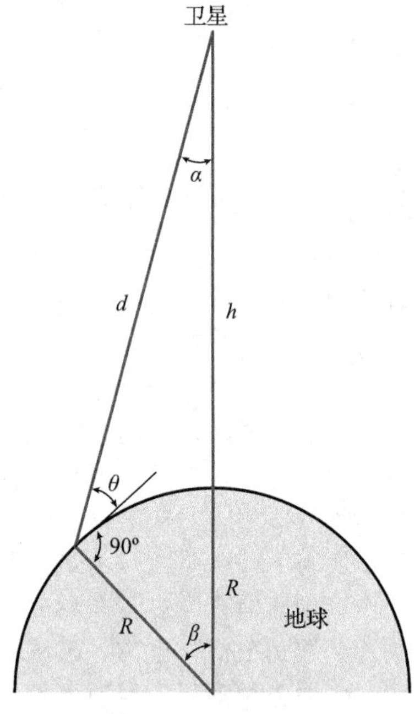

图 16-1　覆盖与仰角

1）建筑物、树木和其他可能挡住视线的地面物体。这可能由于大气的吸收而导致信号的衰减或者由于多径反射带来信号的扭曲。

2）由于仰角越低，则信号在大气中传播的距离越长，因此在低仰角时大气衰减较大。

3）地球表面附近的热量产生的电噪声对信号接收产生不利影响。

对于下行链路，现行的做法是使用从 5°～20°的最小仰角，这主要取决于频率。对于上行链路，FCC 要求最小仰角为 5°。

覆盖角 β 是对卫星能够覆盖到的地球表面部分的一种度量，它与卫星的最小仰角相关联。β 定义了一个以卫星正下方的地球表面的点为圆心的一个圆。可以得到下式[㊀]：

㊀ 第一个方程采用了正弦定理，即任何三角形的边与其正对着的角度的正弦成正比。第二方程是根据一个三角形的内角和等于 π。第三个方程采用三角恒等式 $\sin(x)=\cos(x-\pi/2)$。

$$\frac{R}{R+h}=\frac{\sin(\alpha)}{\sin\left(\theta+\frac{\pi}{2}\right)}=\frac{\sin\left(\frac{\pi}{2}-\beta-\theta\right)}{\sin\left(\theta+\frac{\pi}{2}\right)}=\frac{\cos(\beta+\theta)}{\cos(\theta)}$$

式中　R——地球半径，6370km；

h——轨道高度(卫星距离其正下方地球上的点的高度)；

β——覆盖角；

θ——最小仰角。

从卫星到覆盖范围的最远点的距离计算如下：

$$\frac{d}{R+h}=\frac{\sin\beta}{\sin\left(\theta+\frac{\pi}{2}\right)}=\frac{\sin\beta}{\cos\theta}$$

$$d=\frac{(R+h)\sin\beta}{\cos\theta}=\frac{R\sin\beta}{\sin\alpha}$$

因此，往返传输延迟在以下范围内：

$$\frac{2h}{c}\leqslant t\leqslant\frac{2(R+h)\sin\beta}{c(\cos\theta)}$$

这里 c 代表光速，它接近 3×10^8 m/s。

卫星的覆盖范围通常用覆盖范围的直径来表示，即 $2\beta R$，这里 β 用弧度表示。

图 16-2 显示了卫星的旋转周期、覆盖范围(从覆盖范围的地面半径的意义上)，以及最大的往返传播延迟。

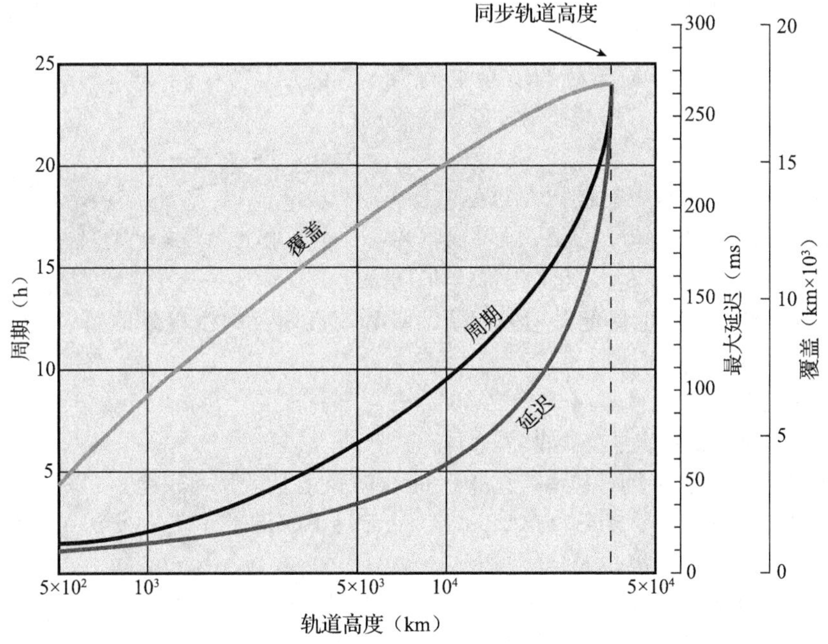

图 16-2　卫星参数关于轨道高度的函数

地球同步轨道卫星　表 16-1，基于[ITU02]，将卫星按照其高度范围进行划分。目前，最常见的通信卫星的类型是**地球同步轨道**(geostationary，GEO)卫星，它是由科幻小说作者 Arthur C. Clarke 在 1945 年在《Wireless World》上发表的文章中第一次提出的。

表 16-1　卫星通信应用的轨道对比

轨道	LEO	MEO	GEO
轨道周期	1.5～2h	5～10h	24h
高度范围	500～1500km	8000～18 000km	35 863km
可视时间	15～20 分钟/过顶	2～8 小时/过顶	永恒的
仰角	快速变化；高和低角度	慢速变化；高角度	不变；高纬度低角度
往返传播延迟	几毫秒	几十毫秒	≈250ms
瞬时地面覆盖(10°仰角的直径)	≈6000km	≈12 000～15 000km	16 000km
示例系统	Iridium Globalstar Teledesic Skybridge Orbcomm	Odyssey Inmarsat	Intelstat Interspoutnik Inmarsat

如果卫星位于地球表面上一个 35 863km 的圆形轨道上，并在地球的赤道平面上旋转，那么它将以与地球自转完全相同的角速度进行旋转，并将保持在地球赤道上的同一个位置上[⊖]。图 16-3 描述了地球轨道与地球大小的比较。从卫星符号可以看出，在地球同步轨道上有许多卫星，其中很多在轨道上相互距离很近。

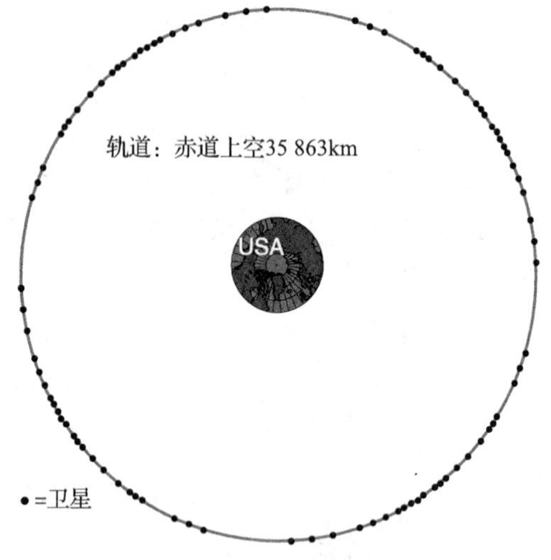

图 16-3　地球同步轨道(GEO)

地球同步轨道有以下几个优点：

- 由于卫星相对于地球是静止的，所以不会出现由于地球上的天线与卫星上的天线相对运动而引起的频率变化(多普勒效应)问题。
- 能够简化地球站对卫星的跟踪过程。
- 在距离地球 35 863km 上的卫星可以覆盖大约 1/4 的地球；采用彼此相隔 120°的 3 颗地球静止轨道卫星能够覆盖除了北极和南极附近地区以外的整个地球大部分有人居住的地区。

但是，这也存在一些问题：

- 传播 35 000km 后信号变得非常微弱。
- 极地区域和遥远的北部和南半球地区的地球静止卫星服务较差。
- 即使以光速度传播，约 300 000km/s，从赤道下方的一个点上发送一个信号到卫星并从卫星返回的延迟也是巨大的。

事实上，在卫星正下方的地球上的两个位置之间的通信延迟为(2×35 863)/300 000≈0.24s。对于不在卫星正下方的其他点，通信延迟将更长。如果卫星链路用于电话通信，当一个人说话到其接收到回应之间的附加延迟几乎达到 0.5s。这绝对要引起注意的。地球

⊖ 有时同步轨道(geostationary)也用 geosynchronous 来表示。纯粹地说，不同点是，geosynchronous 轨道是高度为 35 863km 的圆形轨道，同步轨道是一种具有零倾斜的地球 geosynchronous 轨道卫星，所以在地球赤道的一个地方。

静止轨道卫星的另一个特点是，它们在一个很大的区域使用分配给它们的频率。对于一点对多点(Point-to-MultiPoint，PMP)的应用，如电视节目广播等，这种方式是可取的。但如果进行点对点通信，这种方式将非常浪费频谱资源。使用特殊的点天线和波束天线，可以限制卫星信号所覆盖的区域，可以用来控制“足迹”或信令区。为了解决这些问题，除了地球静止轨道以外，还设计了其他轨道卫星。低地球轨道卫星(Low-Earth-Orbiting Satellite，LEOS)和中地球轨道卫星(Medium-Earth-Orbiting Satellite，MEOS)也是第三代个人通信的重要组成部分。

LEO 卫星 表 16-1 中列出了 LEO(如图 16-4a 所示)的特性。由于卫星相对于地球上的一个固定点的运动速度很高，所以该系统必须能够应付足够大的、能够改变信号频率的多普勒频移。对于 LEO 卫星来说，重要的影响之一是大气阻力，将引起轨道逐渐恶化。

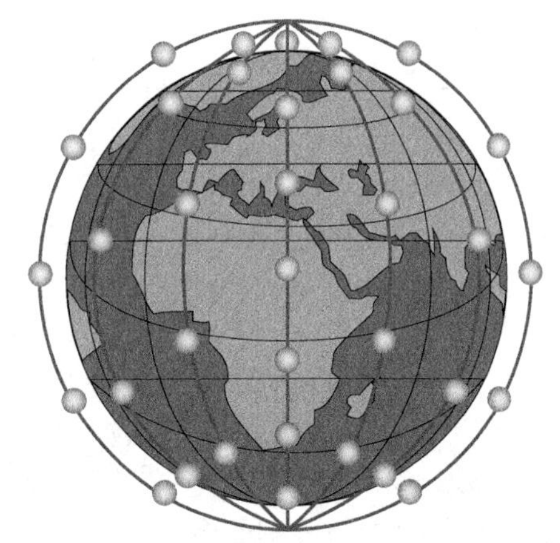

a）低地球轨道：通常位于500～1500km高度的极轨道

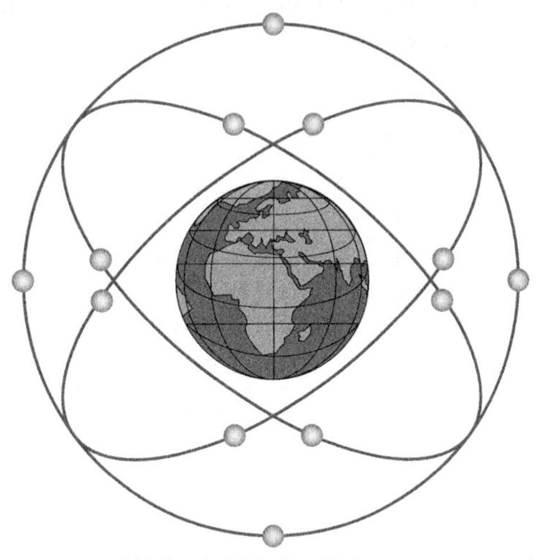

b）中地球轨道：倾斜赤道，位于5000～18 000km高度

图 16-4 LEO 和 MEO 轨道

该系统的实际使用需要用到多个轨道平面，每个轨道平面有多个卫星在轨道上。两个地球站之间的通信通常会涉及从一个卫星到另一个卫星的信号切换。

LEO 卫星比 GEO 卫星有许多优点。除了前面提到的能够减少传播延迟以外，接收到的 LEO 信号远远强于相同发送功率的 GEO 信号。LEO 的覆盖范围更具有局部性，因此可以更好地保护频谱。为此，正在建议将这项技术用于与移动终端和需要更强信号的个人终端进行通信。另一方面，如果需要提供超过 24h 的、更广的覆盖范围，则需要许多卫星。

有些商业应用已使用 LEO 集群来提供通信服务。这些建议可分为以下两类。

- **小 LEO**(Little LEO)：使用低于 1GHz 的通信频率且带宽不超过 5MHz，支持的数据速率高达 10kbps。这些系统的目的是寻呼、跟踪和低速率消息传送。Orbcomm 是这种卫星系统的一个例子。它是第一个工作的(小)LEO，它于 1995 年 4 月最先发射了两颗卫星。它是专为寻呼和突发通信设计的，并进行优化以处理从 6～250 字节长度的脉冲串数据。它一般用于企业以跟踪拖车、轨道车、重型设备和其他远程和移动资产。它也可以用来监视远程公用计量表和石油以及储气罐、井和管道。它可以用来保持与世界上任何地方的远程工人联系。它使用频率为 148～150.05MHz 的卫星，和 137～138MHz 的卫星。该系统有超过 30 颗卫星。它支持用户到卫星的数据速率为 2.4kbps，卫星到用户的为 4.8kbps。

- **大 LEO**(Big LEO)：工作在 1GHz 频率以上，支持高达几兆比特每秒的数据速率。这些系统往往与小 LEO 提供相同的服务，并额外提供语音和定位服务。Globalstar 系统是一个大 LEO 系统。它的卫星是相当简陋的。不同于一些小 LEO，它没有提供星载处理或卫星之间的通信。大多数处理是由系统的地球站来完成的。它采用与 CDMA 蜂窝标准相类似的 CDMA 技术。它为移动用户提供 S 频段(约 2GHz)的下行链路。Globalstar 与传统语音运营商紧密集成。所有的呼叫必须通过地球站进行处理。卫星星座由 48 个工作卫星和 8 个备用星组成。它们位于 1413km 高的轨道上。

MEO 卫星　MEO(见图 16-4b)具有列表 16-1 中的特点。MEO 卫星需要的切换比 LEO 卫星少。虽然从这样的卫星到地球的传播延迟和所需的功率大于 LEO，但它们仍然远远小于地球静止轨道卫星。一个典型的例子是全球定位系统(Global Positioning System，GPS)。这将在下面有关卫星技术的应用实例一节中讨论。

16.1.2　频段

表 16-2 列出了卫星通信的可用频段。请注意，增加的带宽是在更高的频段。然而，在一般情况下，频率越高，传输损伤的影响越大。给移动卫星服务(Mobile Satellite Service，MSS)分配的频率在 L 和 S 频段。相比更高的频率，在这些频段中折射程度更强且穿透物理障碍物(如树叶和非金属结构等)的能力更强。这些特性对于移动服务是可取的。然而，L 和 S 频段也大量用于陆地应用。因此，L 频段和 S 频段容量也在各种微波服务之间存在激烈的竞争。

表 16-2　卫星通信的频段

频段	频率范围	总带宽	普通应用
L	1～2GHz	1GHz	移动卫星服务(MSS)
S	2～4GHz	2GHz	MSS、NASA、深空研究
C	4～8GHz	4GHz	固定卫星服务(FSS)
X	8～12.5GHz	4.5GHz	军用 FSS，陆地地球探测和气象卫星
Ku	12.5～18GHz	5.5GHz	FSS、广播卫星服务(BSS)
K	18～26.5GHz	8.5GHz	BSS、FSS
Ka	26.5～40GHz	13.5GHz	FSS

对于服务的任何给定频率分配，将为上行链路分配一个频段并为下行链路分配一个频段，并且较高的频率总是分配给上行链路。与较低的频率相比，更高的频率将遭受到更大的传播或自由空间衰落。地球站能够发送更高的功率，这有助于弥补更高频率的性能损失。

16.1.3　传输损伤

卫星链路的性能取决于 3 个因素：

- 地球站天线与卫星天线之间的距离。
- 在下行链路的情况下，地球站天线与卫星的“目标点”之间的地面距离。
- 大气衰减。

下面我们依次看看每一个因素。

距离　从式(5-2)可以看出，自由空间损耗可以表示为：

$$L_{\mathrm{dB}} = 10\log\frac{P_t}{P_r} = 20\log\left(\frac{4\pi d}{\lambda}\right) = -20\log(\lambda) + 20\log(d) + 21.98\mathrm{dB}$$

式中　P_t——发送天线的信号功率；

P_r——接收天线的信号功率；

λ——载波波长；

d——天线间的传播距离。

d 和 λ 具有相同的长度单位(如 m)。

频率越高(波长越短)，损耗越大(见图 16-5)。对于 GEO 卫星，赤道上的自由空间损耗是

$$L_{\mathrm{dB}} = -20\log(\lambda) + 20\log(35.863 \times 10^6) + 21.98\mathrm{dB}$$
$$= -20\log(\lambda) + 173.07\mathrm{dB}$$

在地球表面上远离赤道但仍然被卫星可见的点上的损失将更大。与一个 GEO 卫星的最远距离(从卫星到地平线)是 42 711km。在这个距离上，自由空间损耗是

$$L_{\mathrm{dB}} = -20\log(\lambda) + 174.59\mathrm{dB}$$

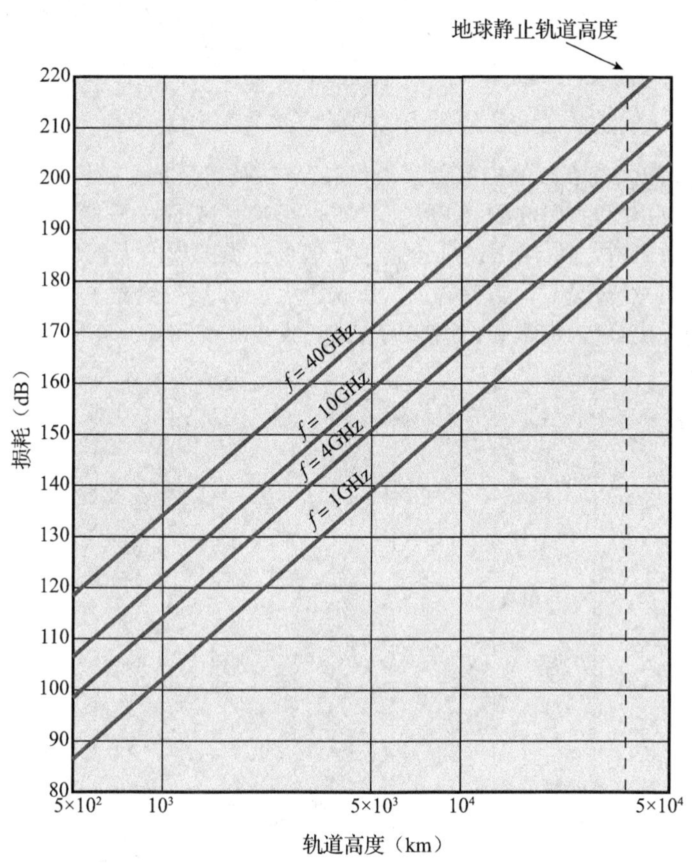

图 16-5　作为轨道高度函数的最小自由空间损耗

卫星足迹　卫星通信中使用的微波频率通常使用高定向天线。因此，卫星发送的信号不全向广播而是针对其期望覆盖的地球上的一个特定点。该区域的中心点将获得最高的辐射功率，并在离开中心点的任何方向上的功率都在下降。这种效果通常以一个称为**卫星足迹**的图案来进行显示，如图 16-6 所示。卫星足迹上的每一个点显示天线的有效辐射功率，

并考虑馈入天线信号的功率和天线的方向性。在示例图中，Arkansas 的功率为＋36dBW，Massachusetts 的功率为＋32dBW。卫星足迹上任意一点上的实际功率等于有效功率减去自由空间损耗。

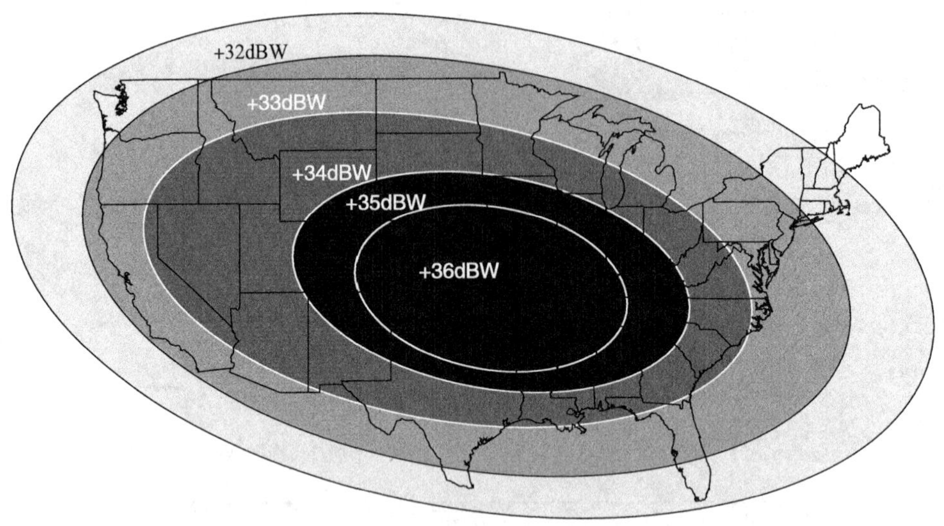

图 16-6　典型的卫星足迹

大气衰减　造成大气衰减的主要因素是普遍存在的氧气和水。引起衰减的水主要存在于潮湿的空气中，而由雾和雨引起的衰减更加严重。影响衰减的另一个因素是从地球站到卫星的仰角角度(见图 16-1 中的角度 θ)。仰角越小，信号必须穿越的大气层越多。另外，大气衰减还取决于频率。一般情况下，频率越高，影响越大。图 16-7 给出了 C 频段的典型衰减大小与仰角的函数关系。当然，由雾和雨引起的衰减只发生在雾和雨存在的大气中时。

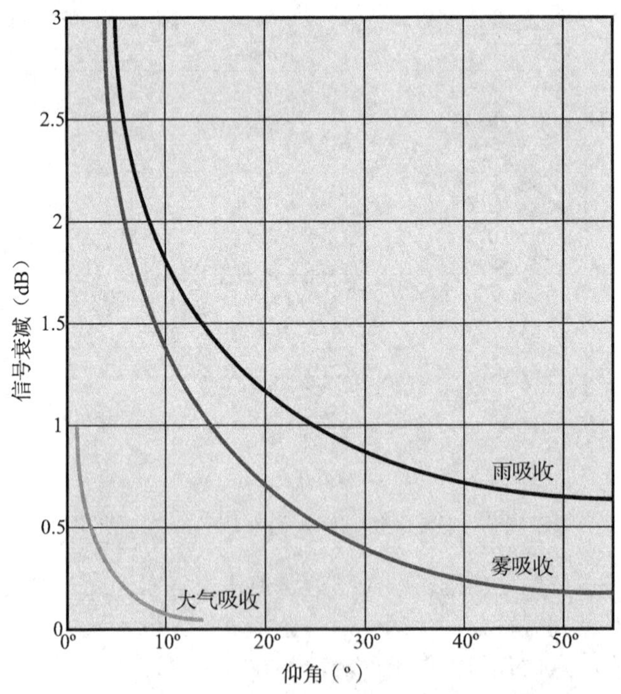

图 16-7　由大气吸收造成的信号衰减(C 频段)

16.1.4　卫星网络配置

图 16-8 给出了卫星通信的两种常用配置方式。第一种方式，卫星用于提供两个遥远的地面天线之间的点对点的连接。第二种方式，卫星用于提供一个地面发射机与多个地面接收机之间的通信。

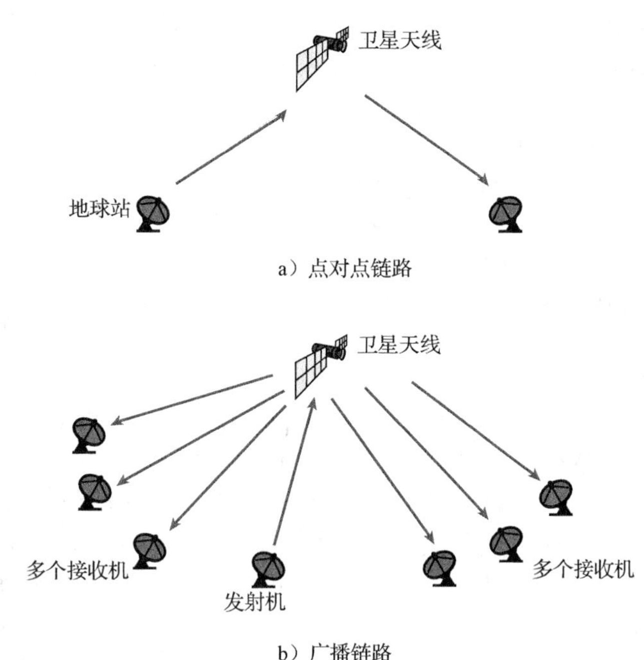

图 16-8　卫星通信配置

第二种配置的一种变形是一个地球站与一个中心枢纽和许多远程站之间的双向通信方式。图 16-9 所示的配置类型是典型的甚小孔径终端（Very Small Aperture Terminal，VSAT）系统。许多用户站都配备了低成本的卫星天线。使用某些规则，这些站共享一个卫星传输容量以便传输到一个枢纽站。枢纽站可以与每个用户服务器交换消息，并可以在用户服务器之间传递消息。

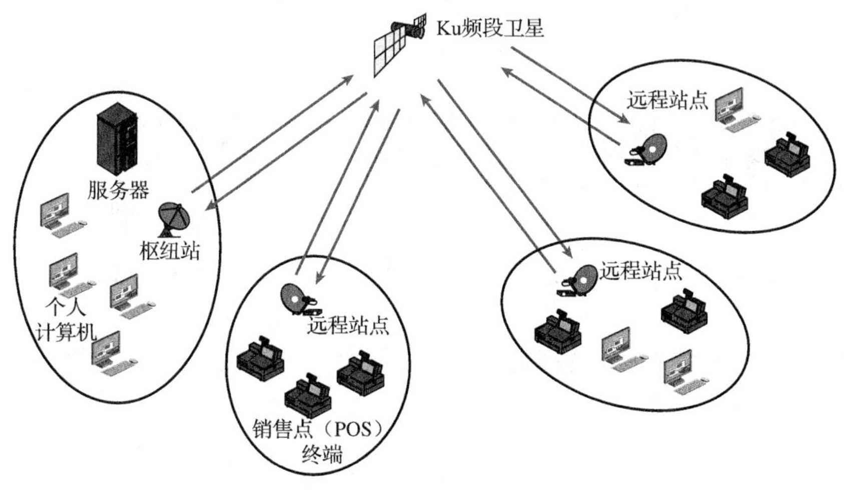

图 16-9　典型 VSAT 配置

16.2　卫星容量分配

通常情况下，一个 GEO 卫星将处理一个相当大的带宽(例如，500MHz)，并将其划分成一些较小带宽(例如，40MHz)的信道。在这些信道内，需要执行容量分配的工作。在某些情况下，如电视广播或一个 50Mbps 的数字数据流，整个信道专门为一个用户或应用程序服务。然而，除了这些例子以外，基于成本效率考虑许多用户需要共享每个卫星信道。因此，任务从根本上是复用的，该概念已在第 2 章中介绍了。在某些情况下，分配通常是由卫星集中控制的，但在其他情况下，分配是由地球站分布式地进行的。

所有的分配策略可以分为 3 类：

- 频分多址(Frequency Division Multiple Access，FDMA)
- 时分多址(Time Division Multiple Access，TDMA)
- 码分多址(Code Division Multiple Access，CDMA)

本节主要讨论 FDMA 和 TDMA。CDMA 已经在第 9 章中详细讨论了。

16.2.1　频分复用

如上所述，将卫星通信的总容量分为多个信道。这是 FDM 的最高层，它可以在每个信道上执行进一步的容量分配。图 16-10 是 FDM 的一个例子，这是一个典型的 GEO 卫星。这种特定的分配方式用于国际通信卫星组织(INTELSAT)的 Galaxy 卫星系列中[⊖]。卫星采用 C 频段频率且提供 500MHz 带宽，将其分成 24 个 40MHz 的信道。该卫星通过**频率复用**(frequency reuse)能够将 24 个信道压缩到 500MHz：每个频率分配由使用正交极化的两个载波来使用。每一个 40MHz 信道包括一个 4MHz 的保护带，所以每个信道实际上是 36MHz 宽。当使用点到点配置时(见图 16-8a)，每个信道可用于多个不同的目的之一。例子包括：

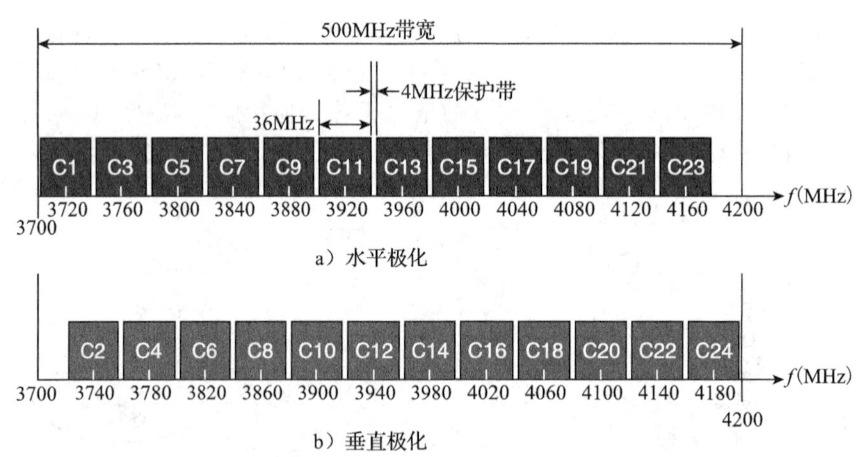

图 16-10　下行链路信道的典型的卫星应答器频率规划(对于上行链路规划，在下行链路的基础上增加 2225MHz)

- 1200 个语音频率(VF)语音信道
- 一个 50Mbps 数据流

⊖ 国际通信卫星组织是世界上最大的卫星运营商。它是一家为全球私人公司提供卫星通信服务的公司。

- 16 个信道，每个 1.544Mbps
- 400 个信道，每个 64kbps
- 600 个信道，每个 40kbps
- 一个模拟视频信道
- 6～9 个数字视频信道

模拟视频信号的带宽可能会非常高。为了确定它，我们需要使用第 7 章中讨论的卡森规则(Carson's rule)(式(7-15))。结合音频信号的视频信号的带宽约为 6.8MHz。然后，使用频率调制(Frequency Modulation，FM)将其转换为一个 6GHz 的载波信号。进行该处理的信号的峰值偏差是 $\Delta F=12.5$MHz。传输带宽可以表示为

$$B_T = 2\Delta F + 2B = 2(12.5 + 6.8) = 38.6\text{MHz}$$

该信号被 36MHz 的应答器接收。

对于数字视频，根据视频中的运动程度，使用压缩技术可以产生一个 3～5Mbps 范围的单信道。

16.2.2 频分多址

前面的小节中的讨论表明，卫星实际上是作为一个中间设备为两个地球站提供点对点的连接。由于卫星的广域覆盖特性，这也不是一个确定的情况。例如，在 Intelsat 系列卫星中允许使用 FDM 技术将一个 36MHz 信道划分为一些较小的信道，且每个信道均使用 FM。每一个较小的信道使用 FDM 技术依次承载一些 VF 信号。多个地球站使用 FDMA 技术来访问相同的信道。

一个卫星信道通过频分多址获得的子信道的数目受到以下 3 个因素的限制：

- 热噪声
- 互调失真噪声
- 串扰

这些术语和定义已经在第 6 章中讨论过了。前两个因素互为反作用。若信号强度太小，所发送的信号将会被背景噪声损坏。若信号强度太大，在卫星放大器的非线性效应将会产生很高的互调失真噪声。串扰来源于期望通过重复使用频率以提高容量，但如果不能够很好地消除干扰则这种做法将会受限。如果天线可以在相同频率(cochannels)的正交平面上辐射两种极化的信号，则频率可以重复使用。如果信号强度太高，则同频干扰变得非常显著。

图 16-11 是采用 FDMA 的一个具体例子，7 个地面站共享 36MHz 的上行链路容量；类似地，可以画出下行链路图。给站点 A 分配 6237.5～6242.5MHz 的 5MHz 带宽，它可以使用 FDM-FM 传输 60 个 VF 信道。也就是说，采用 FDM 技术来承载 60 个频道，而 FM 调制技术用于将信号调制到 6240MHz 的载波频率。图 16-11b 表明站点 A 与其他站点有如下流量：24 个与 B 通信的信道，24 个与 D 通信的信道以及 12 个与 E 通信的信道。剩余的 36MHz 频段的信道按照其他站点的流量需求划分给其他地球站。

16.2.3 时分多址

尽管 FDM 技术在卫星传输中仍然非常普遍的，但 TDM 技术的使用也越来越广泛。其原因包括：

- 数字元件成本的持续下降。

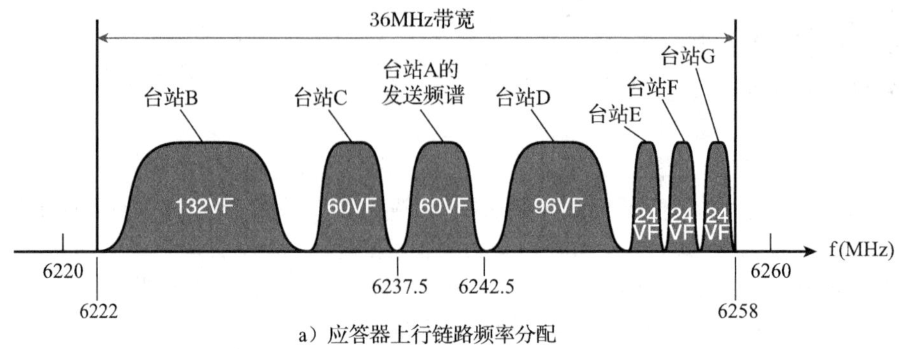

a）应答器上行链路频率分配

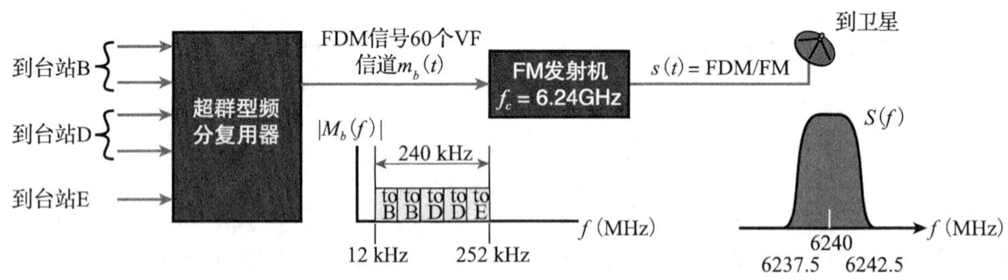

b）台站A地面发送设备

图 16-11　卫星通信的固定分配 FDMA 格式

- 数字技术的优点，包括纠错技术的使用。
- 由于没有互调噪声使得 TDM 的效率不断提高。

TDMA 在本质上与同步 TDM 技术是相同的(2.5 节)。传输采用帧的重复序列的形式，每个帧可以划分为多个时隙。帧序列中的每个时隙位置专门分配给一个特定的发射机。帧周期的范围从 100μs 到超过 2ms，包括 3～100 个时隙。数据速率的范围也是 10～100Mbps。

图 16-12 给出了一个典型的帧格式(比较图 2-13b)。通常情况下，帧的开始位置有两个突发参考信号来定义帧的开始。使用两个突发信号，它们分别由两个不同的地球站提供，即使其中一个参考站由于故障而丢失，仍然可以使系统继续运行。每个参考突发信号的起始位置是一个载波和比特定时恢复模式，这是一个能够使所有站点同步到一个主时钟的特定模式。给 N 个站点中的每个站点分配帧中的一个或多个时隙。该站点使用分配的时隙来发送突发的数据，包括前导码和用户信息。该前导码包含控制和定时信息，以及目的站点的识别信息。突发信号之间用保护时间相互隔开，以确保没有重叠。

图 16-13 描述了 TDMA 的操作过程。每个地球站轮流使用上行链路信道，可以在分配的时隙中发送突发数据。该卫星转发所有收到的传输信号，并将其广播到所有的站点。因此，所有站点不仅需要知道用哪个时隙来传输，还需要知道用哪个时隙来接收。该卫星也转发参考突发信号，并且所有站点同步接收该突发信号。

每个重复时隙是一个信道，并且是独立于其他信道的。因此，它可以用于发射站所需的任何方式。

例如，一种交换方式可以通过在每个时隙中包含地址字段来实现。在这种情况下，虽然传输时隙是分配的，但有些站点可以通过读取每个下行链路时隙中的数据来寻找与它们相关的数据。对于发射信号的地球站来说，另一种技术是将其时隙划分为多个子时隙，这样多个子信道的数据可以在一个 TDMA 信道中发送。

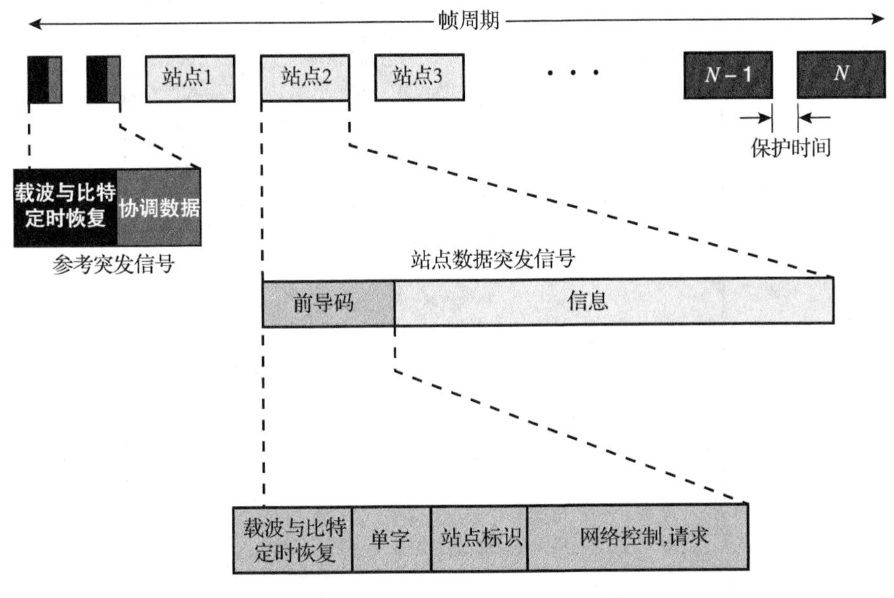

图 16-12　TDMA 帧格式的一个实例

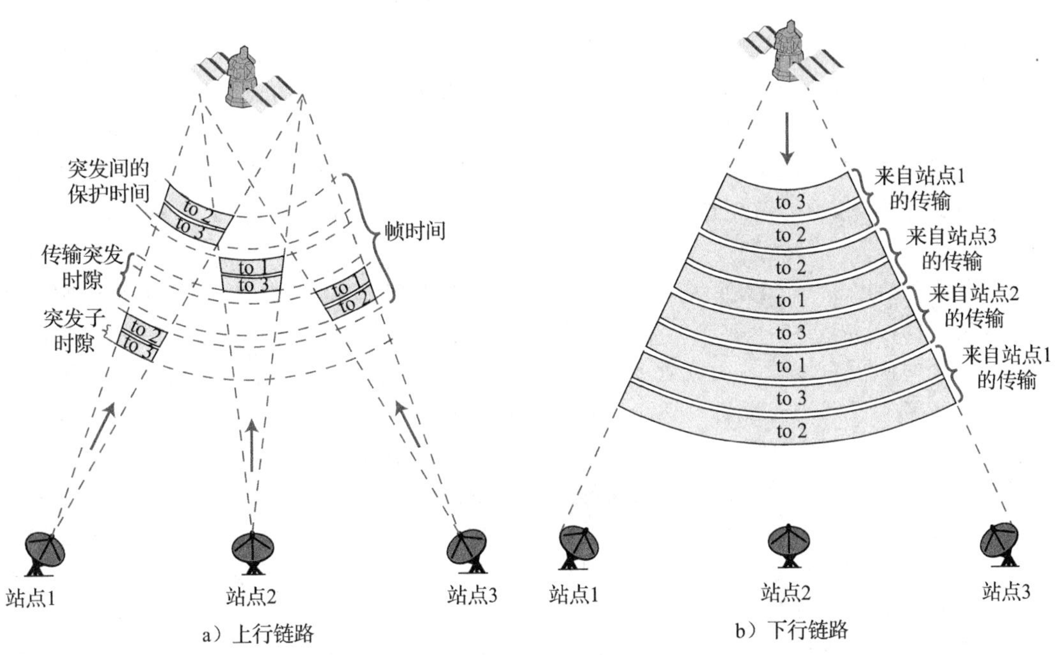

图 16-13　TDMA 操作

由于 TDMA 的保护时间和控制比特比 FDMA 所需要使用的保护带所占用的容量少，所以普通的 TDMA 比普通 FDMA 更有效，如图 16-14 所示。SCPC 表示每个载波一个信道，它也是一种频分多址技术。值得注意的是，FDMA 的容量随着信道数的增加而急剧下降。相比之下，TDMA 的容量随着时隙(信道)数的增加下降比较缓慢。使用长的帧周期也提高了效率。

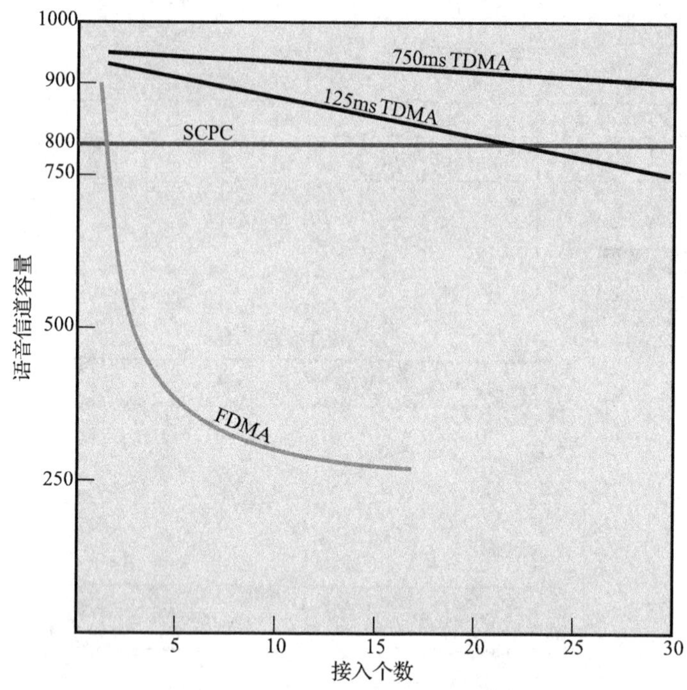

图 16-14　各种卫星容量分配方案的相对效率

在更高的频段(K_u和 K 段)可以获得更大的效率。在这些频段中，卫星传输波束可以是相当窄聚焦的，从而允许多个相同频率的波束能够传输到不同的地区。因此，一个卫星可以服务多个地区，每一个地区都包含一些地球站。一个区域内的地球站之间的通信可以在一个普通 TDMA 内完成。如果卫星能够实现不同波束的时隙交换，则处在不同地区的地球站可以进行相互通信。这称为**卫星交换 TDMA**(Satellite-Switched TDMA，SS/TDMA)。

图 16-15 给出了一个服务两个区域的 SS-TDMA 系统，每个区域包含两个地球站。在一个普通 TDMA 内，每个时刻每个区域内仅有一个地球站可以进行传输。因此，在区域 A 内，每个时隙仅有地球站 1 或者 2 可以进行发送。类似地，在区域 B 内，每个时隙仅有地球站 3 或者 4 可以进行发送。两个区域内的地球站可以通过使用不同的极化方式或者不同的频率来避免相互之间的干扰。在卫星上，接收到的信号立即在下行链路频率上进行重新传输。这里使用了两个不同的下行链路波束。卫星包含一个用于输入波束与输出波束的开关。通过交换建立的连接随着时间的变化而变化。如图 16-15 所示，下行波束 A 在周期 1 和 3 中转发上行链路波束 A，并在周期 2 中转发上行链路波束 B。因此，任何区域内的任何地球站可以发送数据到任何区域内的任何地球站。

对于一个服务 N 个区域的卫星，有 N 个 TDM 输入数据流。在任何一个给定时刻，该交换器可以设置为将这些上行链路波束按照某种方式路由到 N 个下行链路波束。每一种配置称为一种模式(mode)，因此为了实现全连通共有 $N!$ 种模式。表 16-3 给出了 3 个区域的系统模式。例如，区域 A 内的地球站在模式 1 和 2 中可以相互通信，区域 A 内的地球站可以在模式 3 和 5 中与区域 B 内的地球站进行通信，等等。卫星需要在不同模式中进行周期变化。至多，每个时隙可能发生一次模式变化。为了应对流量需求的变化，模式图案以及持续时间可以根据地球站的指令进行调整。

表 16-3 SS-TDMA 模式(3 个波束)

	输出					
输入	模式 1	模式 2	模式 3	模式 4	模式 5	模式 6
A	A	A	B	C	B	C
B	B	C	C	A	C	B
C	C	B	A	B	A	A

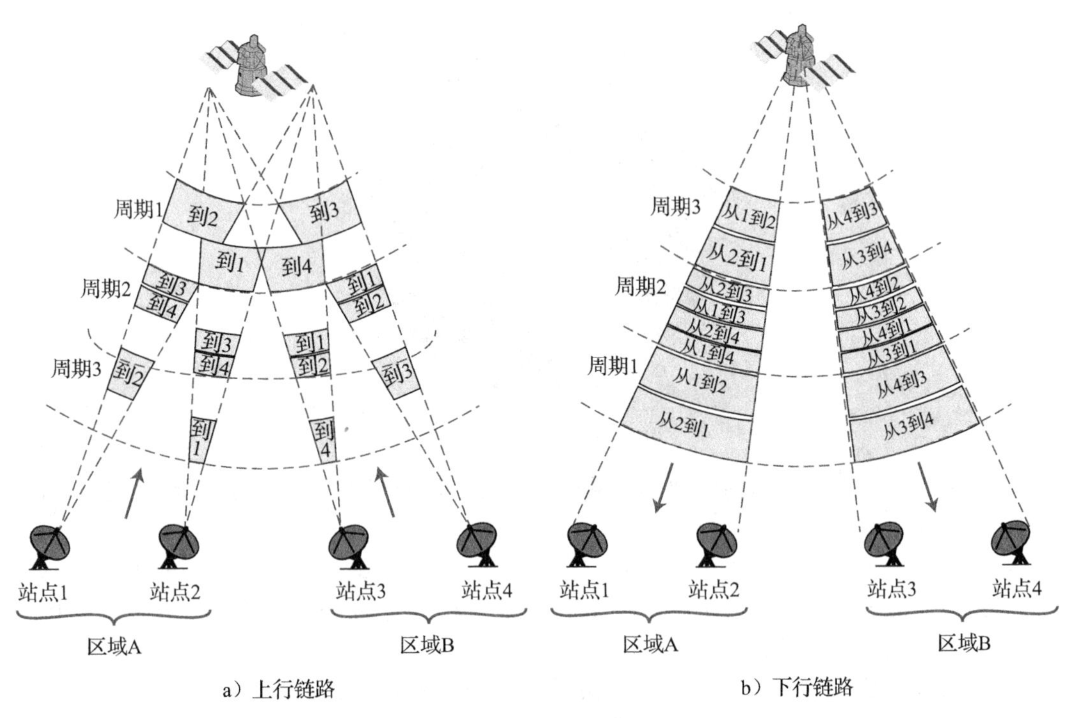

图 16-15 SS/TDMA 工作过程

16.3 卫星应用

目前有许多不同类型的卫星应用，但其中常见的两个应用是消费者所熟悉的：全球定位系统(Global Positioning System，GPS)和卫星电视应用。

16.3.1 全球定位系统

全球定位系统最初是由美国国防部在 20 世纪 70 年代开发的，其主要是用于克服其他导航方法的弱点。在整个 80 年代和 90 年代初，共发射了 24 颗 MEO 卫星星座。自那时起，全球定位系统的现代化改进一直在持续。美国政府致力于确保这 24 颗卫星中的 95% 是可用的，因此，在过去几年，已经有 31 个可操作的全球定位系统卫星在飞行。

全球定位系统卫星运行在 20 350km(12 600mi)高度的 6 个轨道平面，并为地球上的任何地方提供服务，如图 16-16 所示。每颗卫星在 12 小时内绕地球运行。信号在 1.2276MHz 和 1.57542MHz 工作。为服务正常运行，全球定位系统接收机必须能够观察至少 4 个全球定位系统卫星。这些操作根据以下原则。

- **距离测量**：接收机生成一个伪随机码，将其与从 GPS 卫星收到的信号进行匹配。这是一个直接序列扩频(DSSS)信号，如第 9 章讨论的。接收机调整本地产生的 PN

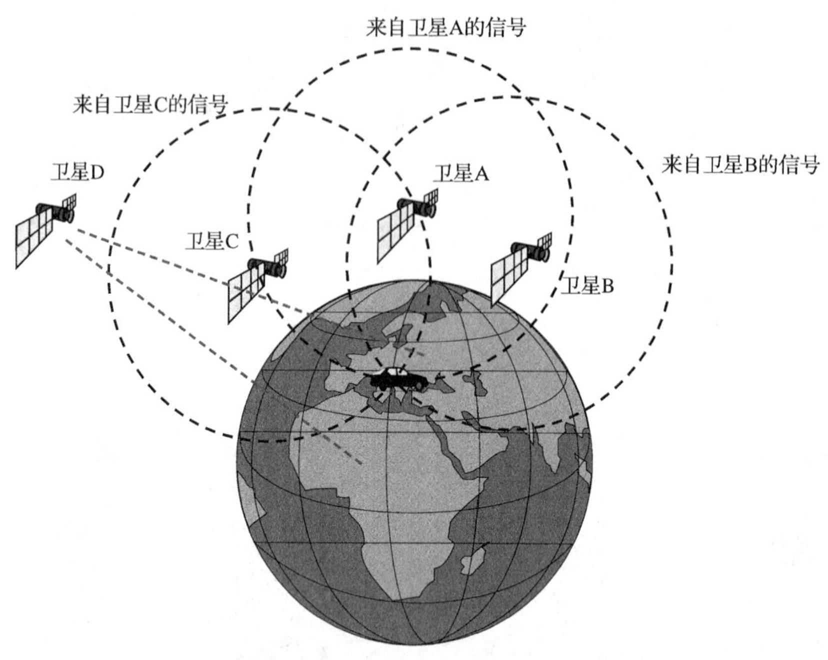

图 16-16　全球定位系统

序列与接收信号之间的时间偏移从而使这两个信号同步。该时间偏移表示信号从卫星的传播时间。

- **与一颗卫星的距离**：由于已知电磁波的传播速度，所以全球定位系统接收机可以知道该位置与一个卫星的距离 d。这可以看作知道了该位置在一个以卫星为中心的半径为 d 的球体上的位置。
- **与两颗卫星的距离**：由于知道与两颗卫星的距离，所以两个球体相交会形成一个圆，处在任何地方的接收机仅可能位于该圆上。
- **到三颗卫星的距离**：由于知道与三颗卫星的距离，所以其位置可以确定为 3 个球体交汇的两个可能的点之一。有时这些位置甚至是荒谬的，因为位置可能不在地球的表面上，或者接收机可能表现出不可能如此高的速度。然后，接收机将选择另一个选项作为解决方案，其结果是经度、纬度和海拔。
- **第 4 颗卫星信号**：接收机时钟与全球定位系统时钟之间有一个定时偏差。第 4 个信号用来检测定时偏移。这将有助于纠正计算得到的距离。
- **时钟同步**：除了距离测量外，GPS 接收机也可以使用 GPS 卫星的高精度原子时钟进行无线同步。这种精确的时钟在其自己的各种用途中是非常有用的。

一旦知道位置(基于历史位置可以确定方向和速度)，就存在各种应用，如灾难恢复、汽车、船舶、船队跟踪、地球科学观测、航空等用途。全球定位系统本身只提供位置信息，地图数据可以通过设备本身和其他无线网络分别提供。

直接序列扩频方法能够带来 3 种好处。首先，在未经授权的情况下可以保持信号不被使用。直到 2000 年 5 月 2 日，使用了一种称为*选择性可用性*(Selective Availability)的政策的全球定位系统信号(称为 C/A 粗捕获信号)，但故意降低了供公共使用的服务质量。全球定位系统对专门用于军事用途的另一个信号进行加密，该信号提供了更高的精度。直接序列扩频的第二个好处是，所需的接收信号的能量更低。这个信号甚至可以低于噪底。

卫星需要覆盖整个半球(需要尽可能小的天线方向性增益)，所以扩频传输减少了对发送功率的要求。第三个好处是，所有 DSSS 卫星系统可以使用相同的频段。

全球定位系统的成功运行还包括几个额外的复杂操作，其中一些操作如下所述。

- **卫星位置**：所有 GPS 接收器都有一个年历，显示每一个时刻它们应该处在天空中的位置。对这些位置也会密切监测并进行任何调整。卫星轨道会受月球和太阳的引力以及太阳辐射压力的影响，因此除了它们的伪随机序列外，卫星也发送它们的当前位置，以便为接收机提供更高的精度。
- **大气效应**：全球定位系统信号并不是完全以光的速度穿越大气层。全球定位系统接收机可以利用以卫星倾斜角为基础的大气数学模型，以纠正这些实际速度。
- **差分 GPS**(differential GPS)：GPS 信号可以为地球的任何地方提供精度在 10m 范围内的定位信号。但是，如果使用差分 GPS，该精度可以在几厘米。差分 GPS 使用精确已知地面位置，以修正在相同位置由 GPS 得到的计算值。

16.3.2 直播系统

直播卫星与电缆、DSL、空中下载(over the air)和固定宽带无线接入技术竞争来提供电视服务。这些服务可以提供模拟或数字格式，虽然数字格式已经占主导地位，但数字传输的优点已经在前面介绍了。早期的模拟卫星电视广播使用 **C 频段**(4～8GHz)，而现在的数字电视采用 **Ku 频段**(12～18GHz)。C 频段的碟形卫星接收天线需要 3m 或更大的直径，而 Ku 频段的碟形卫星接收天线可以小得多，0.5～1m。但后果是大雪或雨会导致更高频率的信号中断。国际电信联盟称这为**广播卫星服务**(Broadcast Satellite Service，BSS)，在不同的地区指的是不同的频段，例如，在欧洲、俄罗斯、非洲为 10.7～12.5GHz，美国北部和南部为 12.2～12.7GHz。

节目提供商，如 DirecTV 或 DISH 网络，使用非常大的卫星天线，直径为 9～12m，将信号发送到卫星，如图 16-17 所示。然后卫星在不同频率上转播信号回到地球。接收机对信号进行解密，通常这需要得到用户的服务提供商的许可。有些节目信源自己也使用卫星广播它们的节目到节目供应商。其他节目信源，如本地频道，也通过一些其他方式(如光纤电缆)将节目提供给节目供应商。然后将这套节目进行高度压缩，以充分利用信道。大多数 DBS 系统使用卫星数字视频广播(DVB-S)标准中的 MPEG-2 压缩方式。

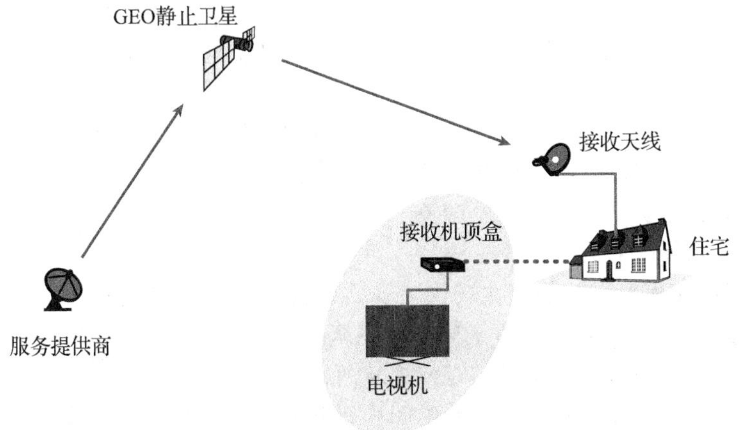

图 16-17　直播卫星

16.4 固定宽带无线接入

传统上，利用有线系统为最终用户、本地环路或用户环路提供语音和数据通信服务。随着宽带因特网接入需求的增长，有线本地环路服务提供商需要越来越多地依赖光纤和同轴电缆。

然而，业界越来越多地将兴趣点放在基于用户竞争的无线接入技术上。这些技术通常被称为**无线本地环路**(Wireless Local Loop，WLL)，或**固定无线接入**(Fixed Wireless Access)。最典型的**固定宽带无线接入**(Fixed Broadband Wireless Access，fixed BWA)系统称为 WiMAX，它是基于 IEEE 802.16 标准的技术。我们将在下一节探讨 WiMAX。在本节中，我们来看一看 fixed BWA 的概念。

图 16-18 给出了一个简单的固定宽带无线接入的配置。宽带无线接入服务商可以服务一个或多个小区。每个小区包括一个基站(BS)天线，它安装在一个高层建筑或塔顶部。在早期系统中，用户使用一个安装在建筑物或杆上的固定天线，这样到基站天线可以有一个畅通的视线。该技术的发展，使得室内无线接入点成为可能。从基站到交换中心有一个链路，该链路可以是有线或无线的。该交换中心通常是一个电话公司的本地局，它提供与本地和长途电话网络的连接。互联网服务提供商(ISP)可配置在交换机或者通过一个高速链路与交换机相连。

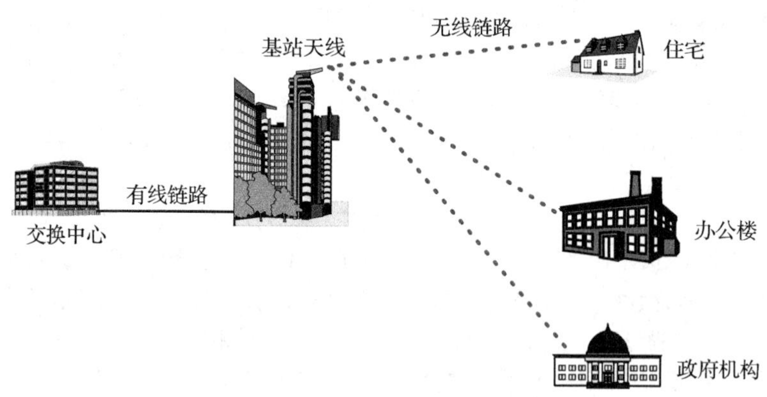

图 16-18　固定宽带无线配置

图 16-18 给出了多个两层结构。更复杂的配置也已实施，其中一个基站可以为一些下属的基站天线提供服务，其中每个天线支持多个用户。

与有线方式相比，固定宽带无线接入在用户环路支持上有一些优势。

- **成本**：无线系统比有线系统更便宜。虽然无线发射机/接收机的电子器件可能比有线通信的更昂贵，但是 BWA 避免了几千米地下或电线杆上电缆的安装成本以及维护有线基础设施的成本。
- **安装时间**：BWA 系统能够实现快速安装。其关键障碍是获得使用一个给定频带的许可，并找到一个合适的用于架设基站天线的站点。一旦这些障碍被清除，BWA 系统的安装时间仅是一个新的有线系统所需时间的一小部分。
- **选择安装**：只为那些希望在给定时间内得到服务的用户安装无线单元。而对于有线系统，通常需要为本地区内的预期用户敷设电缆。

BWA 需要对两种可选方案进行评价：

- **使用现有已安装电缆的有线安装方案**：地球上的很大一部分居民没有电话线。对于高速应用，许多用户的电话线没有足够的质量或者由于距离中央局太远无法有效使用数字用户线(Digital Subscriber Line，DSL)技术。许多这些用户可能也没有有线电视或者他们的有线电视提供商不提供双向数据服务。最后，由于 WLL 与有线方案的相比在成本上已经具有一定的竞争力，所以新的用户需要面临有线和无线方法之间的一个真正的选择。
- **移动蜂窝技术**：4G 蜂窝系统可以提供宽带技术支持。使用固定 BWA 方案的主要好处是，固定 BWA 基站可以提供更广的覆盖范围，并且可以获得更高的数据速率。

16.5　WiMAX/IEEE 802.16

随着业界对 BWA 服务的越发感兴趣，业内一致认为需要开发这项服务标准。针对这一需求，IEEE 802 委员会在 1999 年成立了 802.16 工作组以开发宽带无线标准。该工作组的宗旨是制定以下标准：

- 使用微波或毫米波无线电的无线链路。
- 使用许可的频谱(通常)。
- 满足城市规模。
- 为付费用户提供公共网络服务(通常)。
- 用固定屋顶或塔安装天线来使用 PMP 架构。
- 提供支持服务质量(QoS)的异构业务流的有效传输。
- 能够支持宽带传输(>2Mbps)。

本质上，IEEE 802.16 对空中接口和与 BWA 相关的功能进行标准化。此外，成立了一个行业组织，WiMAX(全球微波互联接入)论坛，以推动 802.16 标准和开发互操作规范。最初针对固定宽带无线接入，IEEE 802.16 和相关的 WiMAX 规范现在处理固定和移动宽带无线接入。在本节中，我们提供 802.16 和 WiMAX 标准的概述，并重点介绍固定宽带无线接入应用。这部分是基于 IEEE 802.16 标准的 2012 版。

16.5.1　IEEE 802.16 体系结构

网络参考模型　WiMAX 论坛已经开发了一个用于实现 WiMAX 的网络体系结构的逻辑表示，称为网络参考模型[WIMA12]。该模型在确定逻辑功能实体之间的接口点是有用的，可以作为开发互操作性标准的指南。图 16-19 给出了这个模型的关键元素，其中包括以下内容。

- **接入服务网络**(Access Service Network，ASN)：需要提供给 WiMAX 用户的无线接入网络功能集。
- **网络接入提供商**(Network Access Provider，NAP)：为一个或多个 WiMAX 网络服务提供商提供 WiMAX 无线接入基础设施服务的一个商业实体。
- **连接服务网络**(Connectivity Service Network，CSN)：一组为 WiMAX 用户提供 IP 连接服务的网络功能集。这些功能包括因特网接入、认证、基于用户配置文件的接纳控制。
- 网络服务提供商(Network Service Provider，NSP)：为 WiMAX 用户提供 IP 连接和 WiMAX 服务的商业实体。

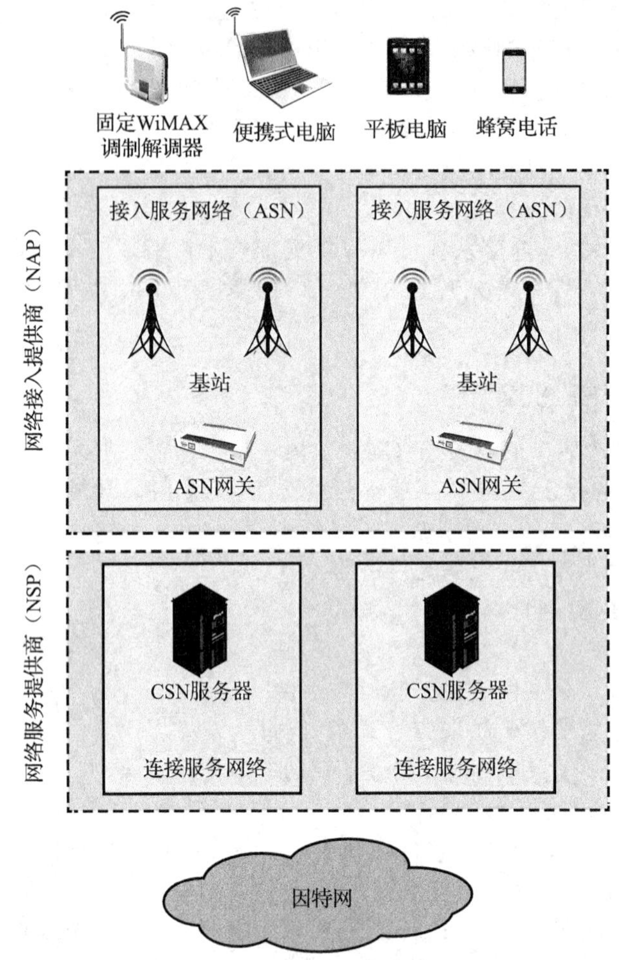

图 16-19　WiMAX 网络参考模型的元素

- ASN 网关：提供从 ASN 到 NSP 的连接。该网关执行路由和负载均衡等功能。

网络体系结构在逻辑上分为用户站(Subscriber Station，SS)、接入服务网络、连接服务网络。用户可以是固定的或移动的。固定用户是指在一个固定的地理位置并使用固定 WiMAX 调制解调器的宽带接入连接。固定的地点包括住宅、商业和政府机构。ASN 由彼此之间通过核心网络互连的一个或多个基站构成并连接到 ASN 网关。该网关连接到一个或多个 CSN，它能够提供宽带因特网接入。IEEE 802.16 标准涉及用户收发信机站与基地收发信机站之间的空中接口。该标准说明了该接口的所有详细信息，如在本节中将讨论的。系统参考模型还给出了收发信机站和它们网络之间的接口。在系统参考模型中说明这些接口的原因是，用户和核心网络技术(如语音，ATM 等)将会影响空中接口中所使用的技术以及通过空中接口收发信机站能够提供的服务。

协议体系结构　图 16-20 给出了 IEEE 802.16 的协议参考模型。**物理层**包括以下内容：

- 信号的编码/解码。
- 前导码生成/移除(用于同步)。
- 比特传输/接收。

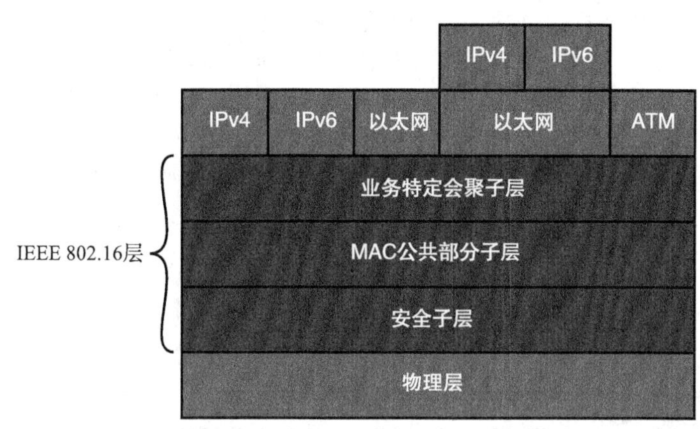

图 16-20 IEEE 802.16 协议体系结构

- 频段和带宽分配。

介质访问控制(MAC)层分为 3 个子层。**安全子层**包括认证、安全密钥交换和加密。需要注意的是，该子层涉及 SS 与 ASN 基站之间的安全通信。SS 与 CSN 之间的安全通信由高层来处理。

MAC 公共部分子层包括任何 MAC 层的基本功能：

- 传输时，将数据、地址和错误检测字段组装成协议数据单元(PDU)。
- 接收时，将 PDU 拆开并进行地址识别和错误检测。
- 进行无线传输介质接入管理。

该子层，处在 BS 和 SS 之间，负责共享对无线信道的访问。具体地，MAC 协议定义了 BS 或 SS 如何或何时在信道上启动传输。由于 MAC 层上面的某些层，如 ATM，需要指定服务等级(QoS)，所以 MAC 协议必须能够分配无线电信道容量以满足服务需求。在下行链路方向(基站到 SS)，由于只有一个发射机，所以协议是比较简单的。在上行链路方向，由于有多个 SS 竞争接入，所以 MAC 协议更加复杂。特定业务汇聚子层提供特定于所提供服务的功能。汇聚层协议可以做到以下：

- 封装上层的 PDU 帧为本地 802.16 MAC PDU。
- 将上层地址映射为 802.16 地址。
- 将上层 QoS 参数转换为本地 802.16 MAC 格式。
- 将上层业务的时间依赖性适配为等效的 MAC 服务。

16.5.2 IEEE 802.16 MAC 层

通过 802.16 空中接口发往或者来自给定用户的数据构成了一个 MAC PDU 序列。在这种情况下，术语 MAC PDU 是指包含 MAC 协议控制信息和高层数据的 PDU。这里不要与 **TDMA 突发**混淆，它包括一系列的时隙，每一个时隙都分配给特定的用户。TDMA 时隙可以包含一个 MAC PDU、一个 MAC PDU 的一小部分或多个 MAC PDU。分配给一个用户的跨越多个 TDMA 突发的时隙序列形成一个逻辑信道，并且 MAC PDU 在逻辑信道上传输。

连接和服务流 802.16MAC 是面向连接的协议。这是一个逻辑连接，在这些对等实体进行**数据交换**(用户之间的)之前建立。每个 MAC PDU 包括连接 ID，MAC 协议用该 ID 将传入数据传输给正确的 MAC 用户。此外，连接 ID 和服务流之间有一对一的对应关系。服务流程定义了该连接上交换 PDU 的 QoS 参数。

连接上的服务流的概念是 MAC 协议操作的核心。服务流提供了一种机制，用于上行链路流和下行链路流的服务质量管理，这是带宽分配过程中所必需的。基于服务流基站为每个活动的连接分配上行链路流和下行链路流的带宽。服务流参数的例子有：延迟(最大可接受的延迟)、抖动(最大可接受的延迟变化)和吞吐量(最小可接受的比特率)。

协议数据单元格式　掌握 MAC 协议的一个好方法是，查看 PDU 格式(见图 16-21)。MAC PDU 分为 3 部分：

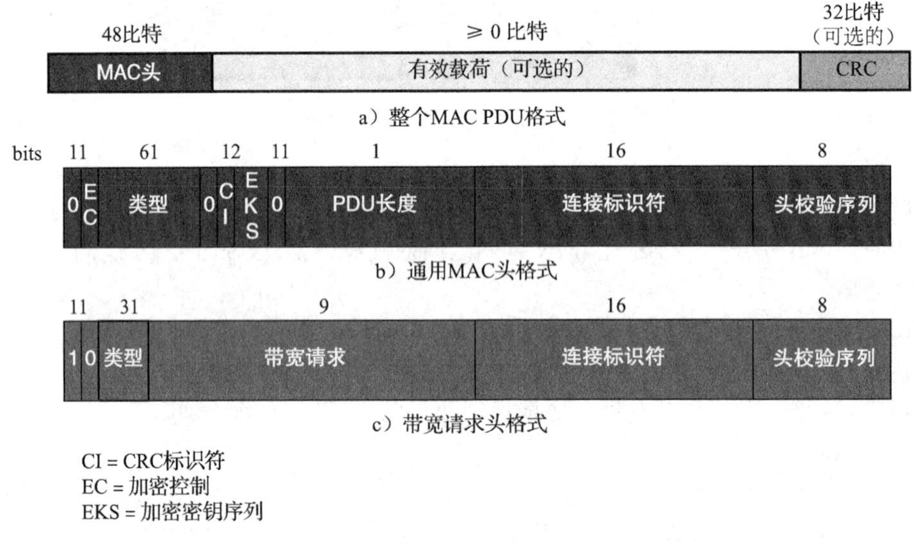

图 16-21　IEEE 802.16 MAC PDU 格式

- **头**：包含实现 MAC 协议功能所需的协议控制信息。
- **有效载荷**：有效载荷可以是更高层数据(例如，ATM 信元、IP 数据包、数字语音块)或 MAC 控制消息。
- **CRC**：循环冗余校验字段包含一个错误检测码。这个可选的 CRC 包含包头和有效载荷，如果对有效载荷进行加密则需要使用加密后的有效载荷。

定义了两种类型的头：通用 MAC 头和带宽请求头。通用 MAC 头用于下行链路(基站到 SS)和上行链路(SS 到基站)方向。具有通用头的 MAC PDU 包含 MAC 管理消息或汇聚子层数据。通用 MAC 头包含以下字段。

- **头类型(1 比特)**：该比特设置为 0，说明头类型是通用 MAC PDU。
- **加密控制(1 比特)**：指示有效载荷是否加密。
- **类型(6 比特)**：用于表明有效载荷消息中子头和特殊有效载荷的类型。
- **保留(1 比特)**：保留比特，设置为 0。
- **CRC 校验指示**(1 比特)：指示是否在有效载荷后有 32 位 CRC。
- **加密密钥序列**(2 位)：加密密钥信息向量的一个索引，如果有效载荷加密则使用它。
- **保留(1 比特)**：保留比特，设置为 0。
- **PDU 长度(11 比特)**：整个 MAC PDU 的字节长度。
- **连接标识符(16 比特)**：一个单向 MAC 层地址，用来标识到用户和基站 MAC 中的等效对等的连接。CID 映射到 SFID，定义与连接相关的业务流的 QoS 参数。

- 报头校验序列(8 比特)：一个 8 比特 CRC，用于检测头中的错误。

类型字段包含相应的多个比特，其用于标识有效载荷开始前下列各个子帧头存在或空缺。

- **分片子头**：分片是指将高层数据块(称为服务数据单元(Service Data Unit，SDU))为两个或多个片，以减少 MAC 帧的大小。这样做能够根据连接服务流的服务质量要求有效地使用可用的带宽。如果使用分片，那么在分片子头中给所有的分片分配相同的分片序列号(Fragment Sequence Number，FSN)。MAC 目的用户负责将所有具有相同 FSN 的分片段重组在一起。
- **打包子头**：打包是指将多个 MAC SDU 打包成一个 MAC PDU 有效载荷的过程。该子头包含接收 MAC 实体拆包一个 SDU 所需要的信息。
- **快速反馈分配子头**：只用于下行链路方向。它要求具有先进天线系统的 SS 进行反馈。
- **授权管理子头**：只用于上行链路方向。它传递与带宽管理有关的各种信息，如轮询请求和额外的带宽请求。

用户使用**带宽请求头**来请求额外的带宽。这个头用于没有有效载荷的 MAC 帧。如图 16-21 所示，这个头包含通用头中的多个字段。19 比特带宽请求字段标识为上行链路传输请求的容量字节数。类型字段允许 SS 仅为这个连接的请求带宽或者为该上行链路上的所有连接请求总的带宽。

调度服务和 QoS IEEE 802.16 网络能够同时传输许多不同类型的业务，包括实时流量，如语音、视频和突发 TCP 流。虽然每个这样的业务流是自述连接作为 PDU 流的被处理，但其中 BS 对每个数据流的处理方式取决于业务流的特点和应用需求。例如，实时视频流量必须在最小延迟抖动内交付。关于业务类型和服务质量要求的更多讨论请参见 3.5 节。

为了适应不同类型的业务需求，IEEE 802.16 定义了许多不同的服务类别。每个类别都是由某些一般特性来定义的，特定的服务流通过向一组 QoS 参数分配值来定义。最重要的参数如下所述。

- **最大持续业务速率**：峰值信息速率，每秒服务的比特数。该速率适用于 SDU 输入到系统时。参数长度是 6 比特，其取值范围是 1200bps～1.921Mbps。
- **最小保留业务速率**：为该服务流保留的最小速率，单位为每秒比特数。该基站能够满足一个连接不超过其最小保留业务速率的带宽分配请求。如果为连接请求了一个小于其最小保留业务速率的带宽，则 BS 可以对多余的保留带宽进行重新分配以用于其他目的。速率的取值范围是 1200bps～1.921Mbps。
- **最大延迟**：在 BS 或 SS 的汇聚子层接收数据包与向空中接口转发 SDU 之间的最大时间间隔。取值范围是 1ms～10s。
- **容忍抖动**：连接的最大延迟变化(抖动)。取值范围是 1ms～10s。
- **业务优先级**：相关服务流的优先级。除了优先级之外，给定所有服务质量参数都相同的两个服务流，更高优先级的服务流应该得到较低的延迟和更高的缓冲优先。否则，对于 QoS 参数不相同的两个业务流，业务流的优先级参数不应优先于任何相互冲突的 QoS 参数。使用了 8 种优先级参数。

表 16-4 列出了 IEEE 802.16 定义的 5 种服务类的主要 QoS 参数。该标准指定独立的上行链路和下行链路服务。相应服务使用相同的服务质量参数集。两个服务类之间的主要

不同之处在于，轮询参与上行链路传输。基站的下行链路传输不使用轮询，因为基站有一个单独的发射机 BS。

表 16-4 IEEE 802.16 服务类别和 QoS 参数

调度服务(上行链路)	数据传输服务(下行链路)	应用	QoS 参数
主动授权服务(UGS)	主动授权服务(UGS)	VoIP	● 最小保留速率 ● 最小延迟 ● 延迟抖动
实时轮询服务(rtPS)	实时可变速率(RT-VR)服务	语音或视频流	● 最小保留速率 ● 最大持续业务速率 ● 最小延迟 ● 业务优先级
非实时轮询服务(nrtPS)	非实时可变速率(NRT-VR)服务	FTP	● 最小保留速率 ● 最大持续业务速率 ● 业务优先级
尽力而为服务(BE)	尽力而为服务(BE)	数据传输，Web 浏览等	● 最大持续业务速率 ● 业务优先级
扩展 rtPS	扩展的实时可变速率服务(ERT-VR)	VoIP(具有活动检测的语音)	● 最小保留速率 ● 最大持续业务速率 ● 最小延迟 ● 延迟抖动 ● 业务优先级

主动授权业务(Unsolicited Grant Service，UGS)用于产生固定数据率的实时应用。一个具有 UGS 数据传递服务的服务流可以获得分配均匀周期间隔的上行链路资源，而不必每次都请求(见图 16-22)。UGS 常用于未压缩的音频和视频信息。在下行链路中，基站产生的数据为固定速率的均匀 PDU 流。UGS 应用的例子包括视频会议和远程学习。

实时可变速率(RT-VR)下行链路服务仅针对时间敏感的应用，即那些需要严格约束延迟和延迟抖动的应用。RT-VR 应用和 UGS 应用的主要区别是，RT-VR 应用的传输速率是随时间变化的。例如，标准的视频压缩方法会产生大小不同的图像帧序列。实时视频需要一个统一的帧传输速率，而实际的数据速率是变化的。在下行链路中，RT-VR 在均匀周期内传输数据。在上行链路中，服务称为实时轮询服务(real-time Polling Service，rtPS)。BS 在周期间隔内发布一个单播轮询(直接轮询单个 SS 站)，使 SS 在每个间隔内发送一个数据块(见图 16-22b)。RT-VR/rtPS 服务使网络比 UGS 更灵活。该网络能够在相同专用容量上统计地复用多个相同的连接，并仍然能够为每个连接提供所需的服务。

扩展的实时可变速率(Extended Real-Time Variable Rate，ERT-VR)服务支持可变数据速率的实时应用，该应用需要提供可靠的数据和延迟，例如，具有静音抑制的 VoIP。在上行链路中，这种服务称为扩展的 rtPS。与 UGS 一样，BS 以主动方式提供单播带宽授权，节省了带宽请求的延迟。然而，在这种情况下，分配的大小可以根据到目前为止承载的业务量进行变化。在下行链路中，BS 可以以不同的大小并在不同的时间间隔的业务流上发送 PDU，以跟上业务流 QoS 的变化。

非实时可变速率(Non-Real-Time Variable-Rate，NRT-VR)服务用于没有严格延迟和延迟抖动约束的具有突发流量特性的应用，但对于这种应用可以表征预期的业务流量，因此需要设置 QoS 参数。一个例子是文件传输。在下行链路中，基站以可变的间隔发送数

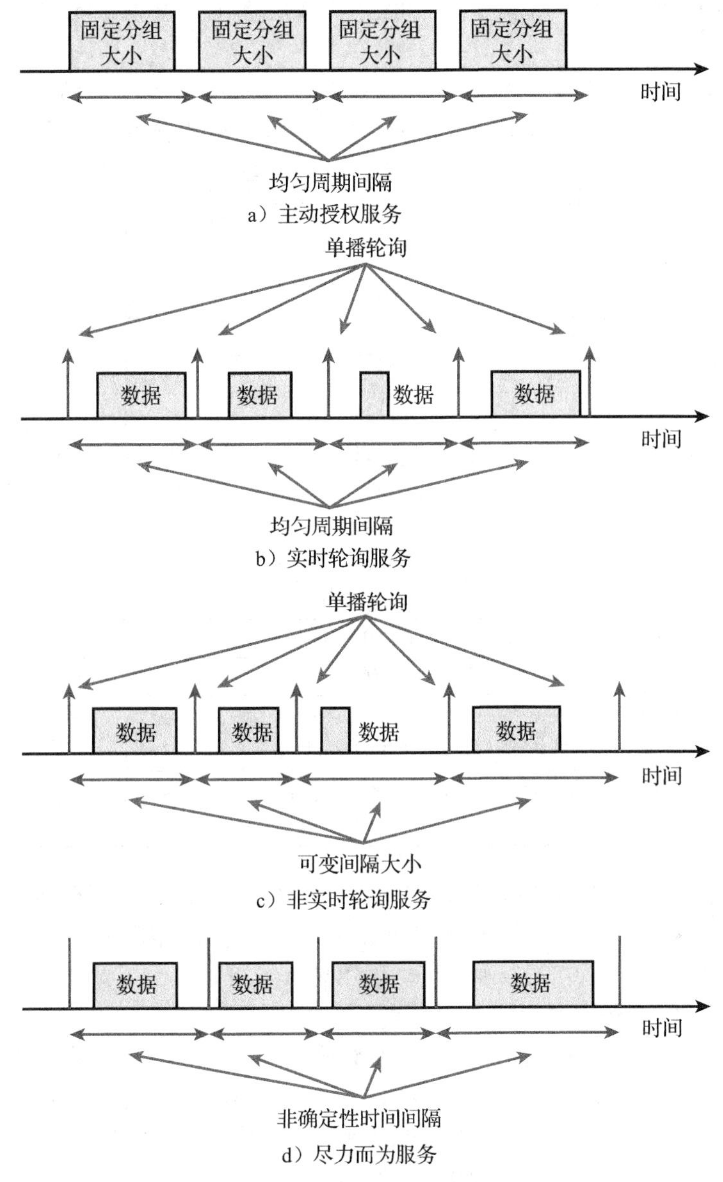

图 16-22　IEEE 802.16 服务

据，以满足业务流的最小和最大数据速率要求。在上行链路中，该服务称为**非实时轮询业务**（Non-Real-Time Polling Service，nrtPS）。BS 在不同的时间间隔发布轮询，时间间隔取决于到目前为止有多少数据已被发送，以保持所需的流量（见图 16-22c）。

在任何给定的时间，4 类服务中 BS 和 SS 之间未被使用的容量大小到目前已经讨论。这些容量能够提供尽力而为（Best Effort，BE）服务。此服务适用于那些能够容忍可变延迟和速率的应用。大多数 TCP 应用都可以容忍。在上行链路中，SS 在随机接入时隙发送带宽请求（SS 打算竞争接入的时隙）或使用专用的传输机会。

16.5.3　IEEE 802.16 物理层

IEEE 802.16 物理层的标准仍在不断演进，但对于 WiMAX 的广泛实施和部署来说已经足够稳定。2012 标准几乎用 600 页来描述物理层规范。这里，我们进行一个简短的概述。

802.16 规范定义了 3 种主要的空中接口，在表 16-5 中进行了总结。所有这些操作都工作在授权频段。此外，也对工作在 11GHz 的非授权频段的规范进行了修改。

表 16-5　IEEE 802.16 物理层模式

	无线 MAN-SC	无线 MAN-OFDM	无线 MAN-OFDMA
频段	10～66GHz	≤11GHz	≤11GHz
LOS 限制	LOS	NLOS	NLOS
双工技术	TDD，FDD	TDD，FDD	TDD，FDD
上行链路接入	TDMA，DAMA	OFDM	OFDMA
下行链路接入	TDM，TDMA	OFDM	OFDMA
下行链路调制	QPSK，16-QAM，64-QAM	QPSK，16-QAM，64-QAM，BPSK	QPSK，16-QAM，64-QAM，BPSK
上行链路调制	QPSK，16-QAM，64-QAM	QPSK，16-QAM，64-QAM，BPSK	QPSK，16-QAM，64-QAM，BPSK
信道大小	20～28MHz	≤70mbps	≤70mbps
子载波间隔	N/A	11.16kHz	11.16kHz
数据速率	32～134Mbps	70Mbps	70Mbps
下行链路 FEC	理德·所罗门码(Reed-Solomon)	理德·所罗门码(Reed-Solomon)	卷积码
上行链路 FEC	理德·所罗门码(Reed-Solomon)	理德·所罗门码(Reed-Solomon)	卷积码

无线 MAN-SC　无线 MAN-SC 接口用于 10～66GHz 频段。在该频段中，由于波长较短，所以视距传输(LOS)是必需的且多径可以忽略。这个环境很适合 PMP 接入以提供从小型办公室/家庭办公室(SOHO)到大中型办公室的应用服务。因此，这个标准适用于固定无线宽带接入，但不支持移动站。

来自 SS 的上行链路传输主要使用混合的**时分多址**(TDMA)和**需求分配多址接入**(Demand-Assignment Multiple Access，DAMA)技术。TDMA 采用比较大的单个上行链路频段，以连续时隙的方式进行传输。分配重复时隙给一个用户站以构成一个逻辑子信道。使用 DAMA 时，时隙分配需要最优地响应多个站需求的变化。

来自 BS 的下行链路传输使用 TDM，将每个 SS 信息复用到一个数据流，并且可以被该扇区内的所有 SS 接收到。为了使频分双工(FDD)模式能够支持工作在半双工模式的 SS，该标准对下行链路 TDMA 部分进行了规定。使用 TDMA，需要对下行链路的时隙进行调度以协调与特定 SS 的交互。

无线 MAN-OFDM　无线 MAN-OFDM 接口工作在 11GHz 以下。在该频段中，由于波长较短，所以不需要视距传输(LOS)且多径效应非常明显。对近 LOS 和非视距(NLOS)场景的支持能力需要额外的物理层功能，如先进的电源管理技术的支持、干扰抑制/共存和 MIMO 天线技术。上行链路和下行链路传输均使用 OFDM 技术。无线 MAN-OFDM 和无线 MAN-OFDMA 都适于包括移动 SS 的环境。

无线 MAN-OFDM 支持一系列的信道带宽。表 16-6 给出了不同带宽所能实现的可能数据速率。

表 16-6 不同无线 MAN OFDM 带宽可以达到的数据速率

调制	QPSK	QPSK	16-QAM	16-QAM	64-QAM	64-QAM
码率	1/2	3/4	1/2	3/4	2/3	3/4
1.75MHz	1.04	2.18	2.91	4.36	5.94	6.55
3.5MHz	2.08	4.37	5.82	8.73	11.88	13.09
7.0MHz	4.15	8.73	11.64	17.45	23.75	26.18
10.0MHz	8.31	12.47	16.63	24.94	33.25	37.40
20.0MHz	16.62	24.94	33.25	49.87	66.49	74.81

无线 MAN-OFDMA 无线 MAN-OFDMA 是无线 MAN-OFDM 的增强版本，它利用 OFDMA 技术提供更多的灵活性和效率。图 16-23 给出了工作在时分双工(TDD)模式的无线 MAN-OFDMA 的一个例子。按照帧序列结构进行传输，每一个包括下行链路(DL)子帧，后面是上行链路(UL)子帧。在每个帧中，DL 和 UL 的子帧之间以及每个帧的结尾插入一个保护间隔以支持传输方向的转变。每个 DL 子帧从一个能够同步所有站点的前导码开始。随后是 DL-MAP 模式，它给出了 DL 子帧中所有子信道的分配方式以及帧控制头(FCH)。FCH 给出了帧的配置信息，如 MAP 消息长度、调制和编码方案以及可用子载波。其余的 DL 子帧划分为多个突发，每个突发占用一组连续信道的一组连续时间间隔。这些突发之一就是 UL-MAP 模式。剩余的突发包含数据，每一个突发用于一个特定的 SS。UL 子帧也类似的划分为多个突发。其中一个突发是测距子信道，它分配给 SS，用于执行闭环时间、频率和功率调整以及带宽请求。剩余的突发分配给 SS 用于传输到 BS。

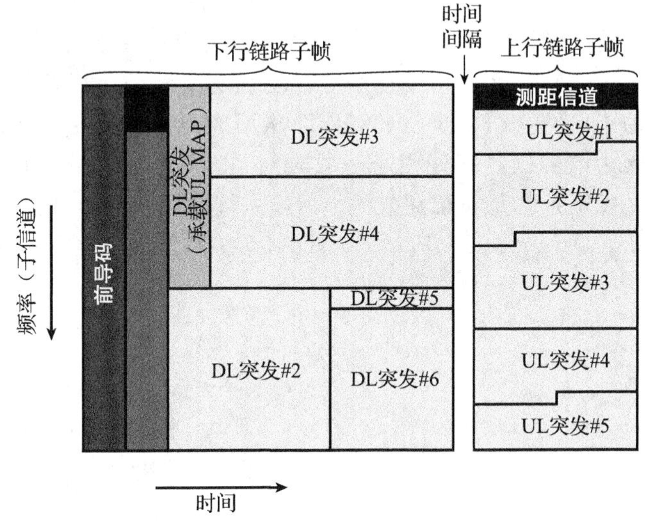

图 16-23 TDD 模式中的 IEEE 802.16 OFDMA 帧结构

TDD 的结构，很容易支持半双工传输，因为 UL 和 DL 传输必须在时间上交替。这是与 FDD 不同的地方。图 16-24 给出了 FDD 无线 MAN-OFDMA 结构如何支持半双工操作。FDD 帧结构支持全双工和半双工 SS 类型。该帧结构支持两组半双工 SS(组-1 和组-2)协调传输，两组 SS 共享一个帧但在帧的不同部分。每一个帧中的一部分频段用于 DL 传输，一部分用于 UL 传输。DL 传输由两个子帧组成，组-1 使用第一个子帧，组-2 使用第二个子帧。UL 传输包括一个组-2 子帧以及跟随其后的组-1 子帧。帧之间插入时间间隔以进行转向和半双工操作。

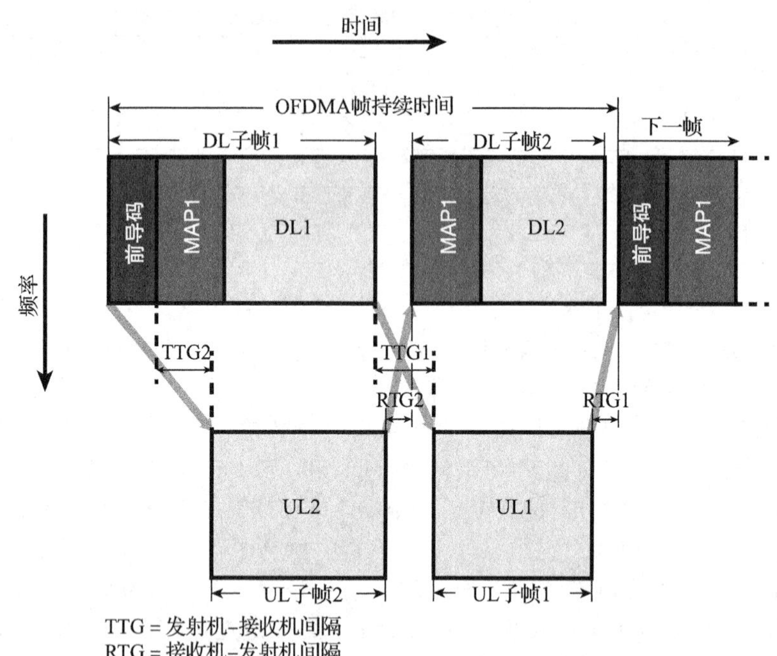

图 16-24 FDD 模式中的 IEEE 802.16 OFDMA 帧结构

16.6 智能电网

随着社会越来越重视能源效率，电网变得越来越复杂。传统电网面临着有效控制问题，如故障隔离、电压控制、无功功率控制等，现在这些问题比以往任何时候都更重要。通信技术越来越有助于电网变得越来越"智能"从而成为**智能电网**。不过，"**智能**"这个词有点名不副实，因为电网已经智能很长一段时间了。请参阅图 16-25 所示的电网概述。通过无数优化控制，发电系统是非常高效的。传输系统已经使用监视控制与数据采集(Supervisory Control And Data Acquisition，SCADA)系统和复杂中继技术这一有效组合方式几十年了。

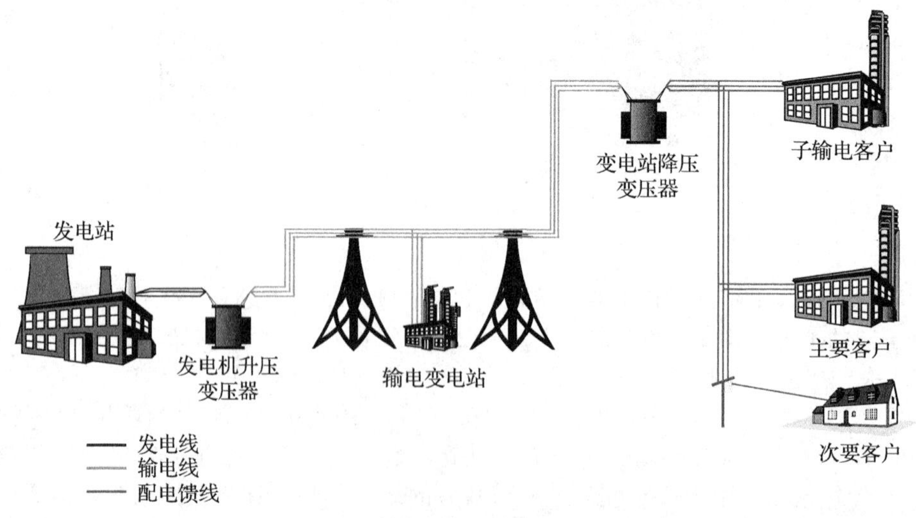

图 16-25 电网

然而，产生、传输和配电网络，再也不能看作从树根到它们分支的能量流动逻辑树。利用风力和太阳能发电站，高功率**分布式发电**可以位于传输电网，并且由于家庭和企业可以自己发电并寻求能够出售多余的能量回馈到电网，所以配电网络上分布式发电变得越来越普遍。此外，越来越多的电动汽车电池的出现也增加了新的需求类型，但也带来了机会，当需求较高时完全可以利用这些电池将电能返回到电网。

不断增加的“智能”配电、二次配电和家庭电气网络使我们充满了希望。配电网络可能没有自动化的设备来监视和控制电压、电容或开关/中继，并且它们可能不擅长处理分布式发电。通信和分布式控制可以在许多方面有所帮助。在家庭中，家庭区域网络不仅可以帮助消费者管理他们的家庭能源使用，也可以与公用事业公司沟通特殊的利率优惠(rate incentives)。

这些功能的许多机会需要有效的通信技术。除了无线，还有电力线、光纤等技术用于电网的控制通信。还有各种诸如电缆调制解调器、光纤到户、固定无线和 DSL 等技术接入家庭。

尽管如此，无线技术为智能电网提供了许多潜在的主干网络。在第 12 章关于物联网(IoT)的讨论中对许多家庭网络的概念进行了探讨。当家庭设备可以相互通信并能够提供有用的信息时，能源管理就成为了可能。这将利用到物联网。

16.6.1　智能电网通信需求

使用一个更精确的定义，*智能电网是指一个采用先进双向通信和普适计算的电网，以提高控制、效率、可靠性和安全性*。智能电网可以使用电力线、光纤、无线通信等技术。无线通信将在配电和家庭环境甚至传输和发电厂网络中得到有效应用。

智能电网技术由以下的动机驱动[YAN13]。

- 通过改进服务的可靠性、改善电能质量、减少停电次数来增强客户体验。
- 提高公用事业人员的生产力。
- 改进的电网利用率。
- 通过减少对化石燃料消耗的需求来降低碳燃料消耗和温室气体排放量。
- 促进可再生资源的产生。
- 遵守监管约束。

鉴于这些能力，存在以下通信需求。

- **服务质量**：用于控制目的，可能需要高可靠的 12～20ms 延迟。报警和传感器读数将有不同的延迟。带宽需要能够支持每秒从各种设备传输 10 万个消息。
- **互操作性**：智能电网通信需要为不同的系统提供互操作以共同工作、使用兼容的部件、交换信息并协同工作。
- **可扩展性**：基础设施需要能够扩充以支持终端用户设备相互合作的增加。
- **安全**：网络安全是非常重要的，以避免对网络攻击的脆弱性。故意和无意中暴露的信息可以让攻击者能够访问控制系统并改变负载条件以禁用、使其不稳定甚至损坏部分电网。
- **标准化**：转换到先进的传感/自动化需要标准协议和接口以转换设备供应商产品远离其传统的专有通信平台。IEEE P2030 工作组、国际自动化协会(International Society of Automation，ISA)和国际电工委员会(International Electrotechnical Commission，IEC)都从事标准化工作以及不同层的通信和信息交换。

智能电网通信的实现涉及多个挑战，包括极端复杂的电网寻址、故障证明和几乎瞬时的双向通信、可靠性和安全性等。

16.6.2　智能电网无线技术

本书中提到的无线技术已经应用于各种智能电网产业项目。一个潜在的用于智能电网的通信技术是 WiMAX/Cellular 与 ZigBee 的结合，如图 16-26 所示。

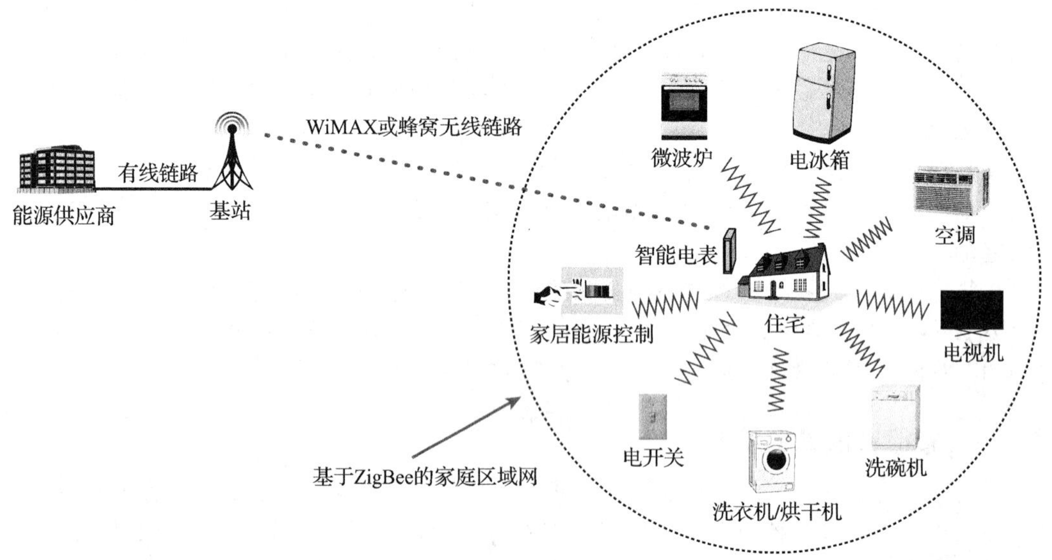

图 16-26　使用 WiMAX/Cellular 和 ZigBee 的智能电网应用

这里，一个智能小区利用 WiMAX IEEE 802.16 通信技术构建一个自动抄表的基础设施。使用计量器与 IT 系统之间 WiMAX 技术实现成千上万房屋的通信。可以收集测量值、事件和故障等消息并通过配置智能通信芯片，能够支持远程监控和控制设备的信息。对该信息进行分析，可以更好地诊断主分销网络和次级分销网络上的问题，并指导系统改进方面的规划。另一个项目，利用网络 ZigBee 协调器和 ZigBee 终端设备来执行相同的自动抄表功能[YAN13]。

16.7　推荐阅读

[ELBE08]提供卫星通信技术的细节。[PARE12]给出了 IEEE 802.16 和 WiMAX 演进的详细过程。[EKLU02]给出了直到 2002 年 IEEE 802.16 的发展概述。[YAN13]讨论了智能电网通信。

ELBE08 Elbert, B. *Introduction to Satellite Communication*. Boston: Artech House, 2008.

EKLU02 Elkund, C., et al. "IEEE Standard 802.16: A Technical Overview of the WirelessMAN™ Air Interface for Broadband Wireless Access." *IEEE Communications Magazine*, June 2002.

INGL97 Inglis, A., and Luther, A. *Satellite Technology: An Introduction*. Boston: Focal Press, 1997.

PARE12 Pareit, D.; Moerman, I.; and Demester, P. "The History of WiMAX: A complete Survey of the Evolution in Certification and Standardization for IEEE 802.16 and WiMAX" *IEEE Communications Surveys and Tutorials*, Fourth Quarter 2012.

PRAT03 Pratt, T.; Bostian, C.; and Allnutt, J. *Satellite Communications*. New York: Wiley, 2003.

YAN13 Ye Yan; Yi Qian; Sharif, H.; and Tipper, D. "A Survey on Smart Grid Communication Infrastructures: Motivations, Requirements and Challenges." *Communications Surveys & Tutorials*, *IEEE*, vol. 15, no. 1, pp. 5, 20, First Quarter 2013.

16.8 关键术语、复习题和问题

关键术语

best effort(BE，尽力而为)
broadcast service satellite(BSS，广播服务卫星)
C-band(C 频段)
differential GPS(差分 GPS)
direct broadcast satellite(DBS，直播卫星)
distributed generation(分布式发电)
distribution(分布式)
downlink(下行链路)
earth station(地球站)
fixed broadband wireless access(固定宽度无线接入)
frequency division multiple access (FDMA，频分多址)
generation(发电)
geostationary (GEO，地球静止轨道)
Global Positioning System(GPS，全球定位系统)
IEEE 802.16
K_u-band(K_u 频段)
low earth orbit (LEO，低地球轨道卫星)
MAC PDU(MAC PDU)
medium earth orbit (MEO，中地球轨道卫星)
non-real-time polling service(nrtPS，非实时轮询服务)
non-real-time variable-rate (NRT-VR，非实时可变速率)
rate incentives(利率优惠)
real-time polling service (rtPS，实时轮询服务)
real-time variable rate (RT-VR，实时可变速率)
satellite(卫星)
satellite footprint(卫星足迹)
satellite-switched TDMA (SS/TDMA，卫星交换 TDMA)
smart grid(智能电网)
time division multiple access(TDMA，时分多址)
transmission(传输)
transponder(应答器)
unsolicited grant service(UGS，主动授予服务)
uplink(上行链路)
WiMAX(WiMAX)

复习题

16.1 列出 3 个不同的卫星通信分类方式。
16.2 卫星和陆地无线通信之间的关键区别是什么？
16.3 列出 3 种不同的卫星轨道分类方法。
16.4 解释什么是 GEO、LEO 和 MEO 卫星(包括缩写代表的是什么)。从轨道大小和形状、信号功率、频率复用、传输延迟、全球覆盖的卫星数，以及切换频率等因素比较这 3 种类型。
16.5 你会在什么情况下分别使用 GEO、LEO 和 MEO 卫星。
16.6 决定卫星通信性能的 3 个关键因素是什么？
16.7 卫星通信遭受大气衰减的主要原因是什么？

16.8　哪 3 个因素限制了卫星信道通过 FDMA 方式提供的子信道数？

16.9　描述如何使用能够连接到的全球定位系统的 4 颗卫星。

16.10　什么类型的轨道适合全球定位系统的卫星使用？

16.11　给出固定宽带无线接入的定义。

16.12　列出并简要定义 IEEE 802.16 服务类别。

16.13　列出并简要介绍 3 种 IEEE 802.16 物理层选择。

问题

16.1　利用开普勒行星运动定律，可以得到如下所示的圆形轨道的表达式：

$$T^2 = \frac{4\pi^2 a^3}{\mu}$$

式中　T——轨道周期；

a——轨道半径(km)＝从地球中心到轨道的距离；

μ——开普勒常数＝$3.986\,004\,418\times10^5\ \text{km}^3/\text{s}^2$。

地球每次恒星日转动时间为 23 小时 56 分钟 4.09 秒。

a. 确定 GEO 卫星的轨道半径。

b. 假设地球半径为 6370km，GEO 卫星的轨道高度 h(见图 16-1)是多少？

注意：你的回答应该与本章中使用的数字略有不同。不同的文献来源给出了稍有不同的值。

16.2　航天飞机是一个 LEO 卫星的例子。有时，它的轨道在海拔 250km。

a. 平均地球半径为 6378.14km，计算航天飞机的轨道周期。

b. 确定在该轨道上的航天飞机的线性速度。

16.3　在两个卫星之间进行通信，传输主要遵循自由空间传播，而且信号太弱了。供应商为你提供两个选项。供应商可以使用一个更高的频率，是当前频率的两倍，或者可以增加天线的有效面积为目前的两倍。哪一种方法能够为你提供更多的接收功率或者两种方法都将提供相同的改进，在所有其他因素保持相等的情况下？你将从最好的选择中获得了多少改善？

16.4　距地球表面某处 40 000km 的卫星，使用一个在观测者的方向上增益为 17dB 的发射天线辐射一个功率为 10W 的信号。该卫星工作在 11GHz 的频率。接收天线的增益为 52.3dB。给出接收到的信号功率。

16.5　对于图 16-10 所示的应答方案，用于保护带的带宽所占的百分比是多少？

16.6　假定图 16-12 的 TDMA 帧使用下列参数。帧长度为 2ms。数据采用 QPSK 编码并且信号元素速率为 60.136Mbaud。所有的业务突发都是相同的长度 16 512 比特。参考突发具有 576 比特长度，前导码为 560 比特，保护间隔为 24 比特。假设有两个参考站，因此需要两个参考突发。

a. 确定系统可以服务的地球站的最大数量。

b. 帧效率是多少(承载用户数据的帧而不是附加比特所占的比例)。

16.7　由 5 个地球站组成的 TDMA 网络均等地共享一台应答器。帧持续时间为 2ms，每站的前导码时间为 20μs，突发之间使用了 5μs 的保护带。采用 30Mbaud 的 QPSK 突发传输。

a. 计算每个 TDMA 地球站可以传输的 64kbps 语音信道数。

b. 如果地球站发送数据，而不是语音，各个地球站的传输速率是多少？

c. TDMA 系统效率是多少？效率＝(发送消息比特数)/(可能已经发送的最大比特数)。

16.8　3 个相同的大型地球站采用 TDMA 方式接入带宽为 36MHz 的应答器，帧长度为 1ms，前导码时间为 10μs，保护时间为 2μs。TDMA 帧中没有参考突发。信号传输采用 QPSK 调制，每个地球站的信号比特率为

站 A：R＝15Mbps；

站 B：R＝10Mbps；

站 C：R＝5Mbps。

计算每个地面站的突发比特率和突发符号率。

16.9　在图 16.23 中，DL 子帧包含 DL-MAP 和 UL-MAP。为什么不在 UL 子帧中加入 UL-MAP 前导码？

参考文献

ABBREVIATIONS

ACM Association for Computing Machinery
IEEE Institute of Electrical and Electronics Engineers

ADAM91 Adamek, J. *Foundations of Coding*. New York: Wiley, 1991.

ALI09 Ali, I.; Casati, A.; Chowdhury, K.; Nishida, K.; Parsons, E.; Schmid, S.; and Vaidya, R. "Network-Based Mobility Management in the Evolved 3GPP Core Network." *Communications Magazine, IEEE*, vol. 47, no. 2, pp. 58, 66, February 2009.

ALSA13 Alsabbagh, E.; Yu, H.; and Gallagher, K. "802.11ac Design Consideration for Mobile Devices." *Microwave Journal*, February 2013.

ANDE95 Anderson, J.; Rappaport, T.; and Yoshida, S. "Propagation Measurements and Models for Wireless Communications Channels." *IEEE Communications Magazine*, January 1995.

ASH90 Ash, R. *Information Theory*. New York: Dover, 1990.

ATTA06 Attar, R., et al. "Evolution of cdma2000 Cellular Networks: Multicarrier EV-DO." *Communications Magazine, IEEE,* vol. 44, no. 3, pp. 46, 53, March 2006.

BAKE12 Baker, M. "From LTE-Advanced to the Future." *IEEE Communications Magazine*, February 2012.

BAYK11 Baykas, T., et al. "IEEE 802.15.3c: The First IEEE Wireless Standard for Data Rates over 1 Gb/s." *Communications Magazine, IEEE,* vol. 49, no. 7, pp. 114, 121, July 2011.

BEAR79 Beard, Charles L., Jr. *Recognition of Chest, Head and Falsetto Registers of Isoparametric Tones of Tenor Voices*, Ph.D. Dissertation, University of Missouri-Kansas City, 1979.

BELL00 Bellamy, J. *Digital Telephony.* New York: Wiley, 2000.

BEND00 Bender, P., et al. "CDMA/HDR: A Bandwidth-Efficient High-Speed Wireless Data Service for Nomadic Users." *IEEE Communications Magazine*, July 2000.

BERA08 Beradinelli, G., et al. "OFDMA vs. SC-FDMA: Performance Comparison in Local Area IMT-A Scenarios." *IEEE Wireless Communications*, October 2008.

BERL80 Berlekamp, E. "The Technology of Error-Correcting Codes." *Proceedings of the IEEE*, May 1980.

BERL87 Berlekamp, E.; Peile, R.; and Pope, S. "The Application of Error Control to Communications." *IEEE Communications Magazine,* April 1987.

BERR96 Berrou, C., and Glavieux, A. "Near Optimum Error Correcting Codes and Decoding: Turbo Codes." *IEEE Transactions on Communications,* October 1996.

BERT00 Bertoni, H. *Radio Propagation for Modern Wireless Systems.* Upper Saddle River, NJ: Prentice Hall, 2000.

BERT92 Bertsekas, D., and Gallager, R. *Data Networks.* Englewood Cliffs, NJ: Prentice Hall, 1992.

BERT94 Bertoni, H.; Honcharenko, W.; Maciel, L.; and Xia, H. "UHF Propagation Prediction for Wireless Personal Communications." *Proceedings of the IEEE*, September 1994.

BHAR83 Bhargava, V. "Forward Error Correction Schemes for Digital Communications." *IEEE Communications Magazine,* January 1983.

BHUS06 Bhushan, N., et al. "CDMA2000 1×EV-DO Revision a: A Physical Layer and MAC Layer Overview." *Communications Magazine, IEEE,* vol. 44, no. 2, pp. 37, 49, February 2006.

BI03 Bi, Q., et al. "Performance of 1xEV-DO Third-Generation Wireless High-Speed Data Systems." *Bell Labs Technical Journal*, vol. 7, no. 3, 2003.

BLAC99 Black, U. *Second-Generation Mobile and Wireless Networks*. Upper Saddle River, NJ: Prentice Hall, 1999.

BOLC01 Bolcskei, H., et al. "Fixed Broadband Wireless Access: State of the Art, Challenges, and Future Directions." *IEEE Communications Magazine*, January 2001.

BRAY01 Bray, J., and Sturman, C. *Bluetooth: Connect Without Cables.* Upper Saddle River, NJ: Prentice Hall, 2001.

CARN99 Carne, E. *Telecommunications Primer: Data, Voice, and Video Communications.* Upper Saddle River, NJ: Prentice Hall, 1999.

CHEU04 Cheung, D. "WLAN Security & Wi-Fi Protected Access." *Dr. Dobb's Journal*, June 2004.

CISC07 Cisco Systems, Inc. "802.11n: The Next Generation of Wireless Performance." Cisco White Paper, 2007. cisco.com

COME13 Comer, D. *Internetworking with TCP/IP, Volume I: Principles, Protocols, and Architecture.* Upper Saddle River, NJ: Pearson, 2013.

CORD10 Cordeiro, C.; Akhmetov, D.; and Park, M. "IEEE 802.11ad: Introduction and Performance Evaluation of the First Multi-Gbps WiFi Technology." *Proceedings of the 2010 ACM International Workshop on mmWave Communications: From Circuits to Networks*, 2010.

COTT00 Cottrell, R.; Langhammer, M.; and Mauer, V. "Turbo Decoding for Comm Apps." *Communication Systems Design*, August 2000.

COUC13 Couch, L. *Digital and Analog Communication Systems.* Upper Saddle River, NJ: Pearson, 2013.

COX14 Cox, C. *An Introduction to LTE: LTE, LTE-Advanced, SAE, VoLTE, and 4G Communications*, Second Edition. United Kingdom: John Wiley & Sons, Ltd, 2014.

DAEW12 Daewon, L., et al. "Coordinated multipoint transmission and reception in LTE-advanced: deployment scenarios and operational challenges." *Communications Magazine, IEEE,* vol. 50, no. 2, pp. 148, 155, February 2012.

DALK96 Dalke, R.; Hufford, G.; and Ketchum, R. *Radio Propagation Considerations for Local Multipoint Distribution Systems.* National Telecommunications and Information Administration Publication PB97116511, August 1996.

DAUM82 Daumer, W. "Subjective Evaluation of Several Efficient Speech Coders." *IEEE Transactions on Communications*, April 1982.

DECU14a Decuir, J. "Introducing Bluetooth Smart: Part 1: A Look at Both Classic and New Technologies." *Consumer Electronics Magazine, IEEE,* vol. 3, no. 1, pp. 12, 18, January 2014.

DECU14b Decuir, J. "Introducing Bluetooth Smart: Part II: Applications and Updates." *Consumer Electronics Magazine, IEEE,* vol. 3, no. 2, pp. 25, 29, April 2014.

DINA98 Dinan, E., and Jabbari, B. "Spreading Codes for Direct Sequence CDMA and Wideband CDMA Cellular Networks." *IEEE Communications Magazine*, September 1998.

DIXO94 Dixon, R. *Spread Spectrum Systems with Commercial Applications.* New York: Wiley, 1994.

ECON99 "The World in Your Pocket." *The Economist*, October 1999.

EDNE04 Edney, J., and Arbaugh, W. *Real 802.11 Security: Wi-Fi Protected Access and 802.11i.* Reading, MA: Addison-Wesley, 2004.

EKLU02 Elkund, C., et al. "IEEE Standard 802.16: A Technical Overview of the WirelessMAN™ Air Interface for Broadband Wireless Access." *IEEE Communications Magazine,* June 2002.

ELBE08 Elbert, B. *Introduction to Satellite Communication.* Boston: Artech House, 2008.

ENGE00 Engelmann, R. "The Origins of Radio." *IEEE Potentials*, October/November 2000.

EVAN98 Evans, J. "New Satellites for Personal Communications." *Scientific American*, April 1998.

EVER94 Everitt, D. "Traffic Engineering of the Radio Interface for Cellular Mobile Networks." *Proceedings of the IEEE,* September 1994.

EYUB02 Eyuboglu, V. "CDAM2000 1xEV-DO Delivers 3G Wireless." *Network World*, February 25, 2002.

FREE04 Freeman, R. *Telecommunication System Engineering.* New York: Wiley, 2004.

FREE07 Freeman, R. *Radio System Design for Telecommunications.* New York: Wiley, 2007.

FREE98 Freeman, R. "Bits, Symbols, Baud, and Bandwidth." *IEEE Communications Magazine*, April 1998.

FREE99 Freeman, R. *Fundamentals of Telecommunications.* New York: Wiley, 1999.

FREN13 Frenzel, L. "An Introduction to LTE-Advanced: The Real 4G." *Electronic Design*, February 2013.

FROD01 Frodigh, M., et al. "Future Generation Wireless Networks." *IEEE Personal Communications*, October 2001.

FUNG98 Fung, P. "A Primer on MMDS Technology." *Communication Systems Design*, April 1998. Available at csdmag.com.

GARG99 Garg, V., and Wilkes, J. *Principles and Applications of GSM.* Upper Saddle River, NJ: Prentice Hall, 1999.

GEIE01 Geier, J. "Enabling Fast Wireless Networks with OFDM." *Communications System Design*, February 2001.

GHOS10 Ghosh, A., et al. "LTE-Advanced: Next-Generation Wireless Broadband Technology." *IEEE Wireless Communications,* June 2010.

GHOS11 Ghosh, A.; Zhang, J.; Andrews J.; and Muhamed, R. *Fundamentals of LTE.* Upper Saddle River, NJ: Prentice Hall, 2011.

GIBS93 Gibson, J. *Principles of Digital and Analog Communications.* New York: Macmillan, 1993.

GILB04 Gilb, J. *Wireless Multimedia: A Guide to the IEEE 802.15.3 Standard.* New York: IEEE Press, 2004.

GUNT00 Gunther, N. *The Practical Performance Analyst.* Lincoln, NE: Authors Choice Press, 2000.

GUTI01 Gutierrez, J., et al. "IEEE 802.15.4: A Developing Standard for Low-Power Low-Cost Wireless Personal Area Networks." *IEEE Network*, September/October 2001.

GUTI03 Gutierrez, J.; Callaway, E.; and Barrett, R. *Low-Rate Wireless Personal Area Networks: Enabling Wireless Sensors with IEEE 802.15.4.* New York: IEEE Press, 2003.

HALP10 Halperin, D., et al. "802.11 with Multiple Antennas for Dummies." *Computer Communication Review*, January 2010.

HATA80 Hata, M. "Empirical Formula for Propagation Loss in Land Mobile Radio Services." *IEEE Transactions on Vehicular Technology*, March 1980.

HIER10 Hiertz, G.R.; Denteneer, D.; Stibor, L.; Zang, Y.; Costa, X.P.; and Walke, B. "The IEEE 802.11 Universe." *Communications Magazine, IEEE,* vol. 48, no. 1, pp. 62, 70, January 2010.

INGL97 Inglis, A., and Luther, A. *Satellite Technology: An Introduction.* Boston: Focal Press, 1997.

ITU02 International Telecommunications Union. *Handbook on Satellite Communications.* New York: Wiley, 2002.

IWAM10 Iwamura, M., et al. "Carrier Aggregation Framework in 3GPP LTE-Advanced." *IEEE Communications Magazine*, August 2010.

JAIN90 Jain, Y. "Convolutional Codes Improve Bit-Error Rate in Digital Systems." *EDN*, August 20, 1990.

JAME01 James, J. *A Student's Guide to Fourier Transforms.* Cambridge, England: Cambridge University Press, 2001.

JAYA84 Jayant, N., and Noll, P. *Digital Coding of Waveforms.* Englewood Cliffs, NJ: Prentice Hall, 1984.

JOHN04 Johnston, D., and Yaghoobi, H. "Peering into the WiMAX Spec." *Communications System Design,* January 2004. Available at www.commsdesign.com.

KAMM00 Kammler, D. *A First Course in Fourier Analysis.* Upper Saddle River, NJ: Prentice Hall, 2000.

KARA10 Karapistoli, E.; Pavlidou, F.N.; Gragopoulos, I.; and Tsetsinas, I. "An Overview of the IEEE 802.15.4a Standard." *Communications Magazine, IEEE,* vol. 48, no. 1, pp. 47, 53, January 2010.

KELL00 Keller, T., and Hanzo, L. "Adaptive Multicarrier Modulation: A Convenient Framework for Time-Frequency Processing in Wireless Communication." *Proceedings of the IEEE,* May 2000.

KOFF02 Koffman, I., and Roman, V. "Broadband Wireless Access Solutions Based on OFDM Access in IEEE 802.16." *IEEE Communications Magazine,* April 2002.

KROO86 Kroon, P., and Deprettere, E. "Regular Pulse Excitation—A Novel Approach to Effective Multipulse Coding of Speech." *IEEE Transactions on Acoustics, Speech, and Signal Processing,* no. 5, 1986.

LATH09 Lathi, B. *Modern Digital and Analog Communication Systems.* New York: Oxford University Press, 2009.

LAYL04 Layland, R. "Understanding Wi-Fi Performance." *Business Communications Review,* March 2004.

LEBO98 Lebow, I. *Understanding Digital Transmission and Recording.* New York: IEEE Press, 1998.

LING12 Lingjia Liu; Runhua Chen; Geirhofer, S.; Sayana, K.; Zhihua Shi; and Yongxing Zhou. "Downlink MIMO in LTE-advanced: SU-MIMO vs. MU-MIMO." *Communications Magazine, IEEE,* vol. 50, no. 2, pp. 140, 147, February 2012.

MACW76 Macwilliams, F., and Sloane, N. "Pseudo-Random Sequences and Arrays." *Proceedings of the IEEE,* December 1976. Reprinted in [TANT98].

MART94 Martine, R. *Basic Traffic Analysis.* Upper Saddle River, NJ: Prentice Hall, 1994.

MCFA03 McFarland, B., and Wong, M. "The Family Dynamics of 802.11." *ACM Queue,* May 2003.

METT99 Mettala, R., et al. *Bluetooth Protocol Architecture Version 1.0.* Bluetooth Whitepaper 1.C.120/1.0, 25 August 1999. www.bluetooth.com.

MILL01 Miller, B., and Bisdikian, C. *Bluetooth Revealed.* Upper Saddle River, NJ: Prentice Hall, 2001.

MOLI11 Molisch, A. *Wireless Communications,* Second Edition. West Sussex, UK: John Wiley & Sons, Ltd.

MYUN06 Myung, H.; Lim, J.; and Goodman, D. "Single Carrier FDMA for Uplink Wireless Transmission." *IEEE Vehicular Technology,* September 2006.

NIST97 Stone, W. C. "NIST Construction Automation Program Report No. 3: Electromagnetic Signal Attenuation in Construction Materials." NIST, tech. rep., October 1997.

NORD00 Nordbotten, A. "LMDS Systems and Their Application." *IEEE Communications Magazine,* June 2000.

OJAN98 Ojanpera, T., and Prasad, G. "An Overview of Air Interface Multiple Access for IMT-2000/UMTS." *IEEE Communications Magazine,* September 1998.

OKUM68 Okumura, T., et al. "Field Strength and Its Variability in VHF and UHF Land Mobile Radio Service." *Review of the Electrical Communications Laboratories,* 1968.

ORLI98 Orlik, P., and Rappaport, S. "Traffic Performance and Mobility Modeling of Cellular Communications with Mixed Platforms and Highly Variable Mobilities." *Proceedings of the IEEE,* July 1998.

ORTI00 Ortiz, S. "Broadband Fixed Wireless Travels the Last Mile." *Computer,* July 2000.

PALA13 Palattella, M. R., et al. "Standardized Protocol Stack for the Internet of (Important) Things." *Communications Surveys & Tutorials, IEEE,* vol. 15, no. 3, pp. 1389, 1406, Third Quarter 2013.

PARE12 Pareit, D.; Moerman, I.; and Demester, P. "The History of WiMAX: A Complete Survey of the Evolution in Certification and Standardization for IEEE 802.16 and WiMAX." *IEEE Communications Surveys and Tutorials,* Fourth Quarter 2012.

PARK11 Parkvall, S.; Furuskar, A.; and Dahlman, E. "Evolution of LTE toward IMT-Advanced." *IEEE Communications Magazine,* February 2011.

PARK88 Park, S., and Miller, K. "Random Number Generators: Good Ones are Hard to Find." *Communications of the ACM,* October 1988.

PASU79 Pasupathy, S. "Minimum Shift Keying: A Spectrally Efficient Modulation." *IEEE Communications Magazine,* July 1979.

PAUL08 Paul, T., and Ogunfunmi, T. "Wireless LAN Comes of Age: Understanding the IEEE 802.11n Amendment." *Circuits and Systems Magazine, IEEE,* vol. 8, no. 1, pp. 28, 54, First Quarter 2008.

PEAR92 Pearson, J. *Basic Communication Theory.* Englewood Cliffs, NJ: Prentice Hall, 1992.

PERA08 Perahia, E. "IEEE 802.11n Development: History, Process, and Technology." *Communications Magazine, IEEE,* vol. 46, no. 7, pp. 48, 55, July 2008.

PERA10 Perahia, E., et al. "IEEE 802.11ad: Defining the Next Generation Multi-Gbps Wi-Fi." *Proceedings, 7th IEEE Consumer Communications and Networking Conference,* 2010.

PETE61 Peterson, W., and Brown, D. "Cyclic Codes for Error Detection." *Proceedings of the IEEE,* January 1961.

PETE95 Peterson, R.; Ziemer, R.; and Borth, D. *Introduction to Spread Spectrum Communications.* Englewood Cliffs, NJ: Prentice Hall, 1995.

PETR00 Petrick, A. "IEEE 802.11b - Wireless Ethernet." *Communications System Design,* June 2000. www.commsdesign.com.

PHIL98 Phillips, J., and Namee, G. *Personal Wireless Communications with DECT and PWT.* Boston: Artech House, 1998.

PICK82 Pickholtz, R.; Schilling, D.; and Milstein, L. "Theory of Spread Spectrum Communications—A Tutorial." *IEEE Transactions on Communications,* May 1982. Reprinted in [TANT98].

POLL96 Pollini, G. "Trends in Handover Design." *IEEE Communications Magazine,* March 1996.

POOL98 Polle, I. *Your Guide to Propagation.* Potters Bar, Herts, UK: Radio Society of Great Britain, 1998.

PRAS98 Prasad, R., and Ojanpera, T. "An Overview of CDMA Evolution: Toward Wideband CDMA." *IEEE Communications Surveys,* Fourth Quarter 1998. Available at www.comsoc.org.

PRAS00 Prasad, R.; Mohr, W.; and Konhauser, W., eds. *Third-Generation Mobile Communication Systems.* Boston: Artech House, 2000.

PRAT03 Pratt, T.; Bostian, C.; and Allnutt, J. *Satellite Communications.* New York: Wiley, 2003.

PROA01 Proakis, J. *Digital Communications.* New York: McGraw-Hill, 2001.

PROA02 Proakis, J. *Communication Systems Engineering.* Upper Saddle River, NJ: Prentice Hall, 2002.

PROA14 Proakis, J. *Fundamentals of Communication Systems.* Upper Saddle River, NJ: Pearson, 2014.

RABI95 Rabiner, L. "Toward Vision 2001: Voice and Audio Processing Considerations." *AT&T Technical Journal,* March/April 1995.

RAHN93 Rahnema, M. "Overview of the GSM System and Protocol Architecture." *IEEE Communications Magazine,* April 1993.

RAMA88 Ramabadran, T., and Gaitonde, S. "A Tutorial on CRC Computations." *IEEE Micro,* August 1988.

RAPP02 Rappaport, T. *Wireless Communications: Principles and Practice.* Upper Saddle River, NJ: Prentice Hall, 2002.

RODB00 Rodbell, M. "Bluetooth: Wireless Local Access, Baseband and RF Interfaces, and Link Management." *Communications System Design,* March, April, May 2000. www.csdmag.com.

RODR02 Rodriguez, A., et al. *TCP/IP Tutorial and Technical Overview.* Upper Saddle River, NJ: Prentice Hall, 2002.

ROSH04 Roshan, P., and Leary, J. *802.11 Wireless LAN Fundamentals*. Indianapolis: Cisco Press, 2004.

SAIR02 Sairam, K.; Gunasekaran, N.; and Reddy, S. "Bluetooth in Wireless Communication." *IEEE Communications Magazine,* June 2002.

SCHI00 Schiller, J. *Mobile Communications.* Reading, MA: Addison-Wesley, 2000.

SKLA01 Sklar, B. *Digital Communications: Fundamentals and Applications.* Upper Saddle River, NJ: Prentice Hall, 2001.

SKLA93 Sklar, B. "Defining, Designing, and Evaluating Digital Communication Systems." *IEEE Communications Magazine,* November 1993.

SKLA97a Sklar, B. "A Primer on Turbo Code Concepts." *IEEE Communications Magazine,* December 1997.

SKLA97b Sklar, B. "Rayleigh Fading Channels in Mobile Digital Communication Systems." *IEEE Communications Magazine,* July 1997.

SPOH02 Spohn, D. *Data Network Design.* New York: McGraw-Hill, 2002.

STAL02 Stallings, W. "The Advanced Encryption Standard." *Cryptologia,* July 2002.

STAL13 Stallings, W. *Cryptography and Network Security: Principles and Practice,* Sixth Edition. Upper Saddle River, NJ: Pearson, 2013.

STAL14 Stallings, W. *Data and Computer Communications,* Tenth Edition. Upper Saddle River, NJ: Pearson, 2014.

STAN14 Stankovic, J.A. "Research Directions for the Internet of Things." *Internet of Things Journal, IEEE,* vol. 1, no. 1, pp. 3, 9, February 2014.

TANT98 Tantaratana, S., and Ahmed, K., eds. *Wireless Applications of Spread Spectrum Systems: Selected Readings.* Piscataway, NJ: IEEE Press, 1998.

TERP00 Terplan, K., and Morreale, P. eds. *The Telecommunications Handbook.* Boca Raton, FL: CRC Press, 2000.

THUR00 Thurwachter, C. *Data and Telecommunications: Systems and Applications.* Upper Saddle River, NJ: Prentice Hall, 2000.

UNGE87 Ungerboeck, G. "Trellis-Coded Modulation with Redundant Signal Sets, Part 1: Introduction." *IEEE Communications Magazine,* February 1987.

VERM13 Verma, L.; Fakharzadeh, M.; and Sunghyun Choi. "Wifi on Steroids: 802.11AC and 802.11AD." *Wireless Communications, IEEE,* vol. 20, no. 6, pp. 30, 35, December 2013.

VITE89 Viterbi, A., et al. "A Pragmatic Approach to Trellis-Coded Modulation." *IEEE Communications Magazine,* July 1989.

VUCE00 Vucetic, B., and Yuan, J. *Turbo Codes: Principles and Applications.* Boston: Kluwer Academic Publishers, 2000.

WANG08 Wang, C., et al. "Voice Communications over ZigBee Networks." *IEEE Communications Magazine,* January 2008, p. 121.

WEBB00 Webb, W. *Introduction to Wireless Local Loop: Broadband and Narrowband Systems.* Boston: Artech House, 2000.

WILS00 Wilson, J., and Kronz, J. "Inside Bluetooth: Part I and Part II." *Dr. Dobb's Journal,* March, April 2000.

XION94 Xiong, F. "Modem Techniques in Satellite Communications." *IEEE Communications Magazine,* August 1994.

XIAO04 Xiao, Y. "IEEE 802.11e: QoS Provisioning at the MAC Layer." *IEEE Communications Magazine,* June 2004.

XION06 Xiong, F. *Digital Modulation Techniques.* Boston: Artech House, 2006.

YAN13 Ye Yan; Yi Qian; Sharif, H.; and Tipper, D. "A Survey on Smart Grid Communication Infrastructures: Motivations, Requirements and Challenges." *Communications Surveys & Tutorials, IEEE,* vol. 15, no. 1, pp. 5, 20, First Quarter 2013.

ZENG00 Zeng, M.; Annamalai, A.; and Bhargava, V. "Harmonization of Global Third-Generation Mobile Systems." *IEEE Communications Magazine,* December 2000.

ZHEN04 Zhent, J., and Lee, M. "Will IEEE 802.15.4 Make Ubiquitous Networking a Reality?: A Discussion on a Potential Low Power, Low Bit Rate Standard." *IEEE Communications Magazine,* June 2004.